赠送 PPT 案例展示

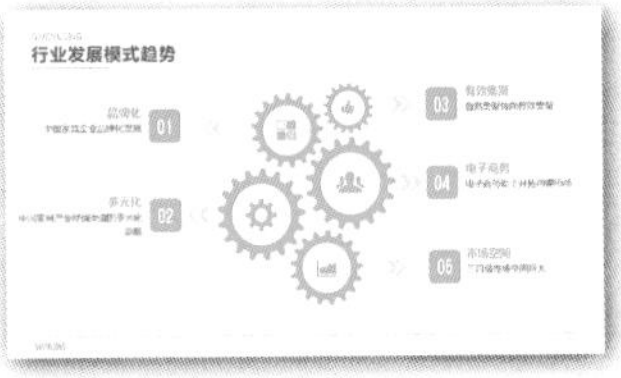
行业发展模式趋势
01
02
03
04
05

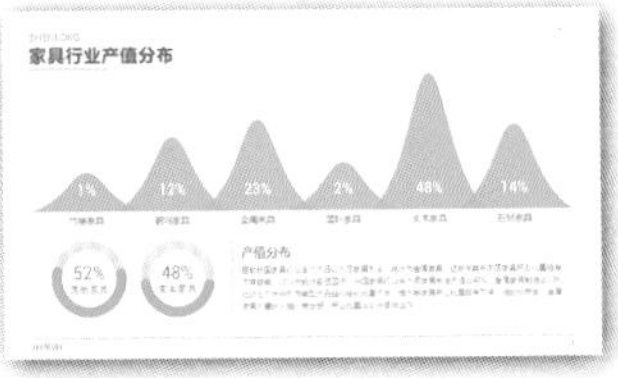
家具行业产值分布
1%
12%
23%
2%
48%
14%
52%
48%
产值分布

SHENLONG
办公家具分类
01 石材家具
石具制作的家具主要有：天然大理石、人造大理石、树脂人造大理石！
02 竹藤家具
竹藤家具是世界上最古老的家具品种之一，制作十分考究，需经过打光、上光、油漆抹、甚至油漆彩色，使成品显得牢固耐用。
03 金属家具
以金属管材、板材或棍材等作为主架构，配以木材、各类人造板、玻璃、石材等制造的家具和完全由金属材料制作的铁艺家具。
按材质
实木家具 04
实木家具是主材为实木的家具，目前发展形势良好。
塑料家具 05
塑料家具是一种新性能的家具。塑料的种类很多，但基本上可分成两种类型:热固性塑料和热塑性塑料。
钢制家具 06
钢制家具就是用钢做的家具，钢制家具现在已经走入千家万户，应用广泛。
SHENLONG

目录
办公家具是为日常生活工作和社会活动中为办公者工作方便而配备的用具。近几年，中国家具产业取得了前所未有的发展，作为家具行业的分支，中国办公家具行业随着生产技术的不断更新、品种的不断增加、专业化生产的逐渐形成和管理水平的不断提高，也实现了迅速发展。
01.行业简介
家具因为使用地方性质的不同，可以分为家居家具和办公家具。
02.行业现状
中国目前有5万多家家具企业，保守估计有1万家企业拥有品牌。
03.行业发展
目前我国家具行业生产产品以木质家具为主，其次为金属家具。
04.行业厂商
扩大市场占有率，入驻各个生产板块。
05.品牌推广
塑造自身及产品品牌形象,使广大消费者广泛认同神龙家具。

SHENLONG
现代办公家具的发展
打字机
20世纪初打字机出现是改变办公家具面积的重要催化剂
档案、桌椅
档案尺寸，桌柜大小标准化，符合人体功能椅子
更新换代
传统家具转换为绿色家具
纸张
纸张规格标准化
范围扩大
扩大至整个办公家具产业
SHENLONG
5

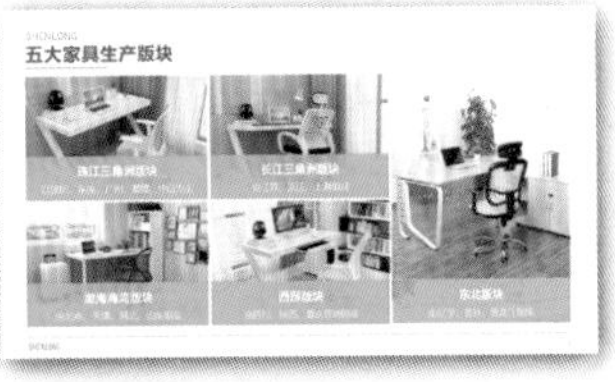
五大家具生产版块

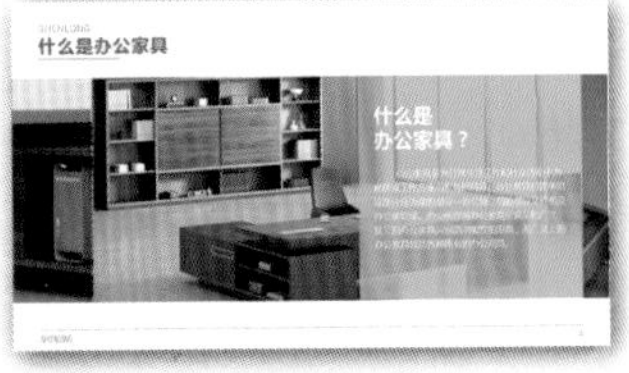
什么是办公家具
什么是
办公家具？

赠送 PPT 案例展示

PART 01
品牌就是神龙

必须了解的潜规则

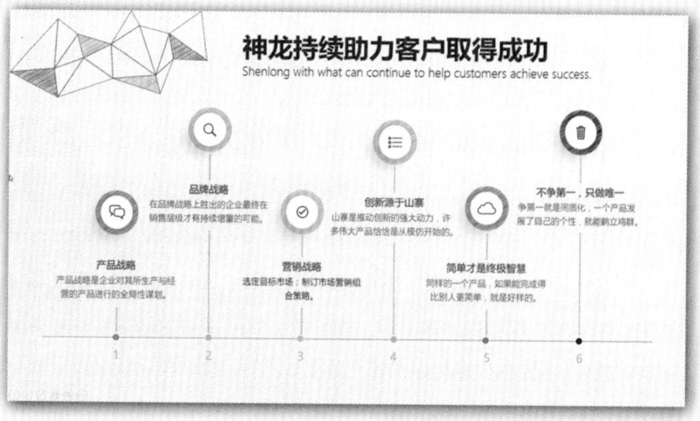
神龙持续助力客户取得成功
Shenlong with what can continue to help customers achieve success.
品牌战略
在品牌战略上胜出的企业最终在销售层级才有持续增量的可能。
创新源于山寨
山寨是推动创新的强大动力，许多伟大产品恰恰是从模仿开始的。
不争第一，只做唯一
争第一就是同质化，一个产品发展了自己的个性，就能鹤立鸡群。
产品战略
产品战略是企业对其所生产与经营的产品进行的全局性谋划。
营销战略
选定目标市场；制订市场营销组合策略。
简单才是终极智慧
同样的一个产品，如果能完成得比别人更简单，就是好样的。
1
2
3
4
5
6

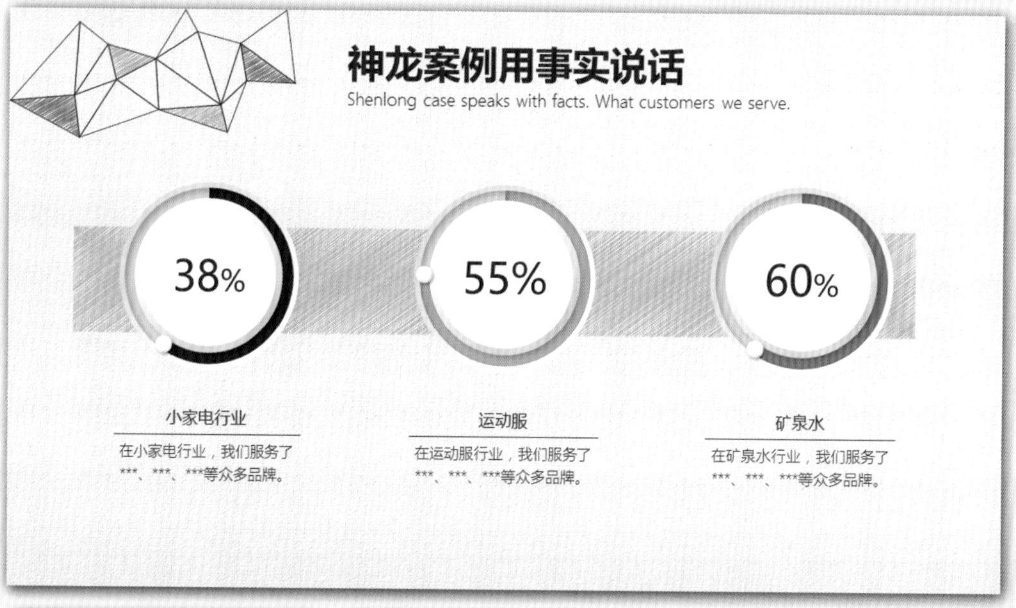
神龙案例用事实说话
Shenlong case speaks with facts. What customers we serve.
38%
55%
60%
小家电行业
在小家电行业，我们服务了
、、***等众多品牌。
运动服
在运动服行业，我们服务了
、、***等众多品牌。
矿泉水
在矿泉水行业，我们服务了
、、***等众多品牌。

品牌定位+独特符号+战略管理

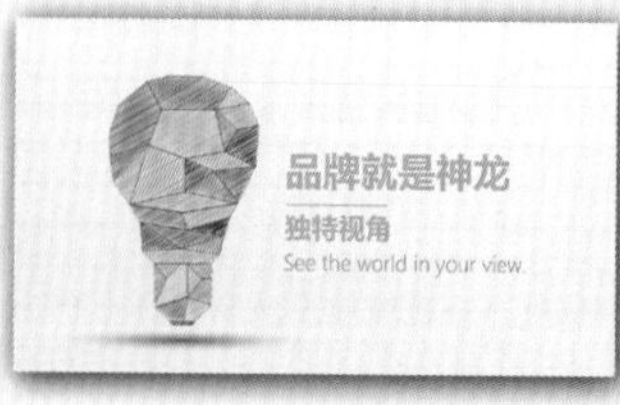
品牌就是神龙
独特视角
See the world in your view.

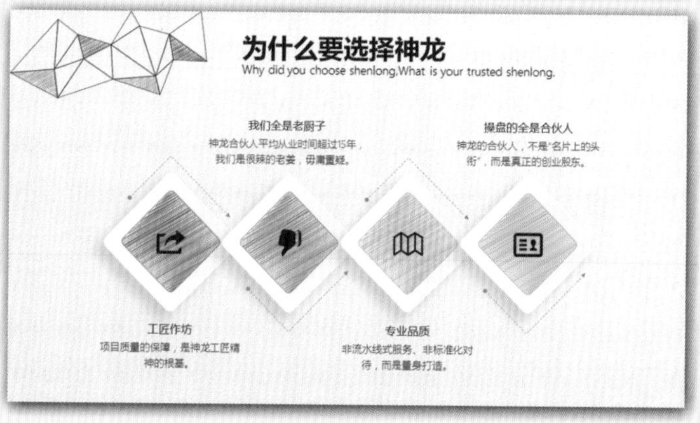
为什么要选择神龙
Why did you choose shenlong,What is your trusted shenlong.
我们全是老厨子
神龙合伙人平均从业时间超过15年，
我们是很辣的老姜，毋庸置疑。
操盘的全是合伙人
神龙的合伙人，不是"名片上的头衔"，而是真正的创业股东。
工匠作坊
项目质量的保障，是神龙工匠精神的根基。
专业品质
非流水线式服务、非标准化对待，而是量身打造。

BUINESS
ANNUAL REPORT
2017
神龙软件开发有限公司

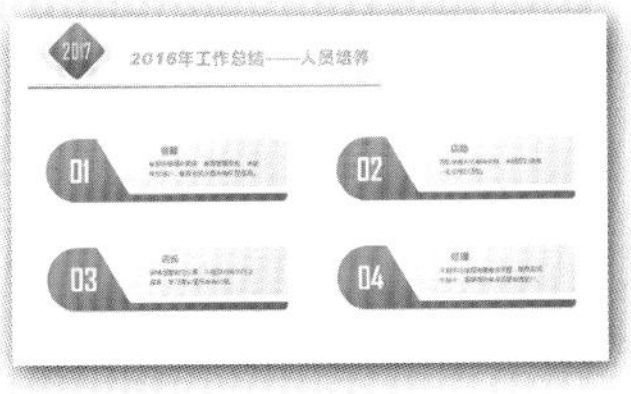
2017
2016年工作总结——人员培养
01
02
03
04

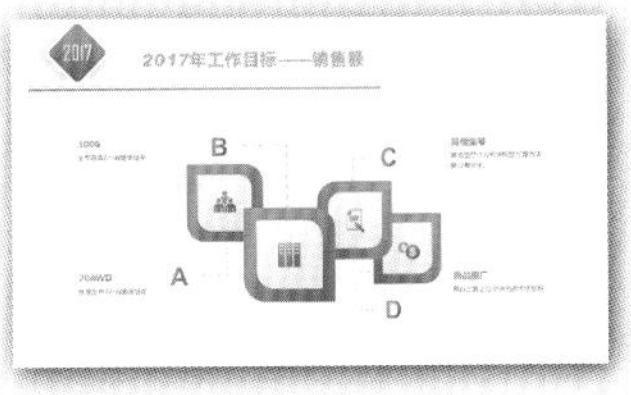
2017
2017年工作目标——销售额
B
C
A
D

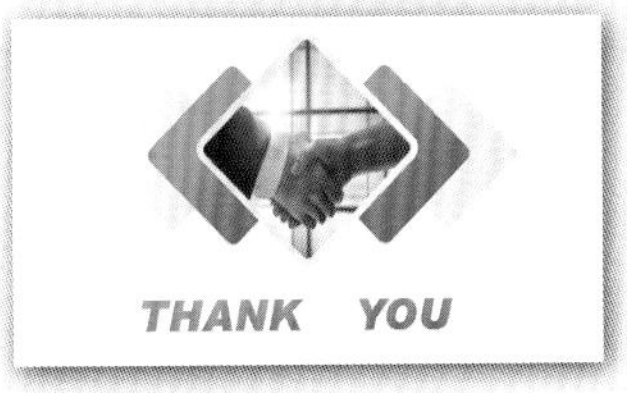
THANK YOU

2017
2016年工作总结——团队协作
公司端
活动的时候，遇到问题解决时和各个部门沟通不到位，未能及时有效解决问题。
运营端
产品推广方面，以及平时推广交流方面未能做到有效的沟通。
客服端
客服各项数据没有及时准确的收集和分析，与市场矛盾较多。
工厂端
和工厂在产品费用等方面沟通较少，存在摩擦。

PART 01
2016年工作总结

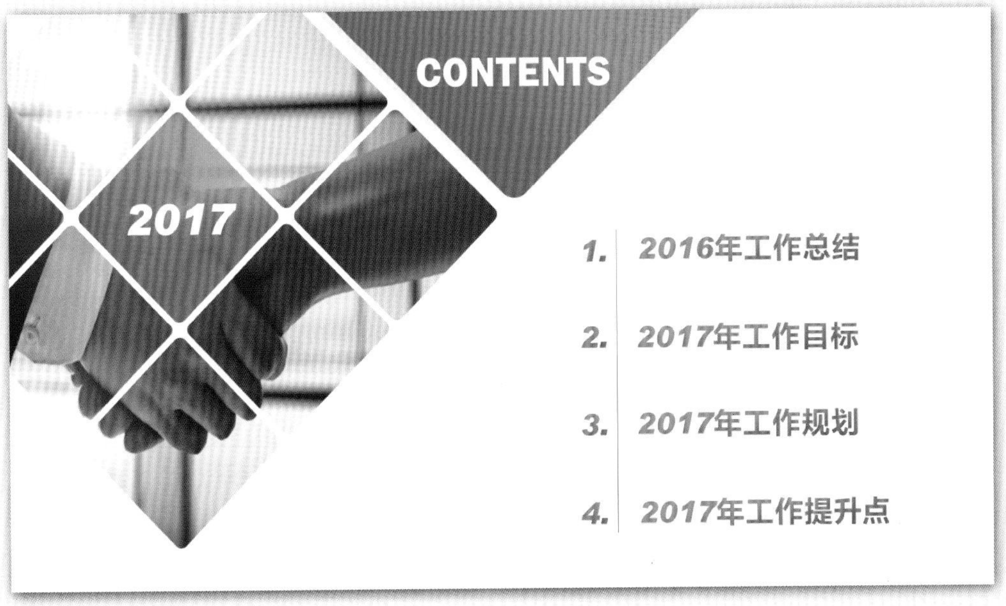
CONTENTS
2017
1. 2016年工作总结
2. 2017年工作目标
3. 2017年工作规划
4. 2017年工作提升点

赠送 PPT 案例展示

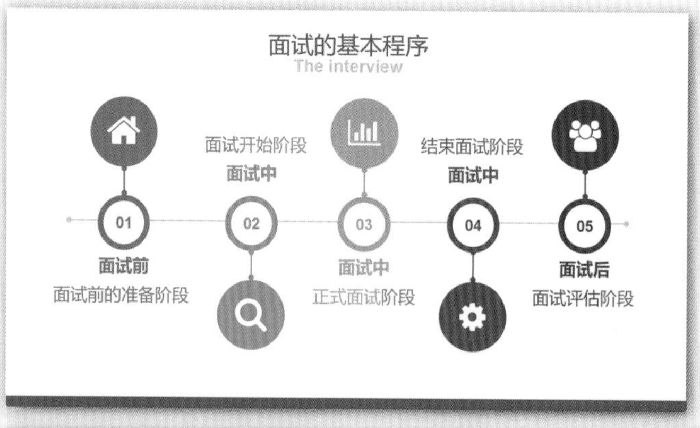
面试的基本程序
The interview
面试开始阶段
面试中
结束面试阶段
面试中
01
02
03
04
05
面试前
面试前的准备阶段
面试中
正式面试阶段
面试后
面试评估阶段

2106年各类商品销售统计
The company product sales statistics
护体
彩妆
防晒
护肤
7%
8%
25%
60%

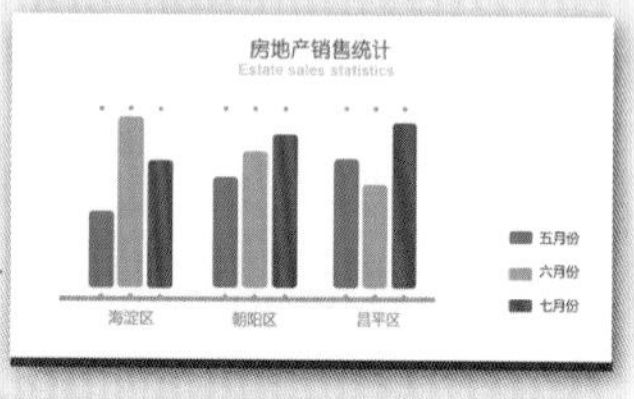
房地产销售统计
Estate sales statistics
海淀区
朝阳区
昌平区
五月份
六月份
七月份

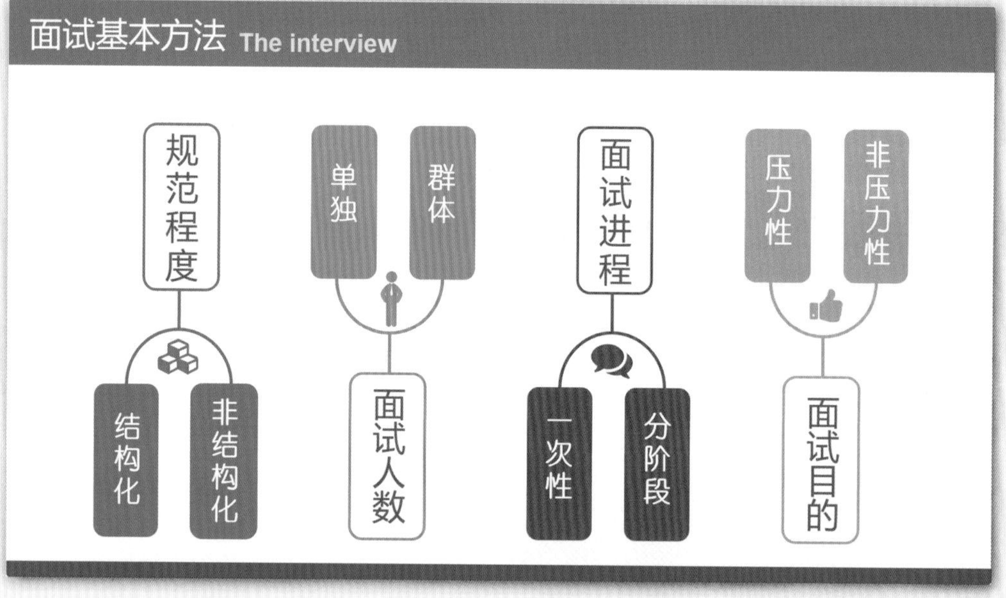
面试基本方法 The interview
规范程度
结构化
非结构化
单独
群体
面试人数
面试进程
一次性
分阶段
压力性
非压力性
面试目的

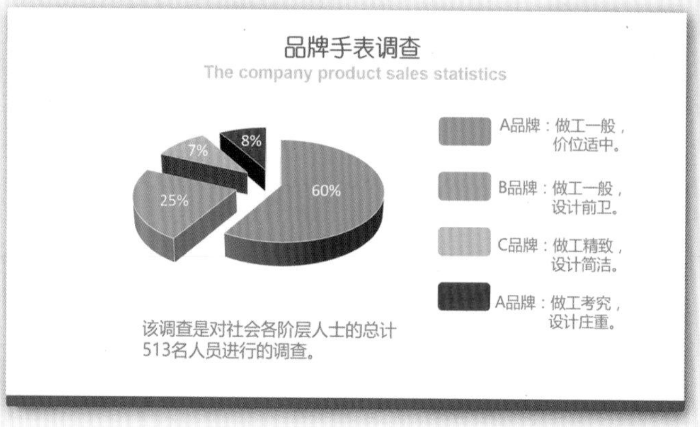
品牌手表调查
The company product sales statistics
7%
8%
25%
60%
A品牌：做工一般，价位适中。
B品牌：做工一般，设计前卫。
C品牌：做工精致，设计简洁。
A品牌：做工考究，设计庄重。
该调查是对社会各阶层人士的总计513名人员进行的调查。

公司主营业务统计
线下销售
零售
固定渠道销售
线上销售

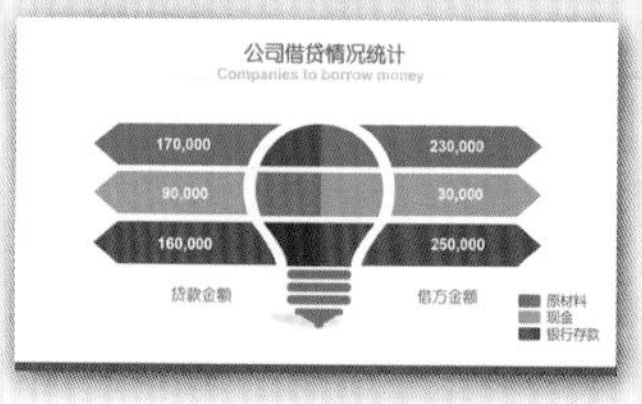
公司借贷情况统计
170,000
90,000
160,000
230,000
30,000
250,000
贷款金额
借方金额
原材料
现金
银行存款

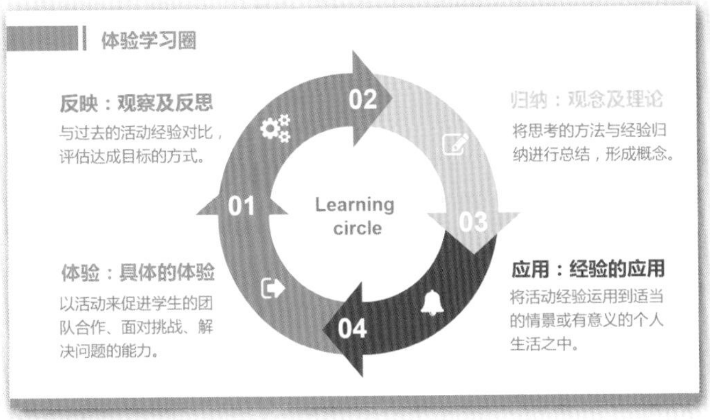
体验学习圈
反映：观察及反思
与过去的活动经验对比，评估达成目标的方式。
02
归纳：观念及理论
将思考的方法与经验归纳进行总结，形成概念。
01
Learning circle
03
体验：具体的体验
以活动来促进学生的团队合作、面对挑战、解决问题的能力。
04
应用：经验的应用
将活动经验运用到适当的情景或有意义的个人生活之中。

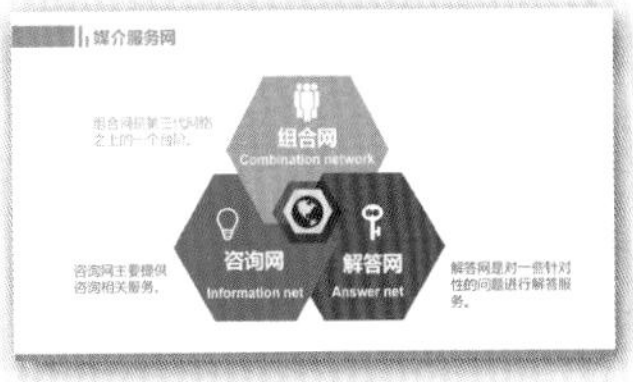
媒介服务网
组合网
Combination network
咨询网
Information net
咨询网主要提供咨询相关服务。
解答网
Answer net
解答网是对一些针对性的问题进行解答服务。

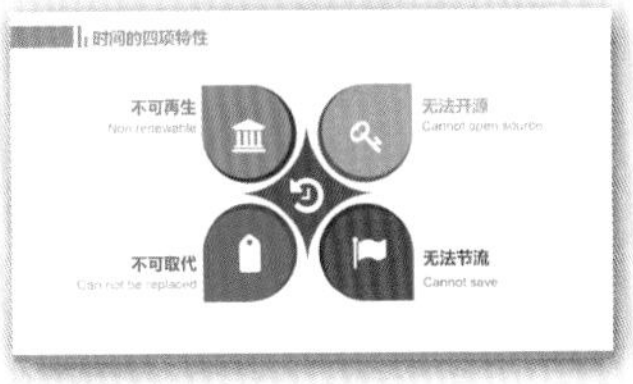
时间的四项特性
不可再生
无法开源
Cannot open source
不可取代
无法节流
Cannot save

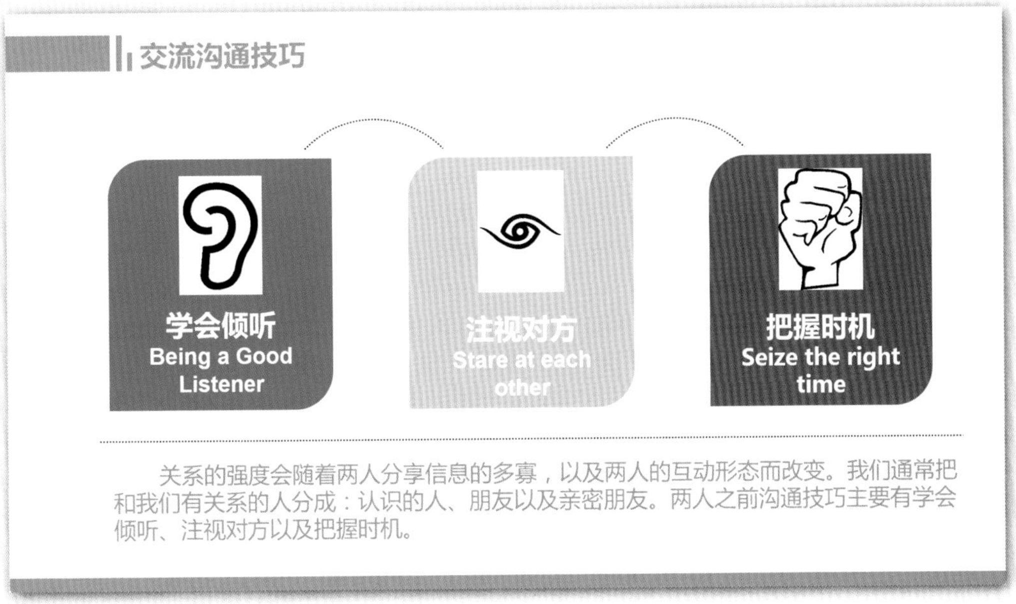
交流沟通技巧
学会倾听
Being a Good Listener
注视对方
Stare at each other
把握时机
Seize the right time
关系的强度会随着两人分享信息的多寡，以及两人的互动形态而改变。我们通常把和我们有关系的人分成：认识的人、朋友以及亲密朋友。两人之前沟通技巧主要有学会倾听、注视对方以及把握时机。

产品策划思路
企业资源
Enterprise resource
传播策略
Communication strategy
现状分析
Present situation analysis
策划方案
诉求定位
Appeal location
市场依据
Market basis
传播条件
Propagation conditions

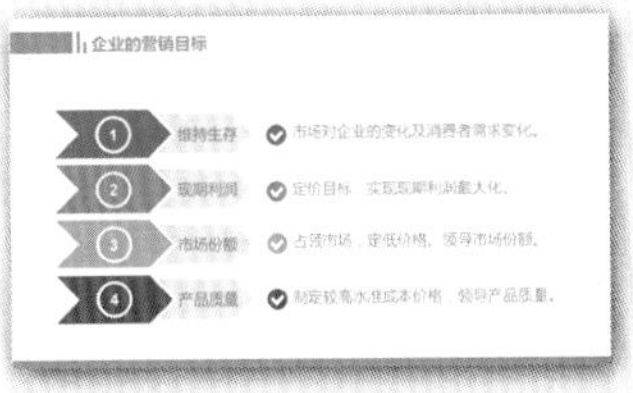
企业的营销目标
1
2
3
4

8S管理
整顿
SEITON
整理
SEIRI
清扫
SEISO
清洁
SEIKETSU
素养
SHITSUKE
SAFETY
节约
SAVE
学习
STUDY

赠送 PPT 案例展示

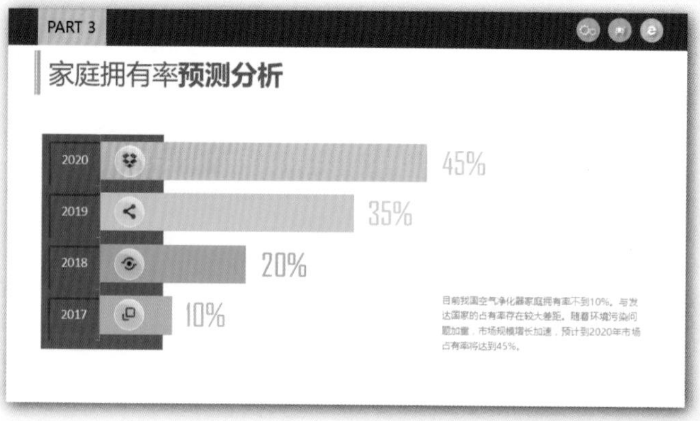
PART 3
家庭拥有率预测分析
2020
2019
2018
2017
45%
35%
20%
10%
目前我国空气净化器家庭拥有率不到10%，与发达国家的占有率存在较大差距。随着环境污染问题加重，市场规模增长加速，预计到2020年市场占有率将达到45%。

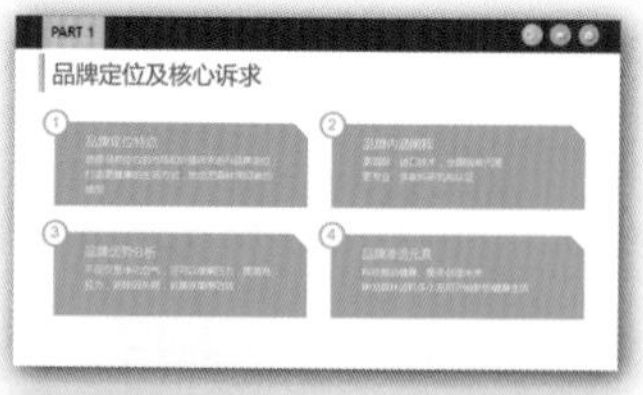
PART 1
品牌定位及核心诉求

品牌推广方案

PART 3
执行规划
话题规划
传统PR：平煤、网络新闻及深度报道
活动规划
新媒体EPR的视频传播+微信微博活动+论坛传播
话题规划
活动规划
品牌
传播
论坛营销
区域营销
论坛营销
邀请加盟商参与行业论坛营销
区域营销
走出去（赞助、跨界合作）+请进来（社区活动）

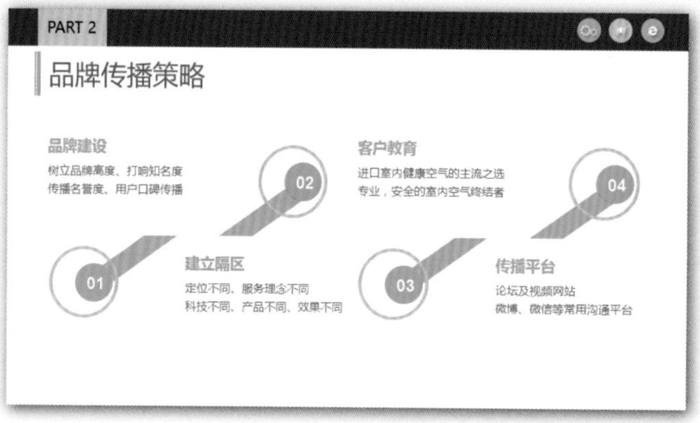
PART 2
品牌传播策略
品牌建设
树立品牌高度、打响知名度
传播名誉度、用户口碑传播
02
客户教育
进口室内健康空气的主流之选
专业，安全的室内空气终结者
04
01
建立隔区
定位不同、服务理念不同
科技不同、产品不同、效果不同
03
传播平台
论坛及视频网站
微博、微信等常用沟通平台

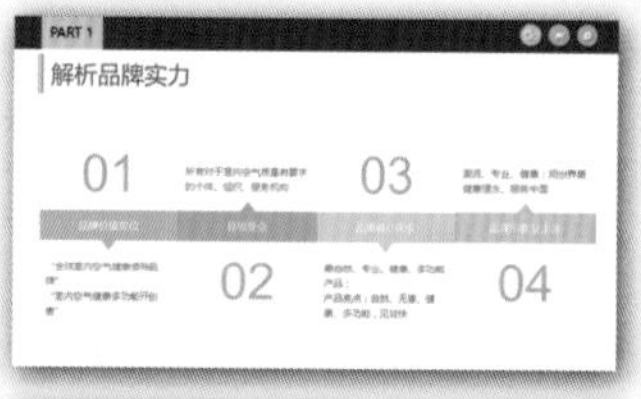
PART 1
解析品牌实力
01
03
02
04

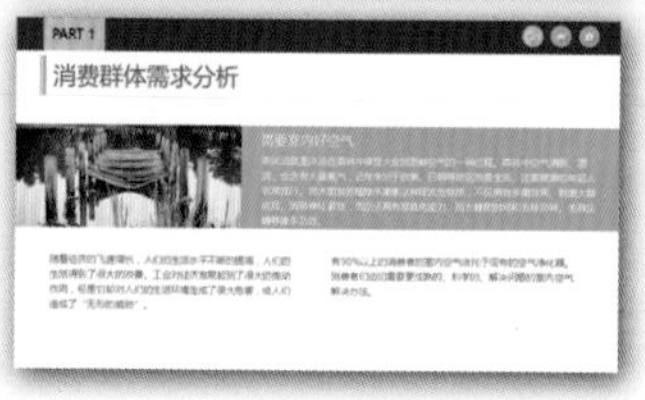
PART 1
消费群体需求分析

神龙留置针营销推广方案
神龙医药有限公司
神龙医药
SHENLONG MEDICINE
2014年12月

18G
20G
22G
24G

目 录
市场地位
产品策略
产品定位
分销策略
同产品分析

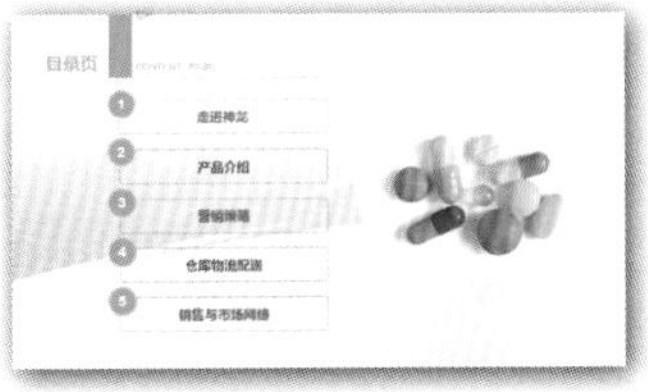
目录页
走进神龙
产品介绍
营销策略
仓库物流配送
销售与市场网络

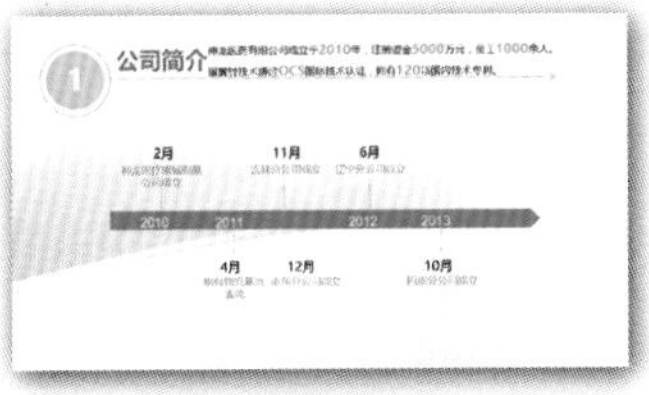
公司简介
2月
11月
6月
2010
2011
2012
2013
4月
12月
10月

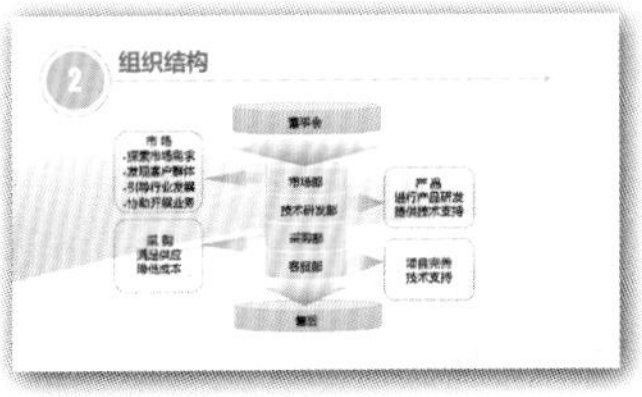
组织结构
董事会
市场部
技术研发部
采购部
客服部
产品
采购

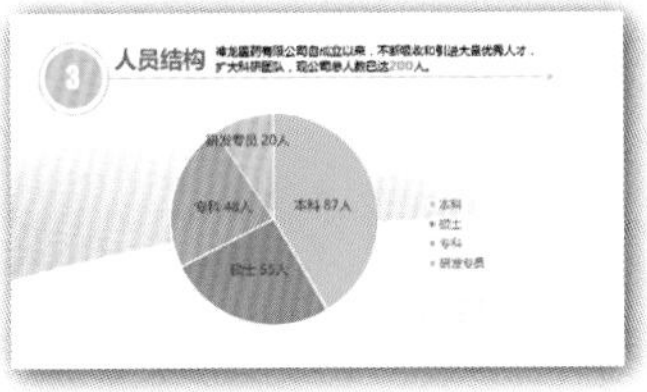
人员结构
研发专员 20人
专科 44人
本科 87人
硕士 55人
本科
硕士
专科
研发专员

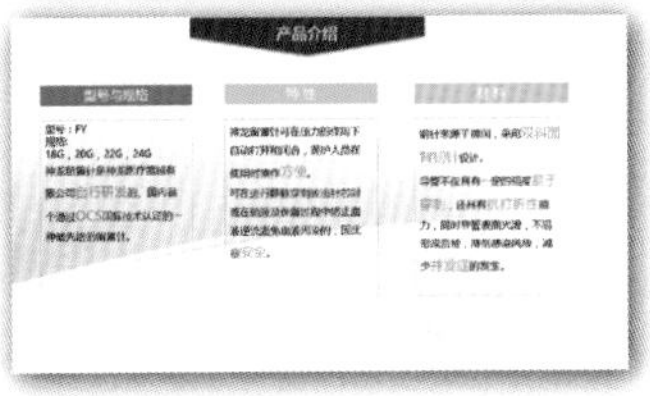
产品介绍

功效定位
品质定位
市场定位

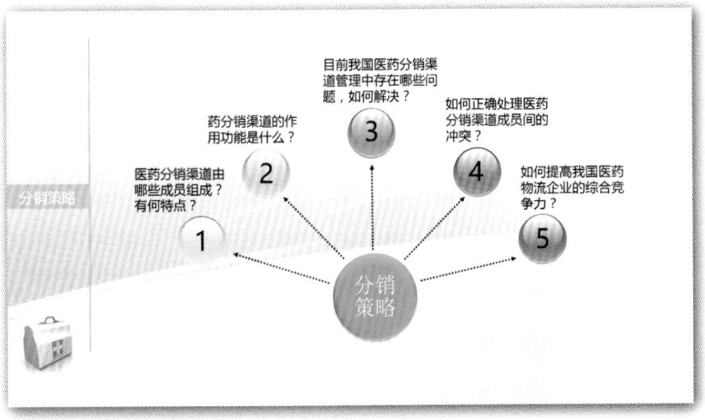
目前我国医药分销渠道管理中存在哪些问题，如何解决？
药分销渠道的作用功能是什么？
如何正确处理医药分销渠道成员间的冲突？
医药分销渠道由哪些成员组成？有何特点？
如何提高我国医药物流企业的综合竞争力？
1
2
3
4
5
分销策略
分销策略

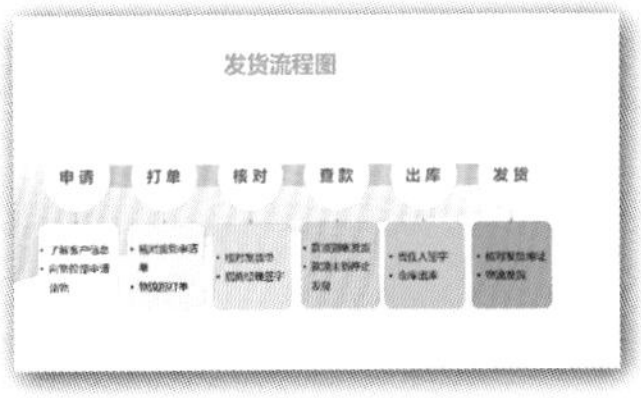
发货流程图
申请
打单
核对
查款
出库
发货

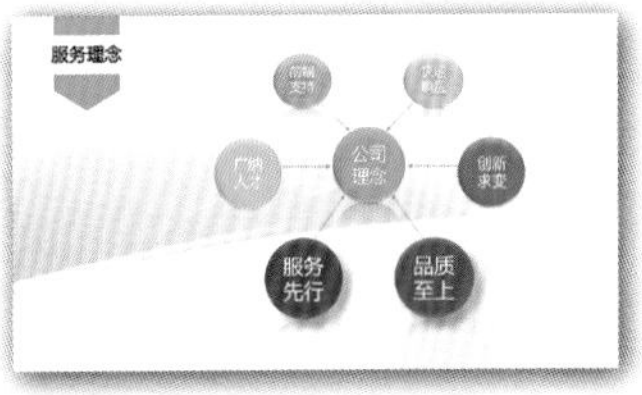
服务理念
公司理念
创新求变
服务先行
品质至上

留置针介绍
名称
型号
临床应用
18G
20G
22G
24G

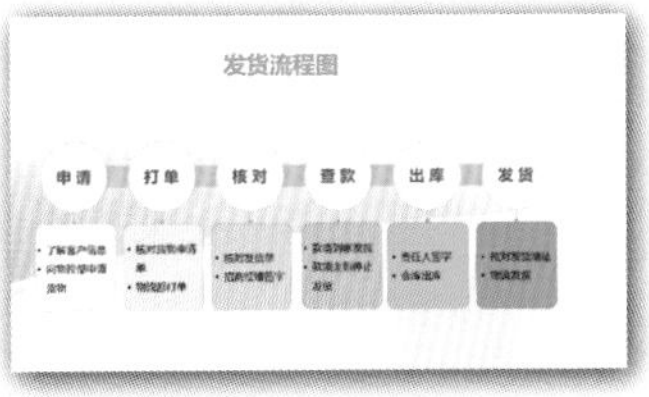
发货流程图
申请
打单
核对
查款
出库
发货

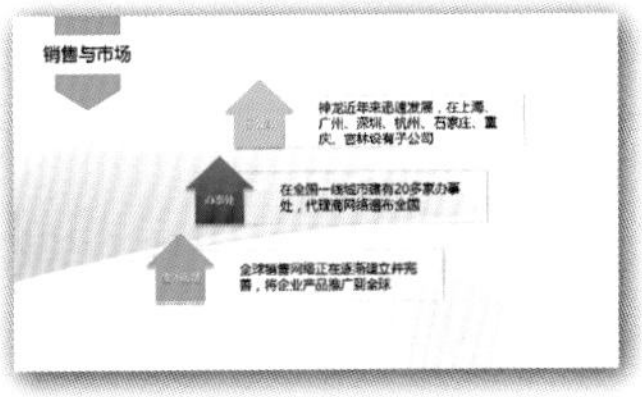
销售与市场

本书及赠送 Word 案例展示

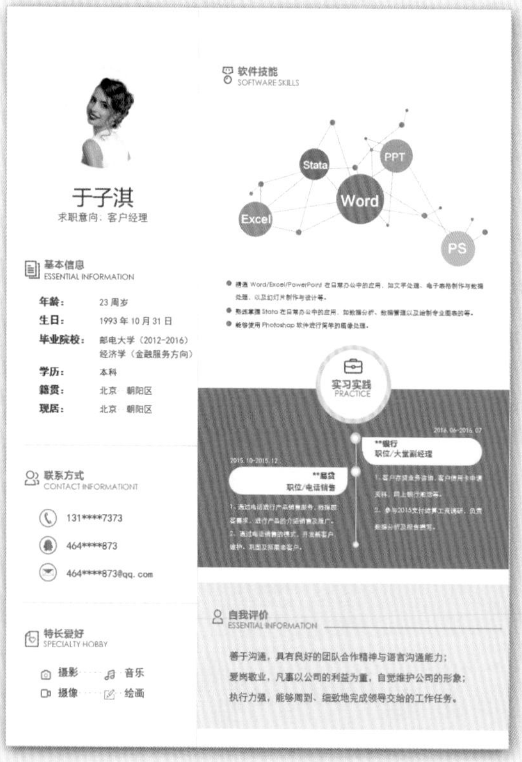

2013

Word Excel PPT 商务办公从新手到高手

全彩版

神龙工作室◎编著

人民邮电出版社
北京

图书在版编目（CIP）数据

Word/Excel/PPT2013商务办公从新手到高手 : 全彩版 / 神龙工作室编著. -- 北京 : 人民邮电出版社, 2017.9
ISBN 978-7-115-46613-6

Ⅰ. ①W… Ⅱ. ①神… Ⅲ. ①办公自动化－应用软件 Ⅳ. ①TP317.1

中国版本图书馆CIP数据核字(2017)第176649号

内 容 提 要

本书是指导初学者学习 Word/Excel/PPT 2013 的入门图书。书中详细地介绍了初学者学习 Word/Excel/PPT 时应该掌握的基础知识和使用方法，并对初学者在学习过程中经常会遇到的问题进行了专家级的解答，以免初学者在起步的过程中走弯路。全书分 3 篇，共 11 章，第 1 篇“Word 办公应用”介绍 Word 2013 的基本操作、表格应用与图文混排、Word 高级排版；第 2 篇“Excel 办公应用”介绍工作簿和工作表的基本操作、美化工作表，排序、筛选与汇总数据，数据处理与分析，图表与数据透视表，函数与公式的应用等内容；第 3 篇“PPT 设计与制作”介绍编辑与设计幻灯片、动画效果与放映。

本书附带一张精心开发的专业级 DVD 格式的电脑教学光盘。光盘采用全程语音讲解的方式，紧密结合书中的内容，对各个知识点进行深入的讲解，提供长达 8 小时的与本书内容同步的视频教学演示。同时光盘中附赠 2 小时高效运用 Word/Excel/PPT 视频讲解、8 小时财会办公/人力资源管理/文秘办公/数据处理与分析实战案例视频讲解、包含 1280 个 Office 2013 实用技巧的电子书、930 套 Word/Excel/PPT 2013 办公模板、财务/人力资源/文秘/行政/生产等岗位工作手册、300 页 Excel 函数与公式使用详解电子书、常用办公设备和办公软件的使用方法视频讲解、包含 300 多个电脑常见问题解答的电子书等内容。

本书既适合电脑初学者阅读，又可以作为大中专院校或者企业的培训教材，同时对有经验的 Office 使用者也有很高的参考价值。

◆ 编　　著　神龙工作室
责任编辑　马雪伶
责任印制　彭志环

◆ 人民邮电出版社出版发行　　北京市丰台区成寿寺路 11 号
邮编　100164　　电子邮件　315@ptpress.com.cn
网址　http://www.ptpress.com.cn
北京画中画印刷有限公司印刷

◆ 开本：700×1000　1/16
印张：19.75　　2017 年 9 月第 1 版
字数：421 千字　　2017 年 9 月北京第 1 次印刷

定价：49.80 元（附光盘）

读者服务热线：(010)81055410　印装质量热线：(010)81055316
反盗版热线：(010)81055315
广告经营许可证：京东工商广登字 20170147 号

前言 /PREFACE

随着企业信息化的不断发展，办公软件已经成为企业日常办公中不可或缺的工具。Office 办公组件中的 Word/Excel/PowerPoint 具有强大的文字处理、电子表格制作与数据处理，以及幻灯片制作与设计功能，使用它们可以进行各种文档资料的管理、数据的处理与分析、演示文稿的展示等。Word/Excel/PowerPoint 2013 目前已经广泛地应用于财务、行政、人事、统计和金融等众多领域，在企业文秘与行政办公中更是得到了广泛的应用，为此我们组织多位办公软件应用专家和资深职场人士精心编写了本书，以满足企业实现高效、简捷的现代化管理的需求。

写作特色

■ 实例为主，易于上手：全面突破传统的按部就班讲解知识的模式，模拟真实的办公环境，以实例为主，将读者在学习的过程中遇到的各种问题以及解决方法充分地融入实际案例中，以便读者能够轻松上手，解决各种疑难问题。

■ 高手过招，专家解密：通过“高手过招”栏目提供精心筛选的 Word/Excel/PPT 2013 使用技巧，以专家级的讲解帮助读者掌握职场办公中应用广泛的办公技巧。

■ 双栏排版，超大容量：采用双栏排版的格式，信息量大，力求在有限的篇幅内为读者奉献更多的实战案例。

■ 全彩印刷，图文并茂：本书内文采用全彩印刷，在介绍具体操作步骤的过程中，每一个操作步骤均配有对应的插图，以使读者在学习过程中能够直观、清晰地看到操作的过程及其效果，学习更轻松。

■ 书盘结合，双轨学习：本书的配套多媒体教学视频与书中内容紧密结合并互相补充，并提供电脑端、手机端两种学习方式——读者既可以选择在电脑上观看 DVD 光盘进行学习；也可以选择扫描书中二维码，在手机端观看视频随时随地学习。

光盘特点

■ 超大容量：本书所配的 DVD 格式光盘的播放时间长达 18 小时，涵盖书中绝大部分知识点，并做了一定的扩展，克服了目前市场上同类书中光盘内容含量少、播放时间短的缺点。

■ 内容丰富：光盘中不仅包含 8 小时与本书内容同步的视频讲解、本书实例的原始文件和最终效果文件，同时赠送以下 7 部分的内容：

（1）2 小时高效运用 Word/Excel/PPT 视频讲解；

（2）8 小时财会办公 / 人力资源管理 / 文秘办公 / 数据处理与分析实战案例视频讲解；

（3）930 套 Word/Excel/PPT 2013 实用模板；

（4）300 页 Excel 函数使用详解电子书；

（5）包含 1280 个 Office 应用技巧的电子书；

（6）包含 300 多个电脑常见问题解答的电子书；

（7）多媒体讲解打印机、扫描仪等办公设备及解 / 压缩软件、看图软件等办公软件的使用。

■ 解说详尽：在演示各个办公实例的过程中，对每一个操作步骤都做了详细的解说，使读者能够身临其境，提高学习效率。

配套光盘运行特点

（1）将光盘印有文字的一面朝上放入光驱中，几秒钟后光盘就会自动运行。

（2）若光盘没有自动运行，在光盘图标上单击鼠标右键，在弹出的快捷菜单中选择【自动播放】菜单项（Windows XP 系统），或者选择【安装或运行程序】菜单项（Windows 7/8/10 系统），光盘就会运行。

（3）建议将光盘中的内容复制到硬盘上观看，双击光盘根目录下的【WordExcelPPT2013 商务办公从新手到高手 .exe】文件，进入下图所示的光盘主界面，选择相应的视频学习即可。

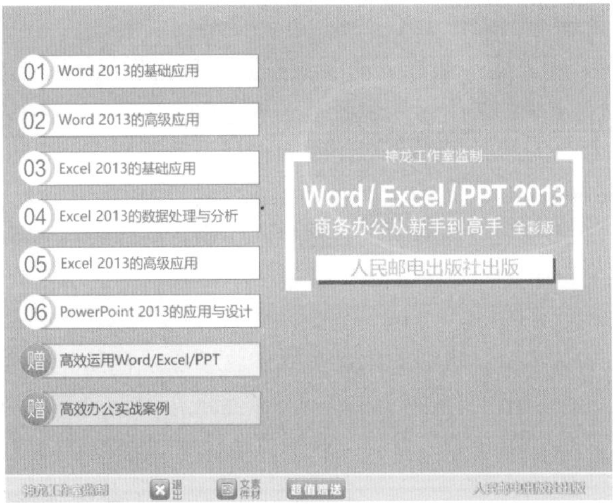

（4）如果光盘演示画面不能正常显示，请双击光盘根目录下的 tscc.exe 文件，然后重新运行光盘即可。

本书由神龙工作室策划编写，参与资料收集和整理工作的有姜楠、纪美清、孙冬梅、史玲云等。由于时间仓促，书中难免有疏漏和不妥之处，恳请广大读者不吝批评指正。

本书责任编辑的联系信箱：maxueling@ptpress.com.cn。

编者

目录 CONTENTS

第1篇 Word办公应用

第01章 文档的基本操作

光盘演示路径：
Word 2013的基础应用\文档的基本操作

高手过招

第3篇 PPT 设计与制作

第10章 编辑与设计幻灯片

光盘演示路径：
PowerPoint 2013 的应用与设计 \ 编辑与设计幻灯片

高手过招

◎ 巧把幻灯片变图片
◎ 巧妙设置演示文稿结构
◎ 如何快速更改图表类型

第11章 动画效果与放映

光盘演示路径：
PowerPoint 2013 的应用与设计 \ 动画效果与放映

高手过招

◎ 多个对象同时运动
◎ 链接幻灯片
◎ 取消 PPT 放映结束时的黑屏

第 1 篇

Word 办公应用

Word 2013是Office 2013中的一个重要组件，是由Microsoft公司推出的一款优秀的文字处理与排版应用程序。

第01章

文档的基本操作

文档的基本操作包括新建文档、保存文档、编辑文档、浏览文档、打印文档、保护文档，以及文档的简单格式设置。

关于本章知识，本书配套教学光盘中有相关的多媒体教学视频，请读者参见光盘中的【Word 2013 的基础应用 \ 文档的基本操作】。

1.1 面试通知

公司已发布招聘信息，并收集了应聘者的简历，接下来以邮件形式通知部分应聘者来公司面试。

1.1.1 新建文档

用户可以使用 Word 2013 方便快捷地新建多种类型的文档，如空白文档、基于模板的文档等。

1. 新建空白文档

如果 Word 2013 没有启动，可通过下面介绍的方法新建空白文档。

使用【开始】程序

01 单击【开始】按钮，从弹出的下拉列表中选择【所有程序】➤【Microsoft Office 2013】➤【Word 2013】，启动 Word 2013。

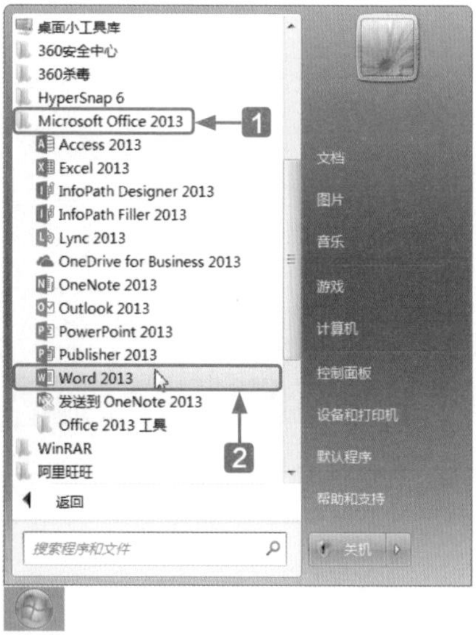

02 在Word开始界面中单击【空白文档】选项，即可创建一个名为“文档1”的空白文档。

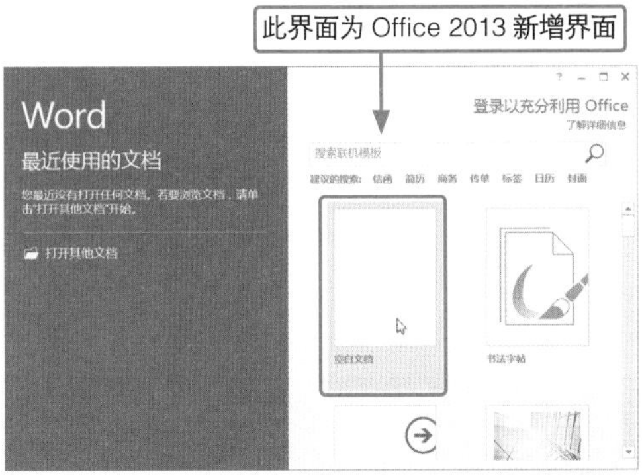

如果 Word 2013 已经启动，可通过以下 3 种方法新建空白文档。

使用 文件 按钮

在 Word 2013 主界面中单击 文件 按钮，从弹出的界面中选择【新建】选项，系统会打开【新建】界面，在列表框中选择【空白文档】选项。

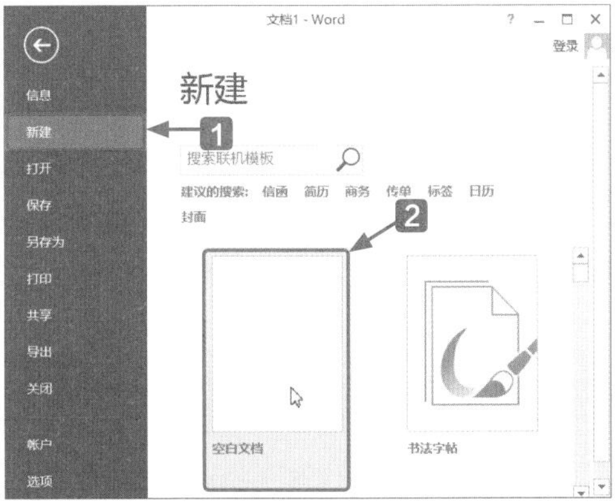

使用组合键

在 Word 2013 中，按【Ctrl】+【N】组合键即可创建一个新的空白文档。

使用【新建】按钮

01 单击【自定义快速访问工具栏】按钮，从弹出的下拉列表中选择【新建】选项。

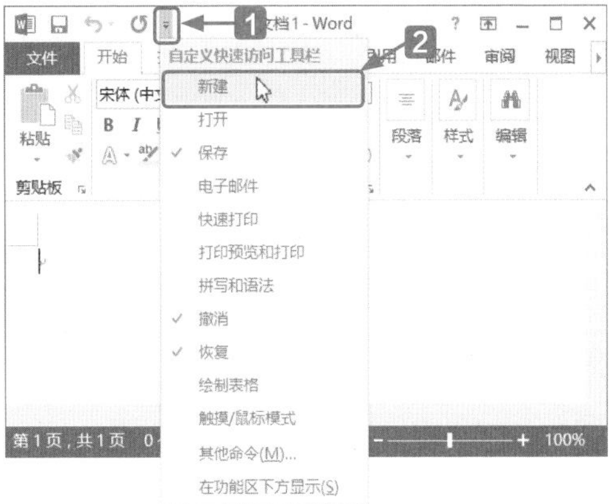

02 此时【新建】按钮就添加到了【快速访问工具栏】中，单击该按钮即可新建一个空白文档。

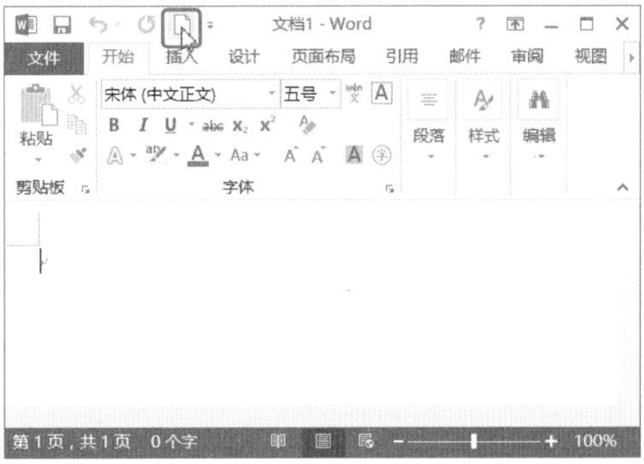

2. 新建联机模板

除了 Office 2013 软件自带的模板之外，微软公司还提供了很多精美的专业联机模板。

01 单击 文件 按钮，从弹出的界面中选择【新建】选项，系统会打开【新建】界面，在【搜索联机模板】搜索框中输入想要搜索的模板类型，例如“简历”，单击【开始搜索】按钮。

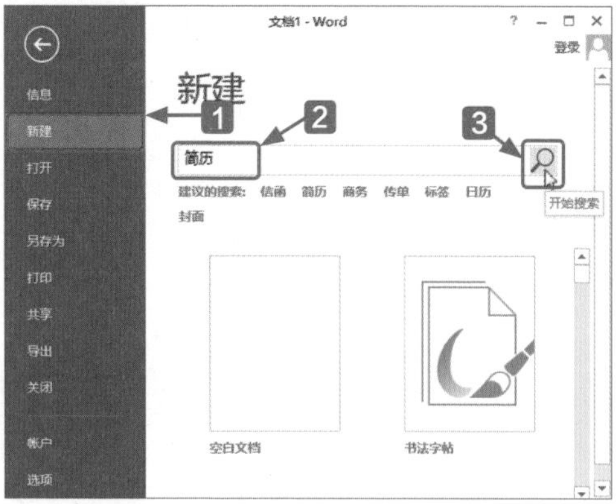

02 在下方会显示搜索结果，从中选择一种合适的简历选项。

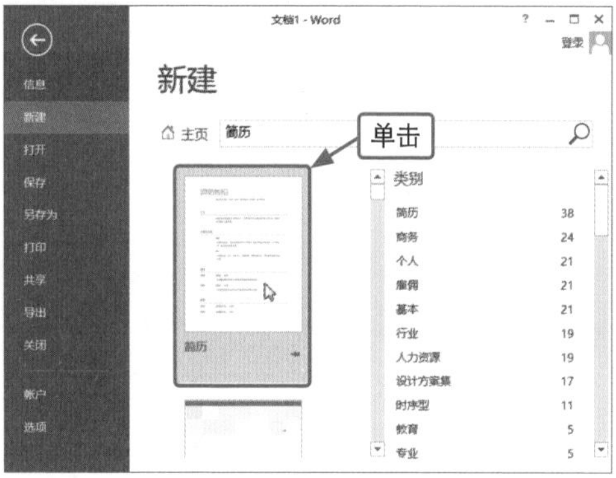

03 在弹出的【简历】预览界面中单击【创建】按钮。

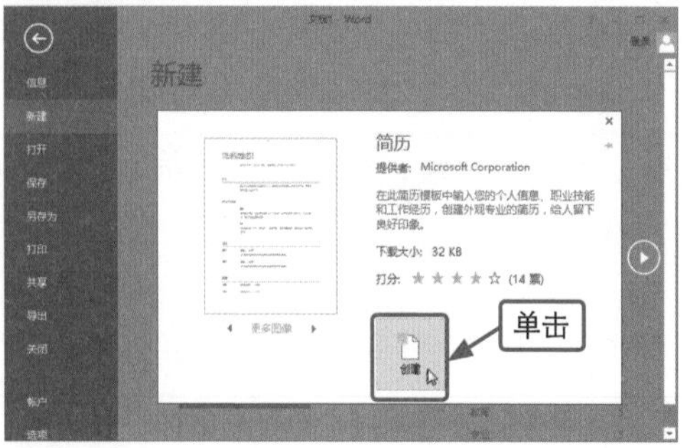

04 即可进入下载界面，显示“正在下载您的模板”。

提 示

联机模板的下载需要连接网络，否则无法显示信息和下载。

05 下载完毕，模板如图所示。

1.1.2 保存文档

在编辑文档的过程，可能会出现断电、死机或系统自动关闭等情况。为了避免不必要的损失，用户应该及时保存文档。

1. 保存新建的文档

新建文档以后，用户可以将其保存起来。保存新建文档的具体步骤如下。

01 单击 文件 按钮，从弹出的界面中选择【保存】选项。

02 此时为第一次保存文档，系统会打开【另存为】界面，在此界面中选择【计算机】选项，然后单击右侧的【浏览】按钮 。

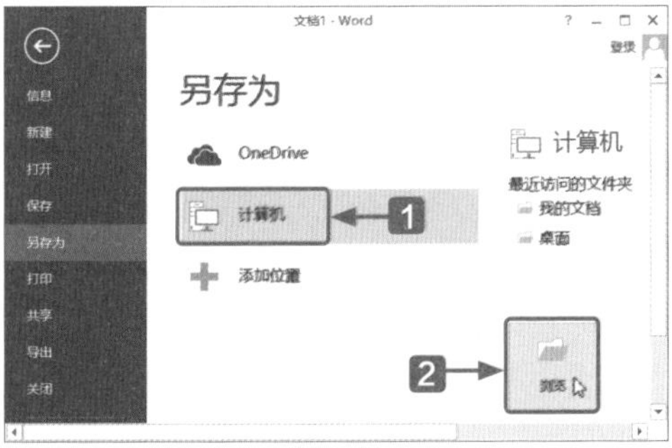

03 弹出【另存为】对话框，在左侧的列表框中选择保存位置，在【文件名】文本框中输入文件名，在【保存类型】下拉列表中选择【Word文档（*.docx）】选项。

04 单击 保存(S) 按钮，即可保存新建的Word文档。

2. 保存已有的文档

用户对已经保存过的文档进行编辑之后，可以使用以下几种方法保存。

方法 1：单击【快速访问工具栏】中的【保存】按钮 。

方法 2：单击 文件 按钮，从弹出的下拉菜单中选择【保存】选项。

方法 3：按【Ctrl】+【S】组合键。

3. 将文档另存为

用户对已有文档进行编辑后，可以另存为同类型文档或其他类型的文件。

01 单击 文件 按钮，从弹出的界面中选择【另存为】选项。

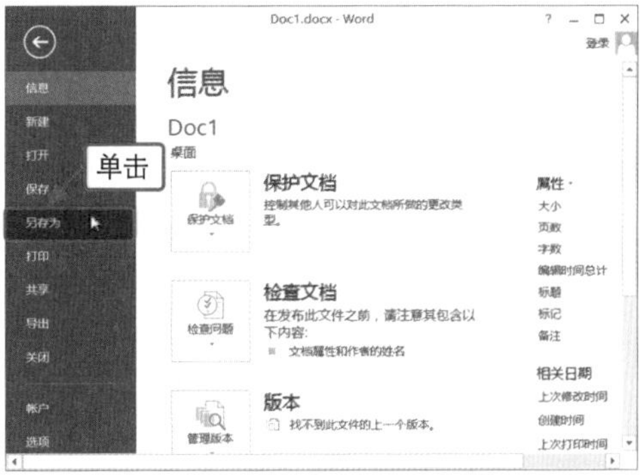

02 弹出【另存为】界面，在此界面中选择【计算机】选项，然后单击右侧的【浏览】按钮 。

03 弹出【另存为】对话框，在左侧的列表框中选择保存位置，在【文件名】文本框中输入文件名，在【保存类型】下拉列表中选择【Word文档（*.docx）】选项，单击 保存(S) 按钮即可。

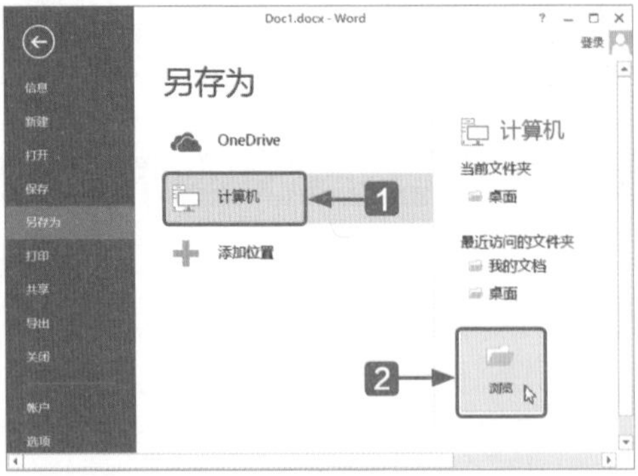

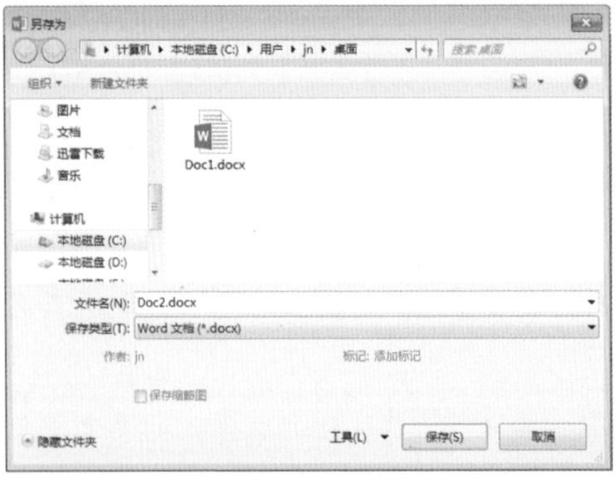

4. 设置自动保存

使用 Word 的自动保存功能，可以在断电或死机的情况下最大限度地减少损失。设置自动保存的具体步骤如下。

01 在Word文档窗口中单击 文件 按钮，从弹出的界面中选择【选项】选项。

02 弹出【Word选项】对话框，切换到【保存】选项卡，在【保存文档】组合框中的【将文件保存为此格式】下拉列表中选择文件的保存类型，这里选择【Word文档（*.docx）】选项，然后选中【保存自动恢复信息时间间隔】复选框，并在其右侧的微调框中设置文档自动保存的时间间隔，这里将时间间隔值设置为“8分钟”。设置完毕，单击 确定 按钮即可。

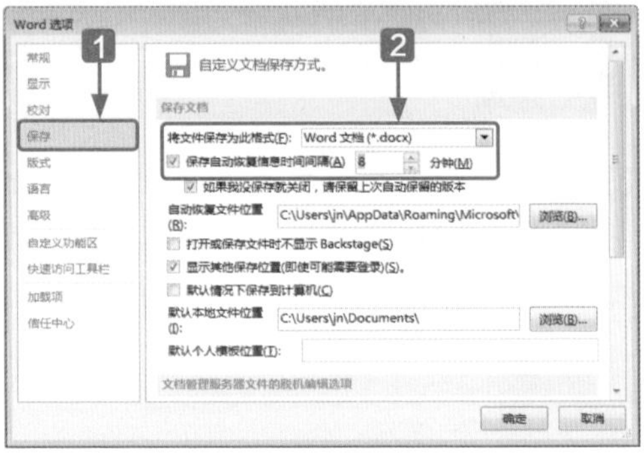

提示

建议设置的时间间隔不要太短，如果设置的间隔太短，Word 频繁地执行保存操作，容易死机，影响工作。

1.1.3 编辑文档

编辑文档是 Word 文字处理软件最主要的功能之一，接下来介绍如何在 Word 文档中编辑中文、英文、数字以及日期等对象。

本小节示例文件位置如下。	
原始文件	第 1 章 \ 面试通知
最终效果	第 1 章 \ 面试通知 01

扫码看视频

1. 输入中文

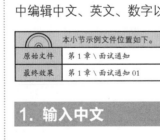

新建一个 Word 空白文档后，用户就

可以在文档中输入中文了。具体的操作步骤如下。

01 打开本实例的原始文件“面试通知. docx”，然后切换到任意一种汉字输入法。

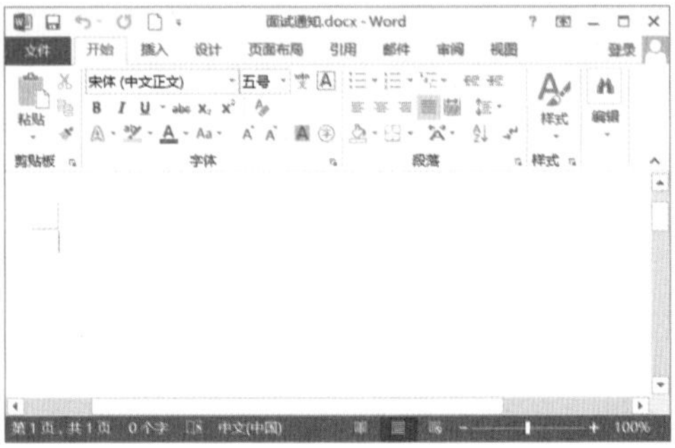

02 单击文档编辑区，在光标闪烁处输入文本内容，例如“面试通知”，然后按下【Enter】键将光标移至下一行行首。

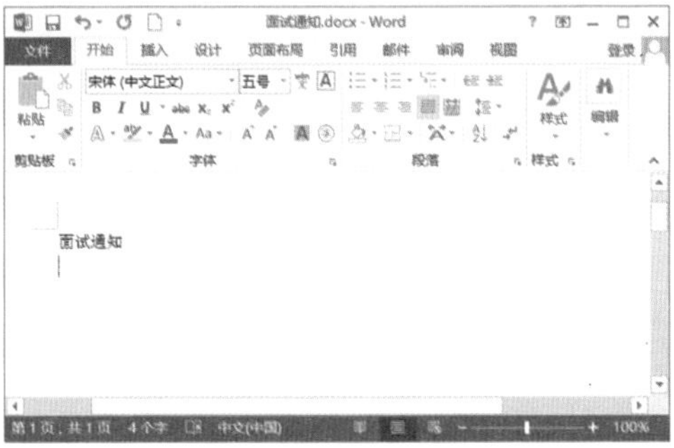

03 输入面试通知的主要内容即可。

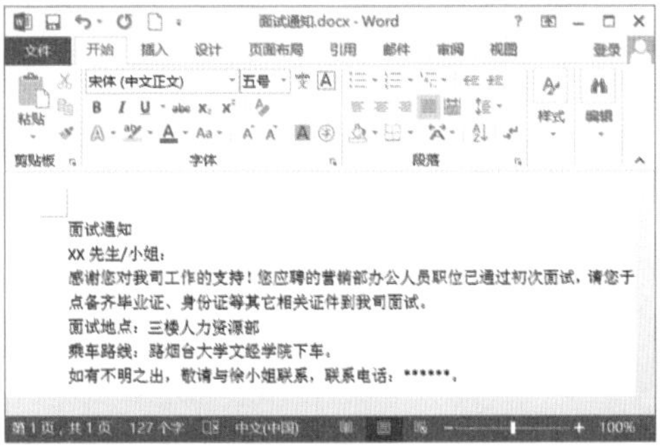

2. 输入数字

在编辑文档的过程中，如果用户需要用到数字内容，只需按键盘上的数字键直接输入即可。输入数字的具体步骤如下。

01 分别将光标定位在文本“于”和“月”之间，按键盘上的数字键“5”，再将光标定位在“月”和“日”之间，按数字键“1”“2”，即可分别输入数字“5”和“12”。

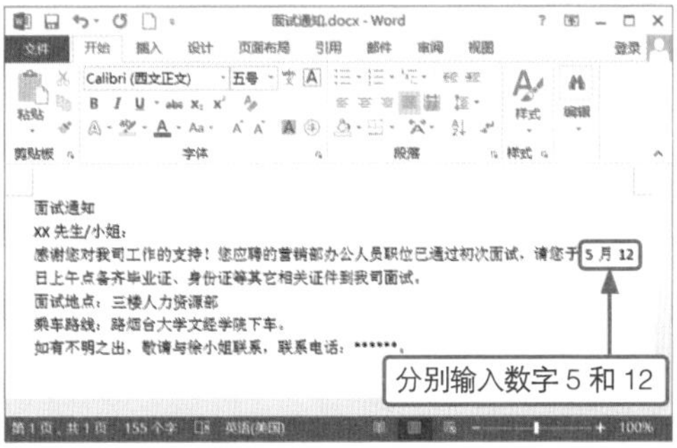

02 使用同样的方法输入其他数字即可。

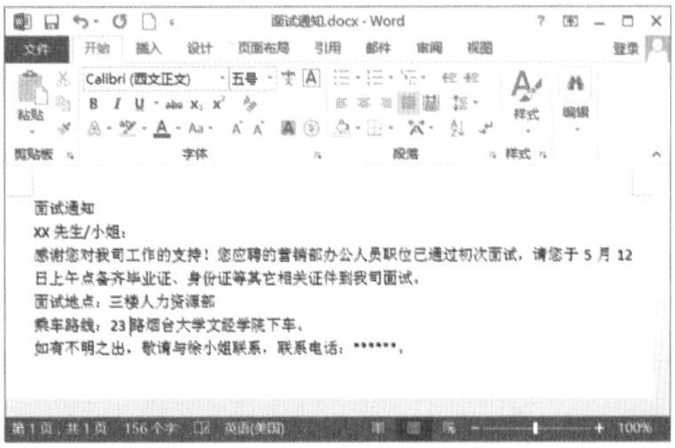

3. 输入日期和时间

用户在编辑文档时往往需要输入日期或时间，如果用户要使用当前的日期或时间，则可使用 Word 自带的插入日期和时间功能。输入日期和时间的具体步骤如下。

01 将光标定位在文档的最后一行行首，然后切换到【插入】选项卡，在【文本】组中单击 日期和时间 按钮。

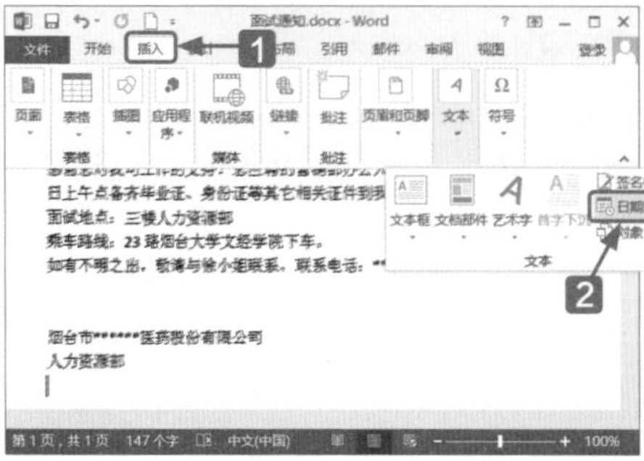

02 弹出【日期和时间】对话框，在【可用格式】列表框中选择一种日期格式，例如选择【二〇一四年五月六日】选项。

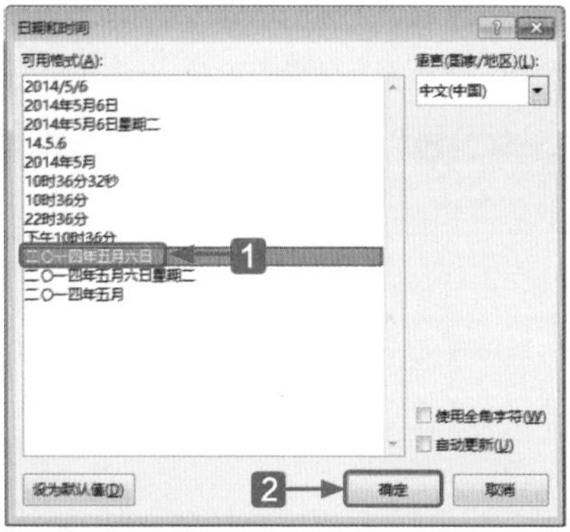

03 单击 确定 按钮，此时，当前日期插入到了Word文档中。

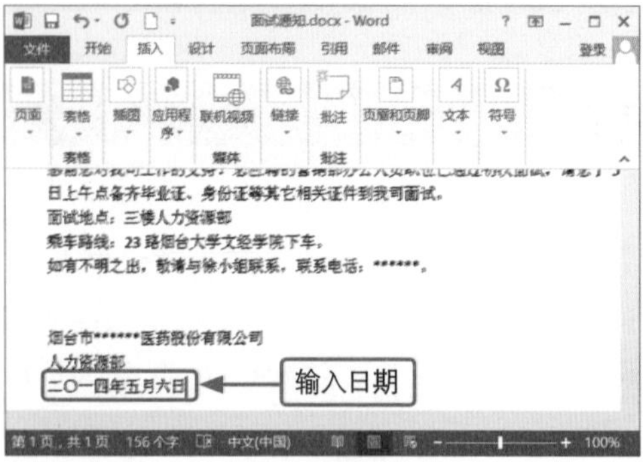

04 用户还可以使用快捷键输入当前日期和时间。按【Alt】+【Shift】+【D】组合键，即可输入当前的系统日期；按【Alt】+【Shift】+【T】组合键，即可输入当前的系统时间。

提示

文档录入完成后，如果不希望其中某些日期和时间随系统的改变而改变，那么选中相应的日期和时间，然后按【Ctrl】+【Shift】+【F9】组合键切断域的链接即可。

4. 输入英文

在编辑文档的过程中，用户如果想要输入英文文本，要先将输入法切换到英文状态，然后进行输入。输入英文文本的具体步骤如下。

01 按【Shift】键将输入法切换到英文状态下，然后将光标定位在文本“三楼”前，输入小写英文文本“top”。

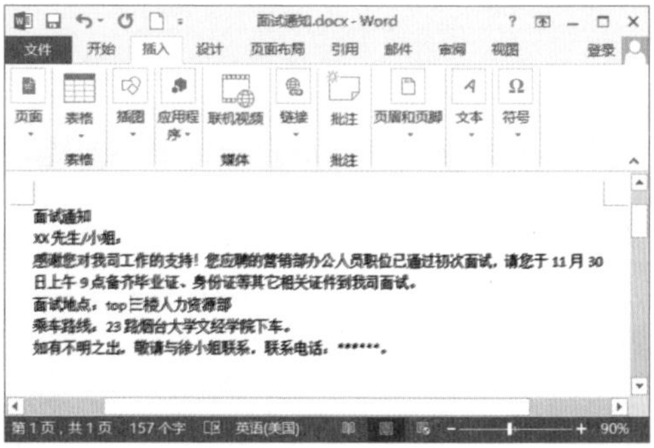

02 如果要更改英文的大小写，要先选择英文“top”，然后切换到【开始】选项卡，在【字体】组中单击【更改大小写】按钮 Aa▾，从弹出的下拉列表中选择【全部大写】选项。

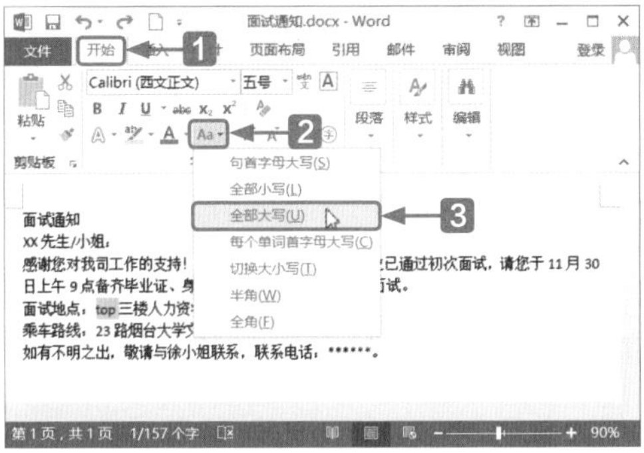

03 返回Word文档中，英文小写文本“top”变成了英文大写文本“TOP”。

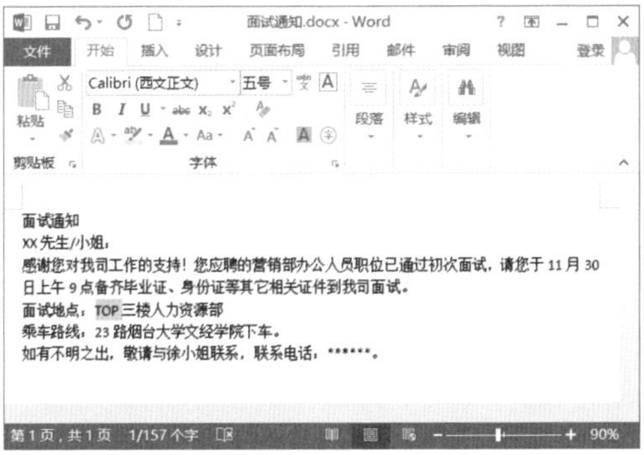

提示

用户也可以使用快捷键更改大小写，在键盘上按【Caps Lock】键（大写锁定键），然后按字母键即可输入大写字母，再次按【Caps Lock】键即可关闭大写。英文输入法中按【Shift】+ 字母键也可以输入大写字母。

1.1.4 文档的基本操作

文档的基本操作一般包括选择、复制、粘贴、剪切、删除以及查找和替换文本等内容，接下来分别进行介绍。

本小节示例文件位置如下。	
原始文件	第 1 章 \ 面试通知 01
最终效果	第 1 章 \ 面试通知 02

扫码看视频

1. 选择文本

对 Word 文档中的文本进行编辑之前，首先应选择要编辑的文本。下面介绍几种使用鼠标和键盘选择文本的方法。

使用鼠标选择文本

用户可以使用鼠标选取单个字词、连续文本、分散文本、矩形文本、段落文本以及整个文档等。

① 选择单个字词

用户只需将光标定位在需要选择的字词的开始位置，然后单击鼠标左键不放将光标拖至需要选择的字词的结束位置，释放鼠标左键即可。另外，在词语中的任何位置**双击**都可以选择该词语，例如选择词语“身份证”，此时被选择的文本会呈深灰色显示。

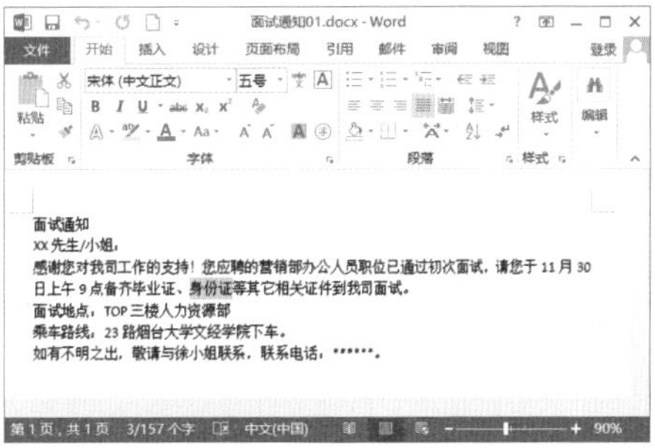

② 选择连续文本

01 用户只需将光标定位在需要选择的文本的开始位置，然后按住左键不放将光标拖曳至需要选择的文本的结束位置释放即可。

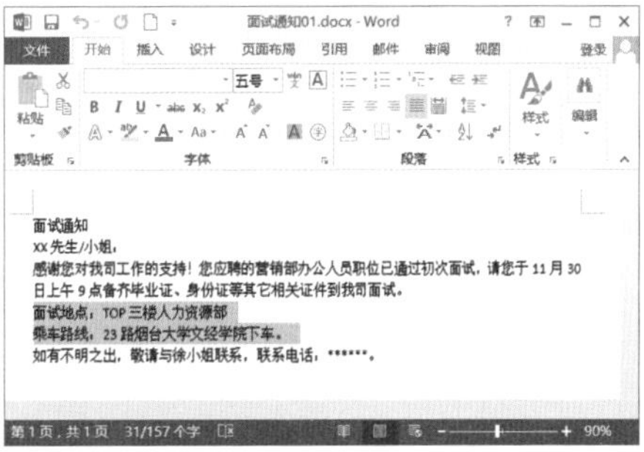

02 如果要选择超长文本，用户只需将光标定位在需要选择的文本的开始位置，然后用滚动条代替光标向下移动文档，直到看到想要选择部分的结束处，按【Shift】键，然后单击要选择文本的结束处，这样从开始到结束处的这段文本内容就会全部被选中。

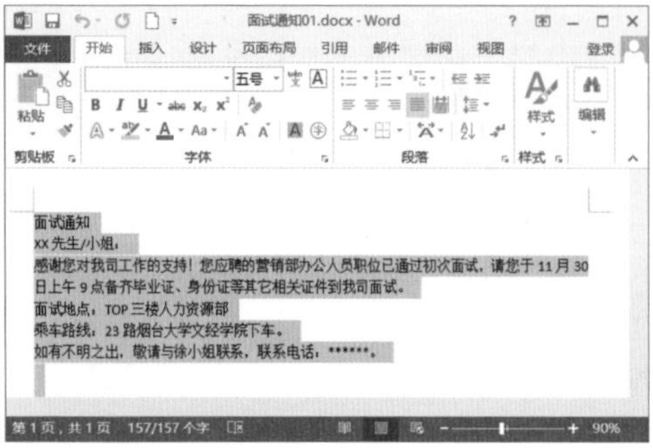

③ 选择段落文本

在要选择的段落中的任意位置中三击鼠标左键即可选择整个段落文本。

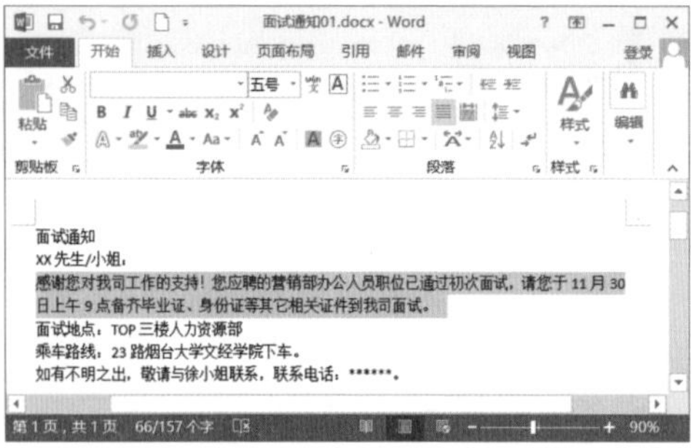

④ 选择矩形文本

按键盘【Alt】键，同时在文本上拖动鼠标光标即可选择矩形文本。

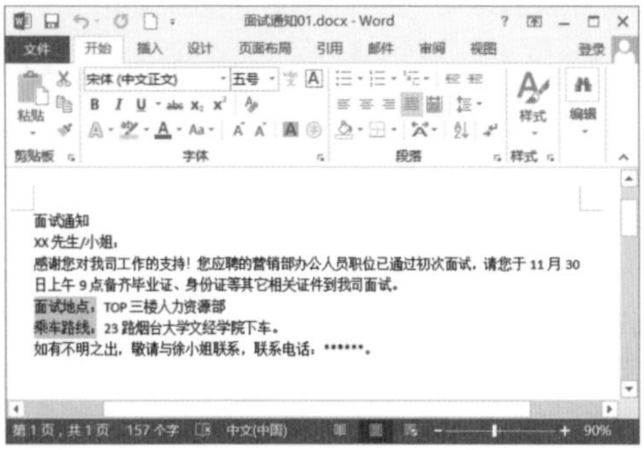

⑤ 选择分散文本

在 Word 文档中，首先使用拖动鼠标的方法选择一个文本，然后按【Ctrl】键，依次选择其他文本，就可以选择任意数量的分散文本了。

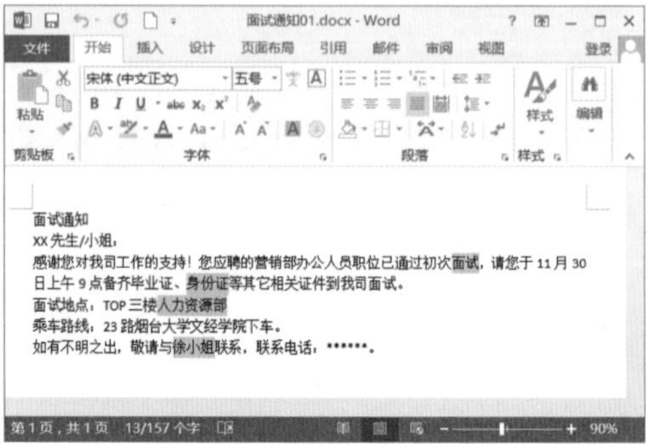

使用组合键选定文本

除了使用鼠标选定文本外，用户还可以使用键盘上的组合键选取文本。在使用组合键选择文本前，用户应该根据需要将光标定位在适当的位置，然后再按下相应的组合键选定文本。

Word 2013 提供了一整套利用键盘选定文本的方法，主要是通过【Shift】、【Ctrl】和方向键来实现的，操作方法如下表所示。

快捷键	功能
Ctrl+A	选择整篇文档
Ctrl+Shift+Home	选择光标所在处至文档开始处的文本
Ctrl+Shift+End	选择光标所在处至文档结束处的文本
Alt+Ctrl+Shift+Page Up	选择光标所在处至本页开始处的文本
Alt+Ctrl+Shift+Page Down	选择光标所在处至本页结束处的文本
Shift+ ↑	向上选中一行
Shift+ ↓	向下选中一行
Shift+ ←	向左选中一个字符

续表

快捷键	功能
Shift+ →	向右选中一个字符
Ctrl+Shift+ ←	选择光标所在处左侧的词语
Ctrl+Shift+ →	选择光标所在处右侧的词语

使用选中栏选择文本

所谓选中栏就是 Word 文档左侧的空白区域，当鼠标指针移至该空白区域时，便会呈 形状显示。

① 选择行

将鼠标指针移至要选中行左侧的选中栏中，然后单击鼠标左键即可选择该行文本。

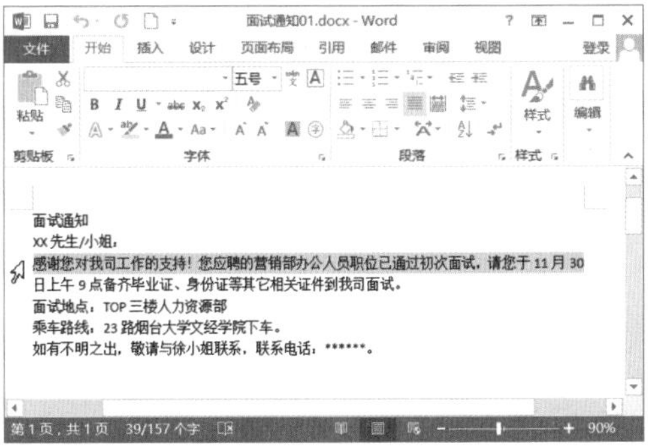

② 选择段落

将鼠标指针移至要选中段落左侧的选中栏中，然后双击鼠标左键即可选择整段文本。

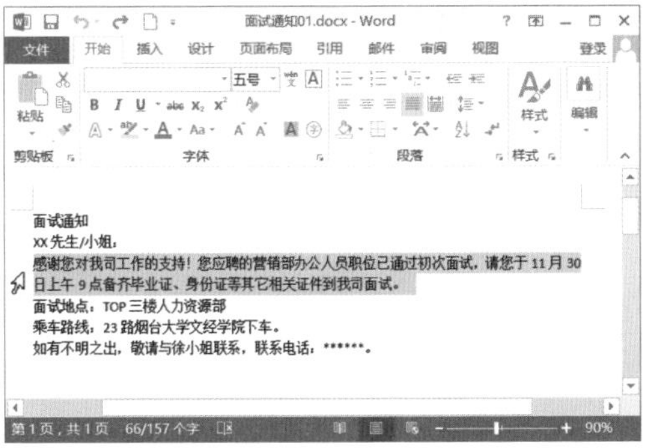

③ 选择整篇文档

将鼠标指针移至选中栏中，然后三击鼠标左键即可选择整篇文档。

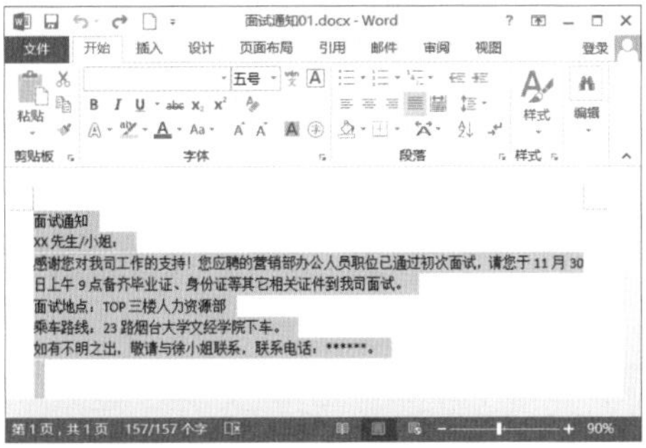

2. 复制文本

“复制”也称“拷贝”，指将文档中的一部分“拷贝”一份，然后放到其他位置，而所“拷贝”的内容仍按原样保留在原位置。

Windows 剪贴板

剪贴板是 Windows 的一块临时存储区，用户可以在剪贴板上对文本进行复制、剪切或粘贴等操作。美中不足的是，剪贴板只能保留一份数据，每当新的数据传入，旧的便会被覆盖。复制文本的具体操作方法如下。

方法 1：打开本实例的原始文件，选择文本“XX 先生 / 小姐”，然后单击鼠标右键，在弹出的快捷菜单中选择【复制】菜单项。

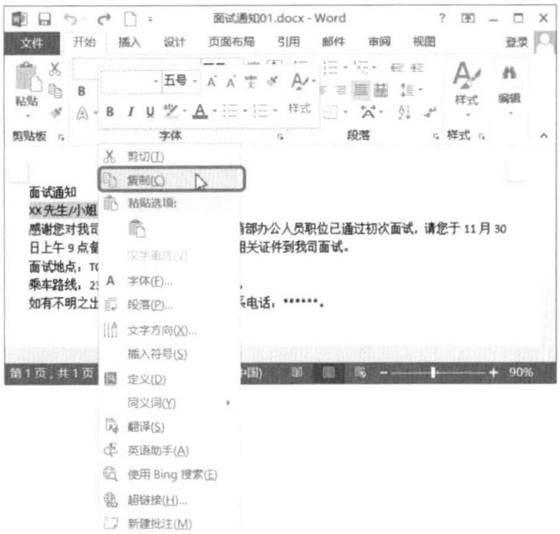

方法 2：选择文本“XX 先生 / 小姐”，然后切换到【开始】选项卡，在【剪贴板】组中单击【复制】按钮。

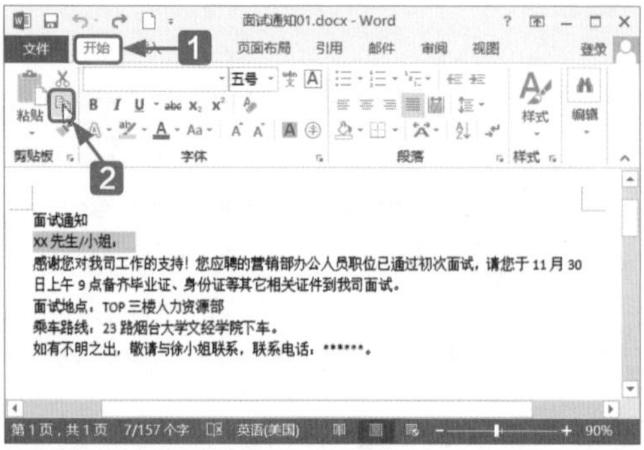

方法 3：选择文本“XX 先生 / 小姐”，然后按组合键【Ctrl】+【C】即可。

左键拖动

将鼠标指针放在选中的文本上，按【Ctrl】键，同时按鼠标左键将其拖动到目标位置，在此过程中鼠标指针右下方出现一个“+”号。

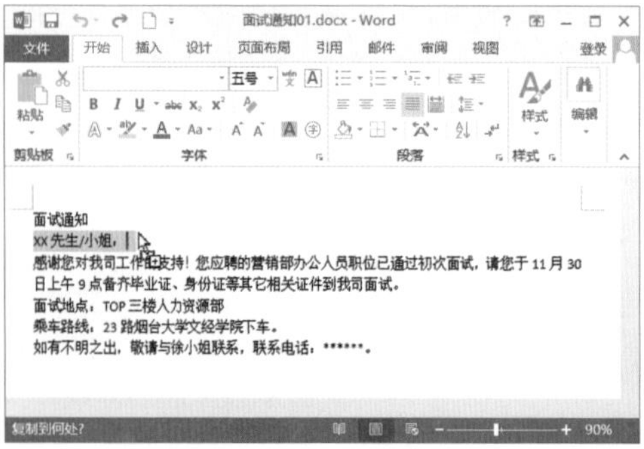

右键拖动

将鼠标指针放在选中的文本上，按住右键向目标位置拖动，到达位置后，松开右键，在快捷菜单中选择【复制到此位置】菜单项。

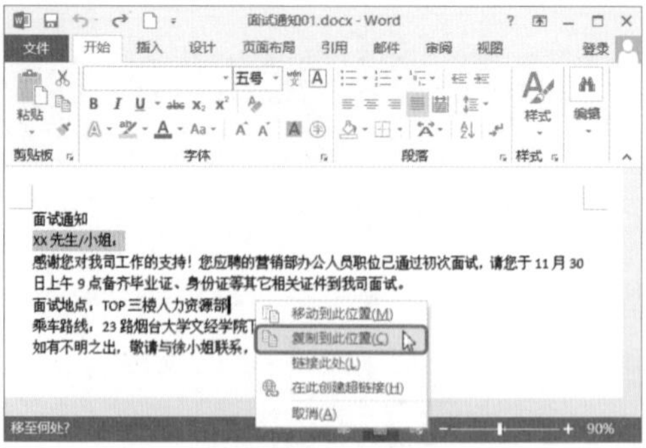

使用【Shift】+【F2】组合键

选中文本，按【Shift】+【F2】组合键，状态栏中将出现“复制到何处？”字样，单击放置复制对象的目标位置，然后按【Enter】键即可。

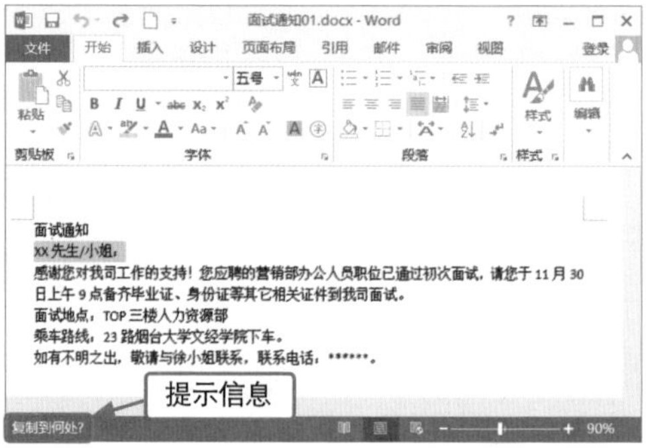

3. 剪切文本

“剪切”是指把用户选中的信息放入到剪切板中，单击“粘贴”后又会出现一份相同的信息，原来的信息会被系统自动删除。

常用的剪切文本的方法有以下几种。

使用鼠标右键菜单

打开本实例的原始文件，选中要剪切的文本，然后单击鼠标右键，在弹出的快捷菜单中选择【剪切】菜单项即可。

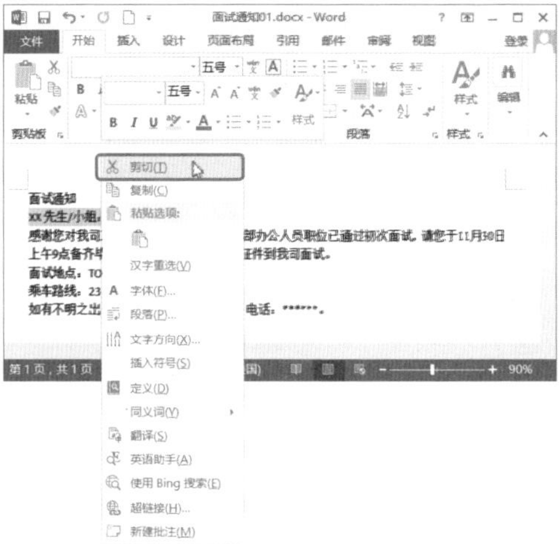

◎ 使用剪贴板

选中文本以后，切换到【开始】选项卡，在【剪贴板】组中单击【剪切】按钮即可。

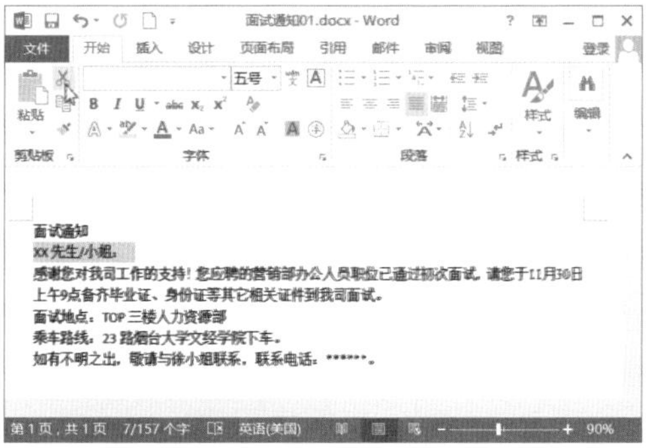

◎ 使用快捷键

使用组合键【Ctrl】+【X】，也可以快速地剪切文本。

4. 粘贴文本

复制文本以后，接下来就可以进行粘贴了。用户常用的粘贴文本的方法有以下几种。

◎ 使用鼠标右键菜单

复制文本以后，用户只需在目标位置单击鼠标右键，在弹出的快捷菜单中选择【粘贴选项】菜单项中任意的一个选项即可。

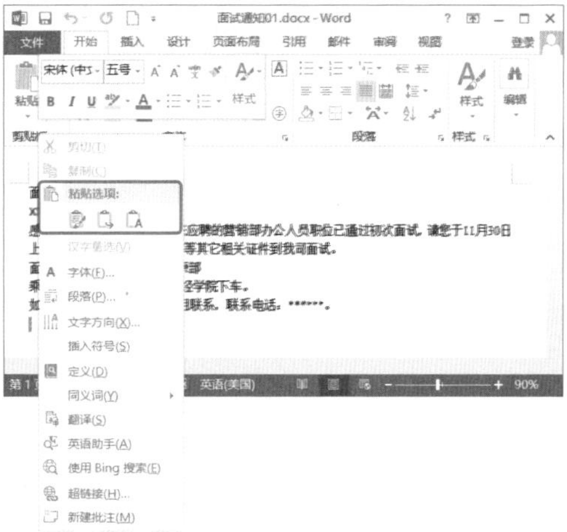

◎ 使用剪贴板

复制文本以后，切换到【开始】选项卡，在【剪贴板】组中单击【粘贴】按钮下方的下拉按钮，从弹出的下拉列表中选择【粘贴选项】选项中任意的一个粘贴按钮即可。

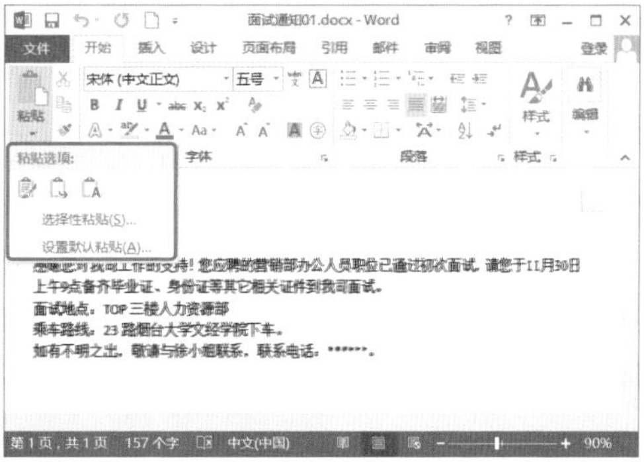

◎ 使用快捷键

使用【Ctrl】+【C】和【Ctrl】+【V】组合键，则可以快速地复制和粘贴文本。

5. 查找和替换文本

在编辑文档的过程中，用户有时要查找并替换某些字词。使用 Word 2013 强大的查找和替换功能可以节约大量的时间。

查找和替换文本的具体步骤如下。

01 打开本实例的原始文件，按【Ctrl】+【F】组合键，弹出【导航】窗格，然后在查找文本框中输入“人力资源部”，按【Enter】键，随即在导航窗格中查找到了该文本所在的位置，同时文本“人力资源部”在Word文档中以黄色底纹显示。

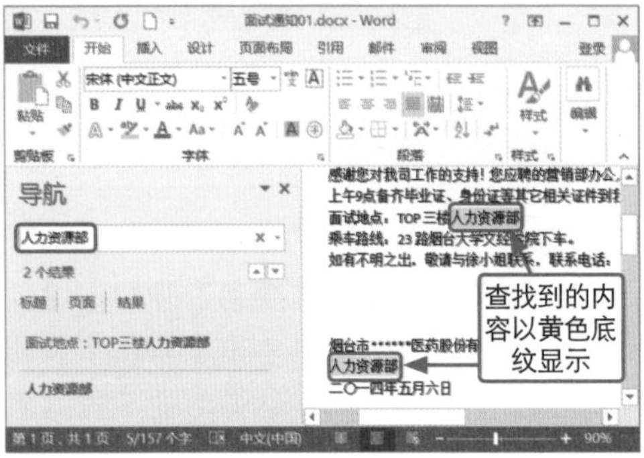

02 如果用户要替换相关的文本，可以按【Ctrl】+【H】组合键，弹出【查找和替换】对话框，自动切换到【替换】选项卡，然后在【替换为】文本框中输入“人事部”。

03 单击 全部替换(A) 按钮，弹出【Microsoft Word】提示对话框，提示用户“完成2处替换”。

04 单击 确定 按钮，然后单击 关闭 按钮，返回Word文档中，替换效果如下图所示。

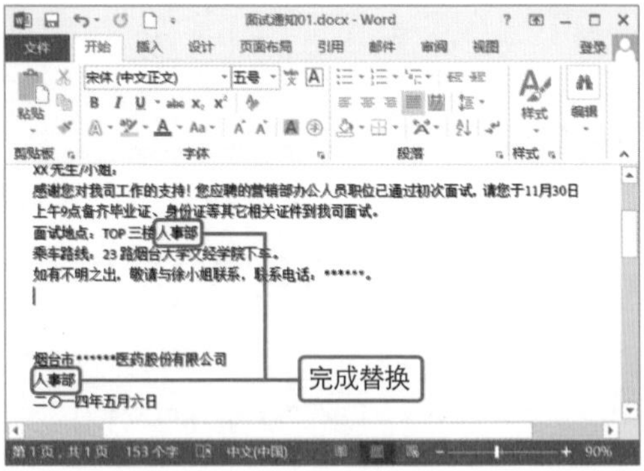

6. 改写文本

首先用鼠标选中要替换的文本，然后输入需要的文本，此时新输入的文本会自动替换选中的文本。

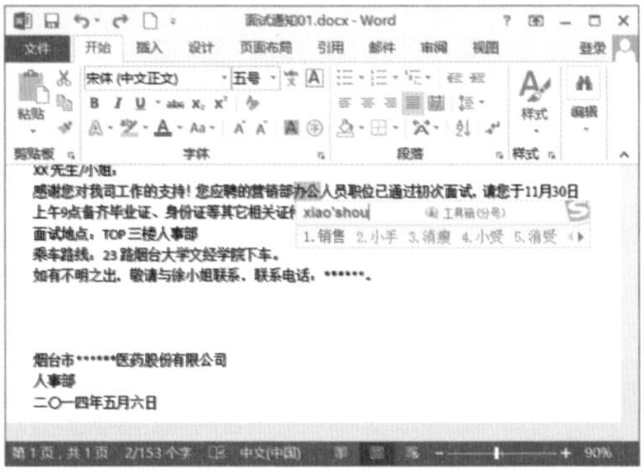

7. 删除文本

从文档中删除不需要的文本，用户可以使用快捷键删除文本如下表所示。

快捷键	功能
Backspace	向左删除一个字符
Delete	向右删除一个字符
Ctrl+Backspace	向左删除一个字词
Ctrl+Delete	向右删除一个字词
Ctrl+Z	撤消上一个操作
Ctrl+Y	恢复上一个操作

1.1.5 文档视图

Word 2013 提供了多种视图模式供用户选择，包括“页面视图”“阅读视图”“Web 版式视图”“大纲视图”和“草稿”5 种视图模式。

本小节示例文件位置如下。	
原始文件	第 1 章\面试通知 02
最终效果	第 1 章\面试通知 03

1. 页面视图

“页面视图”可以显示 Word 2013 文档的打印结果外观，主要包括页眉、页脚、图形对象、分栏设置、页面边距等元素，是最接近打印结果的视图模式。

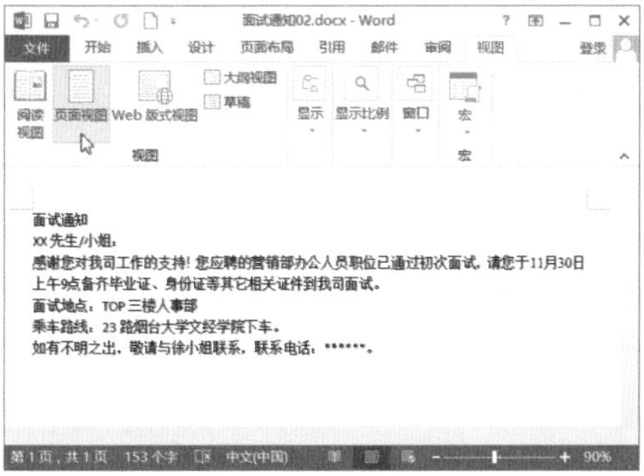

2. Web 版式视图

“Web 版式视图”以网页的形式显示 Word 2013 文档，适用于发送电子邮件和创建网页。

切换到【视图】选项卡，在【视图】组中单击【Web 版式视图】按钮，或者单击视图功能区中的【Web 版式视图】按钮，将文档的显示方式切换到“Web 版式视图”模式，效果如图所示。

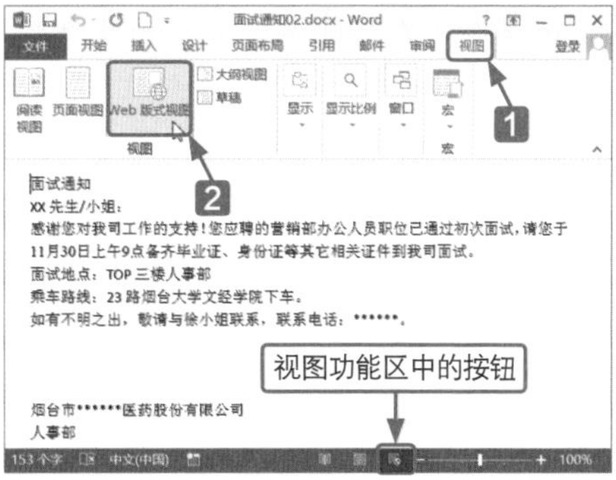

3. 大纲视图

“大纲视图”主要用于 Word 2013 文档结构的设置和浏览，使用“大纲视图”可以迅速了解文档的结构和内容梗概。

01 切换到【视图】选项卡，在【视图】组中单击【大纲视图】按钮 大纲视图。

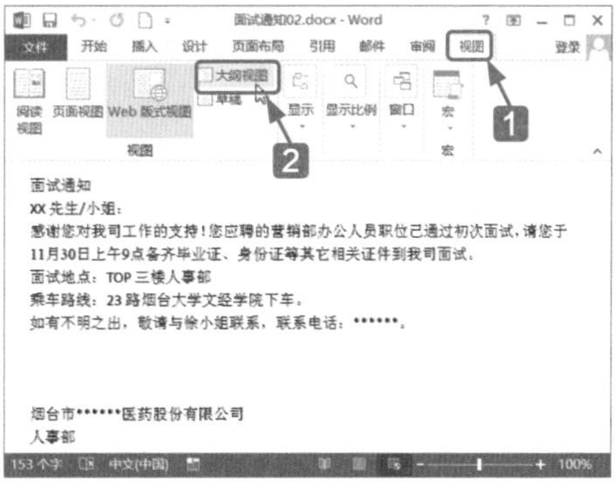

02 此时，即可将文档切换到“大纲视图”模式，同时在功能区中会显示【大纲】选项卡。

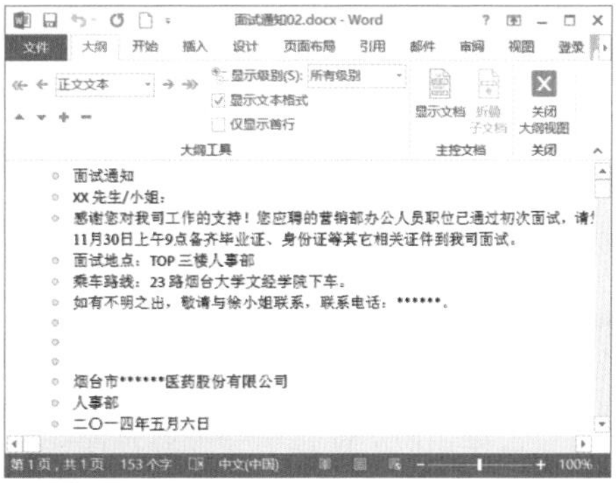

03 切换到【大纲】选项卡，在【大纲工具】组中单击【显示级别】按钮 所有级别 右侧的下三角按钮，用户可以从弹出的下拉列表中为文档设置或修改大纲级别，设置完毕，单击【关闭大纲视图】按钮，自动返回进入大纲视图前的视图状态。

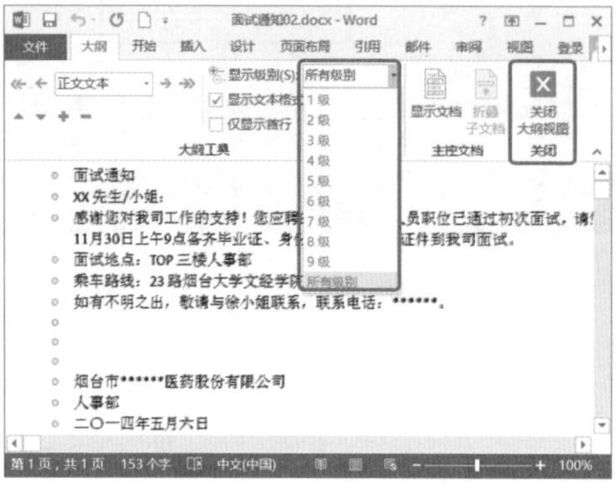

4. 草稿

“草稿”取消了页面边距、分栏、页眉页脚和图片等元素，仅显示标题和正文，是最节省计算机系统硬件资源的视图方式。

切换到【视图】选项卡，在【视图】组中单击【草稿】按钮 草稿，将文档的视图方式切换到草稿视图，效果如图所示。

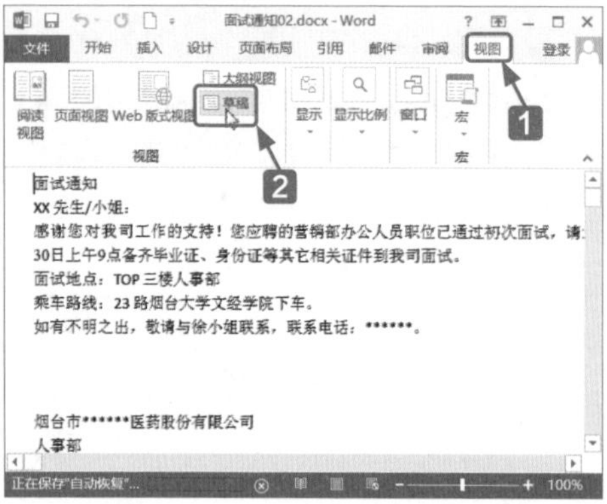

5. 调整视图比例

可以使用以下两种方法调整视图比例。

拖动滑块

用户可以根据需要，直接左右拖动【显示比例】滑块，调整文档的缩放比例。

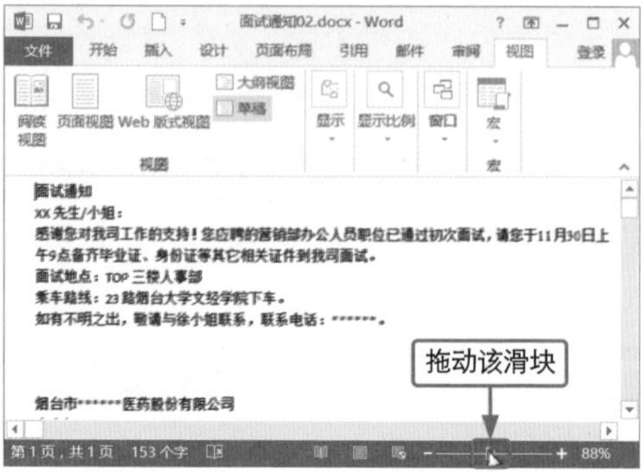

使用按钮

还可以直接单击【缩小】按钮或【放大】按钮，调整文档的缩放比例。

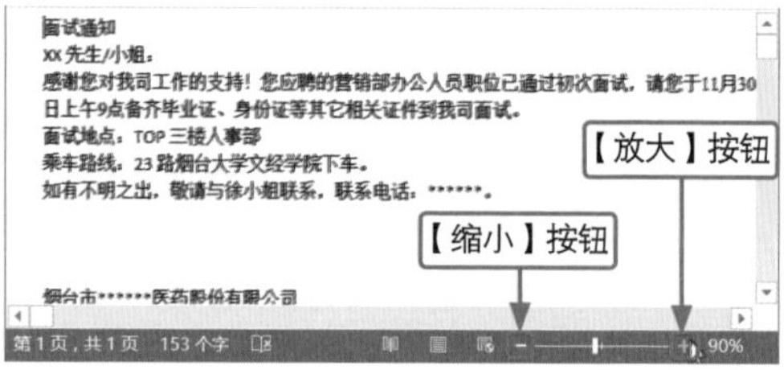

1.1.6 打印文档

文档编辑完成后，用户可以进行简单的页面设置，然后进行预览，如果用户对预览效果比较满意，就可以实施打印了。

本小节示例文件位置如下。	
原始文件	第 1 章 \ 面试通知 03
最终效果	第 1 章 \ 面试通知 04

扫码看视频

1. 页面设置

页面设置是指文档打印前对页面元素的设置，主要包括页边距、纸张、版式和文档网格等内容。页面设置的具体步骤如下。

01 打开本实例的原始文件，切换到【页面布局】选项卡，单击【页面设置】组右侧的【对话框启动器】按钮 。

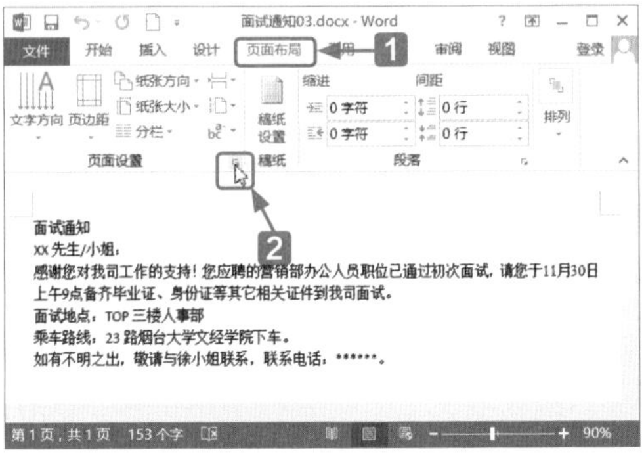

02 弹出【页面设置】对话框，自动切换到【页边距】选项卡，在【页边距】组合框中的【上】、【下】、【左】、【右】微调框中调整页边距大小，在【纸张方向】组合框中选择【纵向】选项。

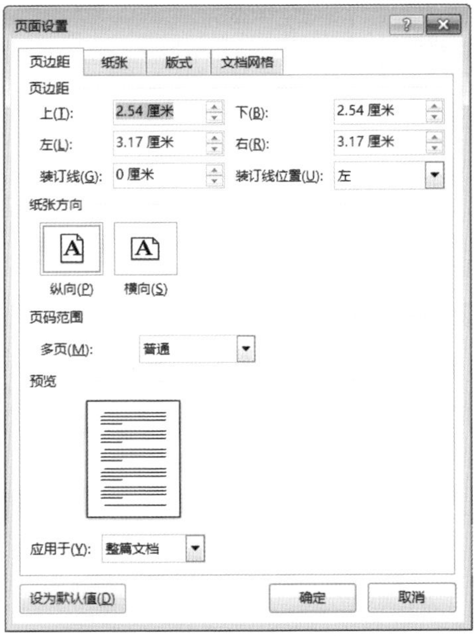

03 切换到【纸张】选项卡，在【纸张大小】下拉列表中选择【A4】选项，然后单击 确定 按钮即可。

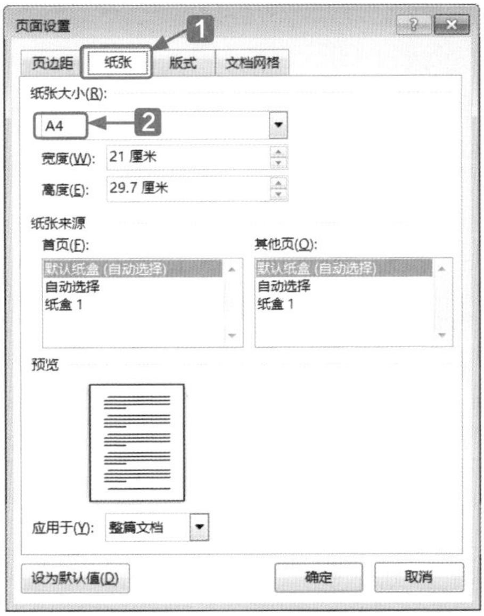

2. 预览后打印

页面设置完成后，可以通过预览来浏览打印效果，预览及打印的具体步骤如下。

01 单击【自定义快速访问工具栏】按钮，从弹出的下拉列表中选择【打印预览和打印】选项。

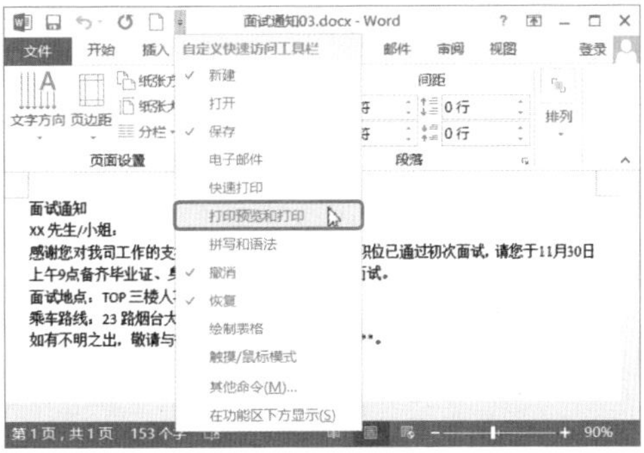

02 此时，【打印预览和打印】按钮就添加在了【快速访问工具栏】中，单击【打印预览和打印】按钮，弹出【打印】界面，右侧显示了预览效果。

03 用户可以根据打印需要单击对相应选项进行设置。如果用户对预览效果比较满意，就可以单击【打印】按钮实施打印了。

1.1.7 保护文档

用户可以通过设置只读文档、设置加密文档和启动强制保护等方法对文档进行保护，以防止无操作权限的人员随意打开或修改文档。

本小节示例文件位置如下。	
原始文件	第 1 章 \ 面试通知 04
最终效果	第 1 章 \ 面试通知 05

扫码看视频

1. 设置只读文档

只读文档是指开启的文档“只能阅读”，无法被修改。若文档为只读文档，会在文档的标题栏上显示[只读]字样。设置只读文档的方法主要有以下两种。

标记为最终状态

将文档标记为最终状态，可以让读者知晓文档是最终版本，是只读文档。

标记为最终状态的具体步骤如下。

01 打开本实例的原始文件，单击 文件 按钮，从弹出的界面中选择【信息】选项，然后单击【保护文档】按钮，从弹出的下拉列表中选择【标记为最终状态】选项。

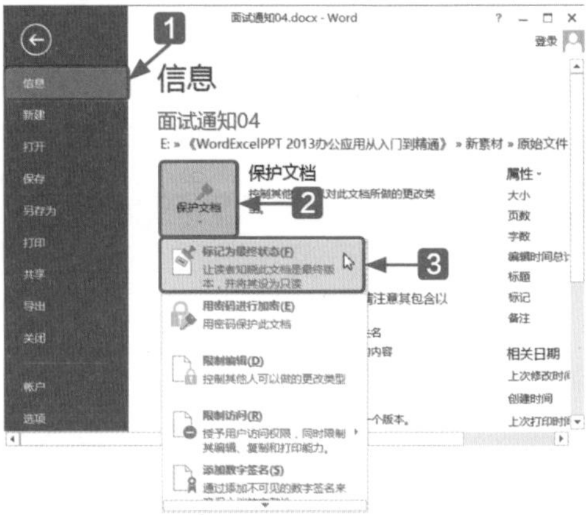

02 弹出【Microsoft Word】提示对话框，提示用户“此文档将先被标记为终稿，然后保存”。

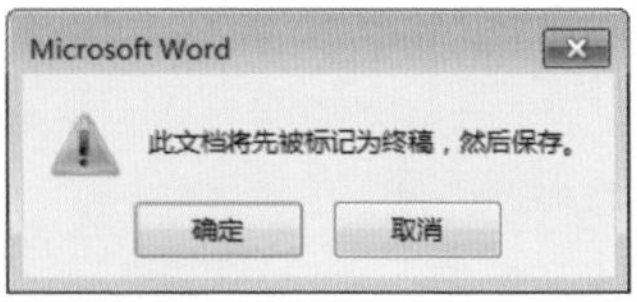

03 单击 确定 按钮，弹出【Microsoft Word】提示对话框，提示用户“此文档已被标记为最终状态”，单击 确定 按钮即可。

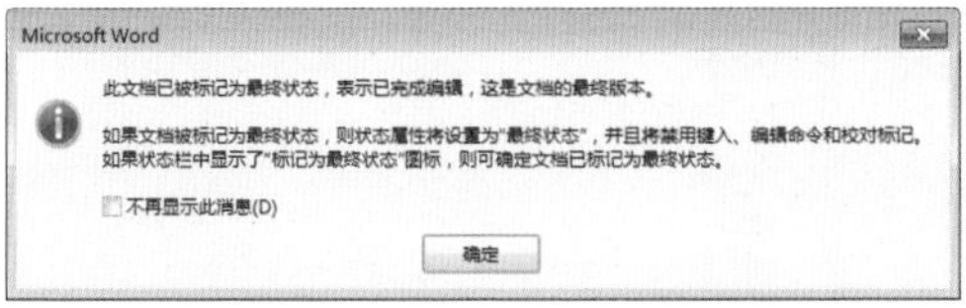

04 再次启动文档，弹出提示对话框，并提示用户“作者已将此文档标记为最终版本以防止编辑。”，此时文档的标题栏上显示“只读”，如果要编辑文档，单击 仍然编辑 按钮即可。

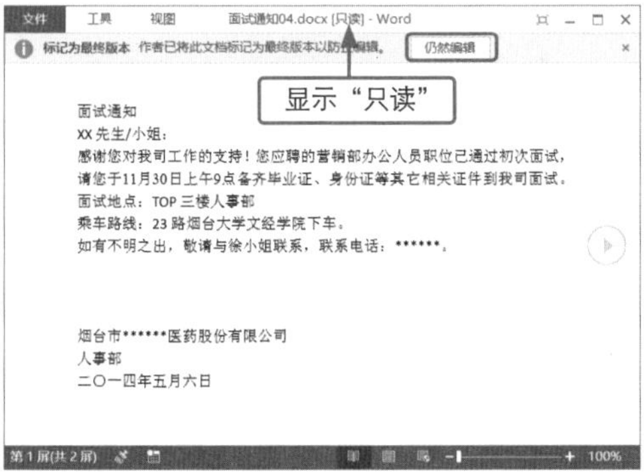

使用常规选项

使用常规选项设置只读文档的具体步骤如下。

01 单击 文件 按钮，从弹出的界面中选择【另存为】选项，弹出【另存为】界面，选中【计算机】选项，然后单击【浏览】按钮。

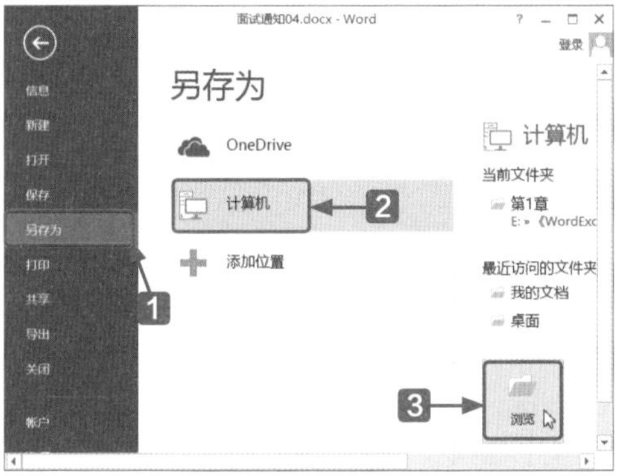

02 弹出【另存为】对话框，单击 工具(L) 按钮，从弹出的下拉列表中选择【常规选项】选项。

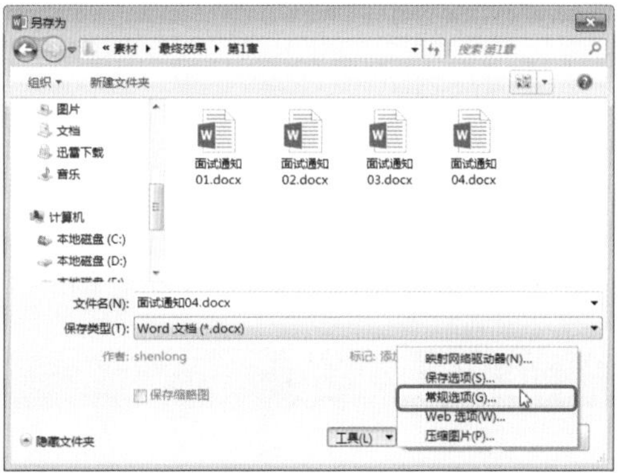

03 弹出【常规选项】对话框，选中【建议以只读方式打开文档】复选框。

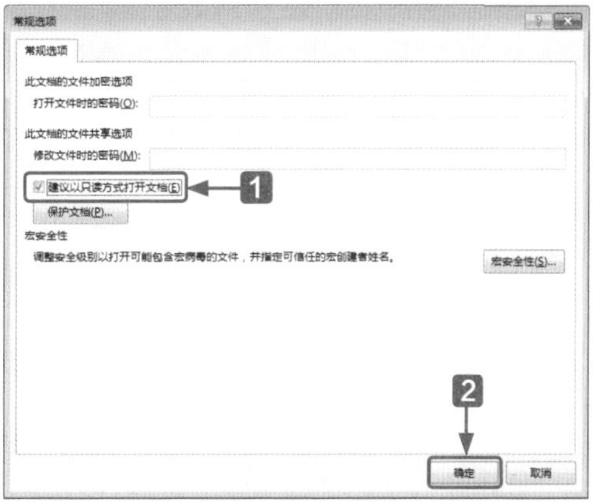

04 单击 确定 按钮，返回【另存为】对话框，然后单击 保存(S) 按钮即可。再次启动该文档时将弹出【Microsoft Word】提示对话框，并提示用户“是否以只读方式打开？”。

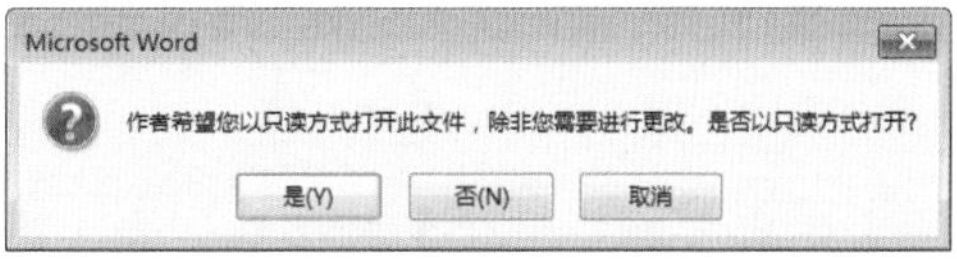

05 单击 是(Y) 按钮，启动Word文档，此时该文档处于“只读”状态。

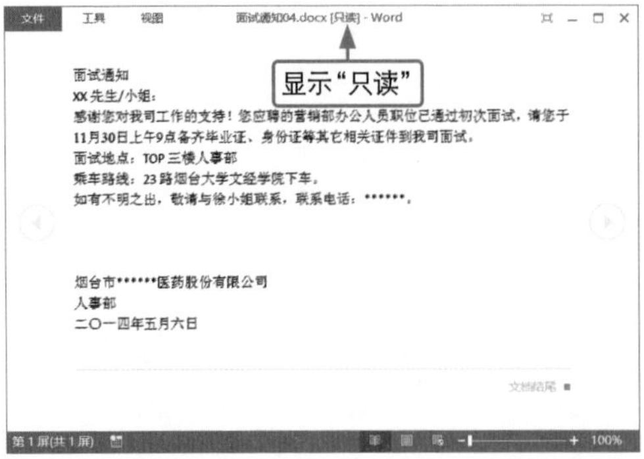

2. 设置加密文档

在日常办公中，为了保证文档安全，用户经常会为文档设置加密。设置加密文档的具体步骤如下。

01 打开本实例的原始文件，单击 文件 按钮，从弹出的界面中选择【信息】选项，然后单击【保护文档】按钮，从弹出的下拉列表中选择【用密码进行加密】选项。

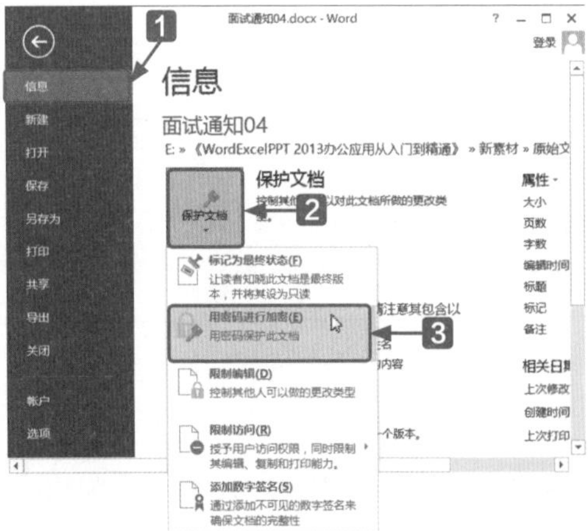

02 弹出【加密文档】对话框，在【密码】文本框中输入“123”，然后单击 确定 按钮。

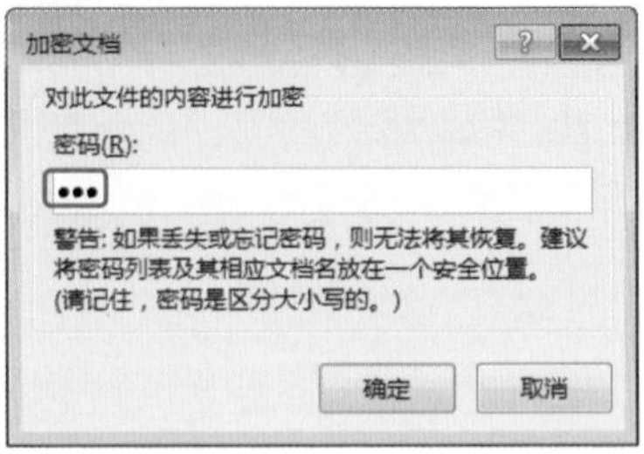

03 弹出【确认密码】对话框，在【重新输入密码】文本框中输入“123”，然后单击 确定 按钮。

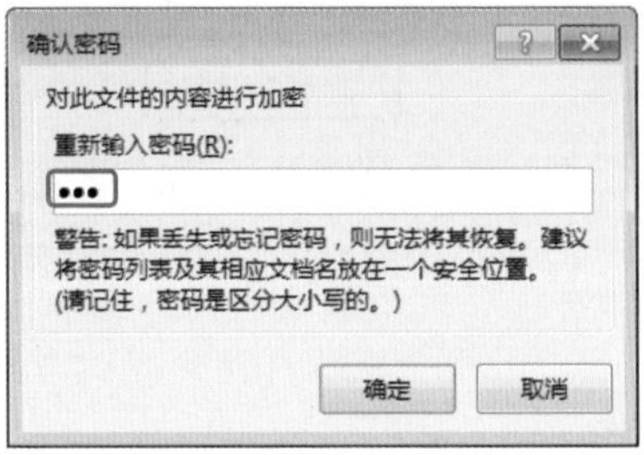

04 再次启动该文档时会弹出【密码】对话框，在【请键入打开文件所需的密码】文本框中输入密码“123”，然后单击 确定 按钮即可打开Word文档。

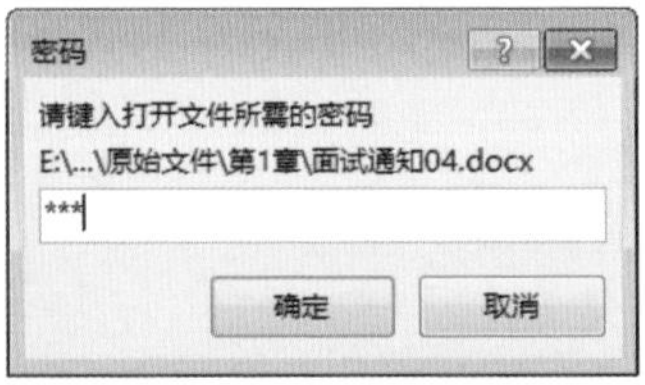

3. 启动强制保护

用户还可以通过设置文档的编辑权限，启动文档的强制保护功能等方法保护文档的内容不被修改，具体的步骤如下。

01 单击 文件 按钮，从弹出的界面中选择【信息】选项，然后单击【保护文档】按钮，从弹出的下拉列表中选择【限制编辑】选项。

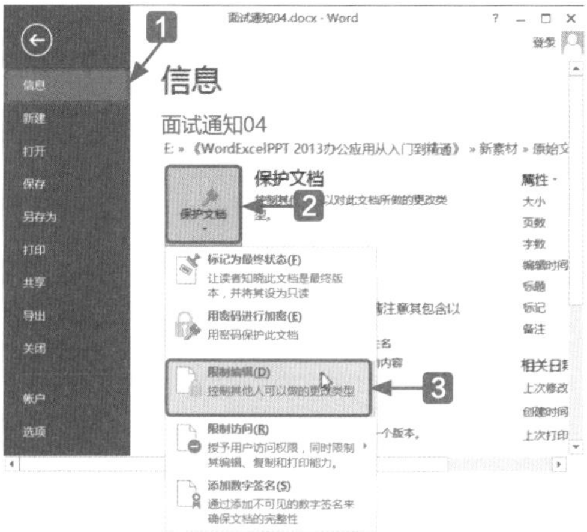

02 在Word文档编辑区的右侧出现一个【限制编辑】窗格，在【编辑限制】组合框中选中【仅允许在文档中进行此类型的编辑】复选框，然后在其下方的下拉列表中选择【不允许任何更改(只读)】选项。

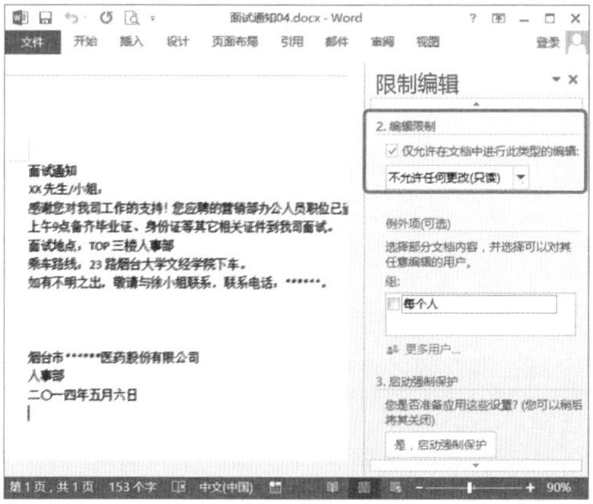

03 单击 是，启动强制保护 按钮，弹出【启动强制保护】对话框，在【新密码】和【确认新密码】文本框中都输入“123”。

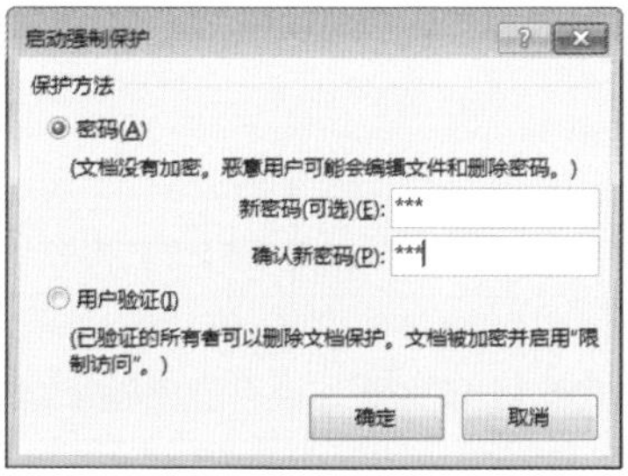

04 单击 确定 按钮，返回Word文档中，此时，文档处于保护状态。

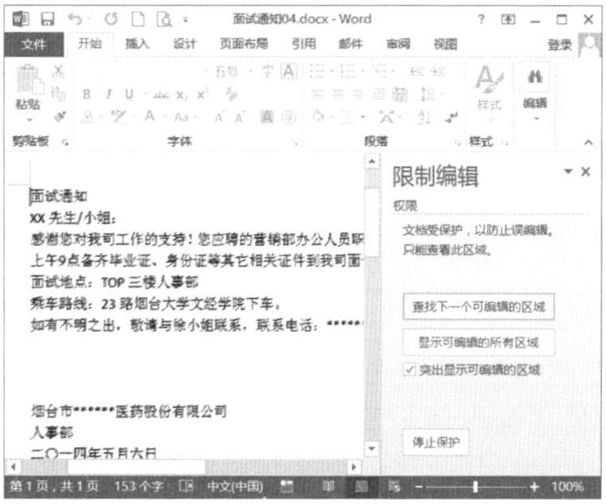

05 如果用户要取消强制保护，单击 停止保护 按钮，弹出【取消保护文档】对话框，在【密码】文本框中输入“123”，然后单击 确定 按钮即可。

1.2 公司考勤制度

考勤制度是公司进行正常工作秩序的基础，是支付工资、员工考核的重要依据，接下来制作一个“公司考勤制度”文档。

1.2.1 设置字体格式

为了使文档更丰富多彩，Word 2013提供了多种字体格式供用户进行设置。对字体格式进行设置主要包括设置字体、字号、加粗、倾斜和字体效果等。

本小节示例文件位置如下。	
原始文件	第 1 章 \ 公司考勤制度
最终效果	第 1 章 \ 公司考勤制度 01

扫码看视频

1. 设置字体和字号

要使文档中的文字更利于阅读，就需要对文档中文本的字体及字号进行设置，以区分各种不同的文本。

使用【字体】组

使用【字体】组进行字体和字号设置的具体步骤如下。

01 打开本实例的原始文件，选中文档标题“公司考勤制度”，切换到【开始】选项卡，在【字体】组中的【字体】下拉列表中选择合适的字体，例如选择【华文中宋】选项。

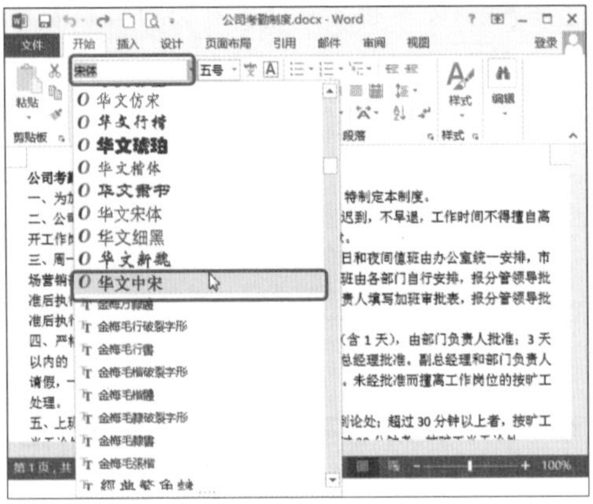

02 在【字体】组中的【字号】下拉列表中选择合适的字号，例如选择【小一】选项。

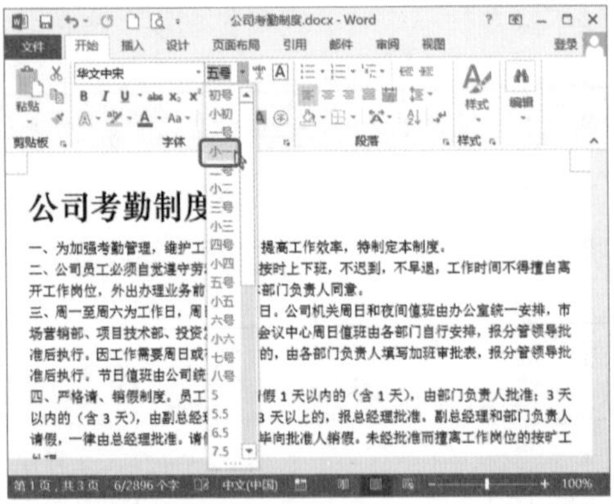

使用【字体】对话框

使用【字体】对话框对选中文本进行设置的具体步骤如下。

01 选中所有的正文文本，切换到【开始】选项卡，单击【字体】组右下角的【对话框启动器】按钮。

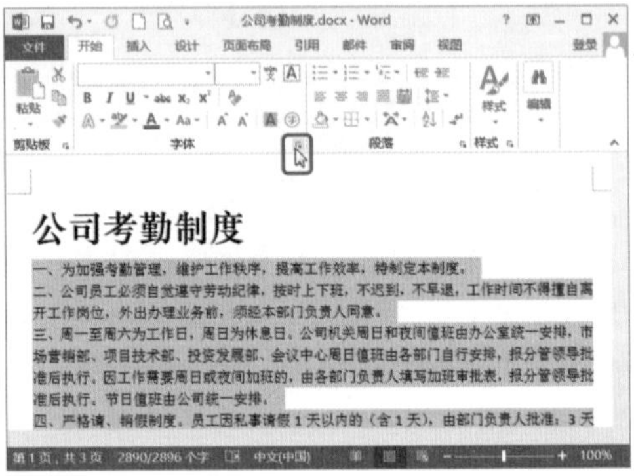

02 弹出【字体】对话框，自动切换到【字体】选项卡，在【中文字体】下拉列表中选择【华文仿宋】选项，在【字形】列表框中选择【常规】选项，在【字号】列表框中选择【四号】选项。

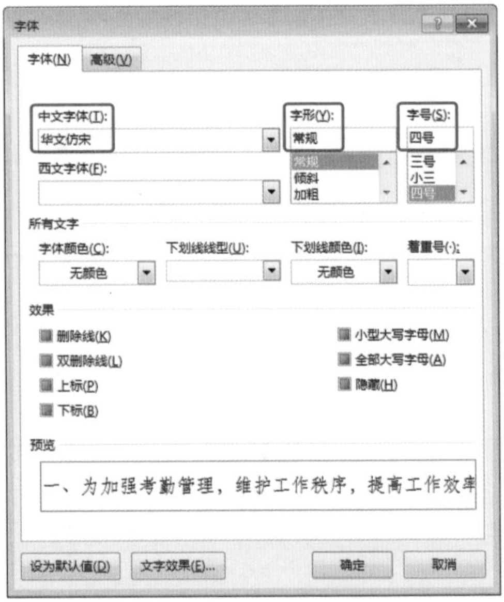

03 单击 确定 按钮返回Word文档，设置效果如图所示。

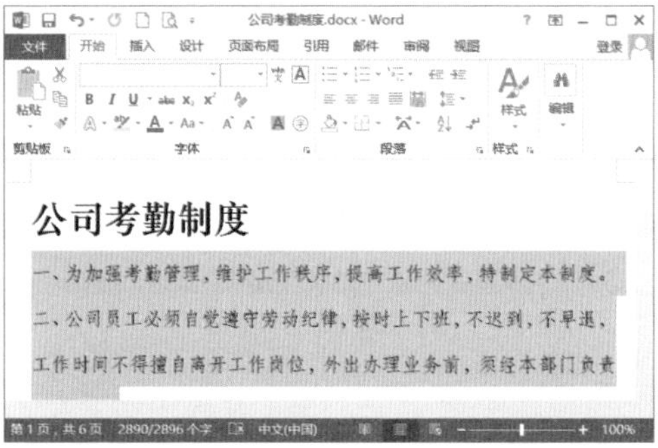

2. 设置加粗效果

设置加粗效果，可让选择的文本更加突出。

打开本实例的原始文件，选中文档标题“公司考勤制度”，切换到【开始】选项卡，单击【字体】组中的【加粗】按钮 B 即可。

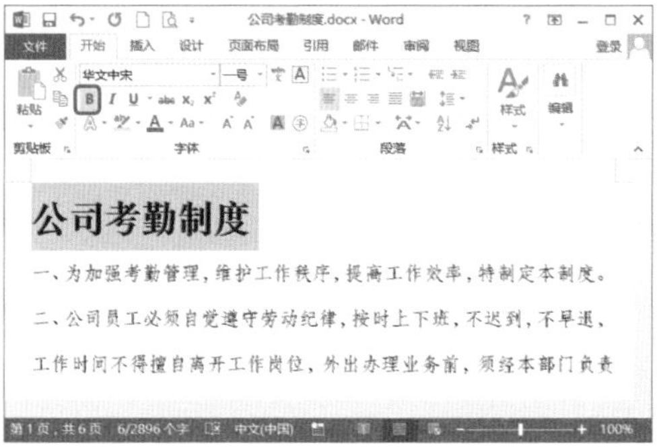

3. 设置字符间距

通过设置 Word 2013 文档中的字符间距，可以使文档的页面布局更符合实际需要。设置字符间距的具体步骤如下。

01 选中文本标题“公司考勤制度”，切换到【开始】选项卡，单击【字体】组右下角的【对话框启动器】按钮 。

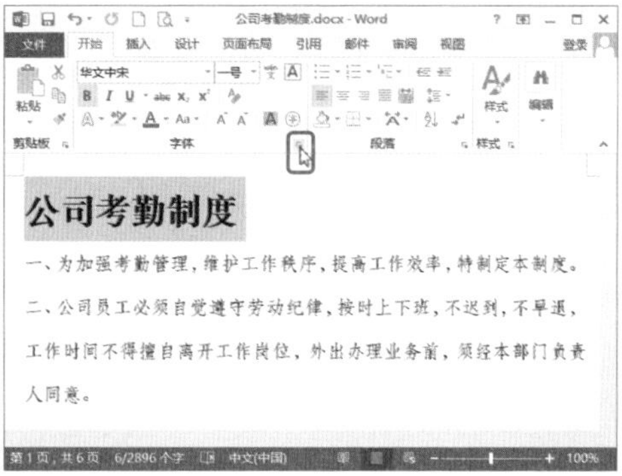

02 弹出【字体】对话框，切换到【高级】选项卡，在【字符间距】组合框中的【间距】下拉列表中选择【加宽】选项，在【磅值】微调框中将磅值调整为“4磅”。

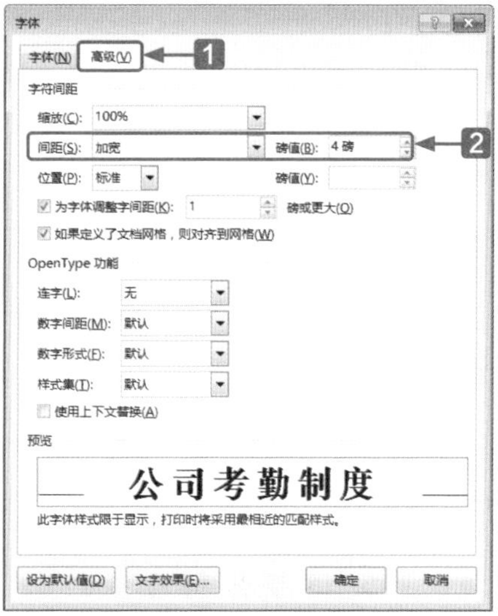

03 单击 确定 按钮返回Word文档，设置效果如图所示。

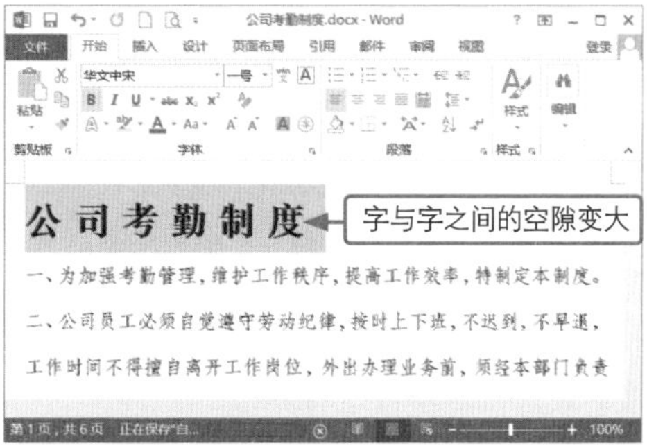

1.2.2 设置段落格式

设置了字体格式之后，用户还可以为文本设置段落格式，Word 2013 提供了多种设置段落格式的方法，主要包括对齐方式、段落缩进和间距等。

本小节示例文件位置如下。	
原始文件	第 1 章 \ 公司考勤制度 01
最终效果	第 1 章 \ 公司考勤制度 02

扫码看视频

1. 设置对齐方式

段落和文字的对齐方式可以通过段落组进行设置，也可以通过对话框进行设置。

使用【段落】组

使用【段落】组中的各种对齐方式的按钮，可以快速地设置段落和文字的对齐方式，具体步骤如下。

打开本实例的原始文件，选中标题“公司考勤制度”，切换到【开始】选项卡，在【段落】组中单击【居中】按钮，设置效果如图所示。

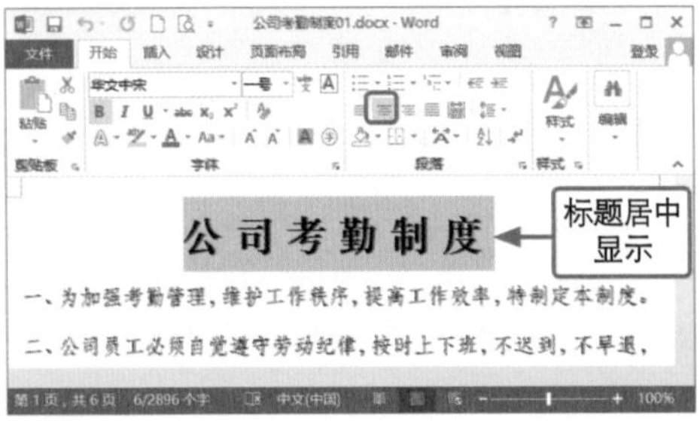

使用【段落】对话框

使用【段落】对话框设置对齐方式的具体步骤如下。

01 选中文档中的段落或文字，切换到【开始】选项卡，单击【段落】组右下角的【对话框启动器】按钮。

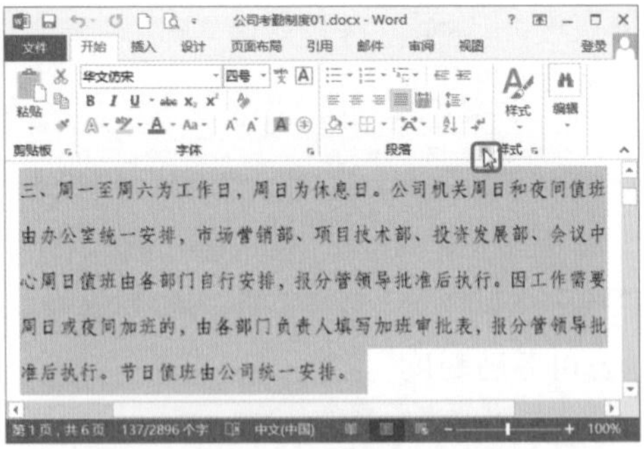

02 弹出【段落】对话框，切换到【缩进和间距】选项卡，在【常规】组合框中的【对齐方式】下拉列表中选择【分散对齐】选项。

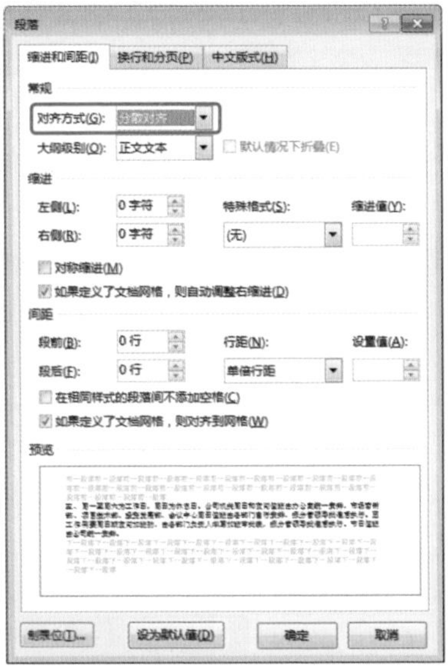

03 单击 确定 按钮，返回Word文档，设置效果如图所示。

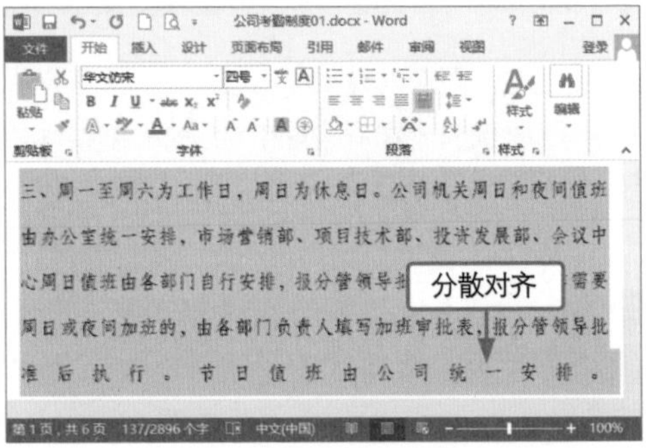

2. 设置段落缩进

通过设置段落缩进，可以调整文档正文内容与页边距之间的距离。用户可以使用【段落】组、【段落】对话框或标尺设置段落缩进。

使用【段落】组

使用【段落】组设置段落缩进的具体步骤如下。

01 选中除标题以外的其他文本段落，切换到【开始】选项卡，在【段落】组中单击【增加缩进量】按钮。

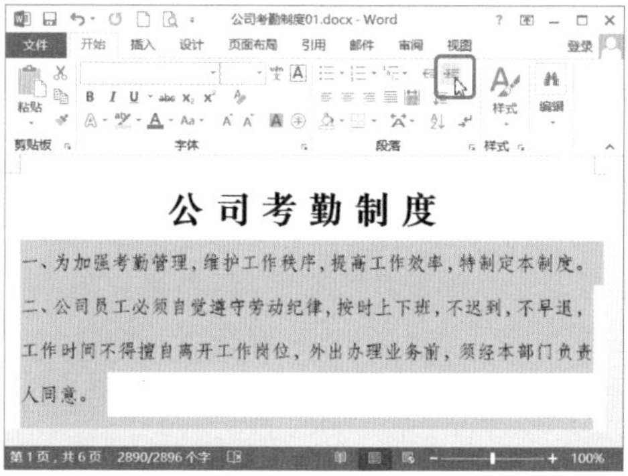

02 返回Word文档，可以看到选中的文本段落向右侧缩进了一个字符。

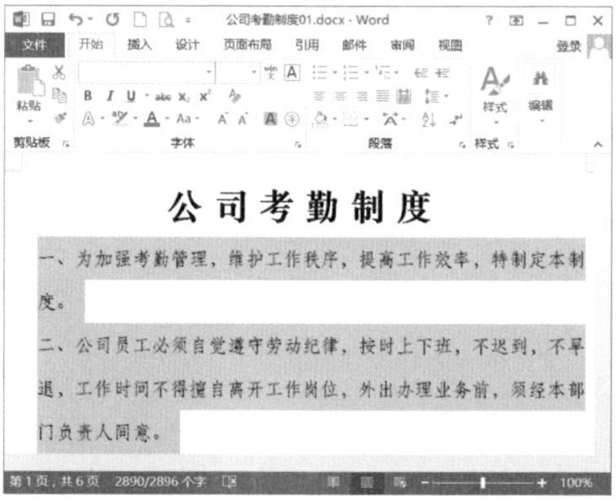

使用【段落】对话框

使用【段落】对话框设置段落缩进的具体步骤如下。

01 选中文档中的文本段落，切换到【开始】选项卡，单击【段落】组右下角的【对话框启动器】按钮。

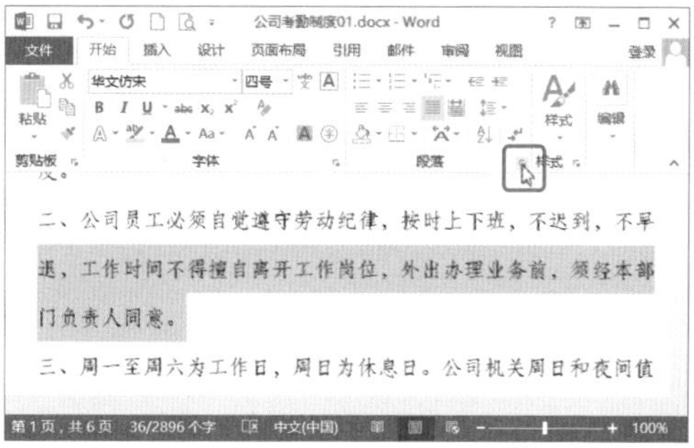

02 弹出【段落】对话框，自动切换到【缩进和间距】选项卡，在【缩进】组合框中的【特殊格式】下拉列表中选择【悬挂缩进】选项，在【磅值】微调框中默认为“2字符”，其他设置保持不变。

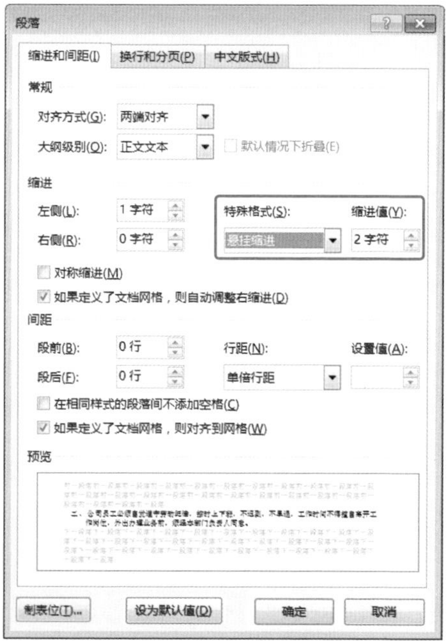

03 单击 确定 按钮返回Word文档，设置效果如图所示。

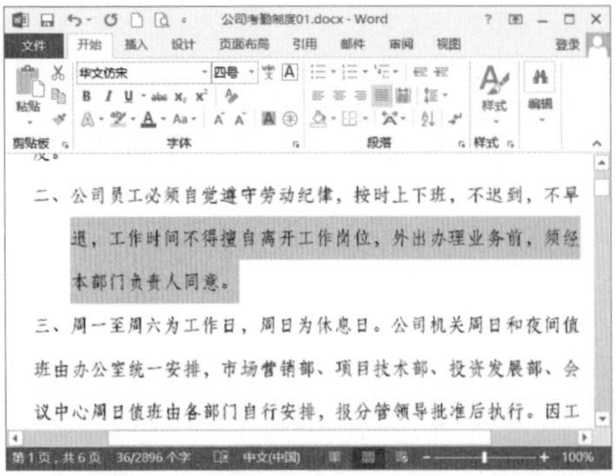

3. 设置间距

间距是指行与行之间，段落与行之间，段落与段落之间的距离。在 Word 2013 中，用户可以通过如下方法设置行和段落间距。

使用【段落】组

使用【段落】组设置行和段落间距的具体步骤如下。

01 打开本实例的原始文件，选中全篇文档，切换到【开始】选项卡，在【段落】组中单击【行和段落间距】按钮，从弹出的下拉列表中选择【1.15】选项，随即行距变成了1.15的行距。

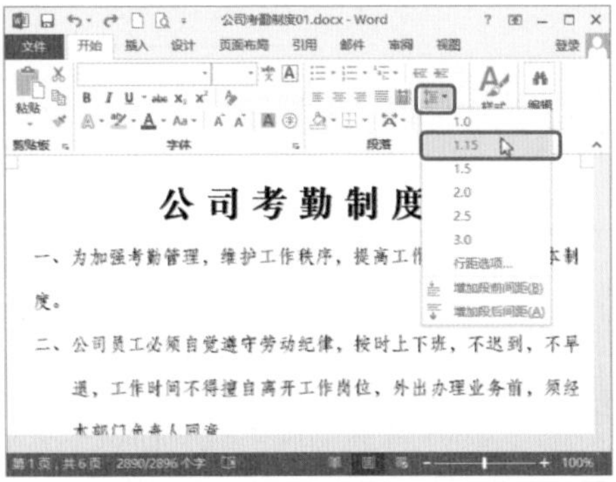

02 选中标题行，在【段落】组中单击【行和段落间距】按钮，从弹出的下拉列表中选择【增加段后间距】选项，随即标题所在的段落下方增加了一块空白间距。

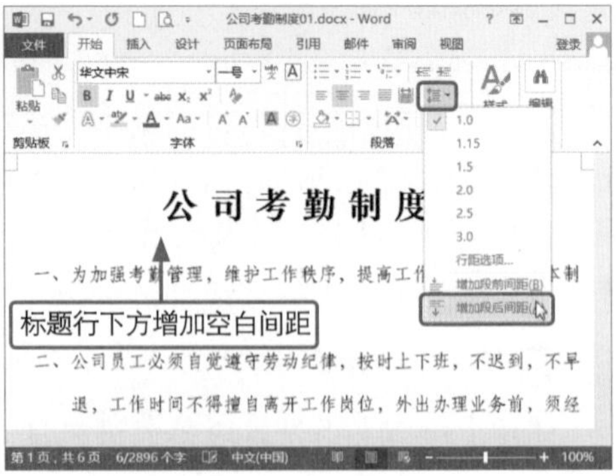

使用【段落】对话框

使用【段落】对话框设置段落间距的具体步骤如下。

01 打开本实例的原始文件，选中文档的标题行，切换到【开始】选项卡，单击【段落】组右下角的【对话框启动器】按钮，弹出【段落】对话框，自动切换到【缩进和间距】选项卡，在【间距】组合框中的【段前】微调框中将间距值调整为“1行”，在【段后】微调框中将间距值调整为“12磅”，在【行距】下拉列表中选择【最小值】选项，在【设置值】微调框中输入“12磅”。

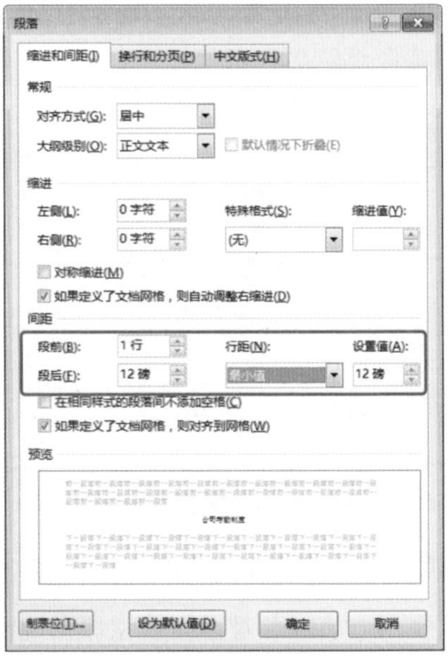

02 单击 确定 按钮，设置效果如图所示。

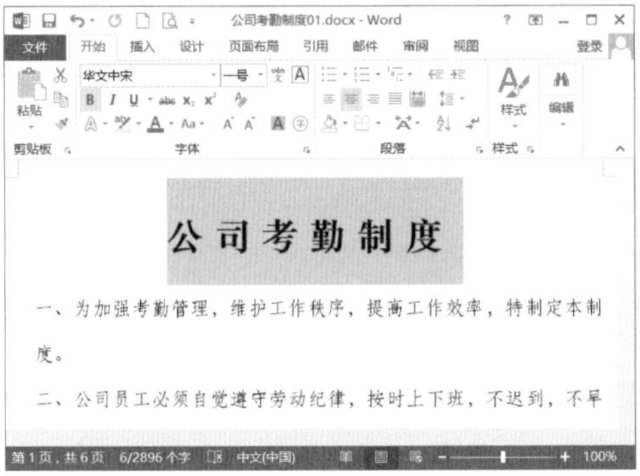

使用【页面布局】选项卡

选中文档中的各条目，切换到【页面布局】选项卡，在【段落】组的【段前】和【段后】微调框中同时将间距值调整为“0.5 行”，效果如图所示。

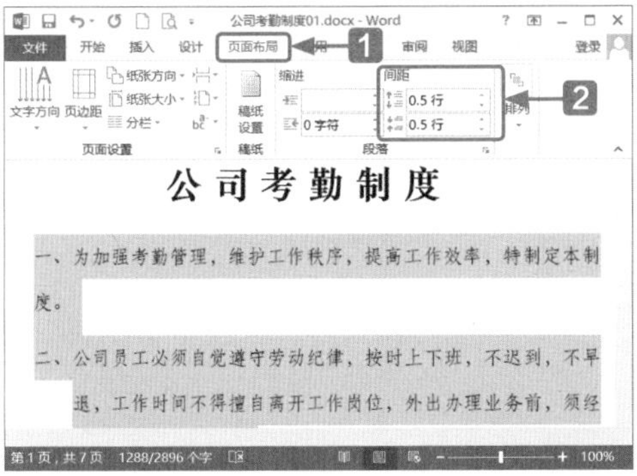

4. 添加项目符号和编号

合理使用项目符号和编号，可以使文档的层次结构更清晰、更有条理。

打开本实例的原始文件，选中需要添加项目符号的文本，切换到【开始】选项卡，在【段落】组中单击【项目符号】按钮右侧的下三角按钮，从弹出的下拉列表中选择【菱形】选项，随即在文本前插入了菱形。

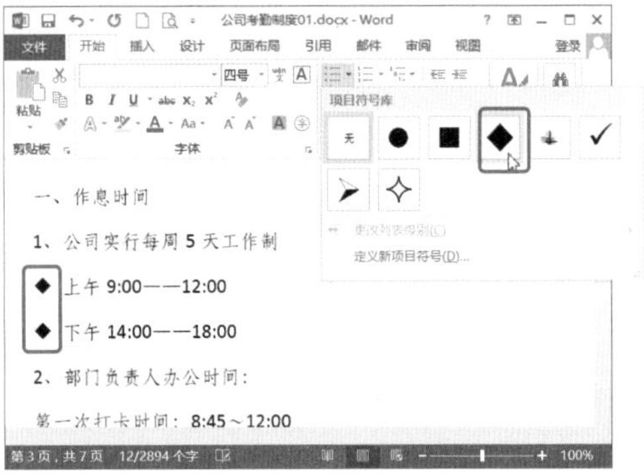

选中需要添加编号的文本，在【段落】组中单击【编号】按钮右侧的下三角按钮，从弹出的下拉列表中选择一种合适的编号即可在文档中插入编号。

1.2.3 添加边框和底纹

通过在 Word 2013 文档中插入段落边框和底纹，可以使相关段落的内容更加醒目，从而增强 Word 文档的可读性。

本小节示例文件位置如下。	
原始文件	第 1 章 \ 公司考勤制度 02
最终效果	第 1 章 \ 公司考勤制度 03

扫码看视频

1. 添加边框

在默认情况下，段落边框的格式为黑色单直线。用户可以通过设置段落边框的格式，使其更加美观。为文档添加边框的具体步骤如下。

01 打开本实例的原始文件，选中要添加边框的文本，切换到【开始】选项卡，在【段落】组中单击【边框】按钮右侧的下三角按钮，从弹出的下拉列表中选择【外侧框线】选项。

02 返回Word文档，效果如图所示。

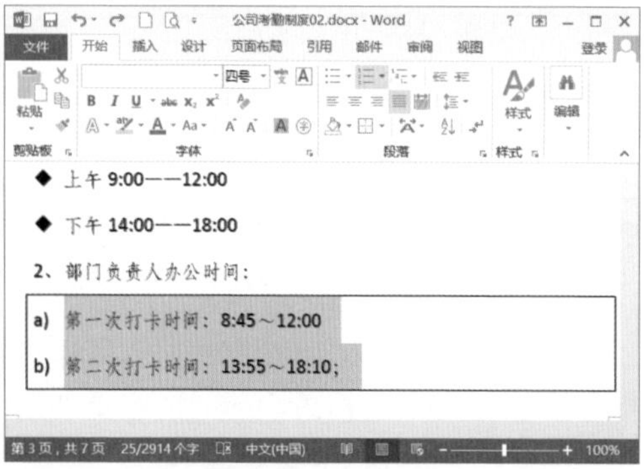

2. 添加底纹

为文档添加底纹的具体步骤如下。

01 选中要添加底纹的文档，切换到【设计】选项卡，在【页面背景】组中单击【页面边框】按钮。

02 弹出【边框和底纹】对话框，切换到【底纹】选项卡，在【填充】下拉列表中选择【橙色,着色2,淡色80%】选项。

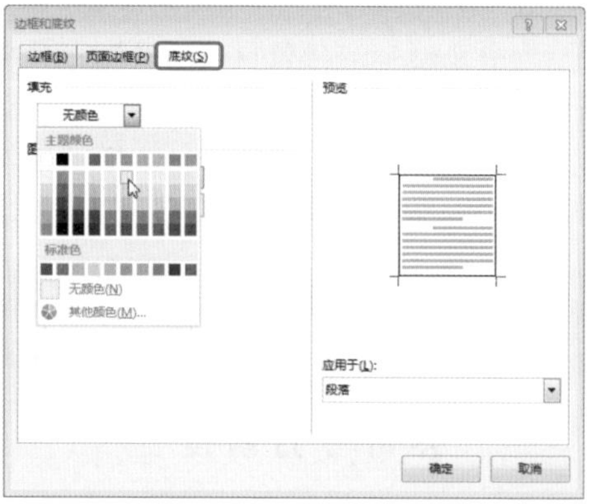

03 在【图案】中的【样式】下拉列表中选择【5%】选项。

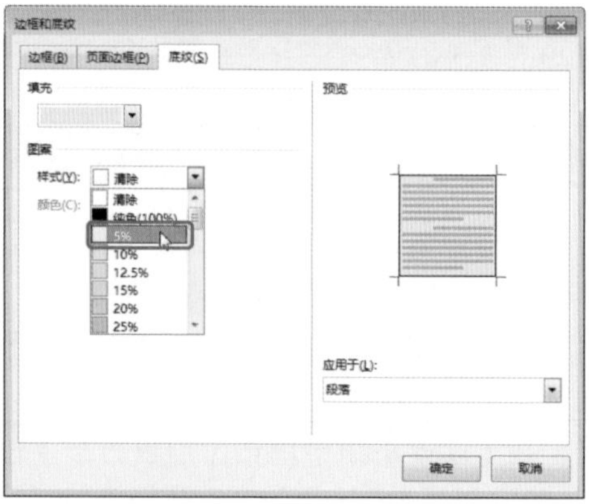

04 单击确定按钮，返回Word文档，设置效果如图所示。

1.2.4 设置页面背景

为了使 Word 文档看起来更加美观，用户可以添加各种漂亮的页面背景，包括水印、页面颜色以及其他填充效果。

本小节示例文件位置如下。	
原始文件	第 1 章 \ 公司考勤制度 03
最终效果	第 1 章 \ 公司考勤制度 04

扫码看视频

1. 添加水印

Word 文档中的水印是指作为文档背景图案的文字或图像。Word 2013 提供了多种水印模板和自定义水印功能。为 Word 文档添加水印的具体步骤如下。

01 打开本实例的原始文件，切换到【设计】选项卡，在【页面背景】组中单击【水印】按钮。

02 从弹出的下拉列表中选择【自定义水印】选项。

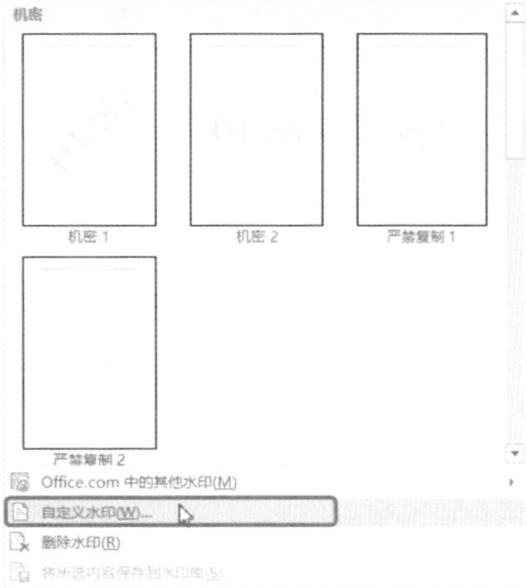

03 弹出【水印】对话框，选中【文字水印】单选钮，在【文字】下拉列表中选择【禁止复制】选项，在【字体】下拉列表中选择【方正楷体简体】选项，在【字号】下拉列表中选择【80】选项，其他选项保持默认。

04 单击 确定 按钮，返回Word文档，设置效果如图所示。

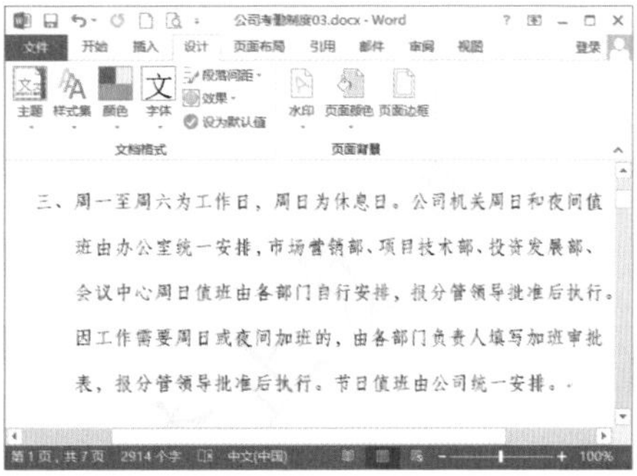

2. 设置页面颜色

页面颜色是指显示在 Word 文档最底层的颜色或图案，用于丰富 Word 文档的页面显示效果，页面颜色在打印时不会显示。设置页面颜色的具体步骤如下。

01 切换到【设计】选项卡，在【页面背景】组中单击【页面颜色】按钮，从弹出的下拉列表中选择【灰色-50%,着色3,淡色80%】选项即可。

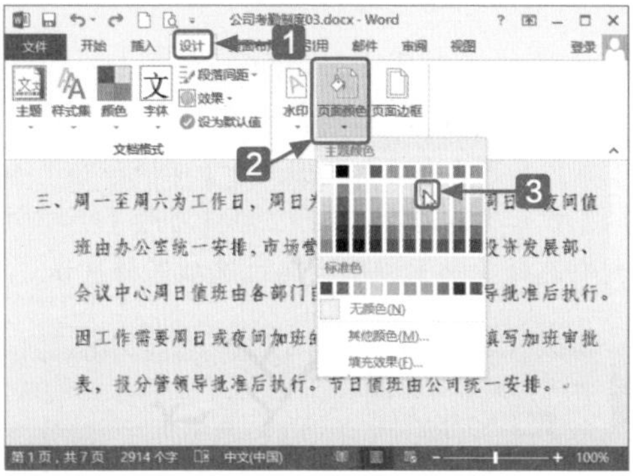

02 如果“主题颜色”和“标准色”中显示的颜色依然无法满足用户的需要，那么可以从弹出的下拉列表中选择【其他颜色】选项。

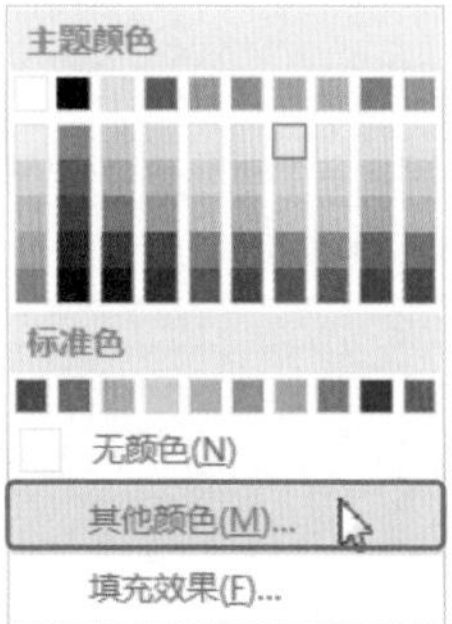

03 弹出【颜色】对话框，自动切换到【自定义】选项卡，在【颜色】面板上选择合适的颜色，也可以在下方的微调框中调整颜色的RGB值，此处设置为绿色。

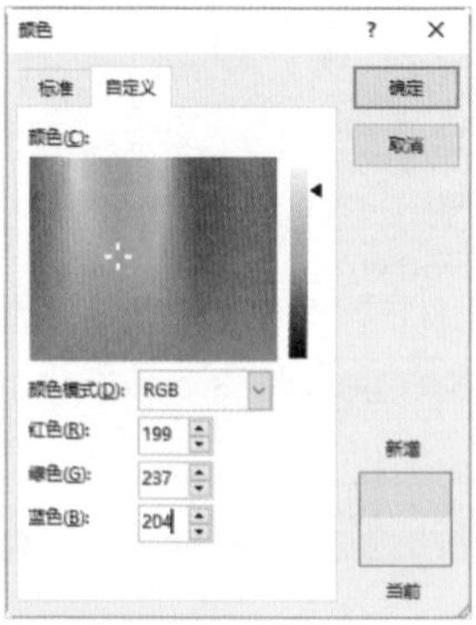

04 单击 确定 按钮，返回Word文档，设置效果如图所示。

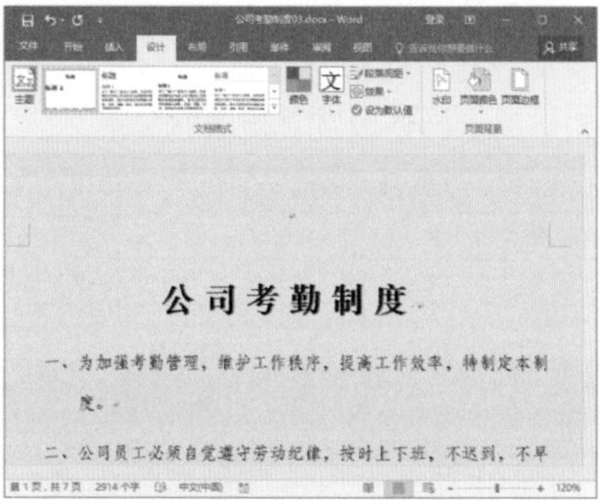

添加纹理效果

为 Word 文档添加纹理效果的具体步骤如下。

01 在【填充效果】对话框中，切换到【纹理】选项卡，在【纹理】列表框中选择【蓝色面巾纸】选项。

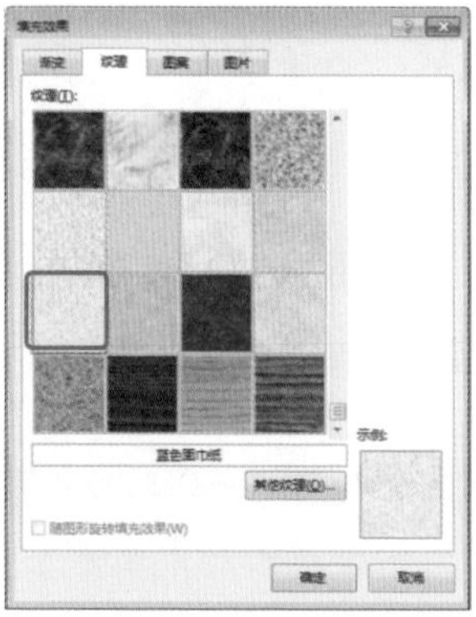

02 单击 确定 按钮，返回Word文档即可。

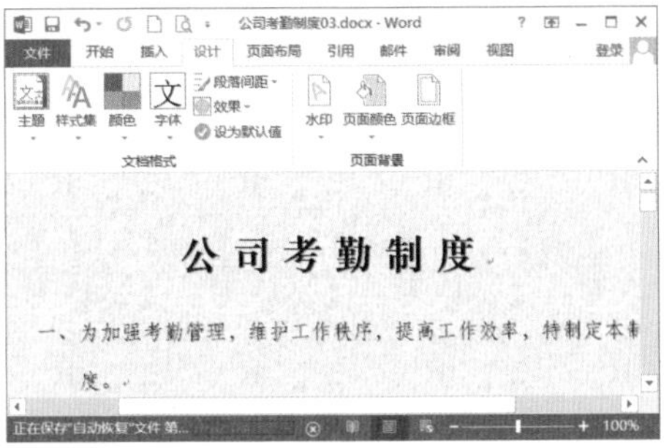

添加图案效果

添加图案效果的具体步骤如下。

01 在【填充效果】对话框中，切换到【图案】选项卡，在【背景】下拉列表中选择合适的颜色，然后在【图案】列表框中选择【60%】选项。

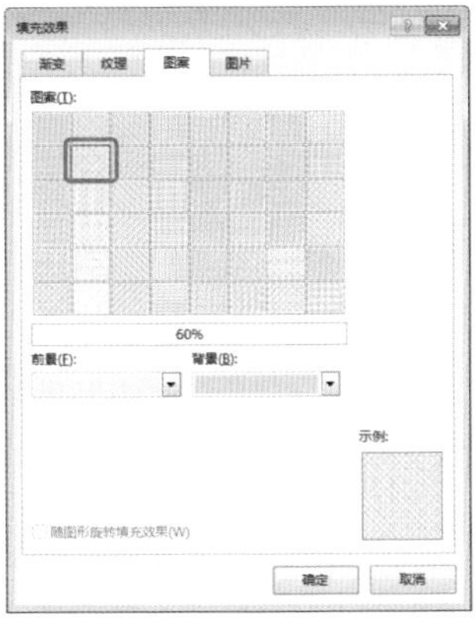

02 单击 确定 按钮返回Word文档，设置效果如图所示。

1.2.5 审阅文档

在日常工作中，某些文件需要领导审阅或者经过大家讨论后才能够执行，就需要在这些文件上进行一些批示、修改。Word 2013 提供了批注、修订、更改等审阅工具，大大提高了办公效率。

本小节示例文件位置如下。	
原始文件	第 1 章 \ 公司考勤制度 04
最终效果	第 1 章 \ 公司考勤制度 05

1. 添加批注

为了帮助阅读者更好地理解文档内容以及跟踪文档的修改状况，可以为 Word 文档添加批注。添加批注的具体步骤如下。

01 打开本实例的原始文件，选中要插入批注的文本，切换到【审阅】选项卡，在【批注】组中单击【新建批注】按钮。

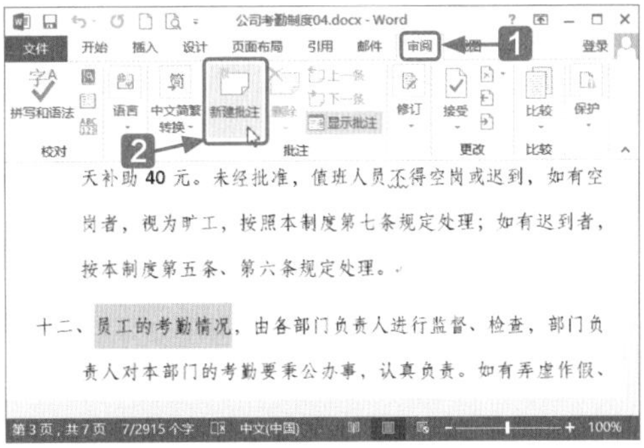

02 随即在文档的右侧出现一个批注框，用户可以根据需要输入批注信息。Word 2013的批注信息前面会自动加上用户名以及添加批注的时间。

03 如果要删除批注，可先选中批注框，在【批注】组中单击【删除】按钮的下方按钮，从弹出的下拉列表中选择【删除】选项。

Word 2013 新增加了批注【回复】按钮。用户可以在相关文字旁边讨论和轻松地跟踪批注。

2. 修订文档

Word 2013 提供了文档修订功能，在打开修订功能的情况下，Word 会自动跟踪对文档的所有更改，包括插入、删除和格式更改，并对更改的内容做出标记。

更改用户名

在文档的审阅和修改过程中，可以更改用户名，具体的操作步骤如下。

01 在Word文档中，切换到【审阅】选项卡，单击【修订】组右下角的【对话框启动器】按钮。

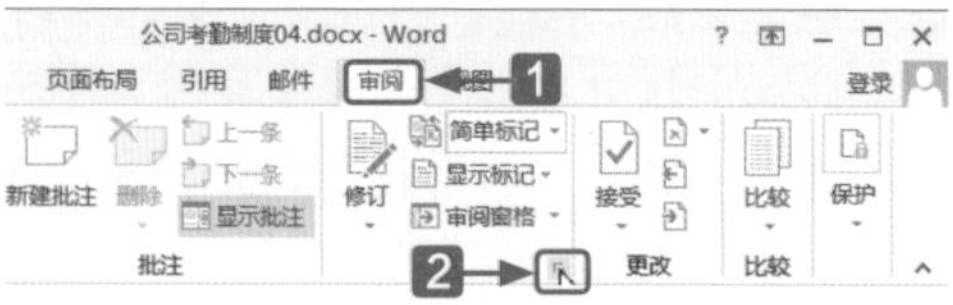

02 弹出【修订选项】对话框，单击 更改用户名(N)... 按钮。

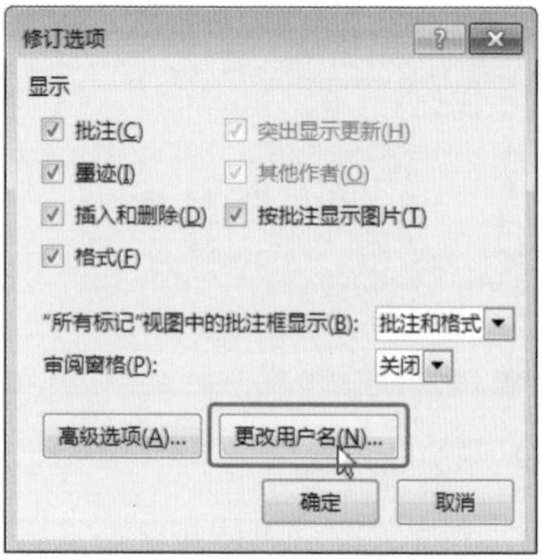

03 弹出【Word选项】对话框，自动切换到【常规】选项卡，在【对Microsoft Office进行个性化设置】组合框中的【用户名】文本框中输入"shenlong"，在【缩写】文本框中输入"sl"，然后单击 确定 按钮即可。

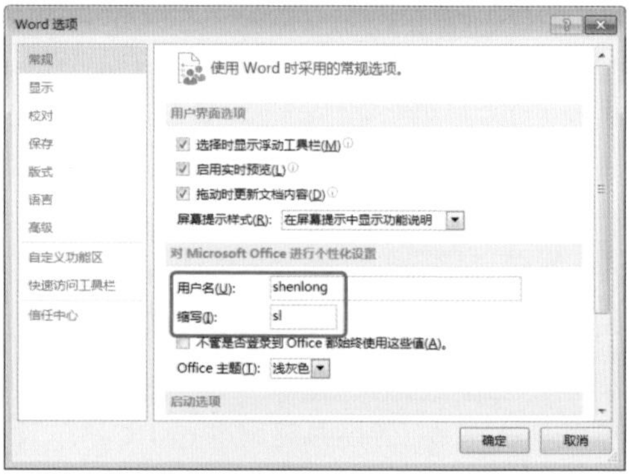

修订文档

修订文档的具体操作步骤如下。

01 切换到【审阅】选项卡中，单击【修订】组中的 显示标记 按钮，从弹出的下拉列表中选择【批注框】➤【在批注框中显示修订】选项。

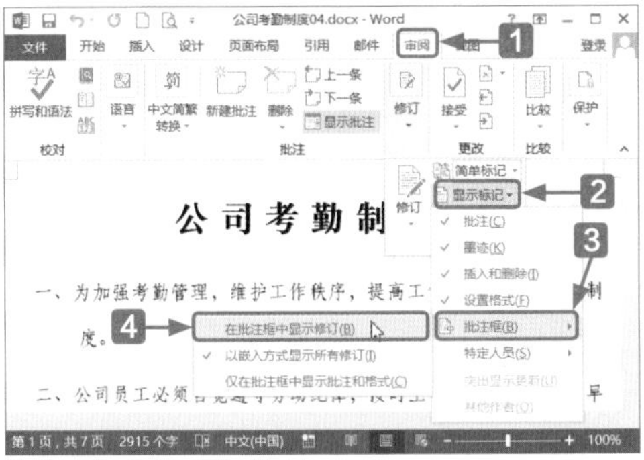

02 在【修订】组中单击 简单标记 ▾ 按钮右侧的下三角按钮▾，从弹出的下拉列表中选择【所有标记】选项。

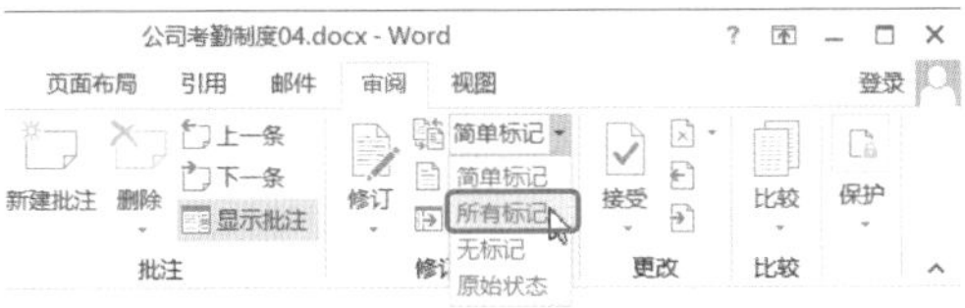

03 在Word文档中，切换到【审阅】选项卡，在【修订】组中单击【修订】按钮的上半部分，随即进入修订状态。

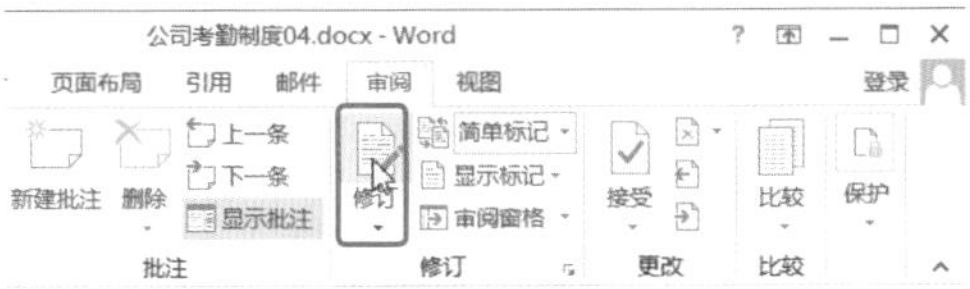

04 将文档中的文字“15”改为“10”，此时Word自动显示修改的作者以及删除的内容。

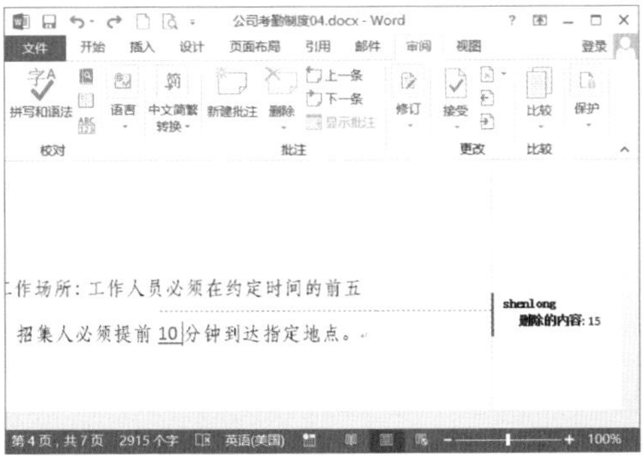

05 直接删除文档中的文本“迟到30分钟以上的扣半天基本工资；”，效果如图所示。

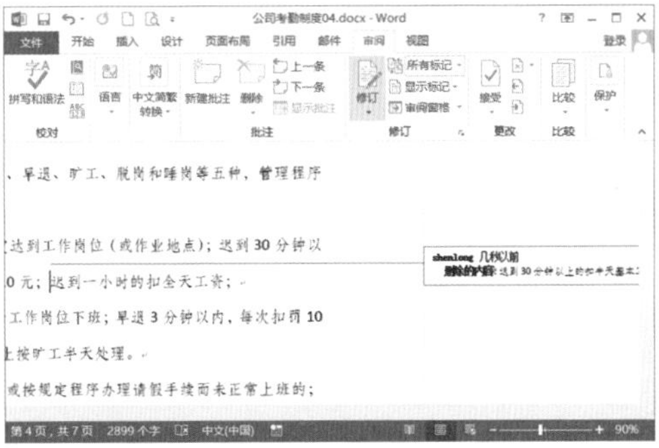

06 将文档的标题“公司考勤制度”的字号调整为“二号”，随即在右侧弹出一个批注框，并显示格式修改的详细信息。

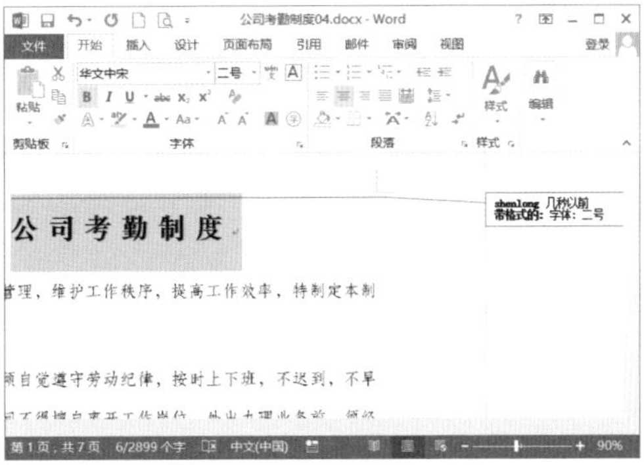

07 当所有的修订完成以后，用户可以通过“导航窗格”功能通篇浏览所有的审阅摘要。切换到【审阅】选项卡，在【修订】组中单击 审阅窗格 ▾ 按钮，从弹出的下拉列表中选择【垂直审阅窗格】选项。

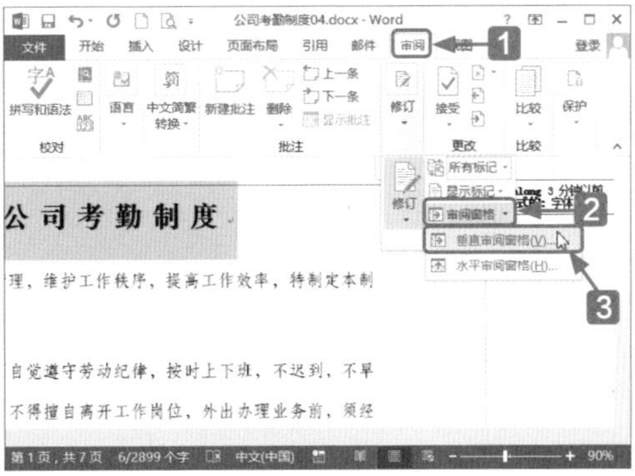

08 此时在文档的左侧出现一个导航窗格，并显示审阅记录。

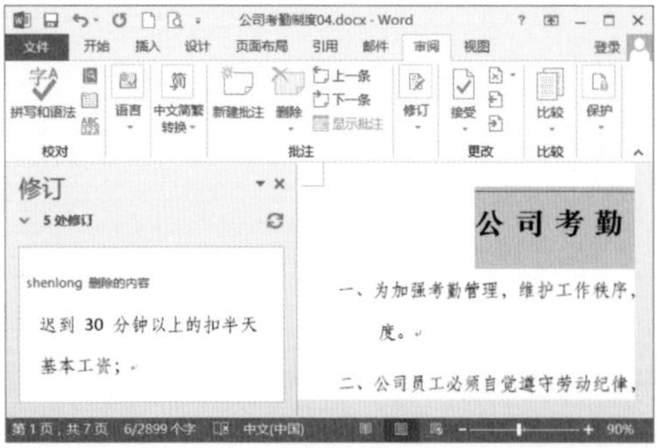

3. 更改文档

文档的修订工作完成以后，用户可以跟踪修订内容，并选择接受或拒绝。更改文档的具体操作步骤如下。

01 在Word文档中，切换到【审阅】选项卡，在【更改】组中单击【上一处修订】按钮或【下一处修订】按钮，可以定位到当前修订的上一条或下一条。

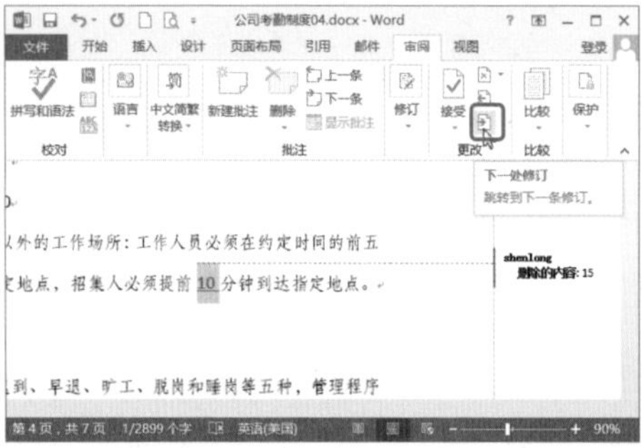

02 在【更改】组中单击【接受】按钮下半部分按钮，从弹出的下拉列表中选择【接受所有修订】选项。

03 审阅完毕，单击【修订】组中的【修订】按钮，退出修订状态。

高手过招

批量清除文档中的空行

01 在Word文档中，使用【Ctrl】+【H】组合键，弹出【查找和替换】对话框，自动切换到【替换】选项卡，在【查找内容】文本框中输入“^p^p”，在【替换为】文本框中输入“^p”（符号“^”，即【Shift】+【6】组合键，需在英文半角输入法下输入，“^p”表示一个硬回车，即段落间隔符，“^p^p”表示两个连续硬回车，中间无字符，即存在空行）。

02 单击 全部替换(A) 按钮，弹出【Microsoft Word】提示对话框，并显示替换结果，此时单击 确定 按钮即可批量清除文档中的空格。

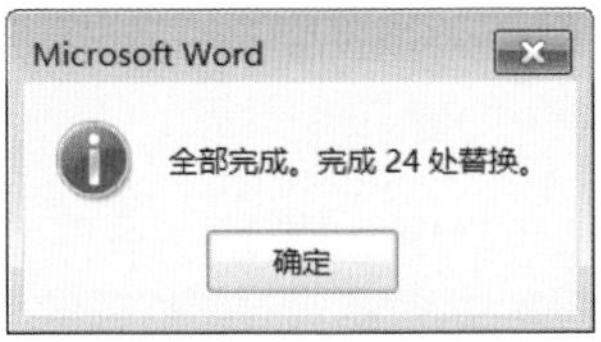

在文档中插入附件

01 新建一个Word文档，将光标定位到要插入附件的位置，切换到【插入】选项卡，在【文本】组中单击 对象 按钮右侧的下三角按钮，从弹出的下拉列表中选择【对象】选项。

02 弹出【对象】对话框，切换到【由文件创建】选项卡，然后单击 浏览(B)... 按钮。

03 弹出【浏览】对话框，在左侧选择要插入的文件的保存位置，然后选择要插入的文件。

04 单击 插入(S) 按钮，返回【对象】对话框，即可在【文件名】文本框中显示出要插入的文件的路径，选中【显示为图标】复选框。

05 单击 确定 按钮，返回Word文档即可看到文档中插入了一个Word文档图标。

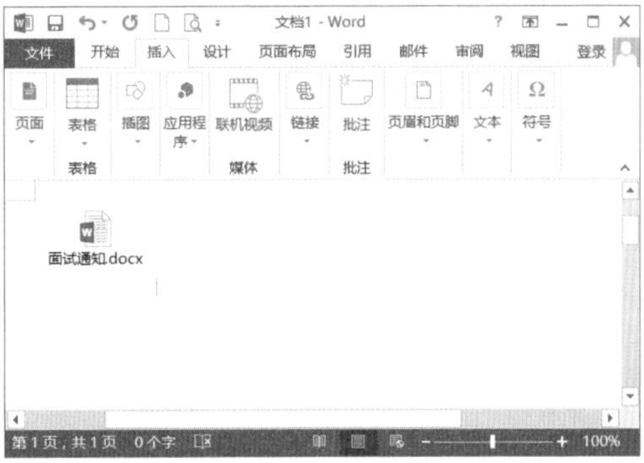

06 双击图标即可打开相应的文件。

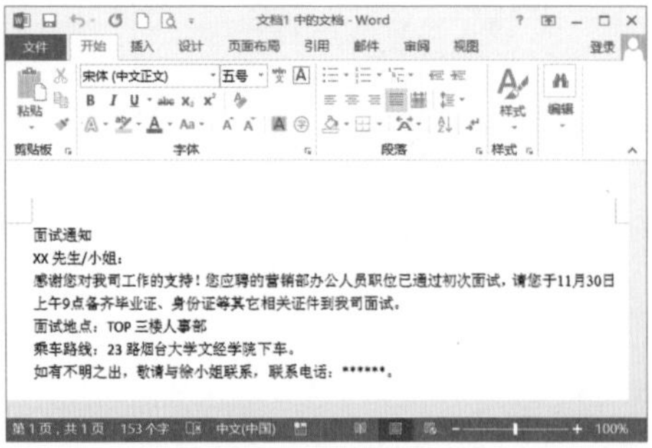

教你输入 X^2 与 X_2

在编辑文档的过程中，利用 Word 2013 提供的上标和下标功能，用户可以快速地编辑数学和化学符号。

1. 输入 X^2

01 新建一个Word文档，输入“X2”，然后选中数字“2”，切换到【开始】选项卡，在【字体】组中单击【上标】按钮 x^2。

02 设置效果如图所示。

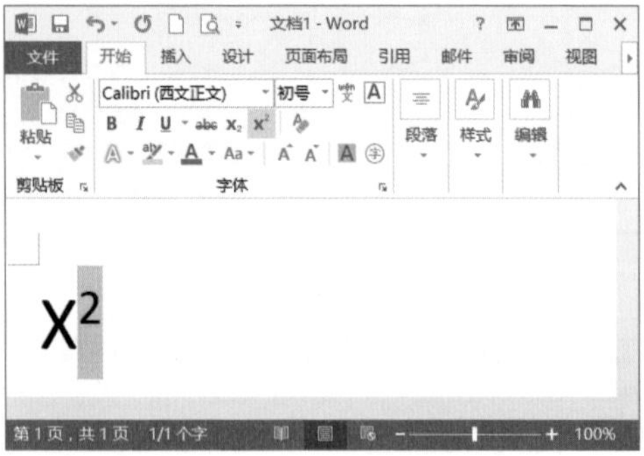

2. 输入 X_2

01 新建一个Word文档，输入“X2”，然后选中数字“2”，单击鼠标右键，在弹出的快捷菜单中选择【字体】菜单项。

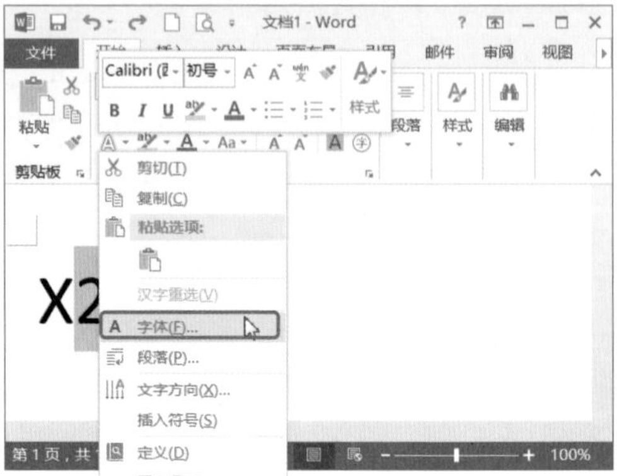

02 弹出【字体】对话框，切换到【字体】选项卡，在【效果】组合框中选中【下标】复选框。

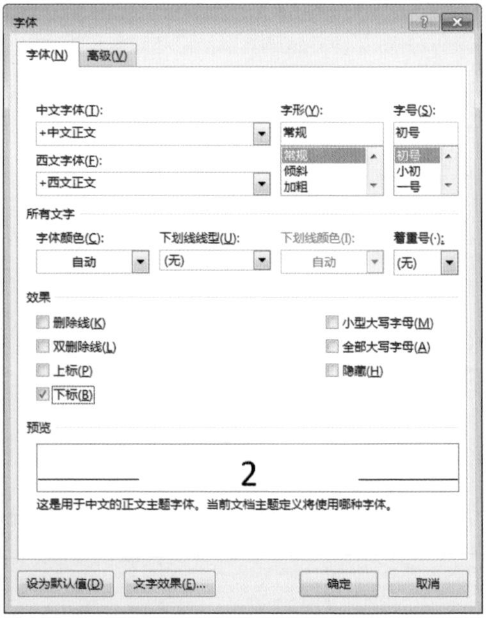

03 单击 确定 按钮，返回Word文档，效果如图所示。

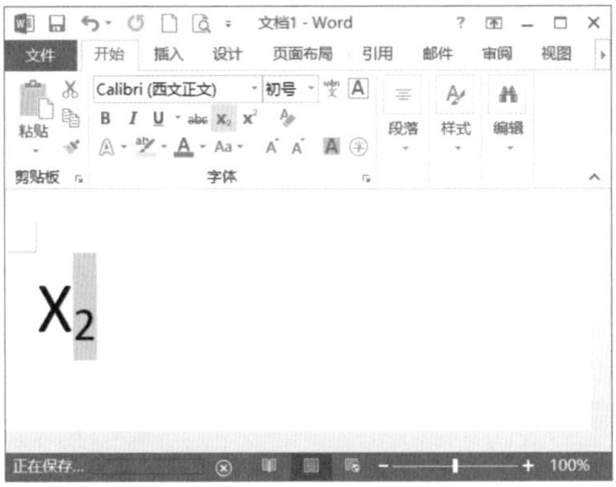

简繁体轻松转换

在工作中，有些文档会用到繁体字，例如信函，使用 Word 2013 的“中文简繁转换”功能，可以轻松地对文字进行简繁转换。

01 在Word文档中，选中全篇文档，切换到【审阅】选项卡，在【中文简繁转换】组中单击繁简转繁按钮。

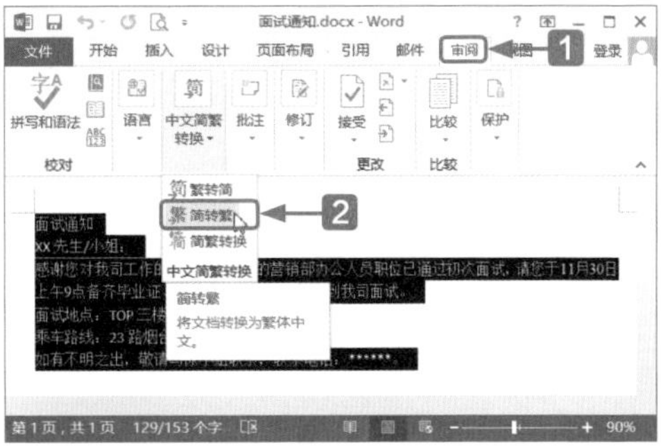

02 简繁转换完毕，效果如图所示。

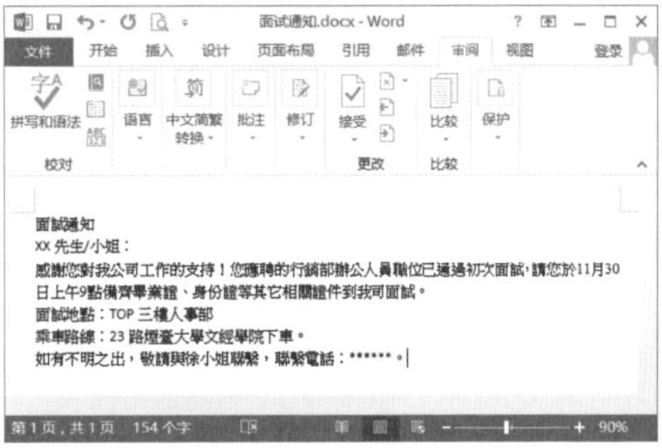

如果想要将繁体转换为简体，可以按照相同的方法，在【中文简繁转换】组中单击简繁转简按钮即可。

第02章

表格应用与图文混排

对于Word的应用，很多人都只是将其作为一种文字编辑工具，其实Word的功能很强大，使用Word中的表格应用和图文混排可以制作出很多漂亮的表单，如个人简历、宣传单等。

关于本章知识，本书配套教学光盘中有相关的多媒体教学视频，请读者参见光盘中的【Word 2013 高级应用 \ 文档中的表格应用】。

2.1 个人简历

简历是用人单位在面试前了解求职者基本情况的主要手段。简历中综合能力的描述非常重要，求职者应尽可能多地将自己的这些信息通过简历传递给用人单位。

2.1.1 页面比例分割

个人简历一般应用 A4 幅面，为了让简历信息更加清晰、明了，能更好的凸显自己的各种信息，显示重点，我们把页面按照黄金比例垂直分割。

本小节示例文件位置如下。	
原始文件	第 2 章 \ 个人简历
最终效果	第 2 章 \ 个人简历 01

扫码看视频

1. 垂直分割

左边占 1/3，右边占 2/3，左边填写个人简要信息，例如：年龄、籍贯、学历等；右边填写个人详细信息，例如：软件技能、实习实践等。下面我们一起来看一下如何把 A4 页面按照黄金比例进行垂直分割。

01 新建一个空白文档，并将其命名为“个人简历”，切换到【插入】选项卡，单击【插图】组中的【形状】按钮，从弹出的下拉列表中选择【线条】组中的【直线】。

02 单击【直线】后，当鼠标指针变成十形状时，按住【Shift】键，画一条线将页面垂直分割。

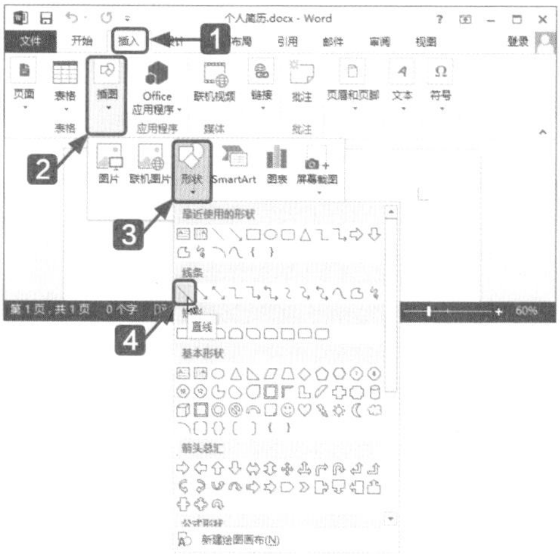

03 切换到【页面布局】选项卡中，在【排列】组中单击【位置】按钮，在弹出的下拉列表中单击【其他布局选项】。

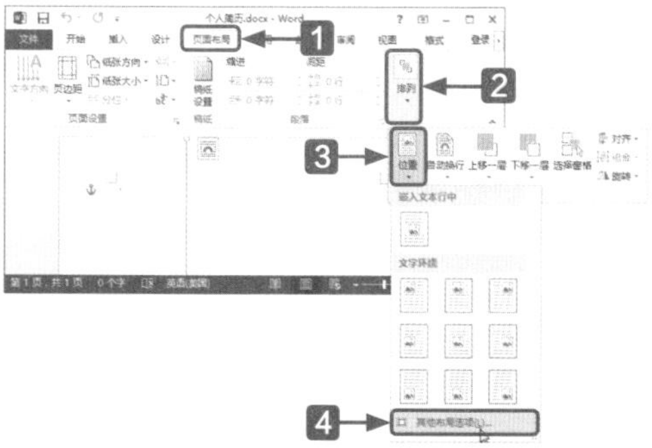

04 弹出【布局】对话框，切换到【位置】选项卡，在【水平】组合框中的“对齐方式”微调框中选择“左对齐”，“相对于”微调框中选择“页面”；“绝对位置”微调框中输入“7厘米”，“右侧”微调框中选择“页面”。因为A4页面宽度为21厘米，所以绝对位置为7厘米。

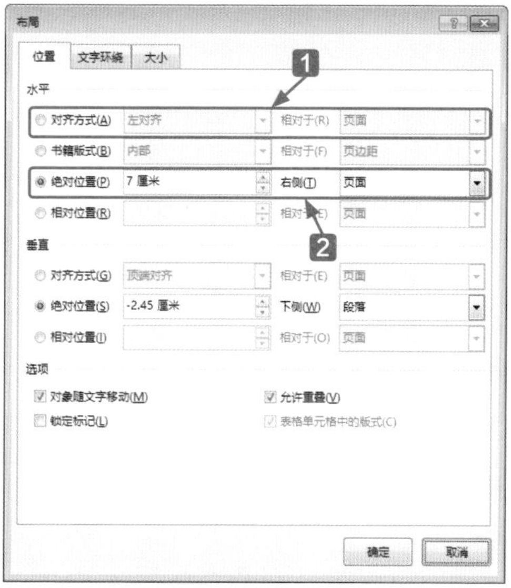

05 单击 确定 按钮，垂直分割效果完成。

这样我们就把A4页面按照黄金比例垂直分割好了。

2. 页面分布

为了使左面的个人简要信息看起来整齐美观，我们把简要中的信息进行了归类，把页面的左面分成了4个部分。最上面放个人照片；第2部分放个人的基本信息，包括年龄、生日、毕业院校、学历、籍贯、现居；第3部分放个人的联系信息，包括电话、QQ、邮箱；第4部分放个人的特长爱好。

将页面按照填写内容分为4部分，效果如图所示。

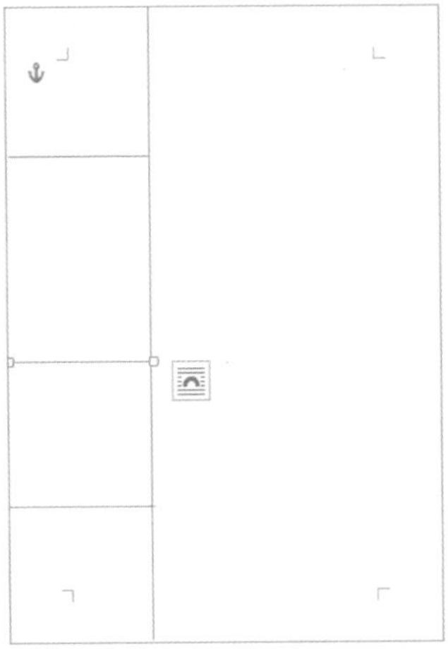

01 选中所插入的直线，切换到【绘图工具】下的【格式】选项卡，在【形状样式】组中单击【形状轮廓】按钮，在弹出的下拉列表中单击“灰色-25%，背景2，深色25%”选项。

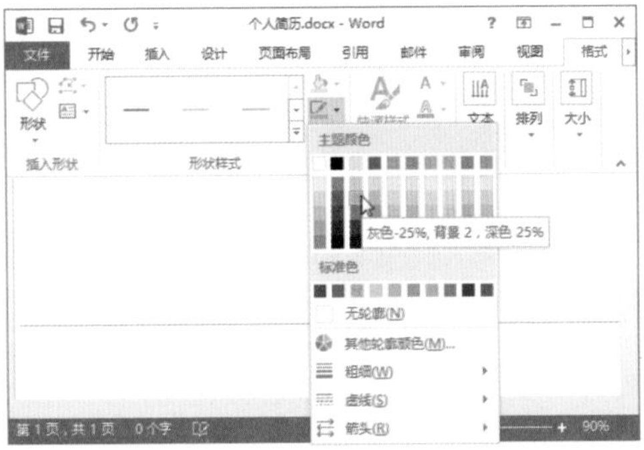

02 更改后效果如图所示。

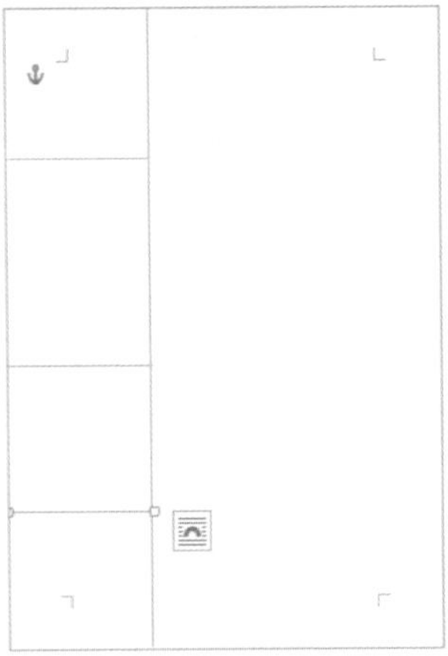

2.1.2 个人信息

在添加个人信息前，首先要挑选一张大方得体的照片，以便给招聘人员留下一个良好的印象。

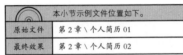

本小节示例文件位置如下。	
原始文件	第 2 章 \ 个人简历 01
最终效果	第 2 章 \ 个人简历 02

扫码看视频

1. 插入照片、姓名和求职意向

生活中，我们拍摄的照片都是方形的，如果我们添加到简历中的照片也是方形的，难免会给人一种呆板的感觉。下面我们利用 Word 中的功能把插入进来的照片进行裁剪，使其成圆形，操作步骤如下。

01 将光标定位到要插入照片的位置，切换到【插入】选项卡，在【插图】组中单击【图片】按钮。

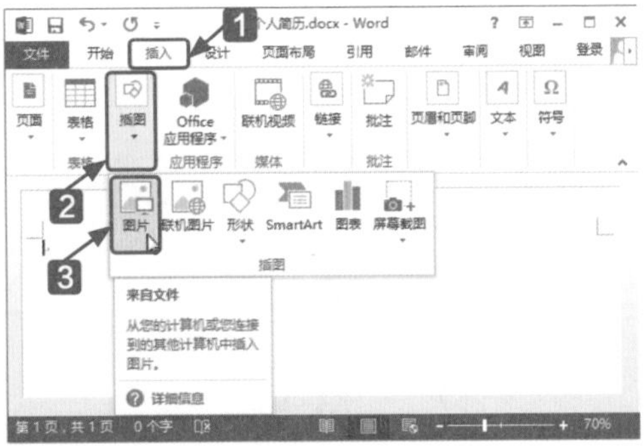

02 弹出【插入图片】对话框，在左侧选择图片所在的文件夹，然后选中要插入的照片“于子琪.jpg”。

03 单击 插入(S) 按钮，返回Word中即可插入该照片。

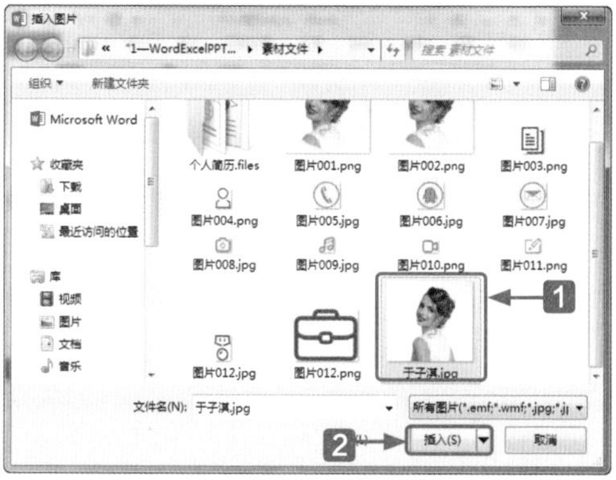

04 选中照片，按住鼠标左键进行拖曳，以便调整照片大小。选中照片，切换到【图片工具】下的【格式】选项卡，在【大小】组中单击【裁剪】按钮，在【裁剪】的下拉列表中选择【裁剪为形状】中的【椭圆】。

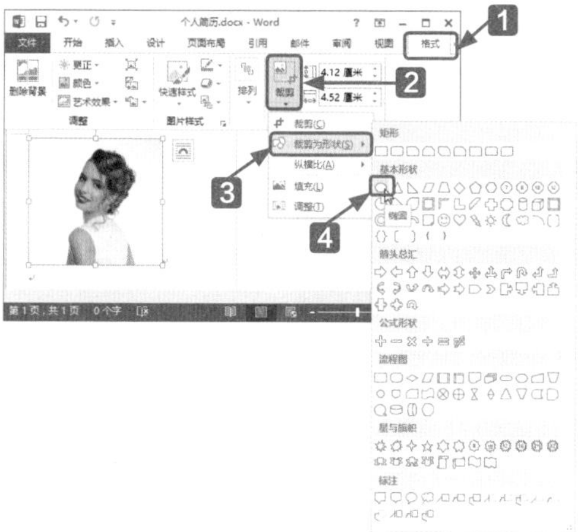

05 选中椭圆，然后单击【裁剪】下拉列表中的【裁剪】，将照片裁剪为合适大小。选中照片，切换到【页面布局】选项卡中，在【排列】组中单击【自动换行】按钮，在其下拉列表中选择【浮于文字上方】。

06 在图片的下方，单击【插入】选项卡，单击【文本】组中的【文本框】按钮，在其下拉列表中选择【绘制文本框】。

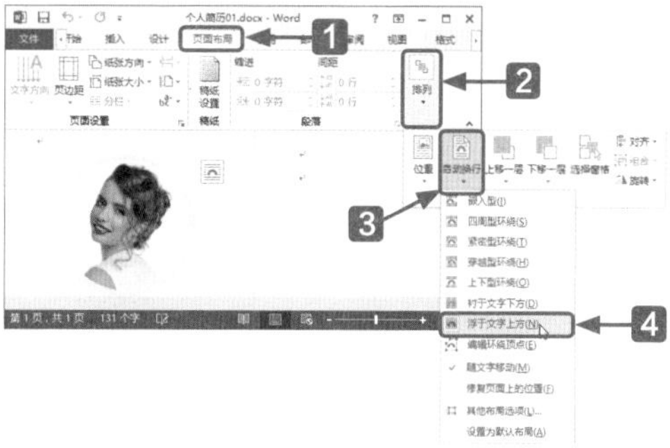

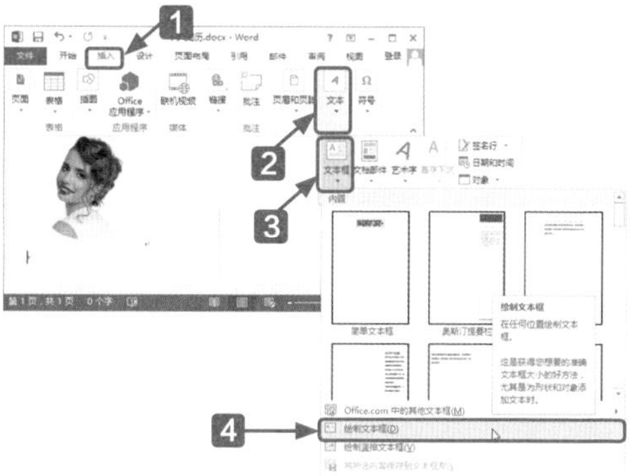

07 当鼠标指针变为“十”形状时，拖动鼠标左键，即可绘制一个文本框。

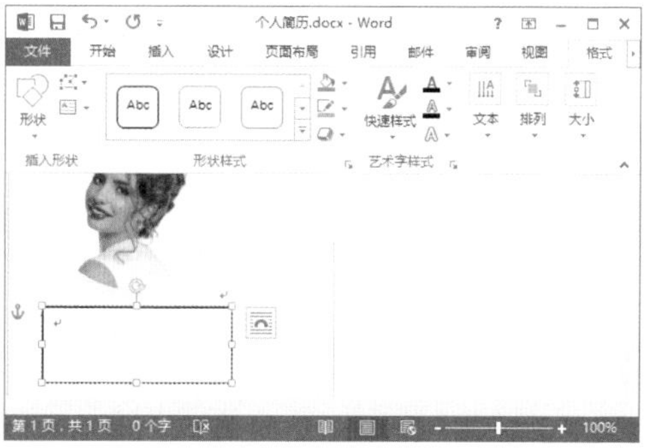

08 在文本框中输入文字“于子淇”，字体设置为“微软雅黑”。为了使姓名醒目，可以调大字号，选择“小一”。用同样的方法插入文本框，输入“求职意向：客户经理”，字体设置为“华文细黑”，这几个字应适当小一些，这里字号选择“小四”。选中文本框，切换到【绘图工具】下的【格式】选项卡，在【形状样式】组中单击【形状轮廓】按钮，在下拉列表中选择【无轮廓】，效果如图所示。

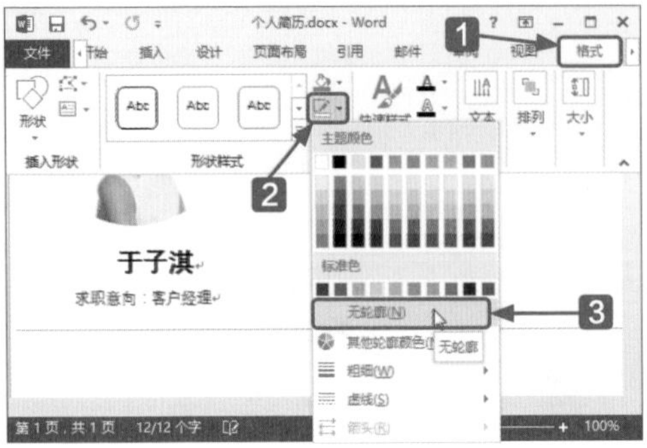

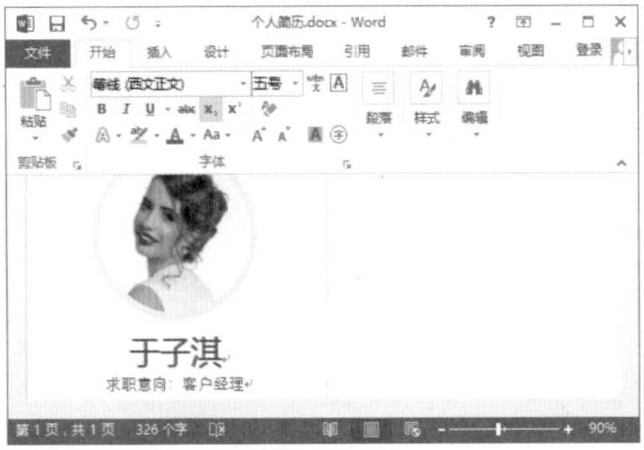

2. 插入个人基本信息

个人的基本信息包括年龄、生日、毕业院校等。这些信息是招聘人员筛选简历时主要关注的信息，所以填写个人基本信息尤为重要，具体操作步骤如下。

01 为了形象化个人基本信息，我们从图库中找到了形象的小图标，在输入个人信息之前先插入这个小图标。切换到【插入】选项卡，在【插图】组中单击【图片】按钮。

02 弹出【插入图片】对话框，在左侧选择图片所在的文件夹，然后选中要插入的图片“图片003.png”，单击【插入】按钮。

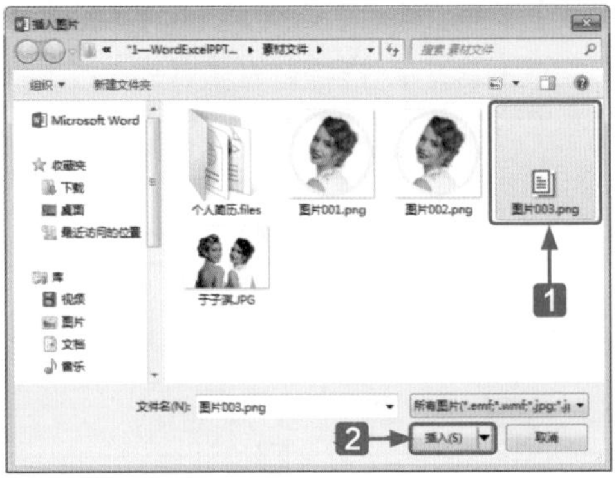

03 在文本框中输入“基本信息”的方法与输入“姓名”的方法相同，效果如图所示。

04 为了突出“基本信息”，我们调整其颜色。选中“基本信息”这4个字，切换到【开始】选项卡，在【字体】组中单击【字体颜色】，在下拉列表中选择【其他颜色】。

05 在弹出的【颜色】对话框中，切换到【自定义】选项卡，在【颜色模式】下拉列表中选择【RGB】选项，然后在【红色】微调框中输入“239”，在【绿色】微调框中输入“109”，在【蓝色】微调框中输入“155”。

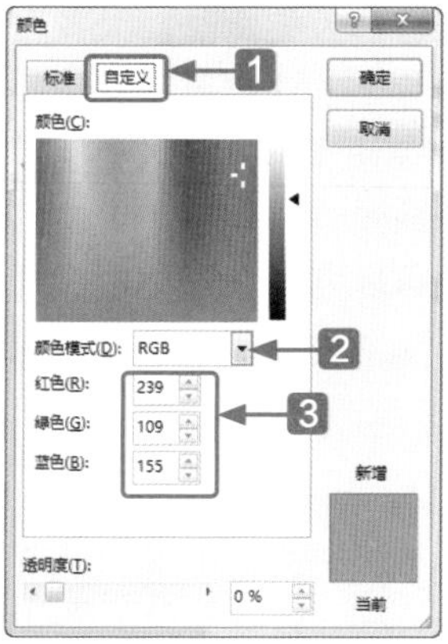

06 单击 确定 按钮，效果如图所示。

07 在基本信息下方，插入一个表格，切换到【插入】选项卡，单击【表格】组中的【表格】按钮，从弹出的下拉列表中选择【插入表格】选项。

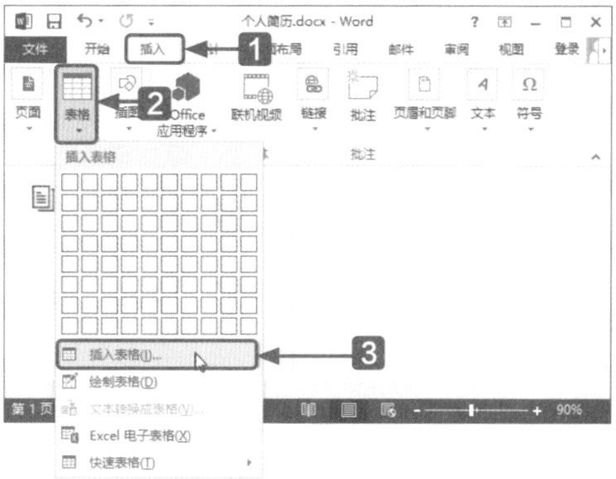

08 弹出【插入表格】对话框，在【列数】微调框中输入要插入表格的列数“2”，在【行数】微调框中输入要插入表格的行数“7”，然后选中【根据内容调整表格】单选钮。

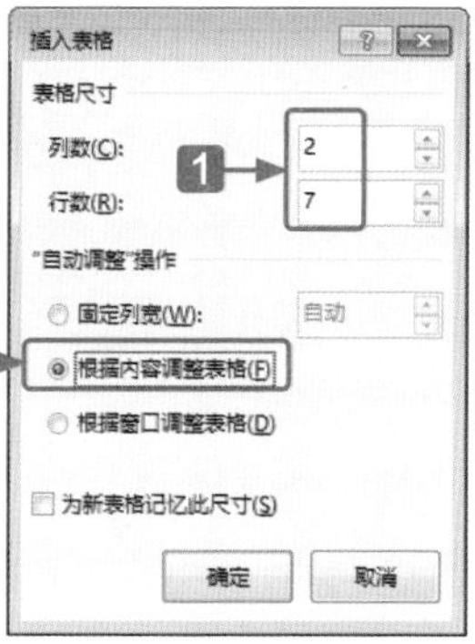

09 单击 确定 按钮，在Word文档中插入了一个7行2列的表格。

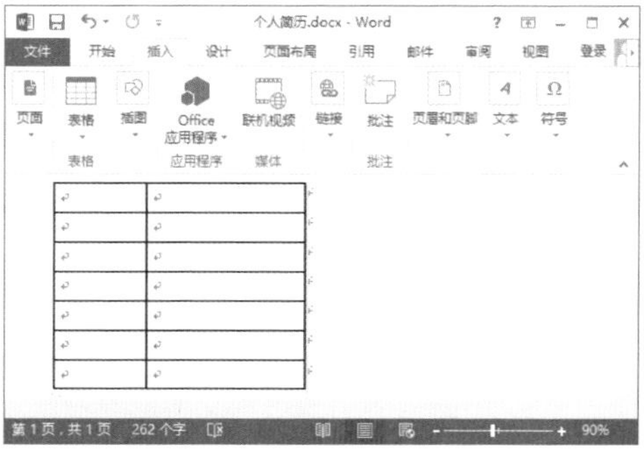

10 在表格中输入相关信息，如年龄、生日、毕业院校等，效果如下图所示。

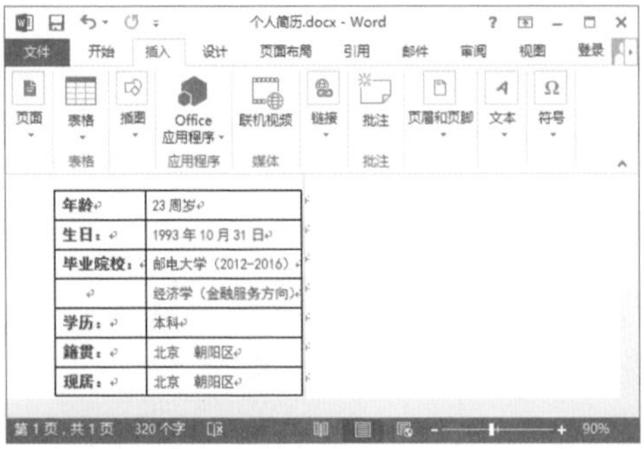

11 选中表格，切换到【表格工具】下的【设计】选项卡，在【边框】组中单击【边框】按钮，在下拉列表中选择【边框】下拉列表中的【无边框】。

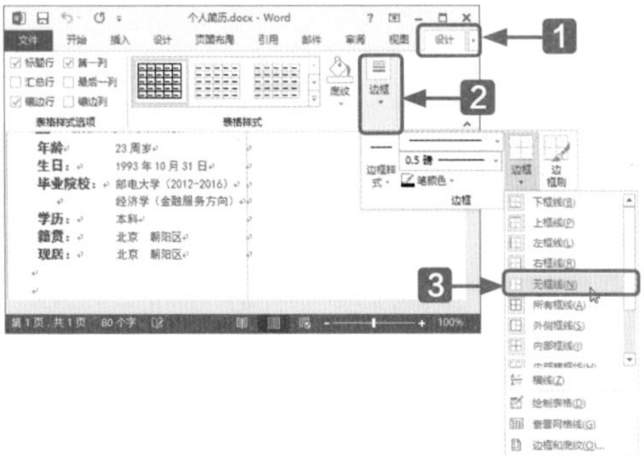

3. 插入个人联系信息

尽量填写完善、真实的个人资料，最大程度让应聘人员能联系到你，愿意联系你。填写个人联系信息的方法与填写基本信息的方法相同。

4. 插入个人特长爱好

在文本框中输入自己的特长爱好，为了使文本不给人一种呆板的感觉，我们增强文本框的效果，加上一些小图标，方法同填写基本信息。

这样，个人简历的左边部分我们就完了。

2.1.3 个人技能及实践

为了更好地展现自己，个人能力就是最好的一项说明，企业招聘也相当于是购买了求职者的能力。

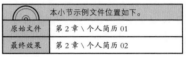

本小节示例文件位置如下。	
原始文件	第 2 章 \ 个人简历 01
最终效果	第 2 章 \ 个人简历 02

扫码看视频

1. 插入个人软件技能

在填写个人技能时，大多数应聘者都是通过文字来描述自己的软件技能，大篇幅的文字会使企业 HR 感觉视觉疲劳，往往会一带而过；为了能突出自己的职业技能，我们可以增加一些小的颜色块，更加的清晰、明了地体现自己的技能。具体步骤如下。

01 插入小图标和文本框，在文本框中输入“软件技能”，效果如图所示。

02 切换到【插入】选项卡中，单击【插图】组中的【形状】按钮，从弹出的下拉列表中选择【椭圆】形状。

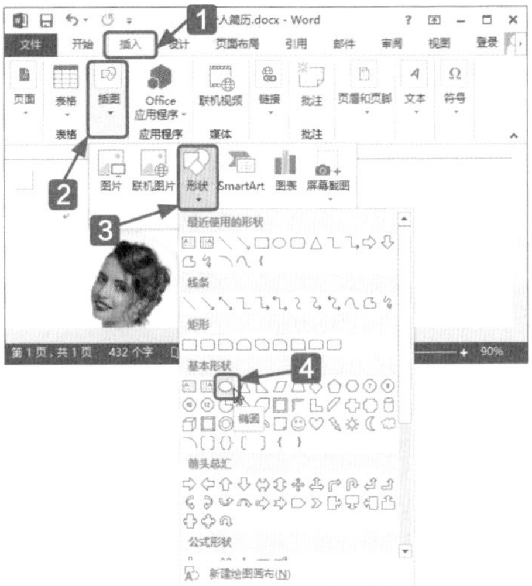

03 当鼠标指针变成“十”形状时，按住【Shift】键，同时拖动鼠标左键，即可绘制圆形图案。为了使图案颜色不单调，我们对图案进行颜色填充。选中绘制的圆形，切换到【绘图工具】下的【格式】选项卡，单击【形状样式】组中的【形状填充】按钮，在其下拉列表中选择相应的颜色，同时在圆上输入文字“Word、PPT”等相关软件名称。

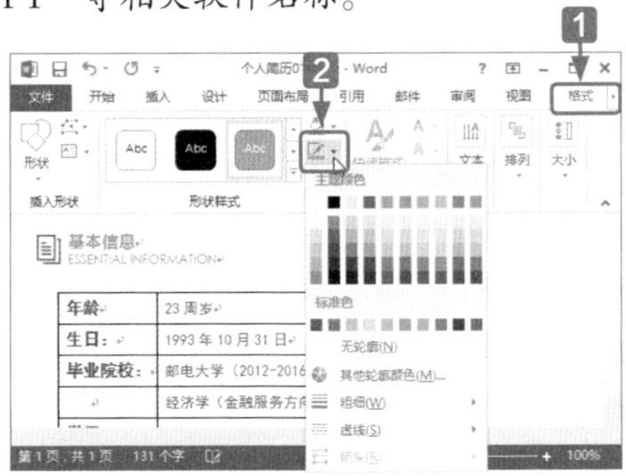

04 为了使软件技能部分生动形象，我们参照西方星座的样式插入连接线，具体步骤参照插入直线的方法。

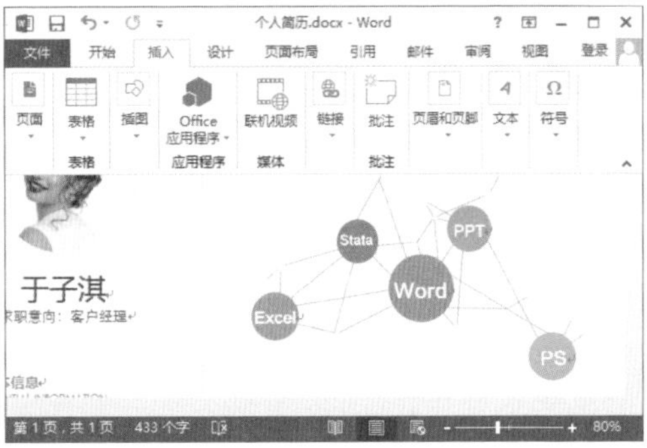

05 切换到【插入】选项卡中，单击【插图】组中的【形状】按钮，在其下拉列表中选择【椭圆】符号。插入后调整其位置，在【字体】组中单击【字体颜色】按钮，将其设置为红色。

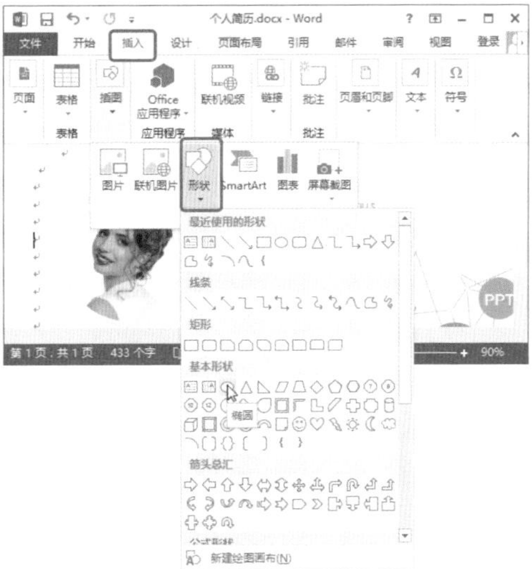

06 当鼠标指针变成“十”形状时，拖动鼠标左键绘制一些小圆点，调整其位置。切换到【格式】选项卡，单击【形状样式】组中的【形状填充】按钮，在其下拉列表中选择【其他填充颜色】。

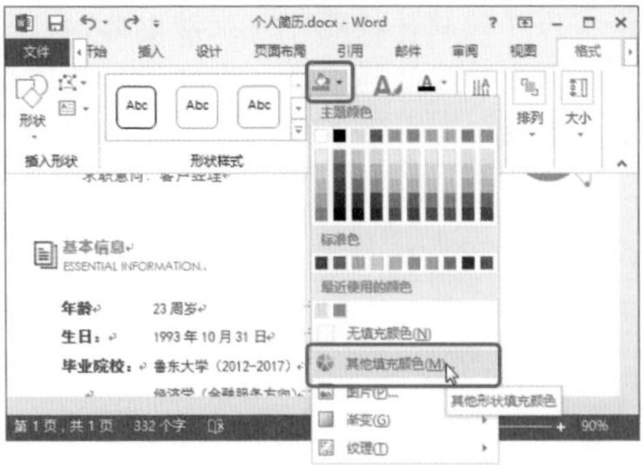

07 在弹出的【颜色】对话框中，切换到【自定义】选项卡，在【颜色模式】下拉列表中选择【RGB】选项，然后在【红色】微调框中输入“239”，在【绿色】微调框中输入“109”，在【蓝色】微调框中输入“155”。单击【确定】按钮。

08 单击【形状样式】组中的【形状轮廓】按钮，在其下拉列表中选择【其他轮廓颜色】。

09 在弹出的【颜色】对话框中，切换到【自定义】选项卡，在【颜色模式】下拉列表中选择【RGB】选项，然后在【红色】微调框中输入“251”，在【绿色】微调框中输入“217”，在【蓝色】微调框中输入“229”。单击【确定】按钮。

10 在段落前，插入【项目符号】中的圆点符号就可以，但是在填充圆点时，项目符号达不到我们希望的填充效果，所以在这里使用【插入形状】的步骤。切换到【插入】选项卡中，单击【插图】组中的【形状】按钮，在其下拉列表中选择【基本形状】中的【椭圆】符号，将其插入到Word中。

11 选中插入的【圆点】，填充颜色方法同上，在圆点后方插入一个文本框，并在文本中输入详细的解说文字，效果如图所示。

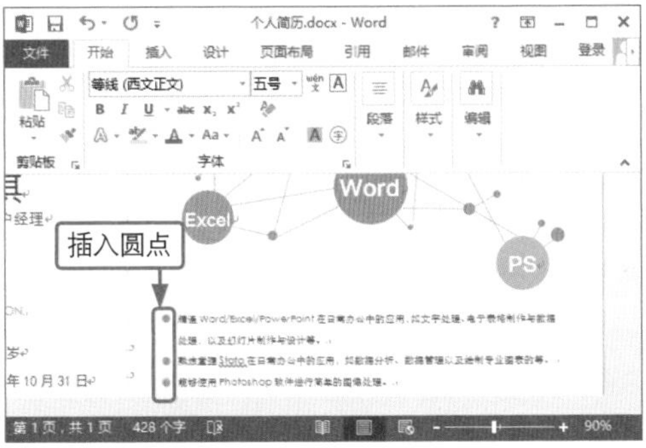

2. 插入个人实习经历

实践部分必须使用文字表达，如果只使用文字，给人一种单一的感觉，为了突显这部分内容，我们可以给实践部分增加色彩，同时颜色可以让简历更有层次感。因为求职者是女生，我们选择的色彩是偏女性的粉色系，即能达到活跃气氛、醒目的感觉，也可以与左边的照片相呼应。如果求职者是男生，可以将色彩调成阳刚的系列，如蓝色。具体步骤如下。

01 插入一个粉色的椭圆，在椭圆上插入“小书包”图案，在图案下方插入一个文本框，输入文字“实习实践”。

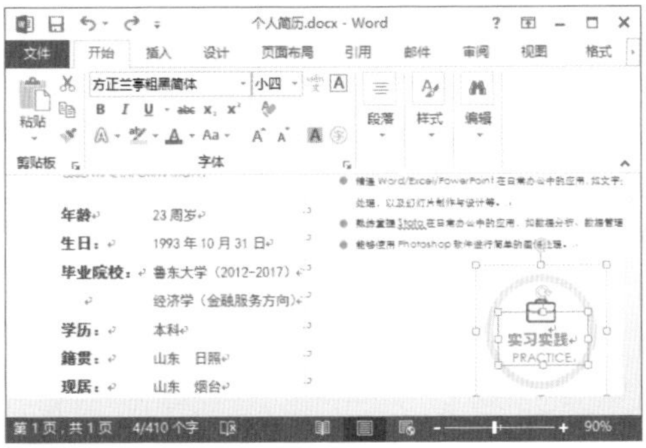

02 在下方插入矩形，调整其颜色。根据个人实习经历，将其分为两部分，中间插入直线将矩形分为2部分，分别输入相关内容，效果如图所示。

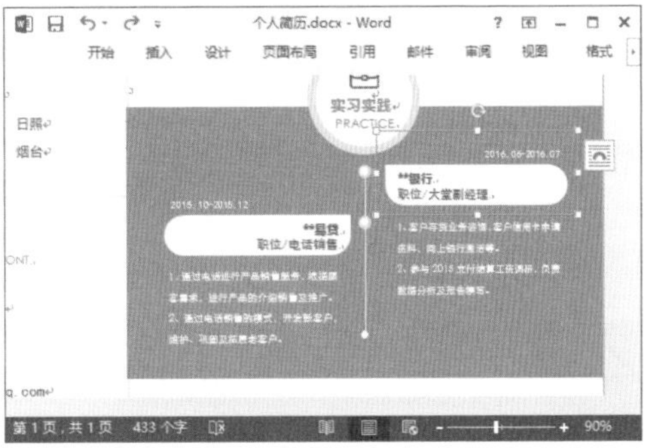

3. 插入自我评价部分

自我评价部分可以用色彩较淡的色块，与前面的实践部分形成明显的色差对比。

01 插入小图标和文本框，并输入“自我评价”等信息，效果如图所示。

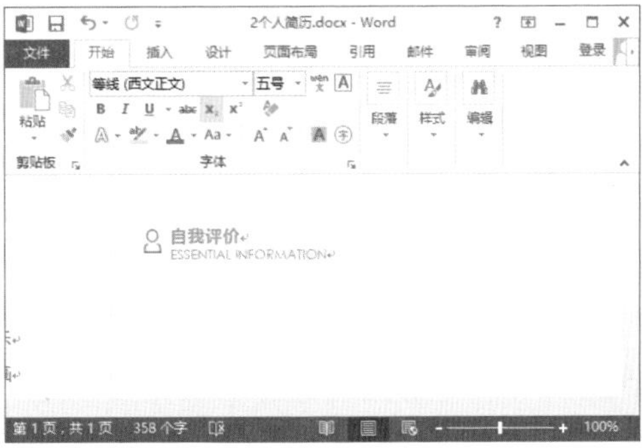

02 在“自我评价”下方插入一个矩形，选中矩形，切换到【绘图工具】下的【格式】选项卡，在【排列】组中单击【自动换行】按钮，在其下拉列表中选择【衬于文字下方】，调整其颜色，并去除边框，效果如图所示。

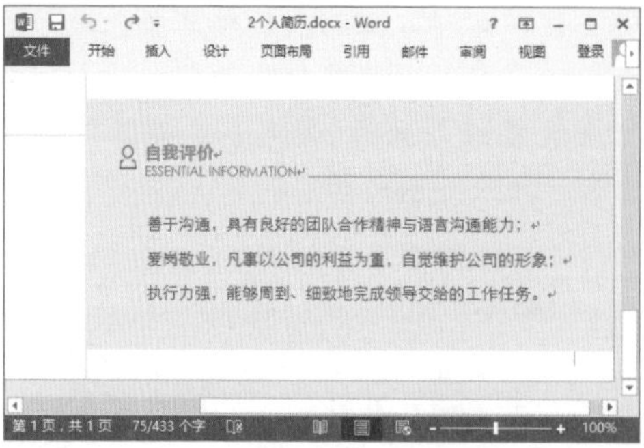

2.2 宣传单的制作

通常我们会认为对于一些宣传单的设计必须使用很专业的设计软件，例如：AI、Photoshop 等。其实使用 Word 也可以完成宣传单的制作。

2.2.1 设计宣传单的页面背景

本小节示例文件位置如下。	
原始文件	无
最终效果	第 2 章 \ 宣传单

扫码看视频

Word 文档默认使用的页面背景颜色一般为白色，而白色页面会显得比较单调，此处我们应该考虑背景颜色与宣传单整体的搭配效果，综合考虑页面的背景颜色。

由于我们本节制作的是一份麻辣香锅的宣传单，本身美食的色彩就比较靓丽、浓重，若背景的颜色再选择比较鲜艳的颜色就会显得页面杂乱，所以此处我们选择了淡灰色，使页面整体淡雅而不单调。具体操作步骤如下。

01 新建一个空白Word文档，并将其重命名为“宣传单.docx”。

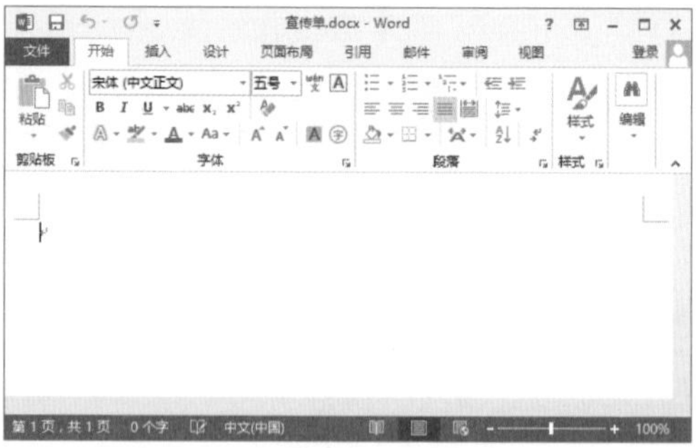

02 切换到【设计】选项卡，在【页面背景】组中单击【页面颜色】按钮，在弹出的下拉列表中的【主题颜色】库中选择一种合适的灰色即可。

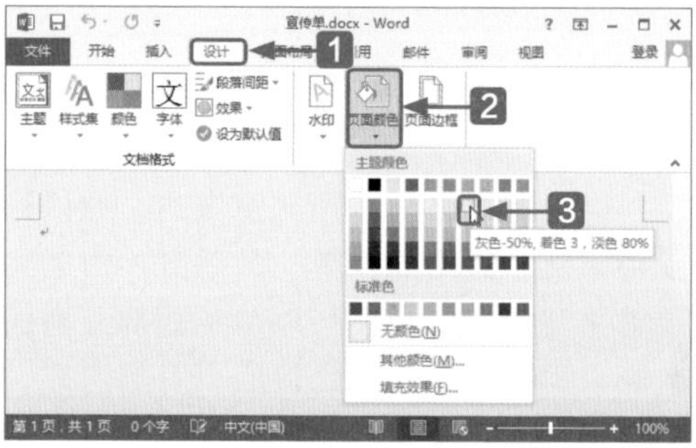

03 如果用户对颜色要求比较高，也可以在弹出的下拉列表中选择【其他颜色】选项。

04 随即弹出【颜色】对话框，切换到【自定义】选项卡，在【颜色模式】下拉列表中选择【RGB】选项，然后通过调整【红色】、【绿色】、【蓝色】微调框中的数值来选择合适的颜色，此处【红

色】、【绿色】、【蓝色】微调框中的数值分别设置为【234】、【235】、【235】。

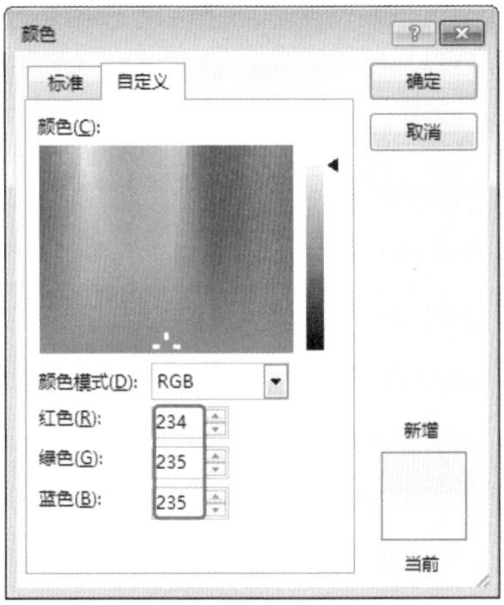

05 设置完毕，用户可以在右下角的小框中预览设定颜色的效果。若对颜色效果满意，单击【确定】按钮，返回Word文档，即可看到文档的页面背景效果。

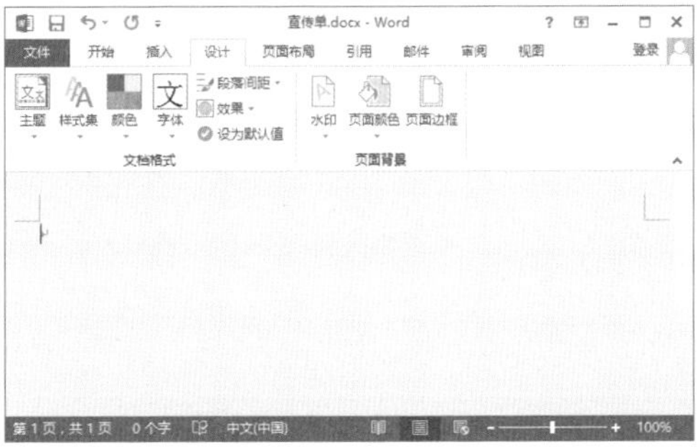

2.2.2 设计宣传单单头

美食图片是最能给人以视觉冲击的，所以在宣传单中插入一张让人充满食欲的美食图片是不可少的。本小节我们就来介绍为宣传单插入单头图片的方法。

本小节示例文件位置如下。	
素材文件	第 2 章 \01
原始文件	第 2 章 \ 宣传单 1
最终效果	第 2 章 \ 宣传单 1

扫码看视频

1. 插入宣传单单头图片

通常我们正常拍摄的图片都是方形的，方形图片与文字直接衔接往往会比较突兀（如下图所示）。

我们可以先将拍摄好的美食图片在Photoshop中进行简单处理，为图片添加一个简单的笔触效果，这样就可以使图片和文字的衔接显得更自然。

插入图片

插入宣传单单头图片的具体操作步骤如下。

01 打开本实例的原始文件，切换到【插入】选项卡，在【插图】组中单击【图片】按钮。

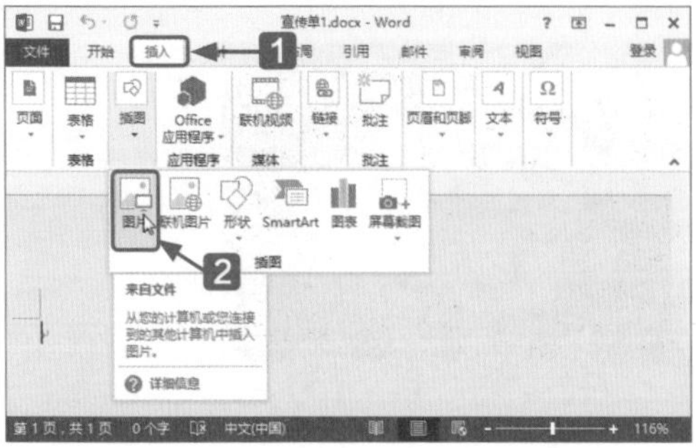

02 弹出【插入图片】对话框，从中选择合适的素材图片，然后单击【插入】按钮。

03 返回Word文档，即可看到选中的素材图片已经插入到Word文档中。

更改图片大小

由于我们插入的图片是要作为宣传单单头的，在宽度上应该充满宣传单单头，所以我们需要将图片的宽度更改为与页面宽度一致。更改图片大小的具体操作步骤如下。

01 选中图片，切换到【图片工具】栏的【格式】选项卡，在【大小】组中的【宽度】微调框中输入【21厘米】。

02 即可看到图片的宽度调整为21厘米，高度也会等比例增大，这是因为系统默认图片是锁定纵横比的。

调整图片位置

前面我们已经设定好了图片的宽度为21厘米了，所以我们只需要将图片相对于页面左对齐和顶端对齐即可。

但是，由于在Word中默认插入的图片是嵌入式的，嵌入式图片的特点：表示将对象置于文档的内文字中的插入点处。对象与文字处于同一层。图片好比一个单个的特大字符，被放置在两个字符之间。为了美观和方便排版，我们需要先调整图片的环绕方式，此处我们将其环绕方式设置为衬于文字下方即可。

设置图片环绕方式和调整图片位置的具体操作步骤如下。

01 首先设置图片的环绕方式。选中图片，切换到【图片工具】栏的【格式】选项卡，在【排列】组中单击【自动换行】按钮，在弹出的下拉列表中选择【衬于文字下方】选项。

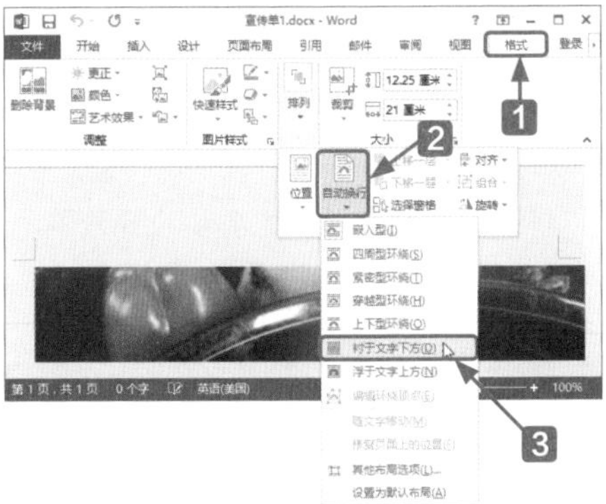

02 设置好环绕方式后就可以设置图片的位置了，为了使图片的位置更精确，我们使用对齐方式来调整图片位置。切换到【图片工具】栏的【格式】选项卡，在【排列】组中单击【对齐】按钮，在弹出的下拉列表中选择【对齐页面】选项，使【对齐页面】选项前面出现一个对勾。

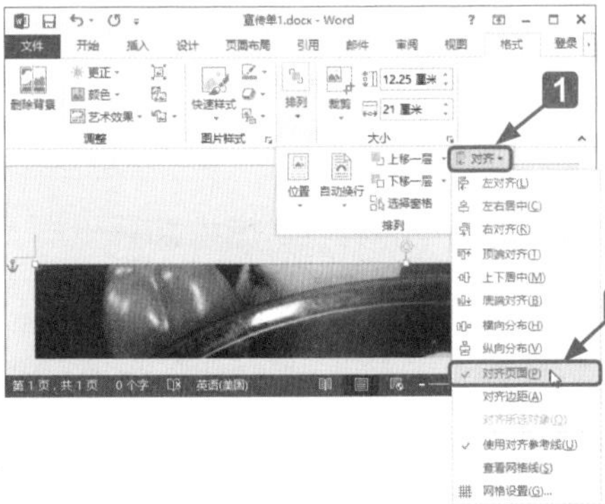

03 再次单击【对齐】按钮，在弹出的下拉列表中选择【左对齐】选项。

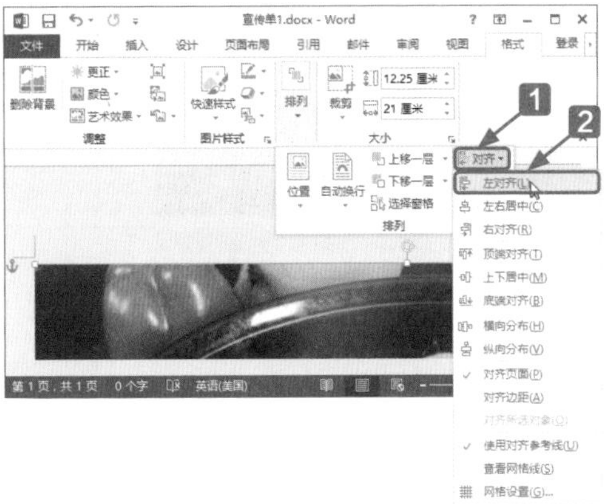

04 即可使图片相对于页面左对齐，效果如图所示。

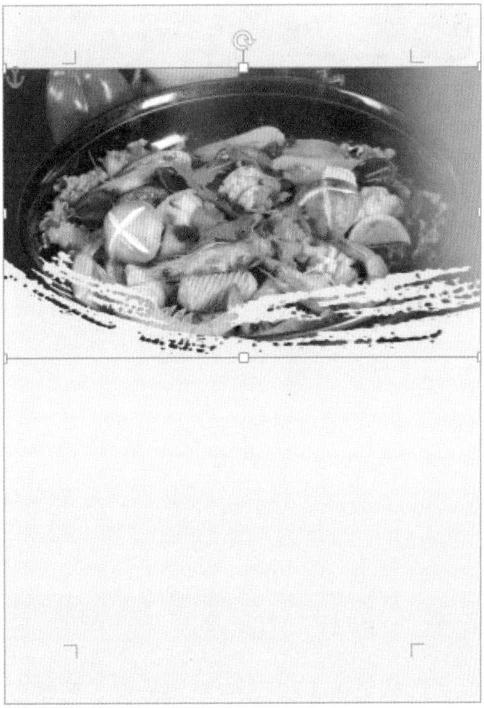

05 设置图片相对于页面顶端对齐。单击【对齐】按钮，在弹出的下拉列表中选择【顶端对齐】选项。

06 即可使图片相对于页面顶端对齐，效果如图所示。

2. 设计宣传单单头文本

虽然 Word 2013 中系统提供了艺术字效果，但是系统自带的艺术字效果并不一定与我们需要的文字效果相符，这种情况下，我们可以插入一个文本框，然后对插入的文本设置文本效果。

绘制文本框

01 切换到【插入】选项卡，在【文本】组中单击【文本框】按钮，在弹出的下拉列表中心选择【绘制文本框】选项。

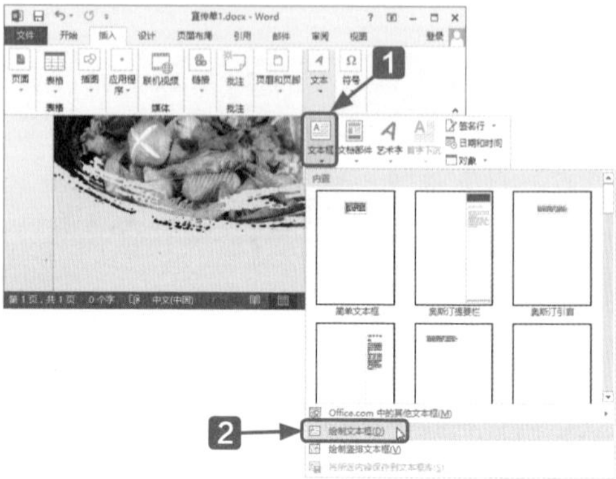

02 将鼠标指针移动到需要插入宣传单单头文本的位置，此时鼠标指针呈“十”字形状。

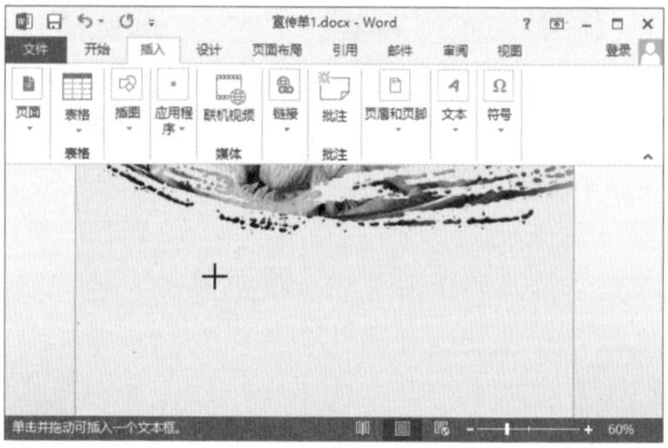

03 按住鼠标左键不放，拖动鼠标，即可绘制一个横排文本框，绘制完毕，释放鼠标左键即可。

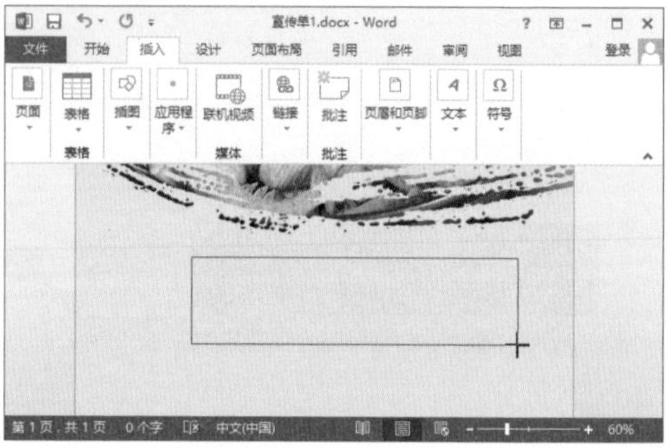

设置文本框

绘制的横排文本框默认底纹填充颜色为白色，边框颜色为黑色。为了使文本框与宣传单整体更加契合，这里我们需要将文本框设置为无填充、无轮廓，具体操作步骤如下。

01 选中绘制的文本框，切换到【绘图工具】栏的【格式】选项卡，在【形状样式】组中单击【形状填充】按钮右侧的下三角按钮，在弹出的下拉列表中选择【无填充颜色】。

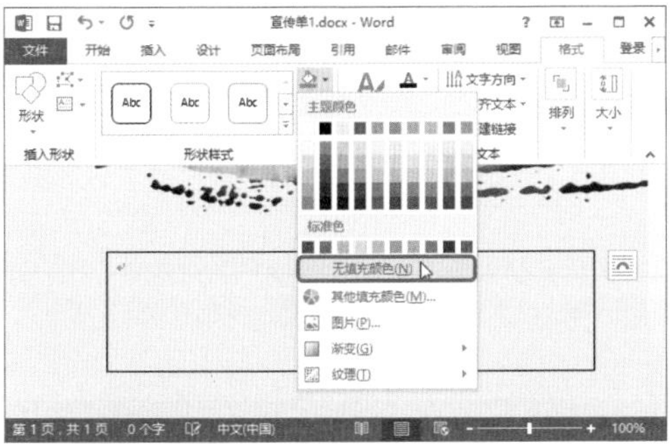

02 在【形状样式】组中单击【形状轮廓】按钮右侧的下三角按钮，在弹出的下拉列表中选择【无轮廓】选项。

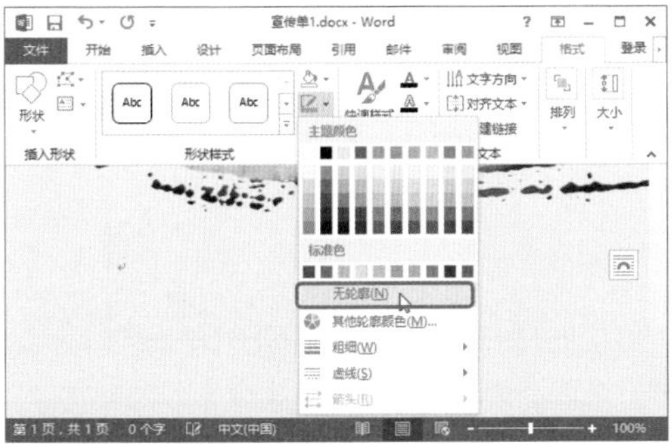

03 返回Word文档，即可看到绘制的文本框已经设置为无填充、无轮廓。

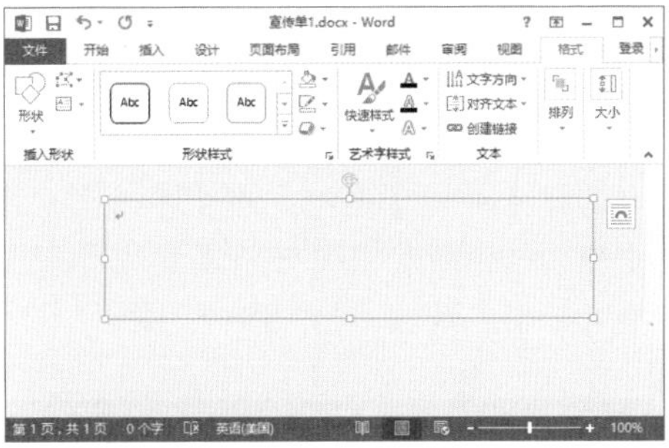

输入文本框内容

设置好文本框格式后，接下来就可以输入在文本框中输入内容，并设置文本框中内容的字体和段落格式。

由于单头图片的颜色偏红偏黑，所以这里的单头文本我们选用红色到黑色的渐变填充，同时，为了避免文本显得暗沉，我们可以为文本添加一个白色的轮廓。

01 在文本框中输入宣传单单头文本“麻辣香锅”。

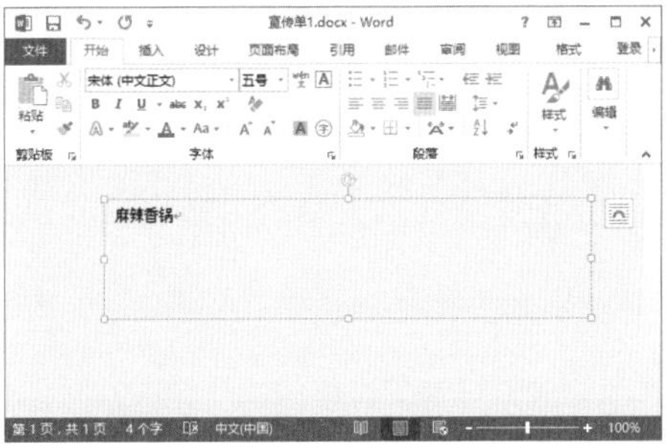

02 选中输入的文本，切换到【开始】选项卡，单击【字体】组右下角的【对话框启动器】按钮。

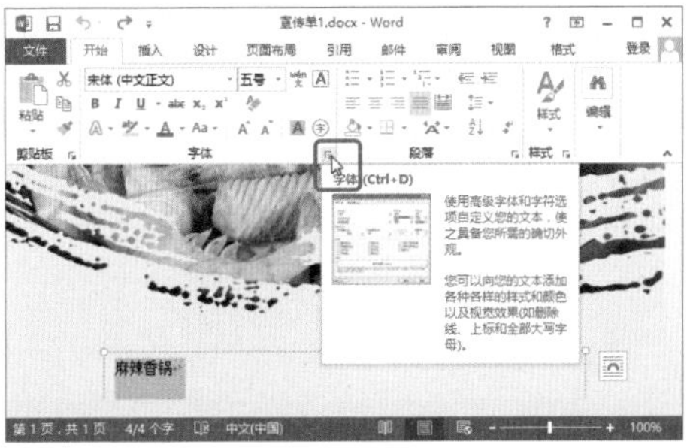

03 弹出【字体】对话框，切换到【字体】选项卡，在【中文字体】下拉列表中选择【华文行楷】选项，在【字形】列表框中选择【加粗】选项，在【字号】文本框中输入【115】，即可将选中文本设置为华文行楷、加粗、115号字。

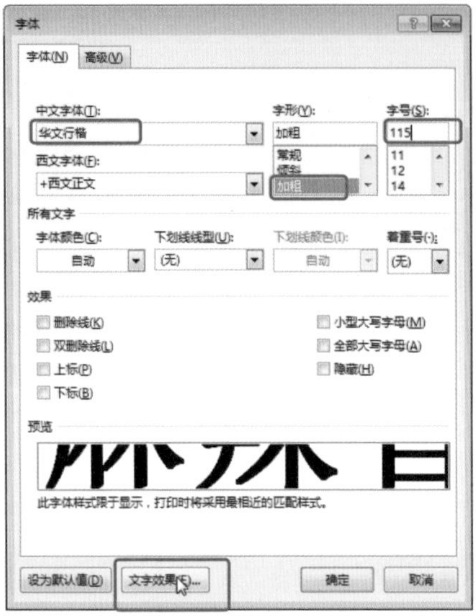

04 接下来设置文本的渐变填充和文本轮廓颜色。单击 文字效果(E)... 按钮，弹出【设置文本效果格式】对话框，单击【文本填充轮廓】按钮，在【文本填充】组中选中【渐变填充】单选钮。

05 系统默认的渐变光圈轴上有4个停止点，我们可以选中其中一个停止点，单击【删除渐变光圈】按钮，将选中的渐变光圈删除。

06 按照相同的方法，再删除一个渐变光圈，使渐变光圈轴上只保留两个停止点。

07 选中渐变光圈轴上的第1个停止点，在【位置】微调框中输入【0%】，然后单击【填充颜色】按钮，在弹出的下拉列表中选择【其他颜色】选项。

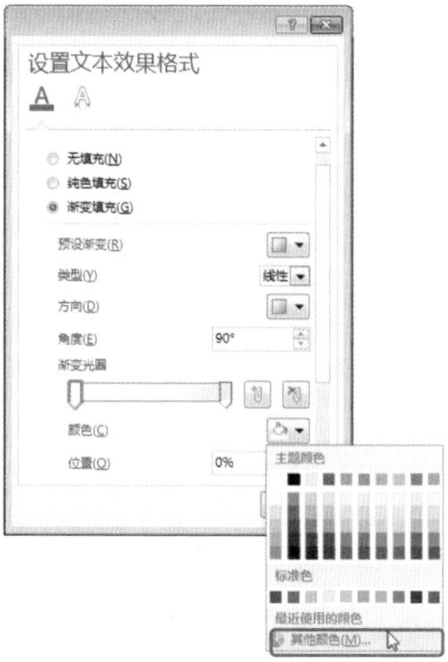

08 随即弹出【颜色】对话框，切换到【自定义】选项卡，在【颜色模式】下拉列表中选择【RGB】选项，然后通过调整【红色】、【绿色】、【蓝色】微调框中的数值来选择合适的颜色，此处【红色】、【绿色】、【蓝色】微调框中的数值分别设置为【226】、【0】、【0】。

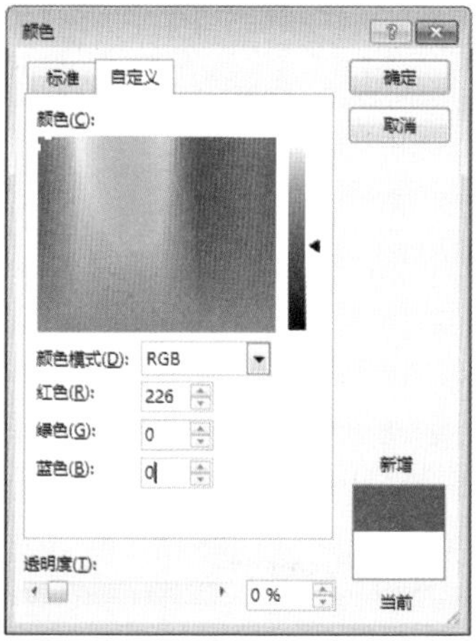

09 设置完毕，单击【确定】按钮，返回【设置文本效果格式】对话框，再选中渐变光圈轴上的第2个停止点，在【位置】微调框中输入【100%】，单击【填充颜色】按钮，在弹出的下拉列表中选择【主题颜色】下的【黑色，文字1，淡色15%】选项。

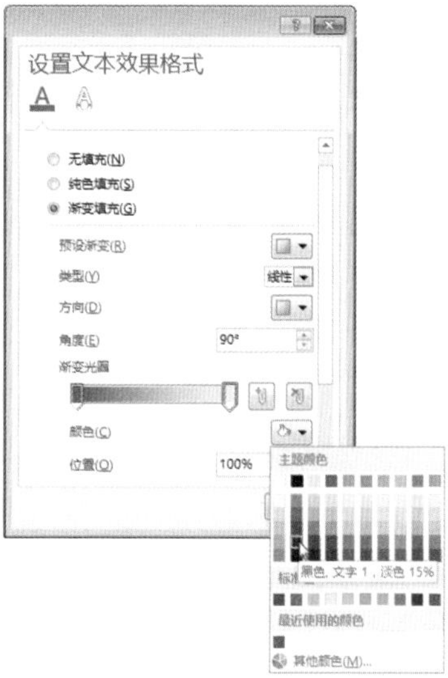

10 在【文本边框】组中选中【实线】单选钮，在【宽度】微调框中输入【4.5磅】，然后单击【轮廓颜色】按钮，在弹出的下拉列表中选择【白色，背景1】选项。

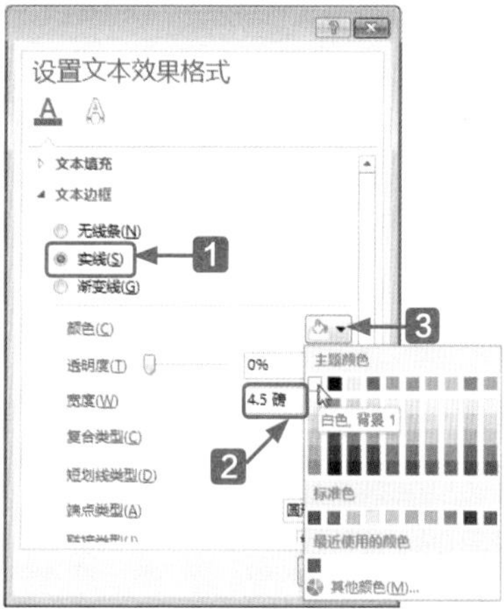

11 设置完毕，单击 确定 按钮，返回【字体】对话框，切换到【高级】选项卡，在【字符间距】组合框中的【间距】下拉列表中选择【紧缩】选项，然后在其后面的【磅值】微调框中输入【3磅】。

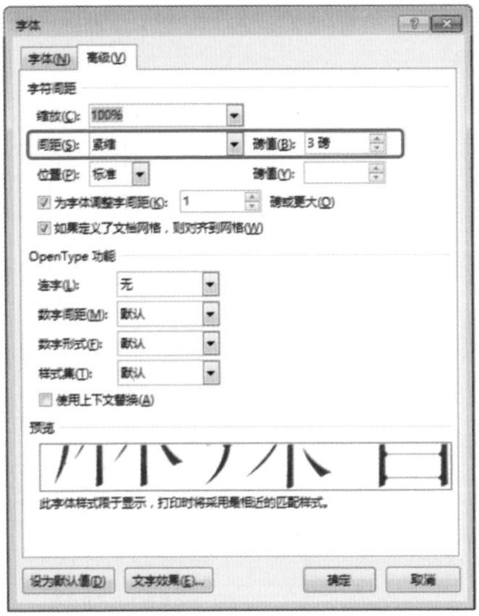

12 设置完毕，单击 确定 按钮，返回Word文档，根据文本的大小适当调整文本框的大小。

13 文本框中默认文字的对齐方式为两端对齐，这种情况下不好界定文本相对页面的位置，所以我们可以将文字的对齐方式设定为居中对齐。选中文本，在【段落】组中单击【居中】按钮，即可将文本相对于文本框居中对齐。

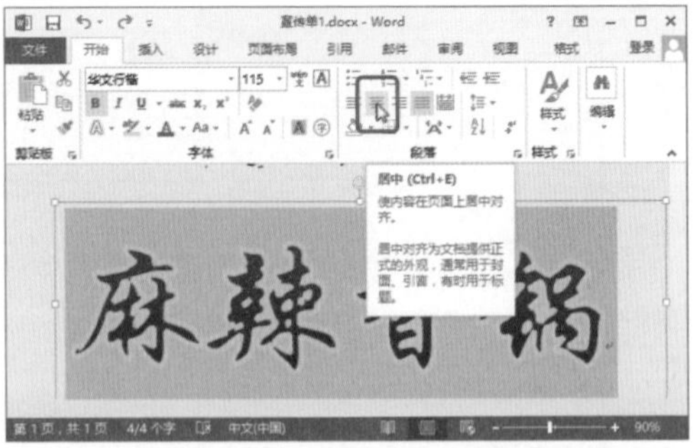

14 接下来我们只需要将文本框相对于页面水平居中，文本也就相对于页面水平居中了。切换到【绘图工具】栏的【格式】选项卡，在【排列】组中，单击【对齐】按钮 对齐 ，在弹出的下拉列表中选择【对齐页面】选项，使【对齐页面】选项前面出现一个对勾。

15 再次单击【对齐】按钮，在弹出的下拉列表中选择【左右居中】选项。

16 返回Word文档，即可看到“麻辣香锅”文本相对于页面居中对齐，用户可以通过键盘上的上下键，适当调整文本在页面中的上下位置。

2.2.3 设计宣传单的主体

宣传单的主体内容应该能体现店铺特色，吸引顾客进店消费。

本小节示例文件位置如下。	
素材文件	第 2 章 \02~04
原始文件	第 2 章 \ 宣传单 2
最终效果	第 2 章 \ 宣传单 2

扫码看视频

1. 插入文本框

首先我们需要在页面中输入文本“特色”，来引导顾客。而单纯的输入文本又会显得比较枯燥，所以我们此处可以为特色文本添加一个与整体配色相搭配的底图，例如选择一个红手印。

插入底图

01 打开本实例的原始文件，切换到【插入】选项卡，在【插图】组中单击【图片】按钮。

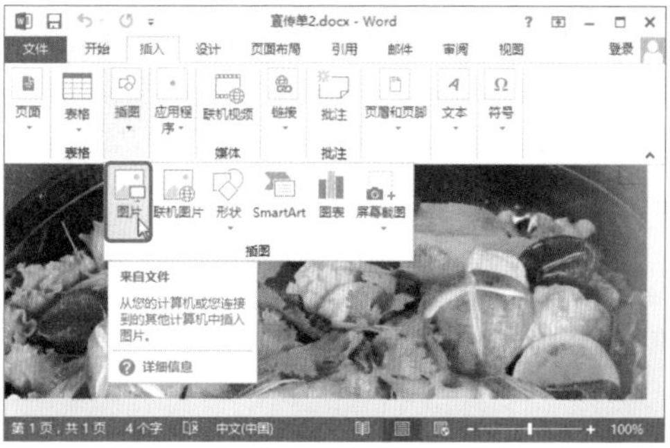

02 弹出【插入图片】对话框，从中选择合适的素材图片，然后单击【插入】按钮。

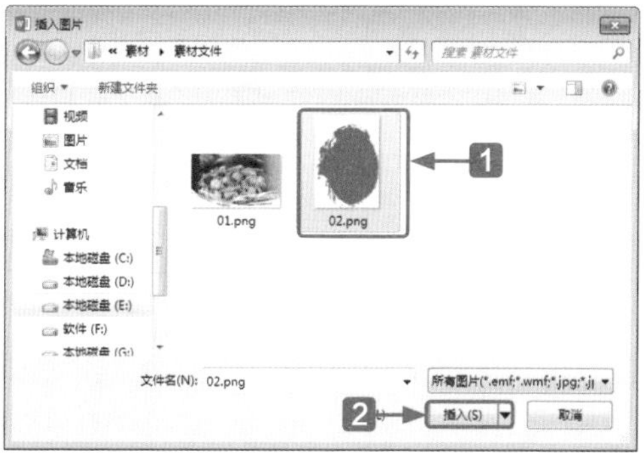

03 返回Word文档，即可看到选中的素材图片已经插入到Word文档中。

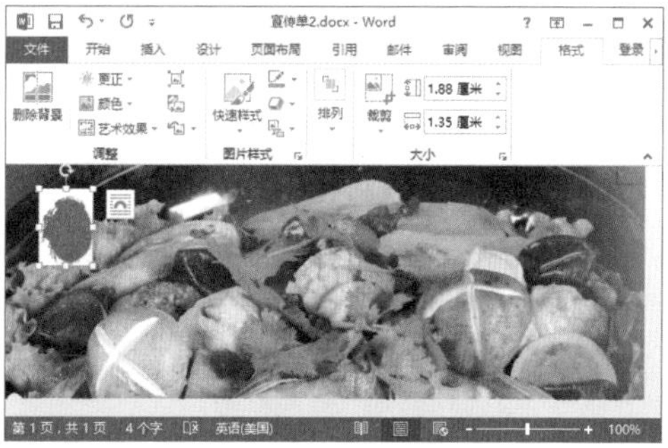

04 插入红手印后，我们同样需要先调整红手印的环绕方式，然后调整红手印的位置。选中红手印图片，单击图片右侧的【布局选项】按钮，在弹出的下拉列表中选择【衬于文字下方】选项。

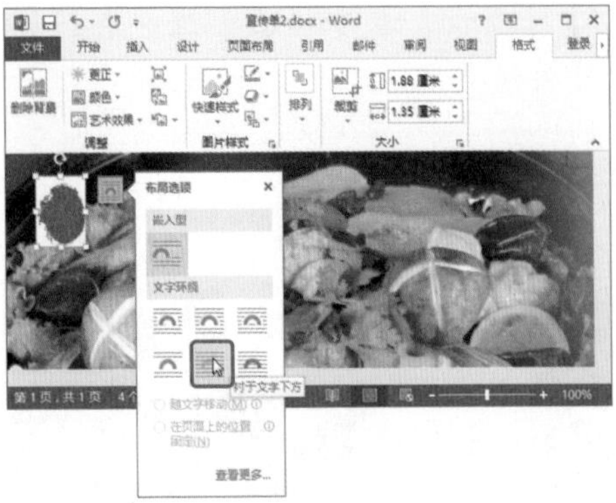

05 将红手印移动到页面中的合适位置。

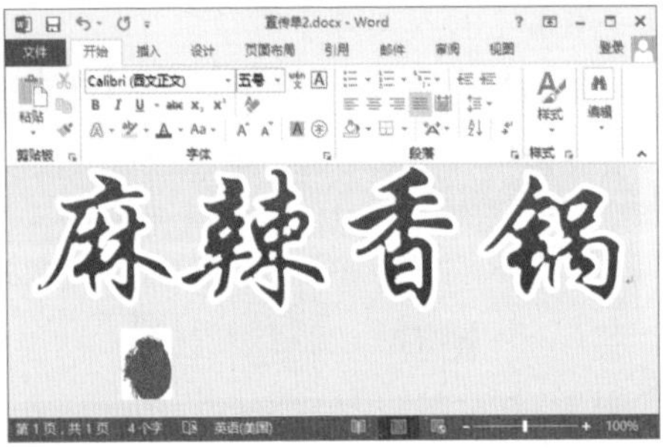

06 此时用户可以发现我们插入的红手印的图片有白色底纹，无法很好的跟宣传单页面契合，所以我们应该将白色底纹删除。切换到【图片工具】栏的【格式】选项卡，在【调整】组中单击【颜色】按钮，在弹出的下拉列表中选择【设置透明色】选项。

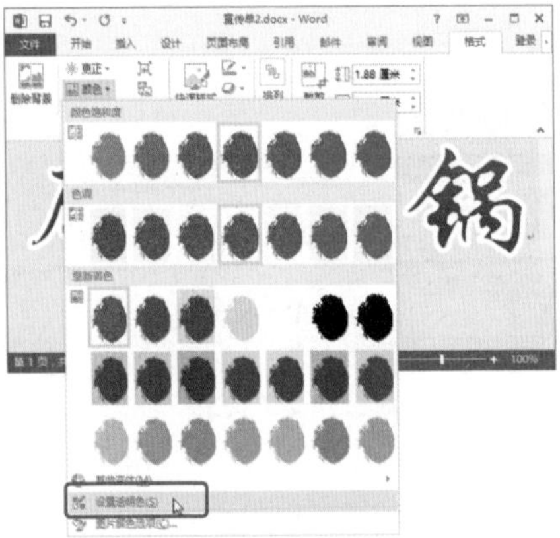

07 此时，鼠标指针呈形状，将鼠标指针移动到红手印图片的白色底纹处，单击鼠标左键，即可将白色底纹删除。

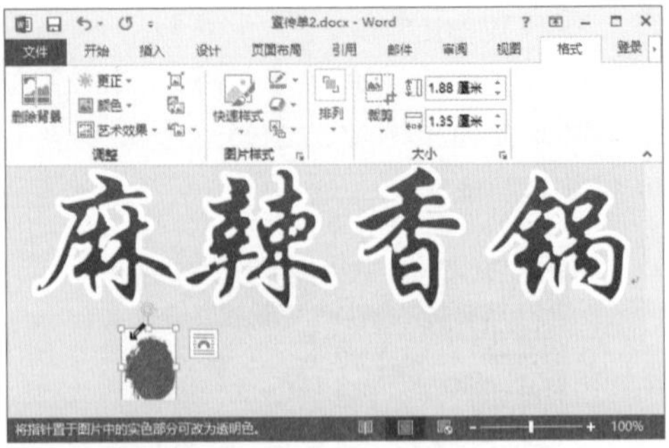

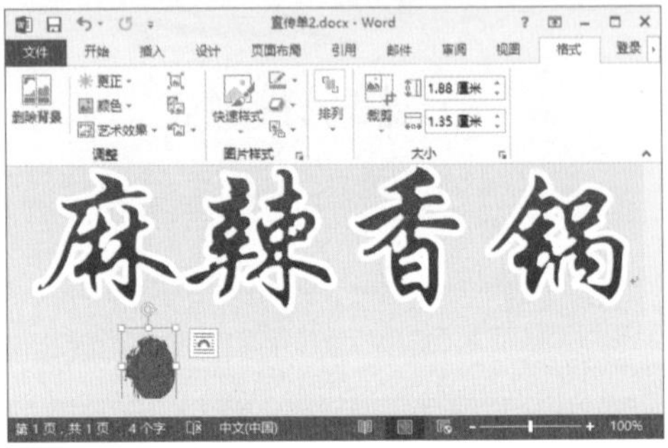

绘制竖排文本框

设置好红手印的位置后，我们就可以在红手印上面通过插入一个竖排文本框输入文本了。此处，我们之所以选择竖排文本框，是因为红手印为纵向图片，使用竖排文本框，可以使文字方向与图片方向一致。

01 切换到【插入】选项卡，在【文本】组中单击【文本框】按钮，在弹出的下拉列表中选择【绘制竖排文本框】选项。

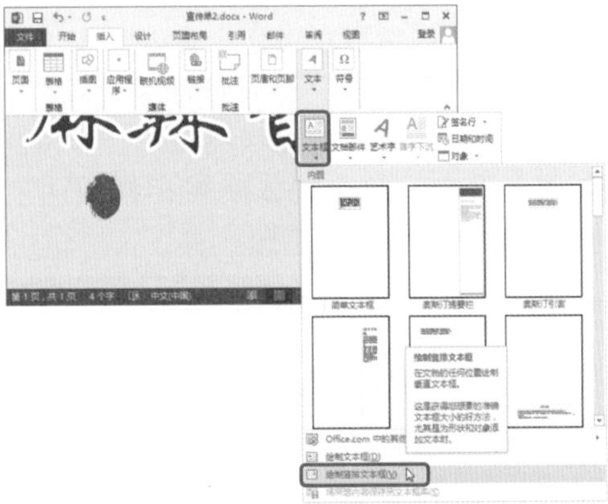

02 随即鼠标指针变成“十”字形状，将鼠标移动到涂平红手印处，按住鼠标左键不放，拖动鼠标，即可绘制一个竖排文本框，绘制完毕，释放鼠标左键即可。

03 选中绘制的文本框，切换到【绘图工具】栏的【格式】选项卡，在【形状样式】组中单击【形状填充】按钮右侧的下三角按钮，在弹出的下拉列表中选择【无填充颜色】。

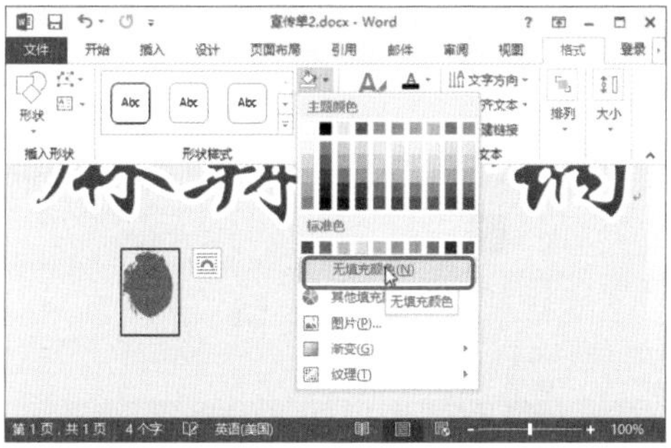

04 在【形状样式】组中单击【形状轮廓】按钮右侧的下三角按钮，在弹出的下拉列表中选择【无轮廓】选项。

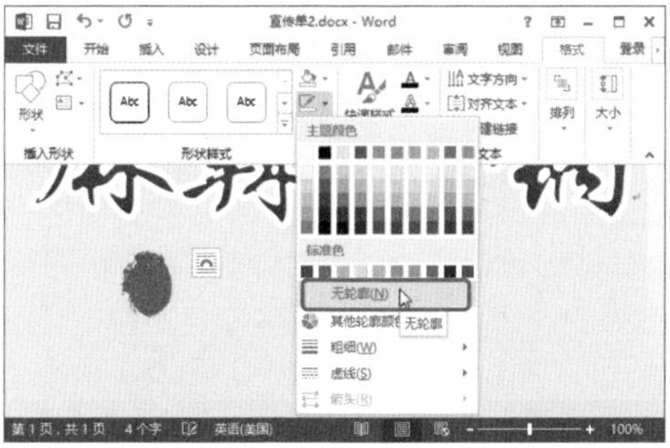

05 返回Word文档，即可看到绘制的文本框已经设置为无填充、无轮廓。

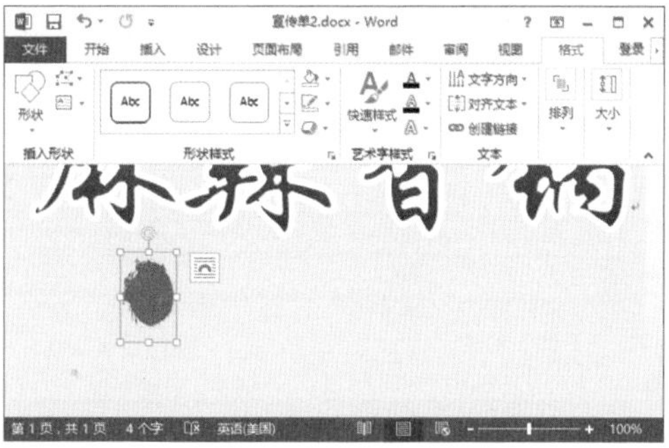

06 在竖排文本框中输入文本“特色”，并将其设置为方正黑体简体、小二、白色。

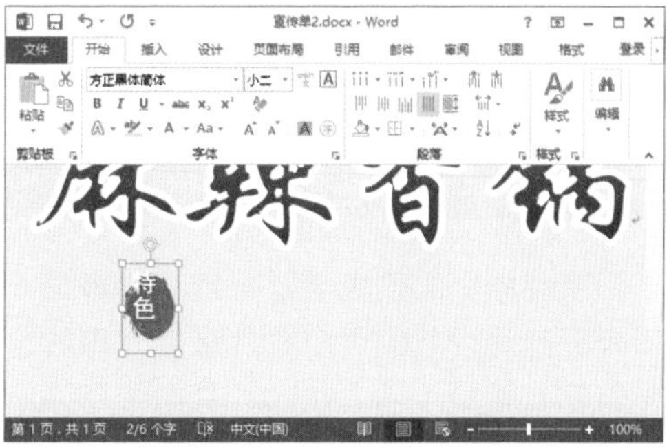

07 通过键盘上的方向键，移动竖排文本框的位置，使“特色”文本正好位于红手印图片上。

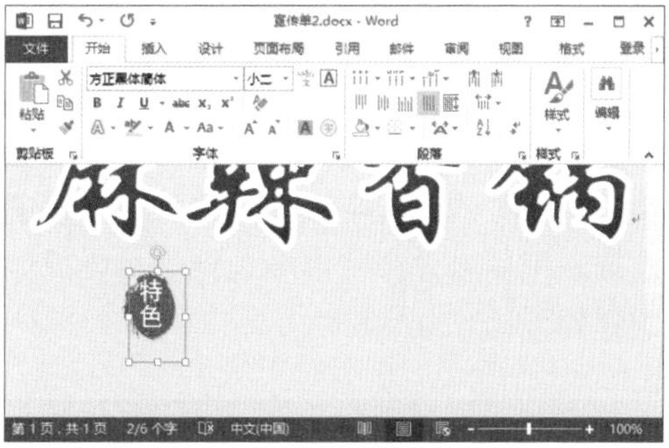

08 接下来我们就可以输入店铺特色的内容了。这里我们主要是通过横排文本框

来插入代表店铺特色的主要内容。由于店铺特色我们分成3部分来展现，所以我们可以通过3个文本框，来呈现这3部分的特色内容。前面已经介绍过插入横排文本框的方法，这里不再赘述，最终效果如图所示。

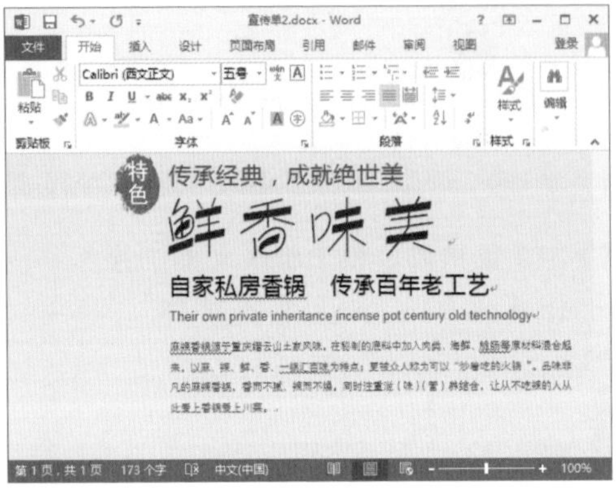

2. 为文字添加边框

宣传单中的代表店铺特色的内容输入设置完成后，我们可以看到这部分内容全是文字，略显单调。此处，我们可以为中间文本框中的“鲜香味美”文本添加文字边框。

系统为我们提供的添加文字边框的方式有两种，一种是字符边框，另一种是带圈字符。但是这两种方式为文字添加的边框默认都是黑色的，而文字本身又是黑色，再加上黑色的边框就会显得比较压抑。所以此处我们就不便使用系统自带的添加文字边框的方式为文字添加边框了，而是通过插入形状来为文字添加边框。具体操作步骤如下。

01 切换到【插入】选项卡，在【插图】组中单击【形状】按钮，在弹出的下拉列表中选择【矩形】➤【矩形】选项。

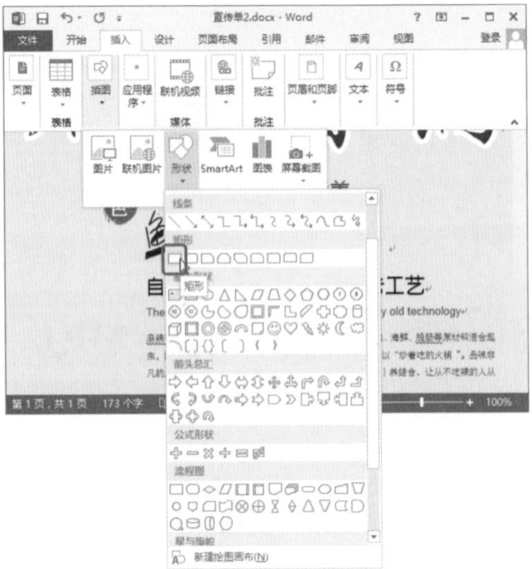

02 随即鼠标指针变成“十”字形状，将鼠标指针移动到文本“鲜”处，按住【Shift】键的同时，按住鼠标左键不放，拖动鼠标，即可绘制一个正方形，绘制完毕，释放鼠标左键即可。

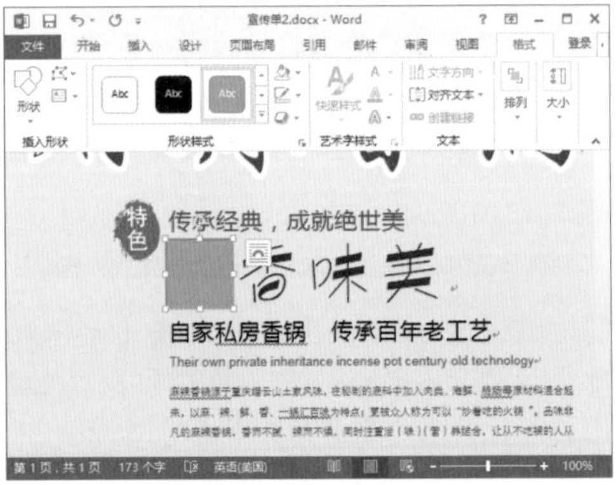

03 此处绘制的正方形是作为文本边框的，所以应该将其设置为无填充颜色。选中矩形，切换到【绘图工具】栏的【格式】选项卡，在【形状样式】组中，单击【形状填充】按钮右侧的下三角按钮，在弹出的下拉列表中选择【无填充颜色】选项。

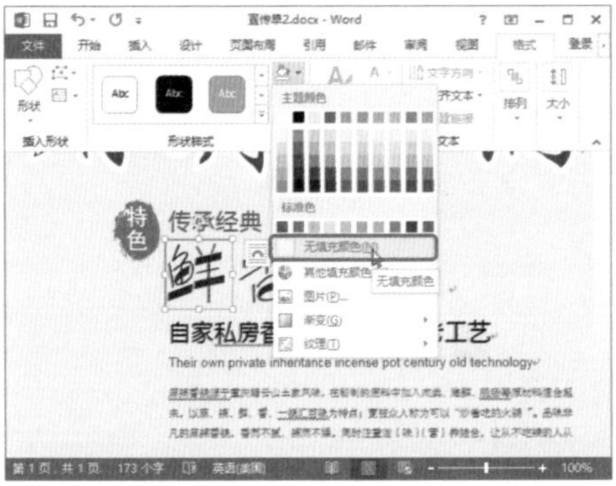

04 宣传单整体颜色为偏红色，所以此处我们也将边框的颜色设置为红色系。单击【形状轮廓】按钮右侧的下三角按钮，在弹出的下拉列表中选择【标准色】➤【深红】选项。

05 接下来设置边框的粗细。单击【形状轮廓】按钮右侧的下三角按钮，在弹出的下拉列表中选择【粗细】➤【1.5 磅】选项。

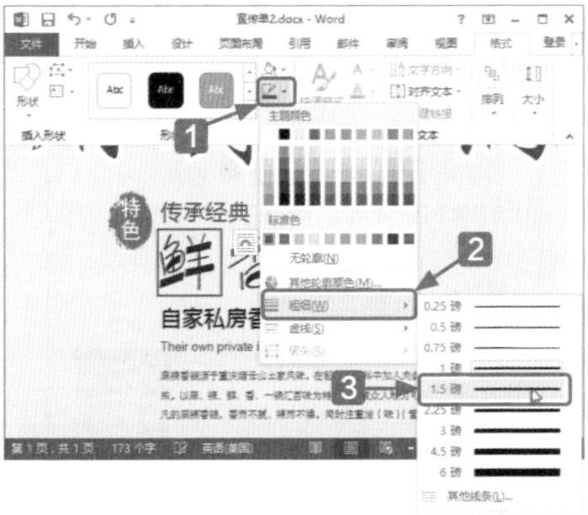

06 返回Word文档，适当调整矩形的大小和位置，并复制3个相同的矩形，依次移动到文字“香”“美”“味”上，最终效果如图所示。

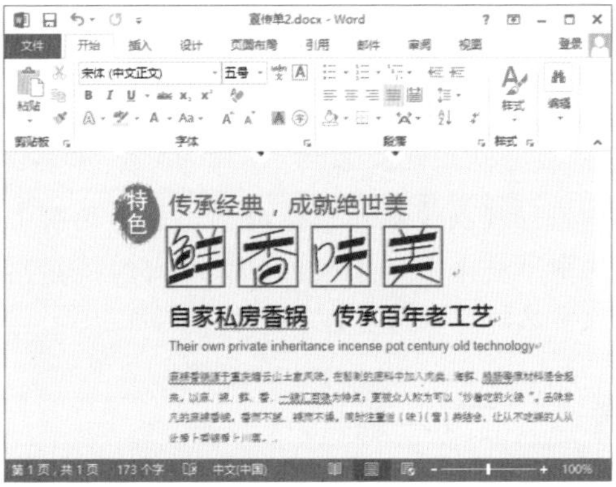

07 为了增加宣传单中特色部分的趣味性，我们还可以为其添加几张图片，效果如图所示。

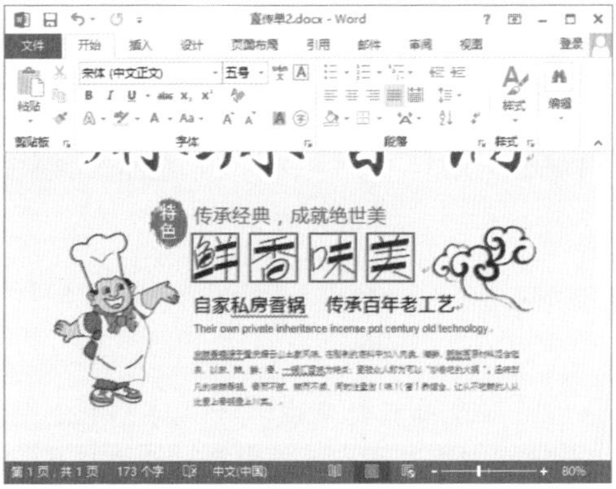

2.2.4 设计宣传单的辅助信息

本小节示例文件位置如下。	
素材文件	第 2 章 \05
原始文件	第 2 章 \ 宣传单 3
最终效果	第 2 章 \ 宣传单 3

扫码看视频

1. 设计宣传单的联系方式和地址

制作宣传单的目的，就是增加宣传力

度，吸引顾客前来消费，所以宣传单中的联系方式和地址是至关重要的内容。

为了突出宣传单中的这部分内容，我们可以为这部分内容添加一个底纹。由于宣传单中整体色系为黑色和红色，所以此处的底纹设置我们也选用黑色和红色的搭配。具体操作步骤如下。

01 切换到【插入】选项卡，在【插图】组中单击【形状】按钮，在弹出的下拉列表中选择【矩形】➢【矩形】选项。

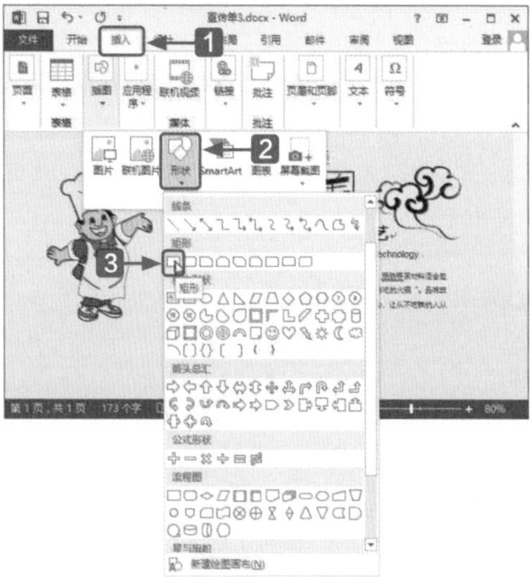

02 随即鼠标指针变成“十”字形状，将鼠标指针移动到描述美食特色的文本下方，按住鼠标左键不放，拖动鼠标，即可绘制一个矩形，绘制完毕，释放鼠标左键即可。

03 选中绘制的矩形，切换到【绘图工具】栏的【格式】选项卡，在【大小】组中的【宽度】微调框中输入21厘米，使矩形的宽度为与页面宽度一致。

04 在【形状样式】组中单击【形状填充】按钮右侧的下三角按钮，在弹出的下拉列表中选择【其他填充颜色】选项。

05 随即弹出【颜色】对话框，切换到【自定义】选项卡，在【颜色模式】下拉列表中选择【RGB】选项，然后通过调整【红色】、【绿色】、【蓝色】微调框中的数值来选择合适的颜色，此处【红色】、【绿色】、【蓝色】微调框中的数值分别设置为【146】、【0】、【0】。

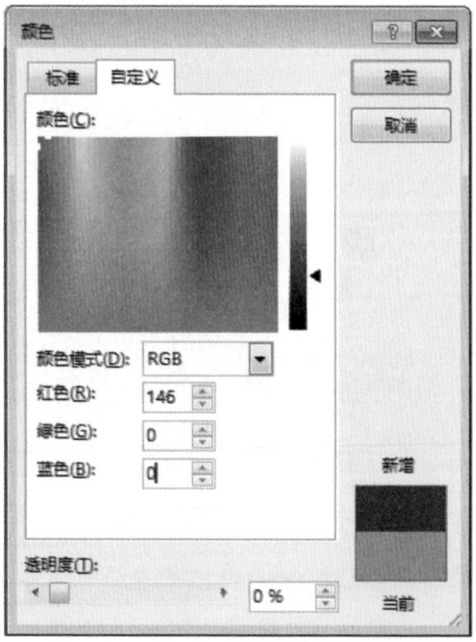

06 设置完毕，单击【确定】按钮，在【形状样式】组中单击【形状轮廓】按钮右侧的下三角按钮，在弹出的下拉列列表中选择【无填充】选项。

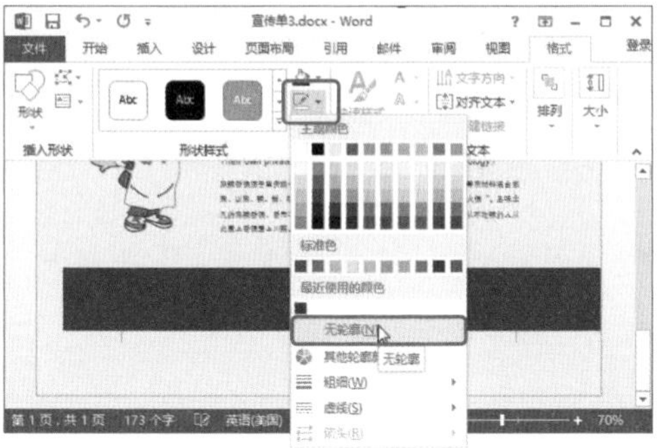

07 通过复制粘贴功能，在宣传单中再复制一个矩形，并将其填充颜色更改为黑色，然后适当调整黑色矩形的高度，使其高度小于红色矩形，效果如图所示。

08 上边绘制的两个矩形是想将其搭配作为底纹的，所以，我们需要将其组合为一个整体。在组合之前，首先要将两个矩形对齐。选中绘制的两个矩形，切换到【绘图工具】栏的【格式】选项卡，在【排列】组中单击【对齐】按钮 对齐，在弹出的下拉列表中选择【对齐所选对象】选项，使【对齐所选对象】选项前面出现一个对勾。

09 再次单击【对齐】按钮 对齐，在弹出的下拉列表中选择【左对齐】选项，使两个矩形左对齐。

10 接着再次单击【对齐】按钮 对齐，在弹出的下拉列表中选择【上下居中】选项。

11 在【排列】组中单击【组合】按钮 组合，在弹出的下拉列表中选择【组合】选项，即可将两个矩形组合为一个整体。

⑫ 选中组合后的图形，在【排列】组中单击【对齐】按钮，在弹出的下拉列表中选择【左右居中】选项，使组合图形相对页面左右居中对齐。

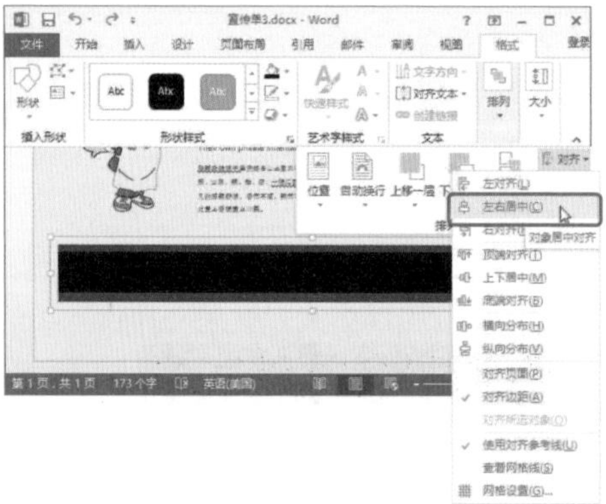

⑬ 通过键盘上的上下方向键，适当调整组合图形在页面中的上下位置，调整好后，通过文本框在绘制的底纹之上输入店铺的联系方式和地址，为了突出电话，这里可以将电话号码字号调大，并在电话前面添加一个电话的图标，最终效果如图所示。

2. 设计店铺的优势信息

现在是网络时代，所以说店铺中有无Wi-Fi，能否微信、支付宝付款也成为影响人们是否进店消费的一个重要因素。所以我们需要在宣传单中写明这一优势信息。图文结合，更好地展现这一优势信息。

01 插入图标。切换到【插入】选项卡，在【插图】组中单击【图片】按钮。

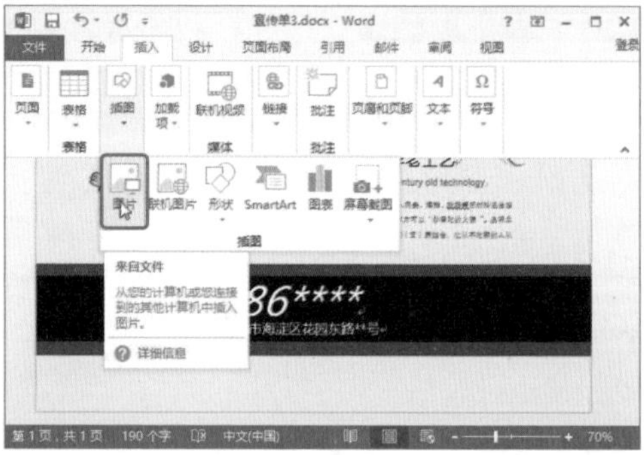

02 弹出【插入图片】对话框，从中选择合适的素材图片“08.png”，然后单击【插入】按钮。

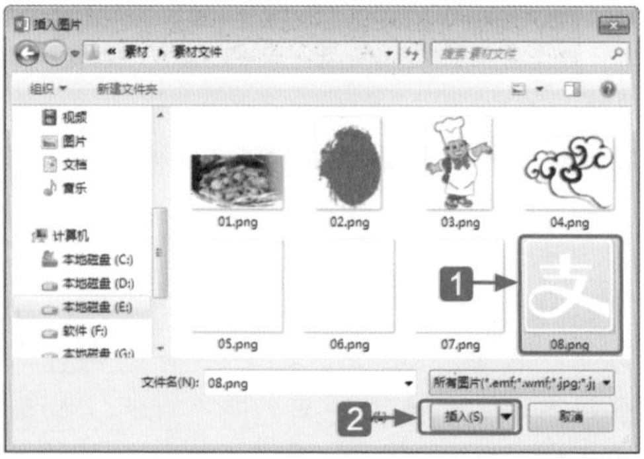

03 返回Word文档，即可看到选中的素材图片已经插入到Word文档中。单击图片右侧的【布局选项】按钮，在弹出的下拉列表中选择【浮于文字上方】选项。

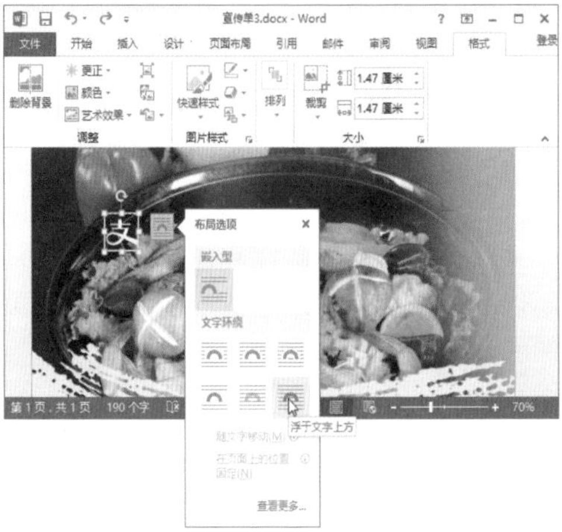

04 将图片移动到合适的位置，并按照相同的方法，将微信和Wi-Fi的图片插入到宣传片中，最终效果如图所示。

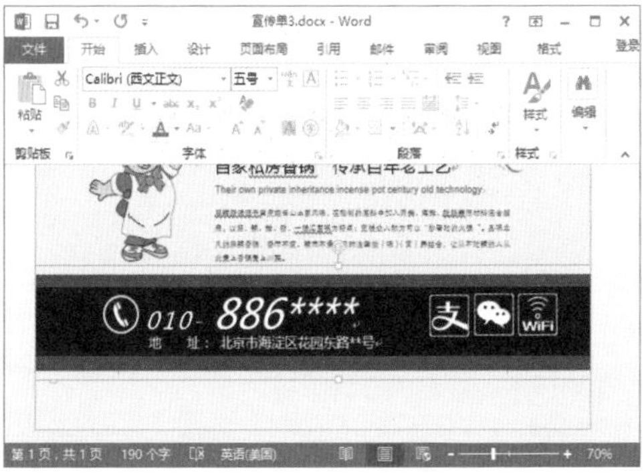

05 按照前面的方法，在插入的图片下方输入对应的文字。

06 由于在底纹上我们写了联系信息和优势信息两部分内容，为了更明确区分两部分内容，我们可以为联系信息的内容添加一个中括号。切换到【插入】选项卡，在【插图】组中单击【形状】按钮，在弹出的下拉列表中选择【基本形状】➤【左中括号】选项。

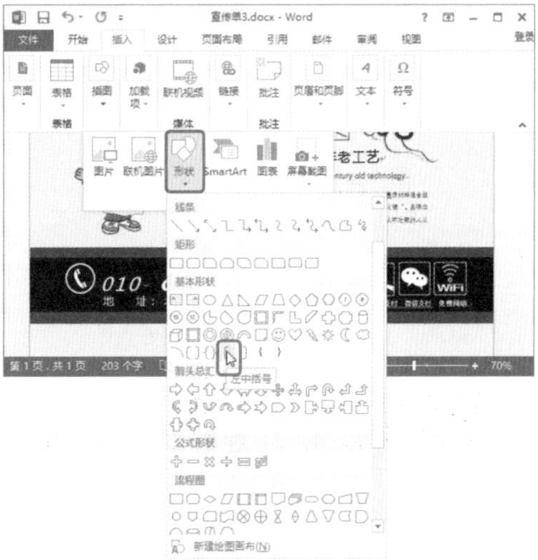

07 随即鼠标指针变成“十”字形状，将鼠标指针移动到合适的位置，按住鼠标左键不放，拖动鼠标，即可绘制一个合适大小的左中括号，绘制完毕，释放鼠标左键即可。

08 适当调整中括号的边框颜色和粗细。

09 按照相同的方法，再绘制一个右中括号，并设置其边框颜色和粗细。

3. 统筹整个宣传单布局

最后统筹一下整个宣传单的布局，宣传单的顶端是没有留白的，左右留白空间也比较小，而宣传单底端目前的留白是比较大的，这样就会显得整体不是很协调，所以我们可以在底端插入一个跟饮食有关的图片，来缩小底端的留白空间。效果如图所示。

第 03 章

Word 高级排版

Word 2013除了具有强大的文字处理功能外，还支持在文档中插入目录、页眉和页脚、题注、脚注、尾注等。

关于本章知识，本书配套教学光盘中有相关的多媒体教学视频，请读者参见光盘中的【Word 2013 的高级应用\Word 高级排版】。

3.1 公司商业计划书

商业计划书是一份全方位描述企业发展的文件。一份完备的商业计划书是企业梳理战略、规划发展、总结经验、挖掘机会的案头文件。

3.1.1 页面设置

为了真实反映文档的实际页面效果，在进行编辑操作之前，必须先对页面效果进行设置。

本小节示例文件位置如下。	
原始文件	第 3 章\商业计划书
最终效果	第 3 章\商业计划书 01

扫码看视频

1. 设置页边距

页边距通常是指文本内容与页面边缘之间的距离。通过设置页边距，可以使 Word 2013 文档的正文部分与页面边缘保持比较合适的距离。设置页边距的具体步骤如下。

01 打开本实例的原始文件，切换到【页面布局】选项卡，单击【页面设置】组中的【页边距】按钮。

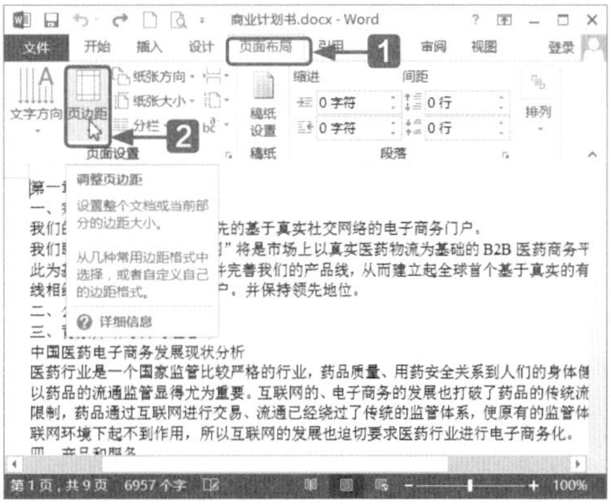

02 从弹出的下拉列表中选择【适中】选项。

03 返回Word文档中，设置效果如图所示。

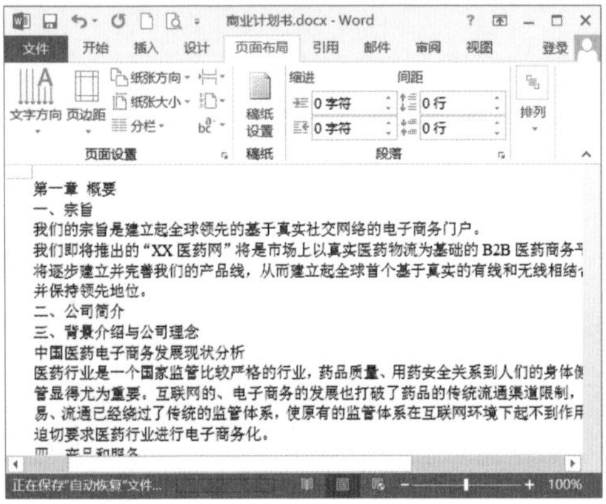

04 当然，用户还可以自定义页边距，切换到【页面布局】选项卡，单击【页面设置】组右下角的【对话框启动器】按钮。

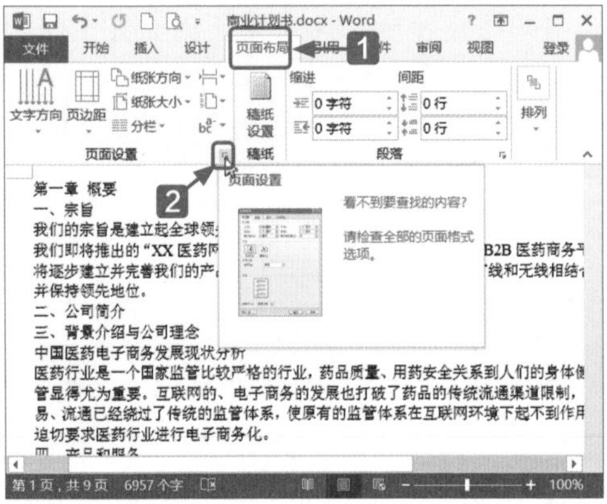

05 弹出【页面设置】对话框，切换到【页边距】选项卡，在【页边距】组合框中设置文档的页边距，然后在【纸张方向】组合框中选中【纵向】选项。

06 设置完毕单击 确定 按钮即可。

2. 设置纸张大小和方向

除了设置页边距以外，用户还可以在Word 2013文档中非常方便地设置纸张大小和方向。设置纸张大小和方向的具体步骤如下。

01 切换到【页面布局】选项卡，单击【页面设置】组中的【纸张方向】按钮，从弹出的下拉列表中选择纸张方向，例如选择【纵向】选项。

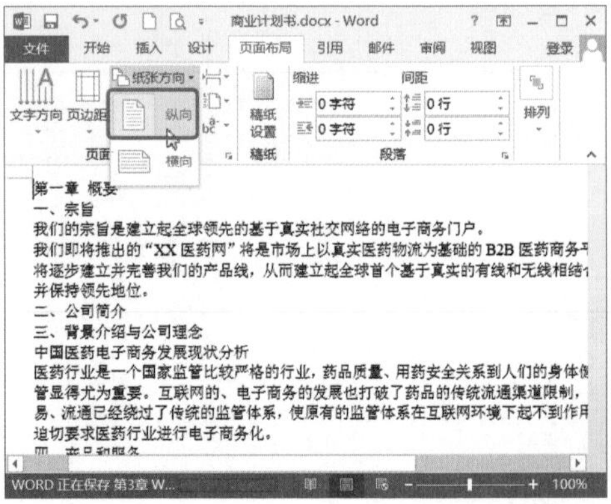

02 单击【页面设置】组中的 纸张大小 按钮，从弹出的下拉列表中选择纸张的大小，例如选择【B4（JIS）】选项。

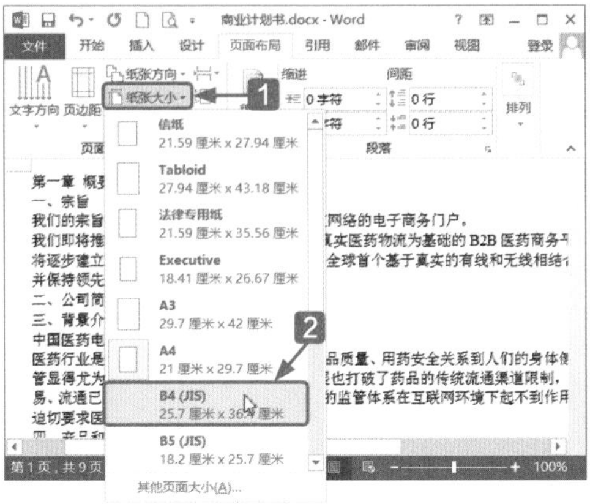

03 此外用户还可以自定义纸张大小。单击【页面设置】组中的 纸张大小 按钮，从弹出的下拉列表中选择【其他页面大小】选项。

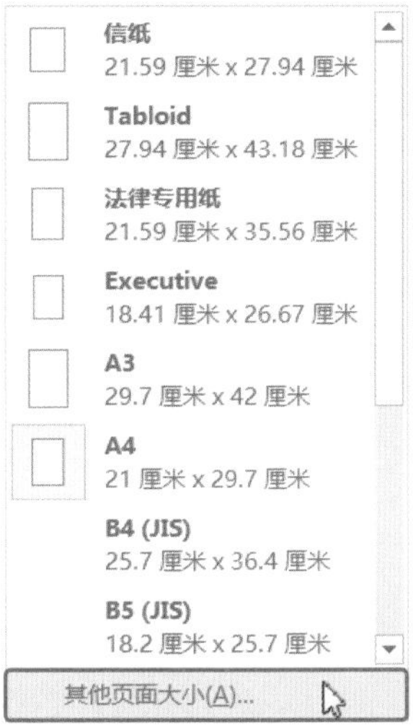

04 弹出【页面设置】对话框，切换到【纸张】选项卡，在【纸张大小】下拉列表中选择【自定义大小】选项，然后在【宽度】和【高度】微调框中设置其大小。设置完毕，单击 确定 按钮即可。

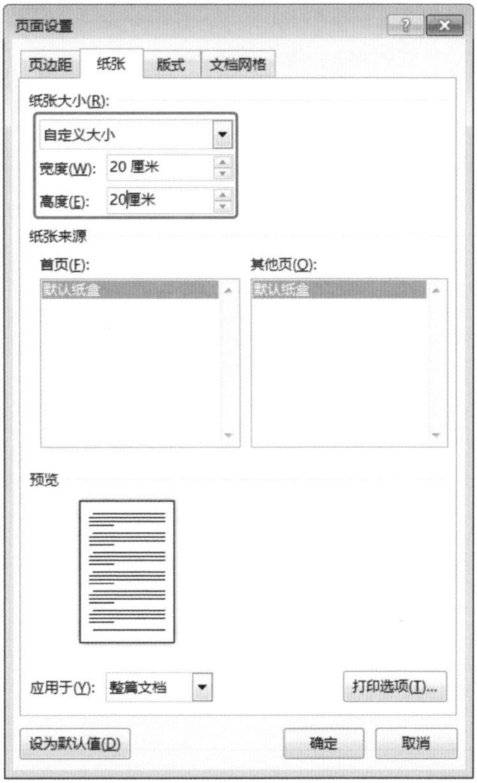

3. 设置文档网格

在设定了页边距和纸张大小后，页面的基本版式就已经被确定了，但如果要精确指定文档的每页所占行数以及每行所占字数，则需要设置文档网格。设置文档网格的具体步骤如下。

01 切换到【页面布局】选项卡，单击【页面设置】组右下角的【对话框启动器】按钮。弹出【页面设置】对话框，切换到【文档网格】选项卡，在【网格】组合框中选中【指定行和字符网格】单选钮，然后在【字符数】组合框中的【每行】微调框中调整字符数，在【行数】组合框中的【每页】微调框中调整行数，其他选项保持默认。

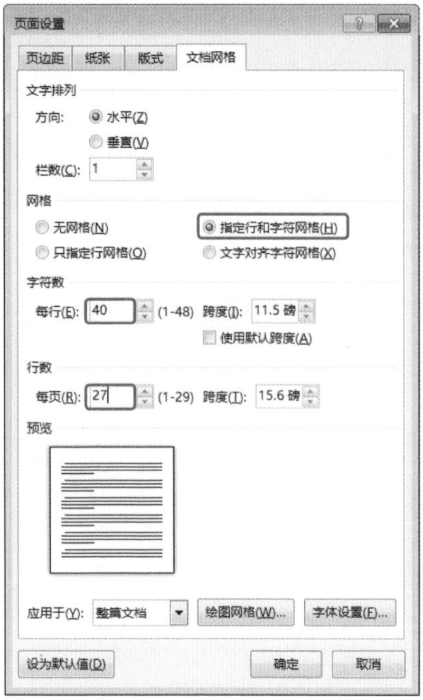

02 设置完毕单击 确定 按钮即可。

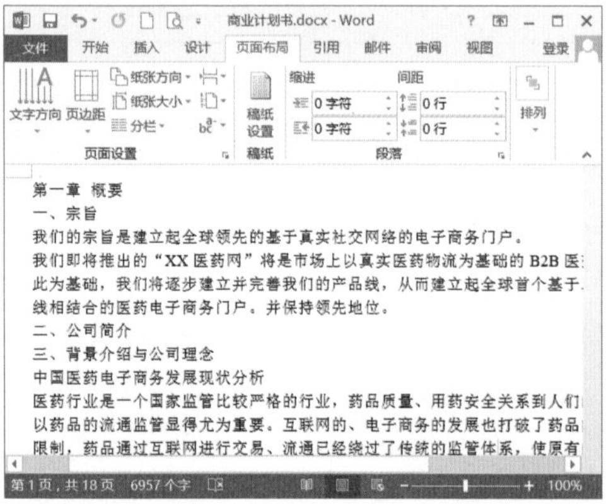

3.1.2 使用样式

样式是指一组已经命名的字符和段落格式。在编辑文档的过程中，正确设置和使用样式可以极大地提高工作效率。

本小节示例文件位置如下。	
原始文件	第 3 章 \ 商业计划书 01
最终效果	第 3 章 \ 商业计划书 02

扫码看视频

1. 套用系统内置样式

Word 2013 自带了一个样式库，用户既可以套用内置样式设置文档格式，也可以根据需要更改样式。

使用【样式】库

Word 2013 系统提供了一个【样式】库，用户可以使用里面的样式设置文档格式。

01 打开本实例的原始文件，选中要使用样式的“一级标题文本”，切换到【开始】选项卡，单击【样式】组中【快速样式】右下角的【其他】按钮。

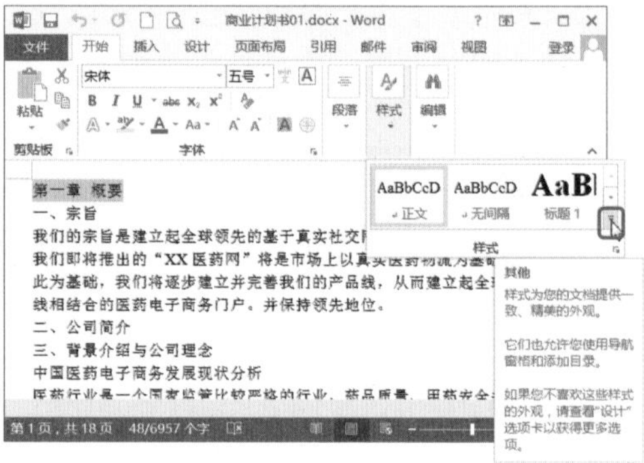

02 弹出【样式】下拉库，从中选择合适的样式，例如选项【标题1】选项。

03 返回Word文档中，一级标题的设置效果如图所示。

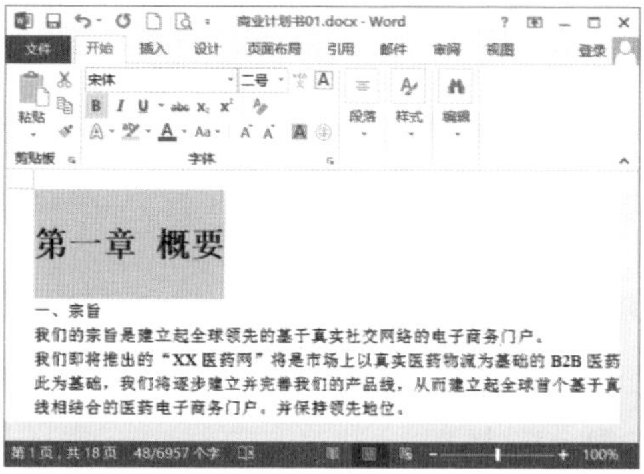

04 使用同样的方法，选中要使用样式的“二级标题文本”，从弹出的【样式】下拉库中选择【标题2】选项。

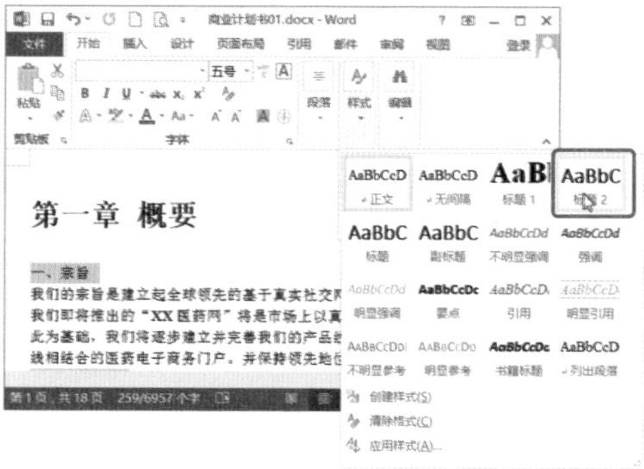

05 返回Word文档中，二级标题的设置效果如图所示。

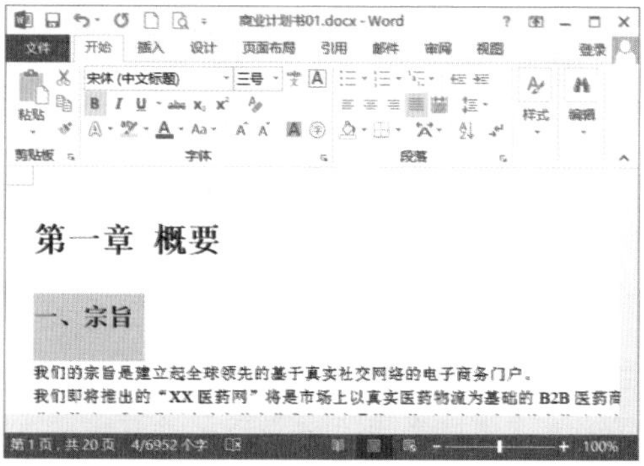

○ 利用【样式】任务窗格

除了利用【样式】下拉库之外，用户还可以利用【样式】窗格应用内置样式。具体的操作步骤如下。

01 选中要使用样式的“三级标题文本”，切换到【开始】选项卡，单击【样式】组右下角的【对话框启动器】按钮。

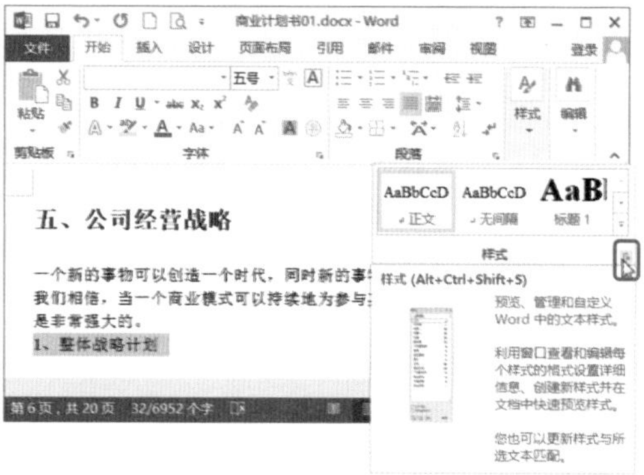

02 弹出【样式】任务窗格，然后单击右下角的【选项…】选项。

03 弹出【样式窗格选项】对话框，在【选择要显示的样式】下拉列表中选择【所有样式】选项。

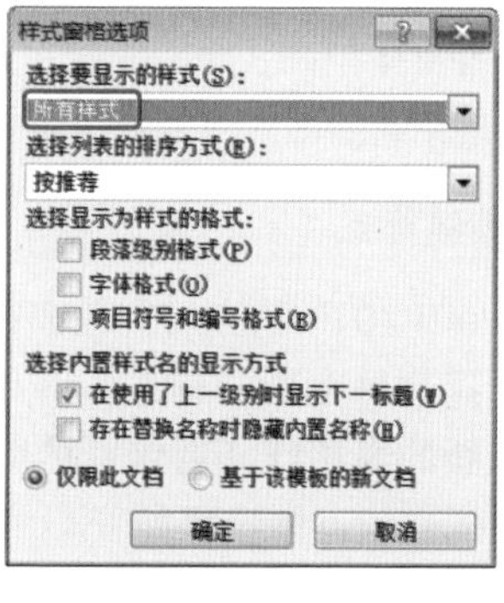

04 单击确定按钮，返回【样式】任务窗格，然后在【样式】列表框中选择【标题3】选项。

05 返回Word文档中，三级标题的设置效果如图所示。

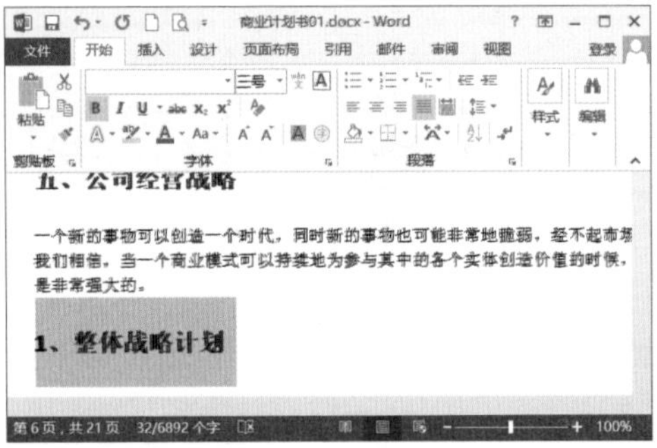

06 使用同样的方法，用户可以设置其他标题格式。

2. 自定义样式

除了直接使用样式库中的样式外，用户还可以自定义新的样式或者修改原有样式。

新建样式

在 Word 2013 的空白文档窗口中，用户可以新建一种全新的样式，例如新的文本样式、新的表格样式或者新的列表样式等。新建样式的具体步骤如下。

01 选中要应用新建样式的图片，然后在【样式】任务窗格中单击【新建样式】按钮。

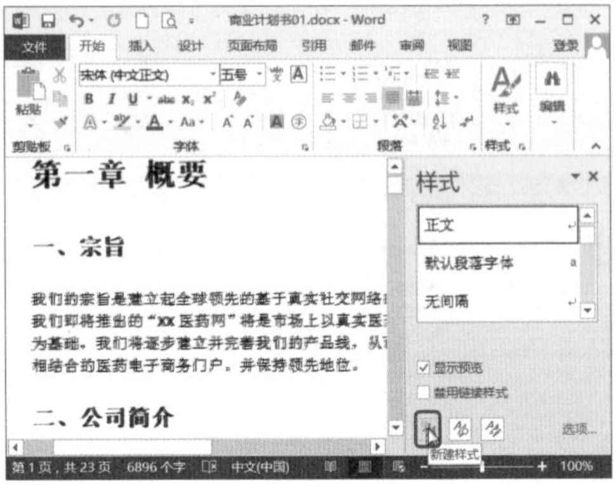

02 弹出【根据格式设置创建新样式】对话框。

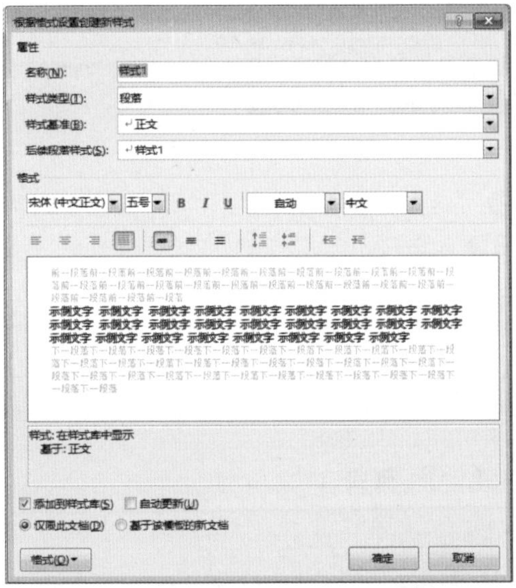

03 在【名称】文本框中输入新样式的名称“图”，在【后续段落样式】下拉列表中选择【图】选项，在【格式】组合框单击【居中】按钮，经过这些设置后，应用“图”样式的图片就会居中显示在文档中。

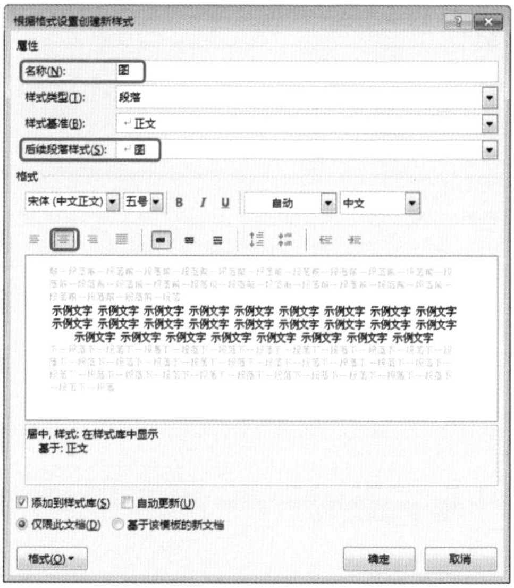

04 单击 格式(O) 按钮，从弹出的下拉列表中选择【段落】选项。

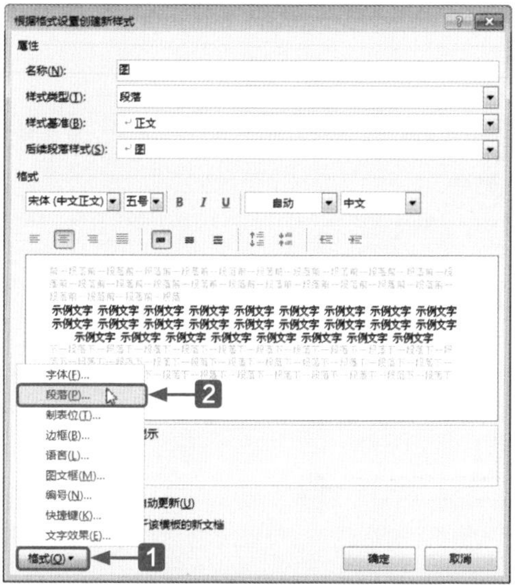

05 弹出【段落】对话框，在【行距】下拉列表中选择【最小值】选项，在【设置值】微调框中输入“12磅”，然后分别在【段前】和【段后】微调框中输入“0.5行”。经过设置后，应用“图”样式的图片就会以行距12磅、段前段后各空0.5行的方式显示在文档中。

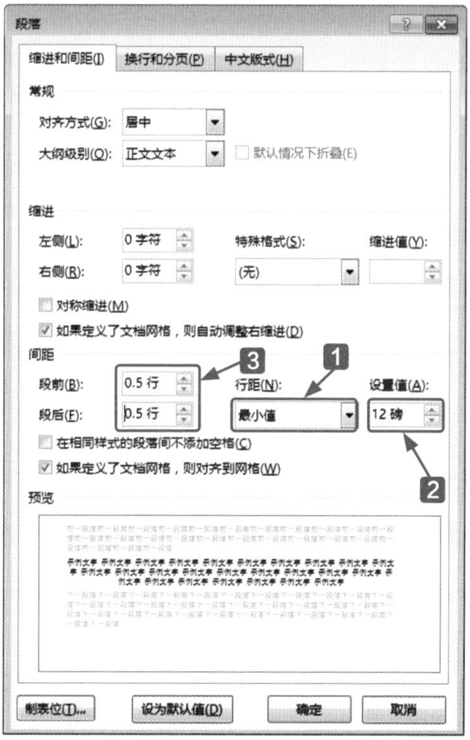

06 单击 确定 按钮，返回【根据格式设置创建新样式】对话框。系统默认选中了【添加到样式库】复选框，所有样式都显示在了样式面板中。

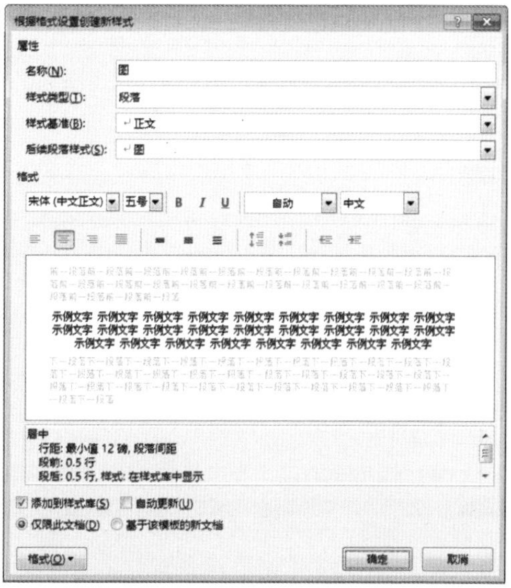

07 单击 确定 按钮，返回Word文档中，此时新建样式“图”显示在了【样式】任务窗格中，选中的图片自动应用了该样式。

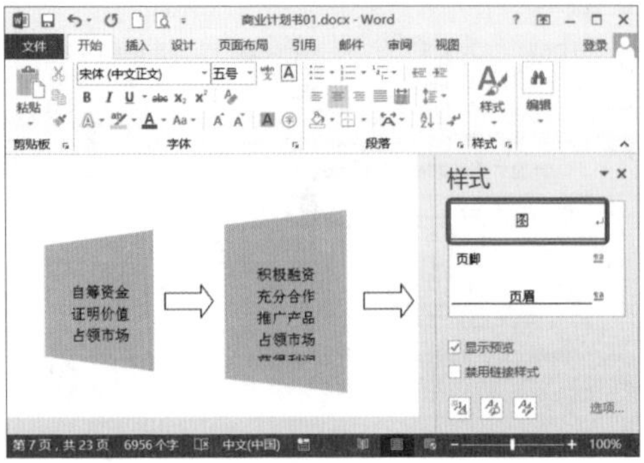

修改样式

无论是Word 2013的内置样式，还是Word 2013的自定义样式，用户随时可以对其进行修改。在Word 2013中修改样式的具体步骤如下。

01 将光标定位到正文文本中，在【样式】任务窗格中的【样式】列表中选择【正文】选项，然后单击鼠标右键，从弹出的快捷菜单中选择【修改】菜单项。

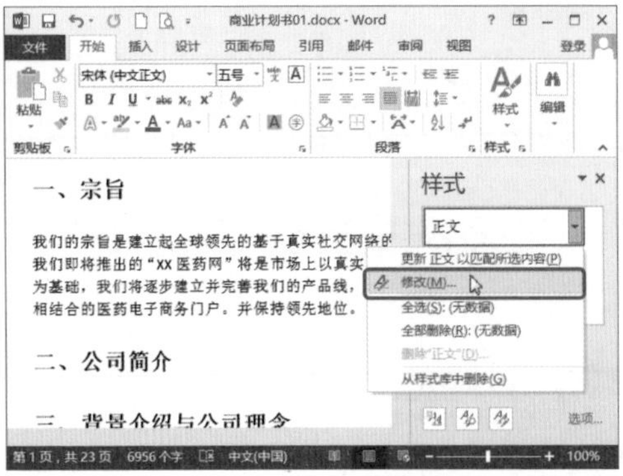

02 弹出【修改样式】对话框，正文文本的具体样式如下。

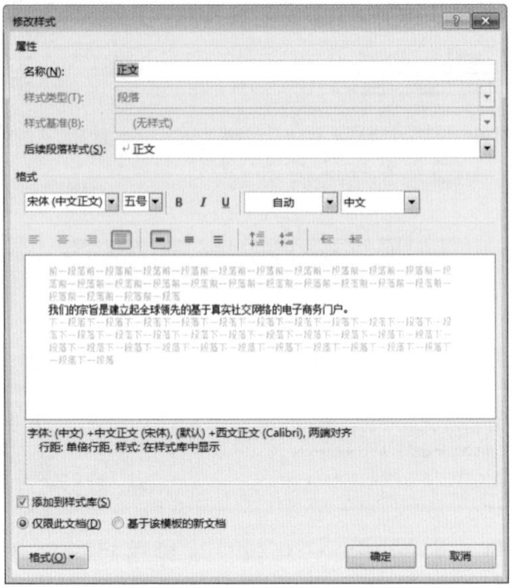

03 单击 格式(O) 按钮，从弹出的下拉列表中选择【字体】选项。

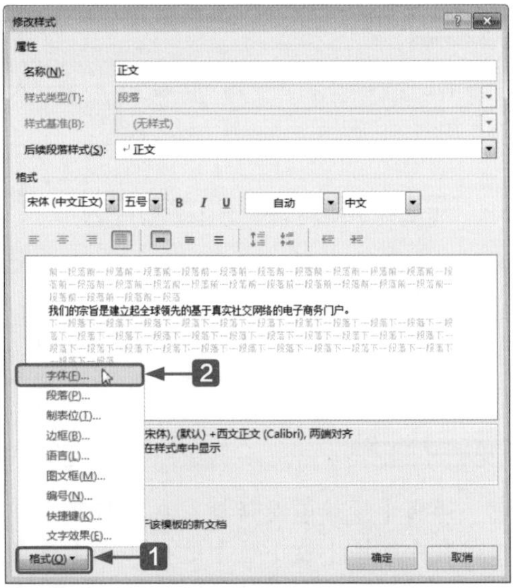

04 弹出【字体】对话框，切换到【字体】选项卡，在【中文字体】下拉列表中选择【华文中宋】选项，其他设置保持不变。

05 单击 确定 按钮，返回【修改样式】对话框，然后单击 格式(O) 按钮，从弹出的下拉列表中选择【段落】选项。

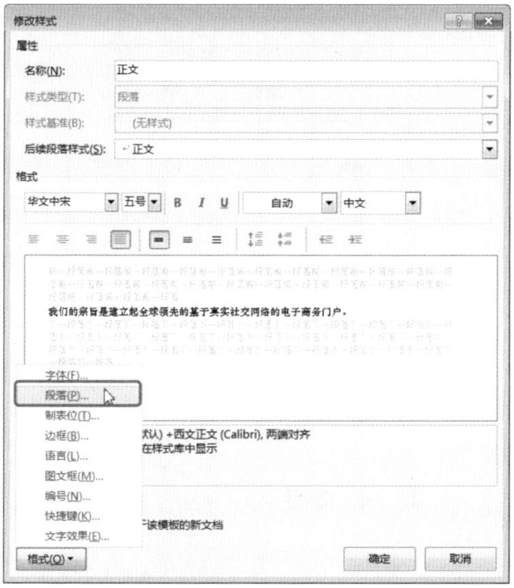

06 弹出【段落】对话框，切换到【缩进和间距】选项卡，然后在【特殊格式】下拉列表中选择【首行缩进】选项，在【缩进值】微调框中输入“2字符”。

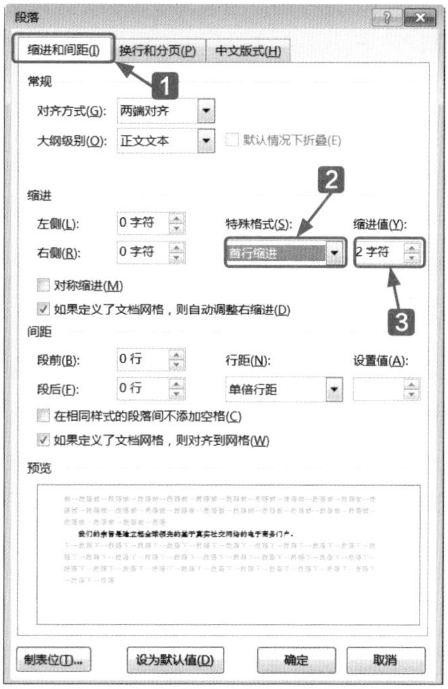

07 单击 确定 按钮，返回【修改样式】对话框，修改完成后的所有样式都显示在了样式面板中。

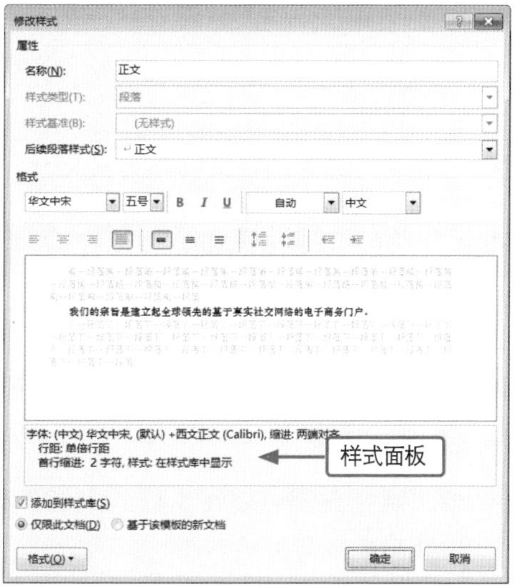

08 单击 确定 按钮，返回Word文档中，此时文档中正文格式的文本以及基于正文格式的文本都自动应用了新的正文样式。

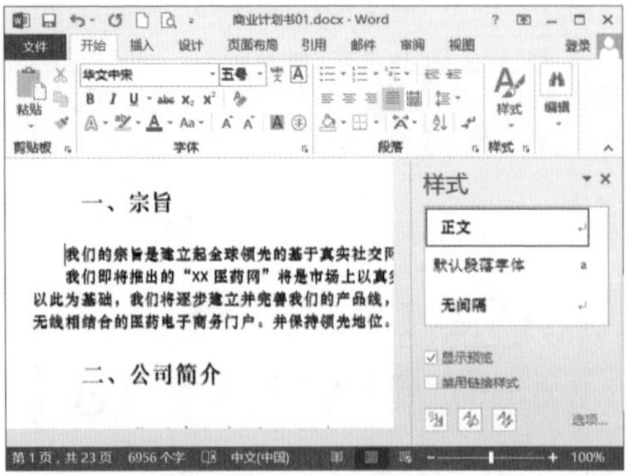

09 将鼠标指针移动到【样式】任务窗格中的【正文】选项上，此时即可查看正文的样式。

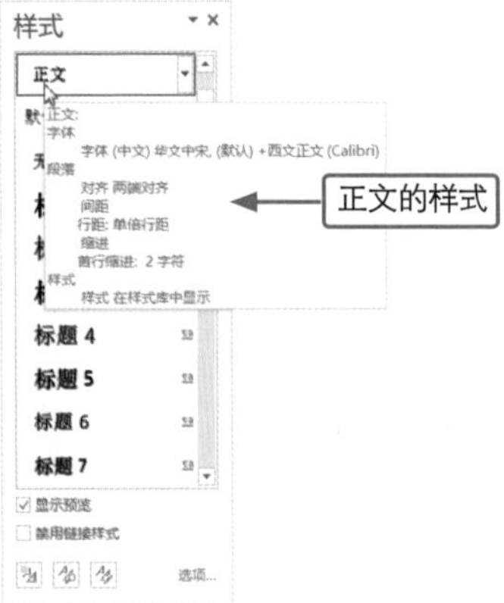

10 使用同样的方法修改其他样式即可。

3. 刷新样式

样式设置完成后，接下来就可以刷新样式了。刷新样式的方法主要有以下两种。

使用鼠标

使用鼠标左键可以在【样式】任务窗格中快速刷新样式。

01 切换到【开始】选项卡，单击【样式】组右下角的【对话框启动器】按钮，弹出【样式】任务窗格，单击右下角的【选项】选项。

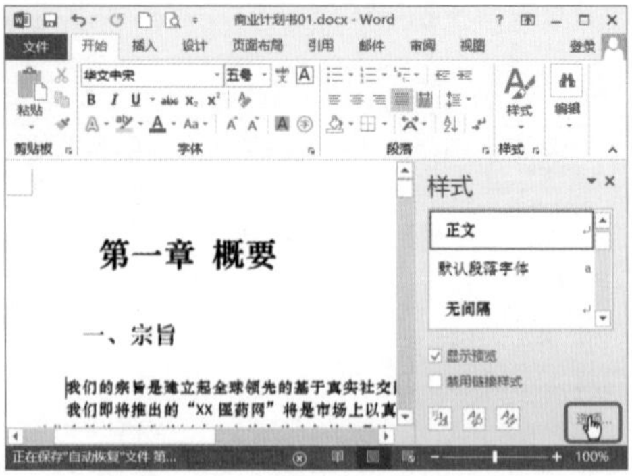

02 弹出【样式窗格选项】对话框，然后在【选择要显示的样式】下拉列表中选择【当前文档中的样式】选项。

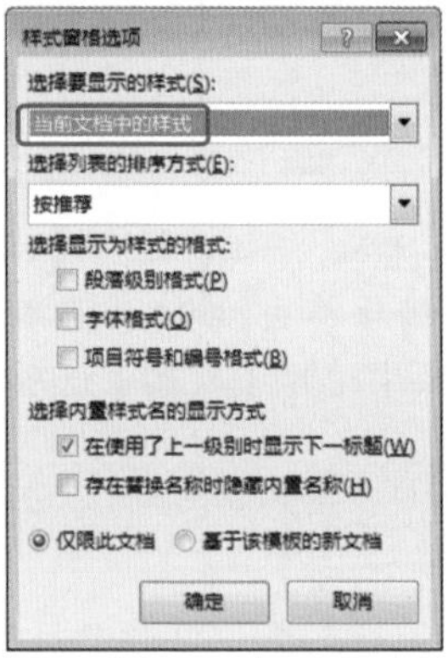

03 单击 确定 按钮，返回【样式】任务窗格，此时【样式】任务窗格中只显示当前文档中用到的样式，便于用户刷新格式。

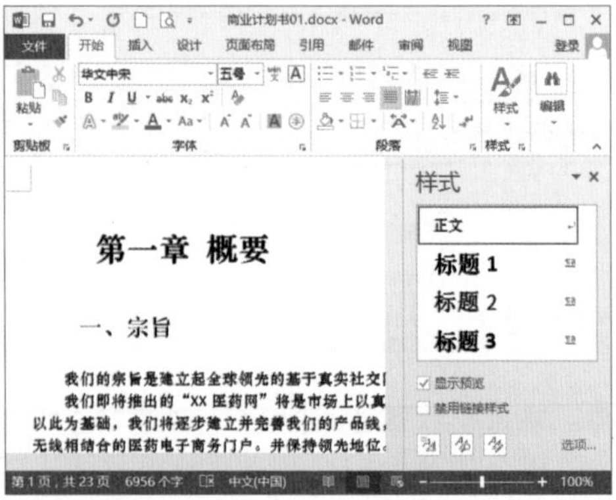

04 按下【Ctrl】键，同时选中所有要刷新的一级标题的文本，然后在【样式】列

表框中选择【标题1】选项，此时所有选中的一级标题的文本都应用了该样式。

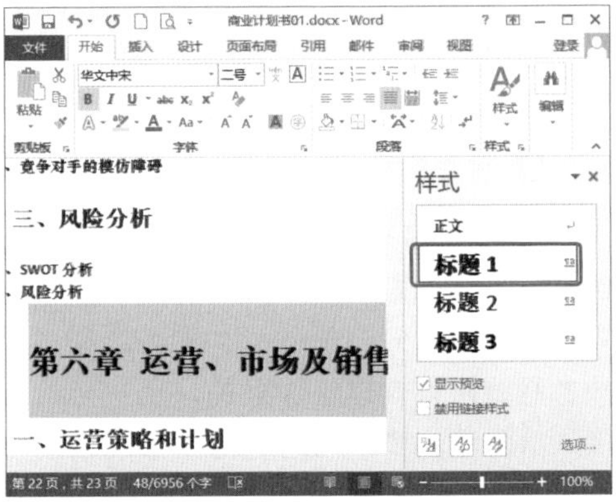

使用格式刷

除了使用鼠标刷新格式外，用户还可以使用剪贴板上的【格式刷】按钮，复制一个位置的样式，然后将其应用到另一个位置。

01 在Word文档中，选中已经应用了“标题2”样式的二级标题文本，然后切换到【开始】选项卡，单击【剪贴板】组中的【格式刷】按钮，此时格式刷呈蓝色底纹显示，说明已经复制了选中文本的样式。

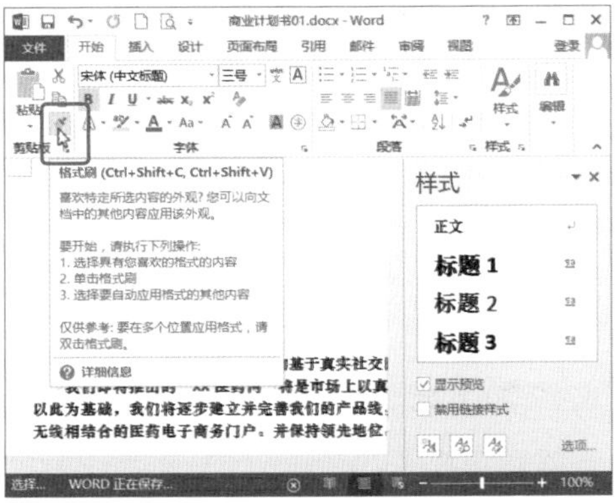

02 将鼠标指针移动到文档的编辑区域，此时鼠标指针变成形状。

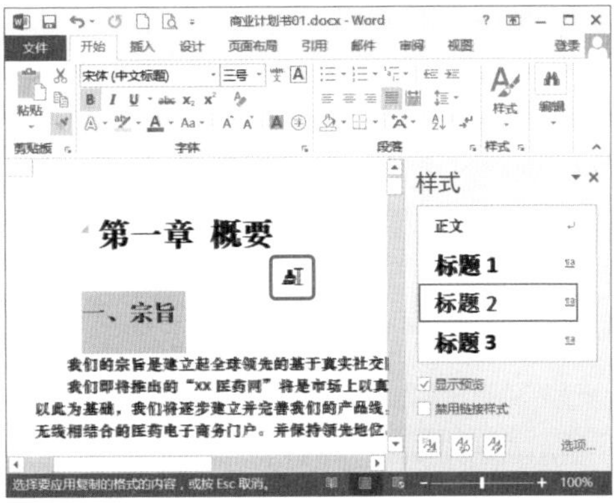

03 滑动鼠标滚轮或拖动文档中的垂直滚动条，将鼠标指针移动到要刷新样式的文本段落上，然后单击鼠标左键，此时该文本段落就自动应用了格式刷复制的“标题2”样式。

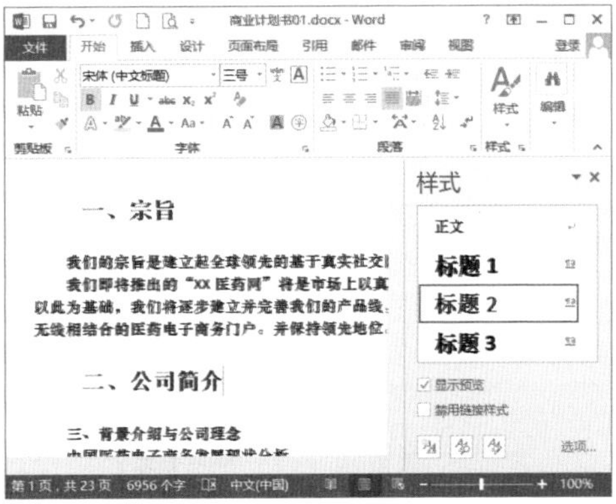

04 如果用户要将多个文本段落刷新成同一样式，那么，要先选中已经应用了“标题2”样式的二级标题文本，然后双击【剪贴板】组中的【格式刷】按钮。

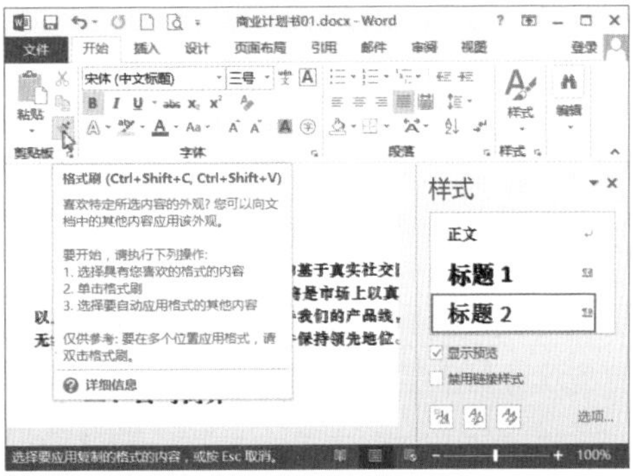

05 此时格式刷呈蓝色底纹显示，说明已经复制了选中文本的样式，然后依次在想要刷新该样式的文本段落中单击鼠标左键，随即选中的文本段落都会自动应用格式刷复制的“标题2”样式。

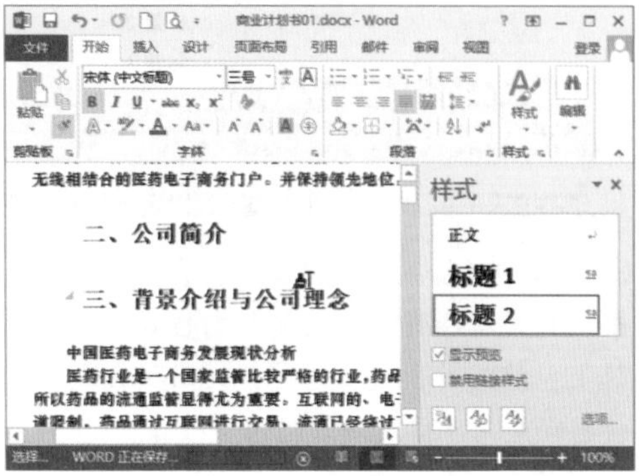

06 该样式刷新完毕，然后单击【剪贴板】组中的【格式刷】按钮，退出复制状态。使用同样的方式，用户可以刷新其他样式。

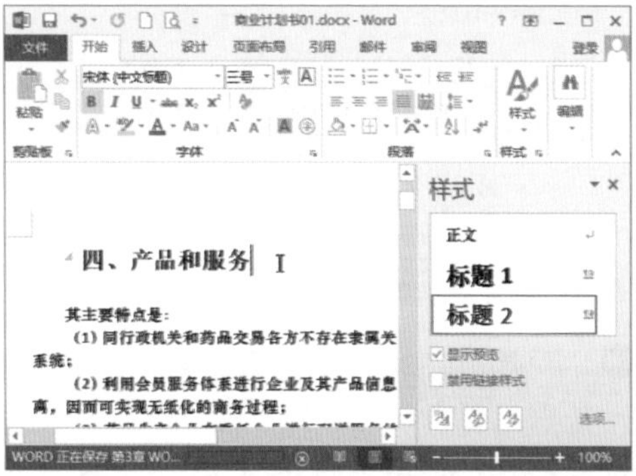

3.1.3 插入并编辑目录

文档创建完成后，为了便于阅读，我们可以为文档添加一个目录。使用目录可以使文档的结构更加清晰，便于阅读者对整个文档进行定位。

本小节示例文件位置如下。	
原始文件	第 3 章 \ 商业计划书 02
最终效果	第 3 章 \ 商业计划书 03

扫码看视频

1. 插入目录

生成目录之前，先要根据文本的标题样式设置大纲级别，大纲级别设置完毕即可在文档中插入目录。

设置大纲级别

Word 2013 是使用层次结构来组织文档的，大纲级别就是段落所处层次的级别编号。Word 2013 提供的内置标题样式中的大纲级别都是默认设置的，用户可以直接生成目录。当然用户也可以自定义大纲级别，例如分别将标题 1、标题 2 和标题 3 设置成 1 级、2 级和 3 级。设置大纲级别的具体步骤如下。

01 打开本实例的原始文件，将光标定位在一级标题的文本上，切换到【开始】选项卡，单击【样式】组右下角的【对话框启动器】按钮，弹出【样式】任务窗格，在【样式】列表框中选择【标题1】选项，然后单击鼠标右键，从弹出的快捷菜单中选择【修改】菜单项。

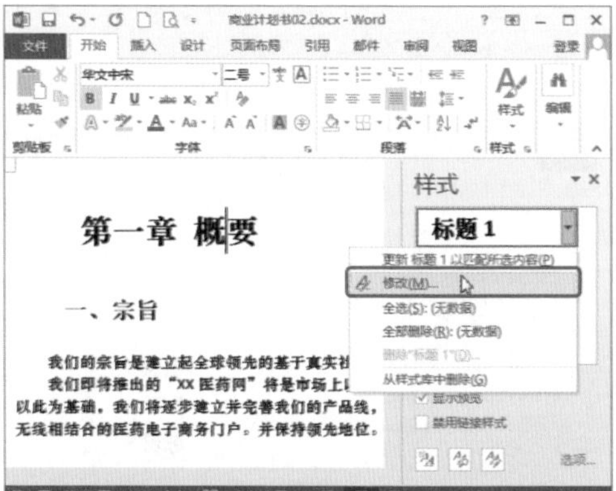

02 弹出【修改样式】对话框，然后单击 格式(O)▾ 按钮，从弹出的下拉列表中选择【段落】选项。

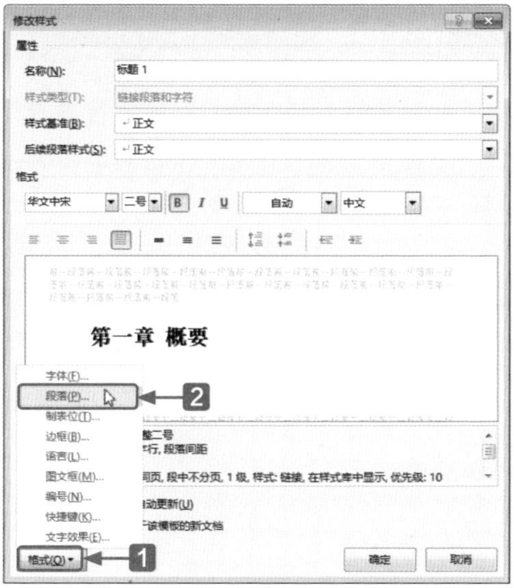

03 弹出【段落】对话框，切换到【缩进和间距】选项卡，在【常规】组合框中的【大纲级别】下拉列表中选择【1级】选项。

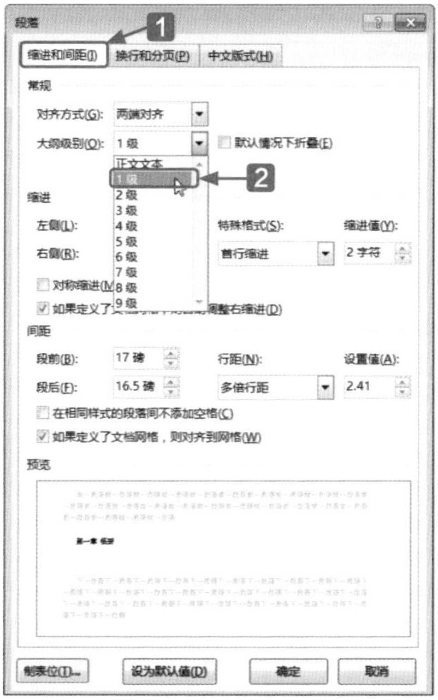

04 单击 确定 按钮，返回【修改样式】对话框，再次单击 确定 按钮，返回Word文档，设置效果如图所示。

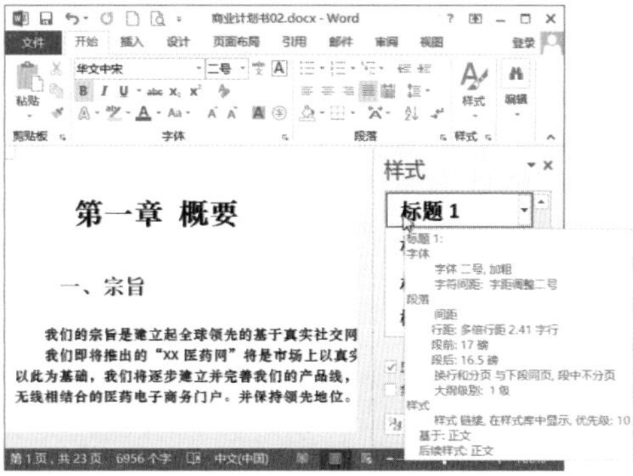

05 使用同样的方法，将“标题2”的大纲级别设置为“2级”。

标题 2:
字体
字体 (中文) +中文标题 (宋体), (默认) +西文标题 (Calibri Light), 三号, 加粗
段落
间距
行距: 多倍行距 1.73 字行
段前: 13 磅
段后: 13 磅
换行和分页 与下段同页, 段中不分页
大纲级别: 2 级
样式
样式 链接, 使用前隐藏, 在样式库中显示, 优先级: 10
基于: 正文
后续样式: 正文

06 使用同样的方法，将“标题3”的大纲级别设置为“3级”。

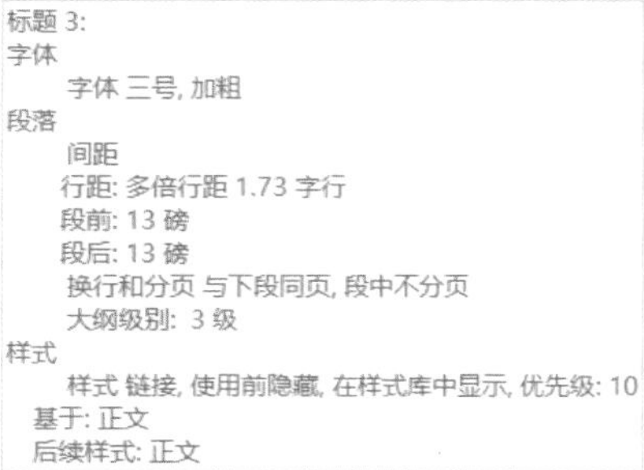
标题 3:
字体
字体 三号, 加粗
段落
间距
行距: 多倍行距 1.73 字行
段前: 13 磅
段后: 13 磅
换行和分页 与下段同页, 段中不分页
大纲级别: 3 级
样式
样式 链接, 使用前隐藏, 在样式库中显示, 优先级: 10
基于: 正文
后续样式: 正文

生成目录

大纲级别设置完毕，接下来就可以生成目录了。生成自动目录的具体步骤如下。

01 将光标定位到文档中第一行的行首，切换到【引用】选项卡，单击【目录】组中的【目录】按钮。

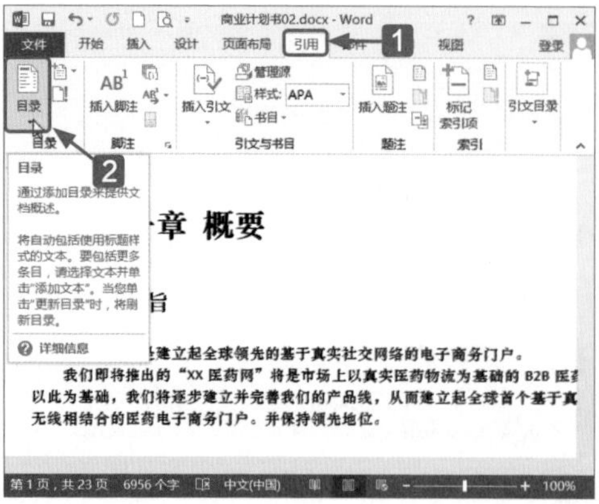

02 弹出【内置】下拉列表，从中选择合适的目录选项即可，例如选择【自动目录1】选项。

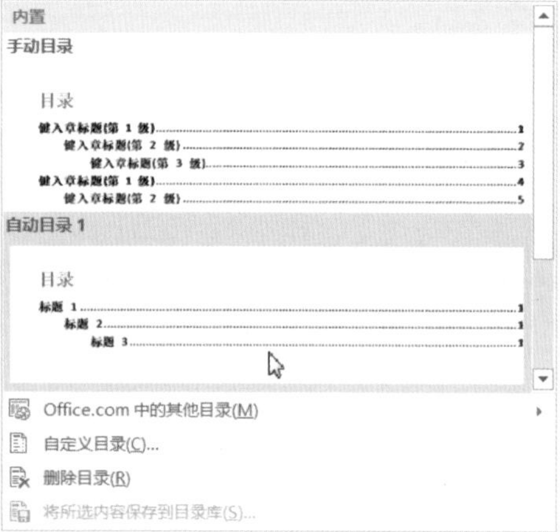

03 返回Word文档中，在光标所在位置自动生成了一个目录，效果如图所示。

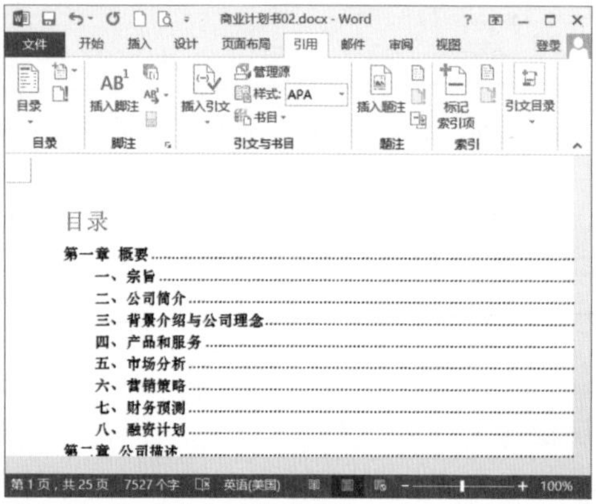

2. 修改目录

如果用户对插入的目录不是很满意，还可以修改目录或自定义个性化的目录。修改目录的具体步骤如下。

01 切换到【引用】选项卡，单击【目录】组中的【目录】按钮，从弹出的下拉列表中选择【自定义目录】选项。

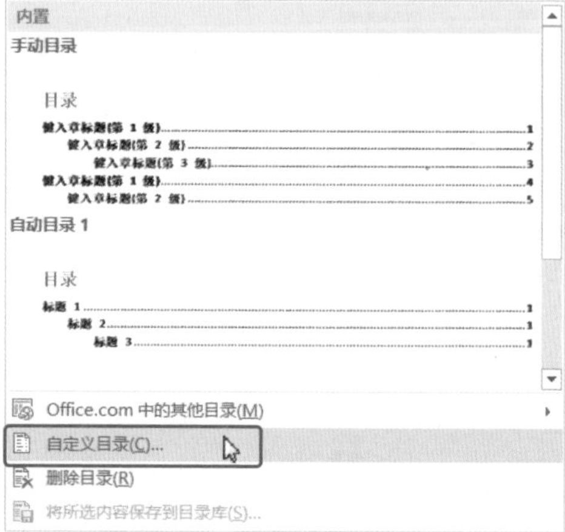

02 弹出【目录】对话框，自动切换到【目录】选项卡中，在【常规】组合框中的【格式】下拉列表中选择【来自模板】选项。

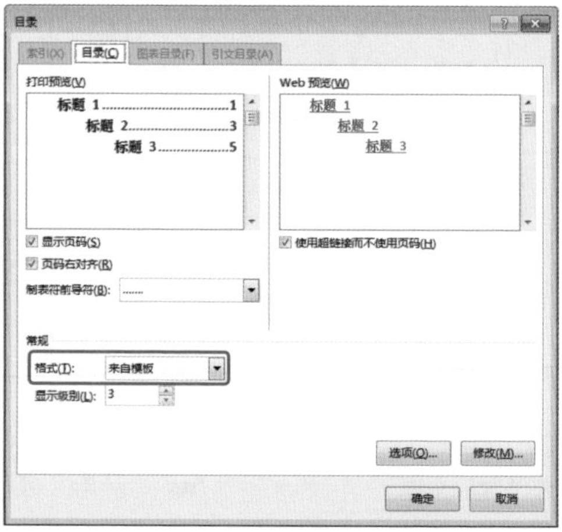

03 单击修改(M)...按钮，弹出【样式】对话框，在【样式】列表框中选择【目录1】选项。

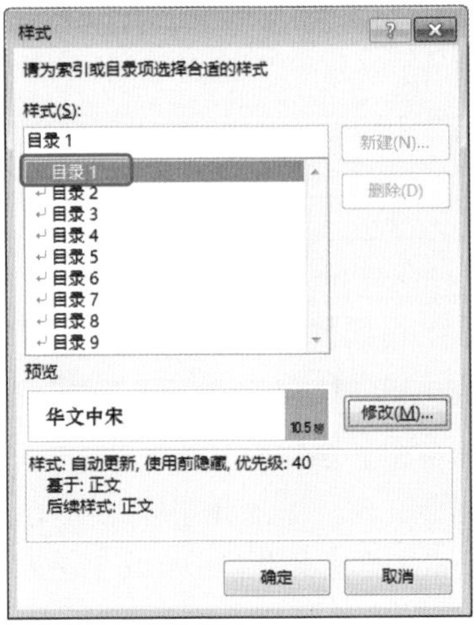

04 单击修改(M)...按钮，弹出【修改样式】对话框，在【格式】组合框中的【字体颜色】下拉列表中选择【紫色】选项，然后单击【加粗】按钮B。

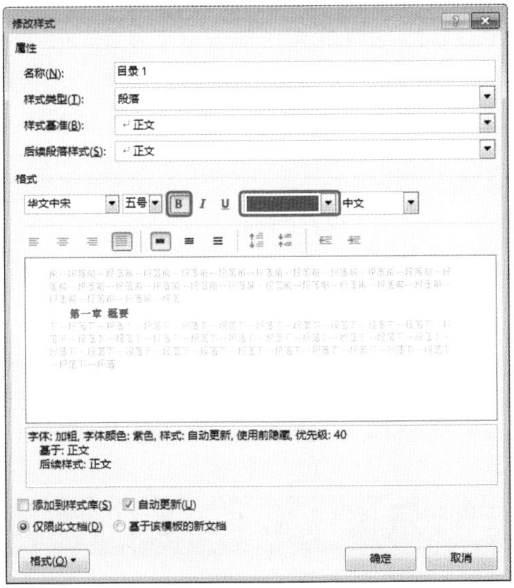

05 单击确定按钮，返回【样式】对话框，在【预览】组合框中即可看到“目录1”的设置效果。

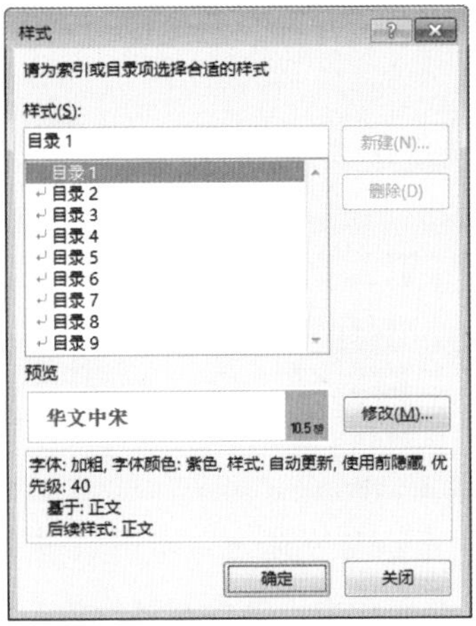

06 单击确定按钮，返回【目录】对话框。

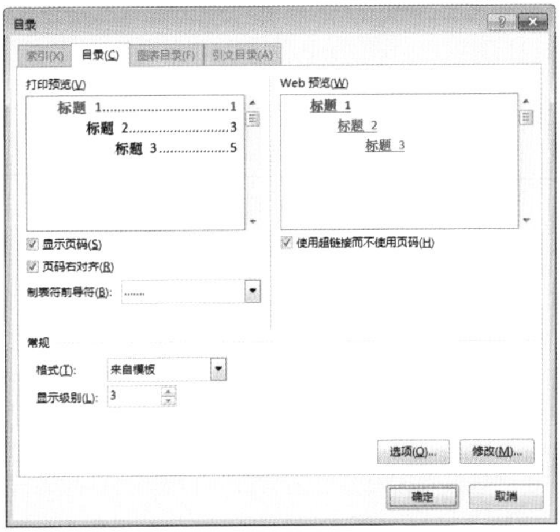

07 单击确定按钮，弹出【Microsoft Word】提示对话框，提示用户“是否替换所选目录？”。

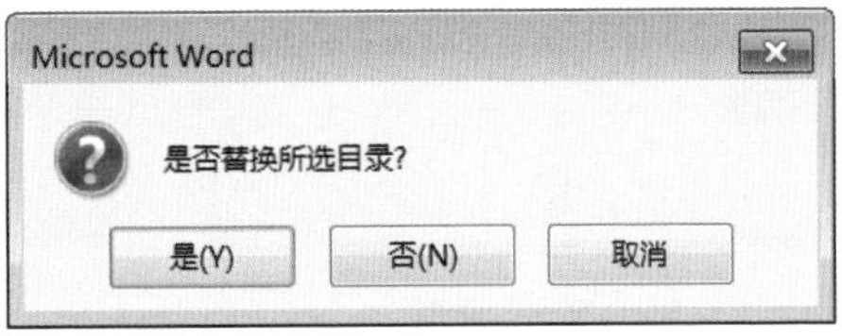

08 单击是(Y)按钮，返回Word文档中，效果如图所示。

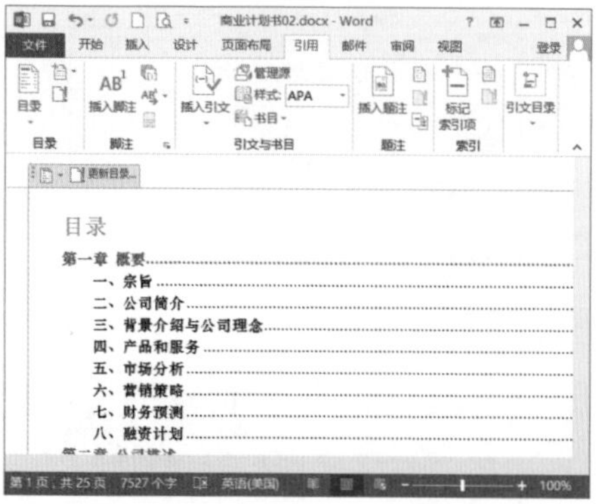

09 另外，用户还可以直接在生成的目录中对目录的字体格式和段落格式进行设置，设置完毕，效果如图所示。

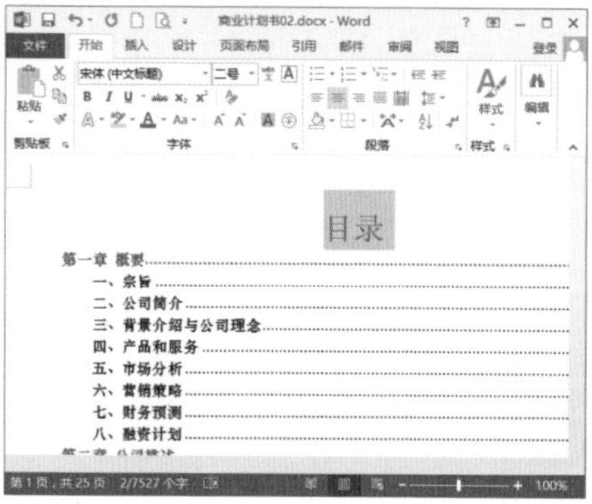

3. 更新目录

在编辑或修改文档的过程中，如果文档内容或格式发生了变化，则需要更新目录。更新目录的具体步骤如下。

01 将文档中第一个一级标题文本改为“第一部分 概要”。

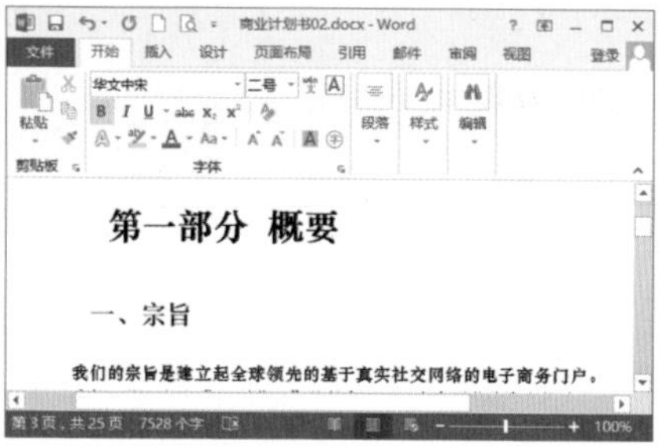

02 切换到【引用】选项卡，单击【目录】组中的【更新目录】按钮。

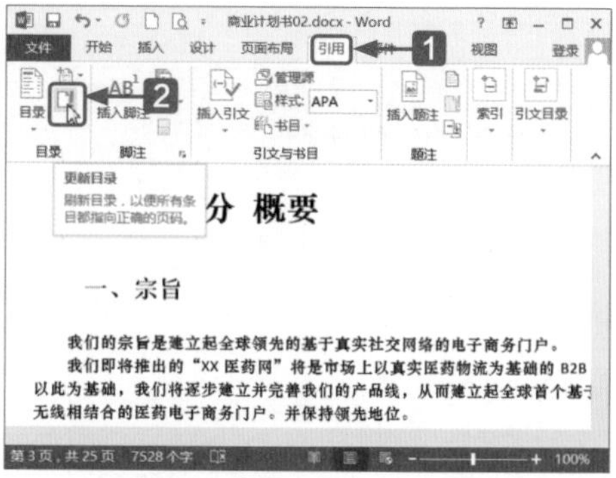

03 弹出【更新目录】对话框，在【Word正在更新目录，请选择下列选项之一：】组合框中选中【更新整个目录】单选钮。

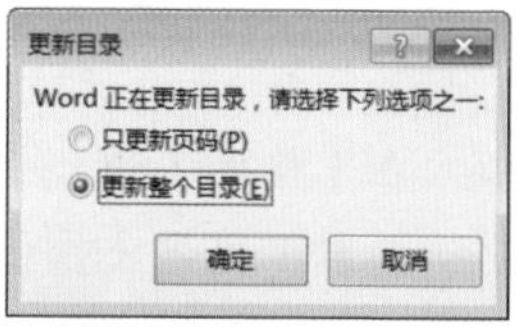

04 单击 确定 按钮，返回Word文档中，效果如图所示。

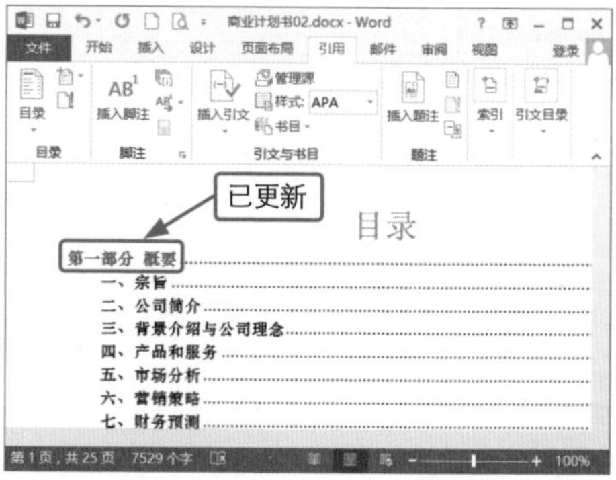

3.1.4 插入页眉和页脚

为了使文档的整体显示效果更具专业水准，文档创建完成后，通常需要为文档添加页眉、页脚、页码等修饰性元素。Word 2013 文档的页眉或页脚不仅支持文本内容，还可以在其中插入图片，例如在页眉或页脚中插入公司的 LOGO、单位的徽标、个人的标识等图片。

本小节示例文件位置如下。	
素材文件	第 3 章 \ 图片 15 ～图片 16
原始文件	第 3 章 \ 商业计划书 03
最终效果	第 3 章 \ 商业计划书 04

扫码看视频

1. 插入分隔符

当文本或图形等内容填满一页时，Word 文档会自动插入一个分页符并开始新的一页。另外，用户还可以根据需要进行强制分页或分节。

插入分节符

分节符是指为表示节的结尾插入的标记。分节符起着分隔其前面文本格式的作用，如果删除了某个分节符，它前面的文字会合并到后面的节中，并且采用后者的格式设置。在Word文档中插入分节符的具体步骤如下。

01 打开本实例的原始文件，将文档拖动到第3页，将光标定位在一级标题“第一部分 概要”的行首。切换到【页面布局】选项卡，单击【页面设置】组中的【插入分页符和分节符】按钮，从弹出的下拉列表中选择【分节符】➤【下一页】选项。

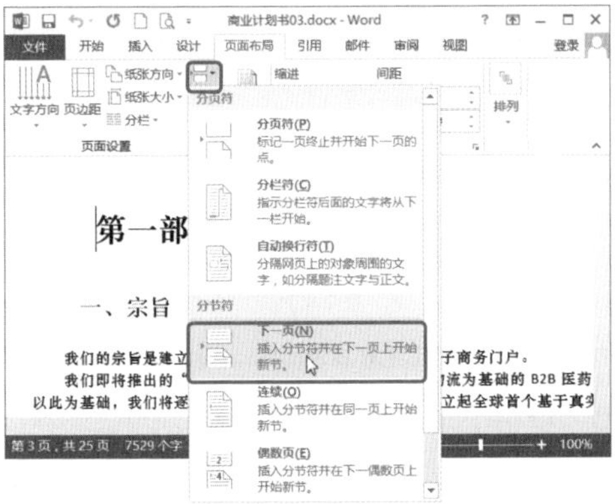

02 此时在文档中插入了一个分节符，光标之后的文本自动切换到了下一页。如果看不到分节符，可以切换到【开始】选项卡中，然后在【段落】组中单击【显示/隐藏编辑标记】按钮即可。

插入分页符

分页符是一种符号，显示在上一页结束以及下一页开始的位置。在 Word 文档插入分页符的具体步骤如下。

01 将文档拖动到第6页，将光标定位在一级标题“第二部分 公司描述”的行首。切换到【页面布局】选项卡，单击【页面设置】组中的【插入分页符和分节符】按钮，从弹出的下拉列表中选择【分页符】➤【分页符】选项。

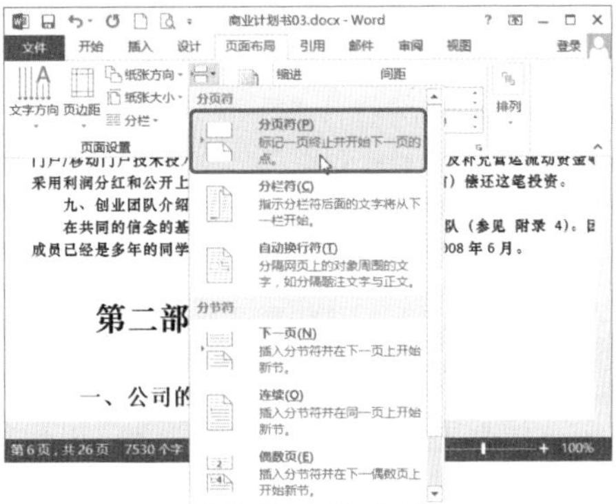

02 此时在文档中插入了一个分页符，光标之后的文本自动切换到了下一页。使用同

样的方法，在所有的一级标题前分页即可。

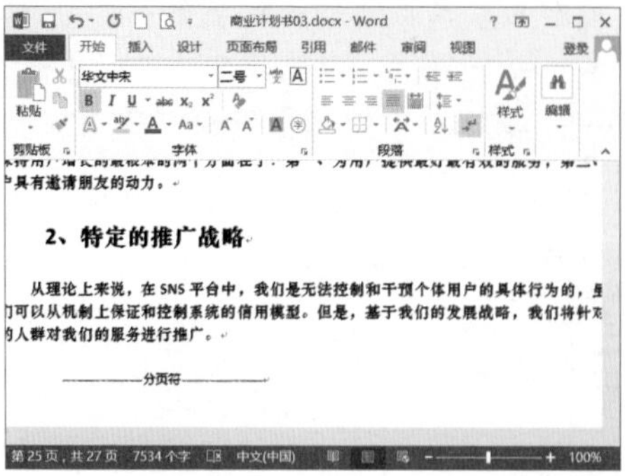

03 将光标移动到首页，选中文档目录，然后单击鼠标右键，在弹出的快捷菜单中选择【更新域】菜单项。

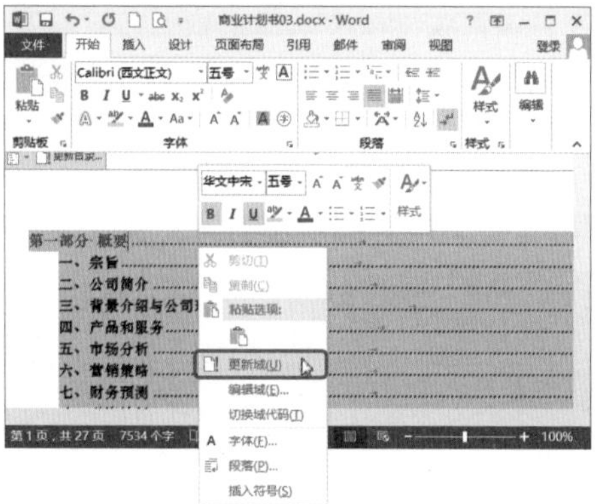

04 弹出【更新目录】对话框，在【Word正在更新目录，请选择下列选项之一：】组合框中选中【只更新页码】单选钮，单击 确定 按钮即可更新目录页码。

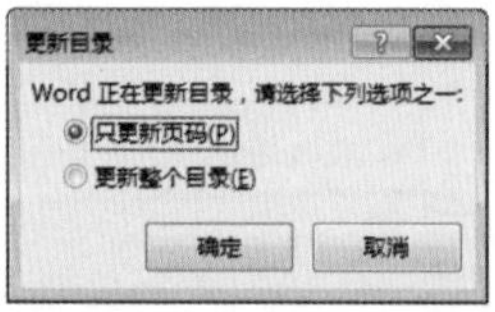

2. 插入页眉和页脚

页眉和页脚常用于显示文档的附加信息，在页眉和页脚中既可以插入文本，也可以插入示意图。在Word 2013文档中可以快速插入设置好的页眉和页脚图片，具体的步骤如下。

01 在第2节中的第1页的页眉或页脚处双击鼠标左键，此时页眉和页脚处于编辑状态，同时激活【页眉和页脚工具】栏。

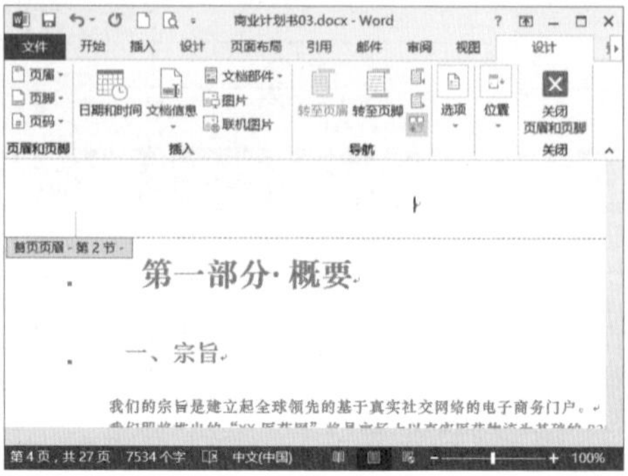

02 切换到【页眉和页脚工具】栏中的【设计】选项卡，在【选项】组中选中【奇偶页不同】复选框，然后在【导航】组中单击【链接到前一条页眉】按钮将其撤选。

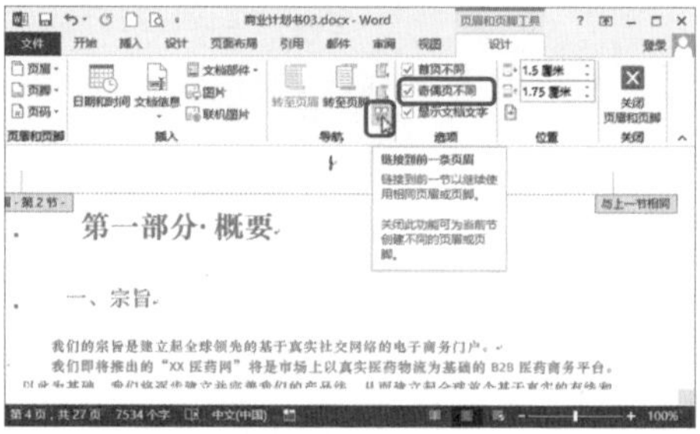

03 切换到【插入】选项卡，在【插图】组中单击【图片】按钮。

04 弹出【插入图片】对话框，从中选择合适的图片，例如选择素材图片“图片15.jpg”。

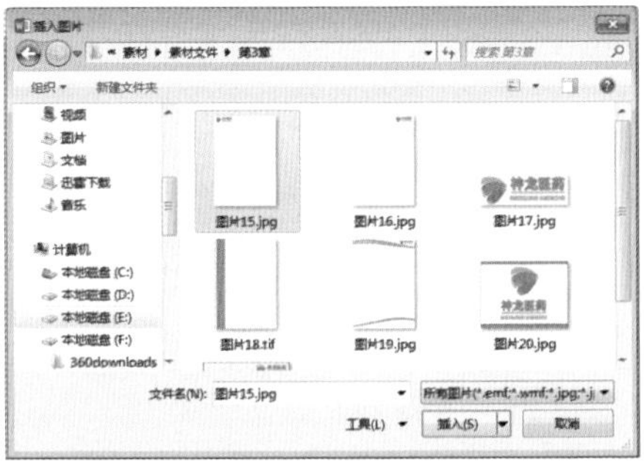

05 单击 插入(S) 按钮，此时图片插入到了文档中，选中该图片，然后单击鼠标右键，从弹出的快捷菜单中选择【大小和位置】菜单项。

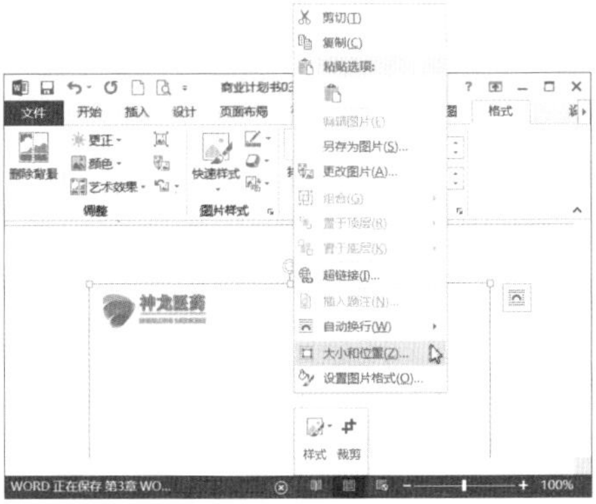

06 弹出【布局】对话框，切换到【大小】选项卡，选中【锁定纵横比】和【相对原始图片大小】复选框，然后在【高度】组合框中的【绝对值】微调框中输入纸张高度“29.7厘米”。

07 切换到【文字环绕】选项卡，在【环绕方式】组合框中选择【衬于文字下方】选项。

08 切换到【位置】选项卡，在【水平】组合框中选中【绝对位置】单选钮，在【右侧】下拉列表中选择【页面】选项，然后在左侧的微调框中输入“0厘米”；在【垂直】组合框中选中【绝对位置】单选钮，然后在【下侧】下拉列表中选择【页面】选项，然后在左侧的微调框中输入“0厘米”。

09 单击 确定 按钮，返回Word文档中，设置效果如图所示。

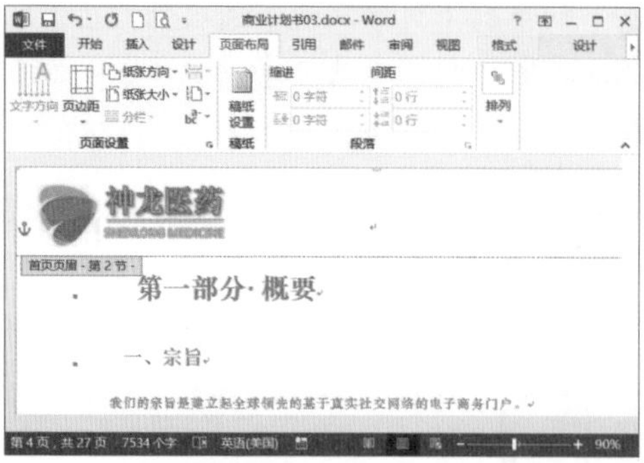

⑩ 使用同样的方法为第2节中的奇数页插入页眉和页脚，同样在【选项】组中撤选【链接到前一条页眉】按钮。

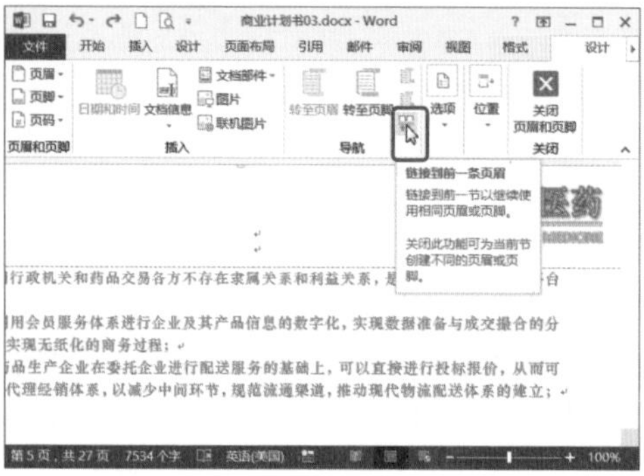

⑪ 设置完毕，切换到【页眉和页脚工具】栏中的【设计】选项卡，在【关闭】组中单击【关闭页眉和页脚】按钮即可。

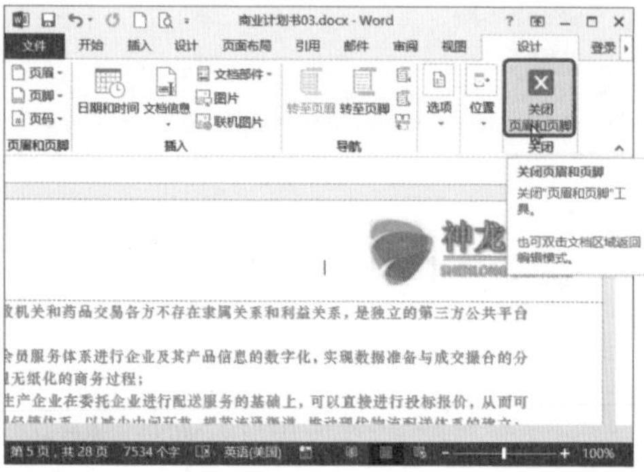

⑫ 第2节首页页眉和页脚的最终效果如图所示。

⑬ 第2节奇数页页眉和页脚的最终效果如图所示。

⑭ 第2节偶数页页眉和页脚的最终效果如图所示。

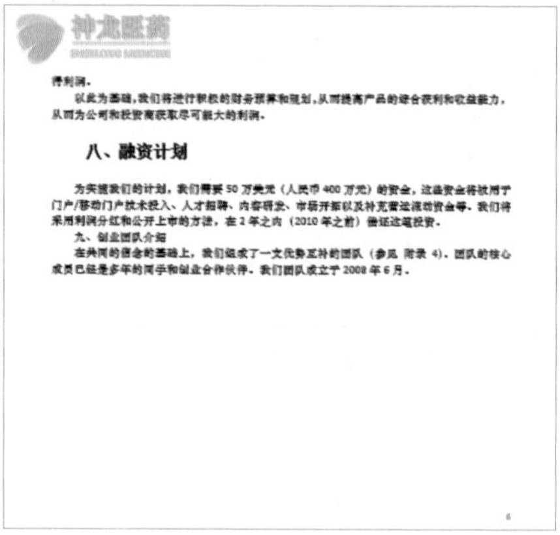

3. 插入页码

为了使 Word 文档便于浏览和打印，用户可以在页脚处插入并编辑页码。

从首页开始插入页码

默认情况下，Word 2013 文档都是从首页开始插入页码的，接下来为目录部分设置罗马数字样式的页码，具体的操作步骤如下。

01 切换到【插入】选项卡，单击【页眉和页脚】组中的 页码 按钮，从弹出的下拉列表中选择【设置页码格式】选项。

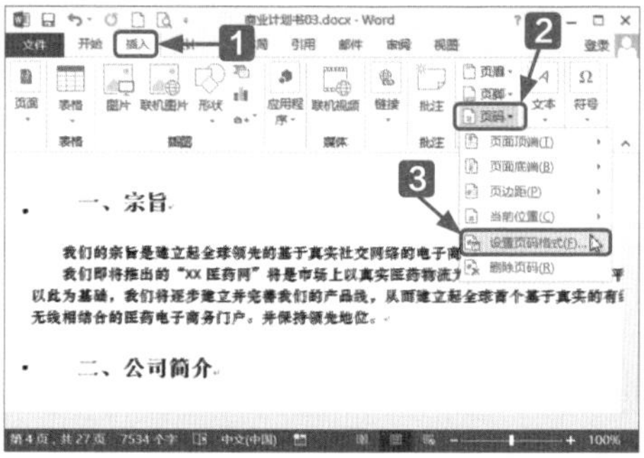

02 弹出【页码格式】对话框，在【编号格式】下拉列表中选择【Ⅰ,Ⅱ,Ⅲ…】选项，然后单击 确定 按钮即可。

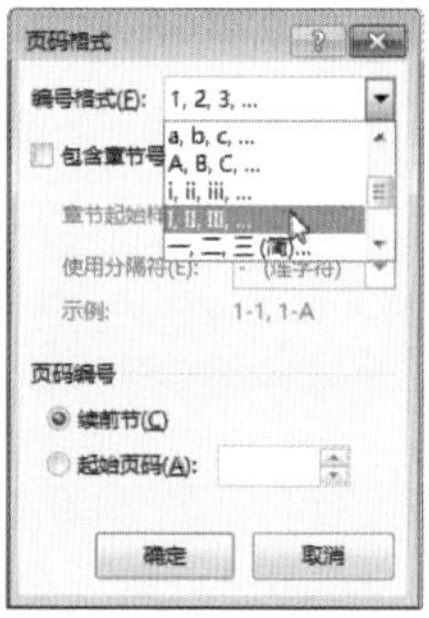

03 因为设置页眉页脚时选中了【奇偶页不同】选项，所以此处的奇偶页页码也要分别进行设置。将光标定位在第1节中的奇数页中，单击【页眉和页脚】组中的 页码 按钮，从弹出的下拉列表中选择【页面底端】➤【普通数字2】选项。

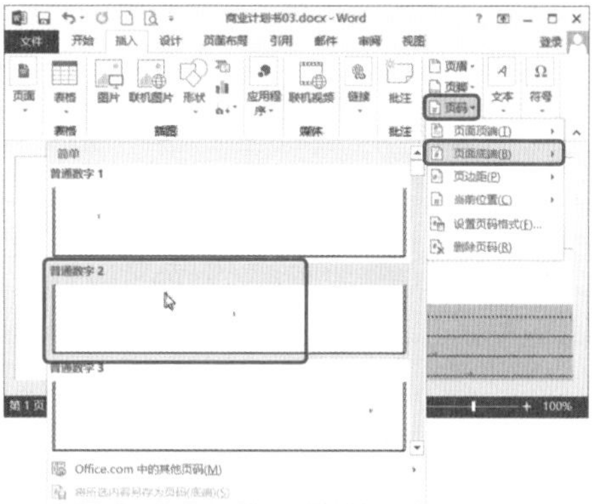

04 此时页眉页脚处于编辑状态，并在第1节中的奇数页底部插入了罗马数字样式的页码。

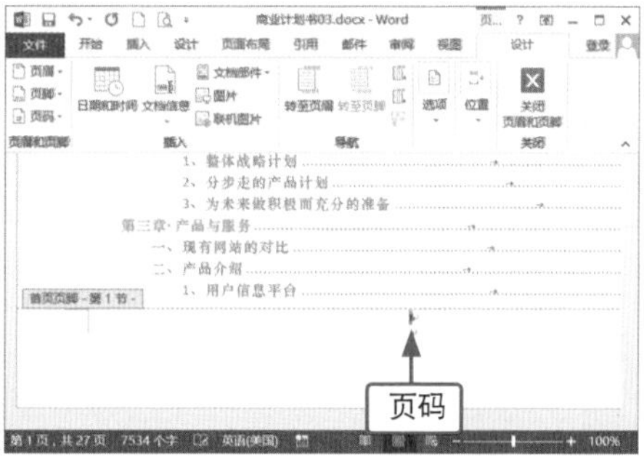

05 将光标定位在第1节中的偶数页页脚中，切换到【插入】选项卡，在【页眉和页脚】组中单击 页码 按钮，从弹出的下拉列表中选择【页面底端】➤【普通数字2】选项。

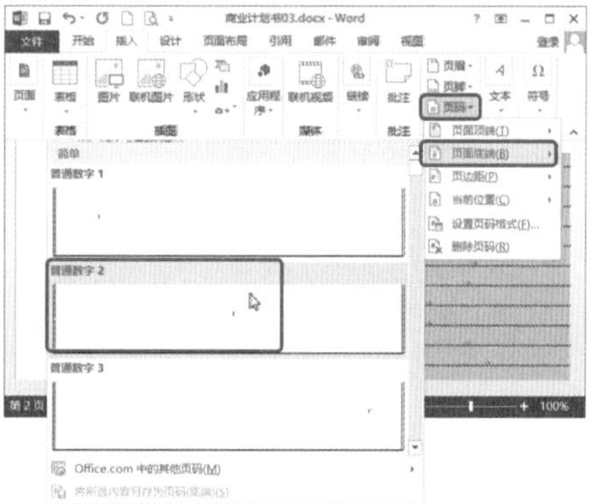

06 此时在第1节中的偶数页底部插入了罗

马数字样式的页码。设置完毕，在【关闭】组中单击【关闭页眉和页脚】按钮即可。

07 另外，用户还可以对插入的页码进行字体格式设置，第1节中页码的最终效果如图所示。

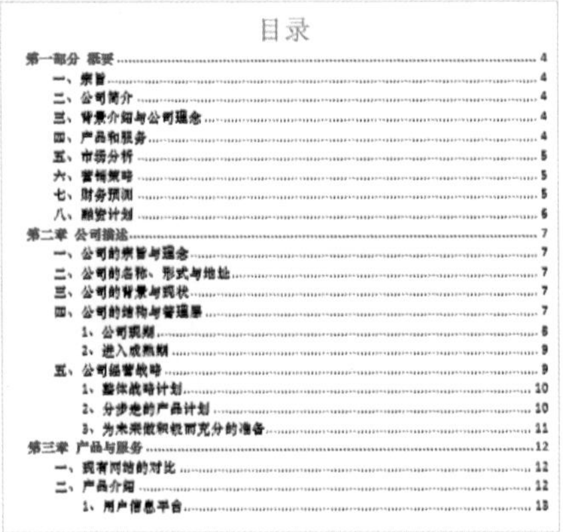
目录

第一部分 概要	4
一、宗旨	4
二、公司简介	4
三、背景介绍与公司理念	4
四、产品和服务	4
五、市场分析	5
六、营销策略	5
七、财务预测	5
八、融资计划	6
第二章 公司描述	7
一、公司的宗旨与理念	7
二、公司的名称、形式与地址	7
三、公司的背景与现状	7
四、公司的结构与管理层	7
1、公司现期	8
2、进入成熟期	9
五、公司经营战略	9
1、整体战略计划	10
2、分步走的产品计划	10
3、为未来做积极而充分的准备	11
第三章 产品与服务	12
一、现有网站的对比	12
二、产品介绍	12
1、用户信息平台	13

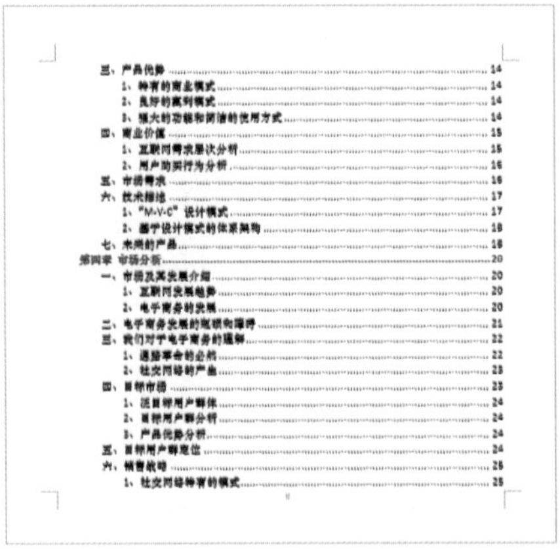

三、产品优势	14
1、特有的商业模式	14
2、良好的盈利模式	14
3、强大的功能和简洁的使用方式	14
四、商业价值	15
1、互联网需求层次分析	15
2、用户购买行为分析	16
五、市场需求	16
六、技术描述	17
1、"M-V-C" 设计模式	17
2、基于设计模式的体系架构	18
七、未来的产品	18
第四章 市场分析	20
一、市场及其发展介绍	20
1、互联网发展趋势	20
2、电子商务的发展	20
二、电子商务发展的困境和障碍	21
三、我们对于电子商务的理解	22
1、通路革命的必然	22
2、社交网络的产生	23
四、目标市场	23
1、泛目标用户群体	24
2、目标用户群分析	24
3、产品优势分析	24
五、目标用户群定位	24
六、销售战略	25
1、社交网络特有的模式	25

从第 N 页开始插入页码

在 Word 2013 文档中除了可以从首页开始插入页码以外，还可以使用“分节符”功能从指定的第 N 页开始插入页码。接下来从正文（第 4 页）开始插入普通阿拉伯数字样式的页码，具体的操作步骤如下。

01 切换到【插入】选项卡，单击【页眉和页脚】组中的【页码】按钮，从弹出的下拉列表中选择【设置页码格式】选项。弹出【页码格式】对话框，在【编号格式】下拉列表中选择【1，2，3…】选项，在【页码编号】组合框中选中【起始页码】单选钮，在右侧的微调框中输入“4”，然后单击【确定】按钮。

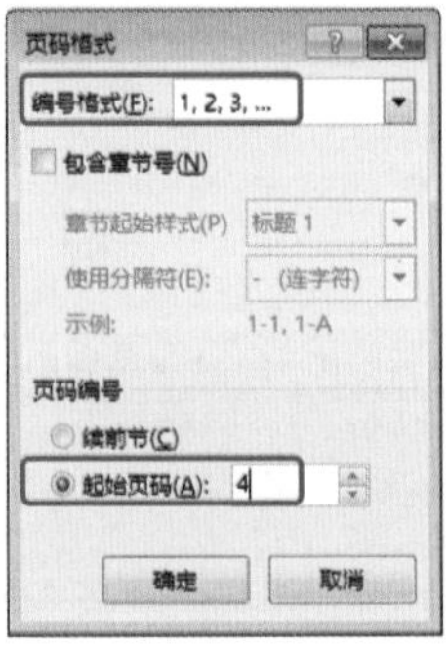

02 将光标定位在第2节中的奇数页中，单击【页眉和页脚】组中的【页码】按钮，从弹出的下拉列表中选择【页面底端】➤【普通数字1】选项。

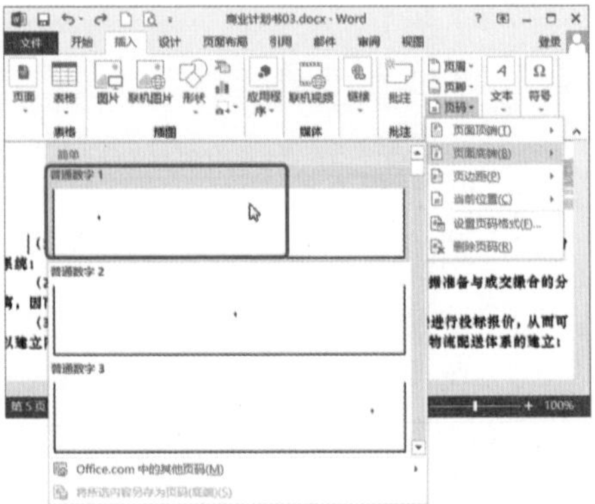

03 此时页眉页脚处于编辑状态，并在第2节中的奇数页底部插入了阿拉伯数字样

式的页码。

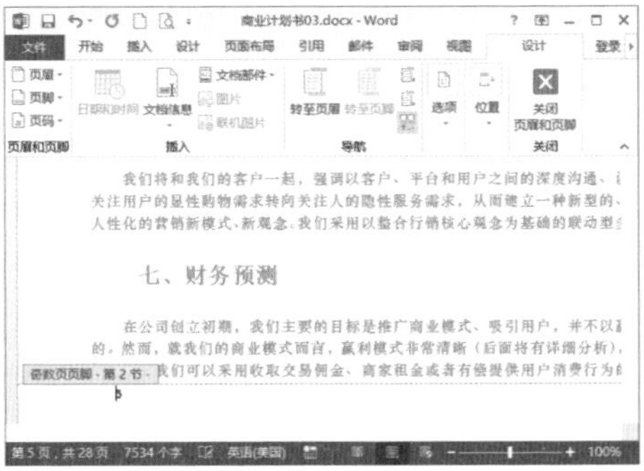

04 将光标定位在第2节中的偶数页页脚中，切换到【页眉和页脚工具】栏中的【设计】选项卡，在【页眉和页脚】组中单击 页码 按钮，从弹出的下拉列表中选择【页面底端】➢【普通数字3】选项，插入页码效果如图所示。

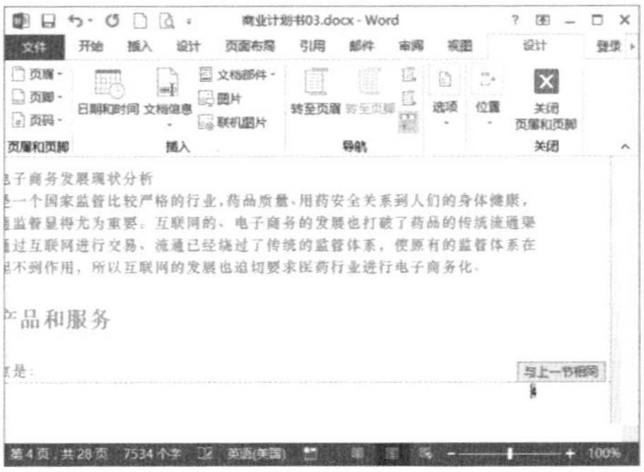

05 设置完毕，在【关闭】组中单击【关闭页眉和页脚】按钮 即可，第2节中的页眉和页脚以及页码的最终效果如图所示。

神龙医药

第一部分 概要

一、宗旨

我们的宗旨是建立起全球领先的基于真实社交网络的电子商务门户。

我们即将推出的“XX医药网”将是市场上以真实医药物流为基础的B2B医药商务平台。以此为基础，我们将逐步建立并完善我们的产品线，从而建立起全球首个基于真实的有效和完级衔接合的医药电子商务门户，并保持领先地位。

二、公司简介

三、背景介绍与公司理念

中国医药电子商务发展现状分析

医药行业是一个国家监管比较严格的行业，药品质量、用药安全关系到人们的身体健康，所以药品的流通监管显得尤为重要。互联网的、电子商务的发展也打破了药品的传统流通渠道限制，药品通过互联网进行交易、流通已经越过了传统的监管体系，使原有的监管体系在互联网环境下起不到作用，所以互联网的发展也迫切要求医药行业进行电子商务化。

四、产品和服务

其主要特点是：

4

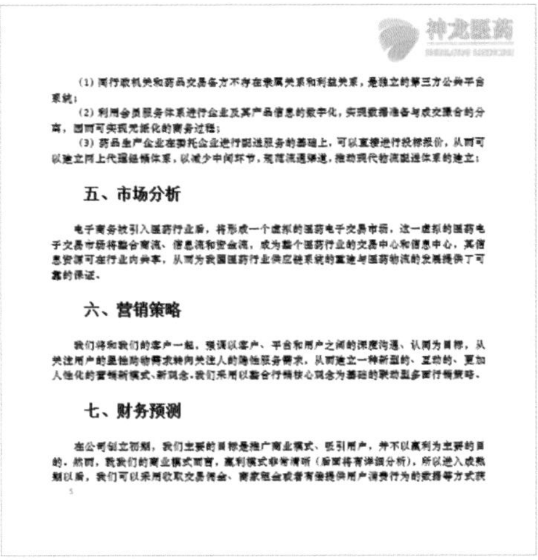
神龙医药

（1）同行政机关和药品交易各方不存在隶属关系和利益关系，是独立的第三方公共平台系统；

（2）利用会员服务体系进行企业及其产品信息的数字化，实现数据准备与成交撮合的分离，因而可实现无纸化的商务过程；

（3）药品生产企业在委托企业进行配送服务的基础上，可以直接进行投标报价，从而可以建立网上代理经销体系，以减少中间环节，规范流通渠道，推动现代物流配送体系的建立；

五、市场分析

电子商务被引入医药行业后，将形成一个虚拟的医药电子交易市场，这一虚拟的医药电子交易市场将整合商流、信息流和资金流，成为整个医药行业的交易中心和信息中心，其信息资源可在行业内共享，从而为我国医药行业供应链系统的重建与医药物流的发展提供了可靠的保证。

六、营销策略

我们将和我们的客户一起，强调以客户、平台和用户之间的深度沟通、认同为目标，从关注用户的显性购物需求转向关注人的隐性服务需求，从而建立一种新型的、互动的、更加人性化的营销新模式、新观念。我们采用以整合行销核心观念为基础的联动型多面行销策略。

七、财务预测

在公司创立初期，我们主要的目标是推广商业模式、吸引用户，并不以赢利为主要的目的。然而，就我们的商业模式而言，赢利模式非常清晰（后面将有详细分析），所以进入成熟期以后，我们可以采用收取交易佣金、商家租金或者有偿提供用户消费行为的数据等方式获

5

3.1.5 插入题注、脚注和尾注

在编辑文档的过程中，为了使读者便于阅读和理解文档内容，经常在文档中插入题注、脚注或尾注，用于对文档的对象进行解释说明。

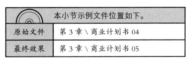

本小节示例文件位置如下。	
原始文件	第3章\商业计划书04
最终效果	第3章\商业计划书05

扫码看视频

1. 插入题注

题注是指出现在图片下方的一段简短描述。题注是用简短的话语叙述关于该图片的一些重要的信息，例如图片与正文的相关之处。

在插入的图形中添加题注，不仅可以满足排版需要，而且便于读者阅读。插入题注的具体步骤如下。

01 打开本实例的原始文件，选中准备插入题注的图片，切换到【引用】选项卡，单击【题注】组中的【插入题注】按钮 。

02　弹出【题注】对话框，在【题注】文本框中自动显示“Figure 1”，在【标签】下拉列表中选择【Figure】选项，在【位置】下拉列表中自动选择【所选项目下方】选项。

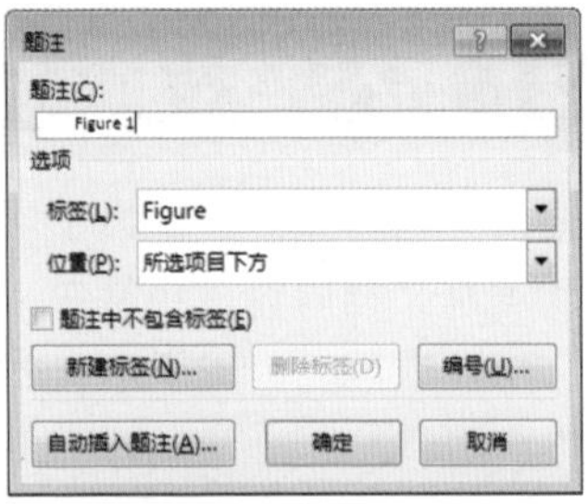

03　单击 新建标签(N)... 按钮，弹出【新建标签】对话框，在【标签】文本框中输入“图”。

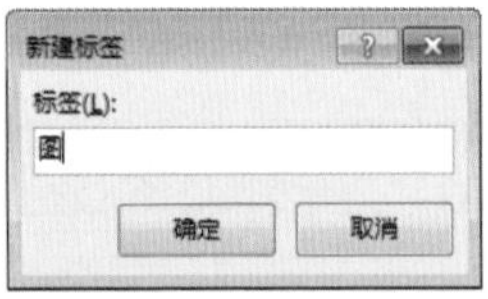

04　单击 确定 按钮，返回【题注】对话框，此时在【题注】文本框中自动显示“图 1”，在【标签】下拉列表中自动选择【图】选项，在【位置】下拉列表中自动选择【所选项目下方】选项。

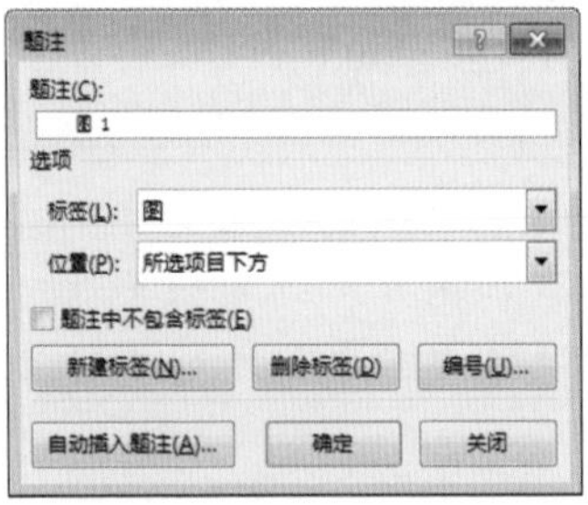

05　单击 确定 按钮返回Word文档，此时在选中图片的下方自动显示题注“图 1”。

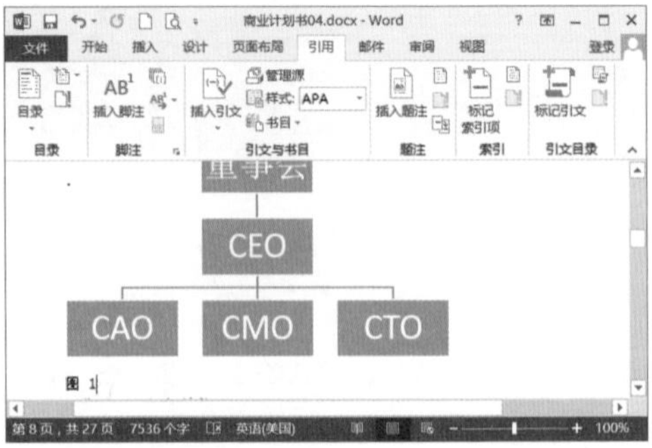

06　选中下一张图片，然后单击鼠标右键，在弹出的快捷菜单中选择【插入题注】菜单项。

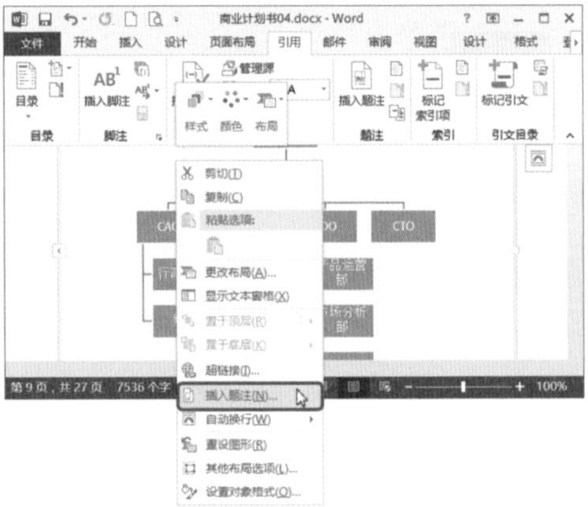

07　弹出【题注】对话框，此时在【题注】文本框中自动显示“图 2”，在【标签】下拉列表中自动选择【图】选项，在【位置】下拉列表中自动选择【所选项目下方】选项。

08 单击 确定 按钮，返回Word文档，此时在选中图片的下方自动显示题注“图 2”。

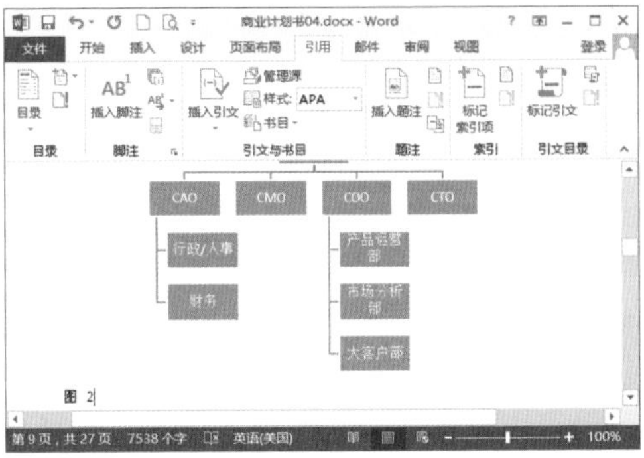

09 使用同样的方法为其他图片添加题注即可。

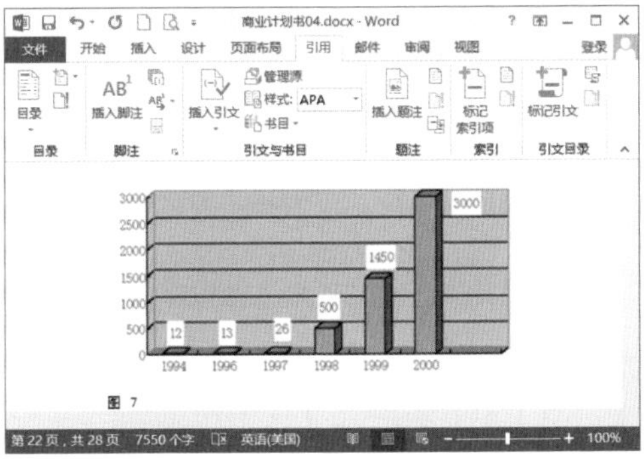

2. 插入脚注和尾注

除了插入题注以外，用户还可以在文档中插入脚注和尾注，对文档中某个内容进行解释、说明或提供参考资料等对象。

插入脚注

插入脚注的具体步骤如下。

01 选中要设置段落格式的段落，将光标定位在准备插入脚注的位置，切换到【引用】选项卡，单击【脚注】组中的【插入脚注】按钮。

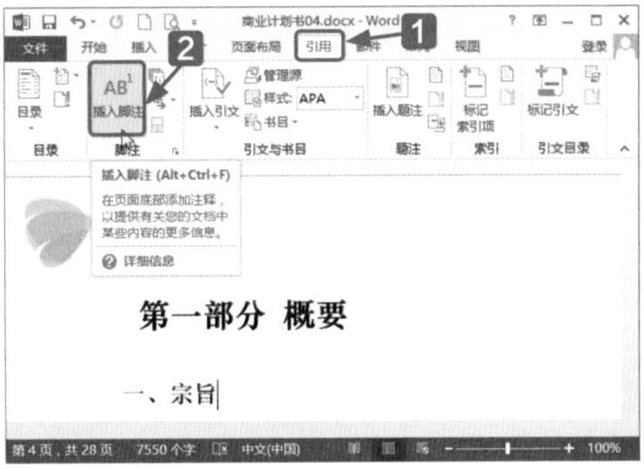

02 此时，在文档的底部出现一个脚注分隔符，在分隔符下方输入脚注内容即可。

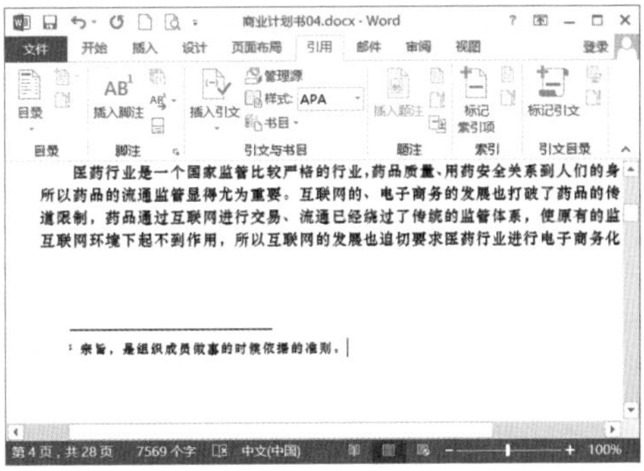

03 将光标移动到插入脚注的标识上，可以查看脚注内容。

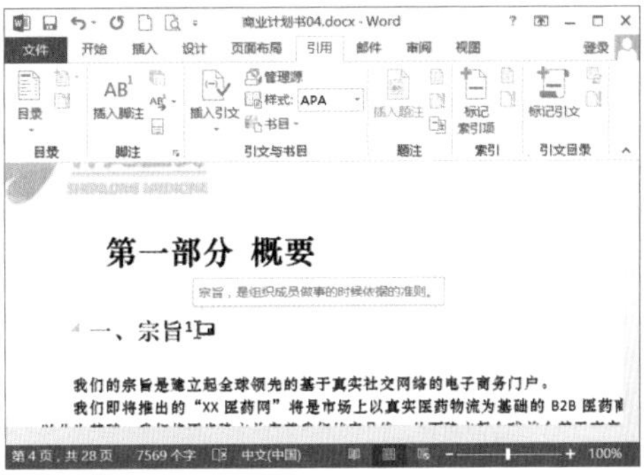

插入尾注

插入尾注的具体步骤如下。

01 将光标定位在准备插入尾注的位置，切换到【引用】选项卡，单击【脚注】组中的【插入尾注】按钮。

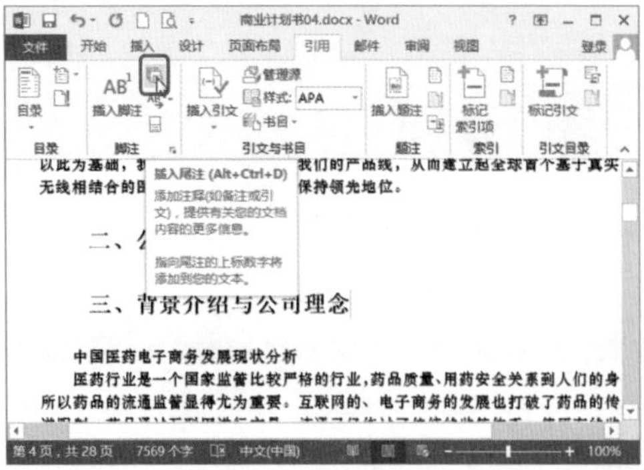

02 此时，在文档的结尾出现一个尾注分隔符，在分隔符下方输入尾注内容即可。

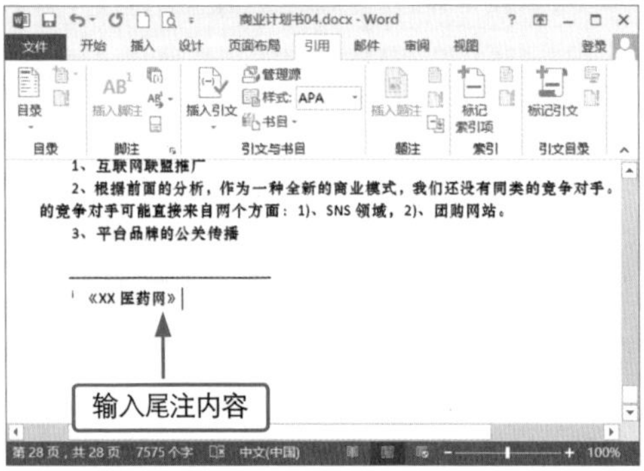

03 将光标移动到插入尾注的标识上，可以查看尾注内容。

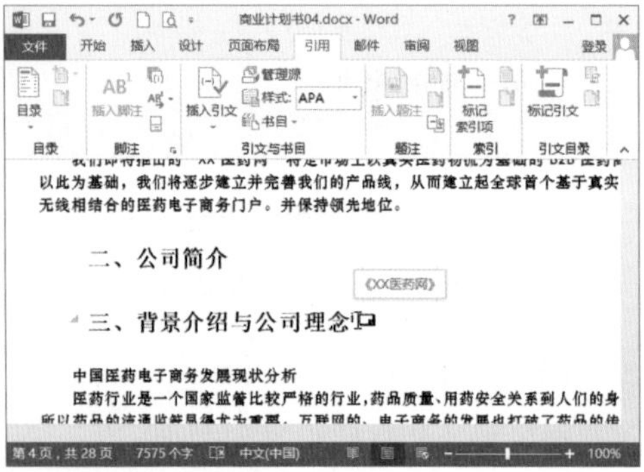

04 如果要删除尾注分隔符，那么切换到【视图】选项卡，单击【视图】组中的草稿按钮。

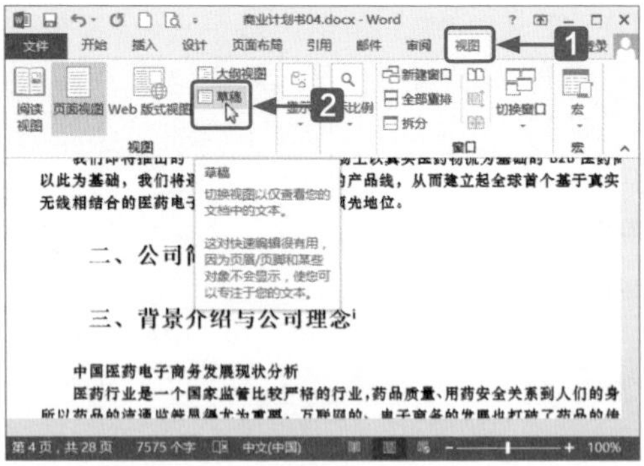

05 切换到草稿视图模式下，效果如图所示。

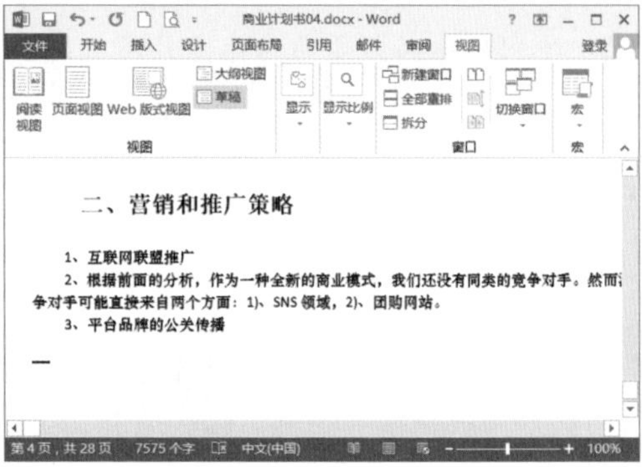

06 将光标移动到脚注分隔符右侧，按【Ctrl】+【Alt】+【D】组合键，在文档的下方弹出尾注编辑栏，然后在【尾注】下拉列表中选择【尾注分隔符】选项。

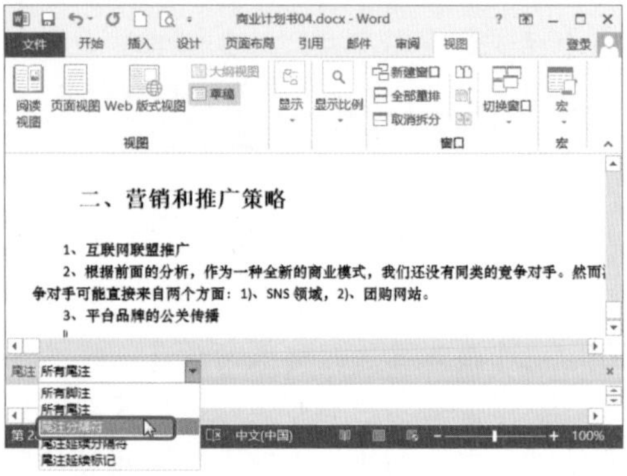

07 此时在尾注编辑栏出现了一条直线。

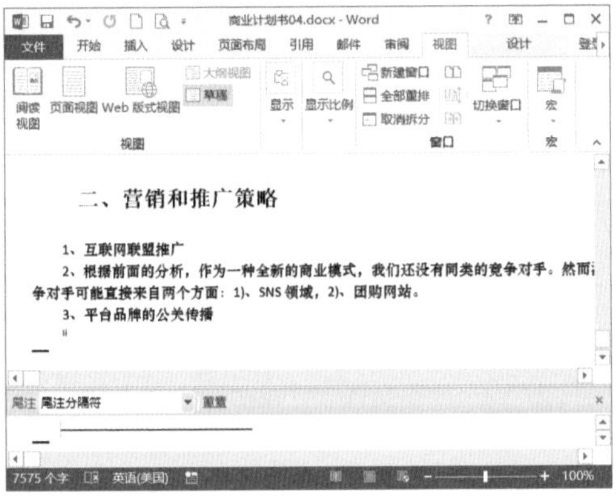

08 选中该直线，按【Delete】键即可将其删除，然后切换到【视图】选项卡，单击【视图】组中的【页面视图】按钮，切换到页面视图模式下，效果如图所示。

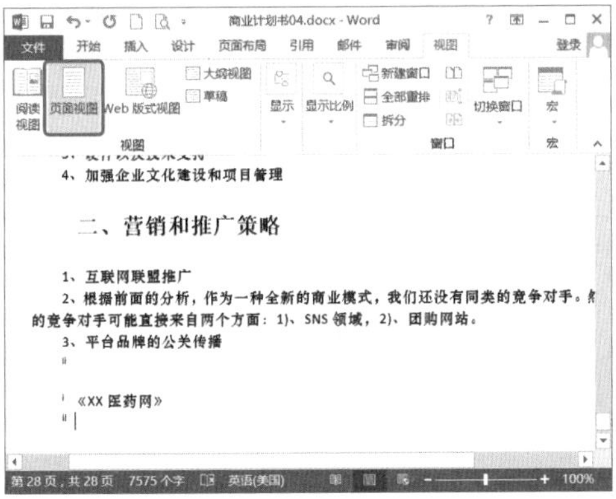

3.1.6 设计文档封面

在 Word 2013 文档中，通过插入图片和文本框，用户可以快速地设计文档封面。

本小节示例文件位置如下。	
素材文件	第 3 章 \ 图片 17 ～图片 18
原始文件	第 3 章 \ 商业计划书 05
最终效果	第 3 章 \ 商业计划书 06

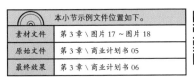

扫码看视频

1. 自定义封面底图

设计文档封面底图时，用户既可以直接使用系统内置封面，也可以自定义底图。在 Word 文档中自定义封面底图的具体步骤如下。

01 打开本实例的原始文件，切换到【插入】选项卡，在【页面】组中单击【封面】按钮。

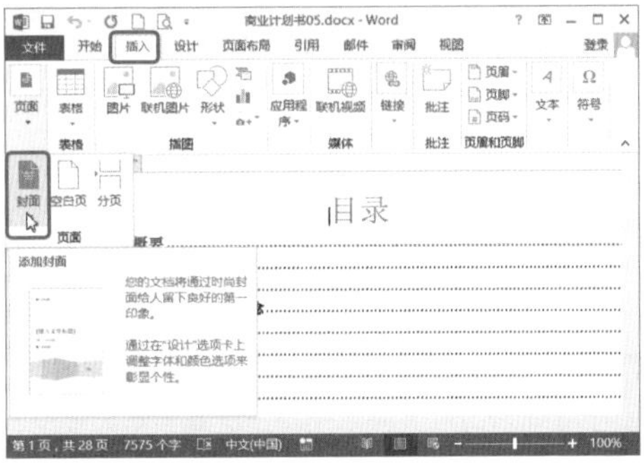

02 从弹出的【内置】下拉列表中选择【边线型】选项。

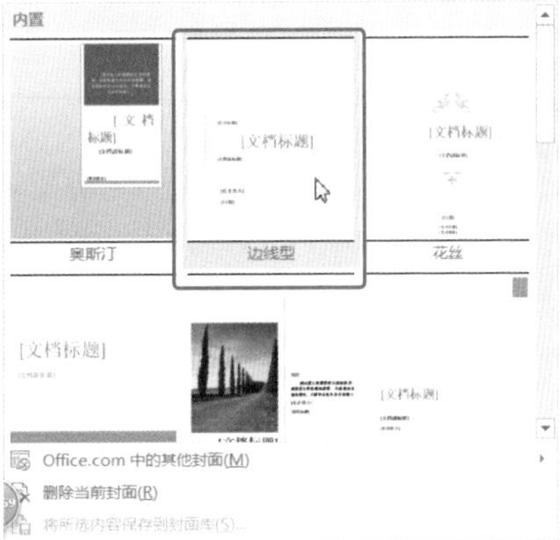

03 此时，文档中插入了一个“边线型”的文档封面。

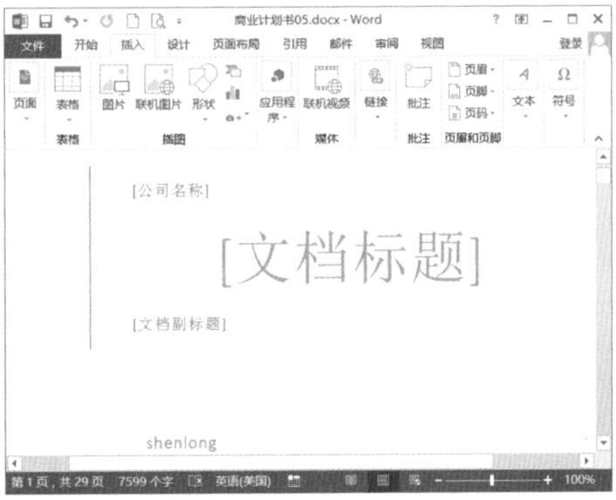

04 使用【Delete】键删除已有的文本框和形状，得到一个封面的空白页。切换到【插入】选项卡，在【插图】组中单击【图片】按钮。

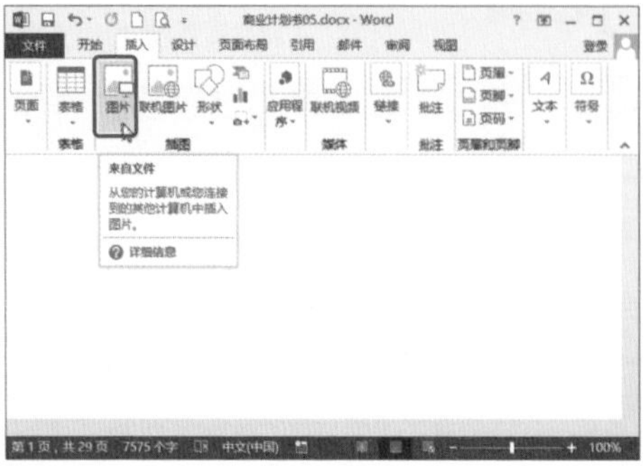

05 弹出【插入图片】对话框，从中选择要插入的图片素材文件“图片18.tif”。

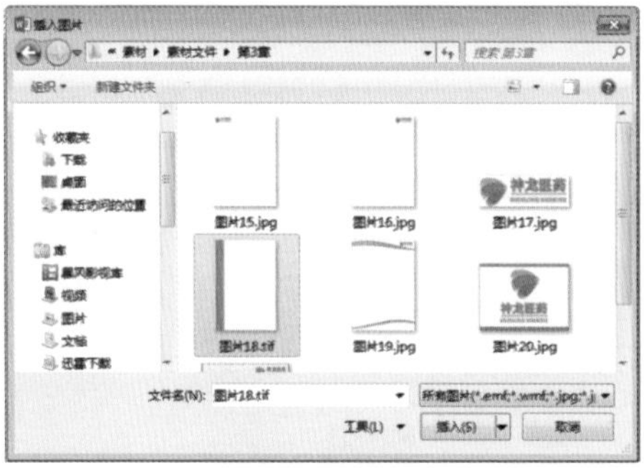

06 单击 插入(S) 按钮，返回Word文档中，此时，文档中插入了一个封面底图。选中该图片，然后单击鼠标右键，从弹出的快捷菜单中选择【大小和位置】菜单项。

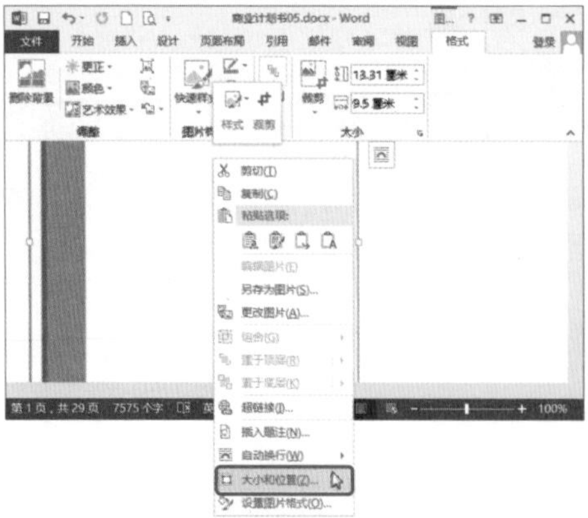

07 弹出【布局】对话框，切换到【大小】选项卡，选中【锁定纵横比】和【相对原始图片大小】复选框，然后在【高度】组合框中的【绝对值】微调框中输入“29.7厘米”。

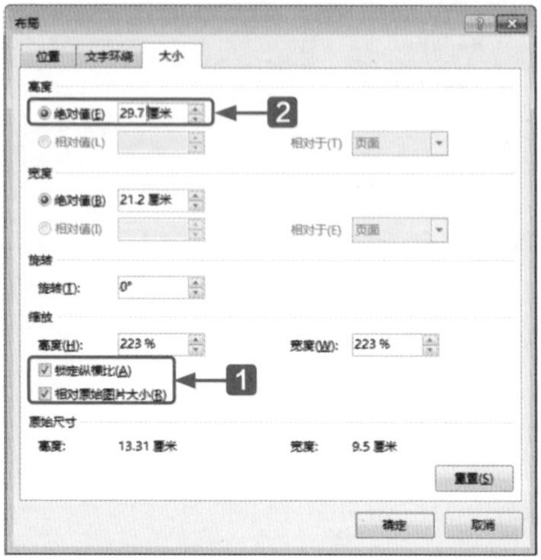

08 切换到【文字环绕】选项卡，在【环绕方式】组合框中选择【衬于文字下方】选项。

09 切换到【位置】选项卡，在【水平】组合框中选中【绝对位置】单选钮，在【右侧】下拉列表中选择【页面】选项，在左侧的微调框中输入“0厘米”；在【垂直】组合框中选中【绝对位置】单选钮，在【下侧】下拉列表中选择【页面】选

项，在左侧的微调框中输入“0厘米”。

⑩ 单击 确定 按钮，返回Word文档中，设置效果如图所示。

⑪ 使用同样的方法在Word文档中插入一个公司LOGO，将其设置为“浮于文字上方”，设置其大小和位置，设置完毕效果如图所示。

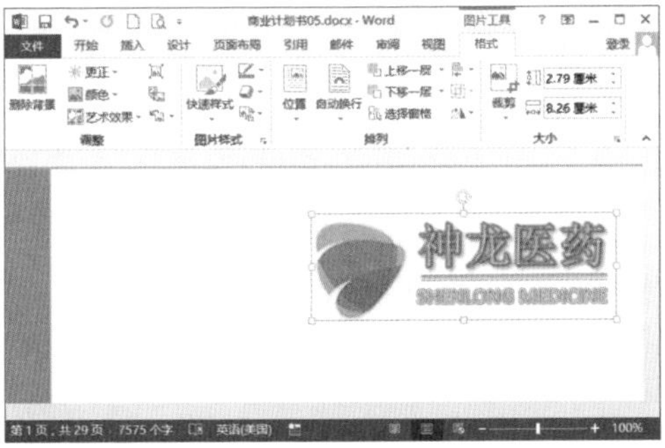

2. 设计封面文字

在编辑 Word 文档中经常会使用文本框设计封面文字。在 Word 文档中使用文本框设计封面文字的具体步骤如下。

01 切换到【插入】选项卡，单击【文本】组中的【文本框】按钮，从弹出的【内置】列表框中选择【简单文本框】选项。

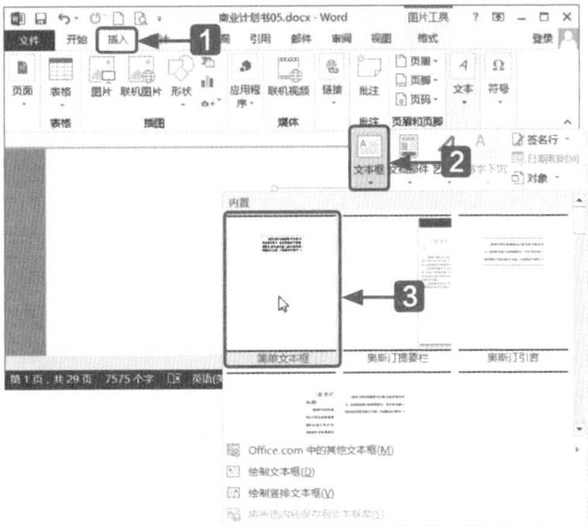

02 此时，文档中插入了一个简单文本框，在文本框中输入公司名称“神龙医药有限公司”。

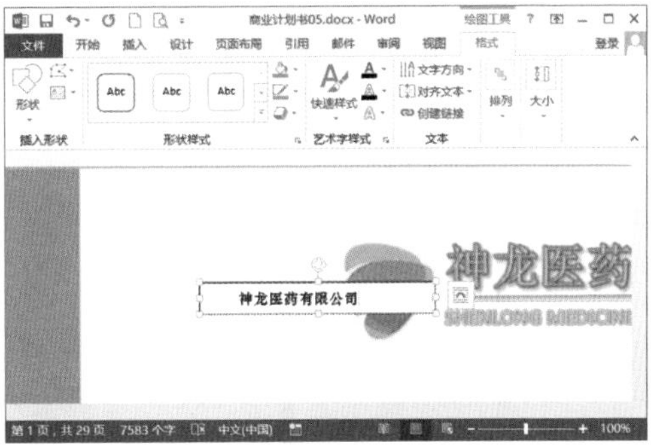

03 选中该文本框，切换到【开始】选项卡，在【字体】组中的【字体】下拉列表中选择【方正姚体】选项，在【字号】下拉列表中选择【初号】选项。

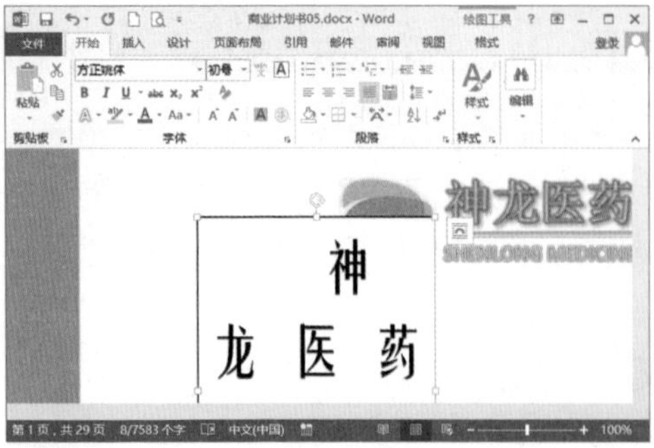

04 单击【字体】组中的【字体颜色】按钮A右侧的下三角按钮，从弹出的下拉列表中选择【其他颜色】选项。

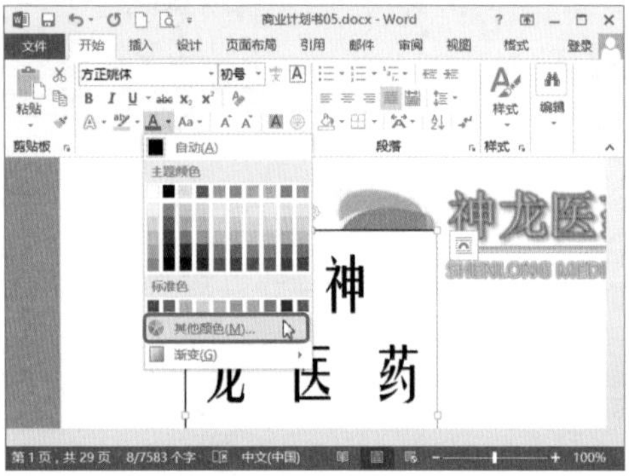

05 弹出【颜色】对话框，切换到【自定义】选项卡，在【颜色模式】下拉列表中选择【RGB】选项，然后在【红色】微调框中输入“76”，在【绿色】微调框中输入“148”，在【蓝色】微调框中输入“70”。

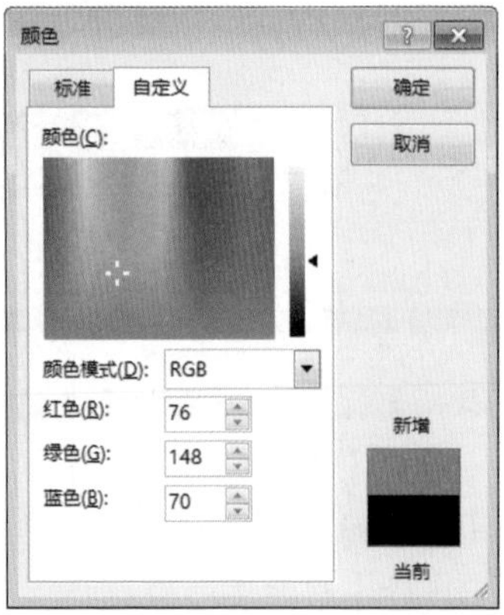

06 单击确定按钮，返回Word文档中，设置效果如图所示。

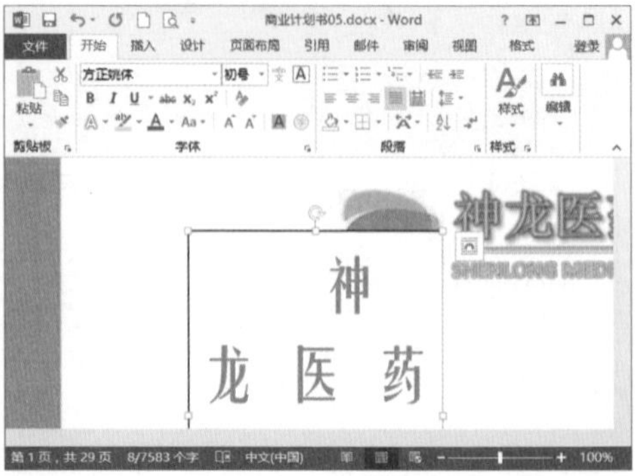

07 选中该文本框，然后将鼠标指针移动到文本框的右下角，此时鼠标指针变成⤡形状，按住鼠标左键不放，拖动鼠标将其调整为合适的大小，释放左键即可。

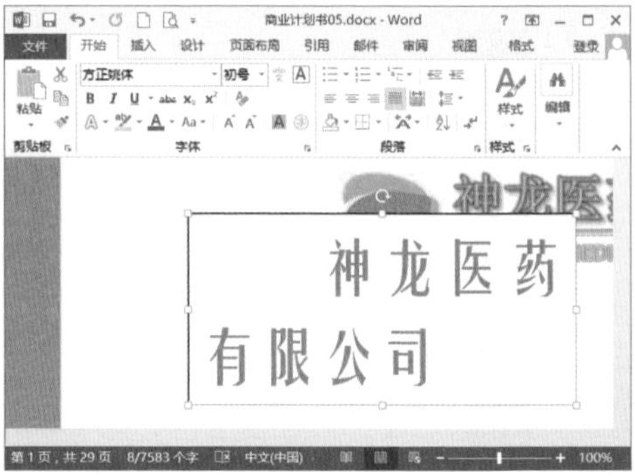

08 将光标定位在文本“有”之前，按【Enter】键，将文本居中显示，然后将光标定位在“神”“龙”“医”“药”之间各加一空格，调整效果如图所示。

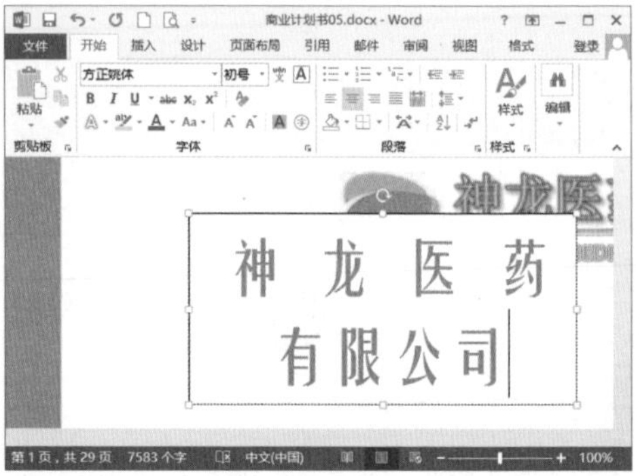

09 选中该文本框，将其移动到合适的位置。

10 选中该文本框，切换到【绘图工具】栏中的【格式】选项卡，在【形状样式】组中单击【形状轮廓】按钮右侧的下三角按钮，从弹出的下拉列表中选择【无轮廓】选项。

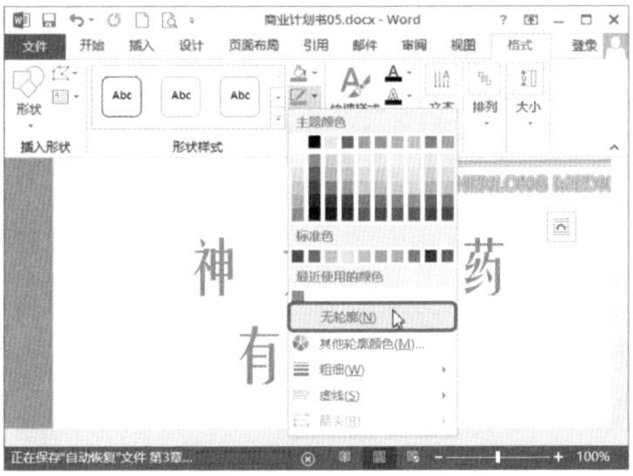

11 使用同样的方法插入并设计文档标题“商业计划书”，效果如图所示。

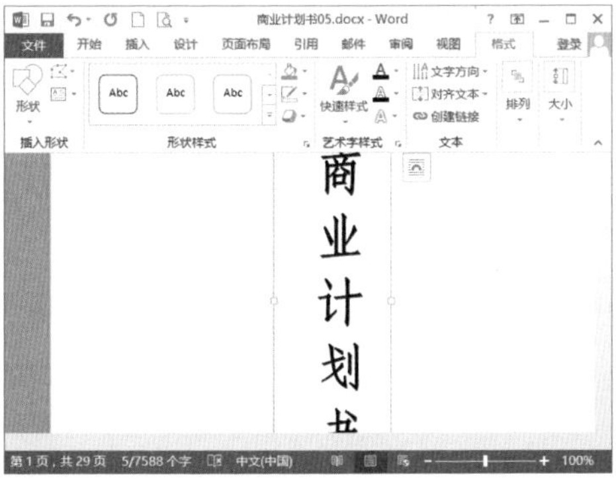

12 使用同样的方法插入并设计编制日期，效果如图所示。

13 封面设置完毕，最终效果如图所示。

3.2 发货流程

为了提高配送中心的整体效益，并减少流程中的浪费，简明、清晰的发货流程图是必不可少的。本节介绍使用 Word 2013 制作药品发货流程图的方法。

3.2.1 设计流程图标题

在绘制流程图之前，首先需要设置流程图的标题。

本小节示例文件位置如下。	
原始文件	第 3 章 \ 发货流程图
最终效果	第 3 章 \ 发货流程图 01

扫码看视频

设置流程图标题的具体步骤如下。

01 打开本实例的原始文件，插入文本框并输入相应的文本。

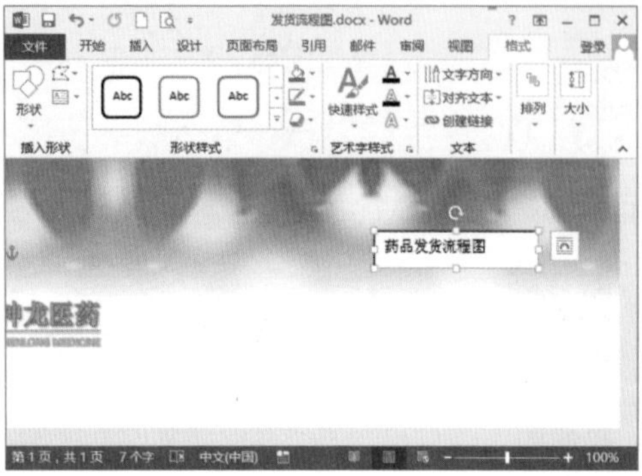

02 选中该文本框，切换到【开始】选项卡，单击【字体】组右下角的【对话框启动器】按钮，弹出【字体】对话框。切换到【字体】选项卡，在【中文字体】下拉列表中选择【方正准圆简体】选项，在【字型】列表框中选择【加粗】选项，在【字号】列表框中选择【小一】选项，单击 确定 按钮。将文本框调整到合适位置，设置效果如图所示。

03 选中该文本框，在【图片工具】栏中切换到【格式】选项卡，单击【形状样式】组中【形状轮廓】按钮右侧的下三角按钮，从弹出的下拉列表中选择【无轮廓】选项。

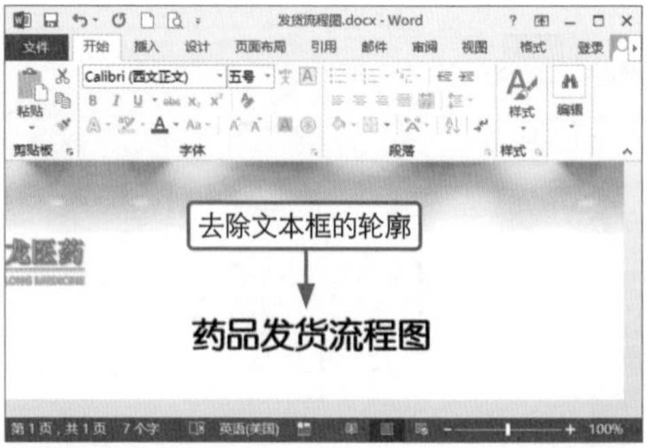

3.2.2 绘制流程图

绘制流程图需要使用自选图形功能来完成。

本小节示例文件位置如下。	
原始文件	第 3 章 \ 发货流程图 01
最终效果	第 3 章 \ 发货流程图 02

扫码看视频

1. 绘制基本图形

绘制流程图的基本图形的具体步骤如下。

01 打开本实例原始文件，切换到【插入】选项卡，单击【插图】组中的【形状】按钮，从弹出的下拉列表中选择【矩形】选项。

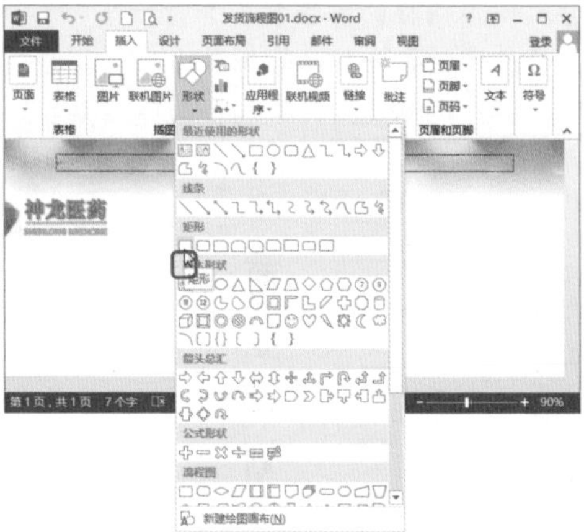

02 返回Word文档中，此时，鼠标指针变成十形状，单击鼠标左键即可插入一个矩形，然后按住鼠标左键不放向右下角拖动即可调整图形大小。

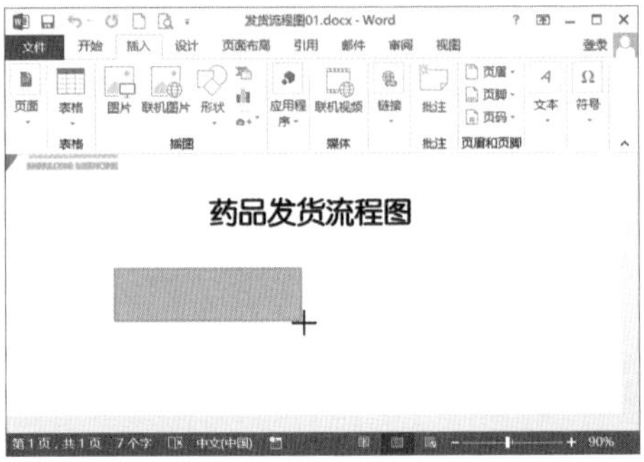

03 选中该矩形，切换到【绘图工具】栏中的【格式】选项卡，在【大小】组中的【高度】微调框中输入“1.72”，在【宽度】微调框中输入“5.82”。

04 选中该矩形，按【Ctrl】+【C】组合键，再按【Ctrl】+【V】组合键，即可复制1个矩形。

05 选中复制的矩形，调整其位置，效果如图所示。

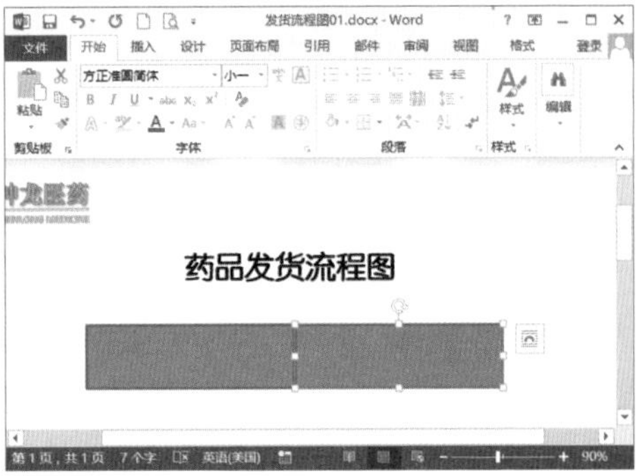

06 按住【Ctrl】键的同时，选中这两个矩形，然后单击鼠标右键，从弹出的快捷菜单中选择【组合】➤【组合】菜单项。

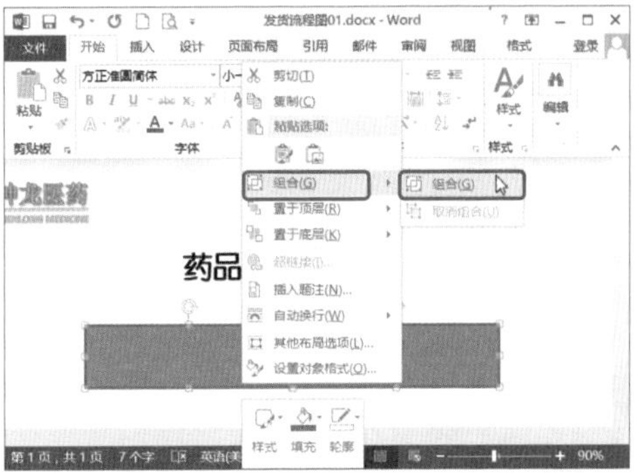

07 此时两个矩形就组合成了一个整体对象，效果如图所示。

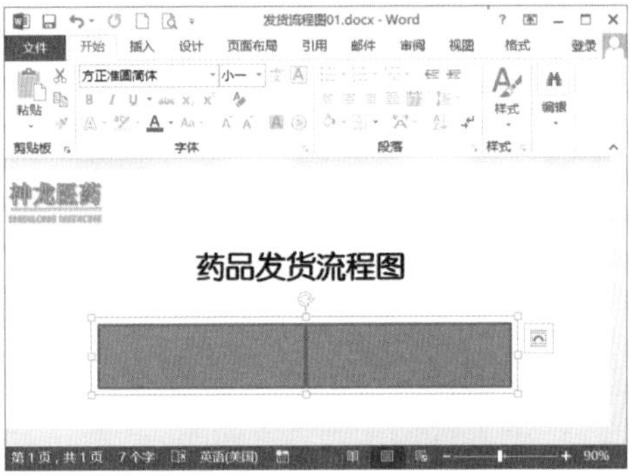

08 选中该整体对象，使用“复制”和“粘贴”功能复制出5个相同的整体对象，形成6个上下相连的整体对象。

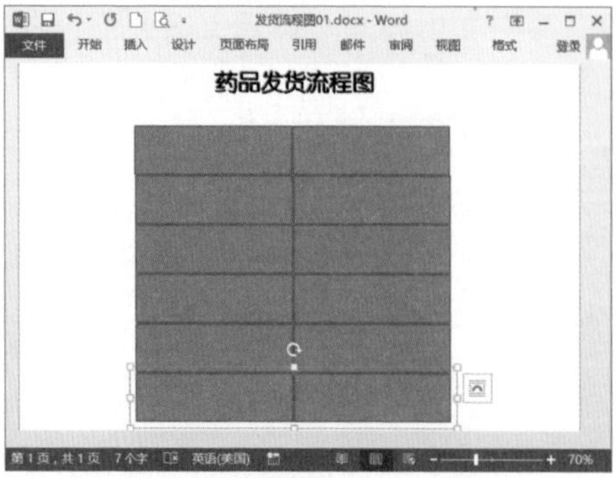

09 使用之前的方法，将这6个矩形组合在一起，效果如图所示。

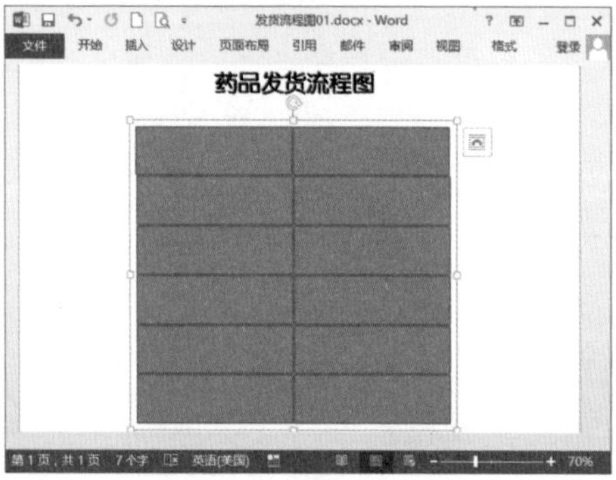

2. 添加文字

绘制完基本图形后，接下来在图形上添加文字信息。

01 选中第1个矩形，单击鼠标右键，从弹出的快捷菜单中选择【添加文字】菜单项。

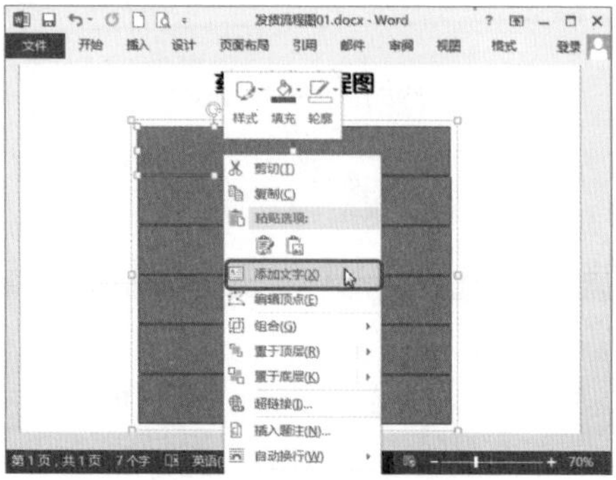

02 此时该矩形处于可编辑状态，然后输入相应的文本，并设置字体格式。

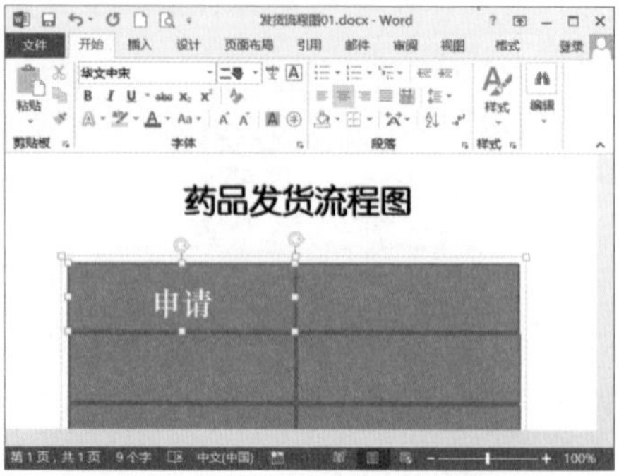

03 选中该矩形，将光标定位在文本“申”和“请”之间，按一下空格键，再将光标定位在文本“申请”后，按下空格键，单击鼠标右键，从弹出的快捷菜单中选择【插入符号】菜单项。

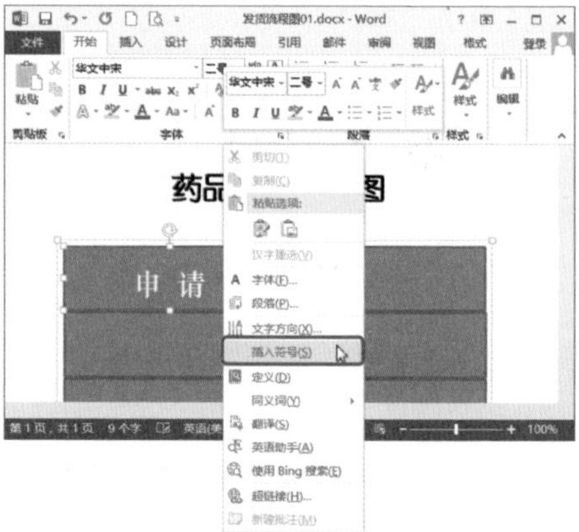

04 弹出【符号】对话框，切换到【符号】选项卡，在【字体】下拉列表中选择【Wingdings】选项，然后在下方列表框中选择【➢】选项。

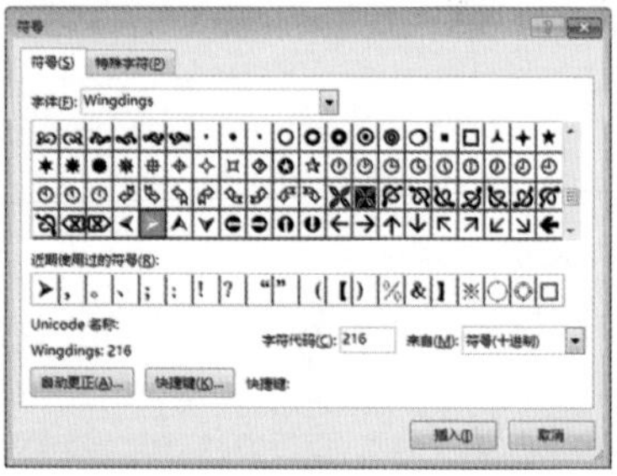

05 单击【插入(I)】按钮，然后单击【关闭】按钮，此时在光标处插入了一个右箭头。

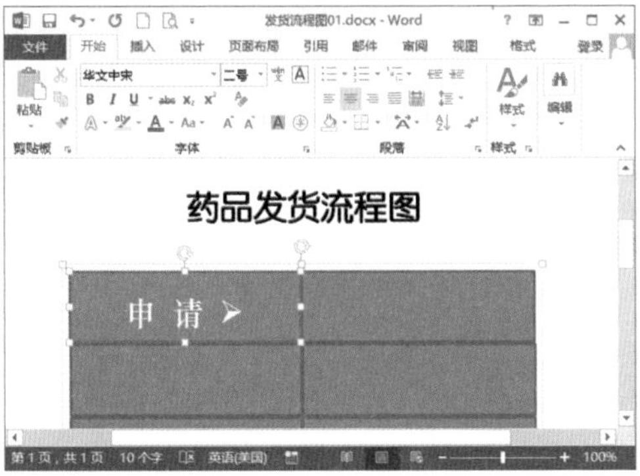

06 选中该箭头，设置为四号字体，然后复制和粘贴此箭头，形成3个符号连排。

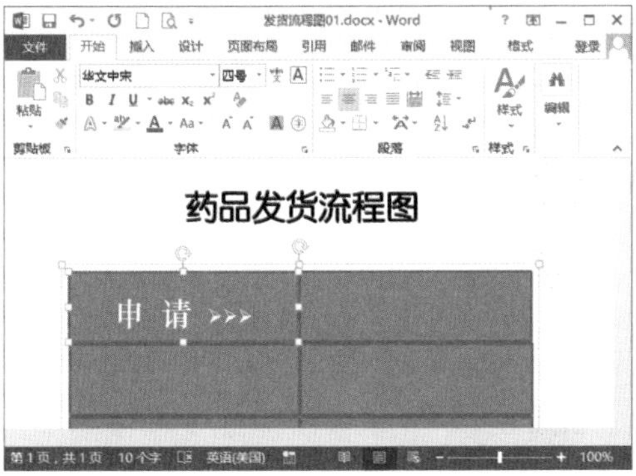

07 选中第一个矩形中的文本和符号，复制并依次粘贴到第一列中的其他5个矩形中，然后再依次更改相应的文本。

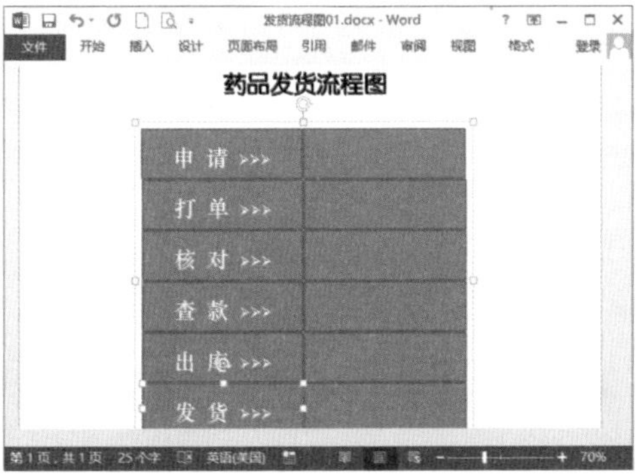

08 使用之前介绍的方法在第二列中的第一个矩形中输入相应的符号和文本。

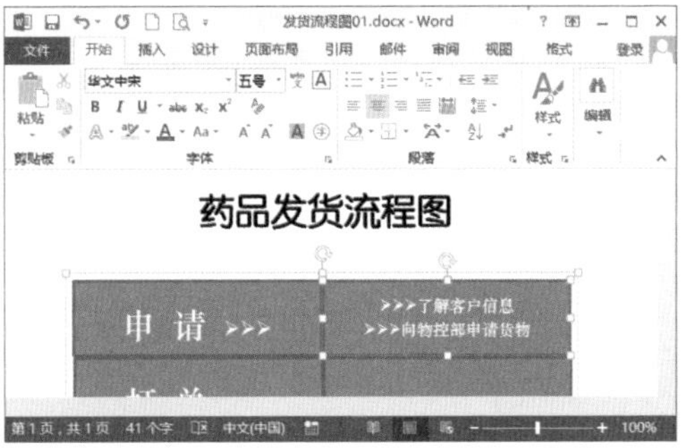

09 选中该矩形，切换到【开始】选项卡，在【段落】组中单击【左对齐】按钮≡。

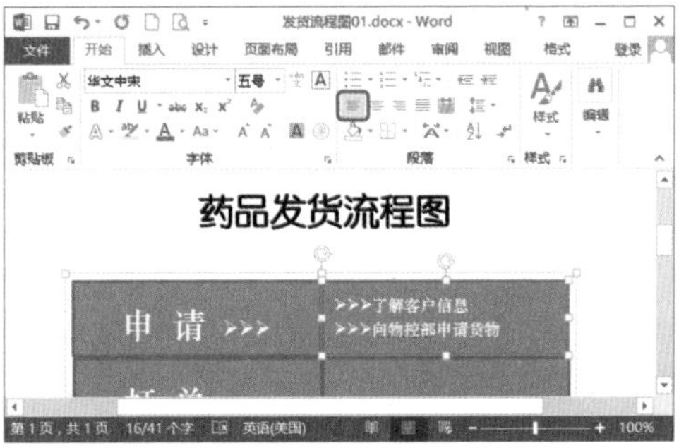

10 选中该矩形，单击鼠标右键，从弹出的快捷菜单中选择【设置对象格式】菜单项。

11 弹出【设置形状格式】任务窗格，切换到【文本选项】选项卡，然后单击【布局属性】按钮，在【垂直对齐方式】下拉列表中选择【中部对齐】选项。

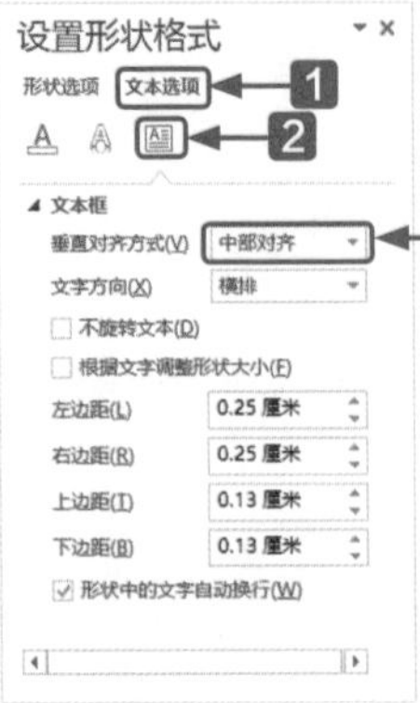

12 单击任务窗格右上角的【关闭】按钮 ✕ 关闭【设置形状格式】任务窗格，设置效果如图所示。

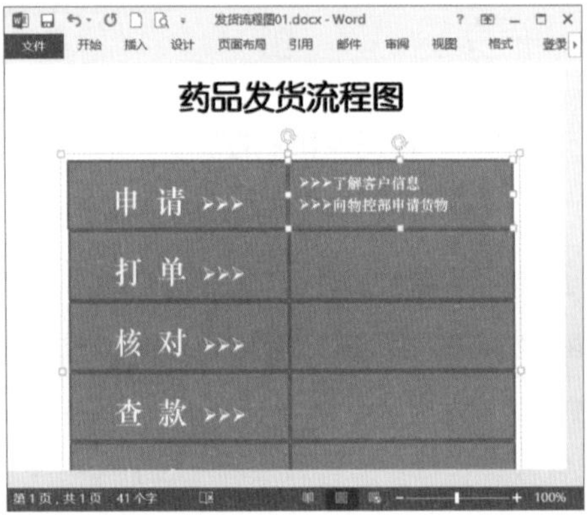

13 选中该矩形中的文本，复制并依次粘贴到第二列中的其他5个矩形中，然后再依次更改相应的文本。

3.2.3 美化流程图

为了增强视觉效果，可以为流程图进行美化。

本小节示例文件位置如下。	
原始文件	第 3 章 \ 发货流程图 02
最终效果	第 3 章 \ 发货流程图 03

扫码看视频

美化发货流程图的具体操作步骤如下。

01 打开本实例原始文件，选中第一列中的第一个矩形，切换到【绘图工具】栏中的【格式】选项卡，然后单击【形状样式】组中的【其他】按钮 ▾，在弹出的【形状样式】对话框中选择【彩色填充-橄榄色,强调颜色3】选项。

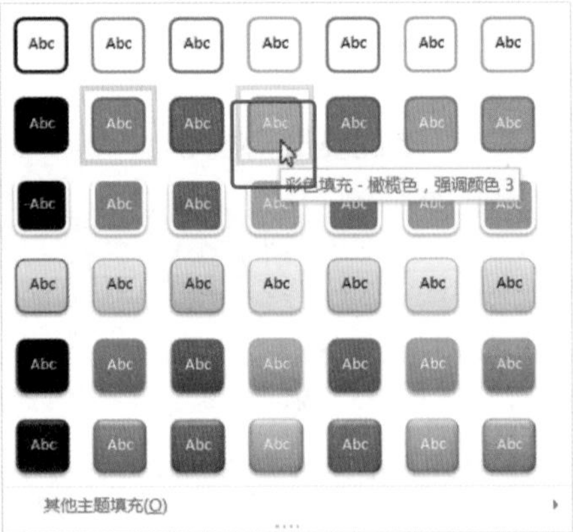

02 应用形状样式后的效果如图所示。

03 选中该矩形，切换到【开始】选项卡，单击【剪贴板】组中的【格式刷】按

钮，此时格式刷呈蓝色底纹显示，说明已经复制了选中矩形的样式。

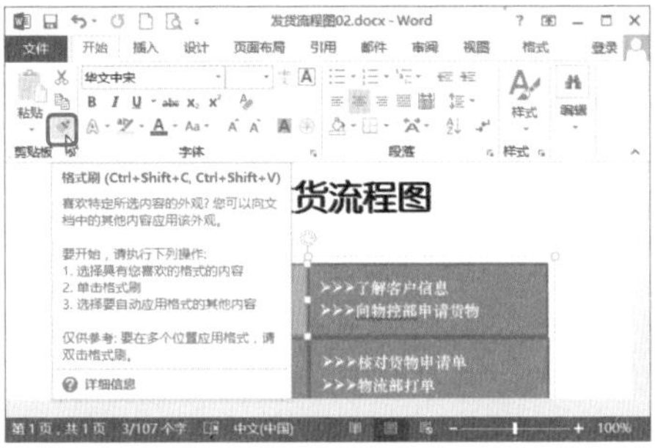

04 将鼠标指针移动到要刷新样式的矩形上，然后单击鼠标左键，此时该矩形就自动应用了格式刷复制的第一个矩形样式。

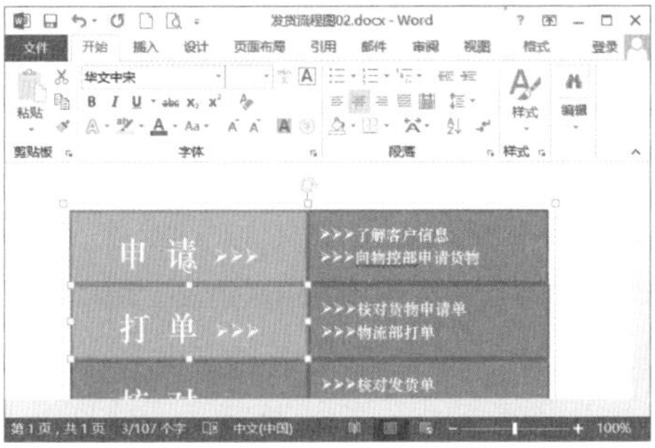

05 依次使用格式刷将第一列中其他的矩形格式刷成第一个矩形的格式。

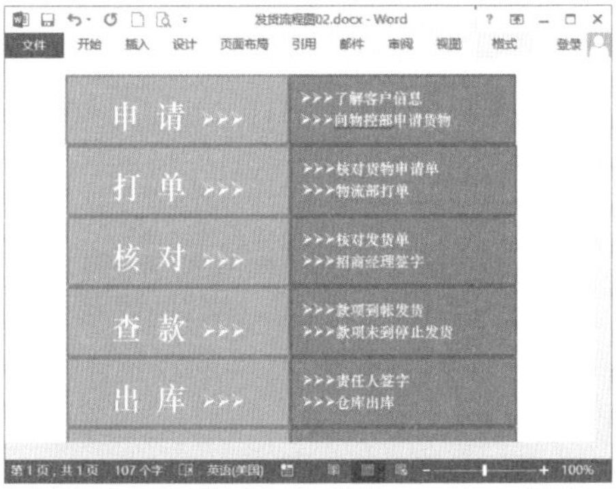

06 选中第一列中第二个矩形，同时按【Shift】键，依次选中第一列中的第三个到第六个矩形，切换到【开始】选项卡，在【字体】组中单击【字体颜色】按钮 A 右侧的下三角按钮，从弹出的下拉列表中选择【黑色，文字1】选项。

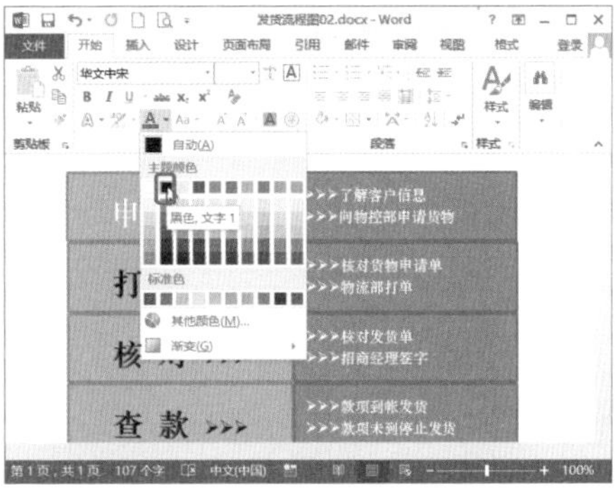

07 选中第二列中的第一个矩形，在【绘图工具】栏中切换到【格式】选项卡，然后单击【形状样式】组中的【其他】按钮，在弹出的【形状样式】对话框中选择【细微效果－橄榄色，强调颜色3】选项。

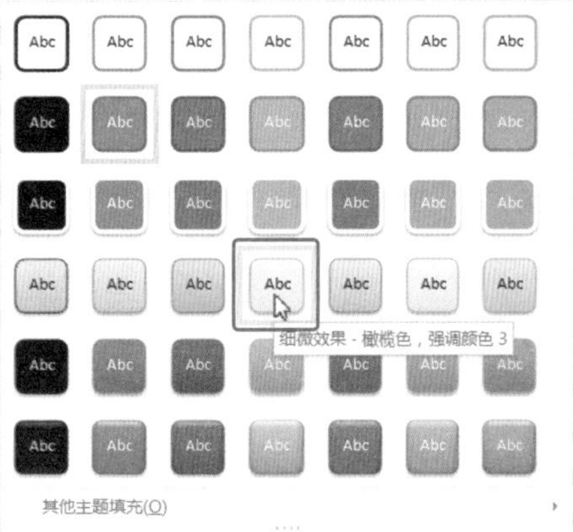

08 应用形状样式后的效果如图所示。

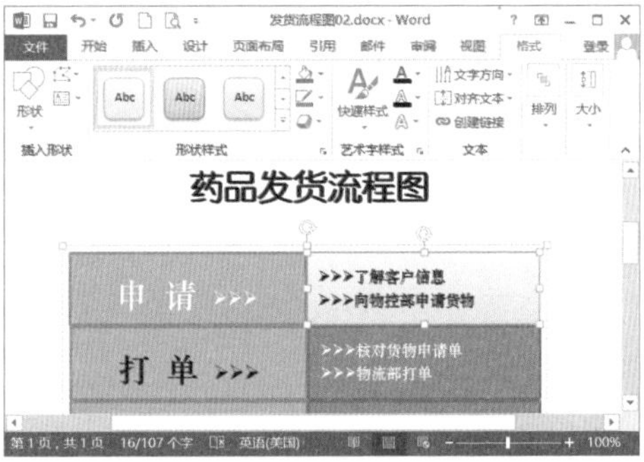

09 依次使用格式刷将第二列中其他的矩形格式刷成第二列中的第一个矩形的格式。

⑩ 调整矩形的位置，“药品发货流程图”的最终效果如图所示。

3.3 问卷调查表

企业产品开发人员为了保证新产品上市后能给企业带来一定的经济效益，通常需要经过各方面的调查，然后将产品推向市场。下面使用 Word 制作一份“《神龙医药》问卷调查表”。

3.3.1 设置纸张

在制作《神龙医药》问卷调查表时，首先需要确定纸张大小。

本小节示例文件位置如下。	
素材文件	第 3 章 \ 图片 19
原始文件	第 3 章 \ 问卷调查
最终效果	第 3 章 \ 问卷调查 01

设置纸张的具体步骤如下。

01 打开本实例的原始文件，切换到【页面布局】选项卡，单击【页面设置】组右下角的【对话框启动器】按钮。

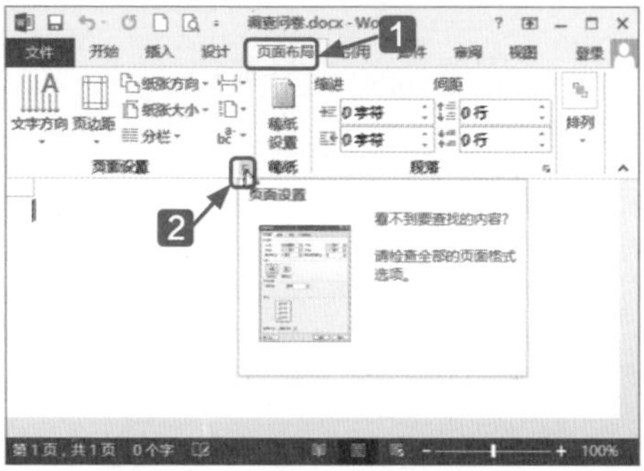

02 弹出【页面设置】对话框，切换到【纸张】选项卡，在【纸张大小】下拉列表中选择合适的选项，例如选择【A4】选项，然后单击 确定 按钮。

03 在页眉处双击鼠标左键，使页眉处于可编辑状态。切换到【插入】选项卡，在【插图】组中单击【图片】按钮。

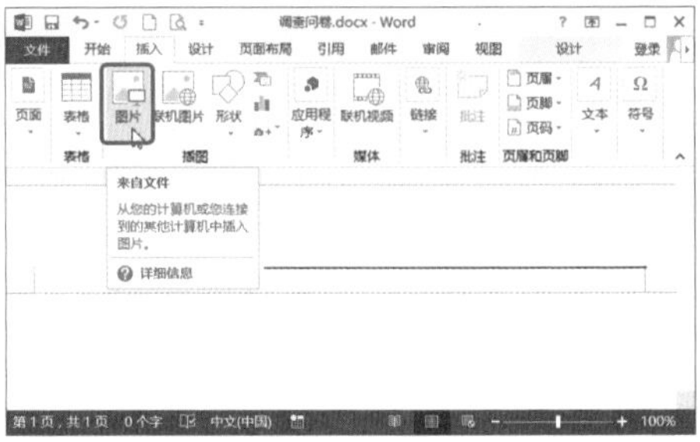

04 弹出【插入图片】对话框，在左侧选择要插入的图片的保存位置，然后从中选择合适的图片，例如选择素材图片“图片19.jpg”。

05 单击 插入(S) 按钮，此时图片插入到了文档中，选中该图片，然后单击鼠标右键，从弹出的快捷菜单中选择【大小和位置】菜单项。

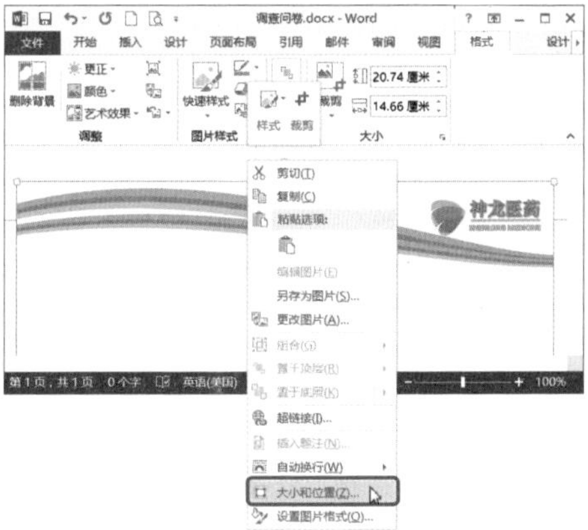

06 弹出【布局】对话框，切换到【大小】选项卡，选中【锁定纵横比】和【相对原始图片大小】复选框，然后在【高度】组合框中的【绝对值】微调框中输入“29.7厘米”。

提示

这里将【高度】值设置为“29.7 厘米”，是因为步骤 2 中 A4 纸的高度为 29.7 厘米。

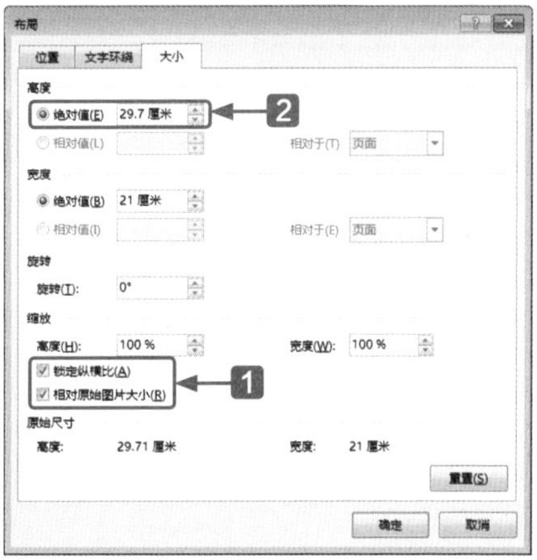

07 切换到【文字环绕】选项卡，在【环绕方式】组合框中选择【衬于文字下方】选项。

08 切换到【位置】选项卡，在【水平】

组合框中选中【对齐方式】单选钮，在【相对于】下拉列表中选择【页面】选项，在左侧下拉列表中选择【居中】选项；在【垂直】组合框中选中【对齐方式】单选钮，在【相对于】下拉列表中选择【页面】选项，在左侧下拉列表中选择【居中】选项。

09 单击 确定 按钮，返回Word文档中，效果如图所示。

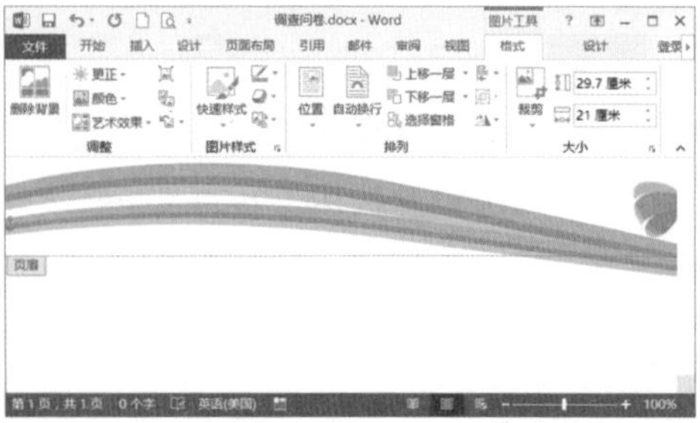

10 设置完毕，切换到【页眉和页脚工具】栏中的【设计】选项卡，在【关闭】组中单击【关闭页眉和页脚】按钮即可。

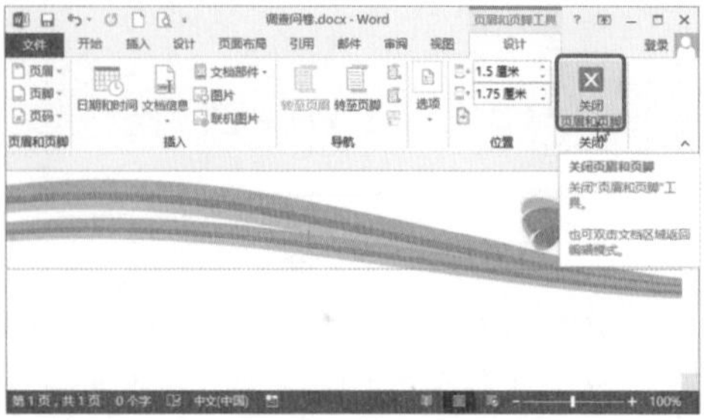

3.3.2 输入问卷标题和开场白

利用插入艺术字和文本框来设置问卷标题和开场白。

本小节示例文件位置如下。	
素材文件	第 3 章 \ 图片 20
原始文件	第 3 章 \ 问卷调查 01
最终效果	第 3 章 \ 问卷调查 02

1. 设计问卷标题

在 Word 文档中使用艺术字设计问卷标题的具体步骤如下。

01 打开本实例的原始文件，切换到【插入】选项卡，单击【文本】组的【艺术字】按钮。

02 从弹出的艺术字样式列表框中选择一种合适的样式，例如选择【填充–金色，着色4，软棱台】选项。

03 此时，在Word文档中插入了一个应用了样式的艺术字文本框，在艺术字文本框中输入文本“调查问卷表”，并将其移

动到合适的位置。选中该文本框，切换到【绘图工具】栏中的【格式】选项卡中，单击【艺术字样式】组中的单击【文本填充】按钮右侧的下三角按钮。

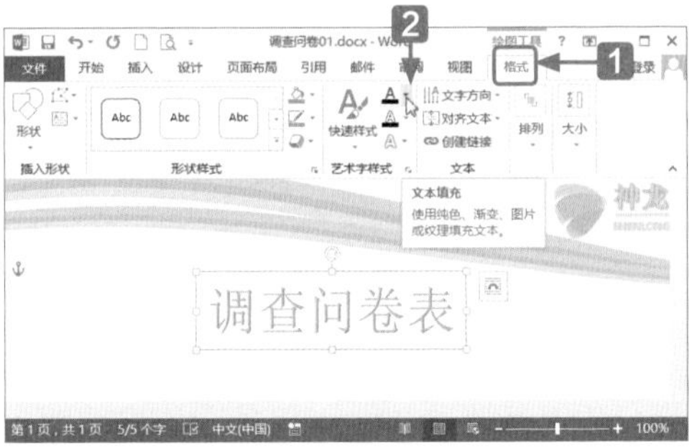

04 从弹出的下拉列表中选择【其他填充颜色】选项。

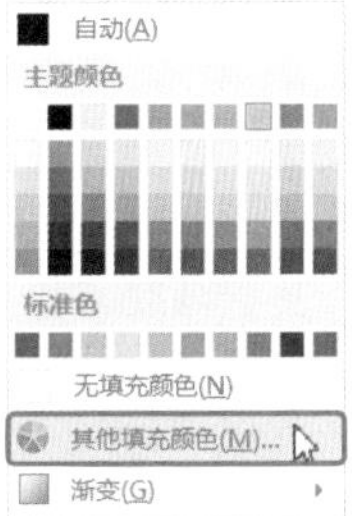

05 弹出【颜色】对话框，切换到【自定义】选项卡，在【颜色模式】下拉列表中选择【RGB】选项，然后在【红色】微调框中输入“89”，在【绿色】微调框中输入“161”，在【蓝色】微调框中输入“85”。

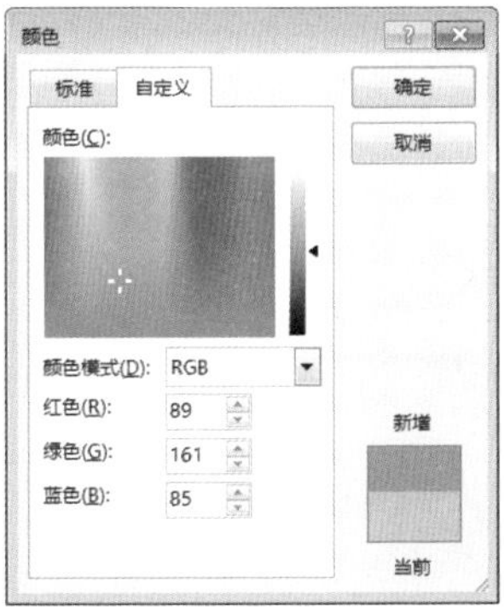

06 单击 确定 按钮，返回Word文档中，然后选中该文本框，单击【艺术字样式】组中的【文本轮廓】按钮右侧的下三角按钮，从弹出的下拉列表中选择【无轮廓】选项。

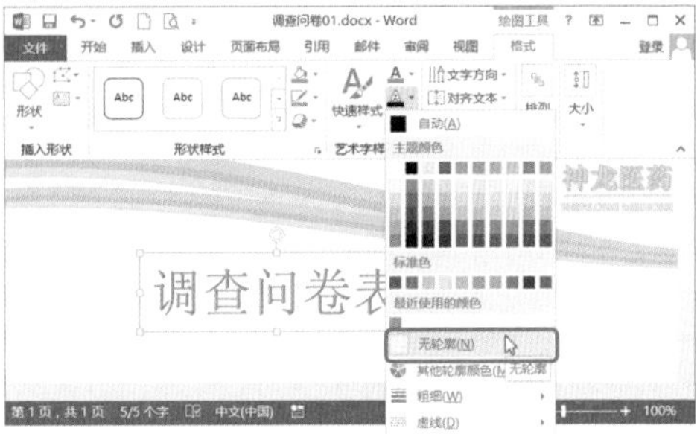

07 返回Word文档中，选中该文本，切换到【开始】选项卡，在【字体】组中的【字体】下拉列表中选择【方正大黑简体】选项，在【字号】下拉列表中选择【一号】选项，然后单击【加粗】按钮，设置效果如图所示。

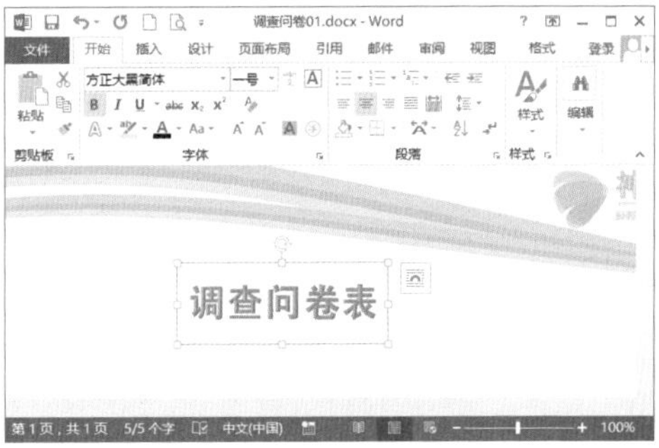

2. 设计开场白

在 Word 文档中使用插入图片和文本框设计开场白的具体步骤如下。

01 切换到【插入】选项卡，单击【插图】组中的【图片】按钮，弹出【插入图片】对话框，在左侧选择要插入的图片的保存位置，然后选择要插入的素材文件“图片20.jpg”。

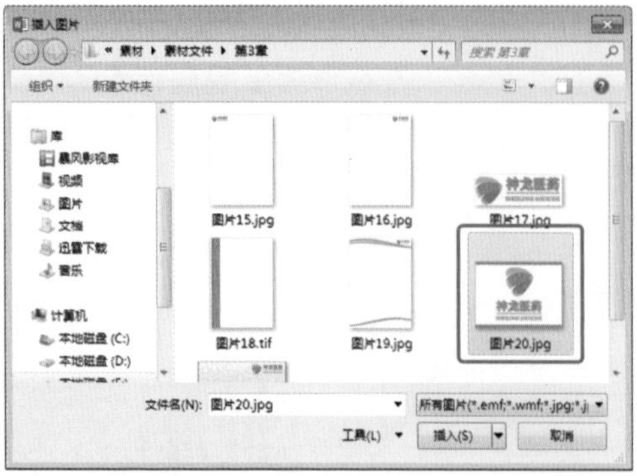

02 单击[插入(S)]按钮，返回Word文档中，单击鼠标右键，从弹出的快捷菜单中选择【大小和位置】菜单项，弹出【布局】对话框，切换到【文字环绕】选项卡，在【环绕方式】组合框中选择【浮于文字上方】选项。

03 单击[确定]按钮返回Word文档中，然后调整图片的大小和位置，效果如图所示。

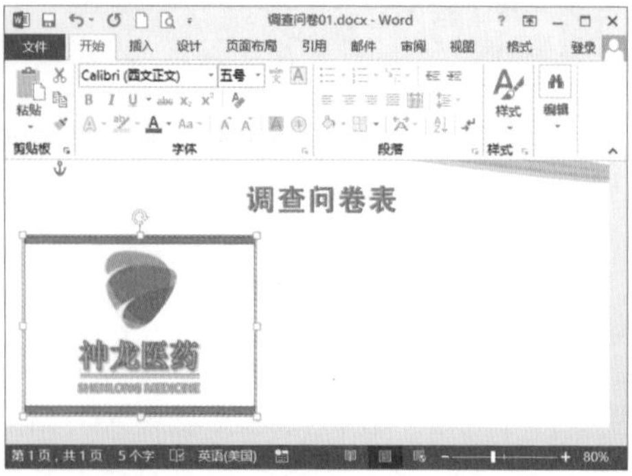

04 在图片的右侧绘制一个横排文本框，在文本框中输入相应的文本，并设置字体格式和字体颜色，然后调整其大小和位置。

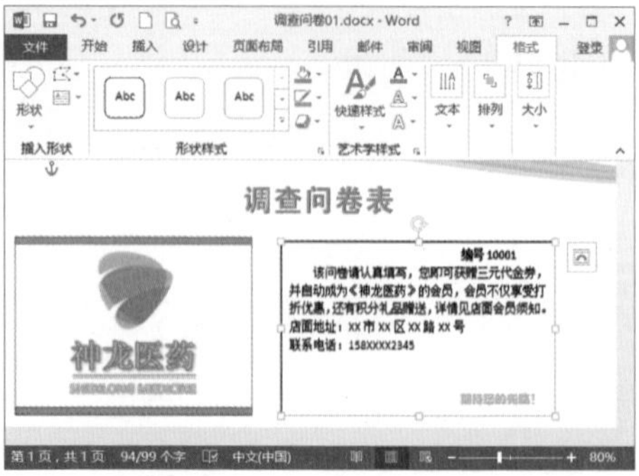

05 选中该文本框，切换到【绘图工具】栏中的【格式】选项卡，单击【形状样式】组中的【形状轮廓】按钮右侧的下三角按钮，从弹出的下拉列表中选择【无轮廓】选项。

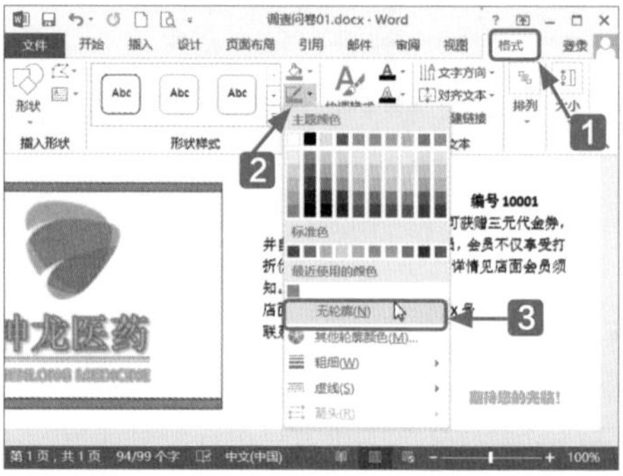

06 选中该文本框，单击【形状样式】组中的【形状填充】按钮右侧的下三角按钮，从弹出的下拉列表中选择【无填充颜色】选项。

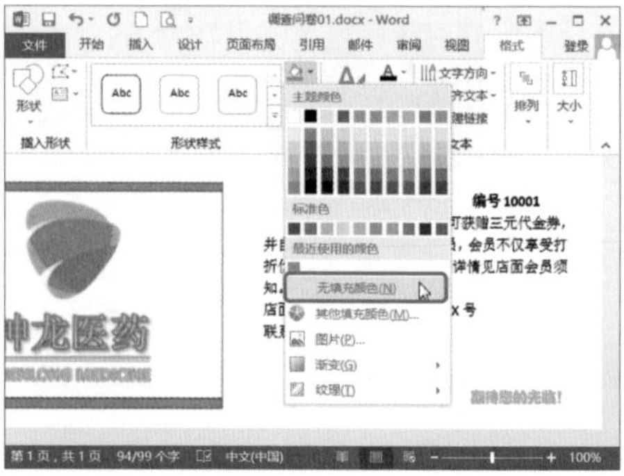

07 问卷标题和开场白的最终效果如图所示。

3.3.3 插入表格并输入资料信息

用户可以在问卷表中插入表格，以便于输入“姓名”“性别”“联系方式”等项目信息。

本小节示例文件位置如下。	
原始文件	第 3 章 \ 问卷调查 02
最终效果	第 3 章 \ 问卷调查 03

插入表格并输入资料信息的具体操作步骤如下。

01 打开本实例的原始文件，将光标定位到文档中，切换到【插入】选项卡，单击【表格】组中的【表格】按钮，从弹出的下拉列表中选择【插入表格】选项。

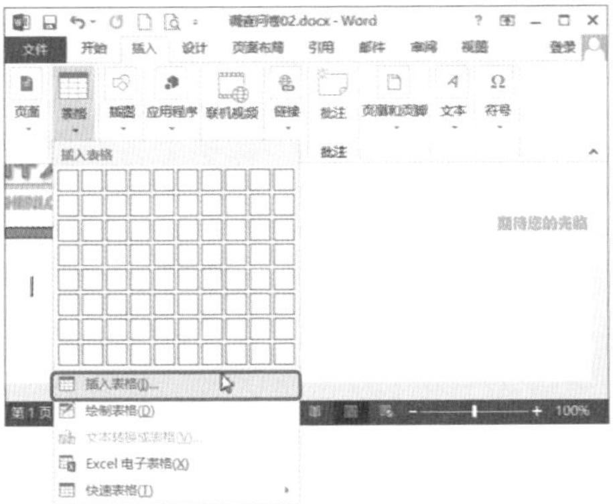

02 弹出【插入表格】对话框，在【表格尺寸】组合框中的【列数】微调框中输入“5”，在【行数】微调框中输入“3”。

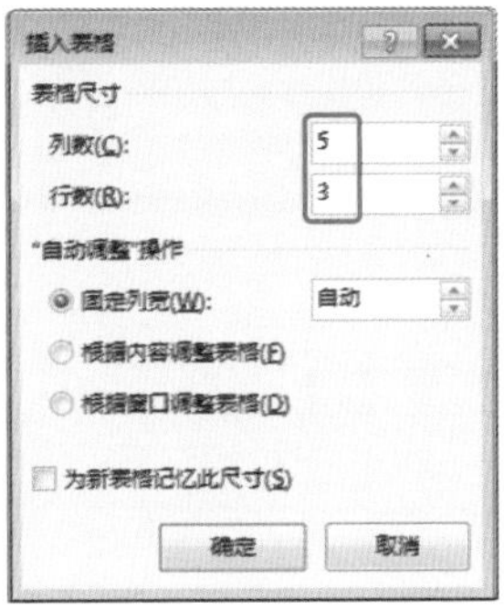

03 单击 确定 按钮，返回Word文档中，然后选中整个表格，切换到【表格工具】栏中的【设计】选项卡中，单击【边框】组右下角的【对话框启动器】按钮。

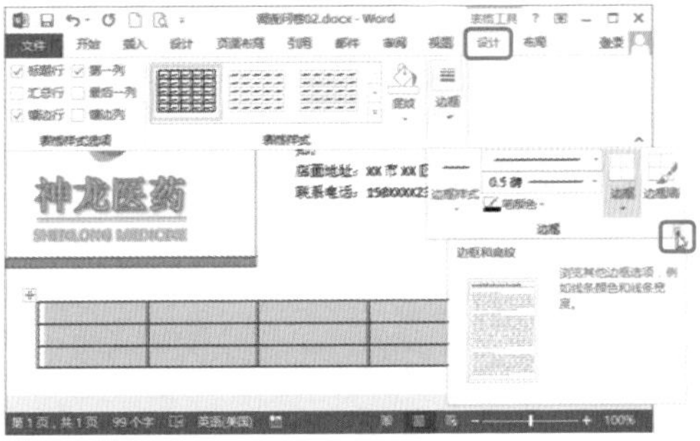

04 弹出【边框和底纹】对话框，切换到【边框】选项卡，在【样式】列表框中选择一种合适的线条样式。

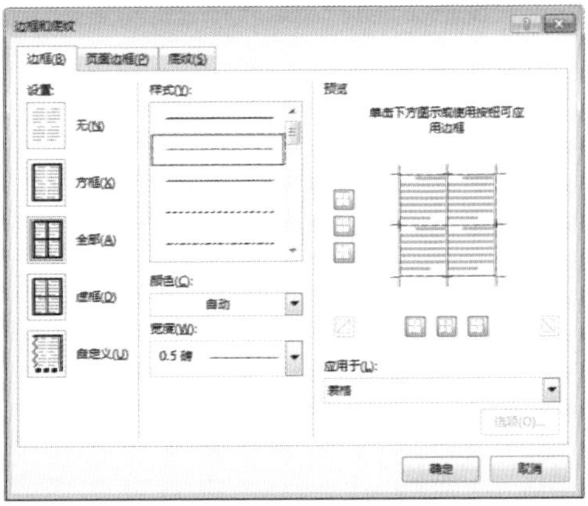

05 单击 确定 按钮，返回Word文档中，选中需要合并的单元格，单击鼠标右

键，从弹出的快捷菜单中选择【合并单元格】菜单项。

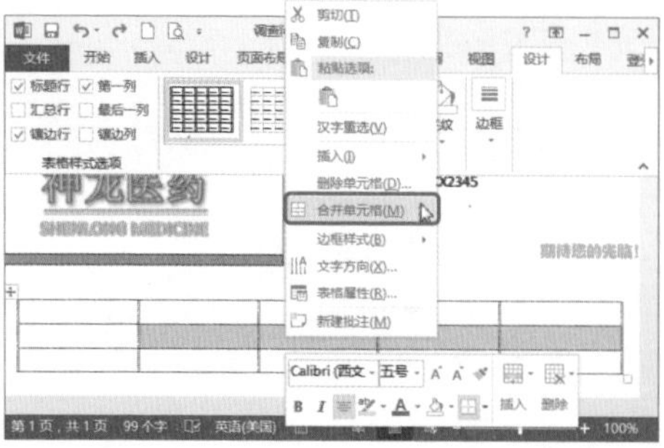

06 使用同样的方法对其他需要合并的单元格进行合并，并调整单元格的宽度，然后在表格中输入需要调查的信息，将其字体设置为【宋体】，字号为【五号】。

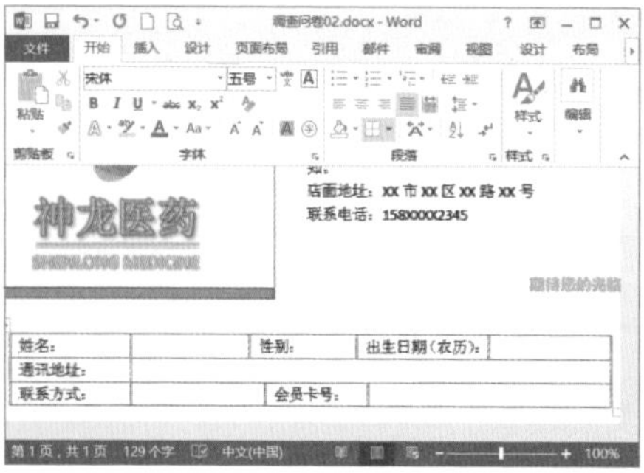

07 空出三行，插入一个1×1的表格，选中该表格，切换到【表格工具】栏中的【布局】选项卡，在【单元格大小】组中的【表格行高】微调框中输入“6.4厘米”，接着在该表格中输入相应的内容，将其字体设置为【宋体】，字号设置为【五号】，字形设置为【加粗】。

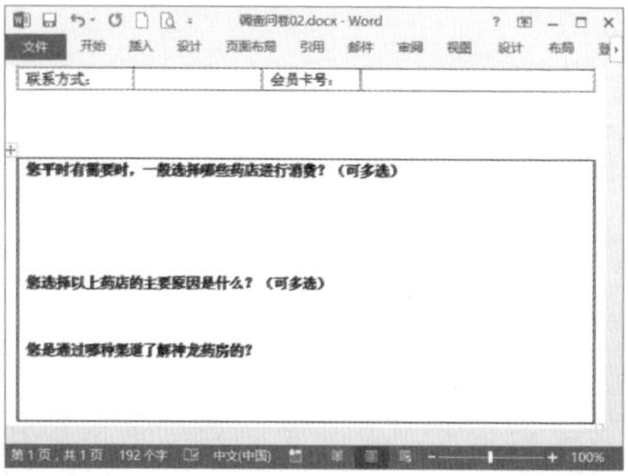

08 在这两个表格的左上方分别绘制一个横排文本框，并分别输入文字“《神龙医药》的会员资料”和“《神龙医药》问卷”，然后选中这两个文本框，将字体设置为【黑体】，字号设置为【13】，字形设置为【加粗】，文字【居中对齐】。

09 选中这两个文本框，将文本框填充为【浅绿】，字体颜色设置为【白色，背景1】，然后单击鼠标右键，从弹出的快捷菜单中选择【设置对象格式】菜单项。

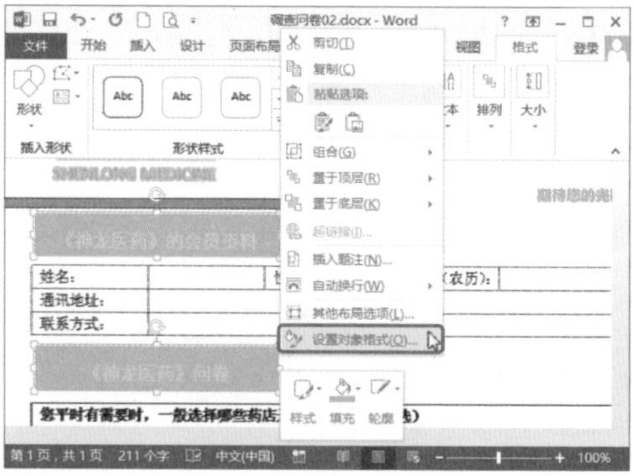

10 弹出【设置形状格式】任务窗格，切换到【形状选项】选项卡中，单击【填充线条】按钮，在【线条】组合框中选中【无线条】单选钮。

11 切换到【文本选项】选项卡中，单击【布局属性】按钮，在【文本框】组合框中的【上边距】微调框中输入“0厘米”。

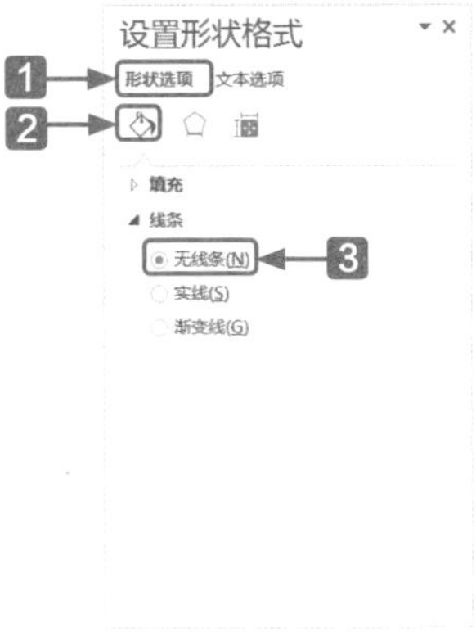

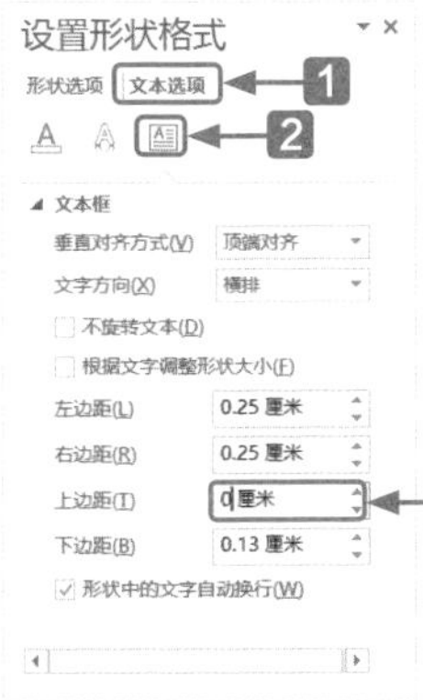

⑫ 单击【关闭】按钮 × 关闭【设置形状格式】任务窗格。将光标定位在要插入形状的位置，切换到【插入】选项卡，单击【插图】组中的【形状】按钮，从弹出的下拉列表中选择【直线】选项。

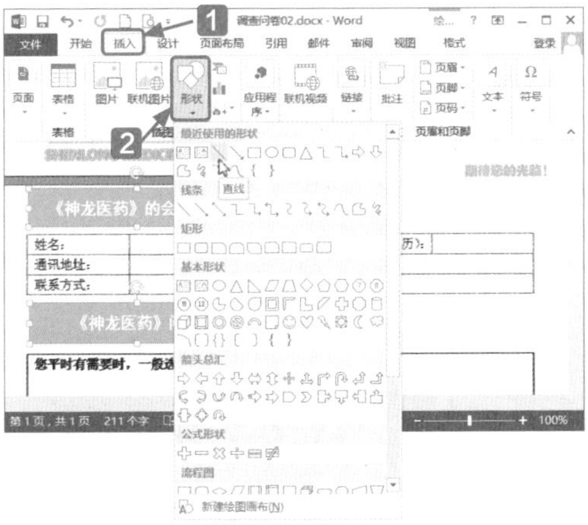

⑬ 此时，鼠标指针变成十形状，单击鼠标左键即可插入一条直线，然后按住鼠标左键不放向右拖动即可调整直线长短。

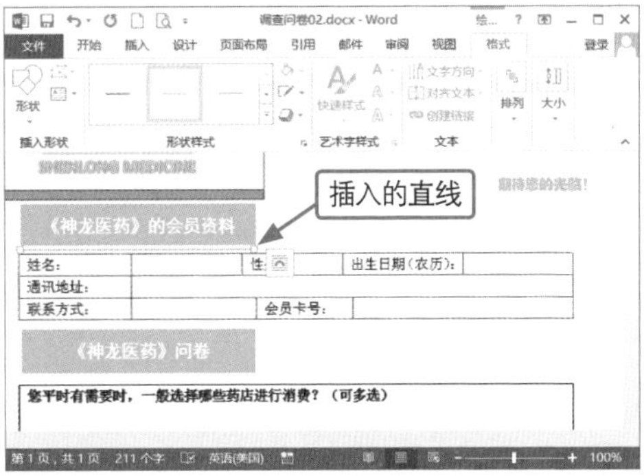

⑭ 选中该直线，切换到【绘图工具】栏中的【格式】选项卡，单击【形状样式】组中的【其他】按钮，从弹出的下拉列表中选择【中等线–强调颜色3】选项。

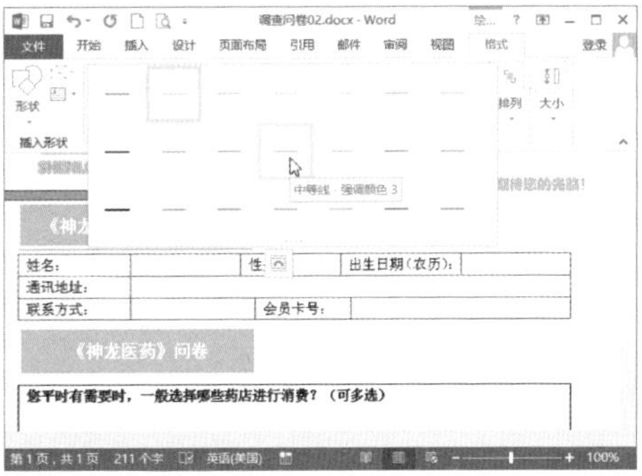

⑮ 选中该直线，切换到【格式】选项卡，单击【形状样式】组中的【形状轮廓】按钮右侧的下三角按钮，从弹出的下拉列表中选择【其他轮廓颜色】选项。

16 弹出【颜色】对话框，在【颜色模式】下拉列表中选择【RGB】选项，然后在【红色】微调框中输入“146”，在【绿色】微调框中输入“208”，在【蓝色】微调框中输入“80”。

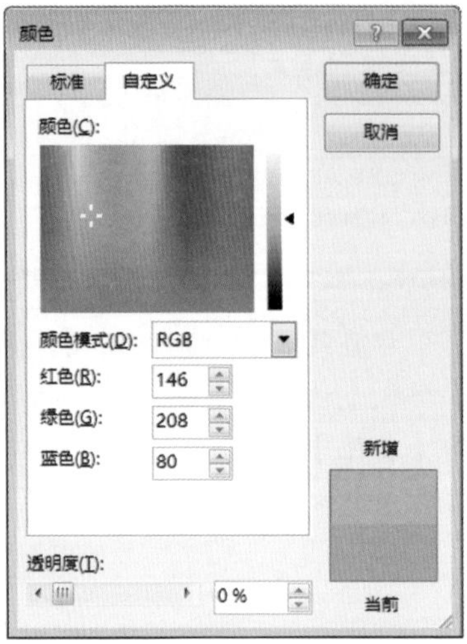

17 单击 确定 按钮，返回Word文档中。复制粘贴一条同样样式的直线，调整到合适的位置。

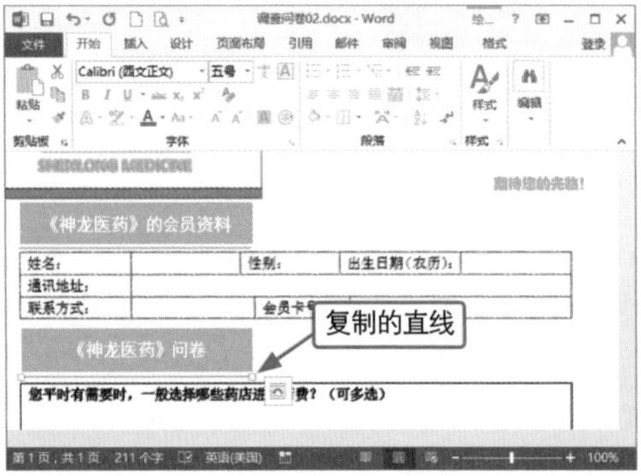

18 选中含有“《神龙医药》的会员资料”的文本框以及其下方的直线，单击鼠标右键，从弹出的快捷菜单中选择【组合】➤【组合】菜单项。

19 即可将含有“《神龙医药》的会员资料”的文本框以及其下方的直线组合为一个整体。

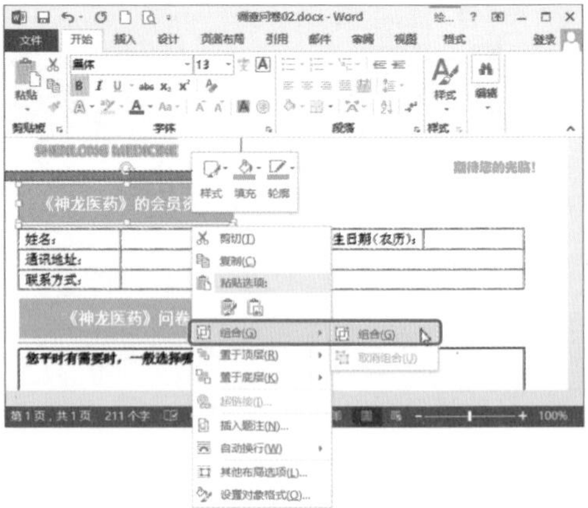

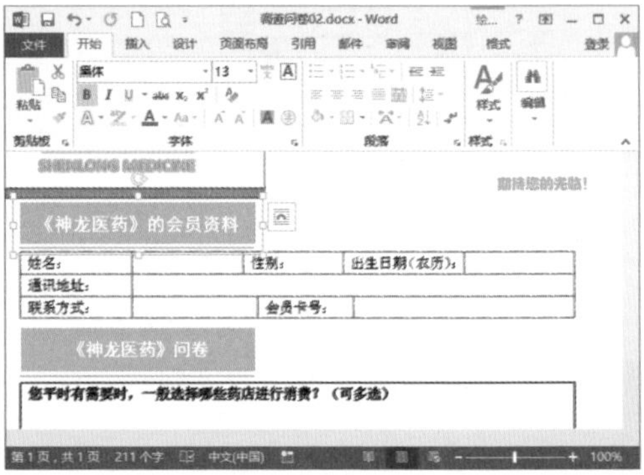

20 按照相同的方法将含有“《神龙医药》问卷”的文本框以及其下方的直线组合为一个整体，效果如图所示。

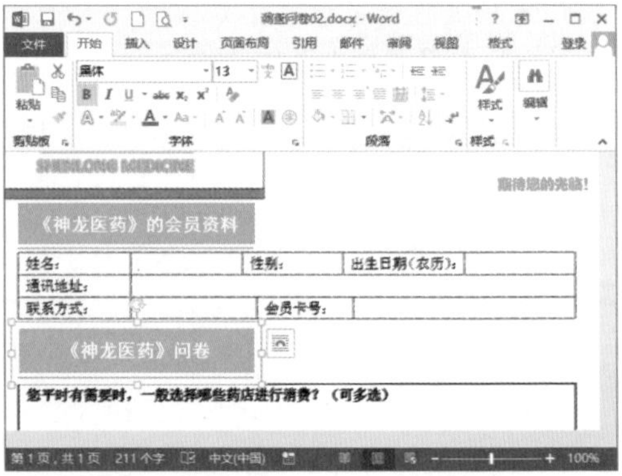

3.3.4 插入复选框控件

在 Word 2013 中可以插入复选框控件来设计项目信息，以方便用户选择所需的项目。

本小节示例文件位置如下。	
原始文件	第3章\问卷调查03
最终效果	第3章\问卷调查04

在 Word 文档中插入复选框控件的具体操作步骤如下。

01 如果用户还没有添加“开发工具”选项卡，可以单击 文件 按钮，在弹出的界面中选择【选项】选项。

02 弹出【Word选项】对话框，选择【自定义功能区】选项卡，在【自定义功能区】下拉列表中选择【主选项卡】选项，在下面的【主选项卡】列表框中单击【开发工具】复选框，单击 确定 按钮即可显示【开发工具】选项卡。

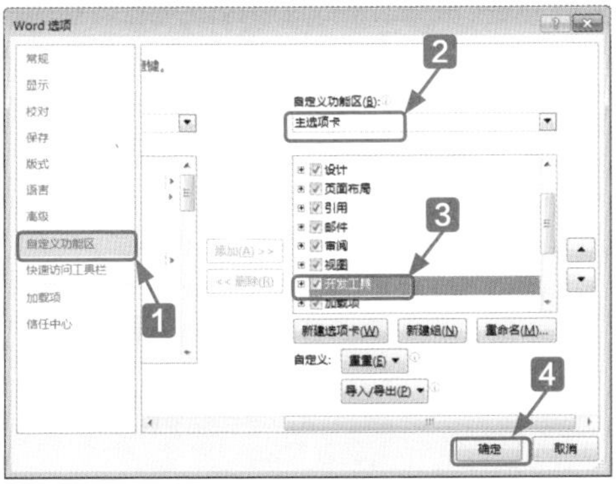

03 将光标定位在需要插入复选框控件的位置，切换到【开发工具】选项卡，单击【控件】组中的【旧式工具】按钮，从弹出的下拉列表中选择【复选框】选项。

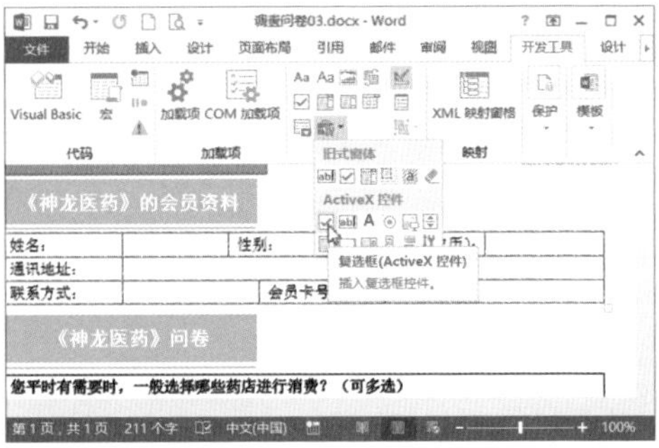

04 系统会自动插入一个名为“Check Box1”的复选框，在该复选框上单击鼠标右键，从弹出的快捷菜单中选择【属性】菜单项。

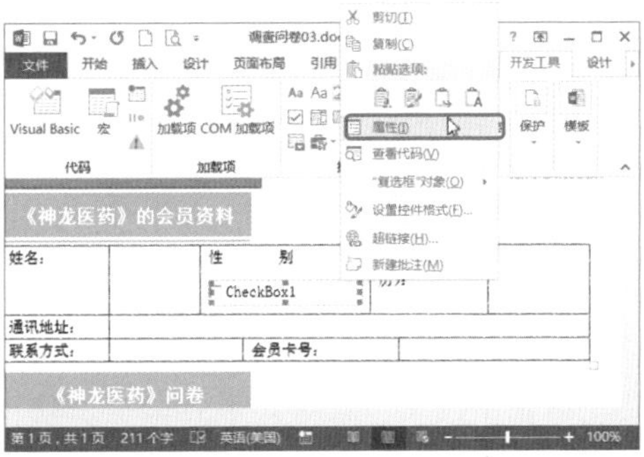

05 弹出【属性】任务窗格，切换到【按字母序】选项卡，选择【Caption】选项，在其右侧的文本框中输入“男”。

06 单击右上角的【关闭】按钮关闭【属性】任务窗格，即可看到复选框的名称被修改为“男”。

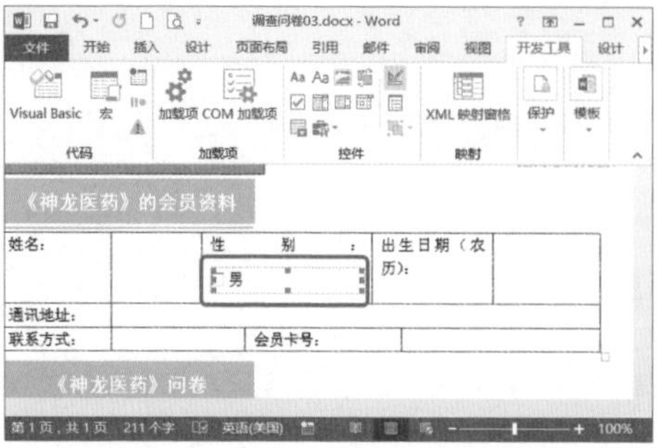

07 在该复选框上单击鼠标右键，在弹出的快捷菜单中选择【设置控件格式】菜单项。

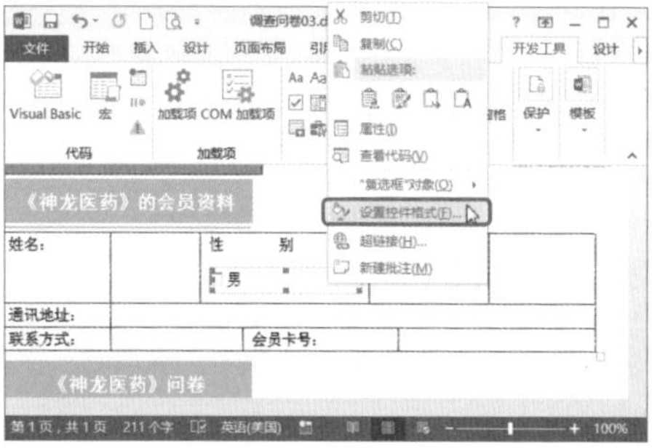

08 弹出【设置对象格式】对话框，切换到【版式】选项卡，在【环绕方式】组合框中选择【浮于文字上方】选项。

09 单击 确定 按钮，调整其大小和位置，使用复制粘贴功能复制一个复选框控件，将其【Caption】属性更改为“女”。

10 将光标定位在第2个表格中的“您平时有需要时……”的后面，切换到【开发工具】选项卡，单击【控件】组中的【旧式工具】按钮，从弹出的下拉列表中选择【复选框】选项，系统会自动插入一个名为“CheckBox2”的复选框。

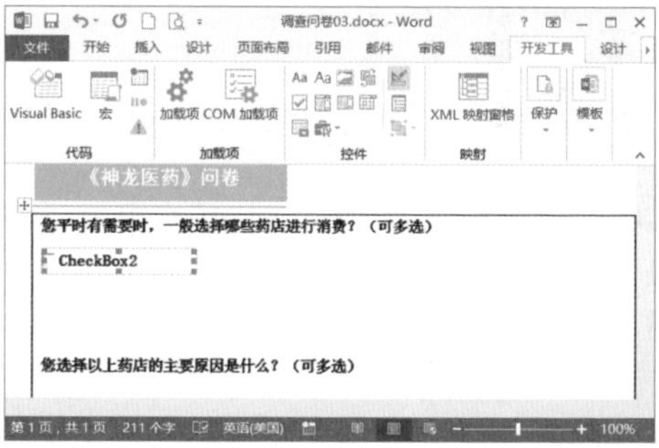

11 按照前面介绍的方法打开【属性】任务窗格，切换到【按字母序】选项卡，选择【Caption】选项，在其右侧的文本框中输入“神龙药房”。

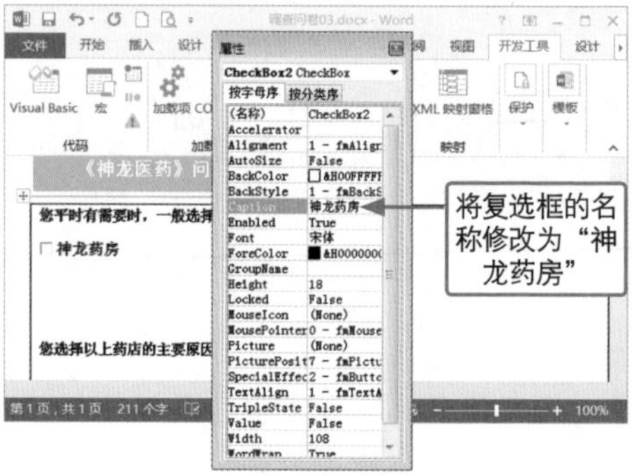

⑫ 将此复选框控件的环绕方式设置为【浮于文字上方】，然后调整其大小和位置。

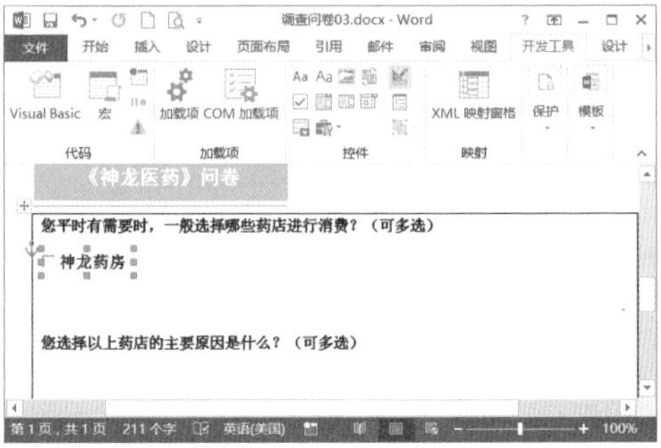

⑬ 使用复制粘贴功能复制12个复选框，然后依次更改其【Caption】属性，调整它们的大小和位置，并在“其他（请指明）”复选框的右下侧绘制一条横线。切换到【开发工具】选项卡，单击【控件】组中的【设计模式】按钮，即可退出设计模式。

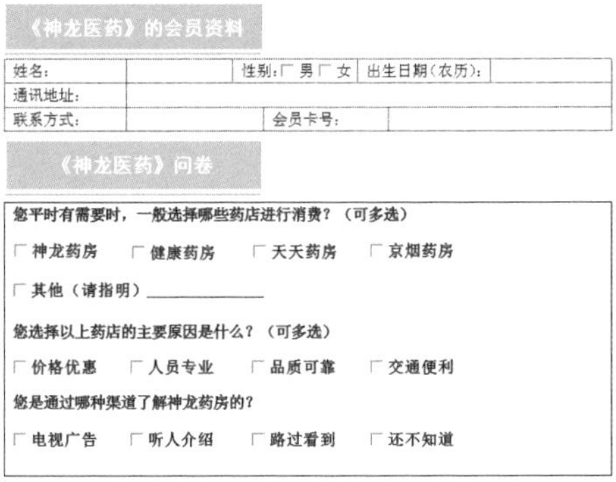
《神龙医药》的会员资料
姓名：
性别：男 女
出生日期（农历）：
通讯地址：
联系方式：
会员卡号：
《神龙医药》问卷
您平时有需要时，一般选择哪些药店进行消费？（可多选）
神龙药房
健康药房
天天药房
京畑药房
其他（请指明）
您选择以上药店的主要原因是什么？（可多选）
价格优惠
人员专业
品质可靠
交通便利
您是通过哪种渠道了解神龙药房的？
电视广告
听人介绍
路过看到
还不知道

3.3.5 制作代金券

在设计调查问卷时，可以制作一份购物代金券，为企业争取更多的市场。

本小节示例文件位置如下。	
素材文件	第 3 章 \ 图片 21
原始文件	第 3 章 \ 问卷调查 04
最终效果	第 3 章 \ 问卷调查 05

制作代金券的具体操作步骤如下。

01 首先绘制剪切线。在第2个表格下方绘制一条直线，切换到【绘图工具】栏中的【格式】选项卡，单击【形状样式】组中的【形状轮廓】按钮右侧的下三角按钮，从弹出的下拉列表中选择【粗细】➤【0.75磅】选项。

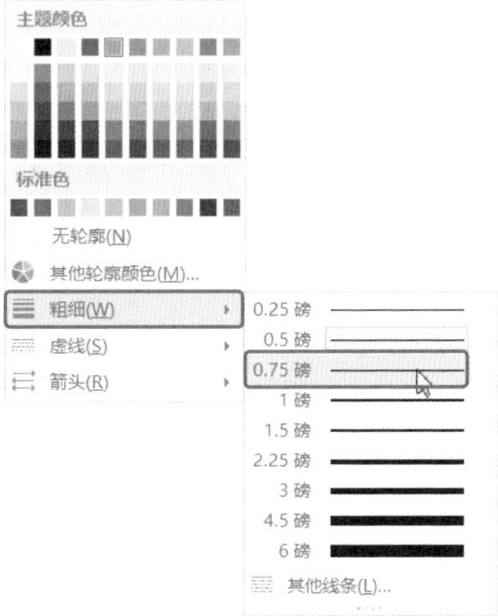

02 用同样的方法在弹出的下拉列表的【主题颜色】中选择【黑色】选项，然后再选择【虚线】➤【方点】选项。

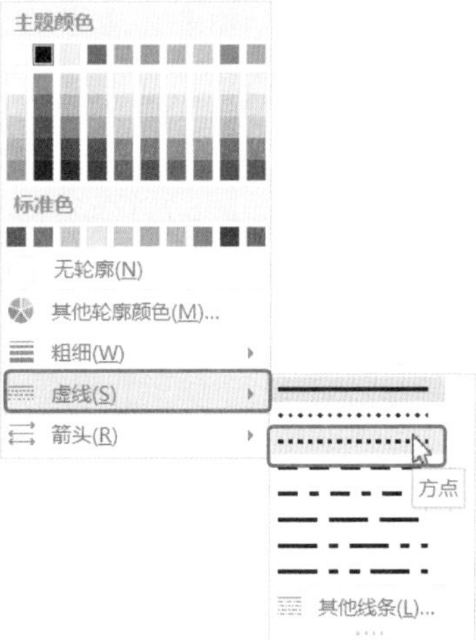

03 剪切线绘制完成，效果如图所示。

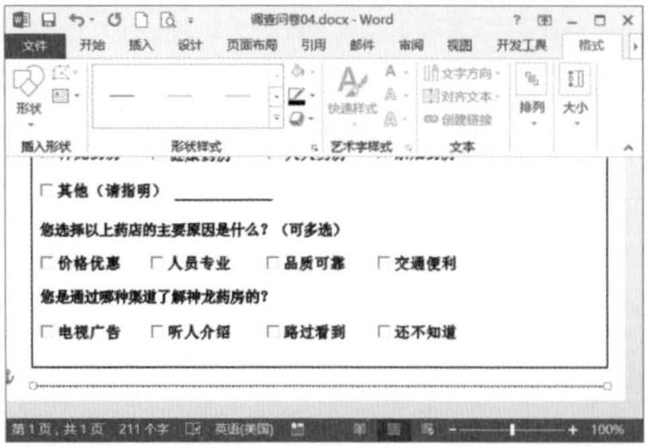

04 将光标定位在剪切线下方，切换到【插入】选项卡，单击【插图】组中的【图片】按钮，弹出【插入图片】对话框，从中选择要插入的图片素材文件“图片21.jpg”。

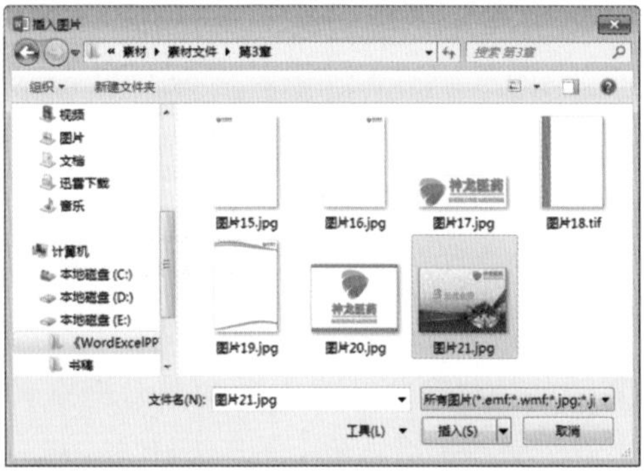

05 单击 插入(S) 按钮，返回Word文档，此时文档中插入一张图片，选中该图片，将此图片的环绕方式设置为【浮于文字上方】，然后调整其大小和位置。

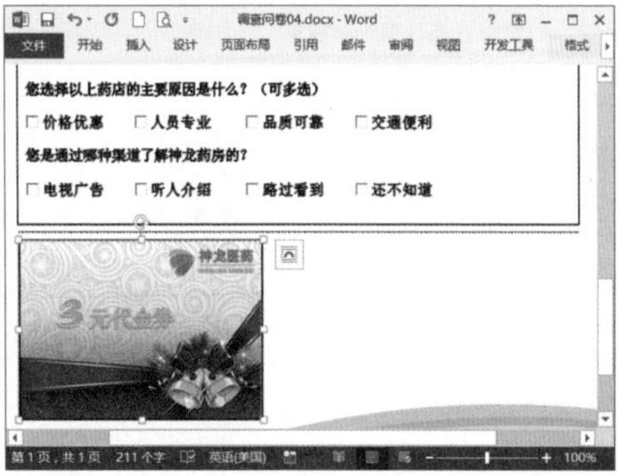

06 在该图片上方插入一个简单文本框，并输入相应的内容，设置字体格式。选中该文本框，切换到【绘图工具】栏中【格式】选项卡，单击【形状样式】组中的【形状填充】按钮右侧的下三角按钮，从弹出的下拉列表中选择【无填充颜色】选项。

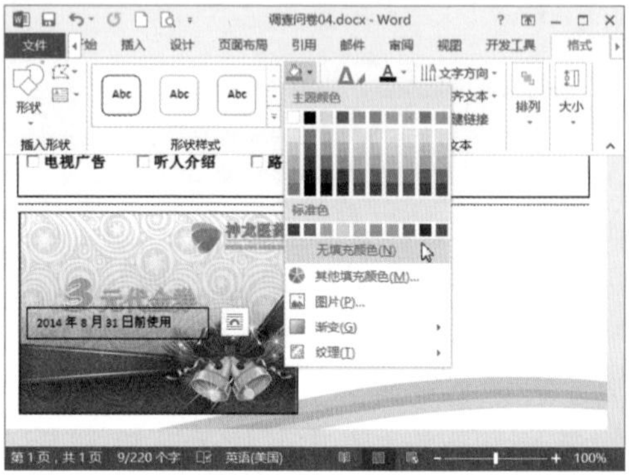

07 选中该图片，在【绘图工具】栏中切换到【格式】选项卡，单击【形状样式】组中的【形状轮廓】按钮右侧的下三角按钮，从弹出的下拉列表中选择【无轮廓】选项。

08 在此图片右侧绘制一个文本框，并输入相应的内容，设置字体格式，并使用之前的方法将其设置为【无填充颜色】和【无轮廓】。

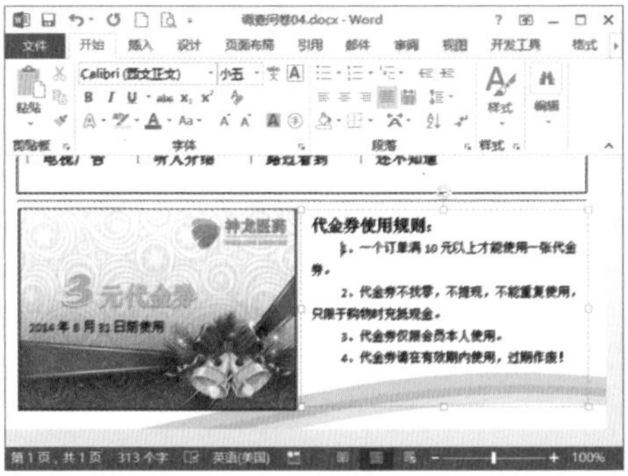

09 下面插入剪刀图标。在剪切线左侧绘制一个文本框，将文本框的【形状填充】和【形状轮廓】分别设置为【无填充颜色】和【无轮廓】。

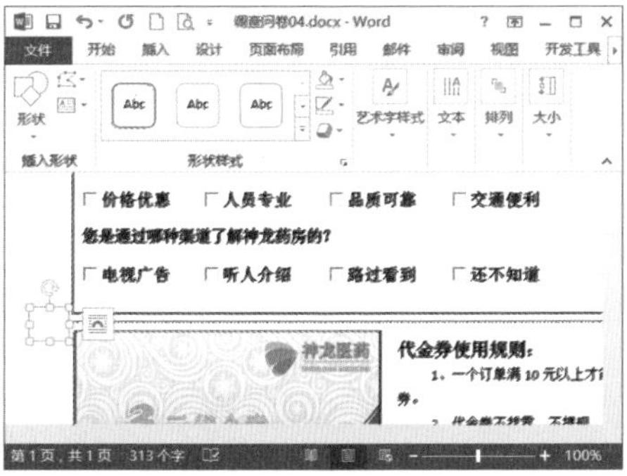

10 将光标定位到该文本框中，切换到【插入】选项卡，单击【符号】组中的【符号】按钮Ω，从弹出的下拉列表中选择【其他符号】选项。

11 弹出【符号】对话框，切换到【符号】选项卡，在【字体】下拉列表中选择【Wingdings】选项，在下面的列表框中选择剪刀符号。

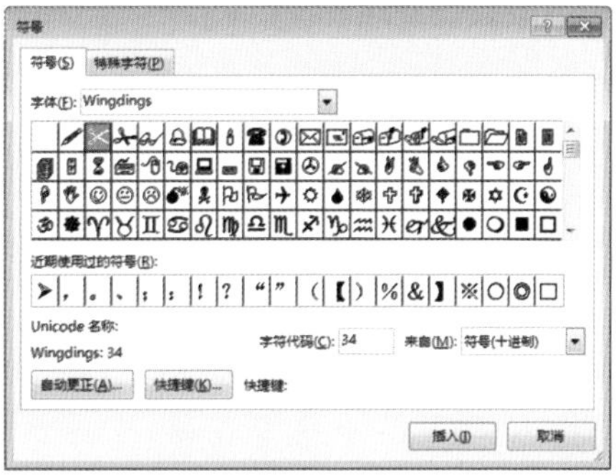

12 单击 插入(I) 按钮，然后单击 关闭 按钮，调整其大小和位置，最终设置效果如图所示。

高手过招

教你删除页眉中的横线

默认情况下，在 Word 文档中插入页眉后会自动在页眉下方添加一条横线。如果用户要删除这条横线，可以采用以下几种方法。

1. 使用【边框】按钮

01 在Word文档中的页眉或页脚处双击

鼠标左键，使页眉进入可编辑状态。

02 选中整个页眉中的文本，切换到【开始】选项卡，单击【段落】组中的【边框】按钮右侧的下三角按钮，从弹出的下拉列表中选择【无框线】选项即可。

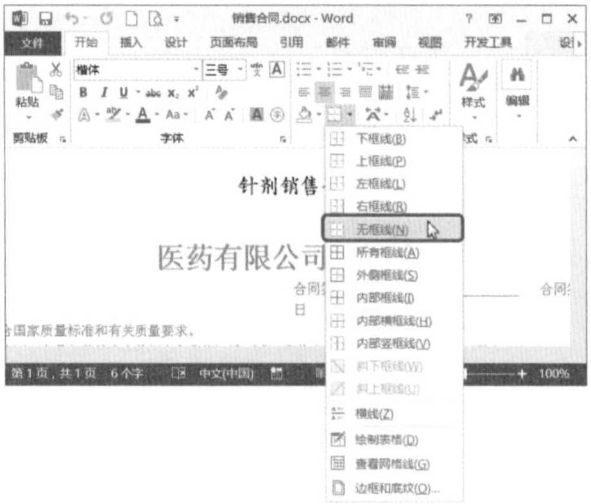

2. 使用【样式】任务窗格

01 在页眉的可编辑状态下，切换到【开始】选项卡，单击【样式】组右下角的【对话框启动器】按钮。

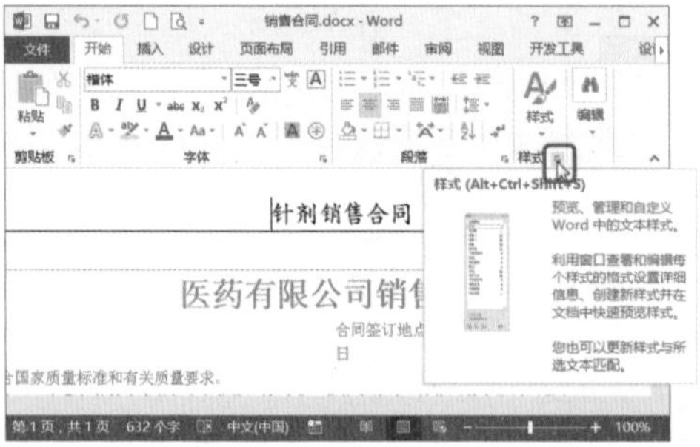

02 弹出【样式】任务窗格，从中选择【页眉】选项，单击鼠标右键，从弹出的快捷菜单中选择【修改】菜单项。

03 弹出【修改样式】对话框，单击 格式(O) 按钮，从弹出的下拉列表中选择【边框】选项。

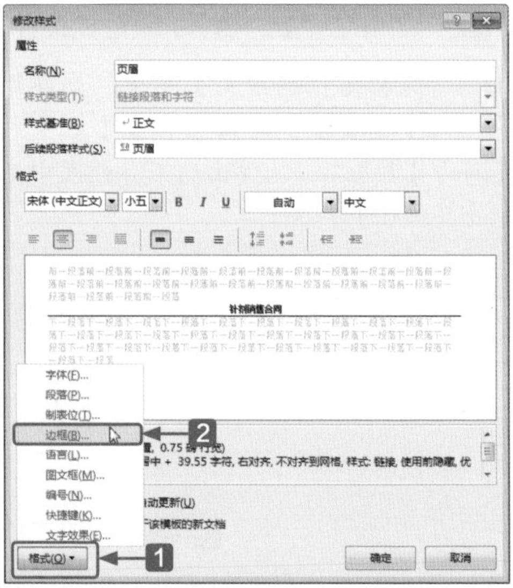

04 弹出【边框和底纹】对话框，切换到【边框】选项卡，在【设置】组合框中选择【无】选项，然后单击 确定 按钮即可。

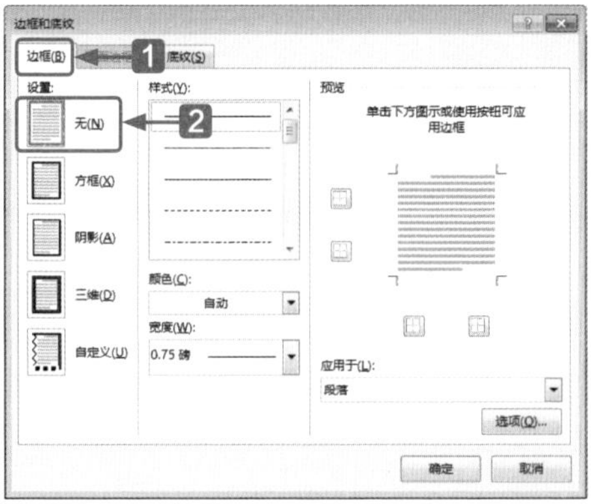

在文档中使用书签

用户在编辑文档时，一般在标识和命名文档中的某一特定位置或选择的文本时使用书签，可以定义多个书签。使用书签可以帮助用户在文本中直接定位到书签所在的位置，还可以在定义书签的文档中随时引用书签中的内容。

01 打开本实例的素材文件，选中要定义为书签的区域，切换到【插入】选项卡，单击【链接】组中的【书签】按钮。

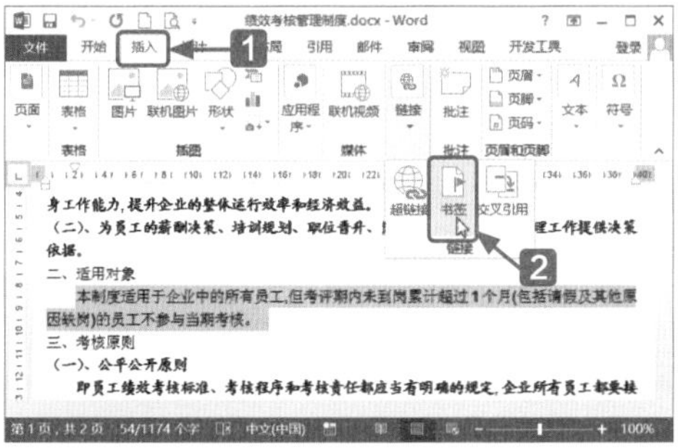

提示

如果在定义书签时，不选中任何区域，那么被定义的区域就是插入点所在的位置。

02 弹出【书签】对话框，在【书签名】文本框中输入适当的名称，这里输入“适用对象”，然后单击 添加(A) 按钮，即可在文档中添加一个书签。

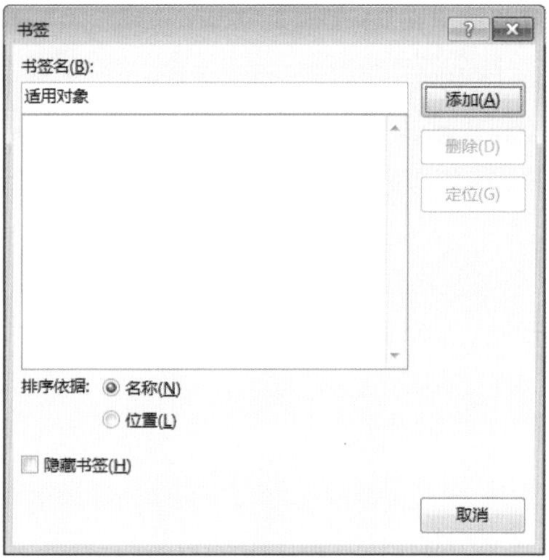

03 再次打开【书签】对话框，在已定义的书签中选择要查找内容的书签名称，这里选择【适用对象】书签项，然后单击 定位(G) 按钮。

04 此时在文档中可以看到，系统自动地找到该书签定义内容所在的位置，单击 关闭 按钮即可。

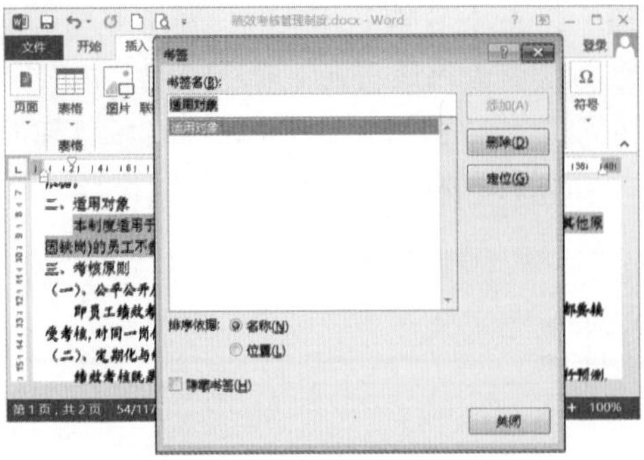
绩效考核管理制度.docx - Word
文件
开始
插入
书签
书签名(B):
适用对象
添加(A)
删除(D)
定位(G)
排序依据:
名称(N)
位置(L)
隐藏书签(H)
关闭
二、适用对象
三、考核原则
第1页，共2页
100%

第2篇 Excel办公应用

Excel 2013 可以通过比以往更多的方法分析、管理和共享信息，从而帮助您做出更好、更明智的决策。

第04章

工作簿与工作表的基本操作

工作簿与工作表的基本操作包括新建、保存、共享以及单元格的简单编辑。

关于本章知识，本书配套教学光盘中有相关的多媒体教学视频，请读者参见光盘中的【Excel 2013的基础应用\工作簿与工作表的基本操作】。

4.1 来访人员登记表

为了加强公司的安全管理工作，规范外来人员的来访管理，保护公司及员工的生命财产安全，特此制作《来访人员登记表》。

4.1.1 工作簿的基本操作

工作簿是指用来存储并处理工作数据的文件，它是 Excel 工作区中一个或多个工作表的集合。

本小节示例文件位置如下。	
原始文件	第 4 章\来访人员登记表
最终效果	第 4 章\来访人员登记表 01

扫码看视频

1. 新建工作簿

用户既可以新建一个空白工作簿，也可以创建一个基于模板的工作簿。

○ 新建空白工作簿

01 通常情况下，每次启动Excel 2013后，在Excel开始界面，单击【空白工作簿】选项。

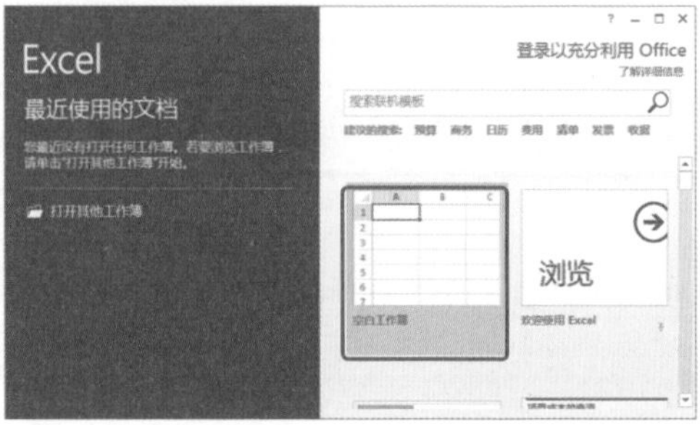

02 即可创建一个名为“工作簿1”的空白工作簿。

03 单击 文件 按钮，从弹出的界面中选择【新建】选项，系统会打开【新建】界面，在列表框中选择【空白工作簿】选项，也可以新建一个空白工作簿。

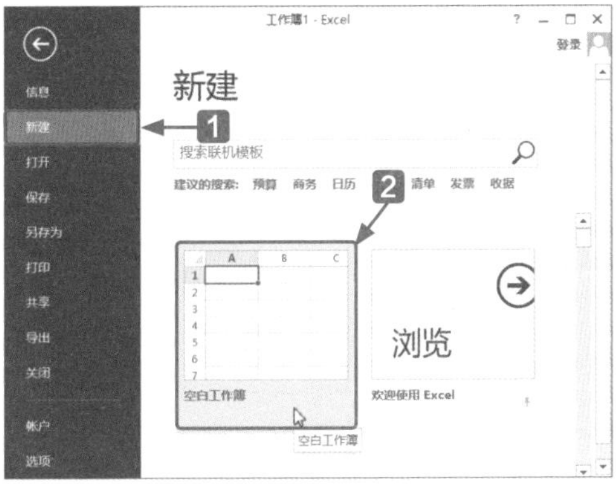

创建基于模板的工作簿

与 Excel 2010 相比，Excel 2013 为用户提供了多种类型的模板样式，可满足用户大多数设置和设计工作的要求。打开 Excel 2013 时，即可看到预算、日历、清单和发票等模板。

用户可以根据需要选择模板样式并创建基于所选模板的工作簿。创建基于模板的工作簿的具体步骤如下。

01 单击 文件 按钮，从弹出的界面中选择【新建】选项，系统会打开【新建】界面，然后在列表框中选择模板，例如选择【库存列表】选项。

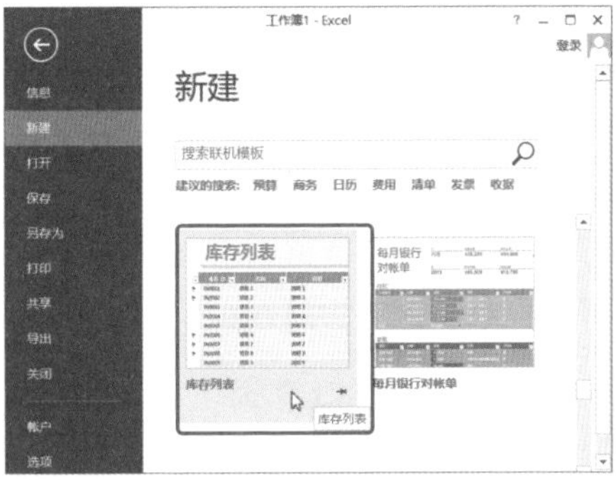

02 随即弹出界面介绍此模板，单击【创建】按钮。

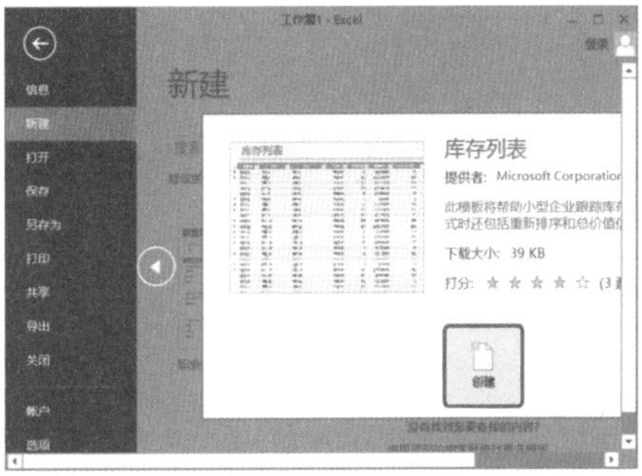

03 若电脑联网即可下载选择的模板。

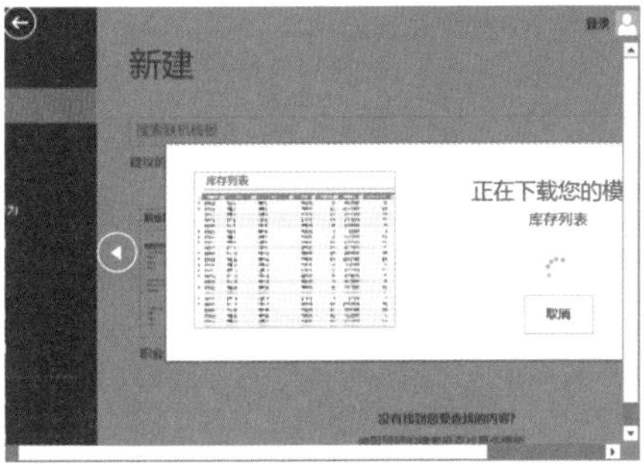

04 下载完毕可以看到模板效果。

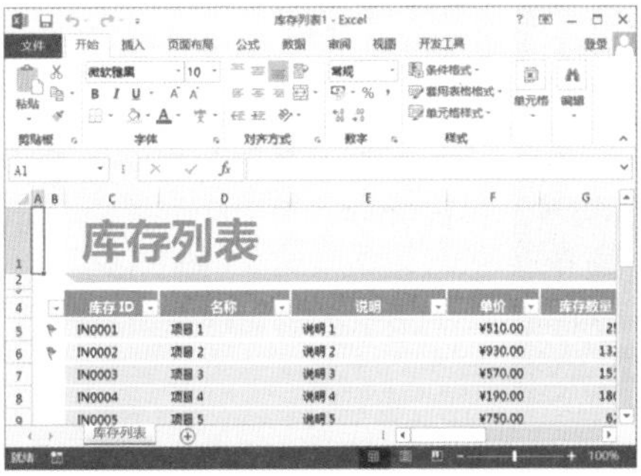

2. 保存工作簿

创建或编辑工作簿后，用户可以将其保存起来，以供日后查阅。保存工作簿可以分为保存新建的工作簿、保存已有的工作簿和自动保存工作簿3种情况。

保存新建的工作簿

保存新建的工作簿的具体步骤如下。

01 新建一个空白工作簿后，单击 文件 按钮，从弹出的界面中选择【保存】选项。

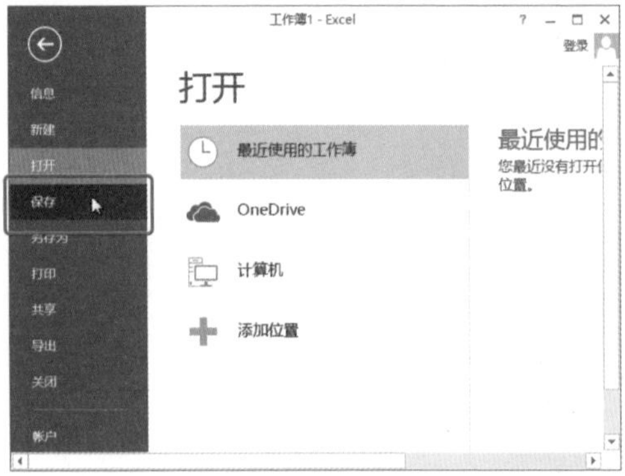

02 此时为第一次保存工作簿，系统会打开【另存为】界面，在此界面中选择【计算机】选项，然后单击右侧的【浏览】按钮。

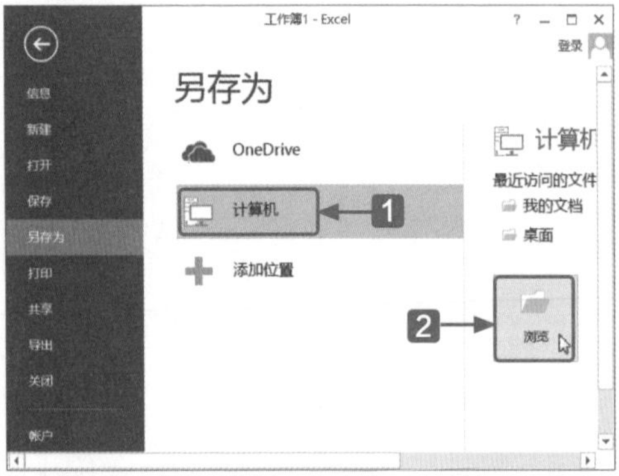

03 弹出【另存为】对话框，在左侧的【保存位置】列表框中选择保存位置，在【文件名】文本框中输入文件名“来访人员登记表.xlsx”。

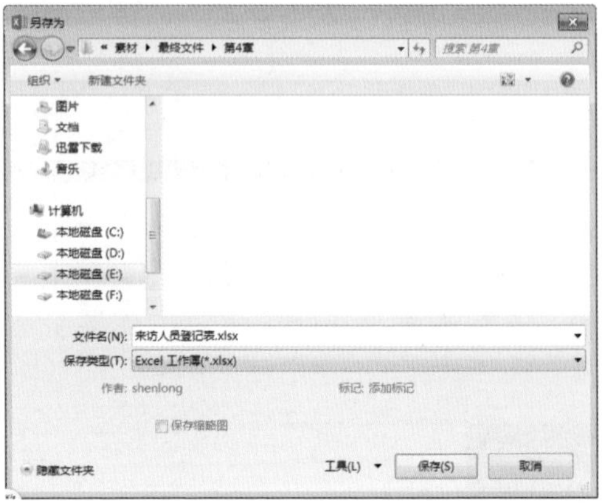

04 设置完毕，单击 保存(S) 按钮即可。

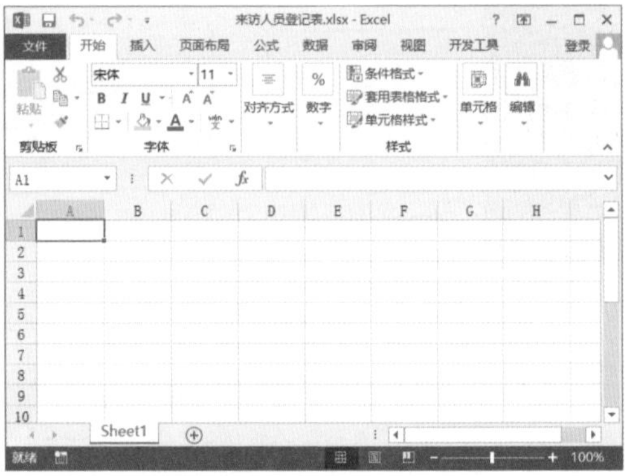

保存已有的工作簿

如果用户对已有的工作簿进行了编辑操作，也需要进行保存。对于已存在的工作簿，用户既可以将其保存在原来的位置，也可以将其保存在其他位置。

01 如果用户想将工作簿保存在原来的位置，方法很简单，直接单击快速访问工具栏中的【保存】按钮即可。

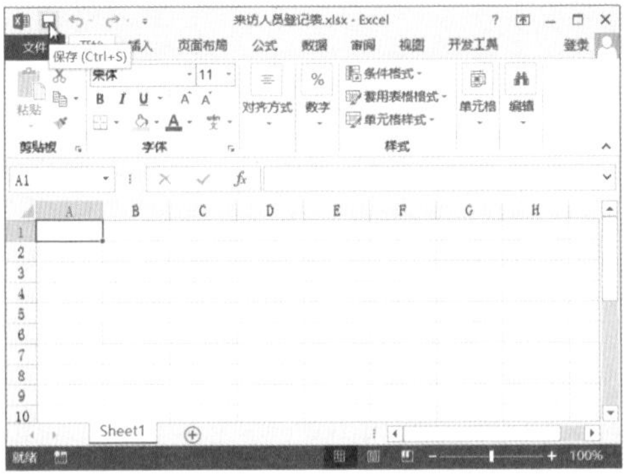

02 如果想将其保存为其他名称，单击文件按钮，从弹出的界面中选择【另存为】选项，弹出【另存为】界面，在此界面中选择【计算机】选项，然后单击右侧的【浏览】按钮。

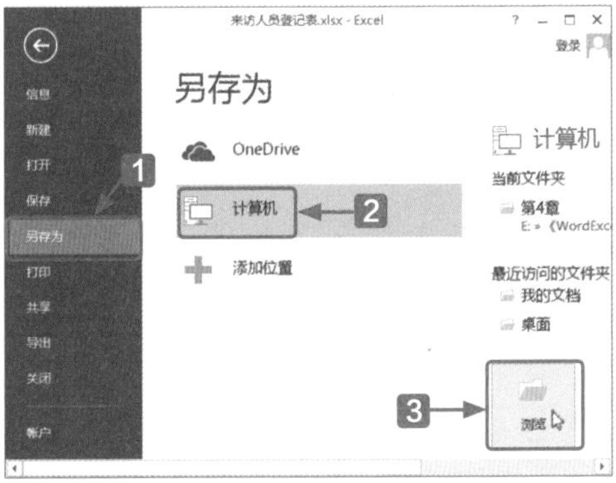

03 弹出【另存为】对话框，从中设置工作簿的保存位置和保存名称。例如，将工作簿的名称更改为“新来访人员登记表.xlsx”。

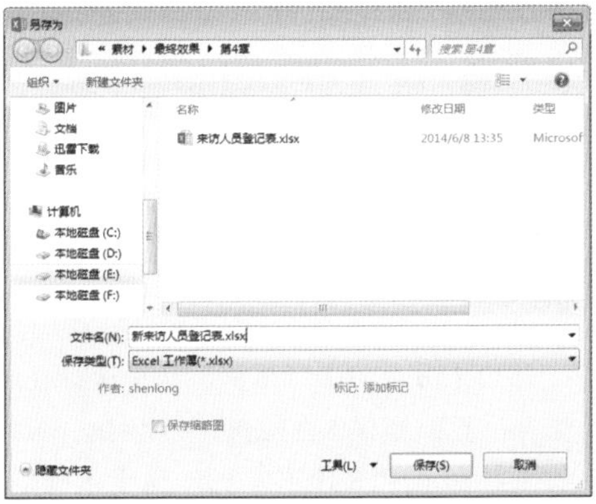

04 设置完毕，单击保存(S)按钮即可。

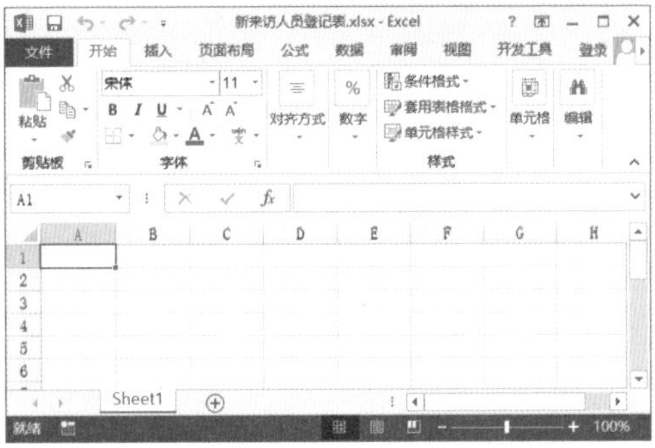

自动保存

使用 Excel 2013 提供的自动保存功能，可以在断电或死机的情况下最大限度地减小损失。设置自动保存的具体步骤如下。

01 单击文件按钮，从弹出的界面中选择【选项】选项。

02 弹出【Excel选项】对话框，切换到【保存】选项卡，在【保存工作簿】组合框中的【将文件保存为此格式】下拉列表中选择【Excel工作簿（*.xlsx）】选项，然后选中【保存自动恢复信息时间间隔】复选框，并在其右侧的微调框中设置为“8分钟”。设置完毕，单击确定按钮即可，以后系统就会每隔8分钟自动将该工作簿保存一次。

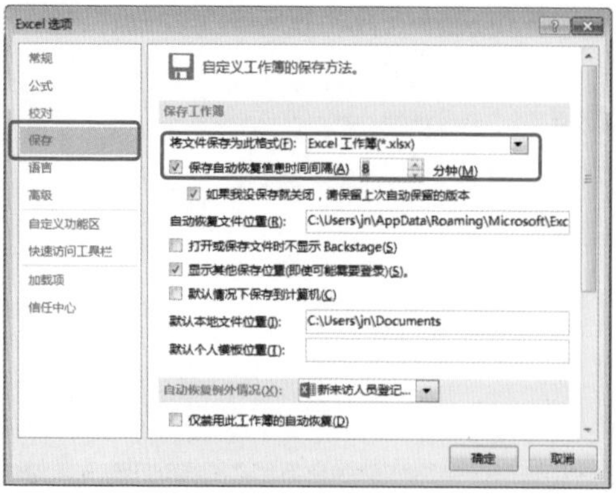

3. 保护和共享工作簿

在日常办公中，为了保护公司机密，用户可以对相关的工作簿设置保护；为了实现数据共享，还可以设置共享工作簿。本小节设置的密码均为“123”。

保护工作簿

用户既可以对工作簿的结构进行密码保护，也可以设置工作簿的打开和修改密码。

① 保护工作簿的结构

保护工作簿的结构的具体步骤如下。

01 打开本实例的原始文件，切换到【审阅】选项卡，单击【更改】组中的 保护工作簿 按钮。

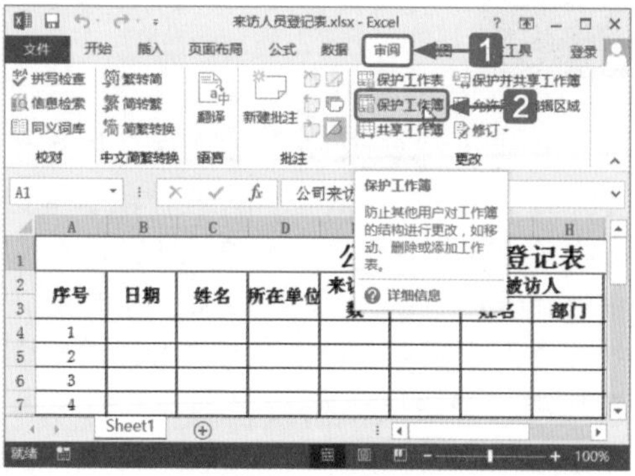

02 弹出【保护结构和窗口】对话框，选中【结构】复选框，然后在【密码】文本框中输入“123”。

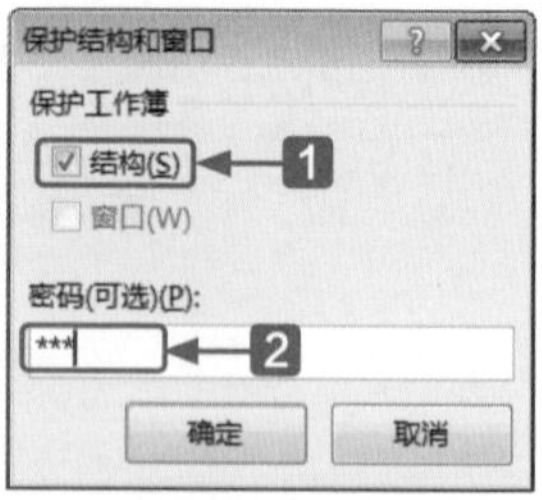

03 单击 确定 按钮，弹出【确认密码】对话框，在【重新输入密码】文本框中输入“123”，然后单击 确定 按钮即可。

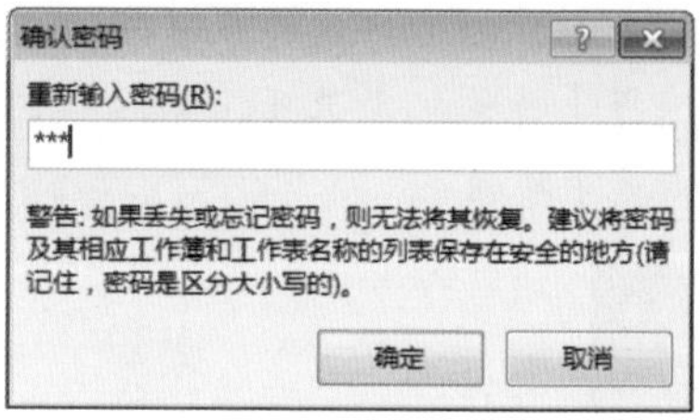

② 设置工作簿的打开和修改密码

为工作簿设置打开和修改密码的具体步骤如下。

01 单击 文件 按钮，从弹出的界面中选择【另存为】选项，弹出【另存为】界面，在此界面中选择【计算机】选项，然后单击右侧的【浏览】按钮。

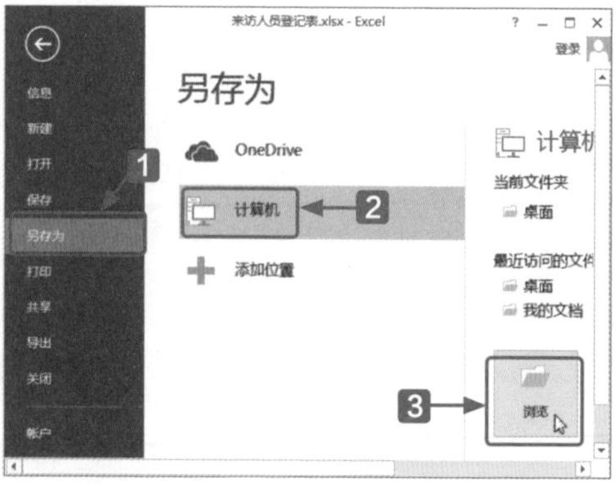

02 弹出【另存为】对话框，从中选择合适的保存位置，然后单击 工具(L) 按钮，从弹出的下拉列表中选择【常规选项】选项。

03 弹出【常规选项】对话框，在【文件共享】组合框中的【打开权限密码】和【修改权限密码】文本框中均输入“123”，然后选中【建议只读】复选框。

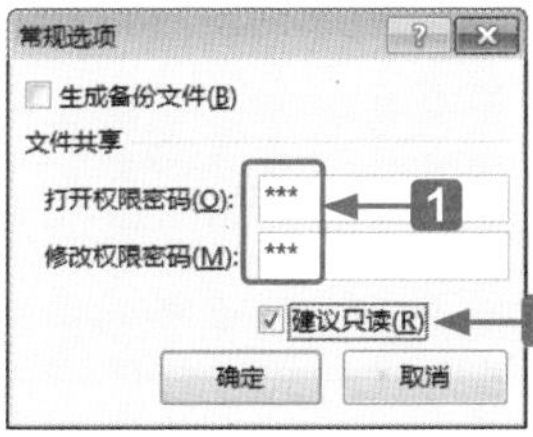

04 单击 确定 按钮，弹出【确认密码】对话框，在【重新输入密码】文本框中输入“123”。

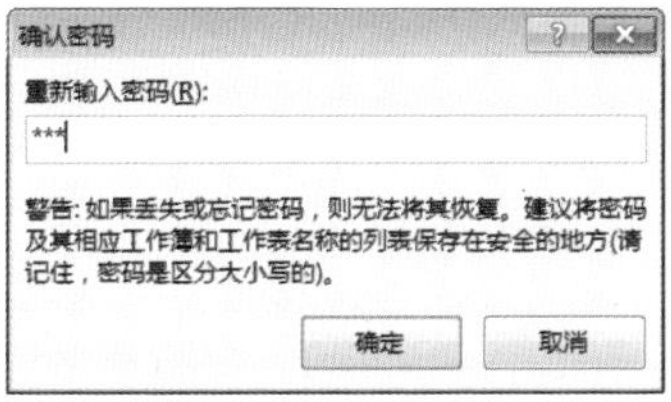

05 单击 确定 按钮，弹出【确认密码】对话框，在【重新输入修改权限密码】文本框中输入“123”。

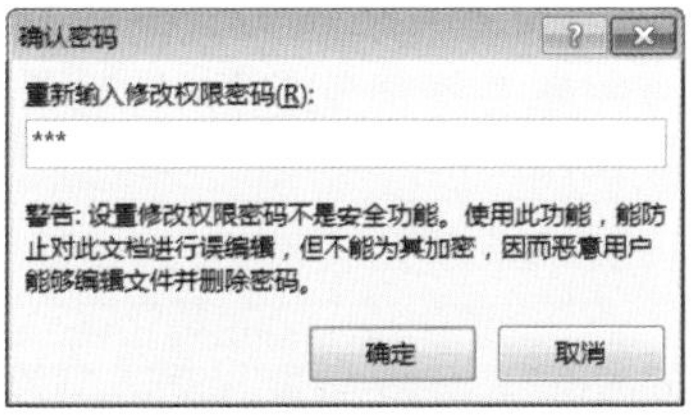

06 单击 确定 按钮，返回【另存为】对话框，然后单击 保存(S) 按钮，此时弹出【确认另存为】提示对话框，再单击 是(Y) 按钮。

07 当用户再次打开该工作簿时，系统便会自动弹出【密码】对话框，要求用户输入打开文件所需的密码，这里在【密码】文本框中输入“123”。

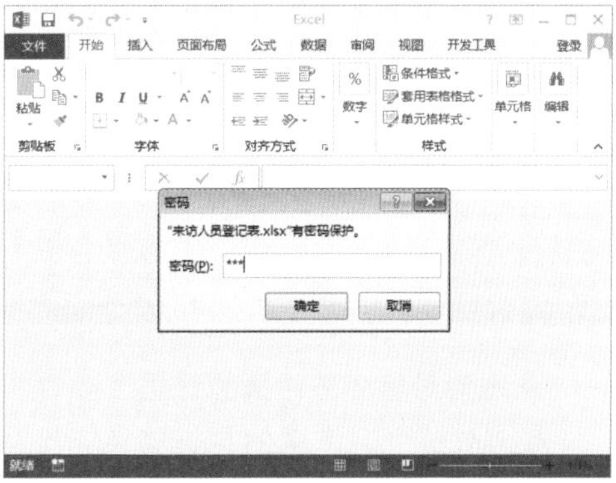

08 单击 确定 按钮，弹出【密码】对话框，要求用户输入修改密码，这里在【密码】文本框中输入“123”。

09 单击 确定 按钮，弹出【Microsoft Excel】提示对话框，提示用户“是否以只读方式打开”，此时单击 否(N) 按钮即可打开并编辑该工作簿。

撤消保护工作簿

如果用户不需要对工作簿进行保护，可以将其撤消。

① 撤消对结构和窗口的保护

切换到【审阅】选项卡，单击【更改】组中的 保护工作簿 按钮，弹出【撤消工作簿保护】对话框，在【密码】文本框中输入“123”，然后单击 确定 按钮即可。

② 撤消对整个工作簿的保护

撤消对整个工作簿的保护的具体步骤如下。

01 按照前面介绍的方法打开【另存为】对话框，从中选择合适的保存位置，然后单击 工具(L) 按钮，从弹出的下拉列表中选择【常规选项】选项。

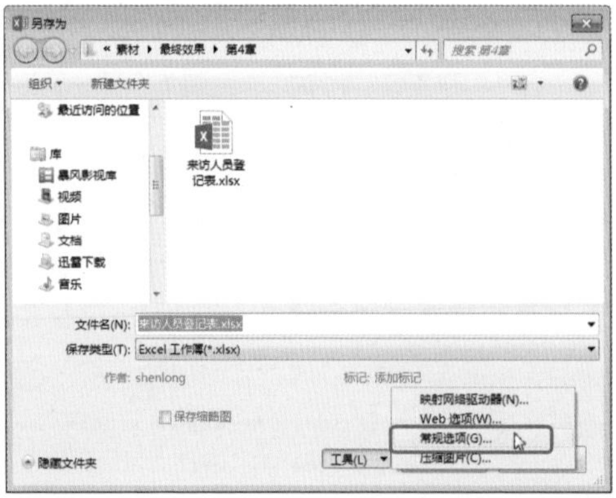

02 弹出【常规选项】对话框，将【打开权限密码】和【修改权限密码】文本框中的密码删除，然后撤选【建议只读】复选框。

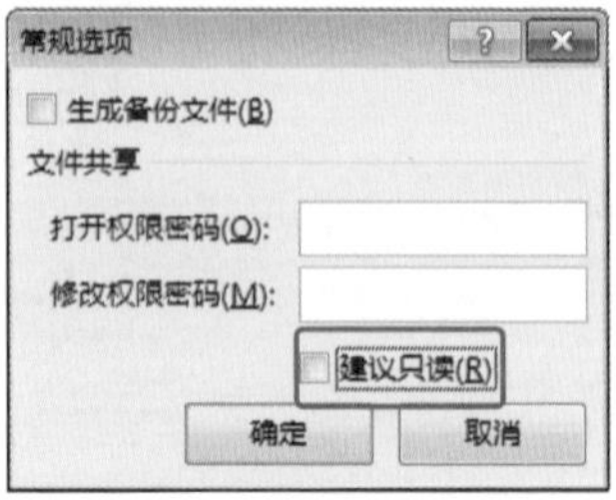

03 单击 确定 按钮，返回【另存为】对话框，然后单击 保存(S) 按钮，此时弹出【确认另存为】提示对话框，再单击 是(Y) 按钮。

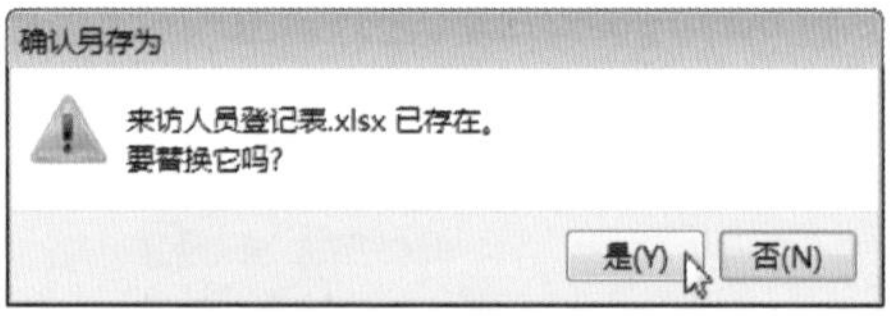

设置共享工作簿

当工作簿的信息量较大时，可以通过共享工作簿实现多个用户对信息的同步录入。

01 切换到【审阅】选项卡，单击【更改】组中的 共享工作簿 按钮。

02 弹出【共享工作簿】对话框，切换到【编辑】选项卡，选中【允许多用户同时编辑，同时允许工作簿合并】复选框。

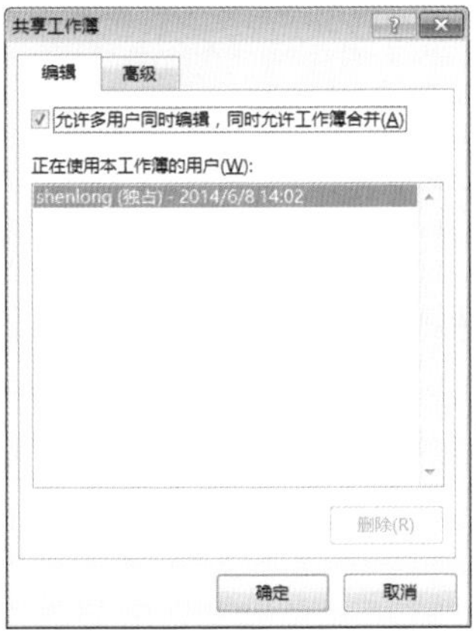

03 单击 确定 按钮，弹出【Microsoft Excel】提示对话框，提示用户“是否继续？”。

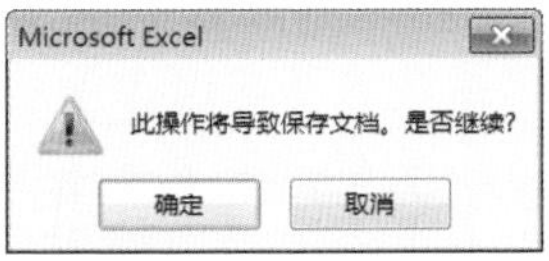

04 单击 确定 按钮，即可共享当前工作簿。工作簿共享后在标题栏中会显示“[共享]”字样。

05 取消共享的方法也很简单，按照前面介绍的方法，打开【共享工作簿】对话框，切换到【编辑】选项卡，撤选【允许多用户同时编辑，同时允许工作簿合并】复选框。

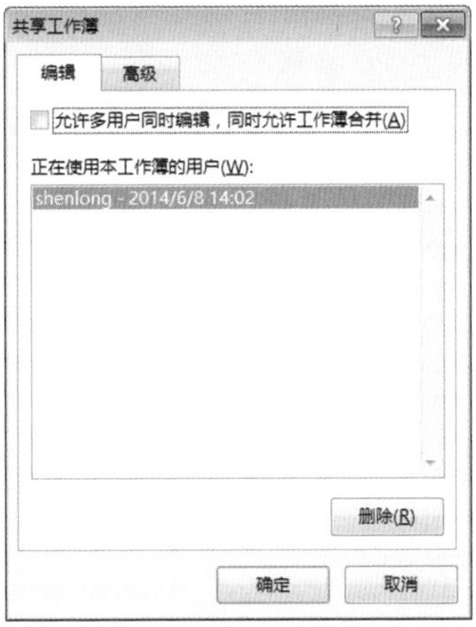

06 设置完毕单击 确定 按钮，弹出【Microsoft Excel】提示对话框，提示用户“是否取消工作簿的共享？”，单击 是(Y) 按钮即可。

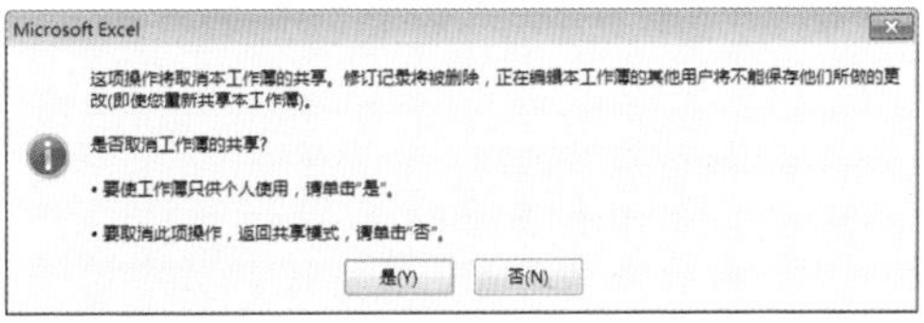

提示

共享工作簿以后，要将其保存在其他用户可以访问到的网络位置上，例如保存在共享网络文件夹中，此时才可实现多用户的同步共享。

4.1.2 工作表的基本操作

工作表是Excel完成工作的基本单位，用户可以对其进行插入或删除、隐藏或显示、移动或复制、重命名、设置工作表标签颜色以及保护工作表等基本操作。

本小节示例文件位置如下。	
原始文件	第 4 章 \ 来访人员登记表 01
最终效果	第 4 章 \ 来访人员登记表 02

扫码看视频

1. 插入和删除工作表

工作表是工作簿的组成部分，默认每个新工作簿中包含 1 个工作表，命名为 “Sheet1” 。用户可以根据工作需要插入或删除工作表。

插入工作表

在工作簿中插入工作表的具体操作步骤如下。

01 打开本实例的原始文件，在工作表标签“Sheet1”上单击鼠标右键，然后从弹出的快捷菜单中选择【插入】菜单项。

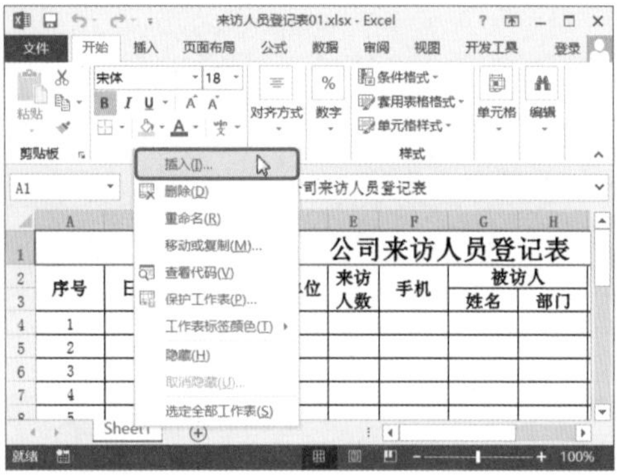

02 弹出【插入】对话框，切换到【常用】选项卡，然后选择【工作表】选项。

03 单击 确定 按钮，即可在工作表“Sheet1”的左侧插入一个新的工作表“Sheet2”。

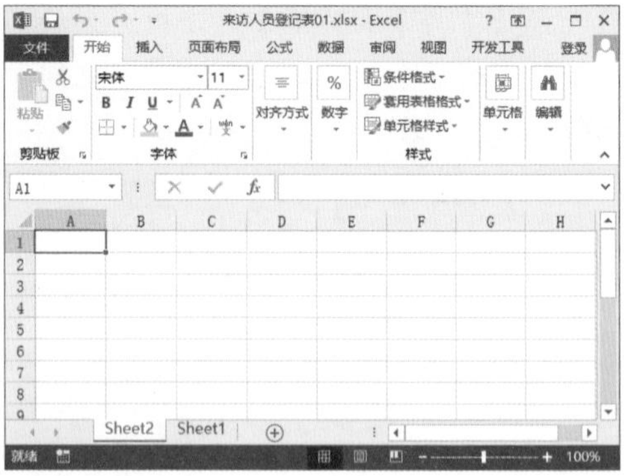

04 除此之外，用户还可以在工作表列表区的右侧单击【新工作表】按钮⊕，在工作表“Sheet2”的右侧插入新的工作表“Sheet3”。

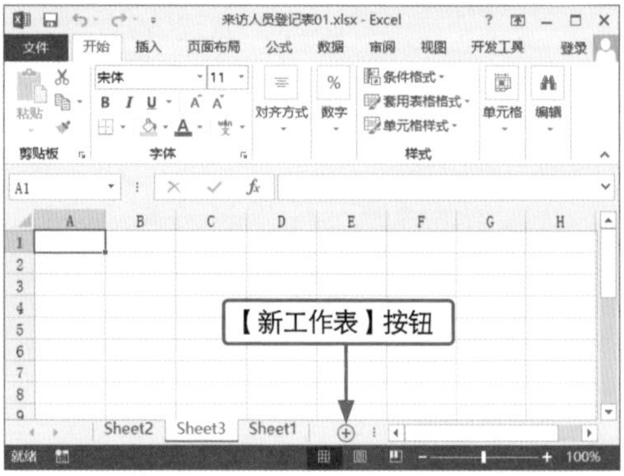

删除工作表

删除工作表的操作非常简单，选中要删除的工作表标签，然后单击鼠标右键，从弹出的快捷菜单中选择【删除】菜单项即可。

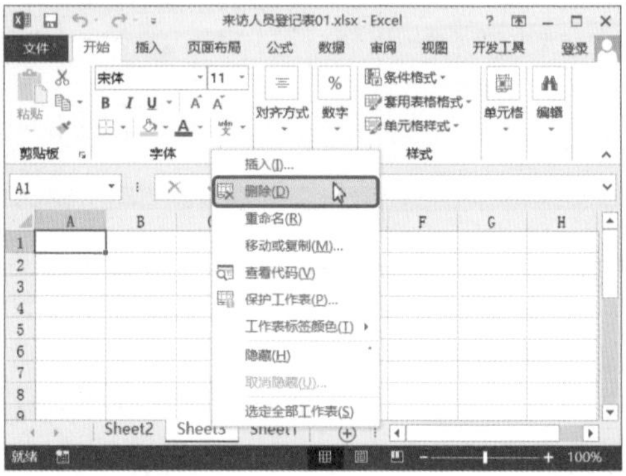

2. 隐藏和显示工作表

为了防止别人查看工作表中的数据，用户可以将工作表隐藏起来，当需要时再将其显示出来。

隐藏工作表

隐藏工作表的具体操作步骤如下。

01 选中要隐藏的工作表标签“Sheet1”，然后单击鼠标右键，从弹出的快捷菜单中选择【隐藏】菜单项。

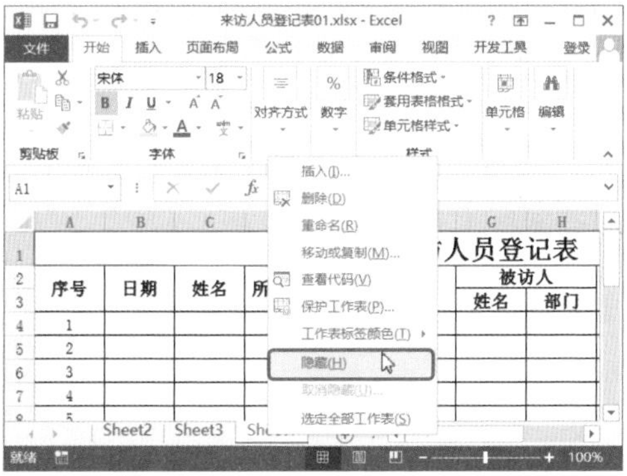

02 此时工作表“Sheet1”就被隐藏了起来。

显示工作表

当用户想查看某个隐藏的工作表时，首先需要将它显示出来，具体的操作步骤如下。

01 在任意一个工作表标签上单击鼠标右键，从弹出的快捷菜单中选择【取消隐藏】菜单项。

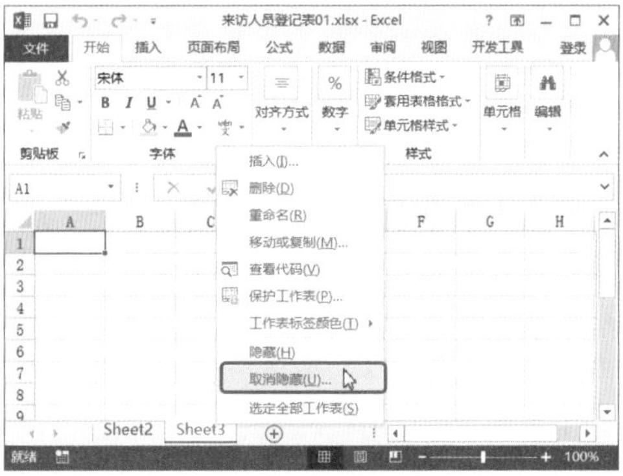

02 弹出【取消隐藏】对话框，在【取消隐藏工作表】列表框中选择要显示的工作表“Sheet1”。

03 选择完毕，单击 确定 按钮，即可将隐藏的工作表“Sheet1”显示出来。

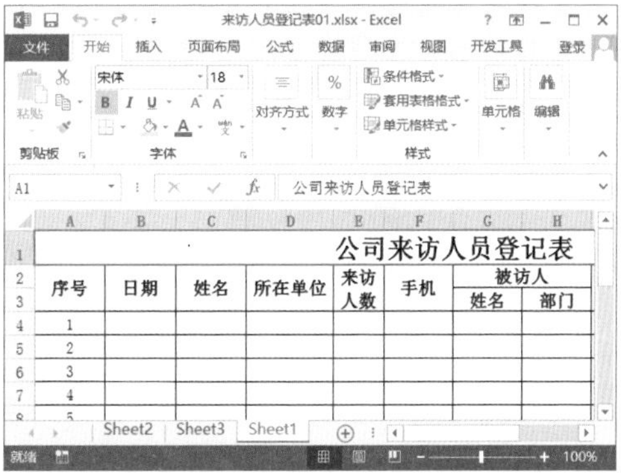

3. 移动或复制工作表

移动或复制工作表是日常办公中常用的操作。用户既可以在同一工作簿中移动或复制工作表，也可以在不同工作簿中移动或复制工作表。

同一工作簿

在同一工作簿中移动或复制工作表的具体操作步骤如下。

01 打开本实例的原始文件，在工作表标签“Sheet1”上单击鼠标右键，从弹出的快捷菜单中选择【移动或复制】菜单项。

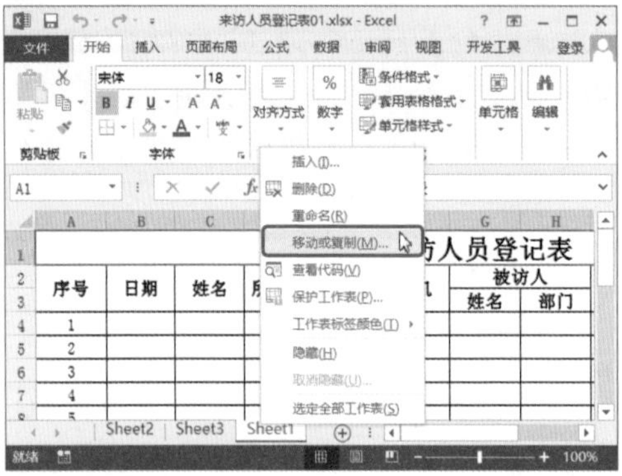

02 弹出【移动或复制工作表】对话框，在【将选定工作表移至工作簿】下拉列表中默认选择当前工作簿【来访人员登记表01.xlsx】选项，在【下列选定工作表之前】列表框中选择【Sheet2】选项，然后选中【建立副本】复选框。

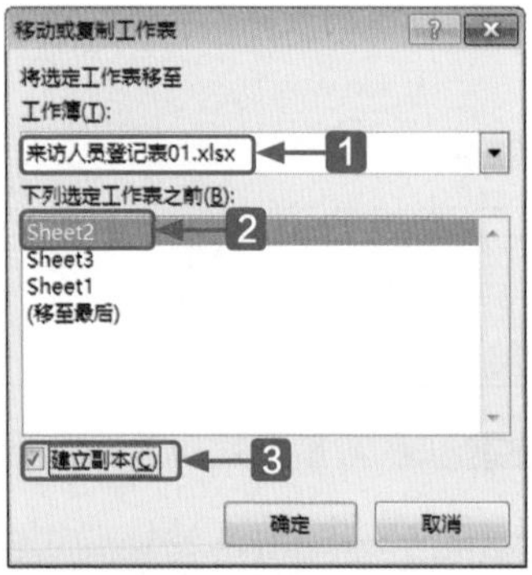

03 单击 确定 按钮，此时工作表“Sheet1”的副本“Sheet1（2）”就被复制到工作表“Sheet2”之前。

不同工作簿

在不同工作簿中移动或复制工作表的具体操作步骤如下。

01 在工作表标签“Sheet1（2）”上单击鼠标右键，从弹出的快捷菜单中选择【移动或复制】菜单项。

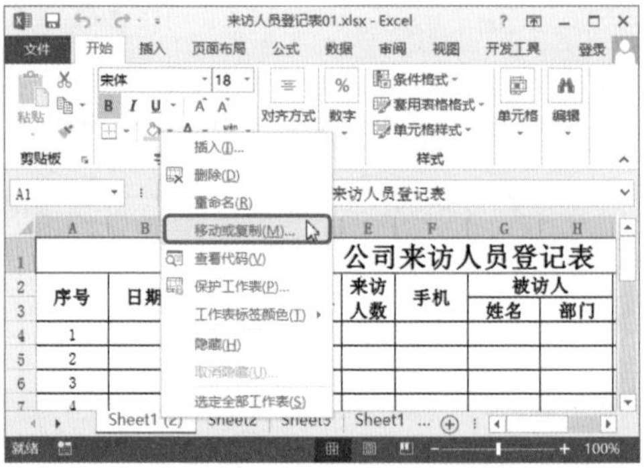

02 弹出【移动或复制工作表】对话框，在【将选定工作表移至工作簿】下拉表中选择【（新工作簿）】选项。

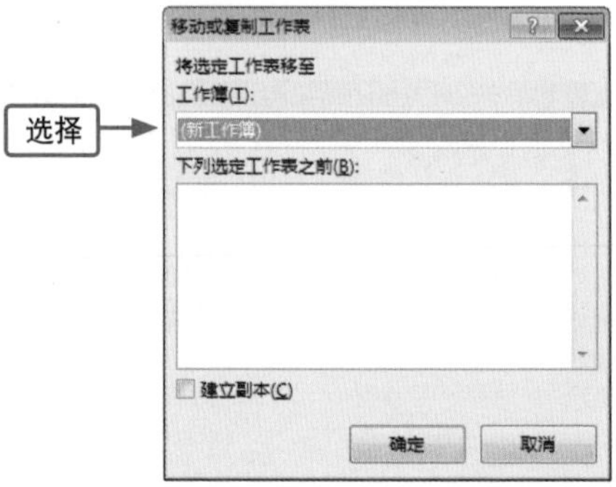

03 单击 确定 按钮，此时，工作簿“来访人员登记表01”中的工作表“Sheet1（2）”就被移动到了一个新的工作簿“工作簿1”中。

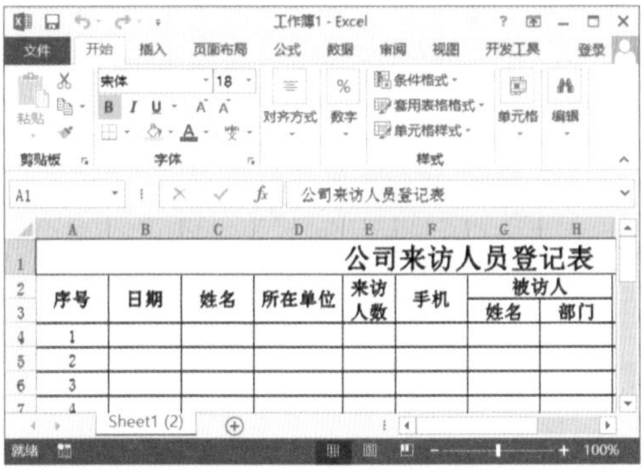

4. 重命名工作表

默认情况下，工作簿中的工作表名称为 Sheet1、Sheet2 等。在日常办公中，用户可以根据实际需要为工作表重新命名。具体操作步骤如下。

01 在工作表标签“Sheet1”上单击鼠标右键，从弹出的快捷菜单中选择【重命名】菜单项。

02 此时工作表标签“Sheet1”呈灰色底纹显示，工作表名称处于可编辑状态。

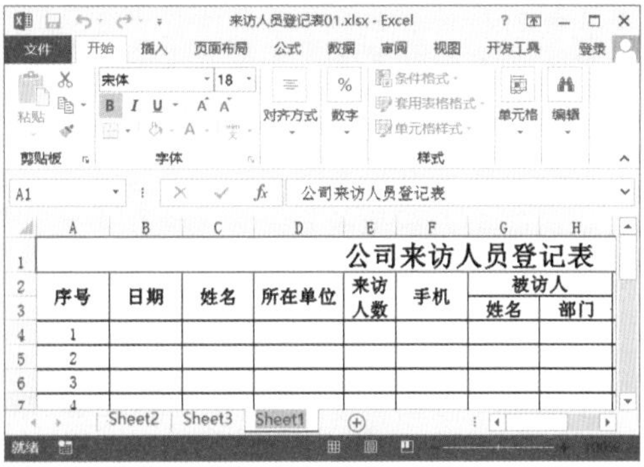

03 输入合适的工作表名称，然后按【Enter】键，效果如图所示。

04 另外，用户还可以在工作表标签上双击鼠标左键，快速地为工作表重命名。

5. 设置工作表标签颜色

当一个工作簿中有多个工作表时，为了提高观看效果，同时也为了方便对工作表的快速浏览，用户可以将工作表标签设置成不同的颜色。具体步骤如下。

01 在工作表标签“来访人员登记”上单击鼠标右键，从弹出的快捷菜单中选择【工作表标签颜色】菜单项。在弹出的级联菜单中列出了各种标准颜色，从中选择自己喜欢的颜色即可，例如选择【绿色】选项。

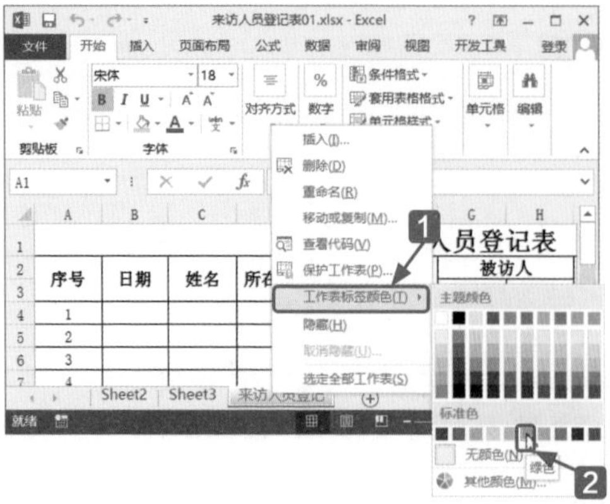

02 设置效果如图所示。

03 如果用户对【工作表标签颜色】级联菜单中的颜色不满意，还可以进行自定义操作。从【工作表标签颜色】级联菜单中选择【其他颜色】菜单项。

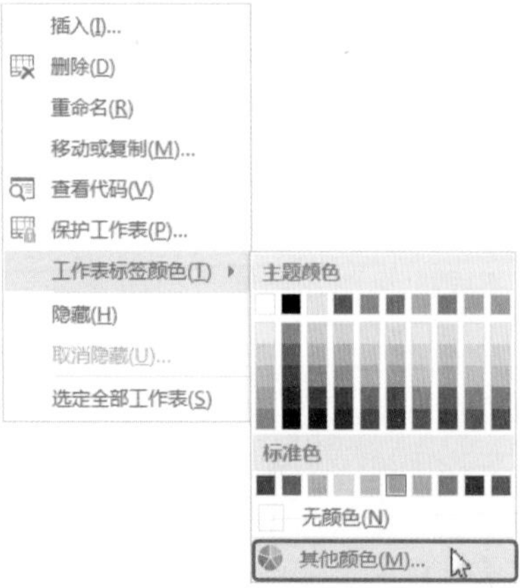

04 弹出【颜色】对话框，切换到【自定义】选项卡，从颜色面板中选择自己喜欢的颜色，设置完毕，单击 确定 按钮即可。

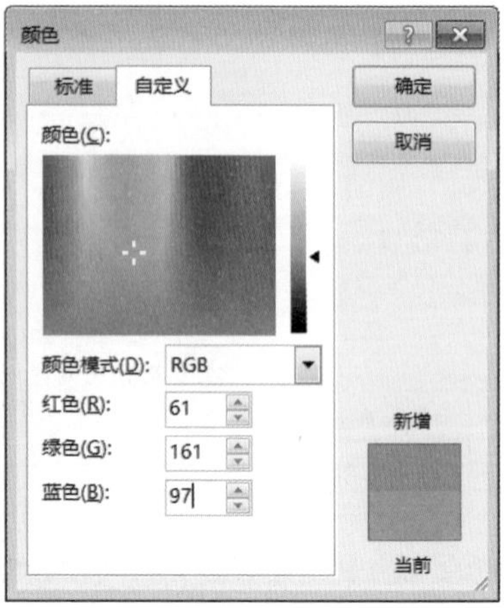

05 为工作表设置标签颜色的最终效果如图所示。

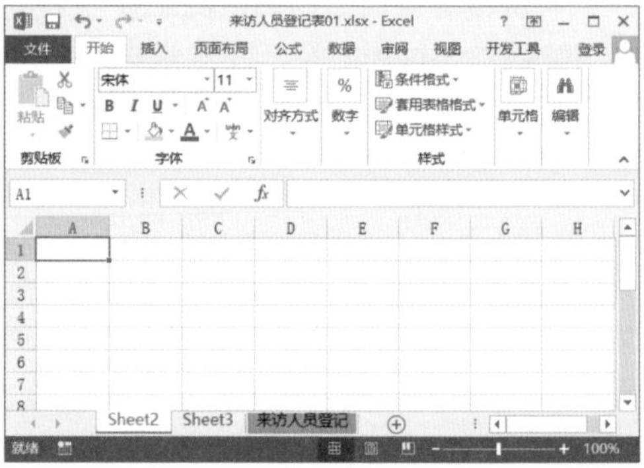

6. 保护工作表

为了防止他人随意更改工作表，用户也可以对工作表设置保护。

保护工作表

保护工作表的具体操作步骤如下。

01 在工作表“来访人员登记”中，切换到【审阅】选项卡，单击【更改】组中的 保护工作表 按钮。

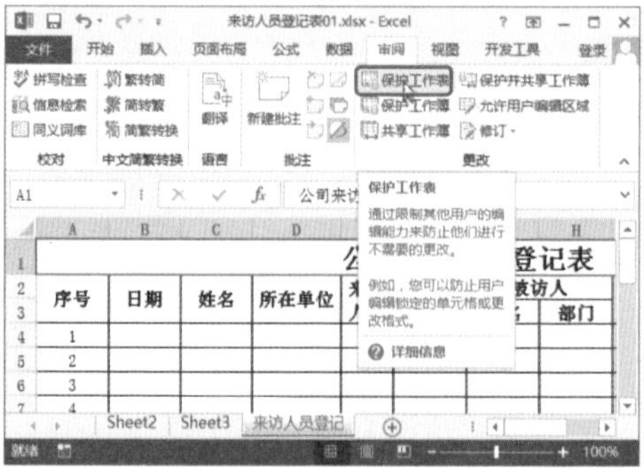

02 弹出【保护工作表】对话框，选中【保护工作表及锁定的单元格内容】复选框，在【取消工作表保护时使用的密码】文本框中输入“123”，然后在【允许此工作表的所有用户进行】列表框中选中【选定锁定单元格】和【选定未锁定的单元格】复选框。

03 单击 确定 按钮，弹出【确认密码】对话框，在【重新输入密码】文本框中输入“123”。

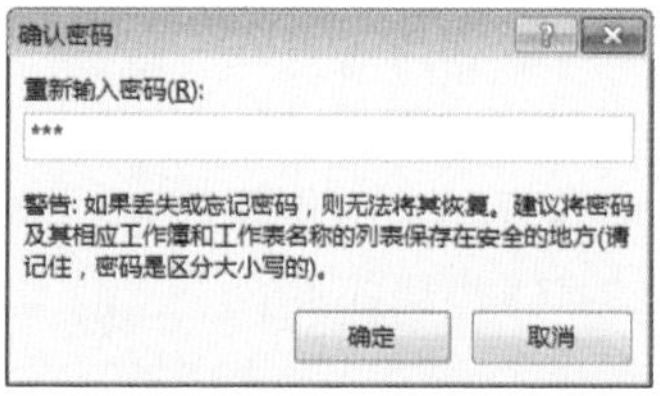

04 设置完毕，单击 确定 按钮即可。此时，如果要修改某个单元格中的内容，则会弹出【Microsoft Excel】提示对话框，直接单击 确定 按钮即可。

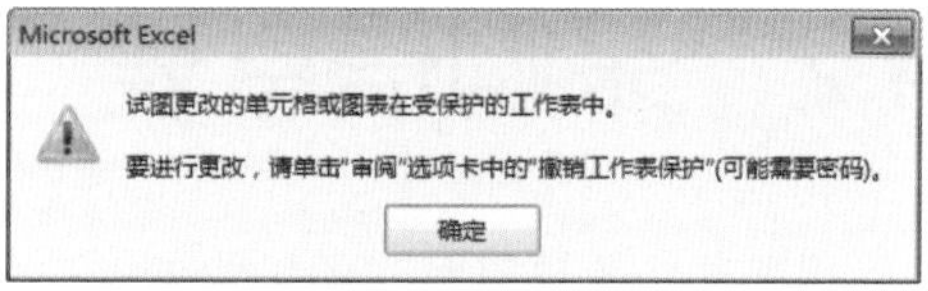

撤消工作表的保护

撤消工作表的保护的具体步骤如下。

01 在工作表“来访人员登记表”中，切换到【审阅】选项卡，单击【更改】组中的 撤消工作表保护 按钮。

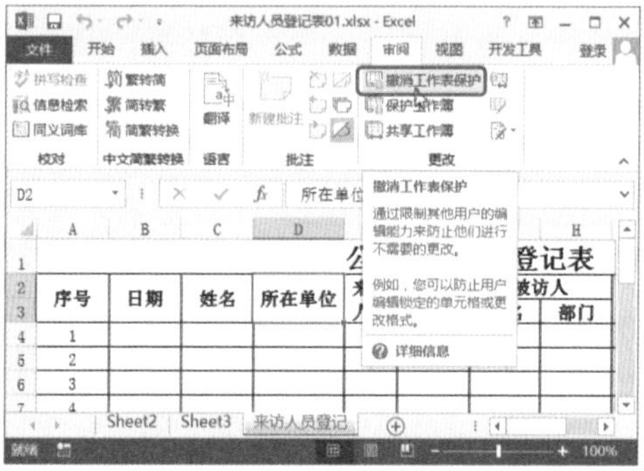

02 弹出【撤消工作表保护】对话框，在【密码】文本框中输入“123”。

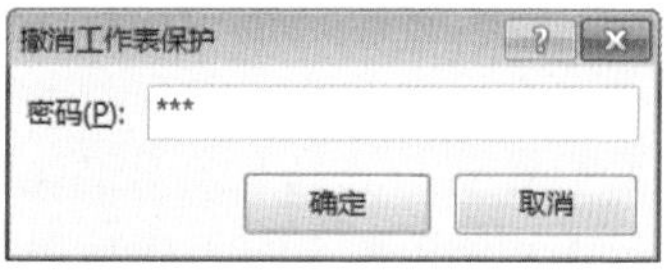

03 单击 确定 按钮即可撤消对工作表的保护，此时【更改】组中的 撤消工作表保护 按钮则会变成 保护工作表 按钮。

4.2 采购信息表

采购部门需要对每次的采购工作进行记录，以便于统计采购的数量和总金额，而且还可以对比各供货商的供货单价，从而决定下一次采购的供货对象。

4.2.1 输入数据

创建工作表后的第一步就是向工作表中输入各种数据。工作表中常用的数据类型包括文本型数据、货币型数据、日期型数据等。

本小节示例文件位置如下。	
原始文件	第 4 章 \ 药品采购信息表
最终效果	第 4 章 \ 药品采购信息表 01

扫码看视频

1. 输入文本型数据

文本型数据是指字符或者数值和字符的组合。输入文本型数据的具体操作步骤如下。

01 打开本实例的原始文件，选中要输入文本的单元格A1，然后输入“药品采购信息表”，输入完毕按【Enter】键即可。

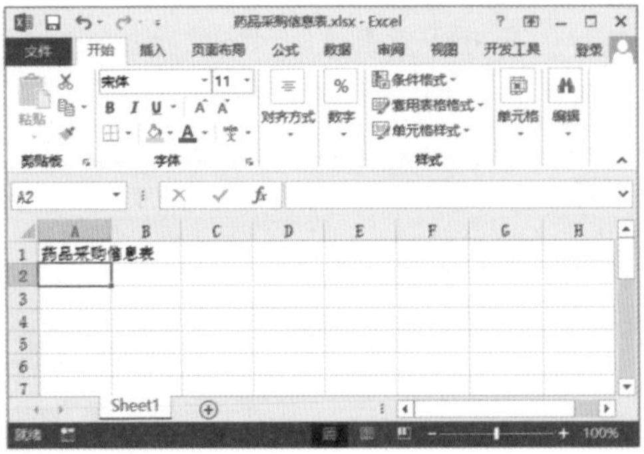

02 使用同样的方法输入其他的文本型数据即可。

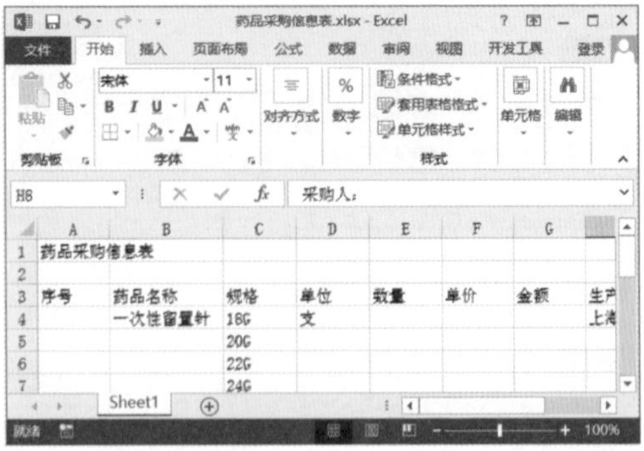

2. 输入常规数字

Excel 2013 默认状态下的单元格格式为常规，此时输入的数字没有特定格式。在“数量”和“单价”栏中输入相应的数字，效果如图所示。

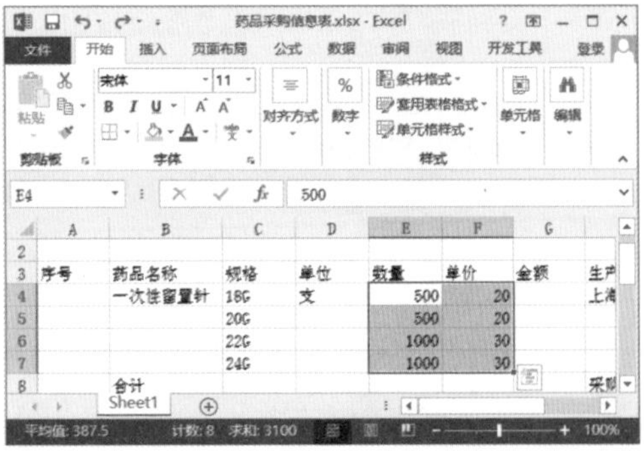

3. 输入货币型数据

货币型数据用于表示一般货币格式。如要输入货币型数据，首先要输入常规数字，然后设置单元格格式即可。输入货币型数据的具体步骤如下。

01 在“金额”栏中输入相应的常规数字，“金额”栏中数字的计算方法在下面的4.2.2小节中的“数据计算”中再详细讲解。

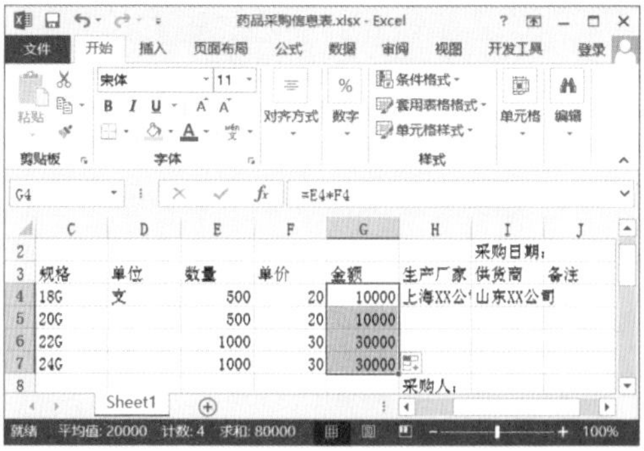

02 选中单元格区域G4:G7，切换到【开始】选项卡，单击【数字】组中的【对话框启动器】按钮。

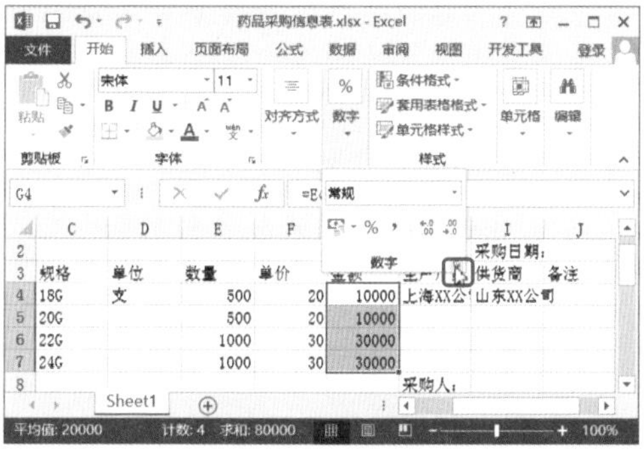

03 弹出【设置单元格格式】对话框，切换到【数字】选项卡，在【分类】列表框中选择【货币】选项，在右侧的【小数位数】微调框中输入“2”，在【货币符号（国家/地区）】下拉列表中选择【￥】选项，然后在【负数】列表框中选择一种合适的负数形式。

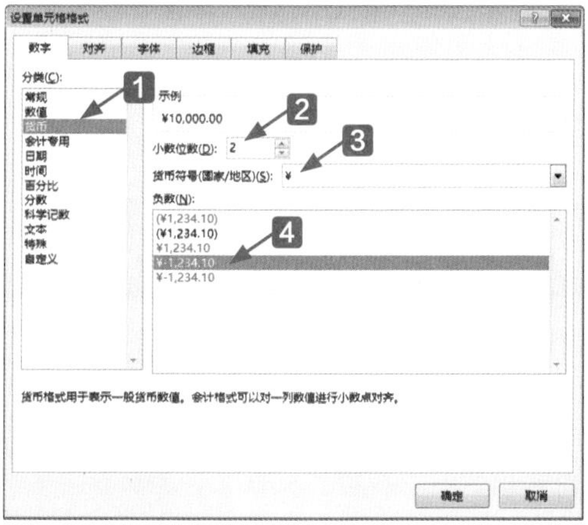

04 设置完毕，单击 确定 按钮即可。

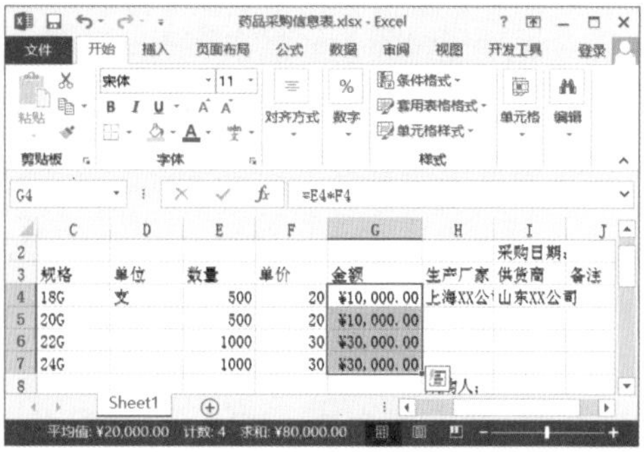

4. 输入日期型数据

日期型数据是工作表中经常使用的一种数据类型。在单元格中输入日期的具体步骤如下。

01 选中单元格J2，输入“2014-6-8”，中间用“-”隔开。

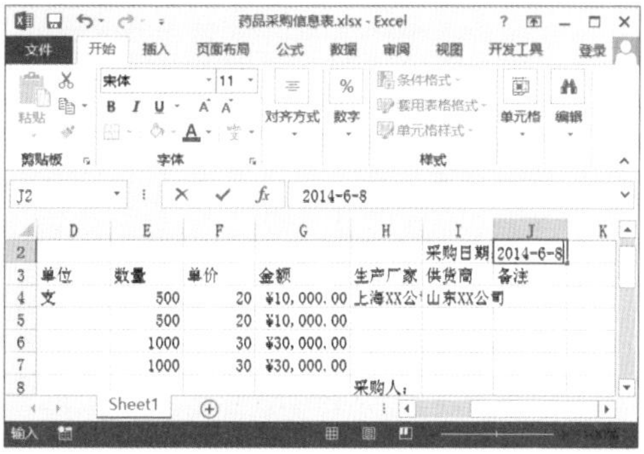

02 按【Enter】键，日期变成“2014/6/8”。

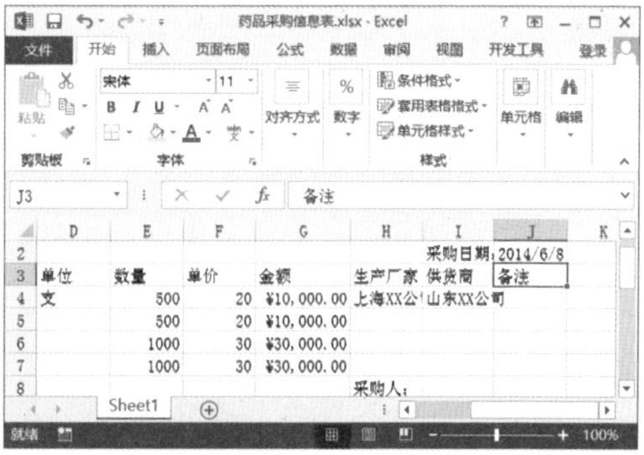

提示

日期变为“2014/6/8”是由于 Excel 默认的时间格式为“*2012/3/14”。

03 如果用户对日期格式不满意，可以进行自定义。选中单元格J2，切换到【开始】选项卡，单击【数字】组中的【对话框启动器】按钮，弹出【设置单元格格式】对话框，切换到【数字】选项卡，在【分类】列表框中选择【日期】选项，然后在右侧的【类型】列表框中选择【*2012年3月14日】选项。

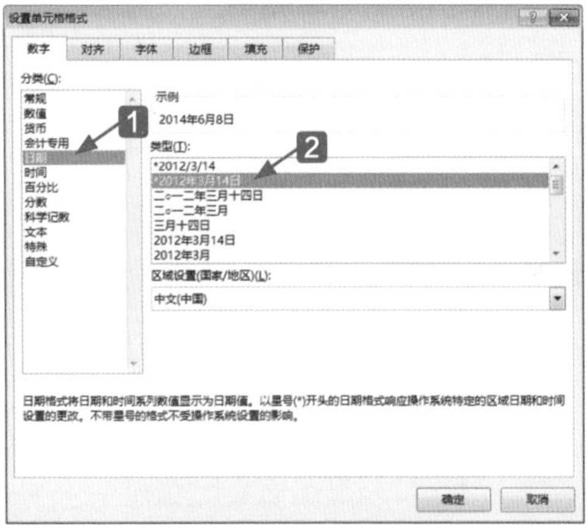

04 设置完毕，单击 确定 按钮，此时日期变成了“2014年6月8日”。

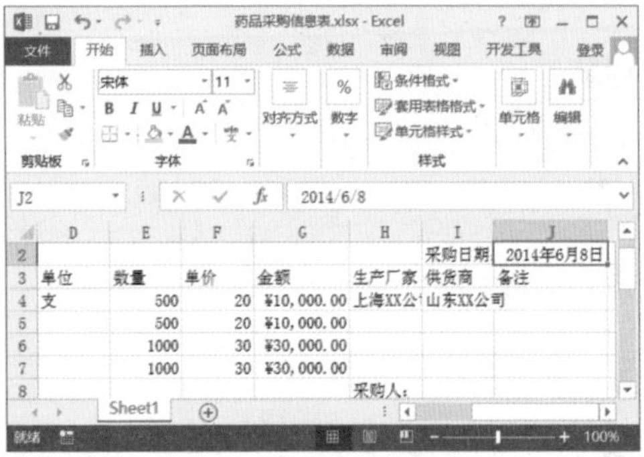

4.2.2 编辑数据

数据输入完毕，接下来就可以编辑数据了。编辑数据的操作主要包括填充、查找和替换以及删除等。

本小节示例文件位置如下。	
原始文件	第 4 章 \ 药品采购信息表 01
最终效果	第 4 章 \ 药品采购信息表 02

扫码看视频

1. 填充数据

在 Excel 表格中填写数据时，经常会遇到一些在内容上相同，或者在结构上有规律的数据，例如 1、2、3……星期一、星期二、星期三……对这些数据用户可以采用填充功能，进行快速 编辑。

相同数据的填充

如果用户要在连续的单元格中输入相同的数据，可以直接使用“填充柄”进行快速编辑，具体的操作步骤如下。

01 打开本实例的原始文件，选中单元格B4，将鼠标指针移至单元格的右下角，此时出现一个填充柄**+**。

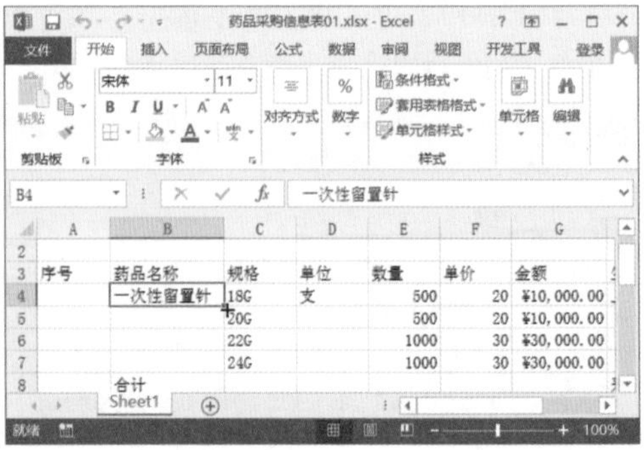

02 按住鼠标左键不放，将填充柄**+**向下拖曳到合适的位置，然后释放鼠标左键，此时，选中的区域均填充了与单元格B4相同的数据。

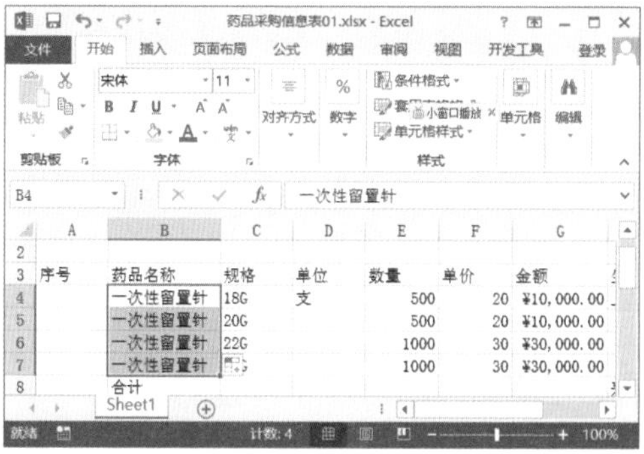

03 使用同样方法，对其他数据进行填充，如图所示。

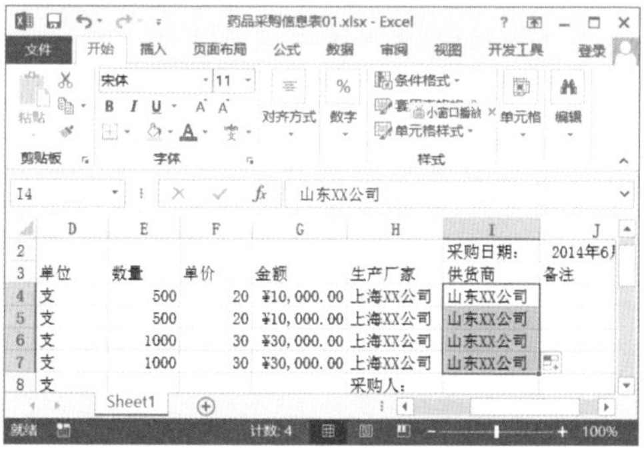

不同数据的填充

如果用户要在连续的单元格中输入有规律的一列或一行数据，可以使用【填充】对话框进行快速编辑，具体的操作步骤如下。

01 选中单元格A4，然后输入数字“1”，切换到【开始】选项卡，单击【编辑】组中的【填充】按钮 填充，从弹出的下拉列表中选择【序列】选项。

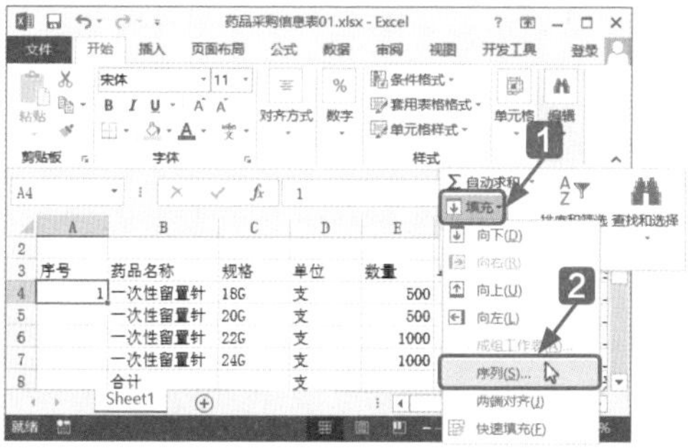

02 弹出【序列】对话框，在【序列产生在】组合框中选中【列】单选钮，在【类型】组合框中选中【等差序列】单选钮，在【步长值】文本框中输入“1”，在【终止值】文本框中输入“4”。

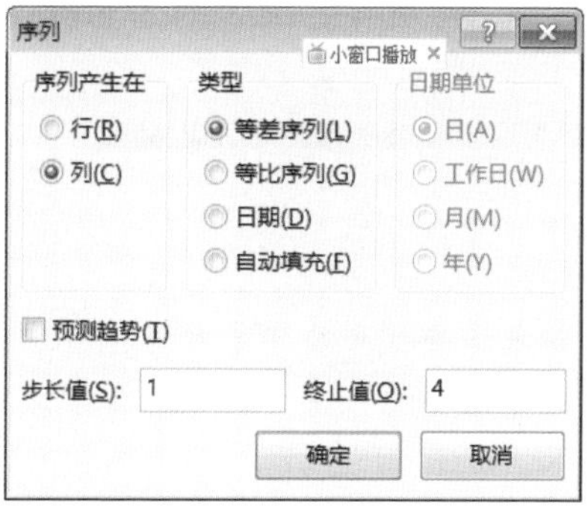

03 单击 确定 按钮，填充效果如图所示。

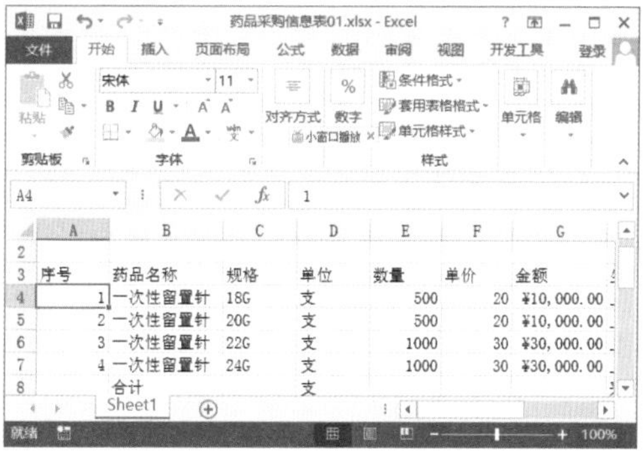

2. 查找和替换数据

使用 Excel 2013 的查找功能可以找到特定的数据，使用替换功能可以用新数据替换原数据。

查找数据

查找数据的具体步骤如下。

01 切换到【开始】选项卡，单击【编辑】组中的【查找和选择】按钮，从弹出的下拉列表中选择【查找】选项。

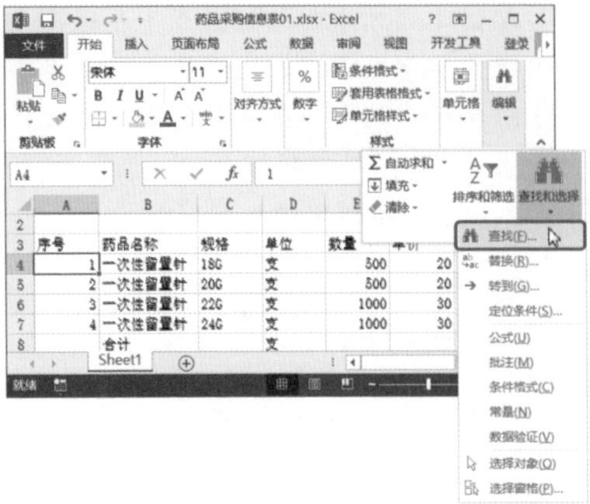

02 弹出【查找和替换】对话框，切换到【查找】选项卡，在【查找内容】文本框中输入“22G”。

03 单击 查找全部(I) 按钮，此时光标定位在了要查找的内容上，并在对话框中显示了具体的查找结果。查找完毕，单击 关闭 按钮即可。

替换数据

替换数据的具体步骤如下。

01 切换到【开始】选项卡，单击【编辑】组中的【查找和选择】按钮，从弹出的下拉列表中选择【替换】选项。

02 弹出【查找和替换】对话框，切换到【替换】选项卡，在【查找内容】文本框中输入“合计”，在【替换为】文本框中输入“金额合计”。

03 单击 查找全部(I) 按钮，此时光标定位在了要查找的内容上，并在对话框中显示了具体的查找结果。

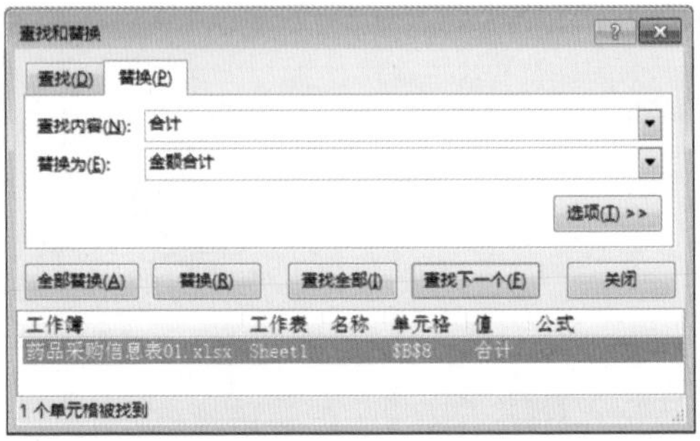

04 单击 全部替换(A) 按钮，弹出【Microsoft

Excel】提示对话框，并显示替换结果。

05 单击 确定 按钮，返回【查找和替换】对话框，替换完毕，单击 关闭 按钮即可。

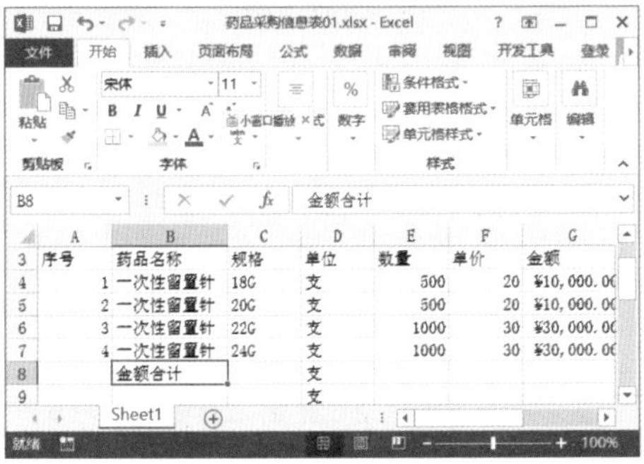

3. 删除数据

当输入的数据不正确时可以通过按键盘上的删除键进行单个删除，也可以通过【清除】按钮进行批量删除。

单个删除

删除单个数据的方法很简单，选中要删除数据的单元格，然后按【BackSpace】键或【Delete】键即可。

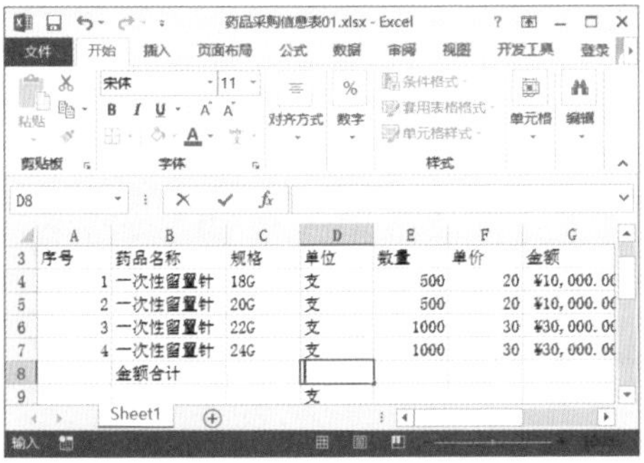

批量删除

批量删除工作表中数据的具体步骤如下。

01 选中要删除数据的单元格区域，切换到【开始】选项卡，单击【编辑】组中的【清除】按钮 清除 ，从弹出的下拉列表中选择【清除内容】选项。

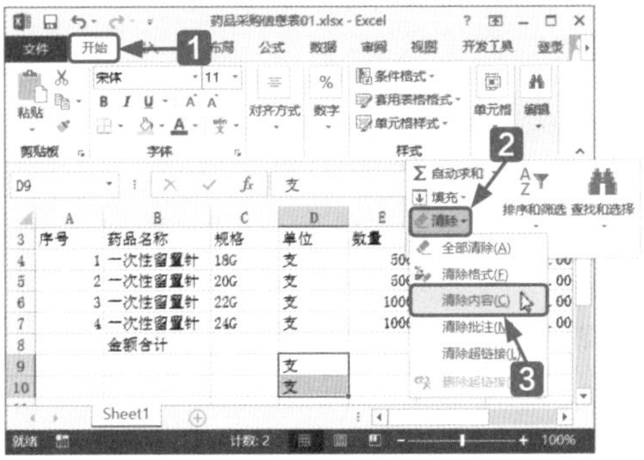

02 此时，选中的单元格区域中的内容就被清除了。

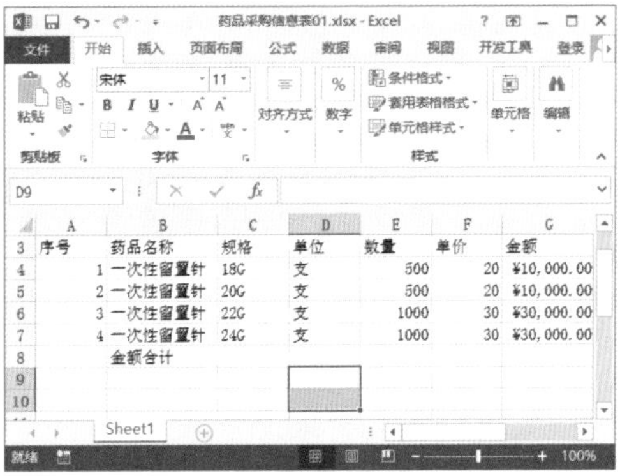

4. 数据计算

在编辑表格的过程中经常遇到一些数据计算，如求积、求和等。

求积

“金额”栏中的数据是这样计算出来的，具体步骤如下。

01 先将“金额”栏中的数据清除。

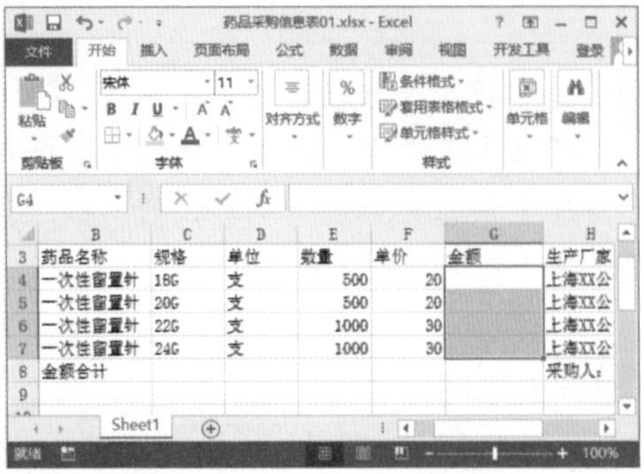

02 选中单元格G4，然后输入“=E4*F4”，输入完毕，按【Enter】键。

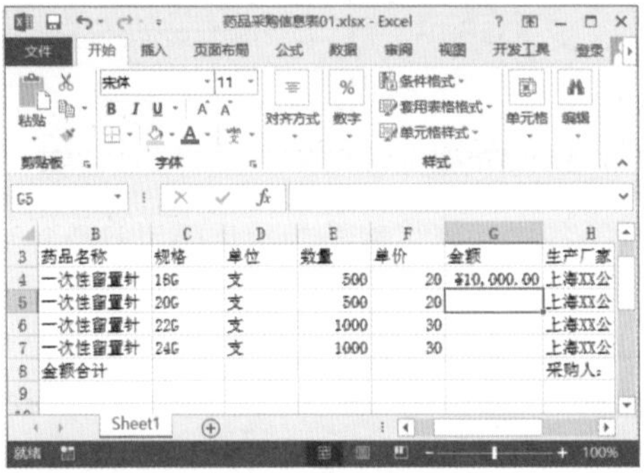

03 使用填充柄╋向下拖曳到合适的位置，“金额”栏中的数据就全部计算出来了。

○ 求和

在“金额合计”栏中的数据是这样计算出来的，具体步骤如下。

01 选中单元格G8，切换到【开始】选项卡，单击【编辑】组中的 Σ 自动求和 - 按钮。

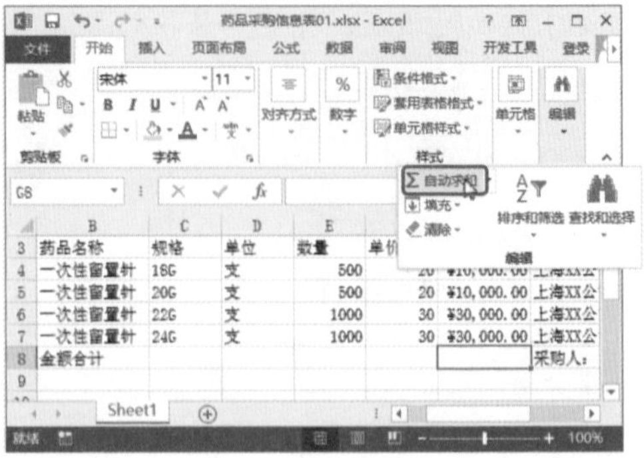

02 此时，单元格G8自动引用求和公式。

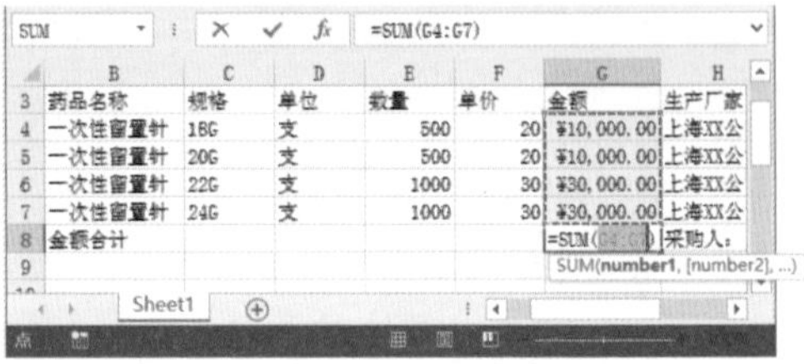

03 确认求和公式无误后，按【Enter】键即可。

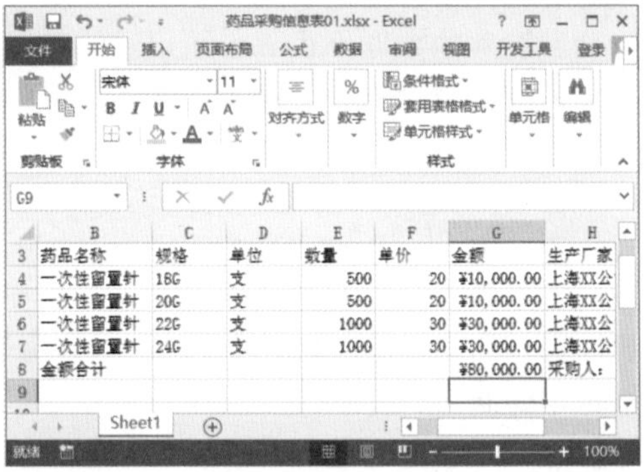

提 示

SUM函数的函数功能是返回某一单元格区域中数字、逻辑值及数字的文本表达式之和。

语法格式：SUM(number1, number2,...)

number1, number2,... 为 1 到 30 个需要求和的参数。

4.2.3 单元格的基本操作

单元格是表格中行与列的交叉部分，它是组成表格的最小单位。单元格的基本操作包括选中、合并和拆分等。

本小节示例文件位置如下。	
原始文件	第 4 章\药品采购信息表 02
最终效果	第 4 章\药品采购信息表 03

扫码看视频

1. 单元格选取的技巧

选中单个单元格的方法很简单，直接用鼠标单击要选择的单元格即可。下面主要介绍选取单元格区域、整个表格的技巧。

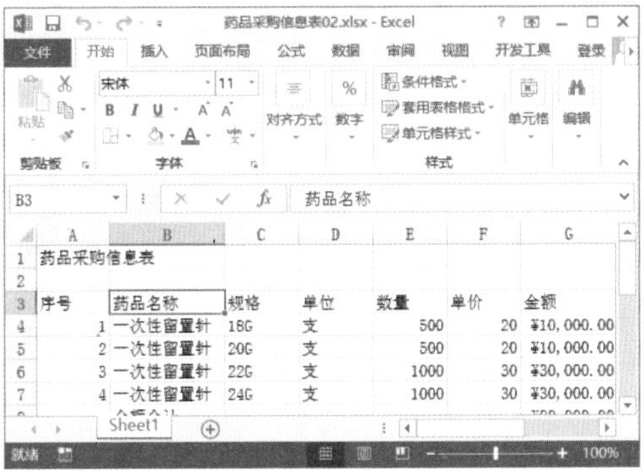

选中连续的单元格区域

选中连续的单元格区域的具体步骤如下。

01 选中其中一个单元格，然后向任意方向拖动鼠标即可选择一块连续的单元格区域。

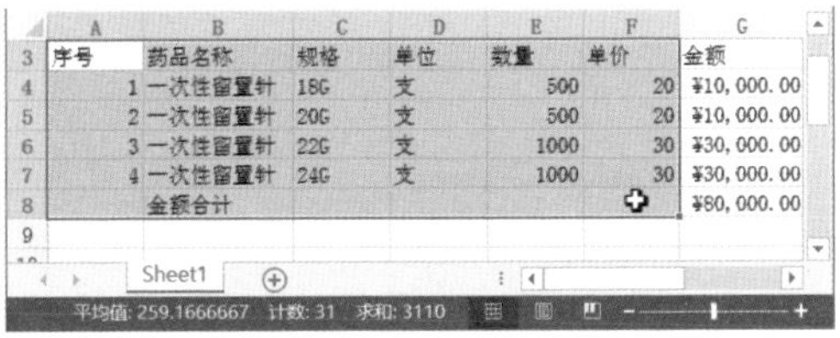

02 另外，选中要选择的第一个单元格，然后按【Shift】键的同时选中最后一个单元格，也可以选中连续的单元格区域。

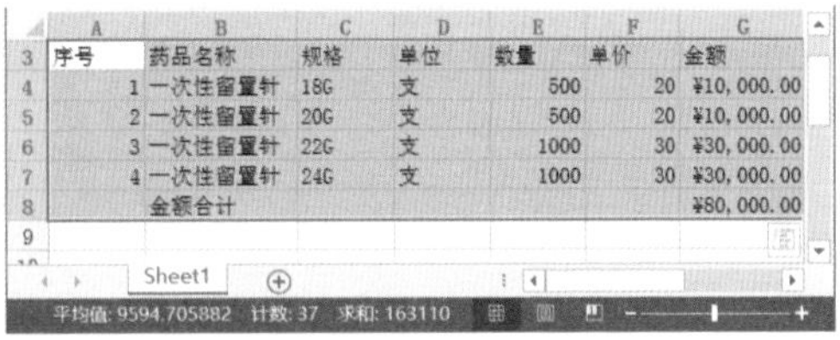

选中不连续的单元格区域

选中要选择的第一个单元格，然后按【Ctrl】键的同时依次选中其他单元格即可。

选中全表

选中全表的方法很简单，可以使用【Ctrl】+【A】组合键选中全表，也可以单击表格行和列左上角交叉处的【全选】按钮◢。

利用名称框选取区域

在名称框中输入想要选择的单元格或单元格区域，按【Enter】键即可显示选中的单元格或单元格区域。

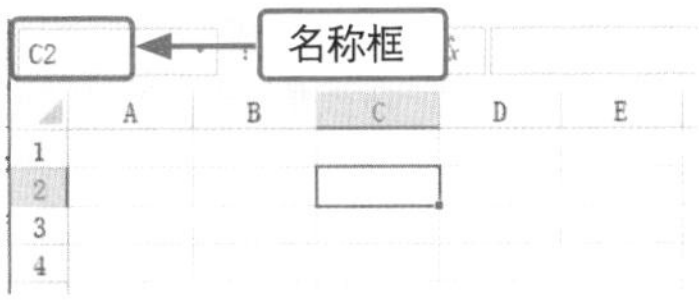

2. 合并和拆分单元格

在编辑工作表的过程中，经常会用到合并和拆分单元格。合并和拆分单元格的具体步骤如下。

01 选中要合并的单元格区域A1:J1，然后切换到【开始】选项卡，单击【对齐方式】组中的【合并后居中】按钮。

02 随即单元格区域A1:J1被合并成了一个单元格。

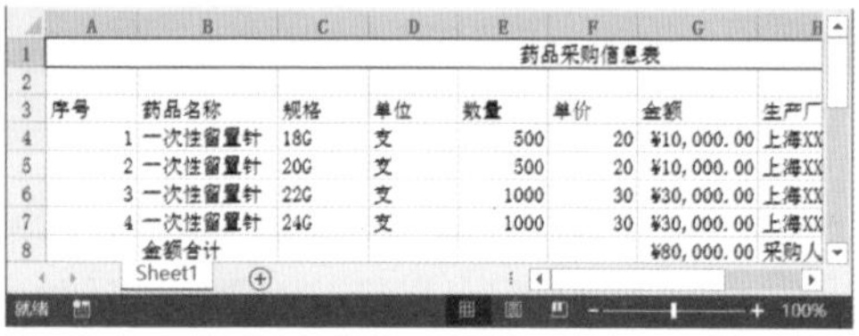

03 如果要拆分单元格，先选中要拆分的单元格，然后切换到【开始】选项卡，单击【对齐方式】组中的【合并后居中】按钮右侧的下三角按钮，从弹出的下拉列表中选择【取消单元格合并】选项即可。

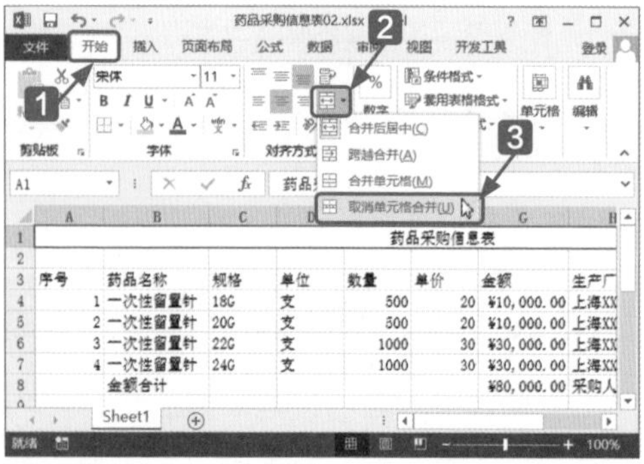

用户也可以使用【设置单元格格式】对话框合并单元格，选中要合并的单元格区域，按【Ctrl】+【1】组合键打开【设置单元格格式】对话框，切换到【对齐】选项卡，在【文本控制】组合框中选中【合并单元格】复选框即可。

4.2.4 设置单元格格式

单元格格式的设置主要包括设置字体格式、对齐方式、边框和底纹以及背景色等。

本小节示例文件位置如下。	
原始文件	第 4 章\药品采购信息表 03
最终效果	第 4 章\药品采购信息表 04

扫码看视频

1. 设置字体格式

在编辑工作表的过程中，用户可以通过设置字体格式的方式突出显示某些单元格。设置字体格式的具体步骤如下。

01 打开本实例的原始文件，选中单元格A1，切换到【开始】选项卡，单击【字体】组中的【对话框启动器】按钮，弹出【设置单元格格式】对话框，切换到【字体】选项卡，在【字体】列表框中选择【华文楷体】选项，在【字形】列表框中选择【加粗】选项，在【字号】列表框中选择【22】选项。

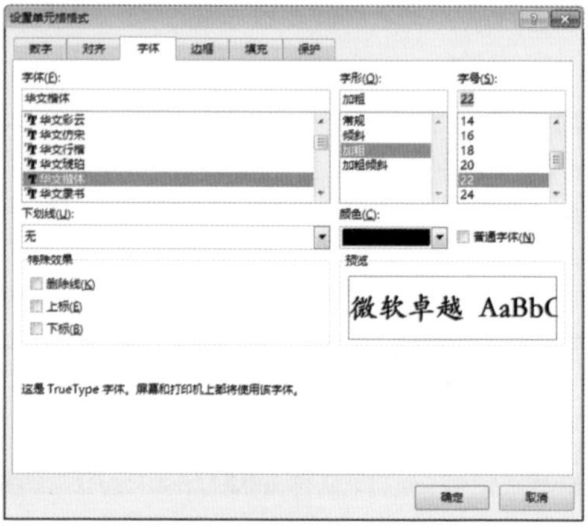

02 单击 确定 按钮返回工作表中即可。

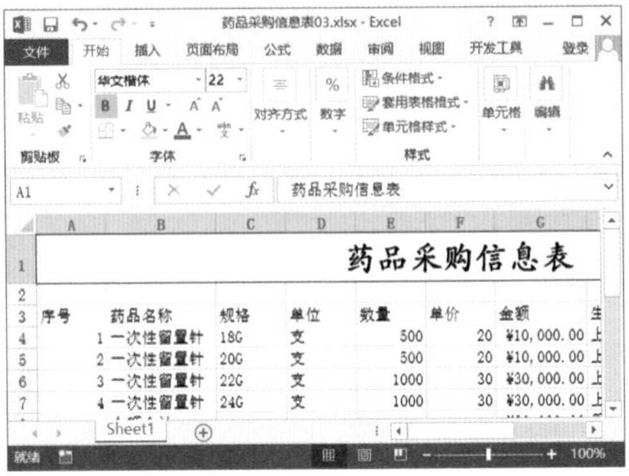

03 使用同样的方法设置其他单元格区域的字体格式即可。

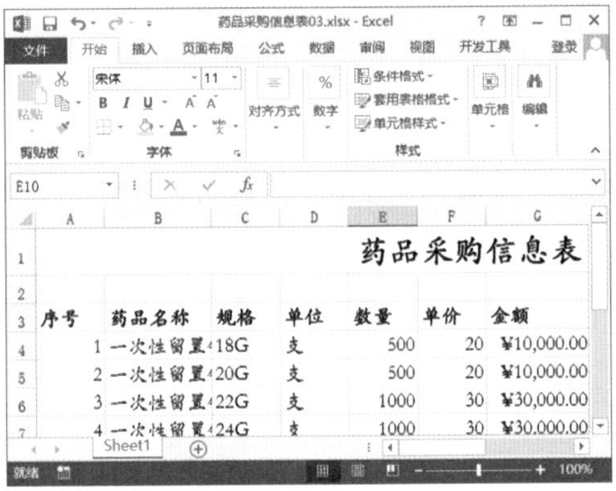

2. 调整行高和列宽

为了使工作表看起来更加美观，用户可以调整行高和列宽。调整列宽的具体步骤如下。

01 将鼠标指针放在要调整列宽的列标记右侧的分隔线上，此时鼠标指针变成✣形状。

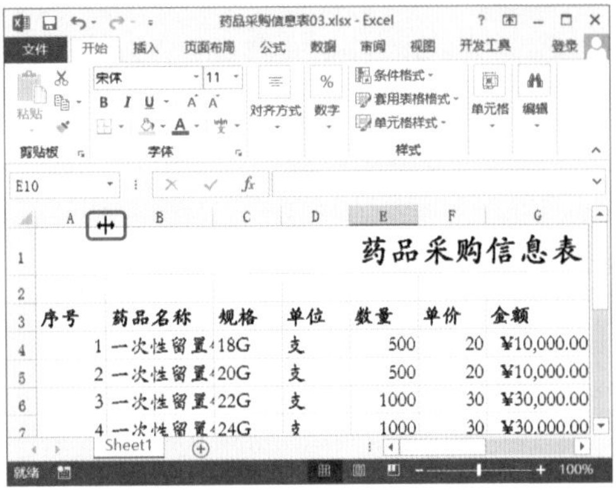

02 按住鼠标左键，此时可以拖动调整列宽，并在上方显示宽度值，拖动到合适的列宽即可释放鼠标，用户还可以双击鼠标调整列宽。

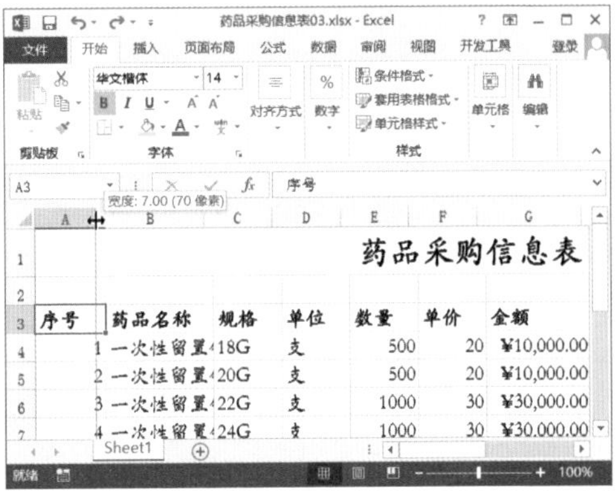

03 使用同样的方法调整其他列的列宽和行高即可，调整完毕，效果如图所示。

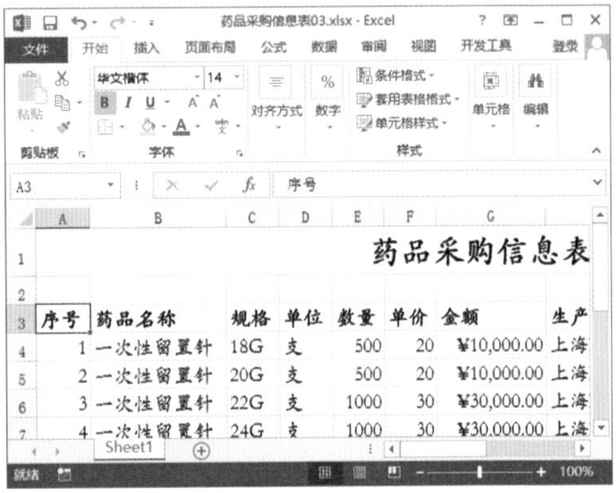

3. 添加边框和底纹

为了使工作表看起来更加直观，可以为表格添加边框和底纹。具体步骤如下。

01 选中单元格区域A3:J8，切换到【开始】选项卡，单击【字体】组右下角的【对话框启动器】按钮，弹出【设置单元格格式】对话框，切换到【边框】选项卡，在【样式】组合框中选择【较粗直线】选项，在右侧的【预置】组合框中单击【外边框】按钮；然后在【样式】组合框中选择【细虚线】选项，在右侧的【预置】组合框中单击【内部】按钮。

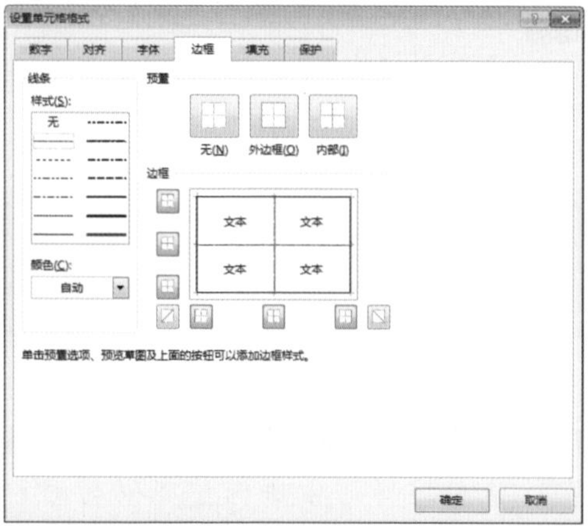

02 单击 确定 按钮返回工作表中，设置效果如图所示。

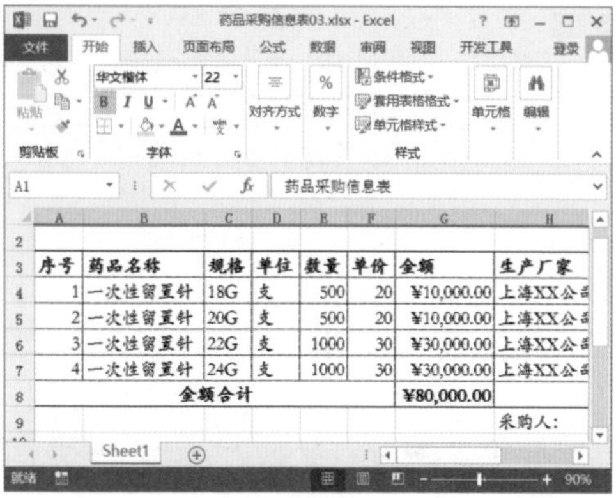

03 选中单元格区域G4:G8，使用同样的方法打开【设置单元格格式】对话框，切换到【填充】选项卡，在【背景色】组合框中选择一种合适的颜色。

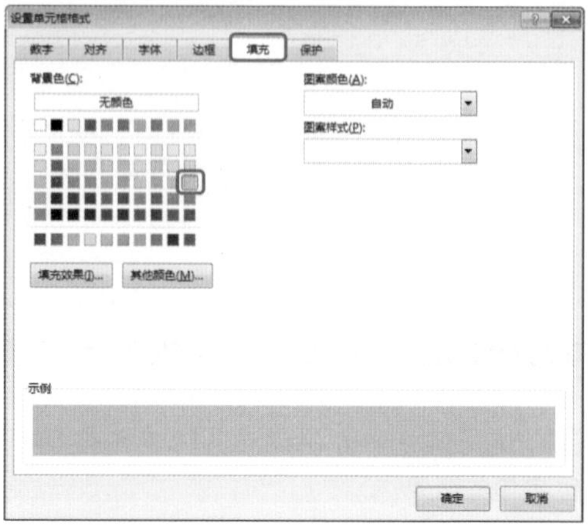

04 单击 确定 按钮，返回工作表中，设置效果如图所示。

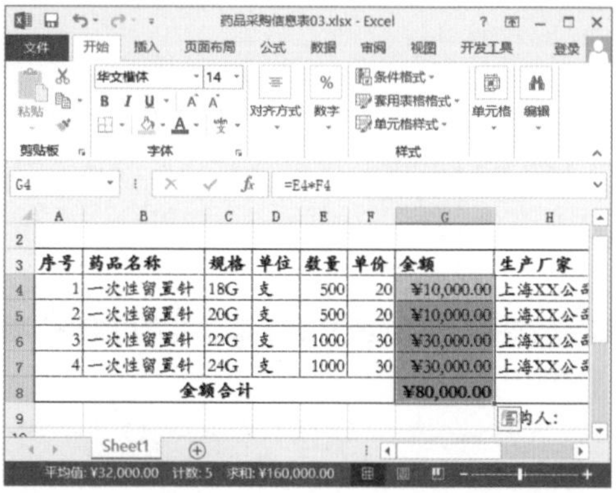

4.2.5 添加批注

为单元格添加批注是指为表格内容添加一些注释。当鼠标指针停留在带批注的单元格上时，用户可以查看其中的每条批注，也可以同时查看所有的批注，还可以打印批注，打印带批注的工作表。

本小节示例文件位置如下。

原始文件	第 4 章\药品采购信息表 04
最终效果	第 4 章\药品采购信息表 05

1. 插入批注

在 Excel 2013 工作表中，用户可以通过“审阅”选项卡为单元格插入批注。在单元格中插入批注的具体步骤如下。

01 打开本实例的原始文件，选中单元格G3，切换到【审阅】选项卡，单击【批注】组中的【新建批注】按钮。

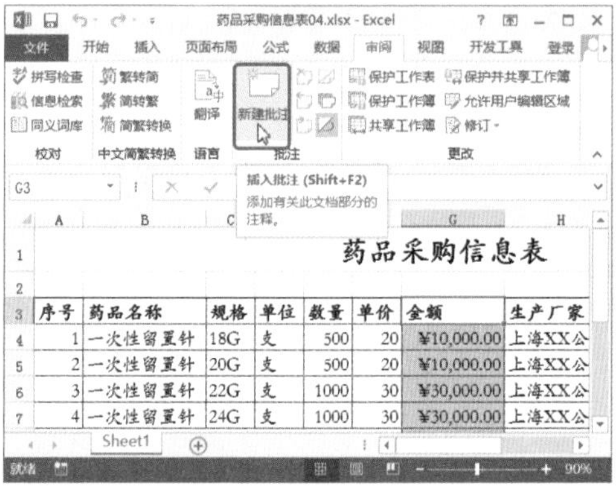

02 此时，在单元格G3的右上角出现一个红色小三角，并弹出一个批注框，然后在其中输入相应的文本。

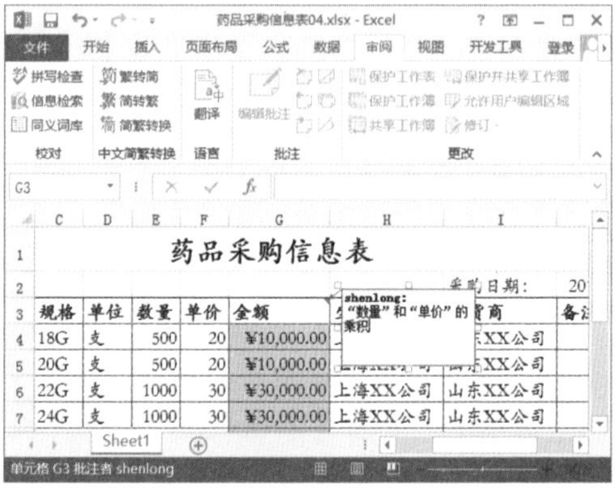

03 输入完毕，单击批注框外部的工作表区域，即可看到单元格G3中的批注框隐藏起来，只显示右上角的红色小三角。

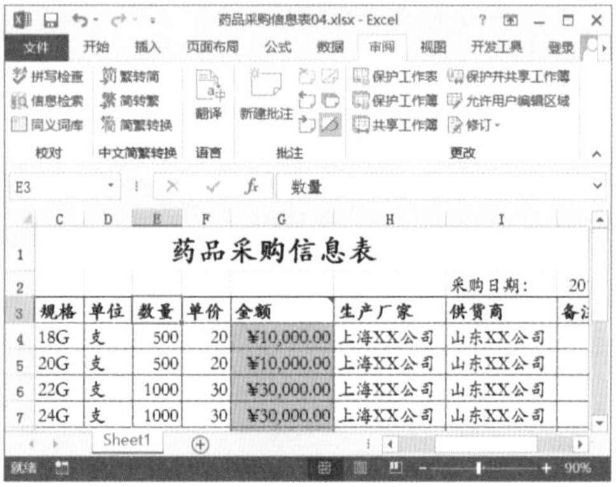

2. 编辑批注

插入批注后，用户可以对批注的大小、位置以及字体格式进行编辑。

调整批注的大小和位置

01 选中单元格G3，切换到【审阅】选项卡，单击【批注】组中的【显示/隐藏批注】按钮，随即弹出了批注框。

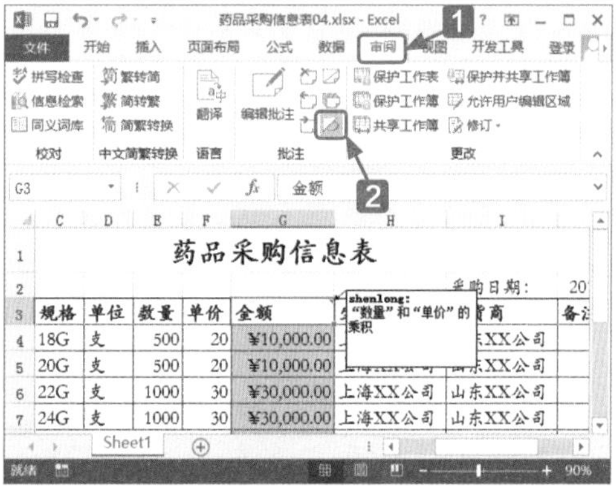

02 选中批注框，然后将鼠标指针移动到其右下角，此时鼠标指针变成↘形状。

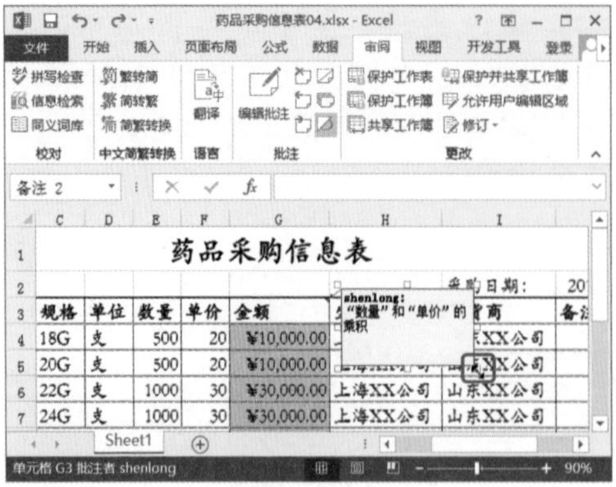

03 按住鼠标左键不放，拖动至合适的位置，调整完毕释放鼠标左键即可。

设置批注的格式

01 选中批注框中的内容，然后单击鼠标右键，从弹出的快捷菜单中选择【设置批注格式】菜单项。

02 弹出【设置批注格式】对话框，切换到【字体】选项卡，在【颜色】下拉列表中选择【红色】选项，其他选项保持默认。

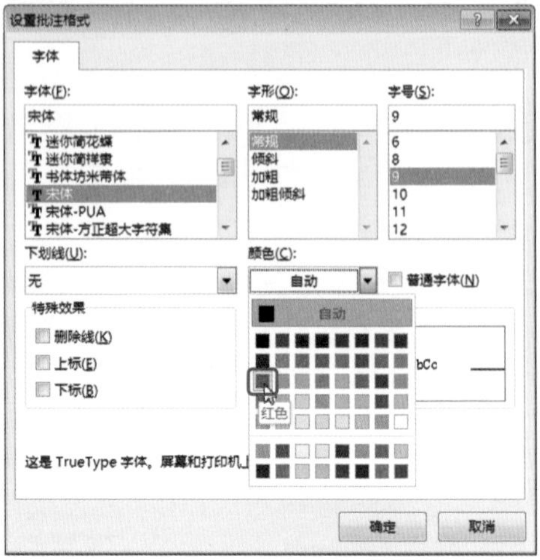

03 设置完毕，单击 确定 按钮即可。

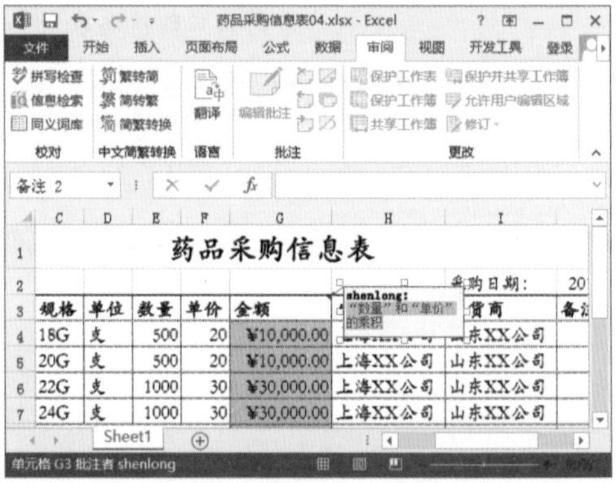

3. 打印批注

如果用户要打印批注内容，可以首先进行打印设置，然后将其打印出来。打印批注的具体步骤如下。

01 选中G3单元格，然后切换到【页面布局】选项卡，单击【页面设置】组右下角的【对话框启动器】按钮。

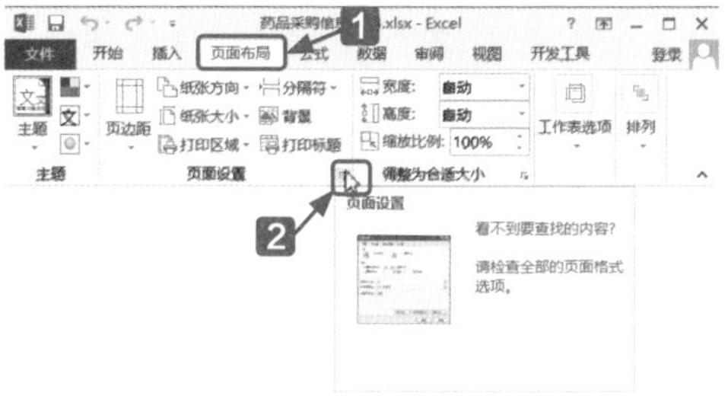

02 弹出【页面设置】对话框，切换到【工作表】选项卡，在【打印区域】文本框中输入打印区域“$A$1:$J$9”，然后在【批注】下拉列表中选择【工作表末尾】选项。

03 设置完毕，单击 打印预览(W) 按钮，批注在尾页中的打印效果如图所示。

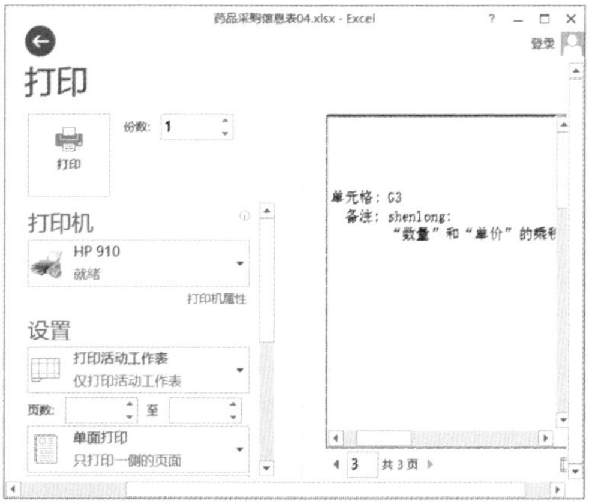

4.2.6 打印工作表

为了使工作表打印出来更加美观、大方，在打印之前用户还需要对其进行页面设置。

本小节示例文件位置如下。	
原始文件	第 4 章\药品采购信息表 05
最终效果	第 4 章\药品采购信息表 06

1. 页面设置

用户可以对工作表的方向、纸张大小以及页边距等要素进行设置。设置页面的具体步骤如下。

01 打开本实例的原始文件，切换到【页面布局】选项卡，单击【页面设置】组右下角的【对话框启动器】按钮。弹出【页面设置】对话框，切换到【页面】选项卡，在【方向】组合框中选中【横向】单选钮，在【纸张大小】下拉列表中选择纸张大小，例如选择【A4】选项。

02 切换到【页边距】选项卡，从中设置页边距，设置完毕，单击 确定 按钮即可。

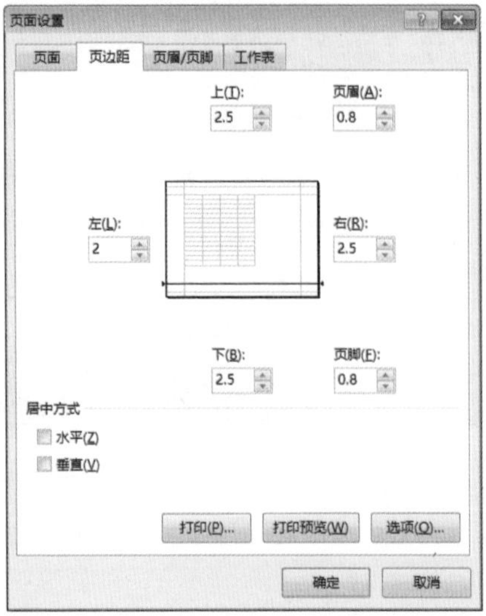

2. 添加页眉和页脚

用户可以根据需要为工作表添加页眉和页脚，不仅可以直接选用 Excel 2013 提供的各种样式，而且可以进行自定义。

自定义页眉

为工作表自定义页眉的具体步骤如下。

01 使用之前介绍的方法，打开【页面设置】对话框，切换到【页眉/页脚】选项卡。

02 单击 自定义页眉(C)... 按钮，弹出【页眉】对话框，然后在【左】文本框中输入“神龙医药有限公司”。

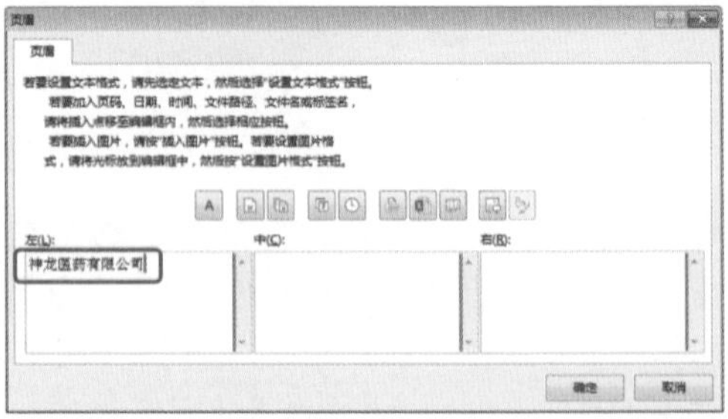

03 选中输入的文本，然后单击【格式文本】按钮 A，弹出【字体】对话框，在【字体】列表框中选择【华文楷体】选项，在【字形】列表框中选择【常规】选项，在【大小】列表框中选择【11】选项。

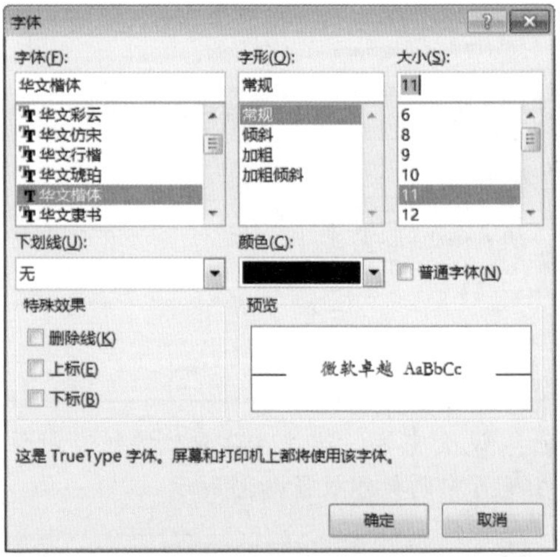

04 单击 确定 按钮，返回【页眉】选项卡，设置效果如图所示。

05 设置完毕单击 确定 按钮，返回【页面设置】对话框即可。

插入页脚

为工作表插入页脚的操作非常简单，切换到【页眉 / 页脚】选项卡，在【页脚】下拉列表中选择一种合适的样式，例如选择【药品采购信息表 05.xlsx, 第 1 页】选项，设置完毕，单击 确定 按钮即可。

3. 打印设置

用户在打印之前还需要根据自己的实际需要来设置工作表的打印区域，设置完毕可以通过预览页面查看打印效果。打印设置的具体步骤如下。

01 使用之前介绍的方法，打开【页面设置】对话框，切换到【工作表】选项卡。

02 单击【打印区域】文本框右侧的【折叠】按钮，弹出【页面设置-打印区域】对话框，然后在工作表中拖动鼠标指针选中打印区域。

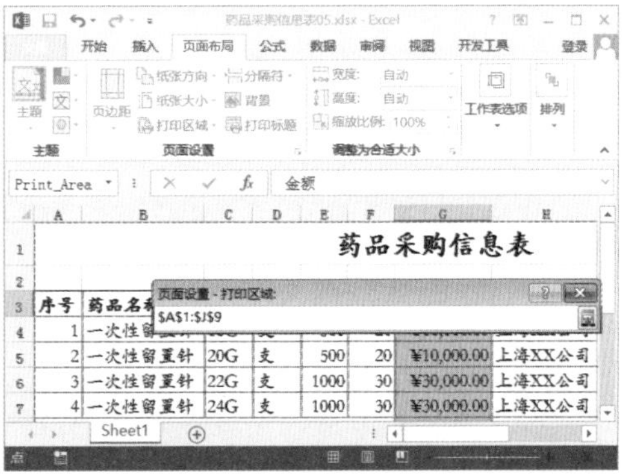

03 选择完毕，单击【展开】按钮，返

回【页面设置】对话框，然后在【批注】下拉列表中选择【（无）】选项。

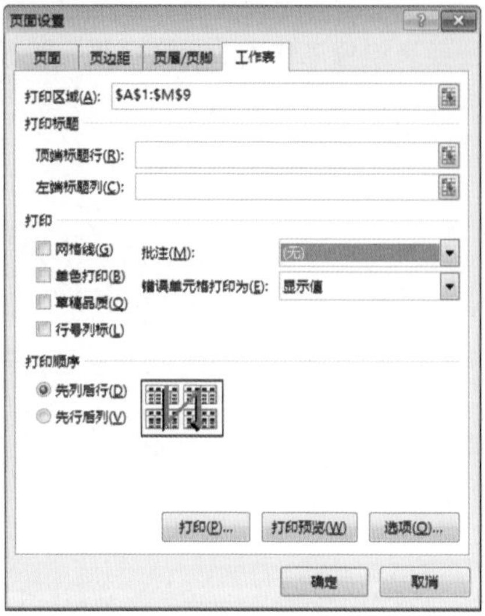

04 设置完毕单击 打印预览(W) 按钮，打印效果如图所示。

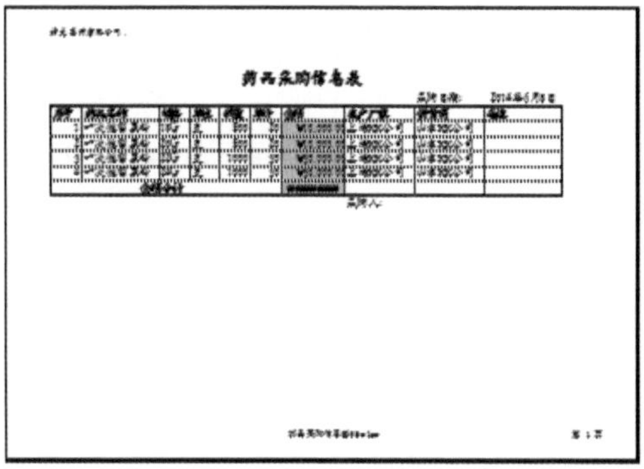

高手过招

区别数字文本和数值

在编辑如学号、职工号等数字编号时，常常要用到数字文本。为区别输入的数字是数字文本还是数值，需要在输入的数字文本前先输入“'”。在公式中若含有文本数据，则文本数据要用双引号“""”括起来。

01 选中单元格A1，然后输入“' 0001”。

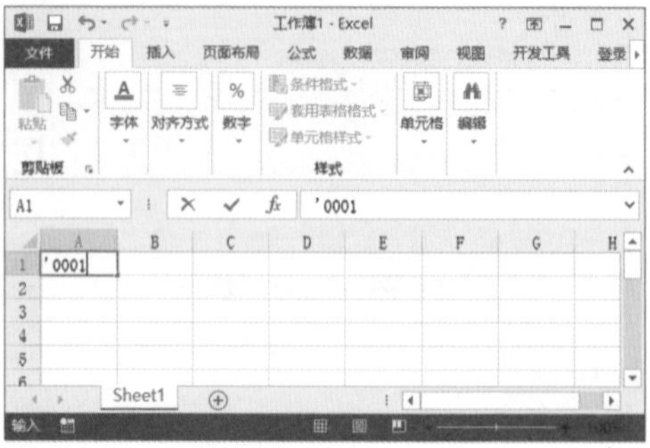

02 按下【Enter】键，此时单元格A1中的数据变为“0001”，并在单元格的左上角出现一个绿色三角标识，表示该数字为文本格式。

03 选中单元格C1，输入公式“=IF(B1>60,"及格","不及格")”，此时按下【Enter】键，单元格C1就会显示文本“及格”或“不及格”。

单元格里也能换行

如果在单元格中输入了很多字符，

Excel 会因为单元格的宽度不够而没有在工作表中显示多出来的部分。如果长文本单元格的右侧是空单元格，那么 Excel 会继续显示文本的其他内容直到全部内容都显示出来或遇到一个非空单元格而不再显示。

01 选中长文本单元格，按【Ctrl】+【1】组合键，弹出【设置单元格格式】对话框，切换到【对齐】选项卡，选定【自动换行】复选框。

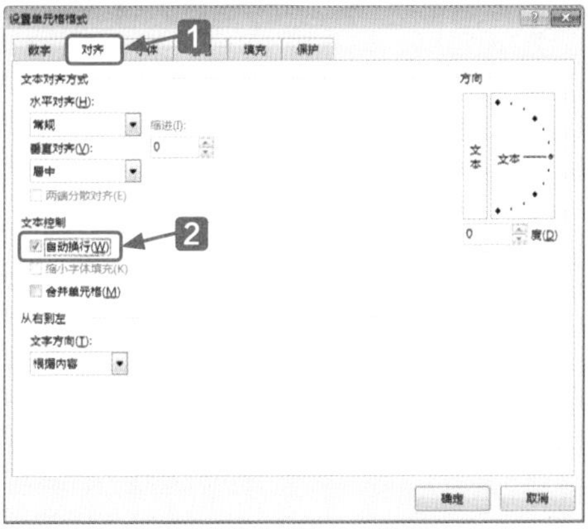

02 单击 确定 按钮，如图所示。

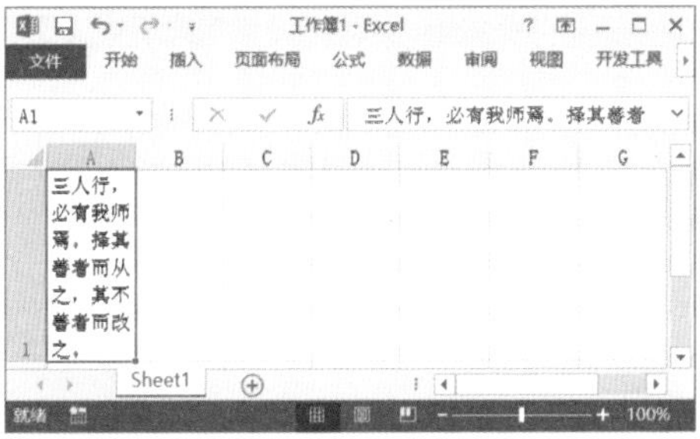

自动换行能够满足用户在显示方面的基本要求，但做得不够好，因为它不允许用户按照自己希望的方式进行换行。如果要自定义换行，可以在编辑栏中用“软回车”强制单元格中的内容按照指定的方式换行。

03 选定单元格后，把光标依次定位在每个逗号或句号的后面再按【Alt】+【Enter】组合键，就能够实现换行效果。

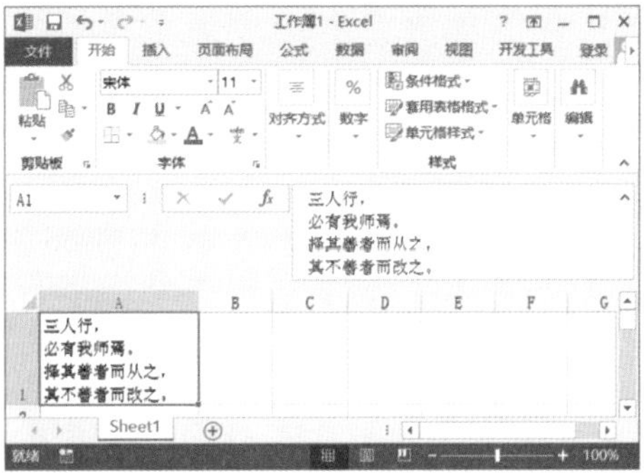

默认情况下 Excel 没有提供设置行间距的功能。如果用户希望在多行显示时设置行间距，方法如下。

04 选定长文本单元格，按【Ctrl】+【1】组合键，弹出【设置单元格格式】对话框，切换到【对齐】选项卡，在【垂直对齐】下拉列表中选择【两端对齐】选项。

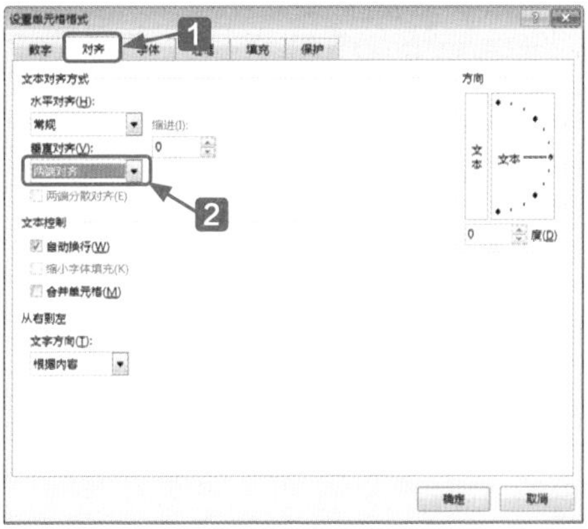

05 单击 确定 按钮，然后适当地调整单元格的高度就可以得到不同的行间距。

教你绘制斜线表头

在日常办公中经常会用到斜线表头，斜线表头具体的制作方法如下。

01 选中单元格A1，将其调整到合适的大小，然后切换到【开始】选项卡，单击【对齐方式】组右下角的【对话框启动器】按钮。

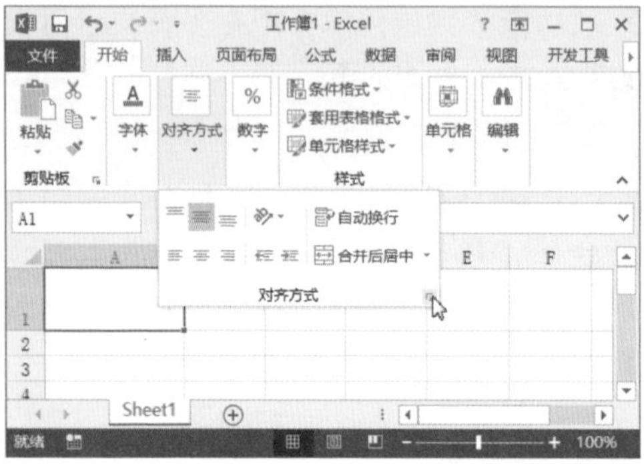

02 弹出【设置单元格格式】对话框，切换到【对齐】选项卡，在【垂直对齐】下拉列表中选择【靠上】选项，然后在【文本控制】组合框中选中【自动换行】复选框。

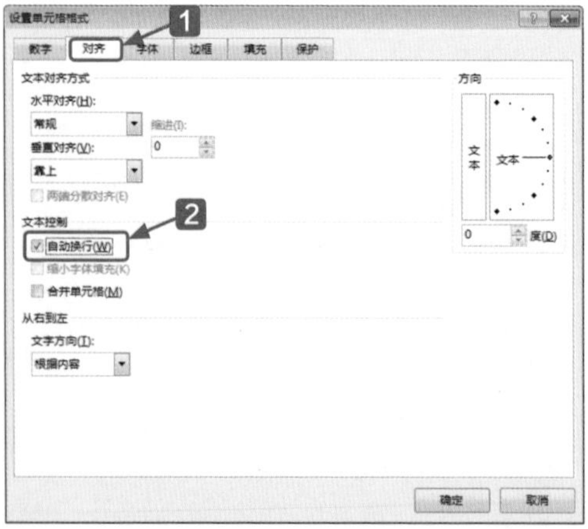

03 切换到【边框】选项卡，在【预置】组合框中选择【外边框】按钮，然后在【边框】组合框中选择【右斜线】按钮。

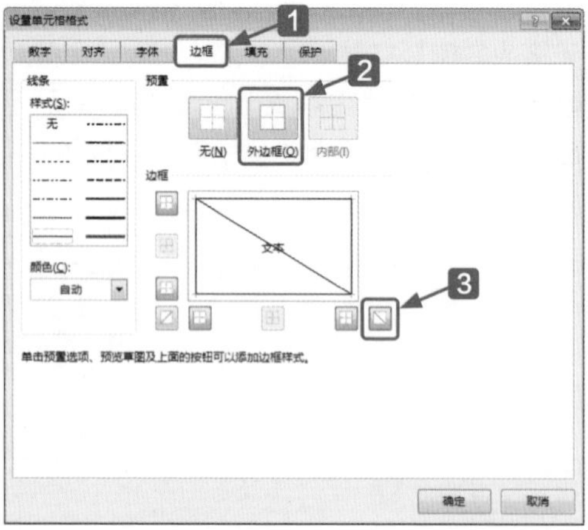

04 单击 确定 按钮，返回工作表中，此时在单元格A1中出现了一个斜表头。

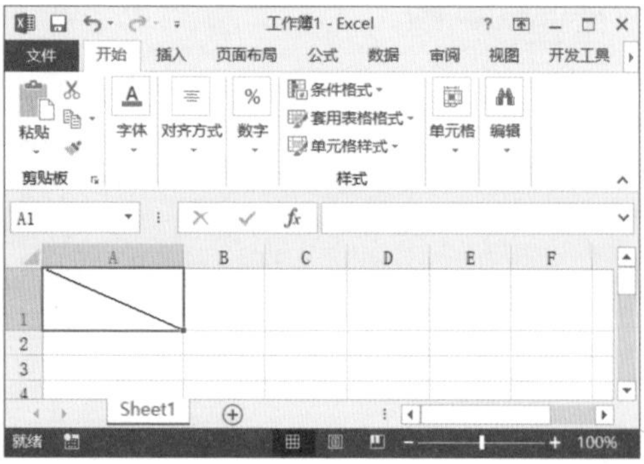

05 在单元格A1中输入文本“日期月份”，将光标定位在文本“日”之前，按下空格键将文本“月份”调整到下一行，然后单击其他任意一个单元格，设置效果如图所示。

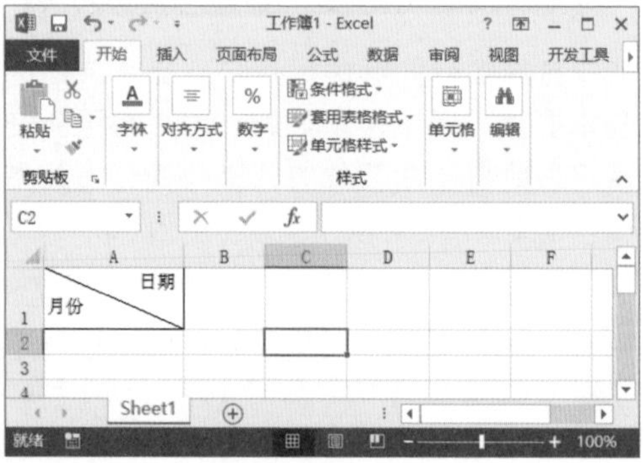

第 05 章

美化工作表

除了对工作簿和工作表的基本操作之外，还可以对工作表进行各种美化操作。美化工作表的操作主要包括应用样式主题、设置条件格式、条件格式的应用、插入迷你图以及图文混排。

关于本章知识，本书配套教学光盘中有相关的多媒体教学视频，请读者参见光盘中的【Excel 2013的基础应用\美化工作表】。

5.1 业务员销售额统计表

定期统计业务人员的销售情况，由此发掘公司的明星销售员，考评业务员绩效，核算业务提成金额。

5.1.1 应用样式和主题

Excel 2013 为用户提供了多种表格样式和主题风格，用户可以从颜色、字体和效果等方面进行选择。

本小节示例文件位置如下。	
原始文件	第 5 章\销售额统计表
最终效果	第 5 章\销售额统计表 01

扫码看视频

1. 应用单元格样式

在美化工作表的过程中，用户可以使用单元格样式快速设置单元格格式。

套用内置样式

套用单元格样式的具体步骤如下。

01 打开本实例的原始文件，选中单元格A1，切换到【开始】选项卡，单击【样式】组中的 单元格样式 按钮。

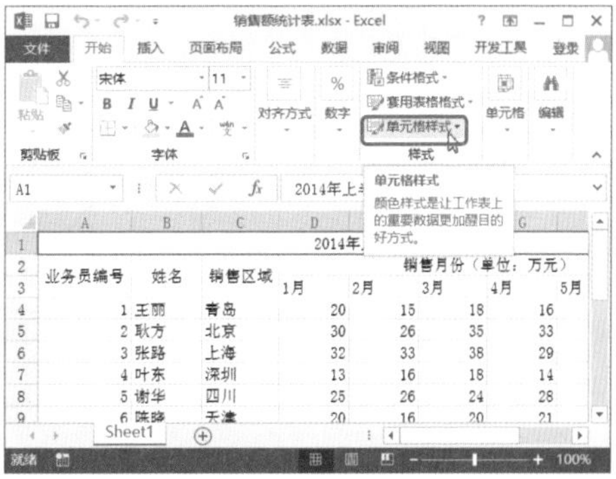

02 从弹出的下拉列表中选择一种样式，例如选择【标题】选项。

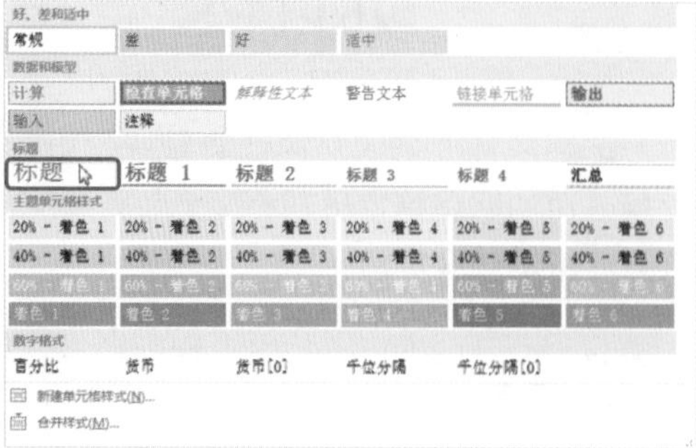

03 应用样式后的效果如图所示。

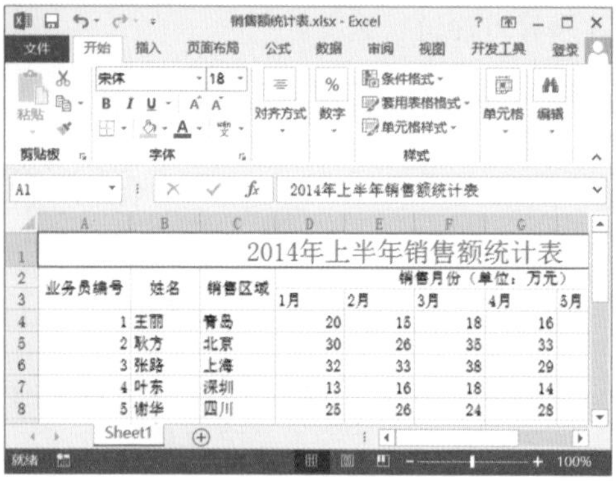

自定义单元格样式

自定义单元格样式的具体步骤如下。

01 切换到【开始】选项卡，单击【样式】组中的单元格样式按钮，从弹出的下拉列表中选择【新建单元格样式】选项。

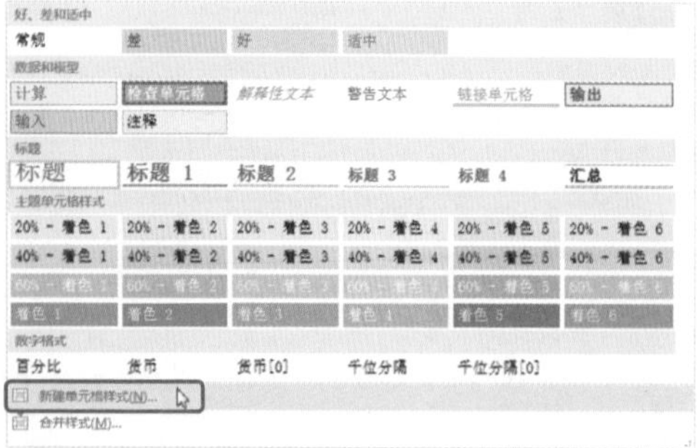

02 弹出【样式】对话框，在【样式名】文本框中自动显示“样式1”，用户可以根据需要重新设置样式名。

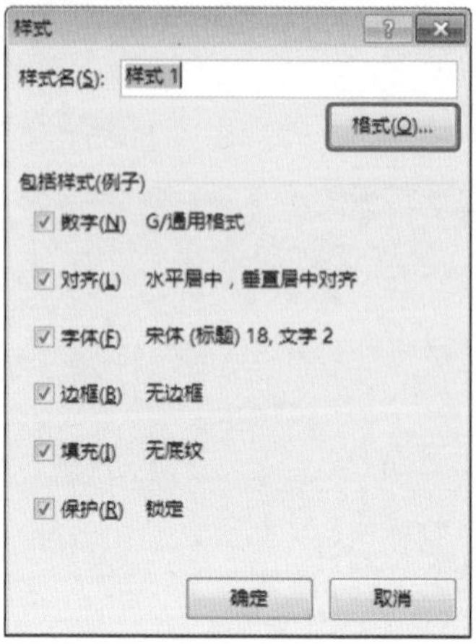

03 单击格式(O)...按钮，弹出【设置单元格格式】对话框，切换到【字体】选项卡，在【字体】列表框中选择【微软雅黑】选项，在【字形】列表框中选择【加粗】选项，在【字号】列表框中选择【18】选项，在【颜色】下拉列表中选择【自动】选项。

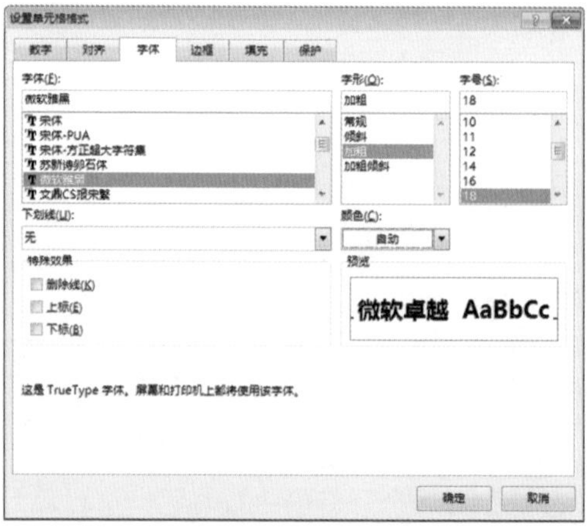

04 单击确定按钮，返回【样式】对话框，设置完毕，再次单击确定按钮，此时，新创建的样式“样式1”就保存在了内置样式中。

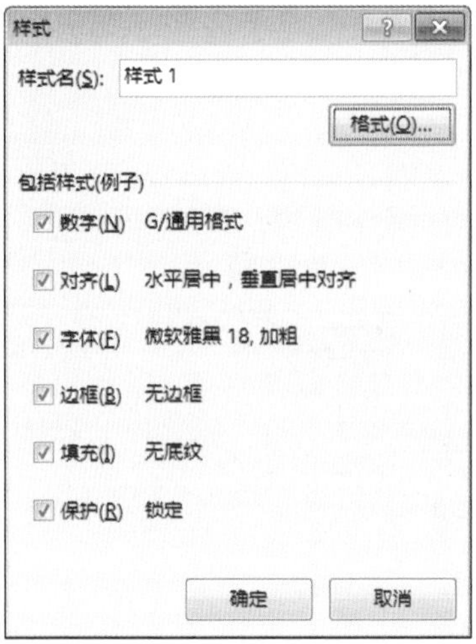

05 选中单元格A1，切换到【开始】选项卡，单击【样式】组中的 单元格样式 按钮，从弹出的下拉列表中选择【样式1】选项。

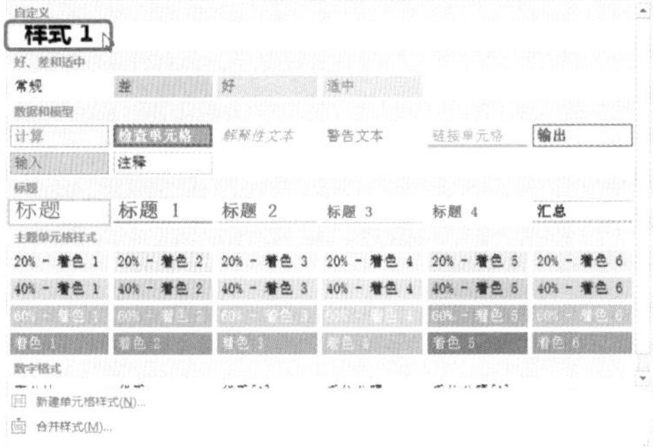

06 应用样式后的效果如图所示。

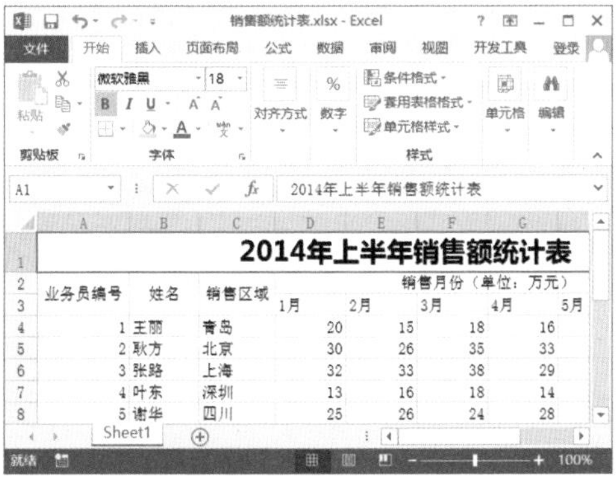

2. 套用表格样式

通过套用表格样式可以快速设置一组单元格的格式，并将其转化为表。具体步骤如下。

01 选中单元格区域A2:J13，切换到【开始】选项卡，单击【样式】组中的 套用表格格式 按钮。

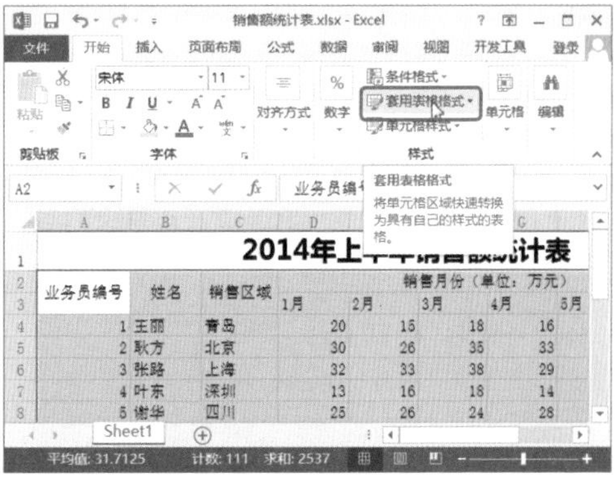

02 从弹出的下拉列表中选择【表样式浅色18】选项。

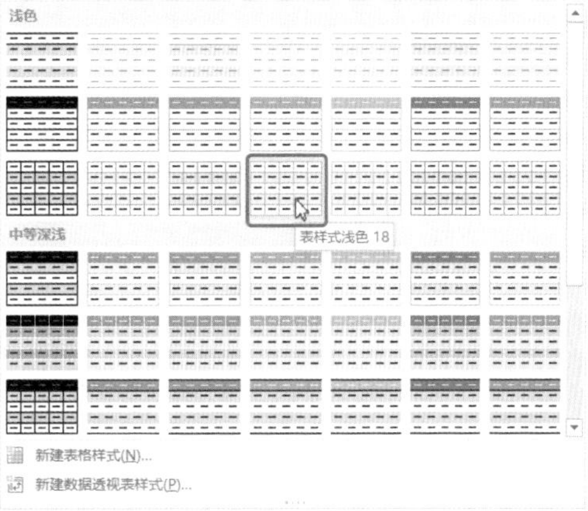

03 弹出【套用表格式】对话框，在【表数据的来源】文本框中显示公式“=$A$2:$J$13”，然后选中【表包含标题】复选框。

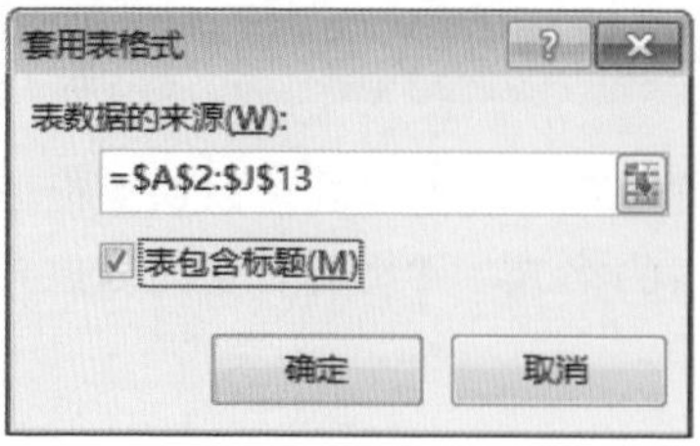

04 单击 确定 按钮，应用样式后的效果如图所示。

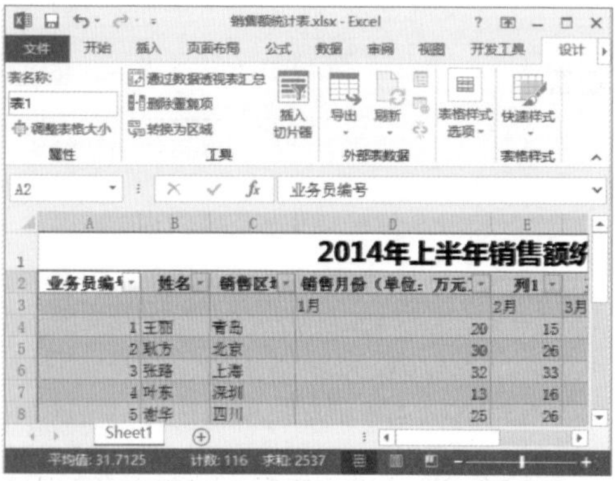

05 如果用户对表格样式不是很满意，可以进行相应的设置。选中单元格区域A3:A13，切换到【开始】选项卡，单击【数字】组中的【对话框启动器】按钮 。

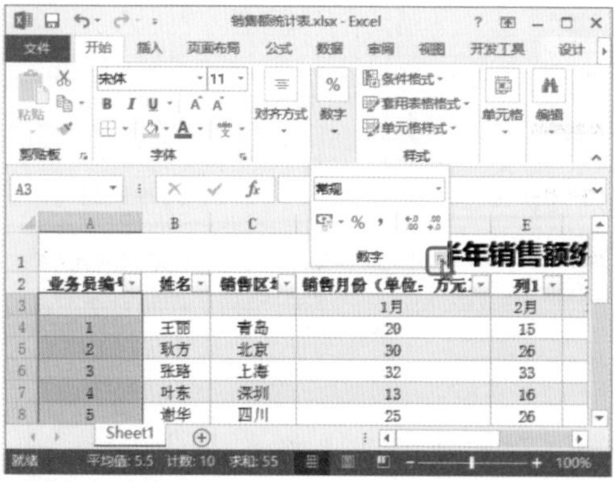

06 弹出【设置单元格格式】对话框，切换到【数字】选项卡，在【分类】列表框中选择【自定义】选项，然后在右侧的【类型】文本框中输入“000”。

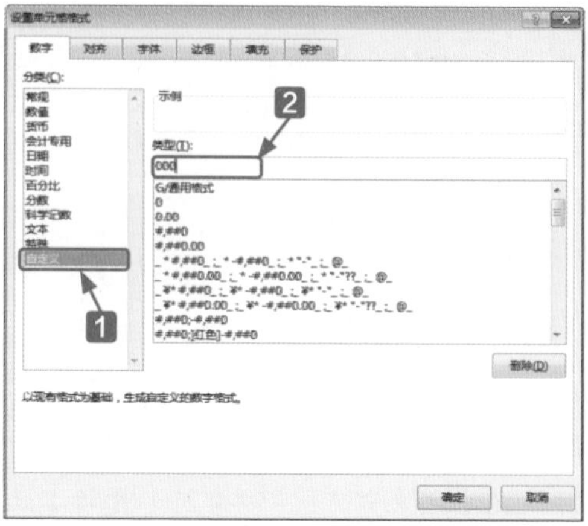

07 单击 确定 按钮，效果如图所示。

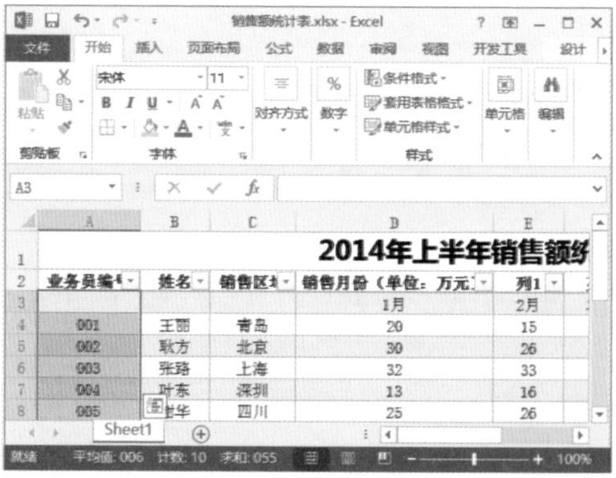

3. 设置表格主题

Excel 2013 为用户提供了多种风格的表格主题，用户可以直接套用主题快速改变表格风格，也可以对主题颜色、字体和效果进行自定义。设置表格主题的具体步骤如下。

01 切换到【页面布局】选项卡，单击【主题】组中的【主题】按钮 。

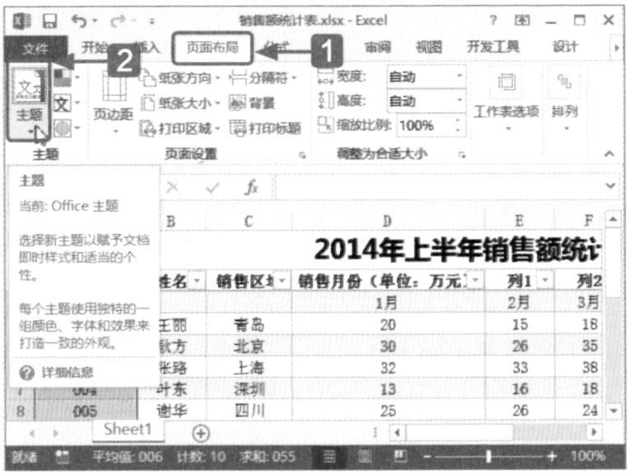

02 从弹出的下拉列表中选择【回顾】选项。

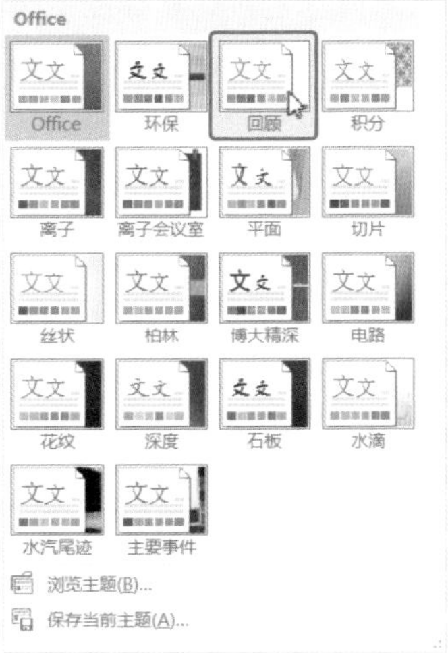

03 应用主题后的效果如图所示。

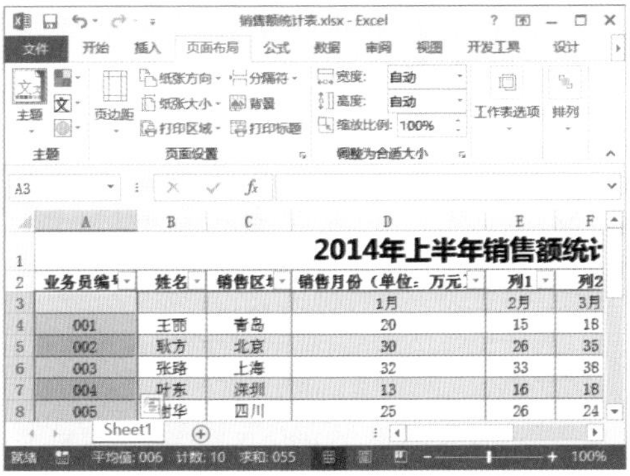

04 如果用户对主题样式不是很满意，可以进行自定义。例如单击【主题】组中的【主体颜色】按钮。

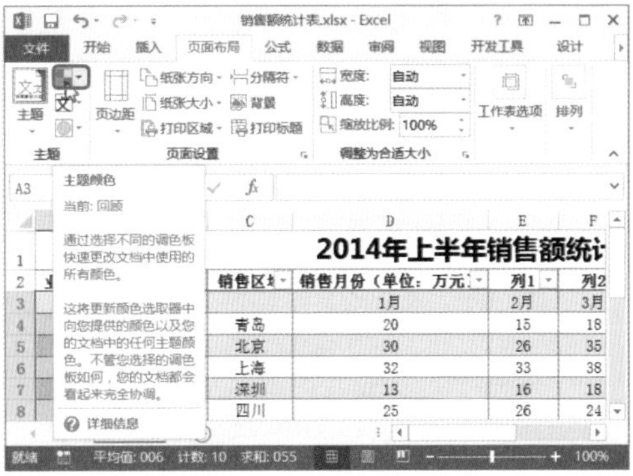

05 从弹出的下拉列表中选择【蓝色暖调】选项。

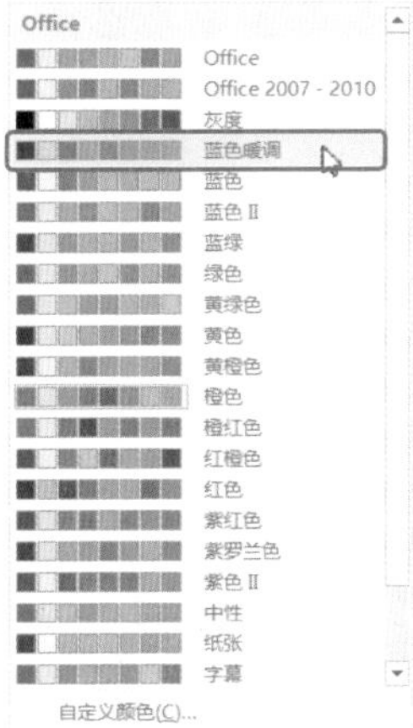

06 使用同样的方法，单击【主题】组中的【主题字体】按钮文，从弹出的下拉列表中选择【幼圆】选项。

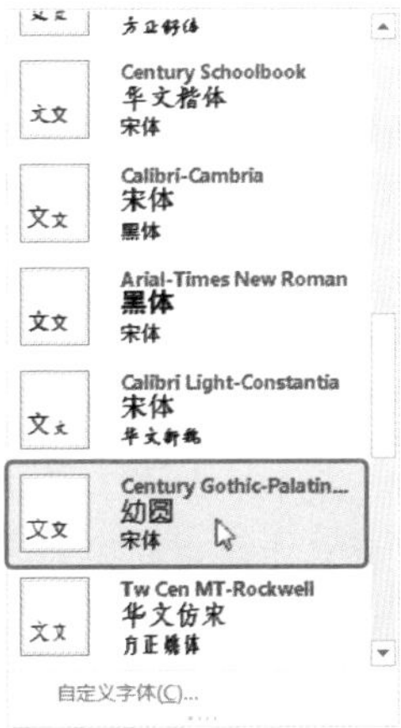

07 使用同样的方法，单击【主题】组中的【主题效果】按钮，从弹出的下拉列表中选择【细微固体】选项。

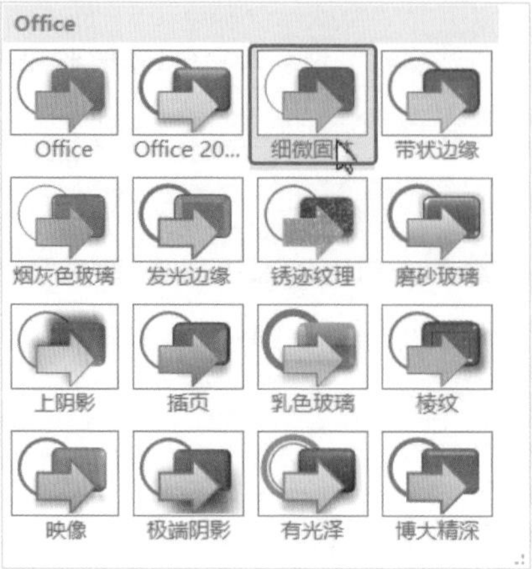

08 自定义主题后的效果如图所示。

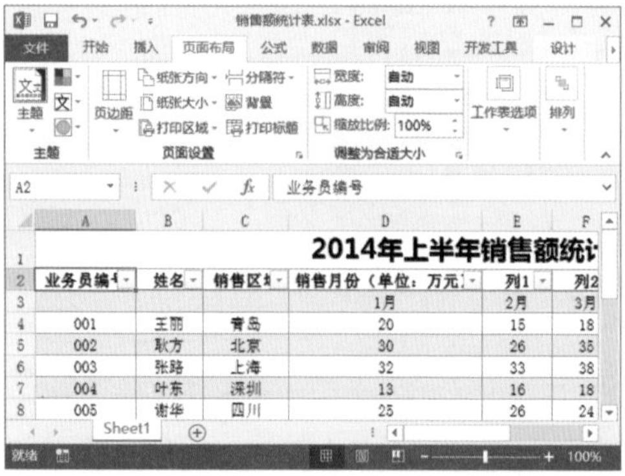

4. 突出显示单元格

在编辑数据表格的过程中，使用突出显示单元格功能可以快速显示特定区间的特定数据，从而提高工作效率。突出显示单元格的具体步骤如下。

01 选中单元格J4，切换到【开始】选项卡，单击【样式】组中的 条件格式 按钮，从弹出的下拉列表中选择【突出显示单元格规则】➤【其他规则】选项。

02 弹出【新建格式规则】对话框，在【选择规则类型】列表框中选择【只为包含以下内容的单元格设置格式】选项，在【编辑规则说明】组合框中将条件格式设置为“单元格值大于或等于100”。

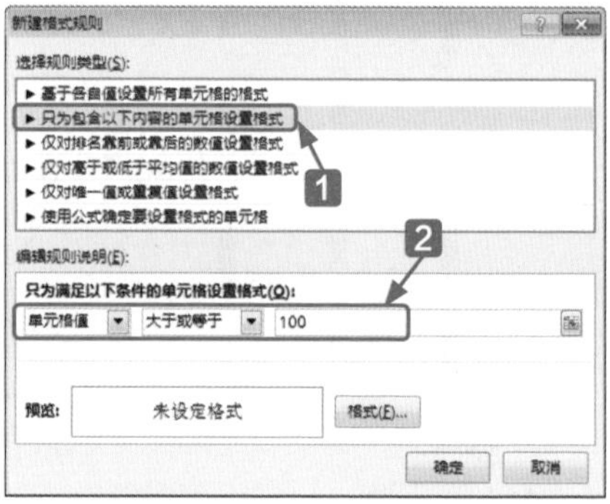

03 单击 格式(F)... 按钮，弹出【设置单元格格式】对话框，切换到【字体】选项卡，在【字形】列表框中选择【加粗】选项，在【颜色】下拉列表中选择【红色】选项。

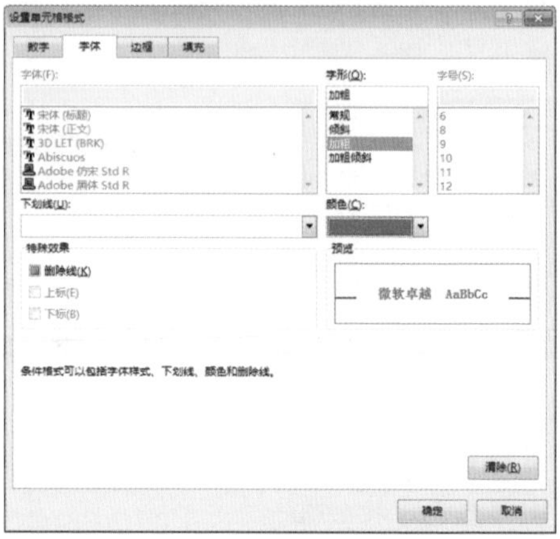

04 切换到【填充】选项卡，然后单击 填充效果(I)... 按钮。

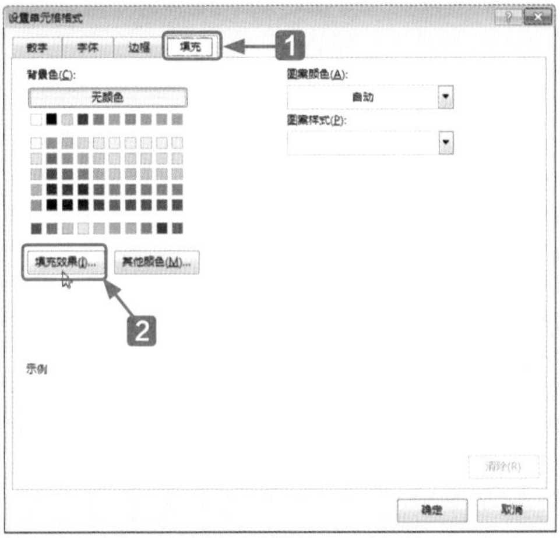

05 弹出【填充效果】对话框，在【颜色】组合框中选中【双色】单选钮，在【颜色2】下拉列表中选择【绿色】选项，在【底纹样式】组合框中选择【斜上】单选钮，在【变形】组合框中选择一种合适的样式。

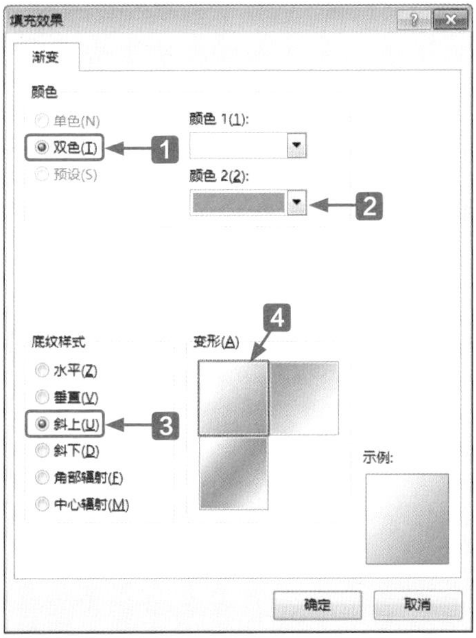

06 单击 确定 按钮，返回【设置单元格格式】对话框。

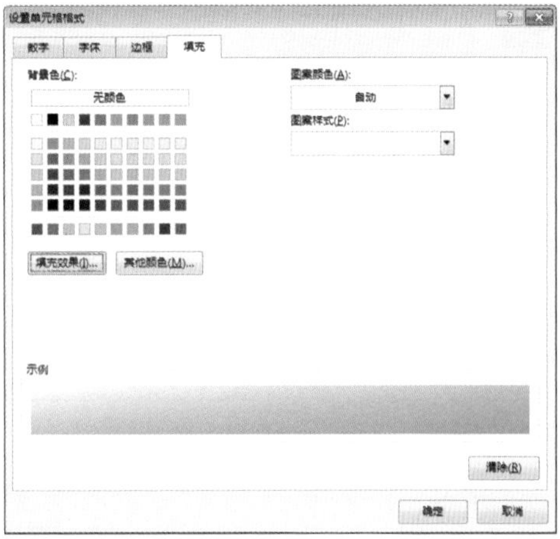

07 单击 确定 按钮，返回【新建格式规则】对话框，用户可以在【预览】组合框中浏览设置效果。

08 单击 确定 按钮，返回工作表中，切换到【开始】选项卡，在【剪贴板】组合框中选中【格式刷】按钮。

09 将鼠标指针移动到工作表区，此时鼠标指针变成形状，按下【Shift】键，然后单击单元格J13，此时单元格区域J4:J13就应用了单元格J4的格式，所有最终销售额在100或以上的单元格都进行了突出显示。

5.1.2 设置条件格式

使用“条件格式”功能，用户可以根据条件使用数据条、色阶和图标集，以突出显示相关单元格，强调异常值，以及实现数据的可视化效果。

本小节示例文件位置如下。	
原始文件	第 5 章 \ 销售额统计表 01
最终效果	第 5 章 \ 销售额统计表 02

扫码看视频

1. 添加数据条

使用数据条功能，可以快速为数组插入底纹颜色，并根据数值自动调整颜色的长度。添加数据条的具体步骤如下。

01 打开本实例的原始文件，选中单元格区域D4:I13，切换到【开始】选项卡，单击【样式】组中的 条件格式 按钮。

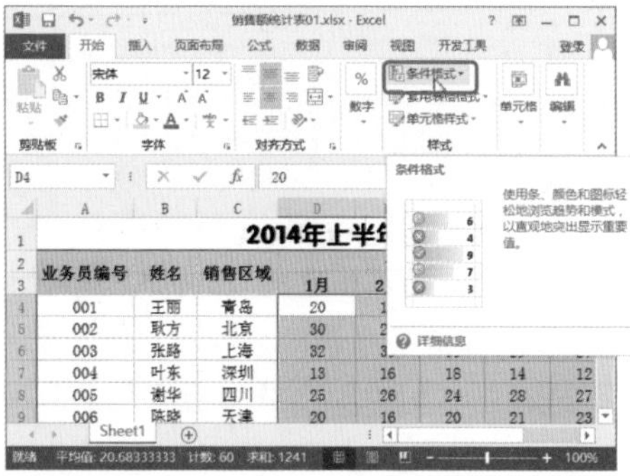

02 从弹出的下拉列表中选择【数据条】➤【渐变填充】➤【橙色数据条】选项。

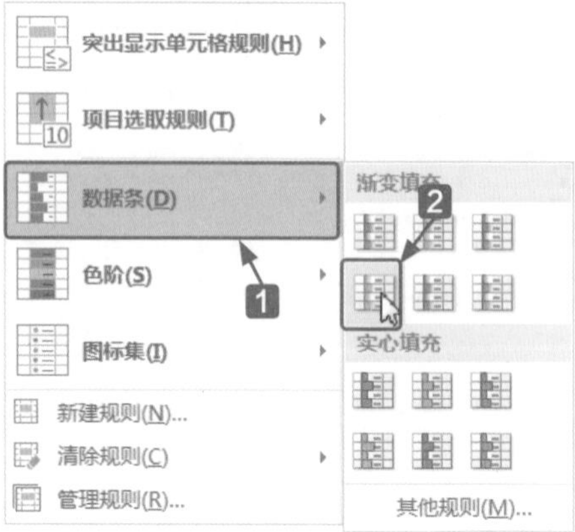

03 添加数据条颜色后的效果如图所示。

2. 添加图标

使用图标集功能，可以快速为数组插入图标，并根据数值自动调整图标的类型和方向。添加图标的具体步骤如下。

01 选中单元格区域J4:J13，切换到【开始】选项卡，单击【样式】组中的 条件格式 按钮，从弹出的下拉列表中选择【图标集】➤【方向】➤【三向箭头(彩色)】选项。

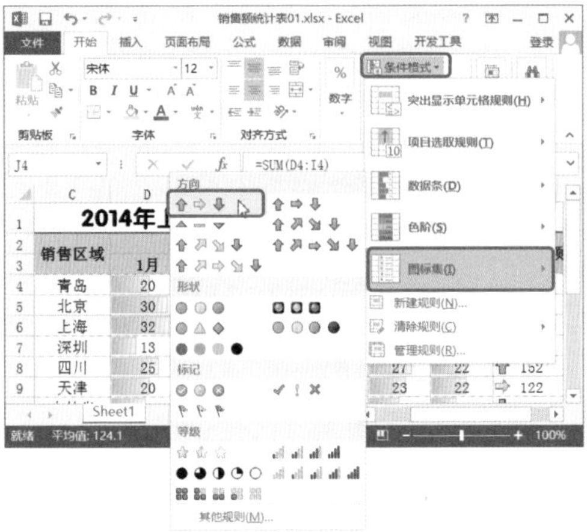

02 添加图标后的效果如图所示。

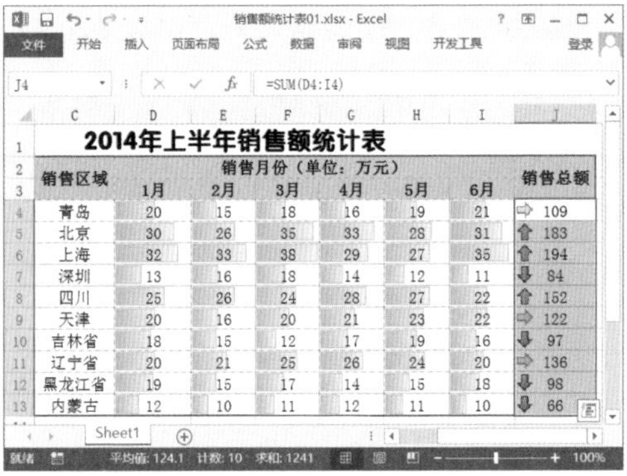

3. 添加色阶

使用色阶功能，可以快速为数组插入色阶，以颜色的亮度强弱和渐变程度来显示不同的数值，如双色渐变、三色渐变等。添加色阶的具体步骤如下。

01 选中单元格区域J4:J13，切换到【开始】选项卡，单击【样式】组中的 条件格式▾ 按钮，从弹出的下拉列表中选择【色阶】➤【白-绿色阶】选项。

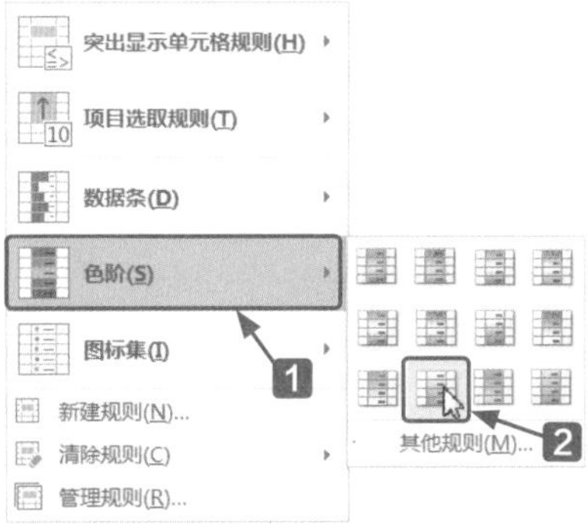

02 添加色阶后的效果如图所示。

5.1.3 插入迷你图

迷你图是 Excel 2013 的一个新功能，它是工作表单元格中的一个微型图表，可提供数据的直观表示，可以反映一系列数值的趋势（例如，季节性增加或减少、经济周期），或者可以突出显示最大值和最小值。

本小节示例文件位置如下。	
原始文件	第 5 章 \ 销售额统计表 02
最终效果	第 5 章 \ 销售额统计表 03

扫码看视频

插入迷你图的具体步骤如下。

01 打开本实例的原始文件，选中J列，然后单击鼠标右键，从弹出的快捷菜单中选择【插入】菜单项。

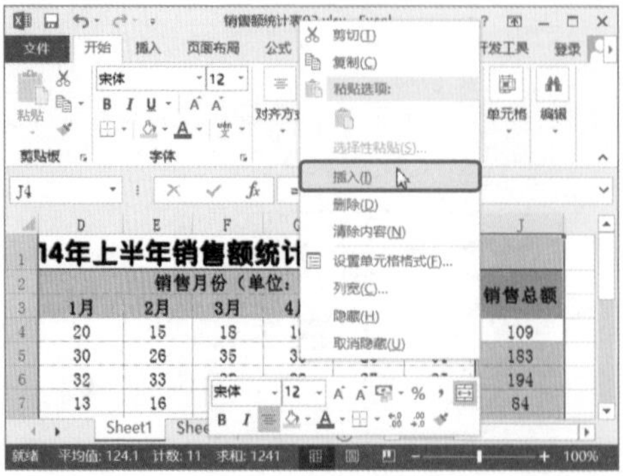

02 此时，原来的J列就插入了新的一列，然后在单元格J2中输入“迷你图”，再将单元格J2和J3合并，效果如图所示。

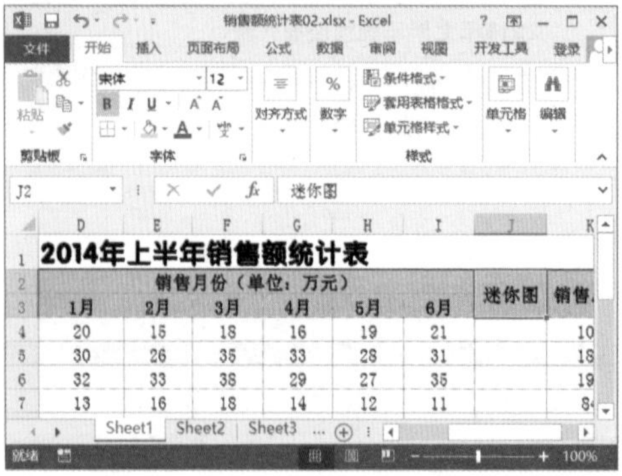

03 选中单元格J4，切换到【插入】选项卡，单击【迷你图】组中的【折线迷你图】按钮。

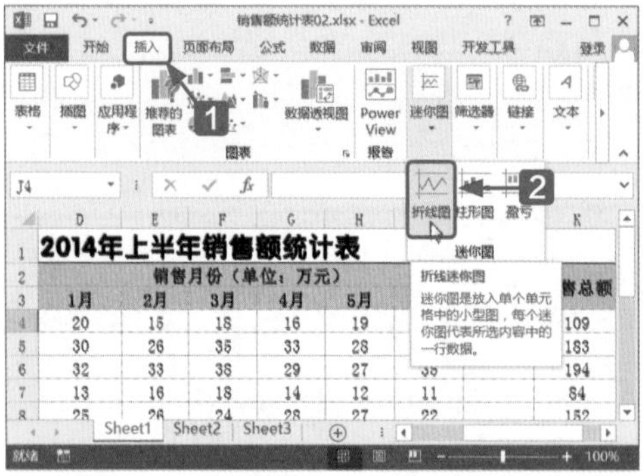

04 弹出【创建迷你图】对话框，单击【选择所需的数据】组合框中的【数据范围】文本框右侧的【折叠】按钮。

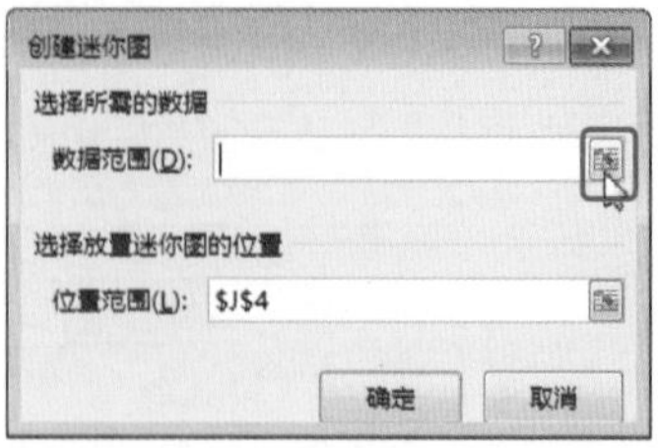

05 此时【创建迷你图】对话框便折叠起来了，在工作表中选中单元格区域D4:I4。

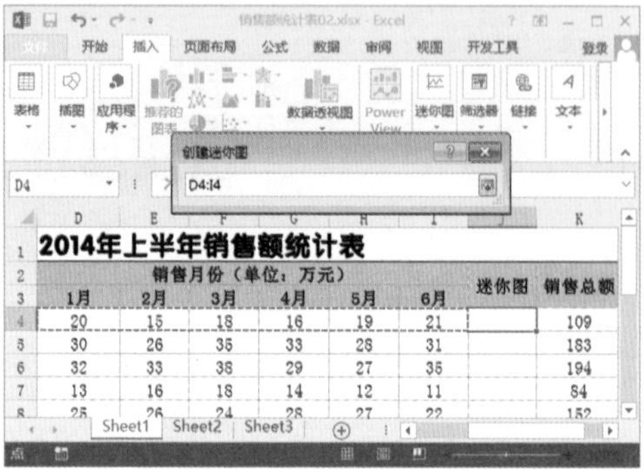

06 单击【展开】按钮，展开【创建迷你图】对话框。

07 单击 确定 按钮，返回工作表，此时，单元格J4中插入了一个折线图。

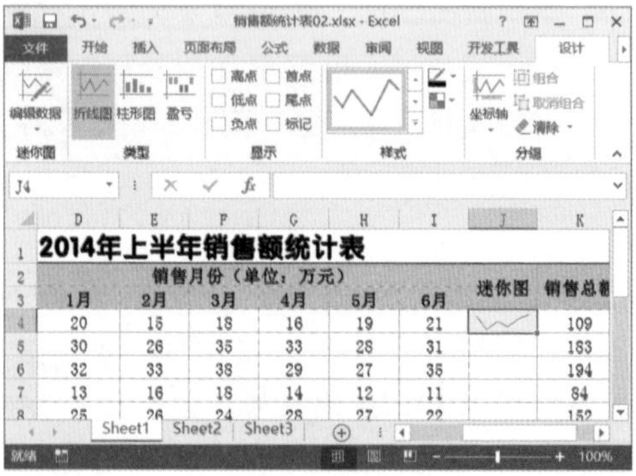

08 将鼠标指针移动到单元格J4的右下角，此时鼠标指针变成✚形状，按住鼠标左键向下拖动到本列的其他单元格中，效果如图所示。

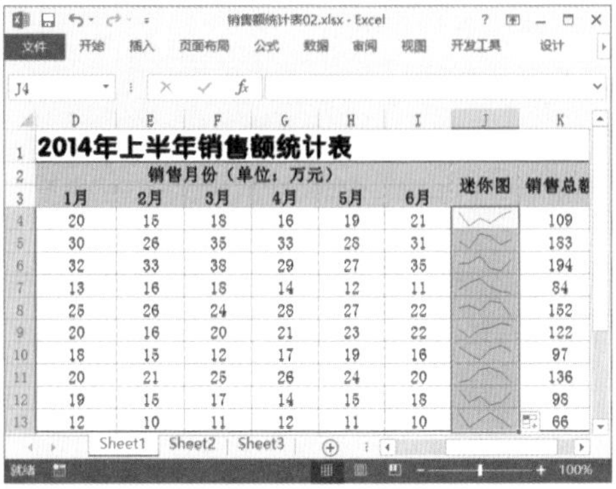

09 选中单元格区域J4:J13，切换到【迷你图工具】栏中的【设计】选项卡，单击【样式】组中的【其他】按钮▾。

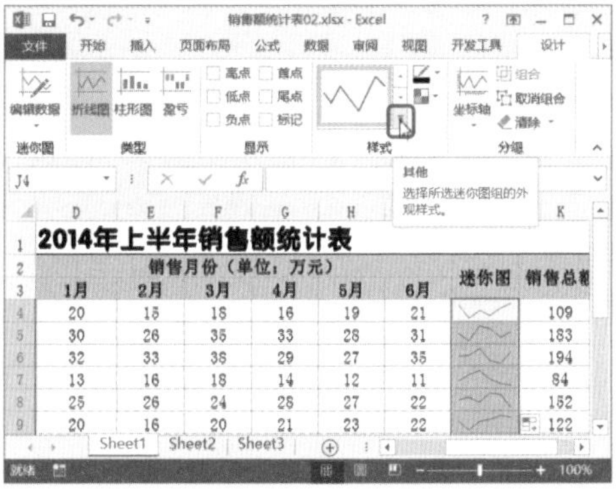

10 从弹出的下拉列表中选择【迷你图样式着色3，深色25%】选项。

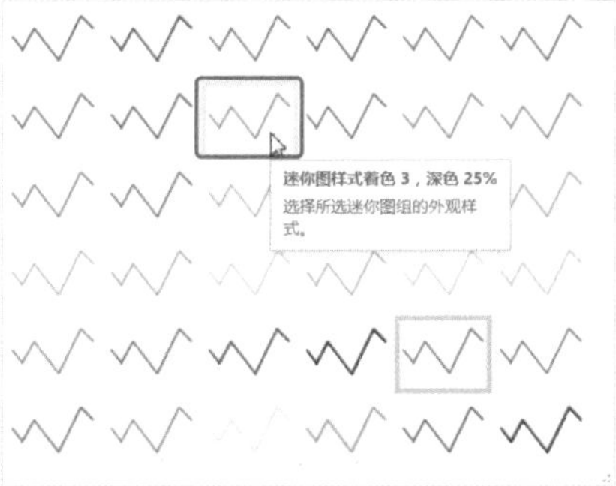

11 应用样式后的迷你图的效果如图所示。

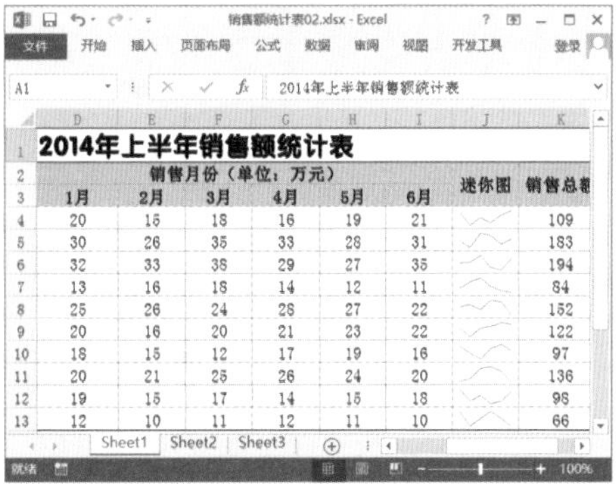

12 选中单元格区域J4:J13，切换到【迷你图工具】栏中的【设计】选项卡，在【显示】组中选中【高点】和【低点】复选框。

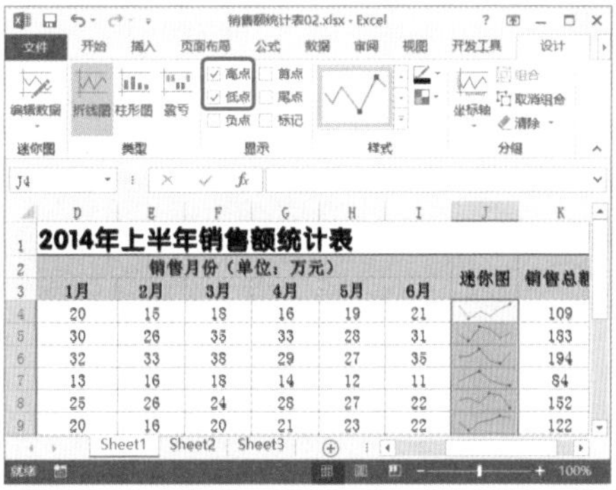

13 如果用户对高低点的颜色不太满意，可以根据需要进行设置。例如，选中单元格区域J4:J13，切换到【迷你图工具】栏中的【设计】选项卡，单击【样式】组中的【标记颜色】按钮▪▾。

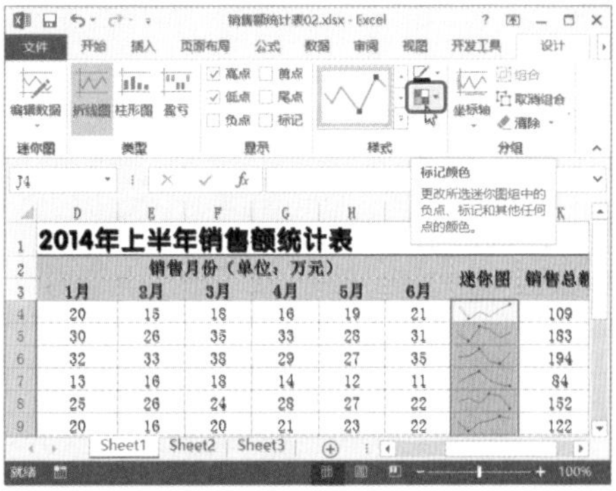

14 从弹出的下拉列表中选择【高点】➤【蓝色】选项。

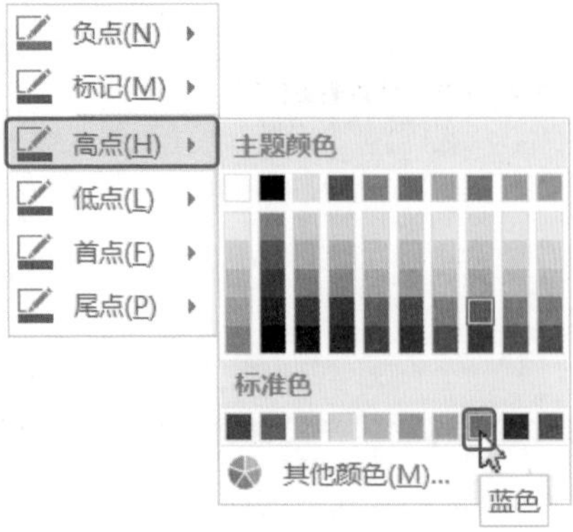

15 设置完毕，效果如图所示。

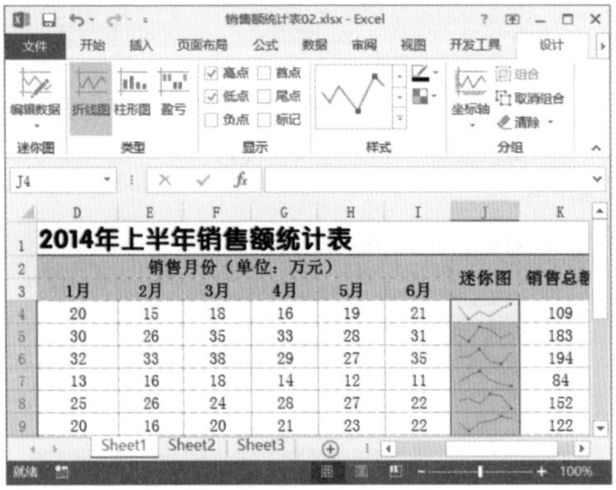

16 另外，用户还可以更改迷你图的类型。切换到【迷你图工具】栏中的【设计】选项卡，单击【类型】组中的【转换为柱形迷你图】按钮。

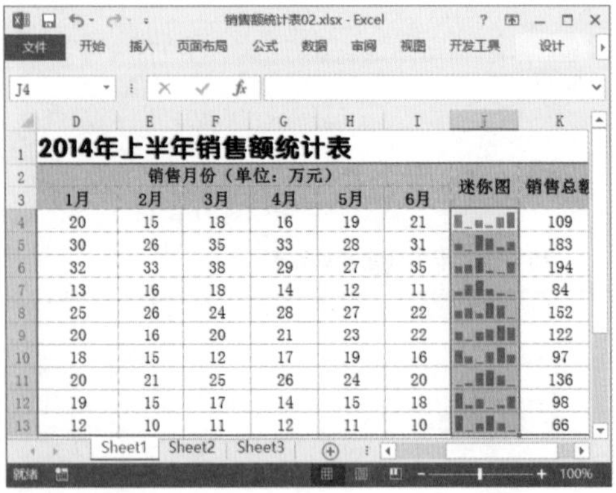

5.2 业务员档案信息表

业务员档案是公司内部的重要资料，对业务员档案进行规范化管理不仅能够减轻人力资源部的工作负担，而且便于其他工作人员使用和调阅。

5.2.1 创建和编辑档案信息表

业务员的档案内容主要包括档案编号、姓名、性别、出生日期、身份证号码、学历、何时进入公司、销售区域、销售部门以及联系电话。

本小节示例文件位置如下。	
原始文件	第5章\档案信息表
最终效果	第5章\档案信息表01

扫码看视频

1. 创建档案信息表

在对员工档案信息进行管理之前，首先需要创建一份基本信息表。

01 打开本实例的原始文件，在工作表中输入相应的文本。

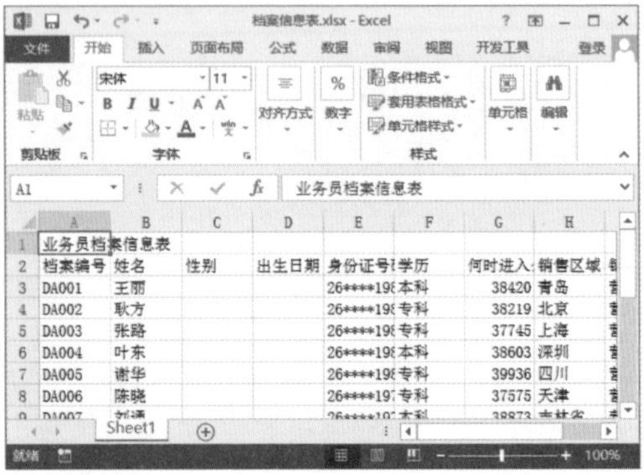

02 选中单元格A1，切换到【开始】选项卡，单击【字体】组右下角的【对话框启动器】按钮，弹出【设置单元格格式】对话框，切换到【字体】选项卡，在【字体】列表框中选择【华文楷体】选项，在【字形】列表框中选择【加粗】选项，在【字号】列表框中选择【22】选项。

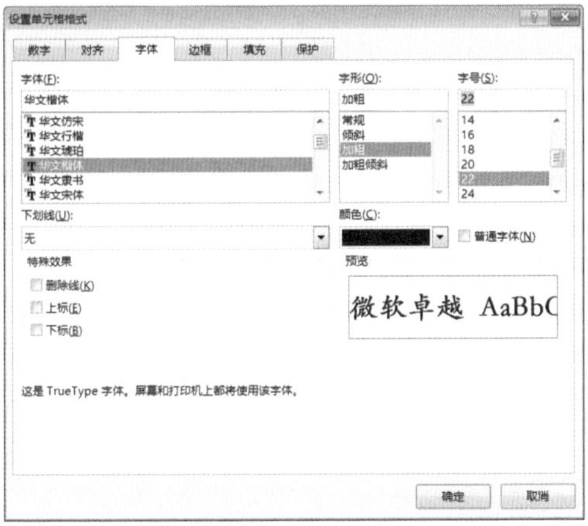

03 单击 确定 按钮，然后选中单元格区域A1:J1，切换到【开始】选项卡，单击【对齐方式】组中的 合并后居中 按钮。

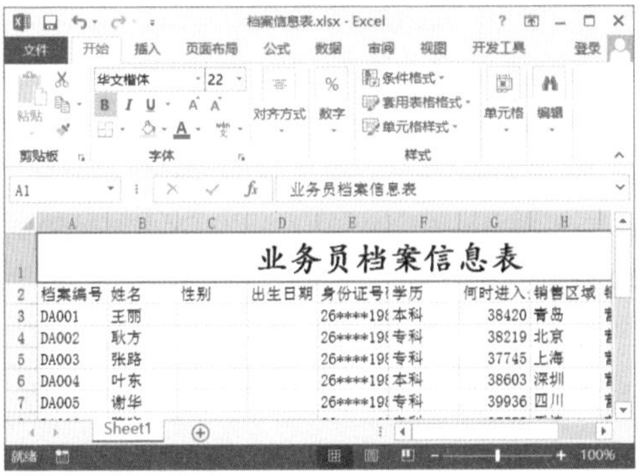

04 选中单元格区域A2:J12，将字体设置为【华文中宋】，字号为【11】，字形为【常规】，然后单击【对齐方式】组中的【居中】按钮；再选中第2行单元格，单击【加粗】按钮B。

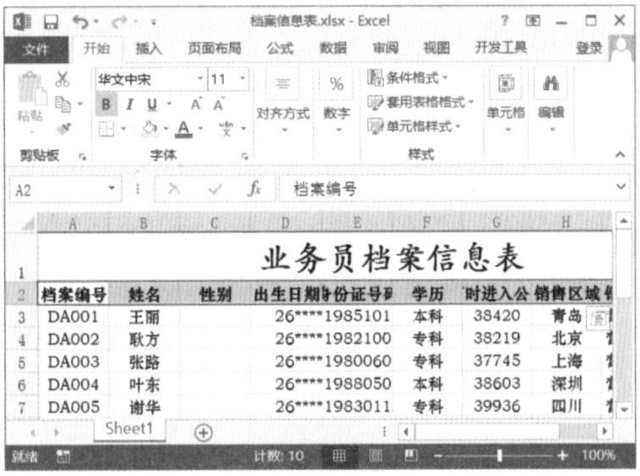

05 调整列宽。将鼠标指针放在要调整列宽的列标记右侧的分隔线上，此时鼠标指针变成✛形状。

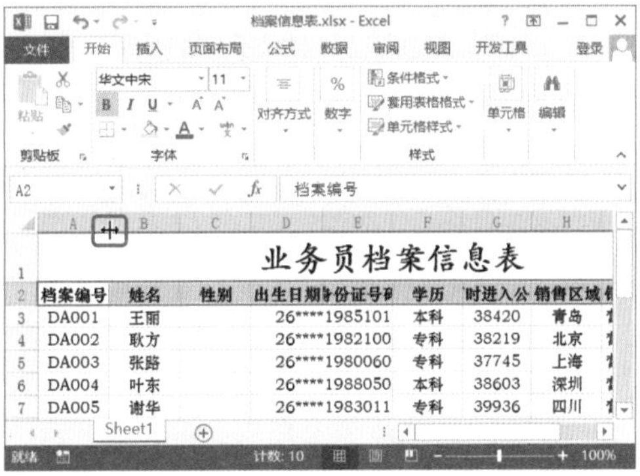

06 双击鼠标左键，此时，A列的列宽就调整到了使用的宽度。使用同样方法将其他列宽也做下调整，效果如图所示。

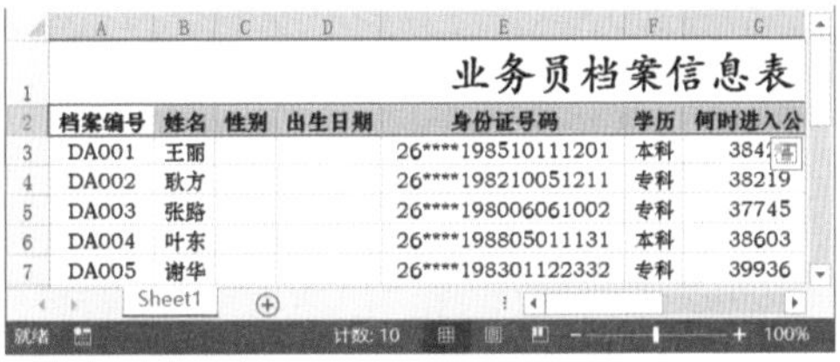

07 调整行高。将鼠标指针放在要调整行高的行标记下方的分隔线上，此时鼠标指针变成✛形状。

08 按住鼠标左键拖动调整行高，然后选中第2行至第12行，将鼠标指针同样放在行的分隔线上，按住鼠标左键调整到合适的位置释放鼠标，选中的第2行到第12行的行高就统一调整成相同的行高值。

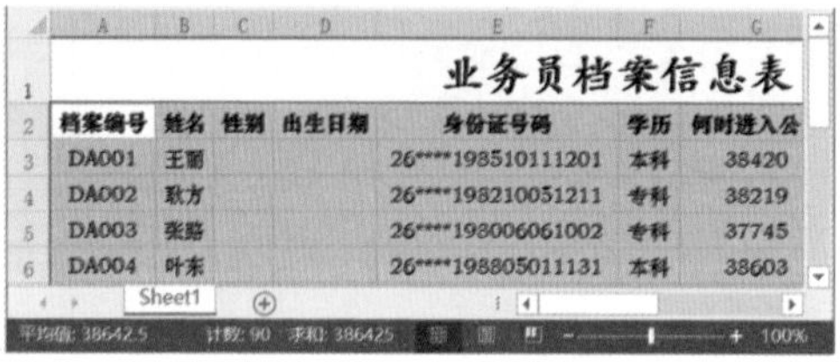

09 添加边框。选中单元格区域A2:J12，切换到【开始】选项卡，单击【字体】组中的【对话框启动器】按钮，弹出【设置单元格格式】对话框，切换到【边框】选项卡，在【样式】组合框中选择【较粗直线】选项，在右侧的【预置】组合框中单击【外边框】按钮；然后在【样式】组合框中选择【细虚线】选项，在右侧的【预置】组合框中单击【内部】按钮。这样就将表格的外边框设置为较粗的直线，内边框设置为虚线了。

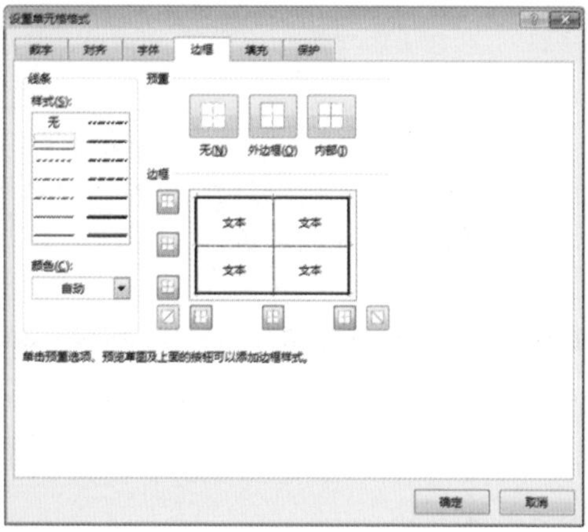

10 单击 确定 按钮返回工作表中，设置效果如图所示。

2. 编辑档案信息表

对档案信息表中的某些信息，可以使用 Excel 中的特定功能进行编辑，例如提取员工的出生日期、判断性别等。

相关函数简介

使用 Excel 提供的提取字符串函数，能够使人事管理人员快速准确地提取员工身份证号码中的出生日期。本小节中主要用到的函数有 CONCATENATE、MID、IF 以及 MOD。下面介绍这几个函数的相关知识。

① IF 函数

IF 函数是一种常用的逻辑函数，其功能是执行真假值判断，并根据逻辑判断值返回结果。该函数主要用于根据逻辑表达式来判断指定条件，如果条件成立，则返回真条件下的指定内容；如果条件不成立，则返回假条件下的指定内容。

IF 函数的语法格式是：

IF(logical_text,value_if_true,value_if_false)

logical_text 代表带有比较运算符的逻辑判断条件；value_if_true 代表逻辑判断条件成立时返回的值；value_if_false 代表逻辑判断条件不成立时返回的值。

	A	B	C	D
1	实际金额	预算费用		
2	100	50		
3	240	300		
4	500	600		
5	是否超出预算	公式		说明
6	OverBudget	=IF(A2>B2,"OverBudget","OK")		判断是否超出预算
7	OK	=IF(A3>B3,"OverBudget","OK")		
8	OK	=IF(A4>B4,"OverBudget","OK")		

② CONCATENATE 函数

该函数的功能是将多个文本字符串合并为一个文本字符串。

语法格式：

CONCATENATE(text1,text2,...)

text1,text2,... 表示 1 到 30 个将要合并成单个文本项的文本项，这些文本项可以是文本字符串、数字或对单个单元格的引用。

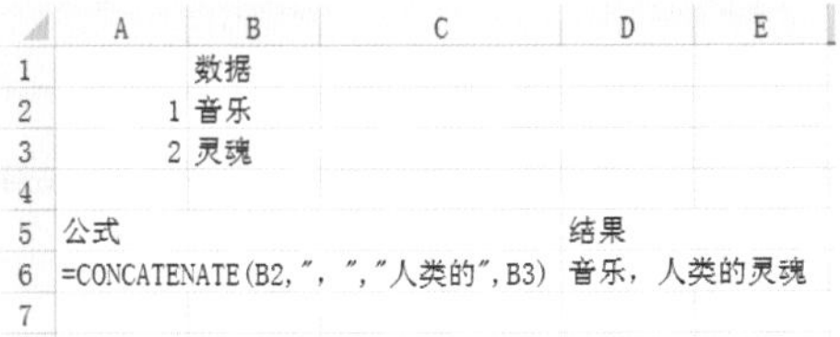

	A	B	C	D	E
1		数据			
2		1 音乐			
3		2 灵魂			
4					
5	公式			结果	
6	=CONCATENATE(B2,"，","人类的",B3)			音乐，人类的灵魂	
7					

③ MID 函数

该函数的功能是返回文本字符串中从指定位置开始的指定长度的字符，该长度由用户指定。

语法格式：

MID(text,start_num,num_chars)

text 是指包含要提取字符的文本字符串，start_num 是指文本中要提取的第 1 个字符的位置，num_chars 是指希望从文本中返回字符的个数。

	A	B	C	D
1	音乐Party			
2				
3	公式		结果	
4	=MID(A1,1,2)		音乐	
5	=MID(A1,3,5)		Party	
6	=MID(A1,9,5)			
7				

④ MOD 函数

该函数的功能是返回两数相除所得的余数，计算结果的正负号与除数相同。

语法格式：

MOD(number,divisor)

number 为被除数，divisor 为除数。如果 divisor 为零，则返回错误值 #DIV/0!。可以用 INT 函数来代替 MOD 函数：MOD (n,d)=n−d*INT (n/d)。

函数	结果
MOD(3,2)	1
MOD(−3,2)	1
MOD(3,−2)	−1
MOD(−3,−2)	−1

提取性别

本实例以 18 位编码的身份证为例。判断员工的性别是根据顺序码的最后一位（即身份证的第 17 位）进行判断，这样可以有效地防止人事部门工作人员误输入员工的性别信息。

01 选中单元格C3，然后输入函数公式“=IF(MOD(MID(E3,17,1),2)=0,"女","男")”，输入完毕，按【Enter】键。该公式表示利用MID函数从身份证号码中提出第17位数字，然后利用MOD函数判断该数字能否被2整除，如果能被2整除，则返回性别“女”，否则返回性别“男”。

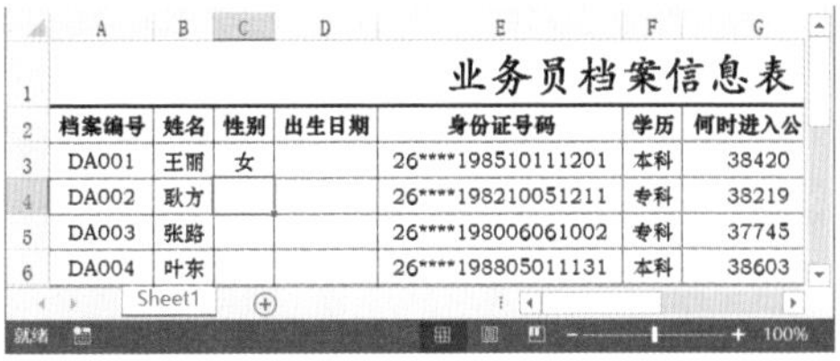

	A	B	C	D	E	F	G
1	业务员档案信息表						
2	档案编号	姓名	性别	出生日期	身份证号码	学历	何时进入公
3	DA001	王丽	女		26****198510111201	本科	38420
4	DA002	耿方			26****198210051211	专科	38219
5	DA003	张路			26****198006061002	专科	37745
6	DA004	叶东			26****198805011131	本科	38603

02 使用自动填充功能将此公式复制到单元格C12中。

	A	B	C	D	E	F	G
1	业务员档案信息表						
2	档案编号	姓名	性别	出生日期	身份证号码	学历	何时进入公
3	DA001	王丽	女		26****198510111201	本科	38420
4	DA002	耿方	男		26****198210051211	专科	38219
5	DA003	张路	女		26****198006061002	专科	37745
6	DA004	叶东	男		26****198805011131	本科	38603
7	DA005	谢华	男		26****198301122332	专科	39936
8	DA006	陈晓	男		26****197904052575	专科	37575
9	DA007	刘通	男		26****197511111955	本科	38873
10	DA008	[illegible]	女		26****198607081622	专科	39419

提取出生日期

本实例以 18 位编码的身份证为例。提取员工出生日期的具体步骤如下。

选中单元格 D3，然后输入函数公式“=CONCATENATE(MID(E3,7,4),"–",MID(E3,11,2),"–",MID(E3,13,2))”。该公式表示利用 MID 函数从单元格身份证号码中分别提出年、月、日，然后利用 CONCATENATE 函数将年、月、日和短横线“–”连接起来，使用自动填充功能将此公式复制到单元格 D12 中。

5.2.2 条件格式的应用

在日常工作中，公司领导随时都会浏览“档案信息表”，查询某个员工的情况，使用鼠标拖曳，不仅麻烦，而且容易出现错行现象。如果结合条件格式和公式设计快速查询系统，则可实现数据的快速查询和浏览。

本小节示例文件位置如下。	
原始文件	第 5 章 \ 档案信息表 01
最终效果	第 5 章 \ 档案信息表 02

扫码看视频

对员工信息设置快速查询的具体步骤如下。

01 打开本实例的原始文件，在工作表区选中第2行和第3行，单击鼠标右键，从弹出的快捷菜单中选择【插入】菜单项。

02 此时，在选中的两行上方插入了两个空行。

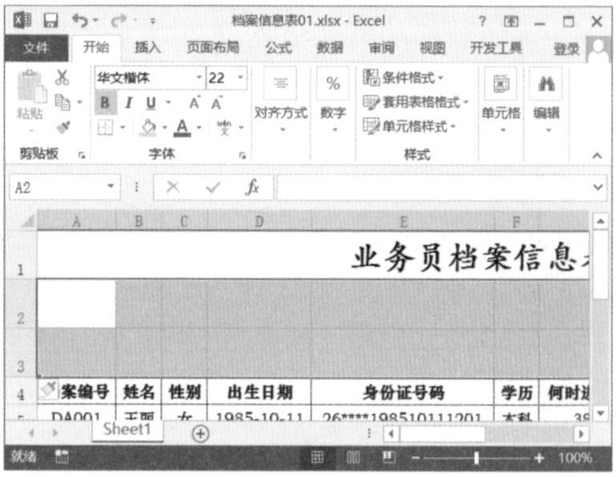

03 在插入的空行中输入相应的文本，然后进行简单的格式设置，效果如图所示。

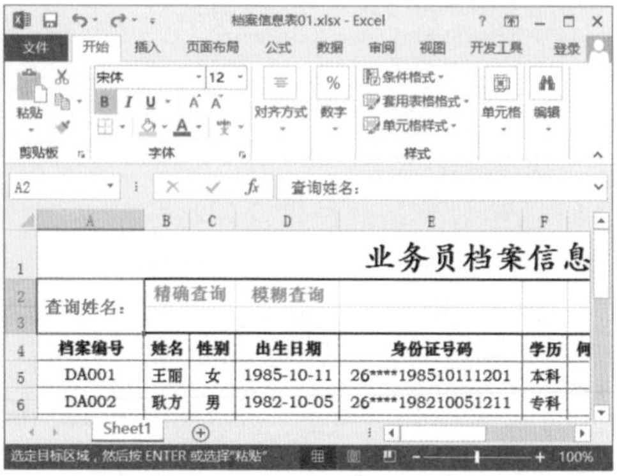

04 选中单元格区域A5:J14，切换到【开始】选项卡，单击【样式】组中的

条件格式· 按钮，从弹出的下拉列表中选择【管理规则】选项。

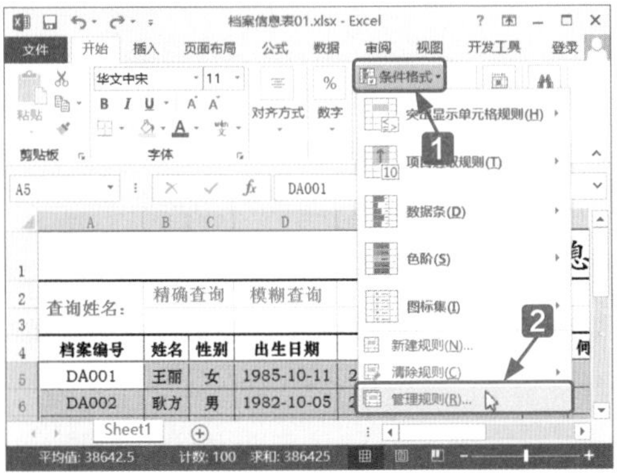

05 弹出【条件格式规则管理器】对话框。

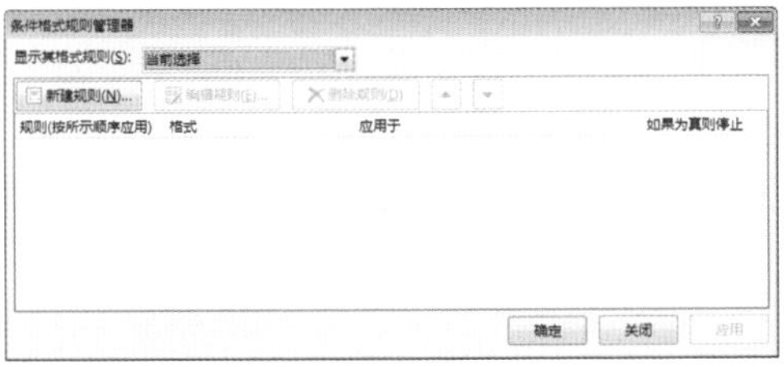

06 单击 新建规则(N)... 按钮，弹出【新建格式规则】对话框，在【选择规则类型】列表框中选择【使用公式确定要设置格式的单元格】选项，在【编辑规则说明】组合框中的【为符合此公式的值设置格式】文本框中输入“=$B5= $B$3”。此公式的含义是“如果单元格B3中输入的姓名与B列中的姓名一致，则该姓名所在的行执行此条件格式”。

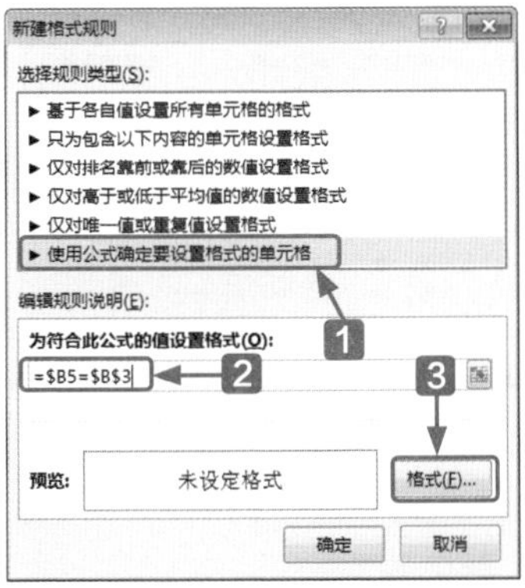

07 单击 格式(F)... 按钮，弹出【设置单元格格式】对话框，切换到【填充】选项卡，在【背景色】组合框中选择【金色，着色4，淡色40%】选项。

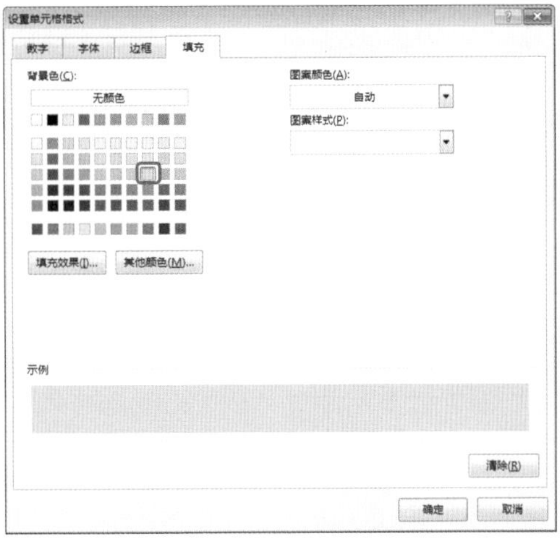

08 切换到【字体】选项卡，在【颜色】下拉列表中选择【红色】选项。

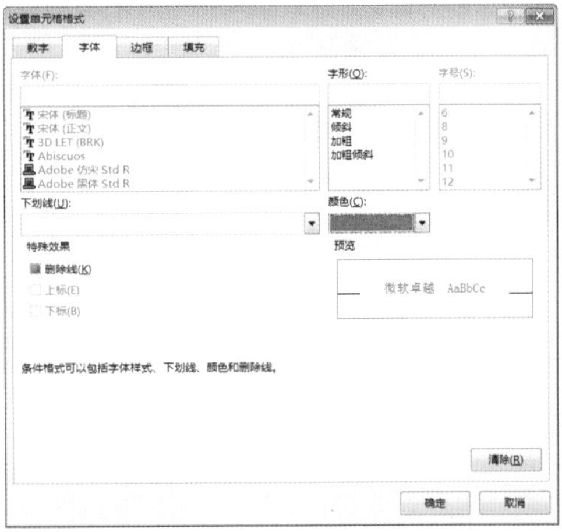

09 单击 确定 按钮，返回【新建格式规则】对话框，用户可以在【预览】组合框中浏览设置效果。

⑩ 单击 确定 按钮，返回【条件格式规则管理器】对话框，规则设置的具体内容如下。

⑪ 使用同样的方法，利用公式“=LEFT($B5, 1)=$D$3”创建另一个规则。该公式的含义是“如果单元格D3中输入姓名的第1个字符与B列中的姓名的第1个字符一致，则该姓名所在的行执行此条件格式”。

⑫ 单击 确定 按钮，返回工作表中，首先进行精确查询，在单元格B3中输入“刘通”。

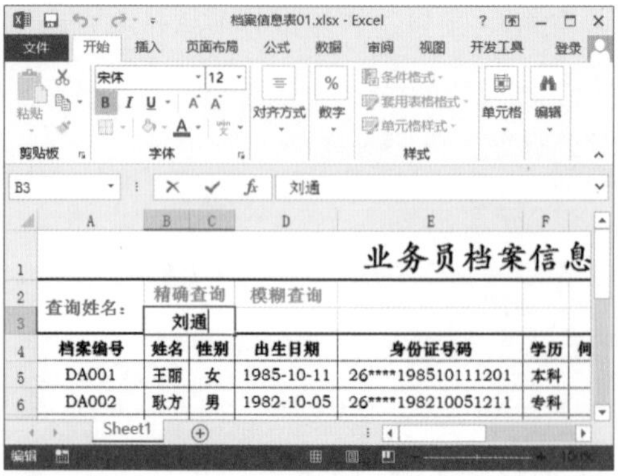

⑬ 按【Enter】键，此时工作表中姓名为“刘通”的所有记录都应用了规则1，效果如图所示。

⑭ 接下来进行模糊查询，在单元格D3中输入“陈”。

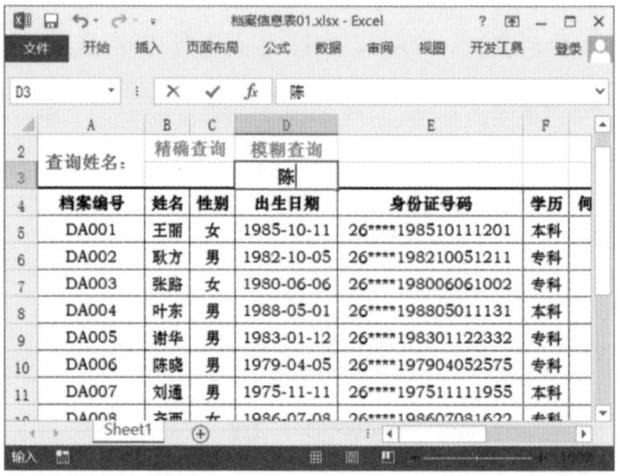

⑮ 按【Enter】键，此时工作表中姓名的第一个字符为“陈”的所有记录都应用了规则2，效果如图所示。

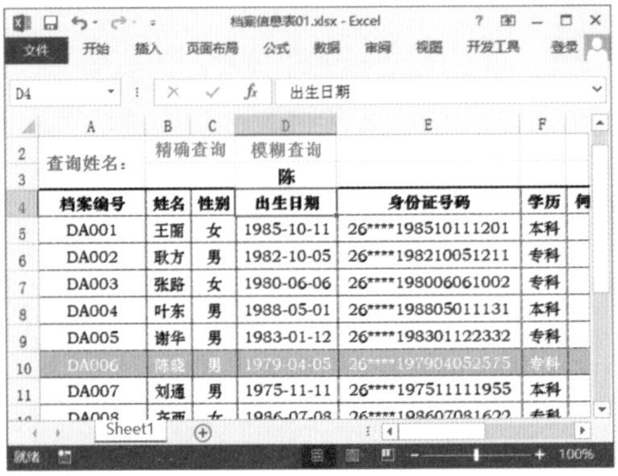

高手过招

奇特的 F4 键

在使用 Excel 制作表格时，F4 快捷键的作用极其突出。F4 键具有重复操作和转换公式中的单元格及区域的引用方式的功能。

1. 重复操作

作为“重复”键，F4 键可以重复前一次操作，常用于设置格式、插入或删除行、列等。

01 打开工作簿“档案信息表.xlsx”，选中工作表标签“档案信息表”，然后单击鼠标右键，从弹出的快捷菜单中选择【插入】菜单项。

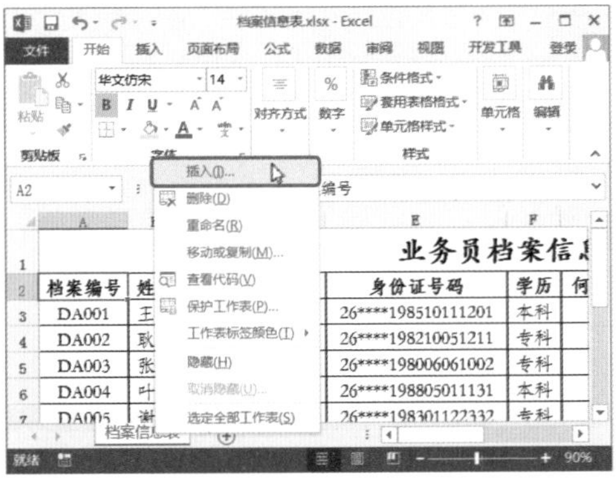

02 弹出【插入】对话框，切换到【常用】选项卡，然后从中选择【工作表】选项。

03 单击 确定 按钮，此时在工作簿中插入了一个新的工作表。

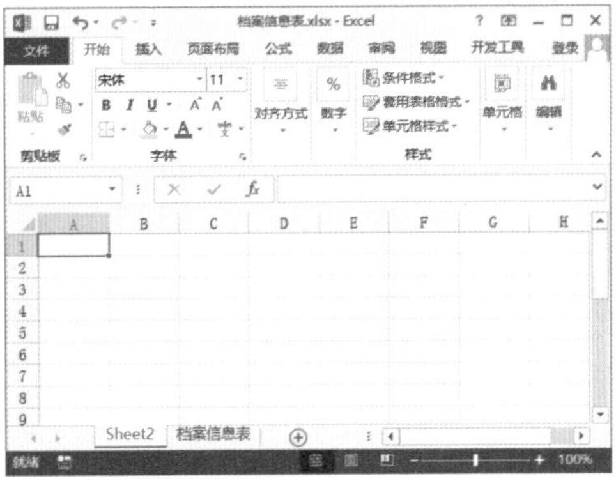

04 按【F4】键就会自动重复上一步操作，插入一个新的工作表。

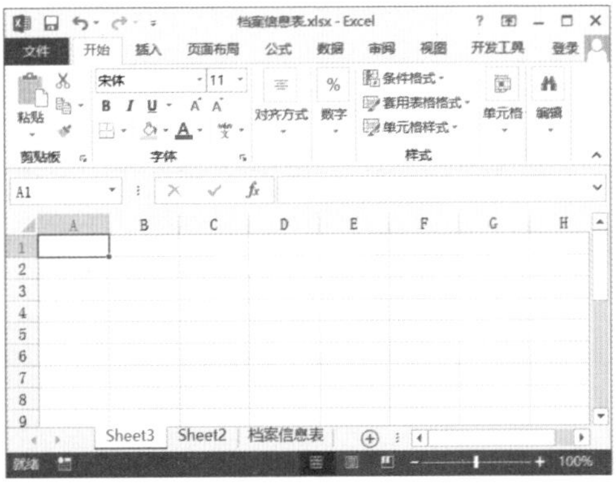

2. 转换引用方式

Excel 单元格的引用包括相对引用、绝对引用和混合引用 3 种。使用 F4 键可以在 3 种引用方式中进行转换。

01 切换到工作表“Sheet2”，在单元格A1中输入公式“=SUM(C3:C7)”。

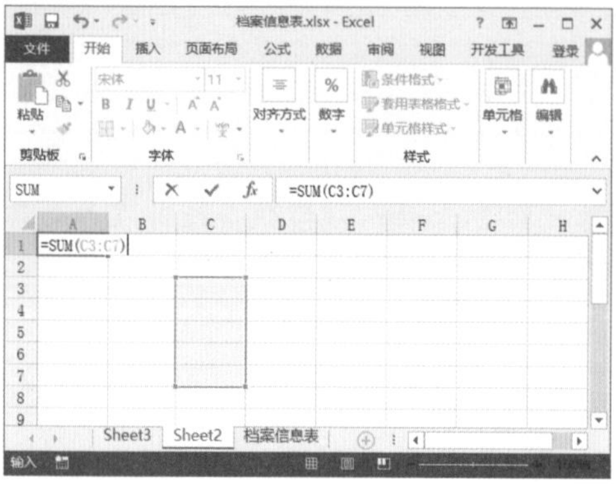

02 选中该公式，按【F4】键，该公式内容变为“=SUM($C$3:$C$7)”，表示对行和列均进行绝对引用。

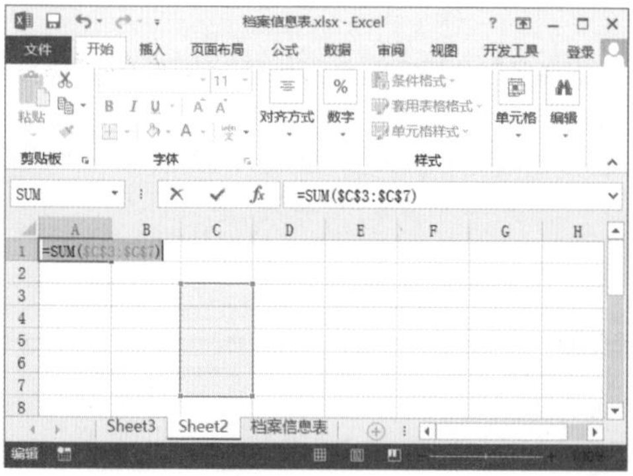

03 选中该公式，第二次按【F4】键，公式内容又变为“=SUM(C$3:C$7)”，表示对行进行绝对引用，对列进行相对引用。

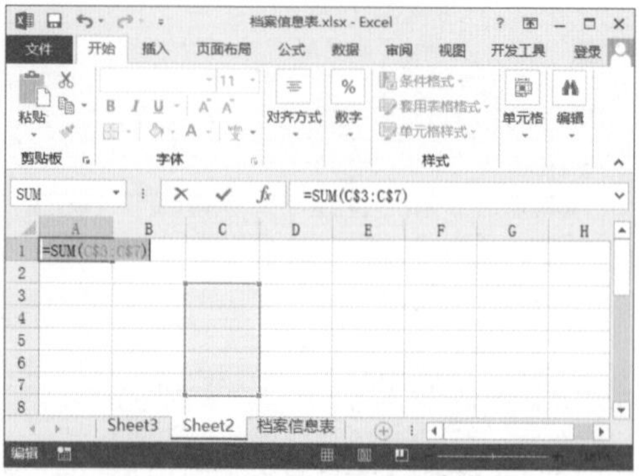

04 选中该公式，第三次按【F4】键，公式则变为“=SUM($C3:$C7)”，表示对行进行相对引用，对列进行绝对引用。

05 选中该公式，第四次按【F4】键时，公式变回到初始状态“=SUM(C3:C7)”，即对行和列均进行相对引用。

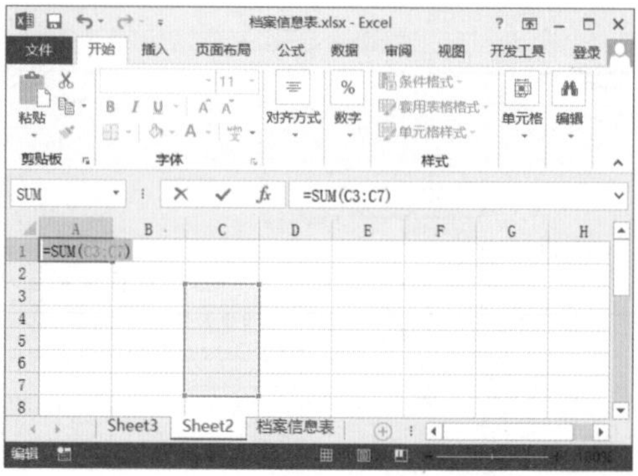

凸显加班日期

公司劳资人员为了查看员工双休日的加班情况，便于计发加班工资，需要对双休日加班的行填充底纹进行标识，加班判断标准为：以 B1 单元格数字为年份数，D1 单元格数字为月份数，B3:B30 的数字为“日期”，若该“日期”为双休日且“工作简况”不为空，即判定该日为双休日加班，可按规定计发员工加班工资。

01 选定单元格区域A3:F32，切换到【开始】选项卡，在【样式】组中单击 条件格式▾ 按钮，从弹出的下拉列表中选择【新建规则】选项。

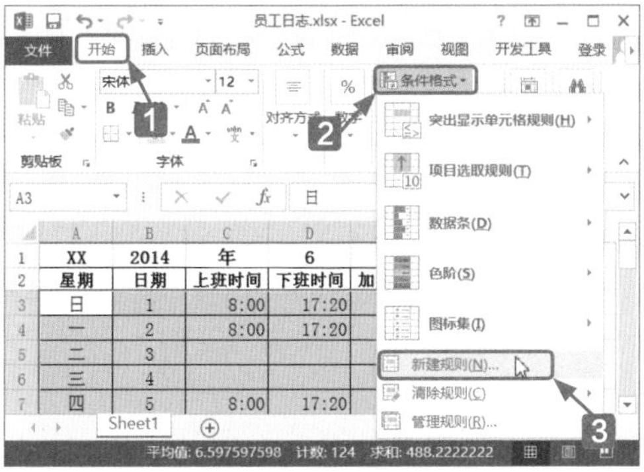

02 弹出【新建格式规则】对话框，在【选择规则类型】列表框中选择【使用公式确定要设置格式的单元格】选项，在【编辑规则说明】组合框中将条件格式设置为公式“=(WEEKDAY(DATE($B$1,$D$1,$B3),2)>5)* LEN($F3)”。

提示

上述公式中使用 WEEKDAY 函数计算某日期的星期，语法格式为：

WEEKDAY(serial_number, return_type)

当 return_type 参数为 2 时，函数对应于星期一到星期日的日期分别返回数值 1 至 7，因此，如果函数返回结果大于 5 即表示计算的日期为星期六或星期日。

03 单击 格式(F)... 按钮，弹出【设置单元格格式】对话框，在【颜色】下拉列表中选择【红色】选项。

04 单击 确定 按钮，返回【新建规则类型】对话框，再次单击 确定 按钮，此时可以很清楚地看到员工哪个双休日加班。

	A	B	C	D	E	F
1	XX	2014	年	6	月	员工日志
2	星期	日期	上班时间	下班时间	加点时间	工作情况
3	日	1	8:00	17:20		
4	一	2	8:00	17:20		日常工作
5	二	3				日常工作
6	三	4				日常工作
7	四	5	8:00	17:20		日常工作
8	五	6	8:00	17:20		日常工作
9	六	7	8:00	17:20		书稿更改
10	日	8	8:00	17:20		
11	一	9	8:00	17:20		日常工作
12	二	10				日常工作
13	三	11				日常工作
14	四	12	8:00	17:20		日常工作
15	五	13	8:00	17:20		日常工作
16	六	14	8:00	17:20		
17	日	15	8:00	17:20		
18	一	16	8:00	17:20		日常工作
19	二	17				日常工作
20	三	18				日常工作
21	四	19	8:00	17:20		日常工作
22	五	20	8:00	17:20		日常工作
23	六	21	8:00	17:20		
24	日	22	8:00	17:20		光盘更改
25	一	23	8:00	17:20		日常工作
26	二	24				日常工作
27	三	25				日常工作
28	四	26	8:00	17:20		日常工作
29	五	27	8:00	17:20		日常工作
30	六	28	8:00	17:20		
31	日	29	8:00	17:20		
32	一	30	8:00	17:20		日常工作

第06章

排序、筛选与汇总数据

数据的排序、筛选与分类汇总是Excel中经常使用的几种功能，使用这些功能用户可以对工作表中的数据进行处理和分析。

关于本章知识，本书配套教学光盘中有相关的多媒体教学视频，请读者参见光盘中的【Excel 2013的数据处理与分析\排序、筛选与汇总数据】。

6.1 销售统计表的排序

为了方便查看表格中的数据，用户可以按照一定的顺序对工作表中的数据进行重新排序。数据排序主要包括简单排序、复杂排序和自定义排序3种，用户可以根据需要进行选择。

6.1.1 简单排序

所谓简单排序就是设置单一条件进行排序。

本小节示例文件位置如下。	
原始文件	第6章\销售统计表
最终效果	第6章\销售统计表01

扫码看视频

按照"部门"的拼音首字母，对工作表中的数据进行升序排列，具体步骤如下。

01 打开本实例的原始文件，选中单元格区域A2:L13，切换到【数据】选项卡，单击【排序和筛选】组中的【排序】按钮。

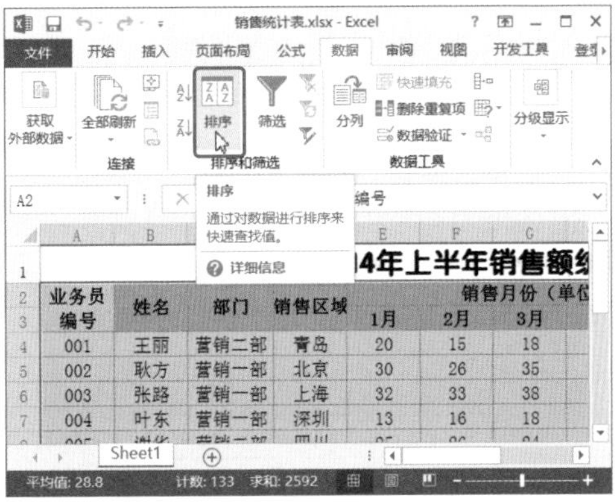

02 弹出【排序】对话框，先选中对话框右上方的【数据包含标题】复选框，然

后在【主要关键字】下拉列表中选择【部门】选项，在【排序依据】下拉列表中选择【数值】选项，在【次序】下拉列表中选择【降序】选项。

03 单击 确定 按钮，返回工作表中，此时表格数据根据C列中“部门”的拼音首字母进行降序排列。

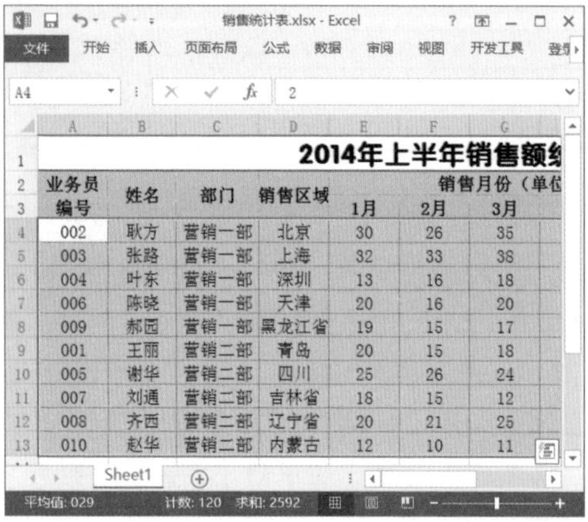

6.1.2 复杂排序

如果在排序字段里出现相同的内容，它们会保持着它们的原始次序。如果用户还要对这些相同内容按照一定条件进行排序，就要用多个关键字的复杂排序了。

本小节示例文件位置如下。	
原始文件	第6章\销售统计表01
最终效果	第6章\销售统计表02

扫码看视频

对工作表中的数据进行复杂排序的具体步骤如下。

01 打开本实例的原始文件，选中单元格区域A2:L13，切换到【数据】选项卡，单击【排序和筛选】组中的【排序】按钮。

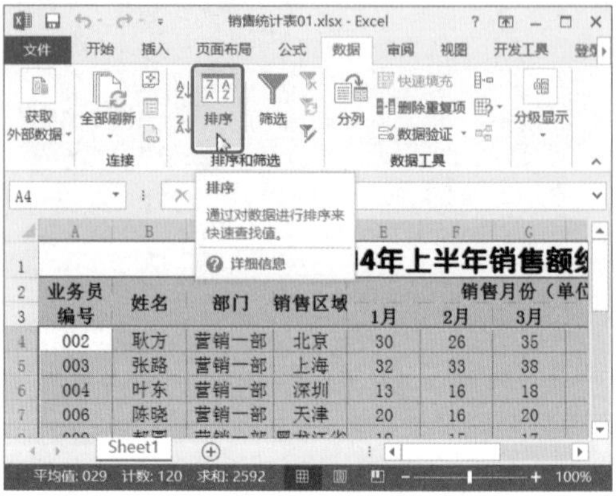

02 弹出【排序】对话框，显示出前一小节中按照“部门”的拼音首字母对数据进行了降序排列，单击 添加条件(A) 按钮。

03 此时即可添加一组新的排序条件，先选中对话框右上方的【数据包含标题】复选框，然后在【次要关键字】下拉列表中选择【销售总额】选项，在【排序依据】下拉列表中选择【数值】选项，在【次序】下拉列表中选择【降序】选项。

04 单击 确定 按钮，返回工作表中，此时表格数据在根据C列中“部门”的拼音首字母进行降序排列的基础上，按照“销售总额”的数值进行了降序排列，排序效果如图所示。

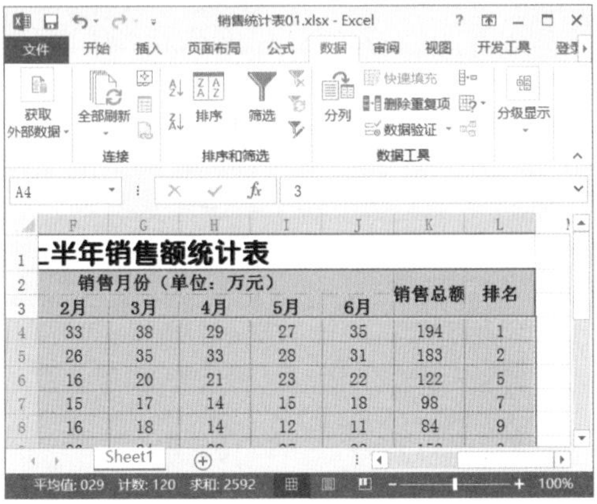

6.1.3 自定义排序

数据的排序方式除了按照数字大小和拼音字母顺序外，还会涉及一些特殊的顺序，如“部门名称”“职务”“学历”等，此时就可以用自定义排序。

本小节示例文件位置如下。	
原始文件	第 6 章 \ 销售统计表 02
最终效果	第 6 章 \ 销售统计表 03

扫码看视频

对工作表中的数据进行自定义排序的具体步骤如下。

01 打开本实例的原始文件，选中单元格区域A2:L13，切换到【数据】选项卡，单击【排序和筛选】组中的【排序】按钮，弹出【排序】对话框，先选中对话框右上方的【数据包含标题】复选框，然后在第1个排序条件中的【次序】下拉列表中选择【自定义序列】选项。

02 弹出【自定义序列】对话框，在【自定义序列】列表框中选择【新序列】选项，在【输入序列】文本框中输入“营销一部，营销二部”，中间用英文半角状态下的逗号隔开。

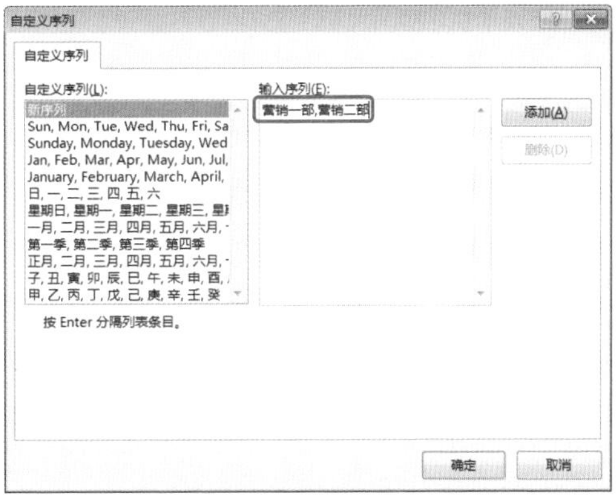

03 单击 添加(A) 按钮，此时新定义的序列“营销一部，营销二部”就添加在了【自定义序列】列表框中。

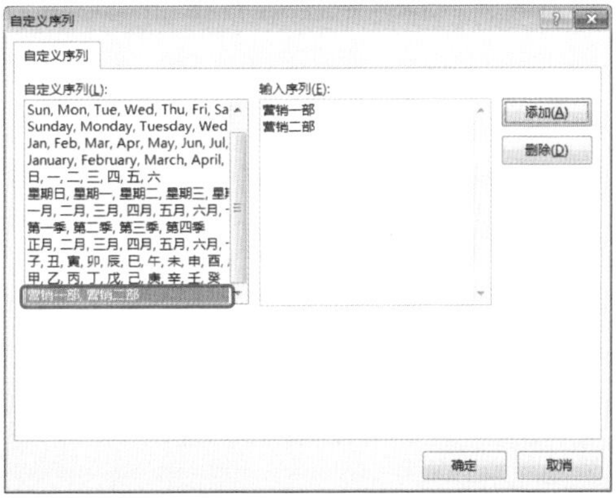

04 单击 确定 按钮，返回【排序】对话框，此时，第一个排序条件中的【次序】

下拉列表自动选择【营销一部,营销二部】选项。

05 单击 确定 按钮，返回工作表，排序效果如图所示。

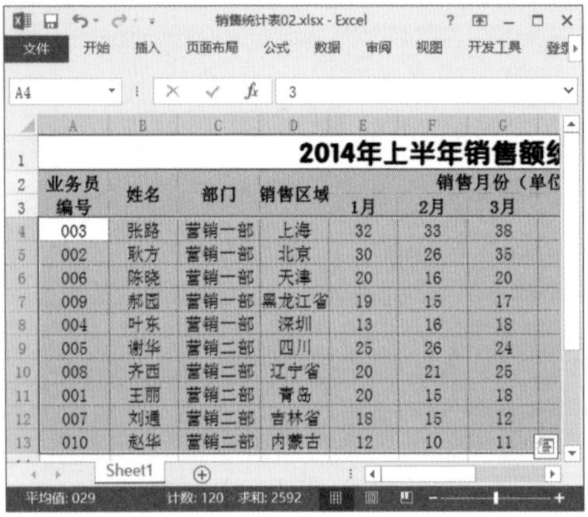

6.2 销售统计表的筛选

Excel 2013 中提供了 3 种数据的筛选操作，即“自动筛选”“自定义筛选”和“高级筛选”。

6.2.1 自动筛选

“自动筛选”一般用于简单的条件筛选，筛选时将不满足条件的数据暂时隐藏起来，只显示符合条件的数据。

本小节示例文件位置如下。	
原始文件	第 6 章 \ 销售统计表 03
最终效果	第 6 章 \ 销售统计表 04

扫码看视频

对工作表中的数据进行自动筛选的具体步骤如下。

1. 指定数据的筛选

01 打开本实例的原始文件，选中单元格区域A2:L13，切换到【数据】选项卡，单击【排序和筛选】组中的【筛选】按钮，进入筛选状态，各标题字段的右侧出现一个下拉按钮。

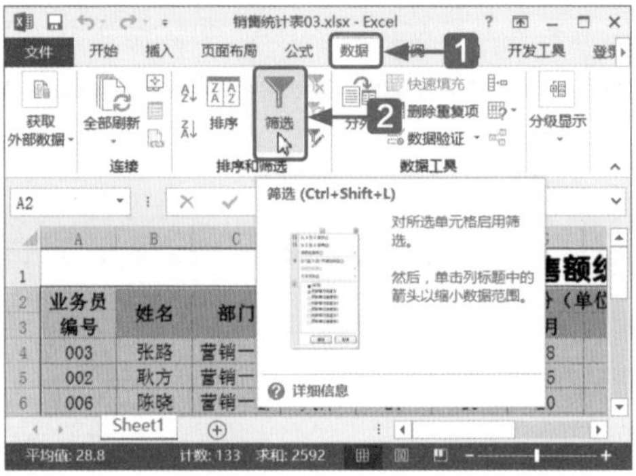

02 单击标题字段【部门】右侧的下拉按钮，从弹出的筛选列表中撤选【营销一部】复选框。

03 单击 确定 按钮，返回工作表，筛选效果如图所示。

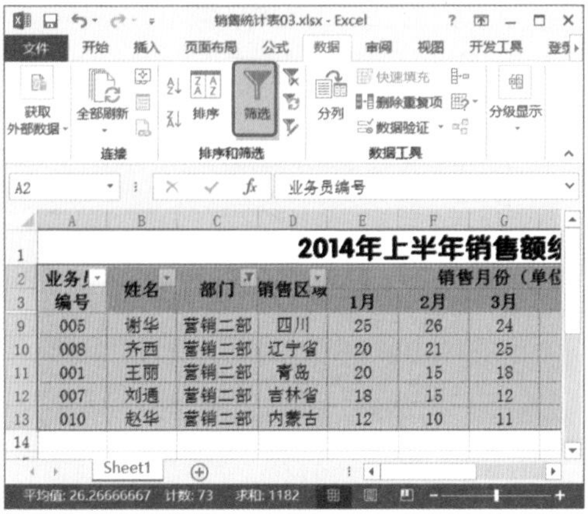

2. 指定条件的筛选

01 选中单元格区域A2:L13，切换到【数据】选项卡，单击【排序和筛选】组中的【筛选】按钮，撤消之前的筛选，再次单击【排序和筛选】组中的【筛选】按钮，重新进入筛选状态，然后单击标题字段【总成绩】右侧的下拉按钮。

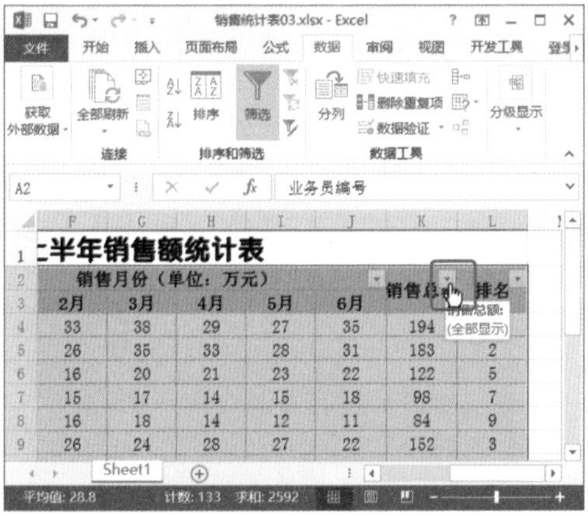

02 从弹出的下拉列表中选择【数字筛选】➤【前10项】选项。

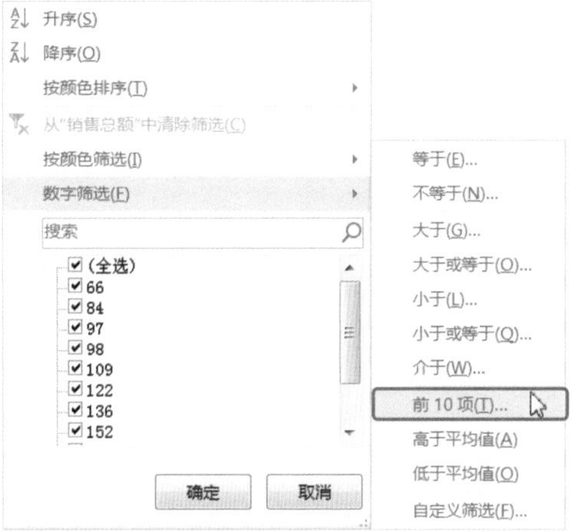

03 弹出【自动筛选前10个】对话框，然后将显示条件设置为"最大5项"。

04 单击 确定 按钮返回工作表中，筛选效果如图所示。

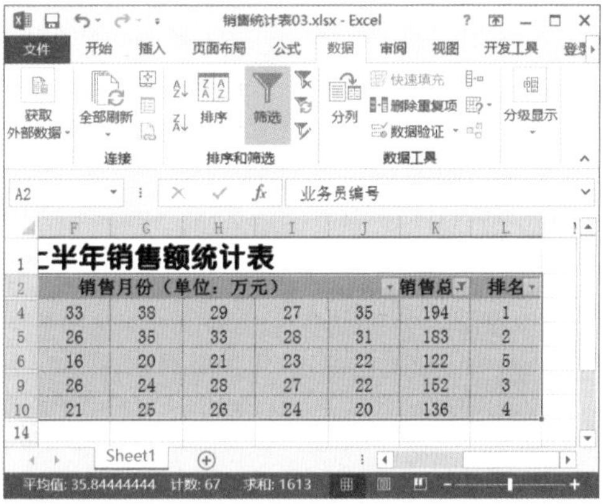

6.2.2 自定义筛选

在对表格数据进行自定义筛选时，用户可以设置多个筛选条件。

本小节示例文件位置如下。	
原始文件	第 6 章 \ 销售统计表 04
最终效果	第 6 章 \ 销售统计表 05

扫码看视频

自定义筛选的具体步骤如下。

01 打开本实例的原始文件，单击【排序和筛选】组中的【筛选】按钮，撤消之前的筛选，再次单击【筛选】按钮，重新进入筛选状态，然后单击标题字段【排名】右侧的下拉按钮。

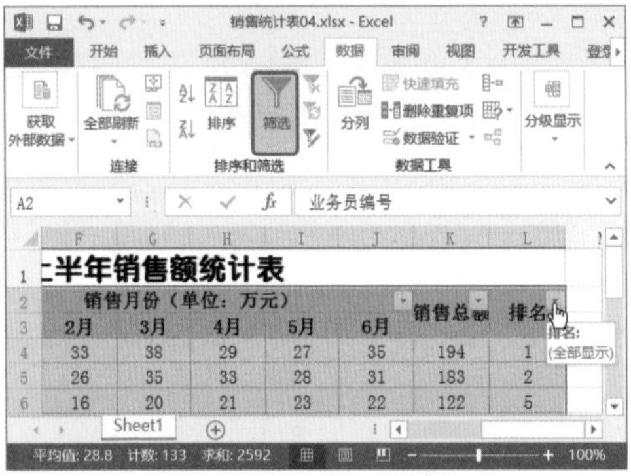

02 在弹出的下拉列表中选择【数字筛选】➤【自定义筛选】选项。

03 弹出【自定义自动筛选方式】对话框，然后将显示条件设置为“排名大于或等于1与小于4”。

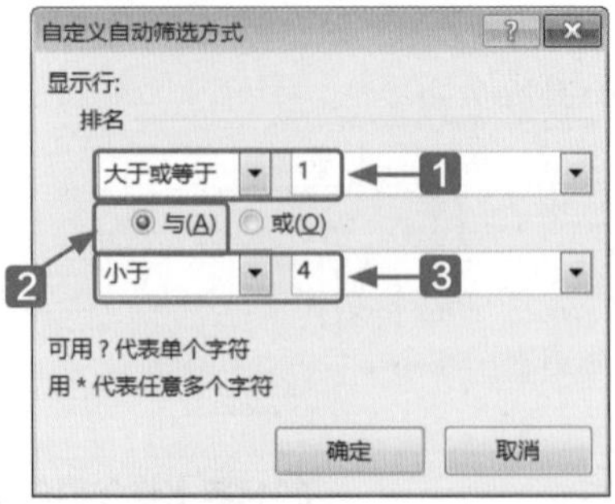

04 单击 确定 按钮，返回工作表中，筛选效果如图所示。

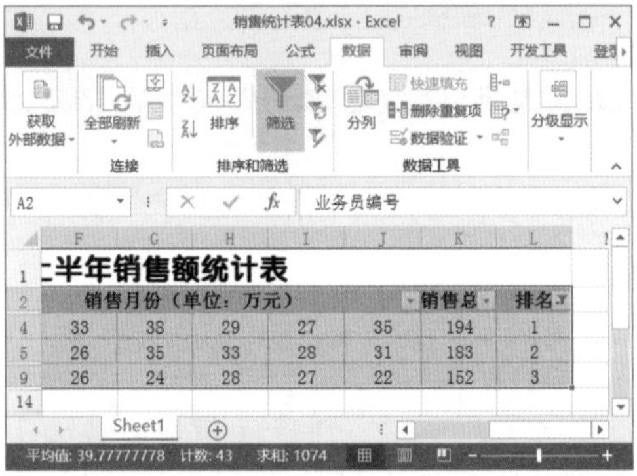

6.2.3 高级筛选

高级筛选一般用于条件较复杂的筛选操作，其筛选的结果可显示在原数据表格中，不符合条件的记录被隐藏起来；也可以在新的位置显示筛选结果，不符合条件的记录同时保留在数据表中而不会被隐藏起来，这样更加便于数据比对。

本小节示例文件位置如下。	
原始文件	第 6 章 \ 销售统计表 05
最终效果	第 6 章 \ 销售统计表 06

扫码看视频

对数据进行高级筛选的具体步骤如下。

01 打开本实例的原始文件，切换到【数据】选项卡，单击【排序和筛选】组中的【筛选】按钮撤消之前的筛选，然后在不包含数据的区域内输入一个筛选条件，例如在单元格K14中输入“销售总额”，在单元格K15中输入“>100”。

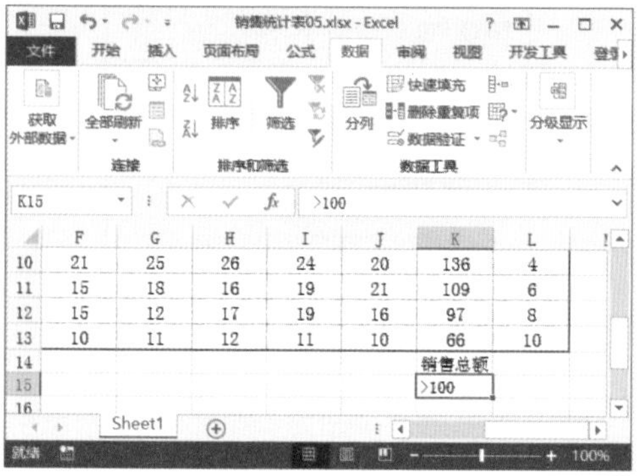

02 将光标定位在数据区域的任意一个单元格中，单击【排序和筛选】组中的【高级】按钮。

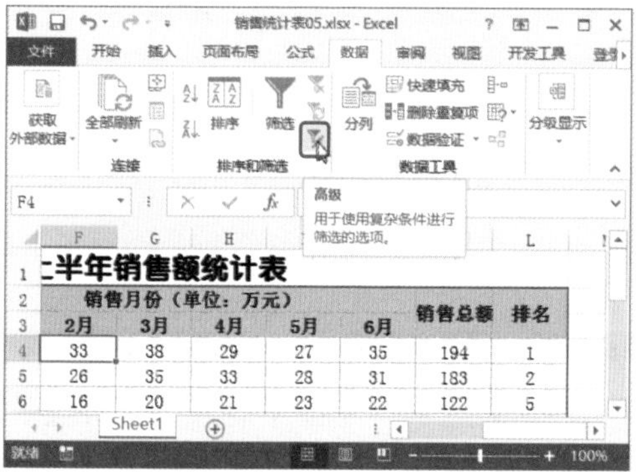

03 弹出【高级筛选】对话框，在【方式】组合框中选中【在原有区域显示筛选结果】单选钮，然后单击【条件区域】文本框右侧的【折叠】按钮。

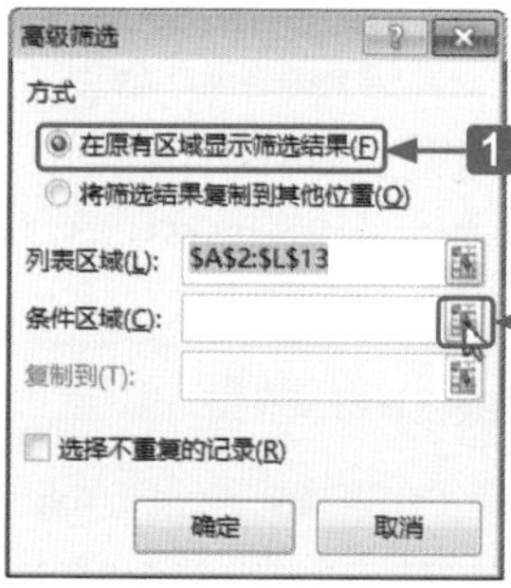

04 弹出【高级筛选–条件区域:】对话框，然后在工作表中选择条件区域K14:K15。

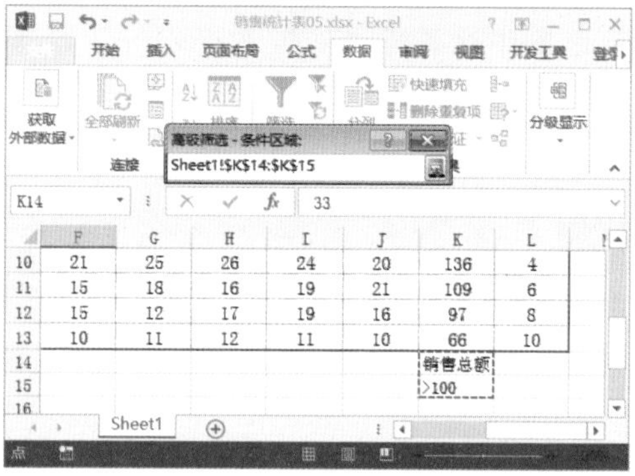

05 选择完毕，单击【展开】按钮，返回【高级筛选】对话框，此时即可在【条件区域】文本框中显示出条件区域的范围。

06 单击 确定 按钮返回工作表中，筛选效果如图所示。

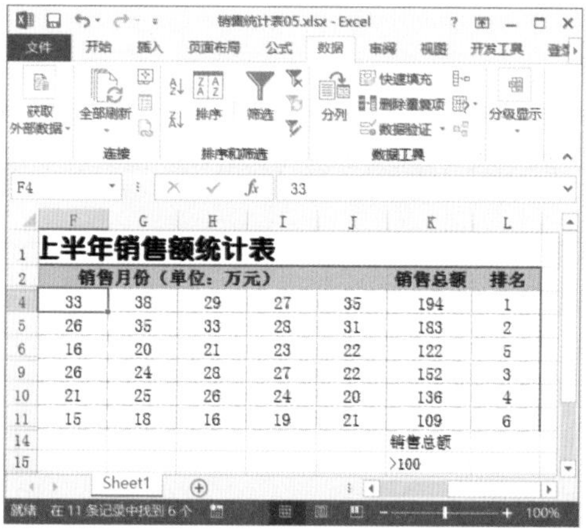

07 单击【排序和筛选】组中的【筛选】按钮，撤消之前的筛选，然后在不包含数据的区域内输入多个筛选条件，例如将筛选条件设置为“销售总额>100，排名<=3”。

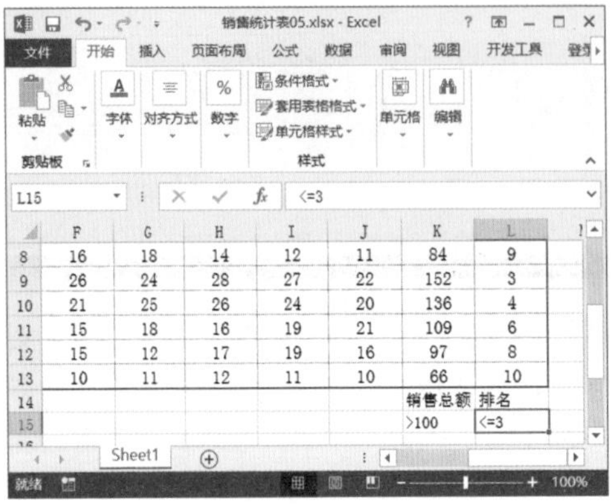

08 将光标定位在数据区域的任意一个单元格中，单击【排序和筛选】组中的【高级】按钮。

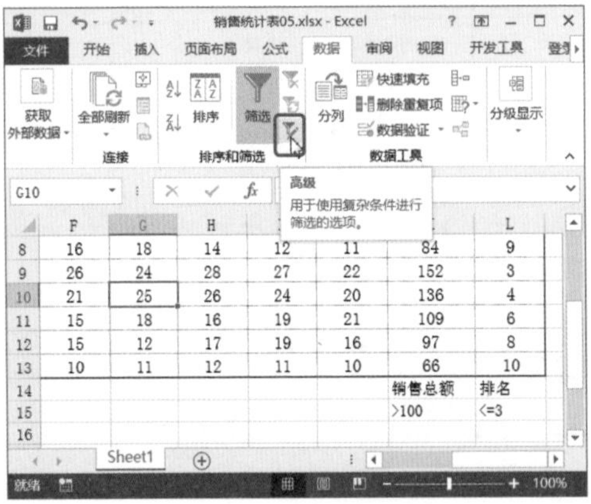

09 弹出【高级筛选】对话框，在【方式】组合框中选中【在原有区域显示筛选结果】单选钮，在【列表区域】文本框中输入“$A$2:$L$13”，然后单击【条件区域】文本框右侧的【折叠】按钮。

10 弹出【高级筛选-条件区域:】对话框，然后在工作表选择条件区域K14:L15。

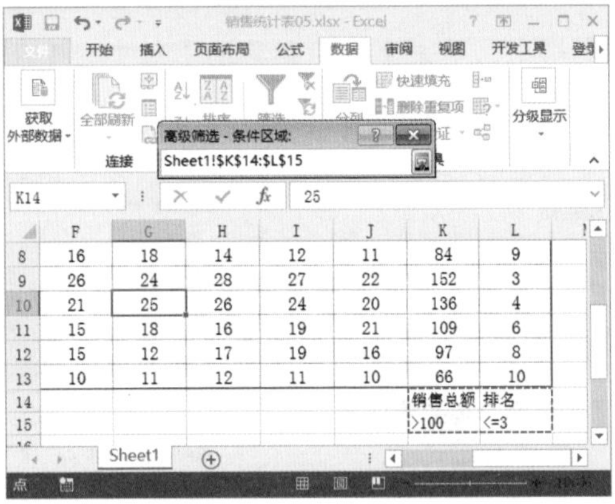

11 选择完毕，单击【展开】按钮，返回【高级筛选】对话框，此时即可在【条件区域】文本框中显示出条件区域的范围。

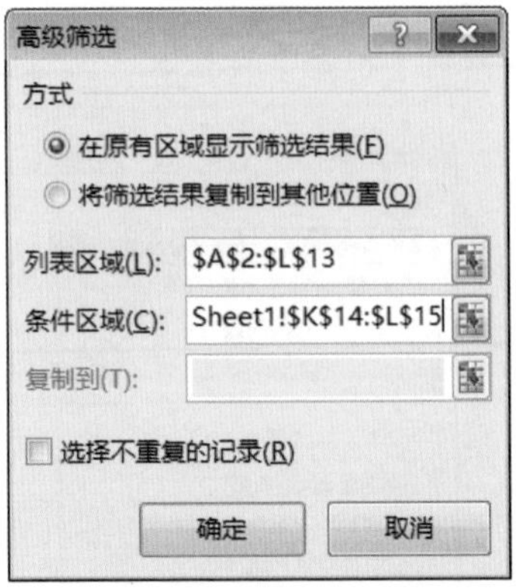

12 单击 确定 按钮，返回工作表中，筛选效果如图所示。

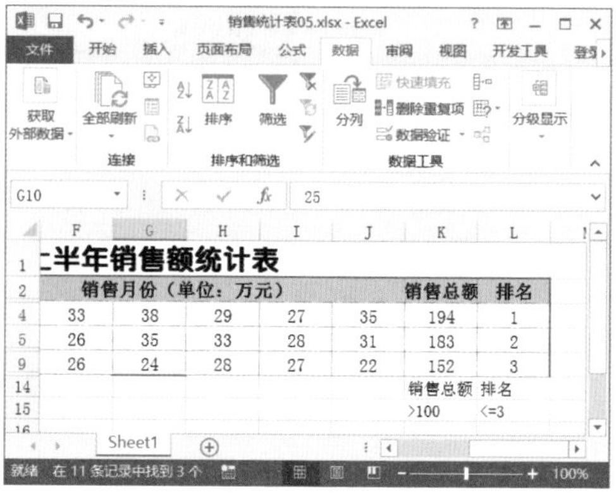

6.3 销售统计表的分类汇总

分类汇总是按某一字段的内容进行分类，并对每一类统计出相应的结果数据。

6.3.1 创建分类汇总

创建分类汇总之前，首先要对工作表中的数据进行排序。

本小节示例文件位置如下。	
原始文件	第 6 章 \ 销售统计表 06
最终效果	第 6 章 \ 销售统计表 07

扫码看视频

创建分类汇总的具体步骤如下。

01 打开本实例的原始文件，选中单元格区域A2:L13，切换到【数据】选项卡，单击【排序和筛选】组中的【排序】按钮。

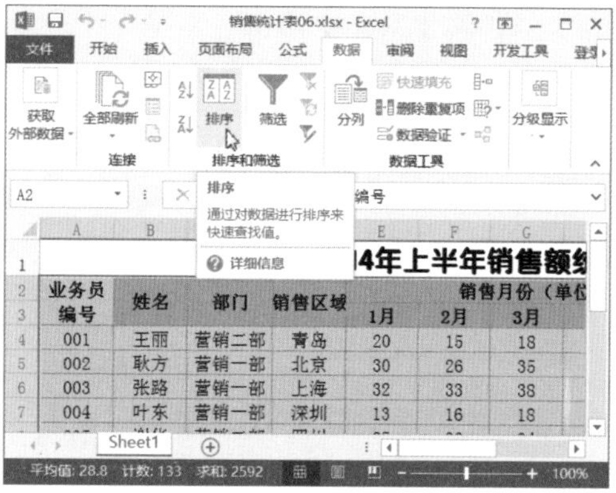

02 弹出【排序】对话框，先选中对话框右上方的【数据包含标题】复选框，然后在【主要关键字】下拉列表中选择【部门】选项，在【排序依据】下拉列表中选择【数值】选项，在【次序】下拉列表中选择【降序】选项。

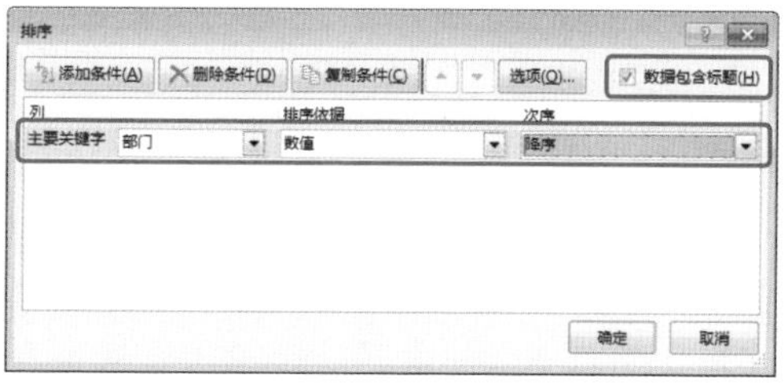

03 单击 确定 按钮，返回工作表中，此时表格数据即可根据C列中“部门”的数值进行降序排列。

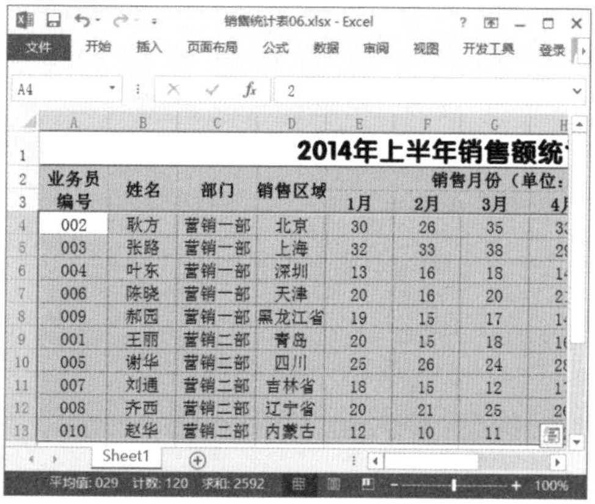

04 切换到【数据】选项卡，单击【分级显示】组中的【分类汇总】按钮。

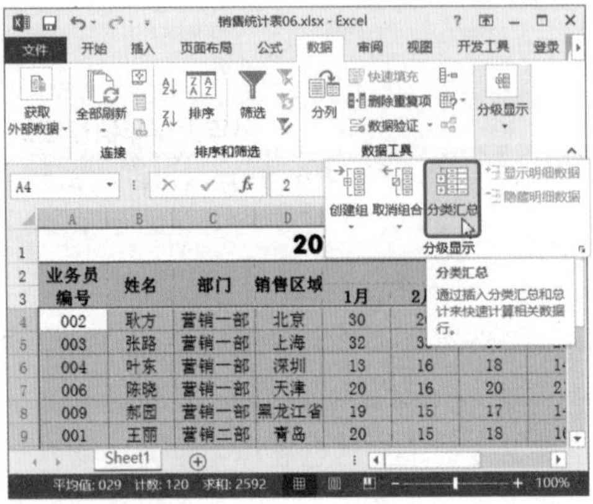

05 弹出【Microsoft Excel】提示对话框，单击 确定 按钮。

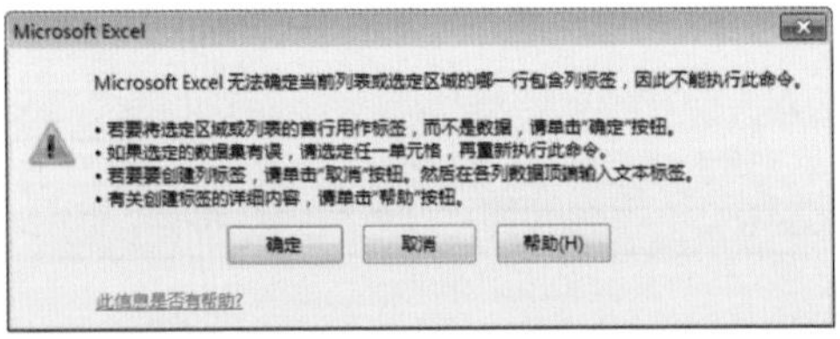

06 弹出【分类汇总】对话框，在【分类字段】下拉列表中选择【部门】选项，在【汇总方式】下拉列表中选择【求和】选项，在【选定汇总项】列表框中选中【销售总额】复选框，撤选【排名】复选框，选中【替换当前分类汇总】和【汇总结果显示在数据下方】复选框。

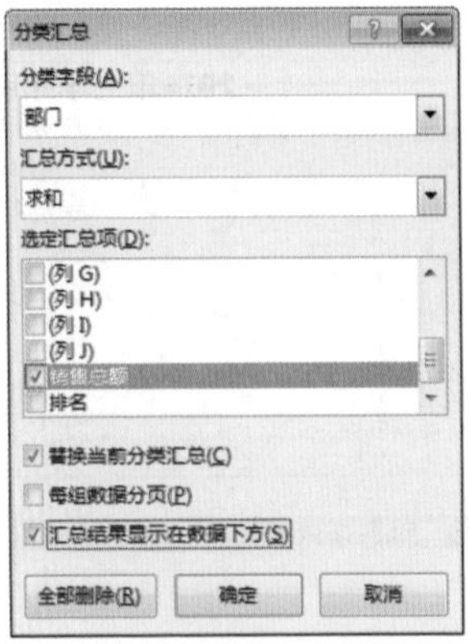

07 单击 确定 按钮，返回工作表中，汇总效果如图所示。

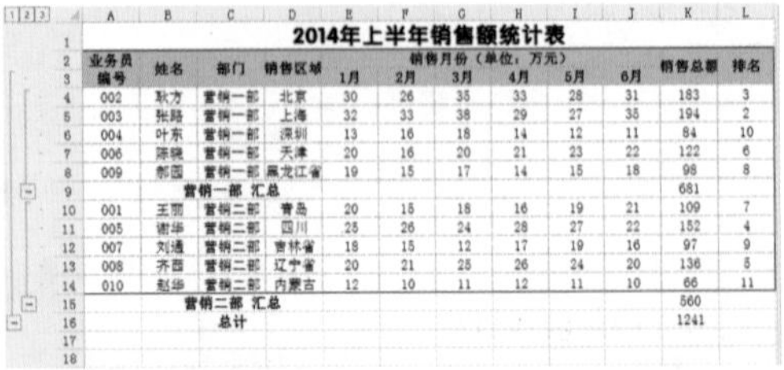

6.3.2 删除分类汇总

如果用户不再需要将工作表中的数据以分类汇总的方式显示出来，则可将刚刚创建的分类汇总删除。

本小节示例文件位置如下。	
原始文件	第 6 章 \ 销售统计表 07
最终效果	第 6 章 \ 销售统计表 08

扫码看视频

删除分类汇总的具体步骤如下。

01 打开本实例的原始文件，将光标定位在数据区域的任意一个单元格中，切换到【数据】选项卡，单击【分级显示】组中的【分类汇总】按钮。

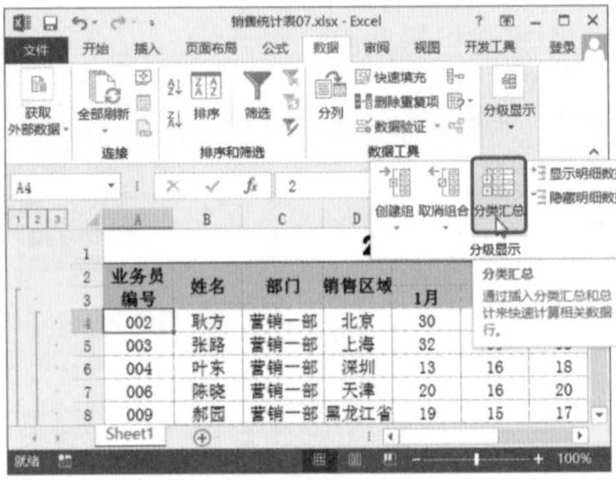

02 弹出【Microsoft Excel】提示对话框，单击 确定 按钮。

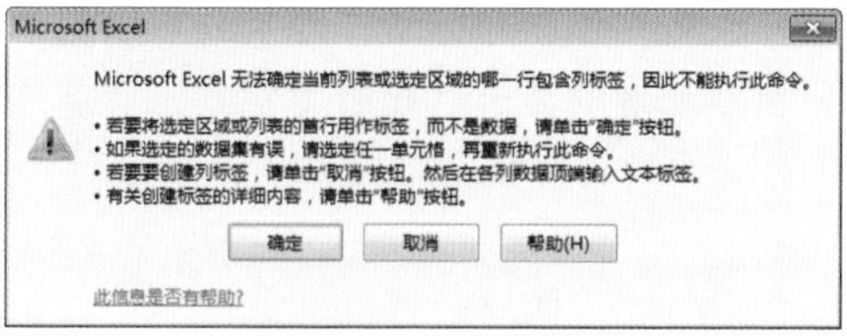

03 弹出【分类汇总】对话框，单击 全部删除(R) 按钮。

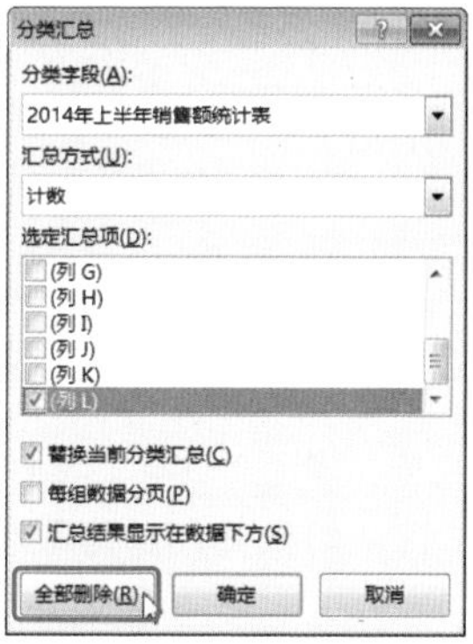

04 返回工作表中，此时即可将所创建的分类汇总全部删除，工作表恢复到分类汇总前的状态。

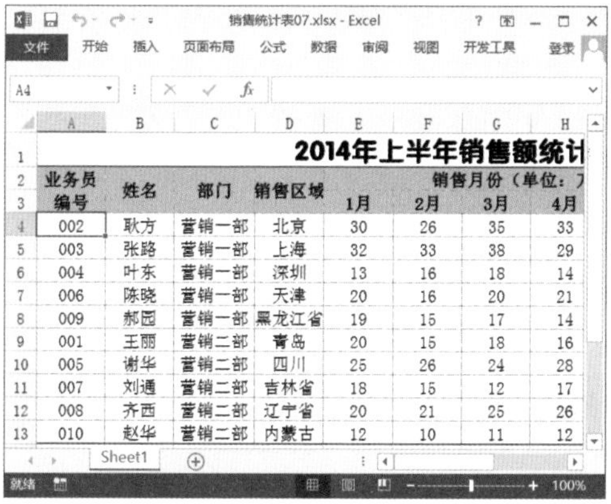

高手过招

“分散对齐”也好用

在 Excel 表格中输入人名时，使用“分散对齐”功能设置对齐方式，然后调整列宽，即可制作整齐美观的名单。

01 打开素材文件“销售统计表.xlsx”，选中要设置对齐方式的单元格区域，切换到【开始】选项卡，单击【对齐方式】组右下角的【对话框启动器】按钮。

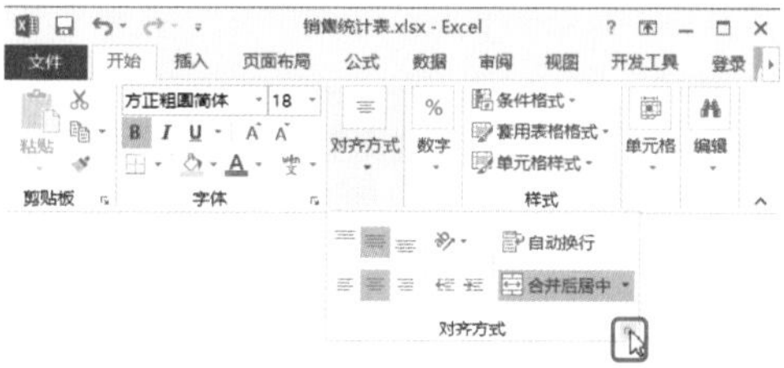

02 弹出【设置单元格格式】对话框，切换到【对齐】选项卡，在【水平对齐】下拉列表中选择【分散对齐（缩进）】选项。

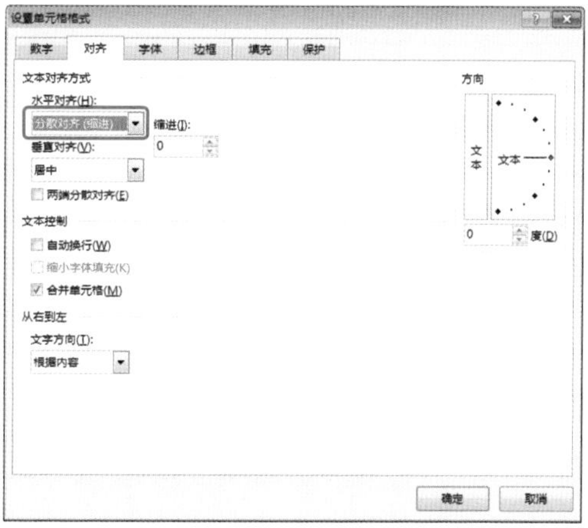

03 设置完毕，单击 确定 按钮，返回工作表中，将鼠标指针放在要调整列宽的列标记右侧的分隔线上，此时鼠标指针变成✛形状，然后按住鼠标左键不放，拖动鼠标将“姓名”列调整为合适的列宽，释放左键即可。

隐藏单元格中的所有值

在日常工作中，有时需要将单元格中的所有值隐藏起来，此时可以通过自定义单元格格式隐藏单元格区域中的内容。

01 打开素材文件“销售统计表.xlsx”，选中要隐藏的单元格区域，切换到【开始】选项卡，单击【对齐方式】组右下角的【对话框启动器】按钮。

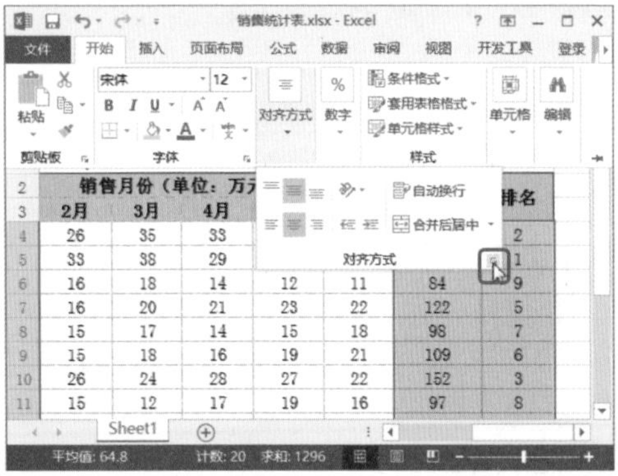

02 弹出【设置单元格格式】对话框，切换到【数字】选项卡，在【分类】列表框中选择【自定义】选项，然后在右侧的【类型】文本框中输入“;;;”。此处的3个分号是在英文半角状态下输入的，表示单元格数字的自定义格式是由正数、负数、零和文本4个部分组成，这4个部分用3个分号分隔，哪个部分空，相应的内容就不会在单元格中显示，此时都空了，所有选定区域中的内容就全部隐藏了。

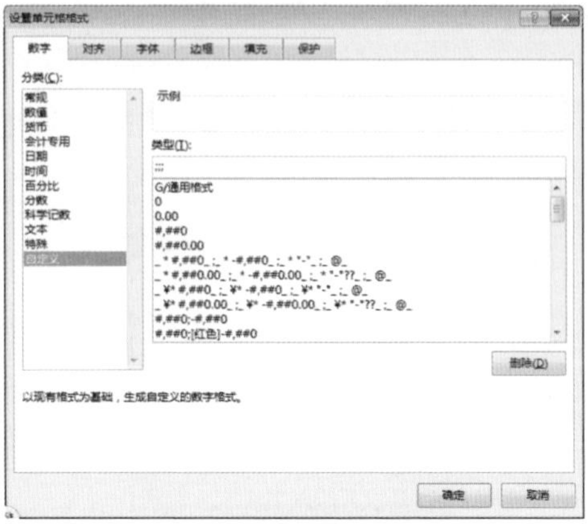

03 设置完毕，单击 确定 按钮返回工作表中，选中区域的数据就被隐藏起来了。

对合并单元格数据进行排序

当需要排序的数据区域中包含合并单元格时，如果各个合并单元格大小不一致，就无法进行排序操作。

01 打开本实例的素材文件，A列的合并单元格有两行合并的，也有3行合并的，大小各不相同。若对这样的数据区域进行排序，将被Excel拒绝操作。只有当合并的单元格具有一致的大小时才能继续操作。

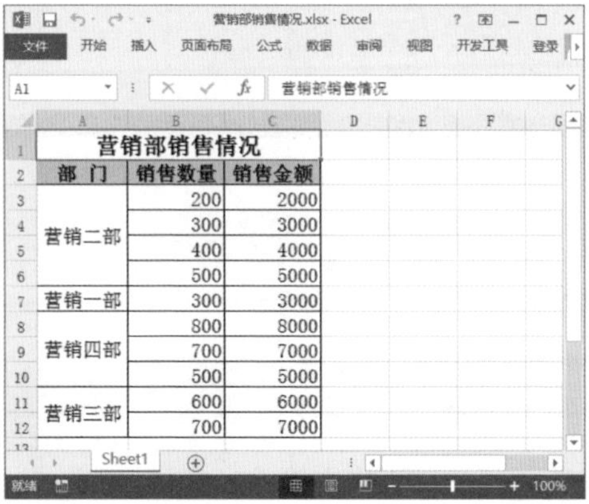

02 在每个合并区域的第2行根据最大合并区域的行数（本例中为4行）插入空行，即在原第8行之前插入3个空行，在原第9行之前插入1个空行，在原第12行之前插入2个空行，效果如图所示。

	A	B	C	D
1	营销部销售情况			
2	部 门	销售数量	销售金额	
3	营销二部	200	2000	
4		300	3000	
5		400	4000	
6		500	5000	
7	营销一部	300	3000	
8				
9				
10				
11	营销四部	800	8000	
12				
13		700	7000	
14		500	5000	
15	营销三部	600	6000	
16				
17				
18		700	7000	
19				

03 选中合并单元格区域A3:A6，切换到【开始】选项卡，单击【剪贴板】组中的【格式刷】按钮，再单击单元格A7，将单元格区域A7:A10合并。

	A	B	C	D
1	营销部销售情况			
2	部 门	销售数量	销售金额	
3	营销二部	200	2000	
4		300	3000	
5		400	4000	
6		500	5000	
7	营销一部	300	3000	
8				
9				
10				
11	营销四部	800	8000	
12				
13		700	7000	
14		500	5000	
15	营销三部	600	6000	
16				
17				
18		700	7000	
19				

04 选中合并单元格区域A3:A18，单击【格式刷】按钮，再选中单元格区域B3:C18将其合并，即可得到相同大小的合并单元格。

	A	B	C	D
1	营销部销售情况			
2	部 门	销售数量	销售金额	
3–6	营销二部	200	2000	
7–10	营销一部	300	3000	
11–14	营销四部	800	8000	
15–18	营销三部	600	6000	
19				

05 选中合并单元格区域A3:C18，切换到【数据】选项卡，单击【排序与筛选】组中的【排序】按钮打开【排序】对话框，在【主要关键字】下拉列表中选择【部门】选项，在【次序】组合框中选择【自定义序列】选项。

06 弹出【自定义序列】对话框，在【自定义序列】列表框中选择【营销一部,营销二部】选项。

07 单击 确定 按钮返回【排序】对话框，再次单击 确定 按钮返回工作表中，选中单元格空白区域D3:D18，单击【格式刷】按钮，再选中单元格区域B3:C18，将其合并取消。

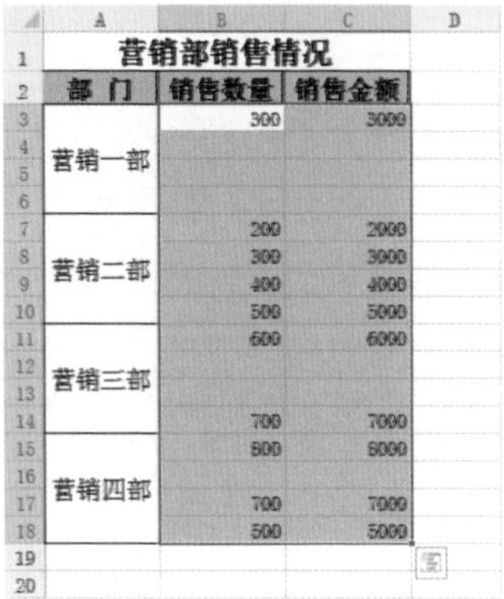

08 选中单元格区域B3:C18，按【Ctrl+G】组合键弹出【定位】对话框，单击 定位条件(S)... 按钮，随即弹出【定位条件】对话框，在【选择】组合框中选中【空值】单选钮。

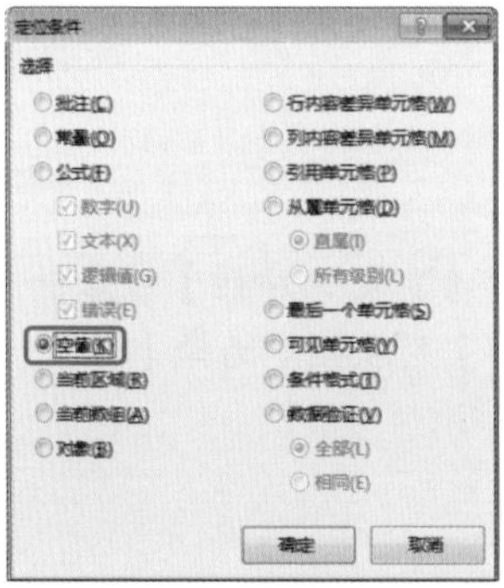

09 单击 确定 按钮即可选定当前区域中的空单元格。

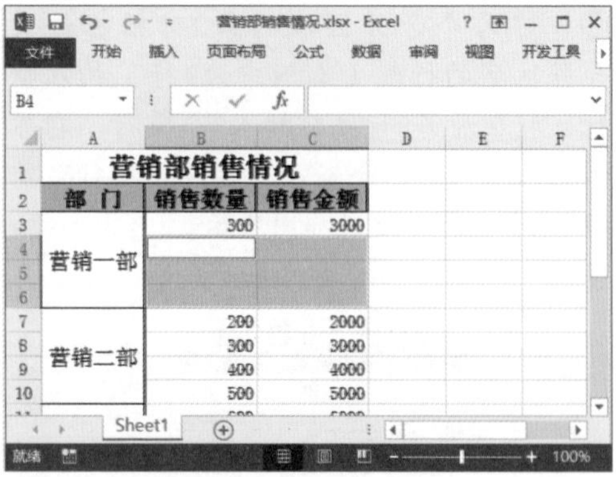

10 单击鼠标右键，从弹出的快捷菜单中选择【删除】菜单项，弹出【删除】对话框，在【删除】组合框中选中【整行】单选钮。

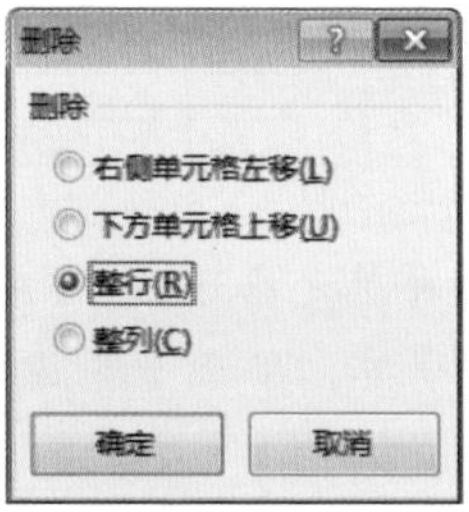

11 单击 确定 按钮，完成多余行的删除，然后添加表格边框线条，如图所示。

第07章

数据处理与分析

Excel 2013提供了强大的数据分析功能，可以对多个工作表中的数据进行合并计算，可以使用单变量求解寻求公式中的特定解，还可以使用模拟运算表寻求最优解，最后将产生不同结果的数据值集合保存为一个方案，并对方案进行分析。

关于本章知识，本书配套教学光盘中有相关的多媒体教学视频，请读者参见光盘中的【Excel 2013 的数据处理与分析\数据处理与分析】。

7.1 区域销售数据表

利用合并计算和单变量求解的功能，对区域的销售情况进行分析。

7.1.1 合并计算

合并计算功能通常用于对多个工作表中的数据进行计算汇总，并将多个工作表中的数据合并到一个工作表中。合并计算分为按分类合并计算和按位置合并计算两种。

本小节示例文件位置如下。	
原始文件	\第7章\销售数据表
最终效果	\第7章\销售数据表01

扫码看视频

1. 按分类合并计算

对工作表中的数据按分类合并计算的具体步骤如下。

01 打开本实例的原始文件，切换到工作表“营销一部”中，选中单元格区域B4:G8，切换到【公式】选项卡，单击【定义的名称】组中的定义名称按钮右侧的下三角按钮，从弹出的下拉列表中选择【定义名称】选项。

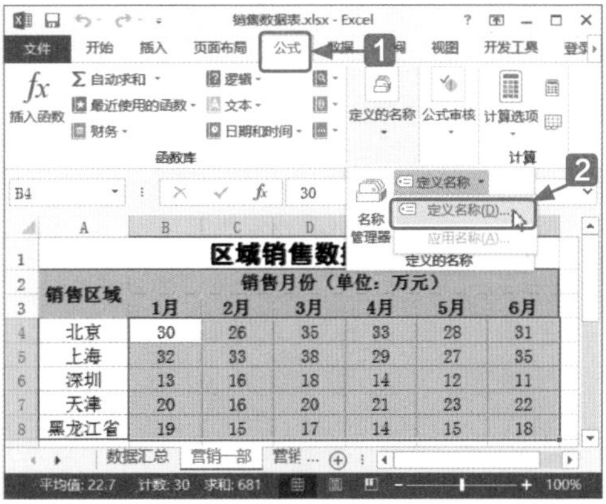

02 弹出【新建名称】对话框，在【名称】文本框中输入“营销一部”。

03 单击 确定 按钮返回工作表中，切换到工作表“营销二部”中，选中单元格区域B4:G8，切换到【公式】选项卡，单击【定义的名称】组中的 定义名称 按钮右侧的下三角按钮，在弹出的下拉列表中选择【定义名称】选项。

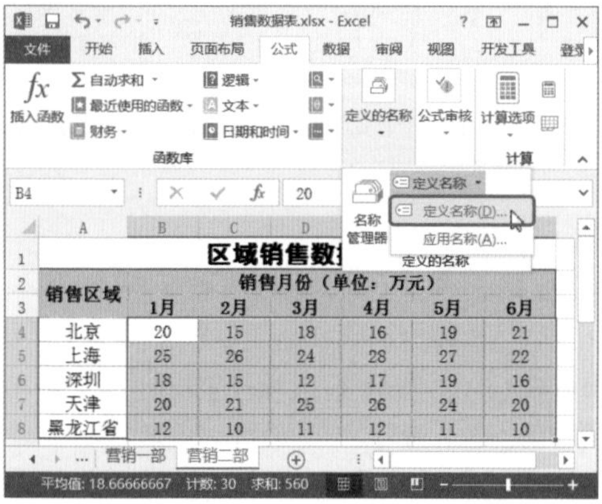

04 弹出【新建名称】对话框，在【名称】文本框中输入“营销二部”。

05 单击 确定 按钮返回工作表中，切换到工作表“数据汇总”，然后选中单元格B4，切换到【数据】选项卡，单击【数据工具】组中的【合并计算】按钮。

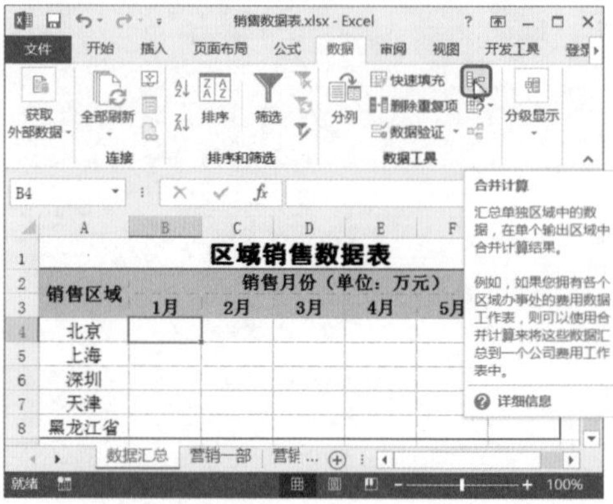

06 弹出【合并计算】对话框，在【引用位置】文本框中输入之前定义的名称“营销一部”，然后单击 添加(A) 按钮。

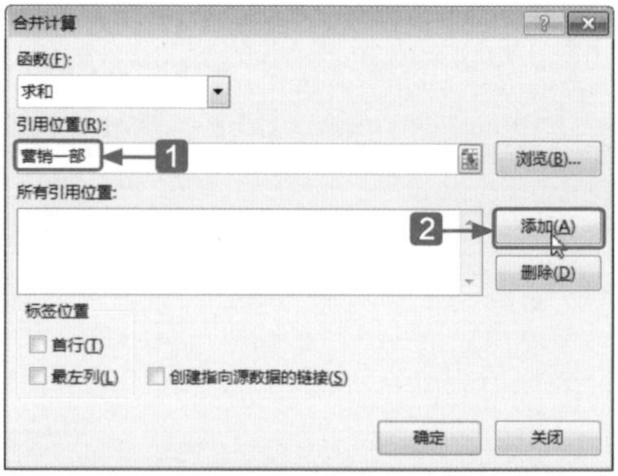

07 即可将其添加到【所有引用位置】列表框中。

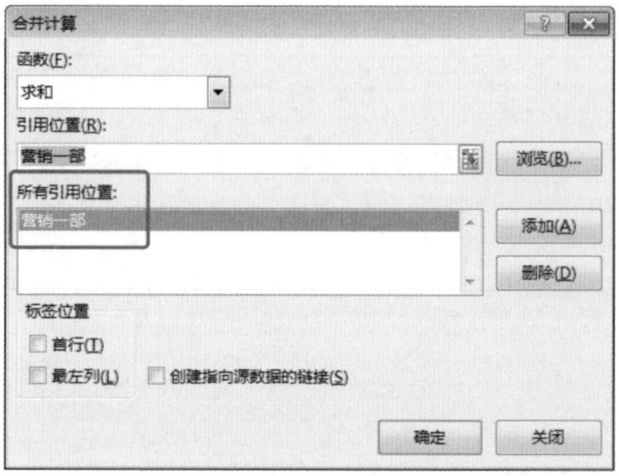

08 使用同样的方法，在【引用位置】文本框中输入之前定义的名称“营销二部”，然后单击 添加(A) 按钮，将其添加到【所有引用位置】列表框中。

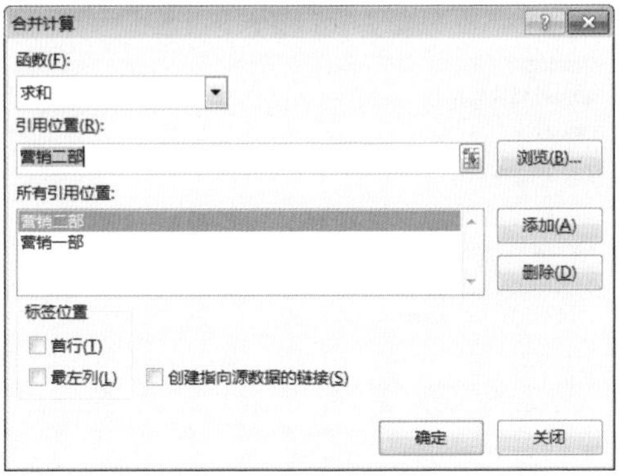

09 设置完毕，单击 确定 按钮，返回工作表中，即可看到合并计算结果。

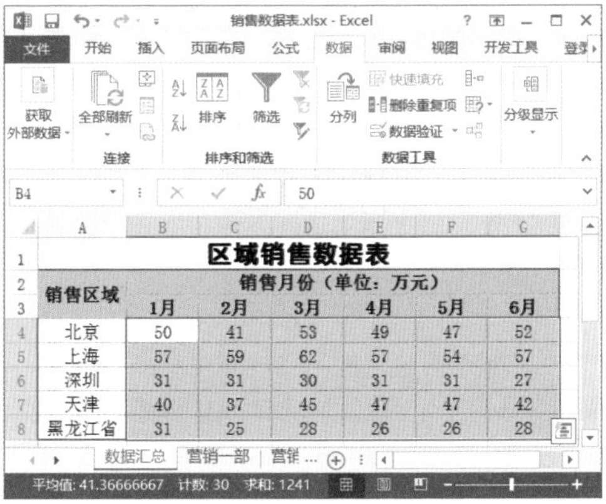

2. 按位置合并计算

对工作表中的数据按位置合并计算的具体步骤如下。

01 首先要清除之前的计算结果和引用位置。切换到工作表“数据汇总”，选中单元格区域B4:G8，切换到【开始】选项卡，单击【编辑】组中的 清除 按钮，从弹出的下拉列表中选择【清除内容】选项。

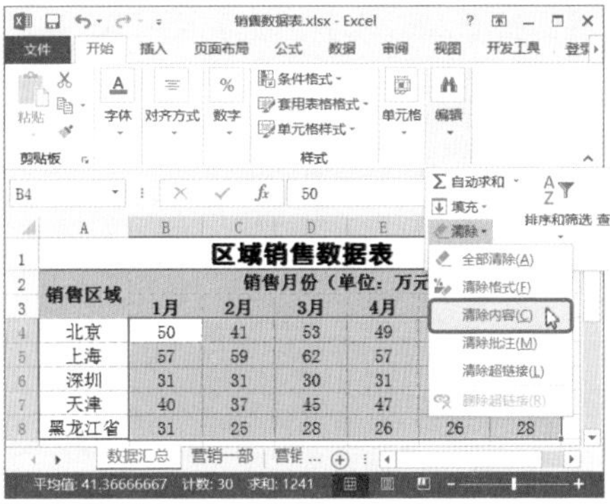

02 此时，选中区域的内容就被清除了，然后切换到【数据】选项卡，单击【数据工具】组中的【合并计算】按钮。

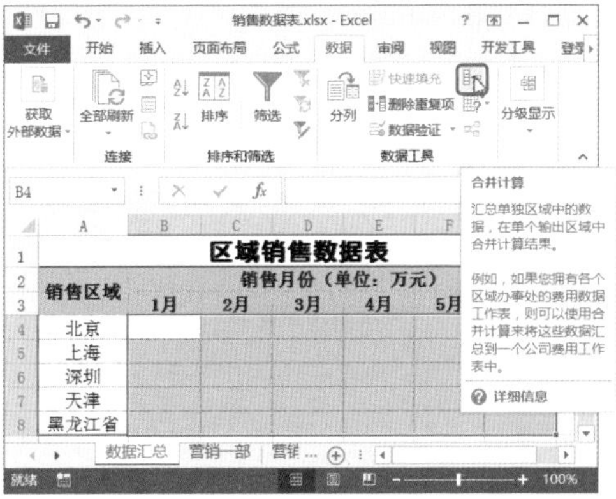

03 弹出【合并计算】对话框，在【所有引用位置】列表框中选择【营销一部】选项，然后单击 删除(D) 按钮，即可删除该选项。

04 使用同样的方法将【所有引用位置】列表框中的所有选项删除即可，然后单击

【引用位置】右侧的【折叠】按钮。

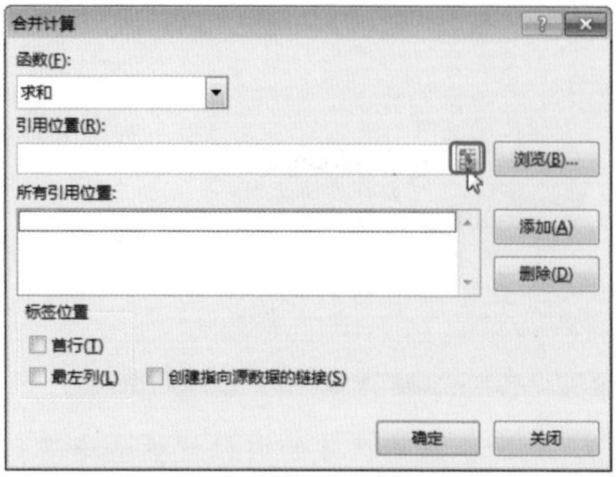

05 弹出【合并计算–引用位置:】对话框，然后在工作表“营销一部”中选中单元格区域B4:G8。

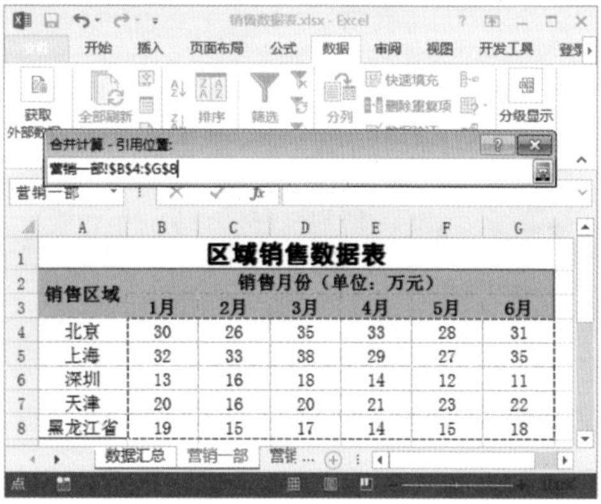

06 单击文本框右侧的【展开】按钮，返回【合并计算】对话框，然后单击添加(A)按钮即可将其添加到【所有引用位置】列表框中。

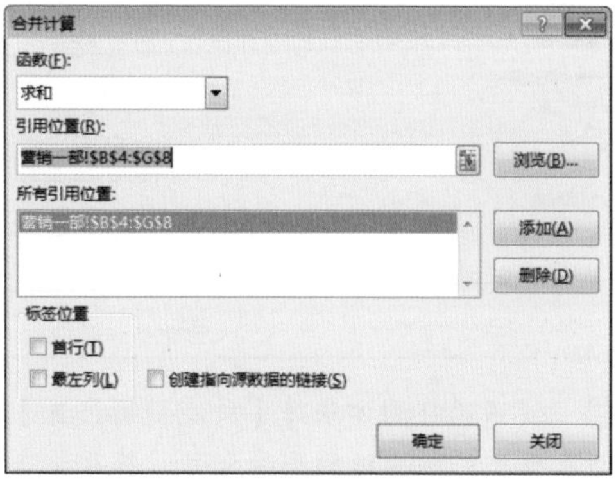

07 使用同样的方法设置引用位置“营销二部!$B$4:$G$8”，并将其添加到【所有引用位置】列表框中。

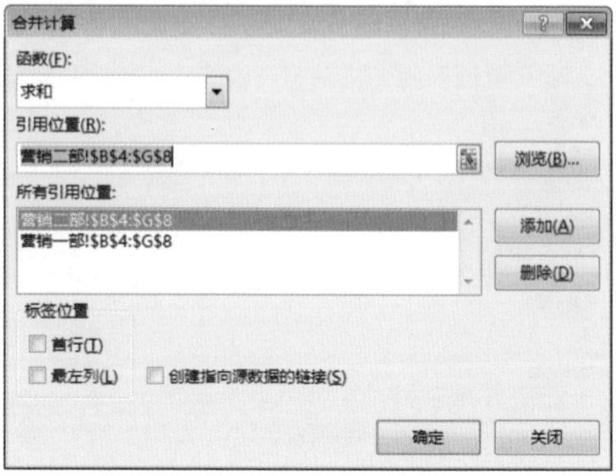

08 设置完毕，单击确定按钮，返回工作表中，即可看到合并计算结果。

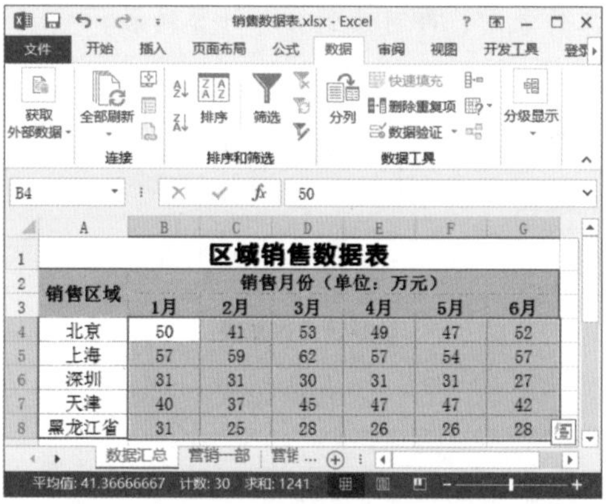

7.1.2 单变量求解

使用单变量求解能够通过调节变量的数值，按照给定的公式求出目标值。

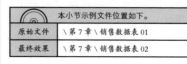

本小节示例文件位置如下。	
原始文件	\第7章\销售数据表01
最终效果	\第7章\销售数据表02

扫码看视频

例如，公司规定的奖金比率是0.2%，求营销一部和营销二部总销售额达到多少才能拿到30000元的奖金。

单变量求解的具体步骤如下。

01 打开本实例的原始文件，切换到工作表“数据汇总”中，在表中输入单变量求解需要的数据，并进行格式设置。

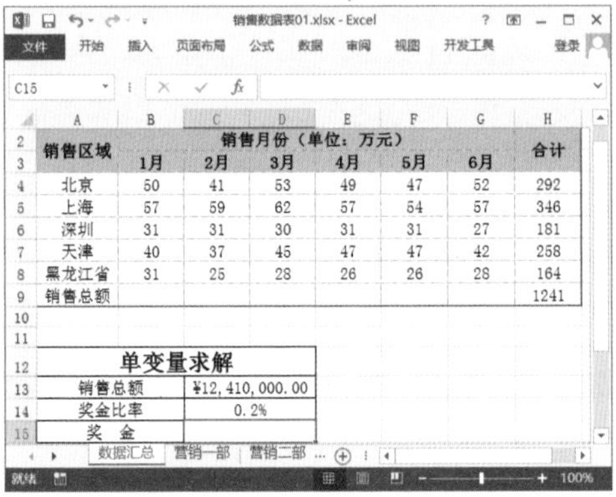

02 由于奖金=销售总额×奖金比率，在单元格C15中输入公式“=C13*C14”。

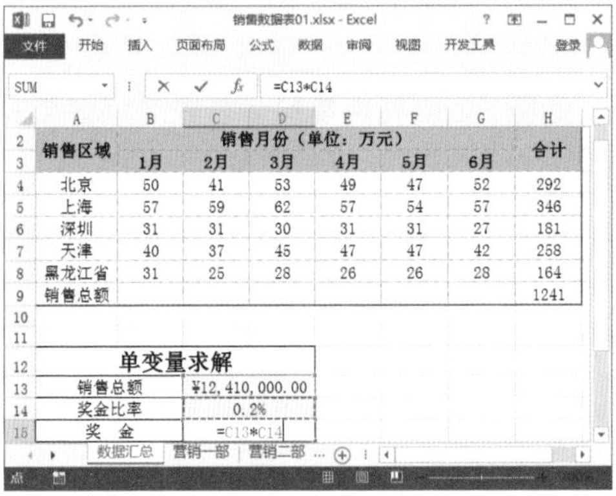

03 输入完毕，按【Enter】键，即可求出营销部的奖金。

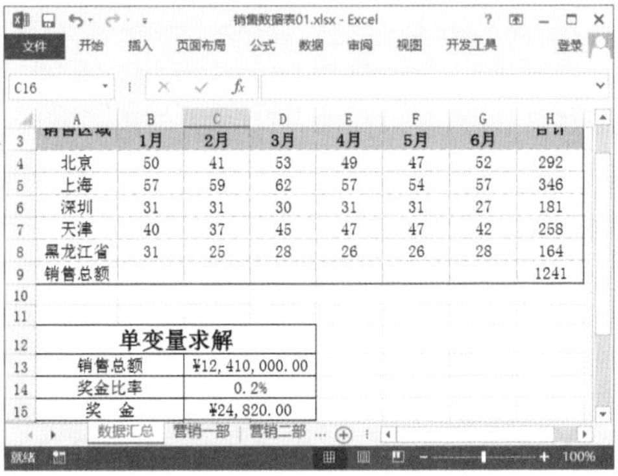

04 切换到【数据】选项卡，单击【数据工具】组中的【模拟分析】按钮，从弹出的下拉列表中选择【单变量求解】选项。

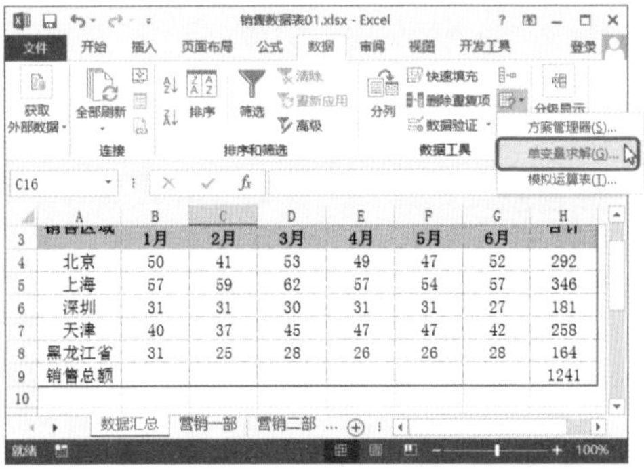

05 弹出【单变量求解】对话框，单击【目标单元格】文本框右侧的【折叠】按钮。

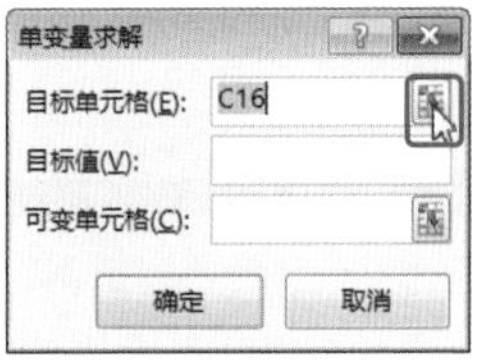

06 弹出【单变量求解-目标单元格:】对话框，然后在工作表“单变量求解”中选中目标单元格C15。

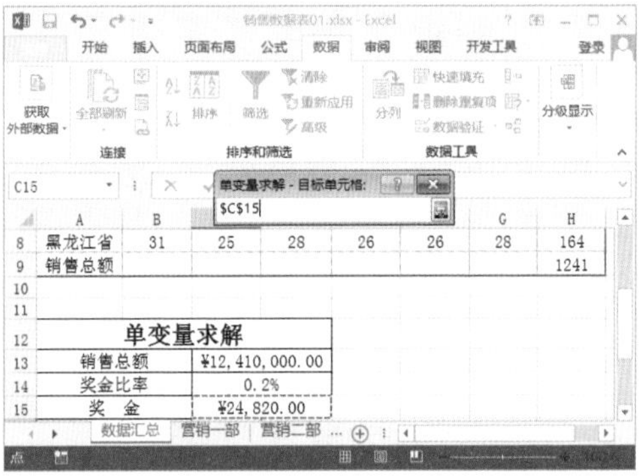

07 选择完毕，单击文本框右侧的【展开】按钮，返回【单变量求解】对话框，然后在【目标值】文本框中输

入“30000”。

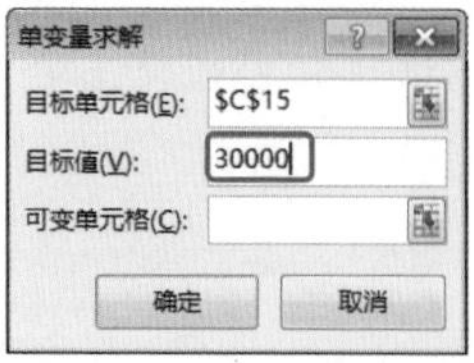

08 单击【可变单元格】文本框右侧的【折叠】按钮，弹出【单变量求解-可变单元格:】对话框，然后在工作表“单变量求解”中选中可变单元格C13。

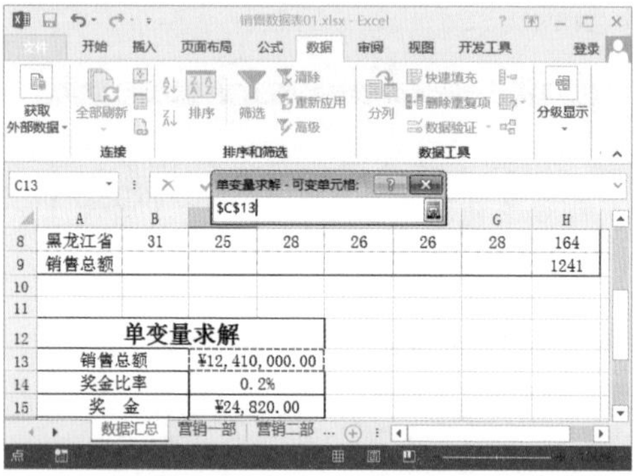

09 选择完毕，单击文本框右侧的【展开】按钮，返回【单变量求解】对话框。

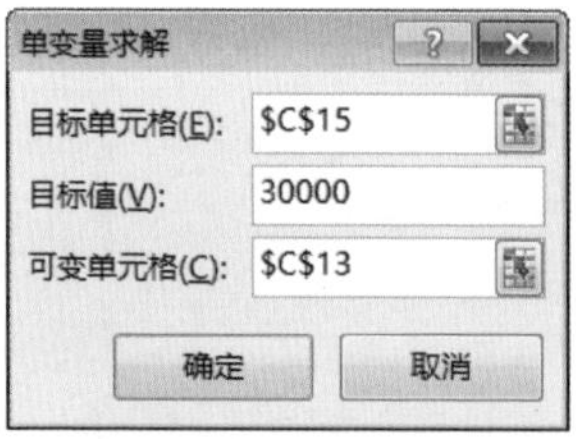

10 单击 确定 按钮，弹出【单变量求解状态】对话框。

11 单击 确定 按钮，返回工作表中，即可看到最终求解结果。

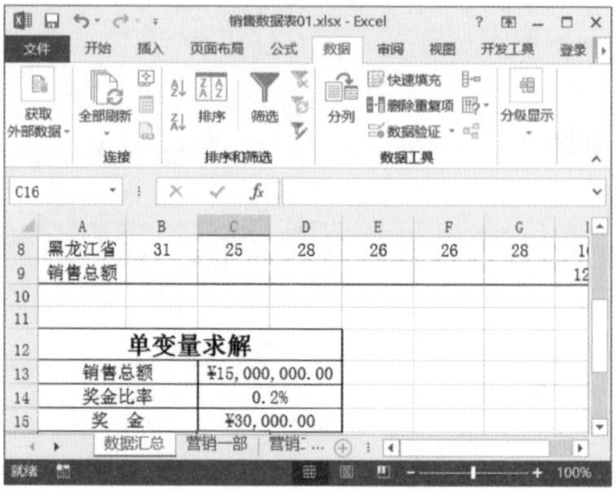

7.2 销售总额分析

用户可以利用模拟运算表对销售奖金进行快速运算。

7.2.1 单变量模拟运算表

单变量模拟运算表是指公式中有一个变量值，可以查看一个变量对一个或多个公式的影响。

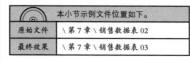

本小节示例文件位置如下。	
原始文件	\第 7 章\销售数据表 02
最终效果	\第 7 章\销售数据表 03

扫码看视频

例如，销售总额为 292 万元，不同区域奖金比率不同，求各区域的销售总额。

创建单变量模拟运算表的具体步骤如下。

01 打开本实例的原始文件，切换到工作表“数据汇总”，选中单元格C18，输入公式“=INT(5840/C14)”，输入完毕按

【Enter】键即可。

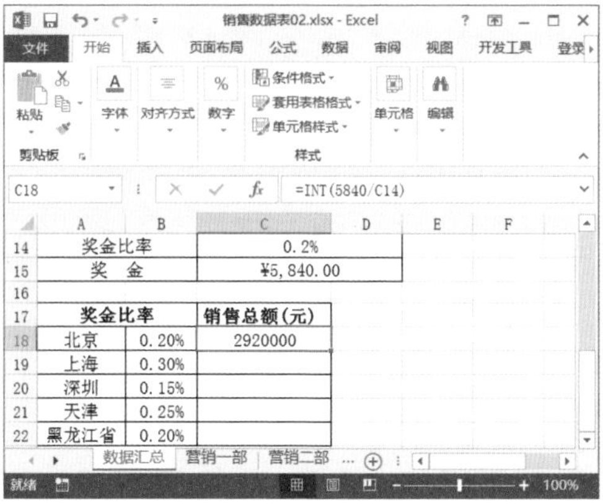

02 选中单元格区域B18:C22，切换到【数据】选项卡，单击【数据工具】组中的【模拟分析】按钮，从弹出的下拉列表中选择【模拟运算表】选项。

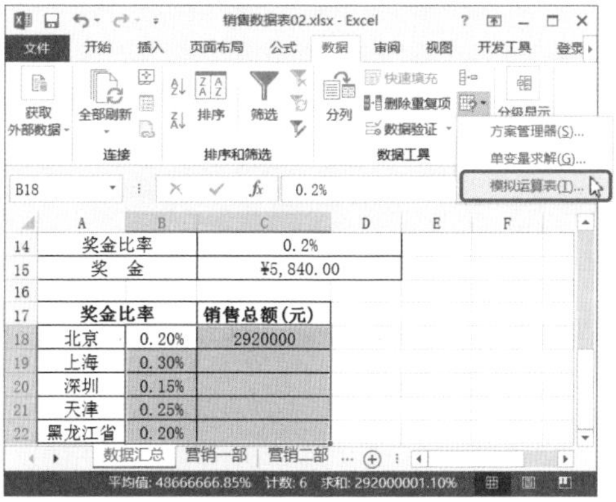

03 弹出【模拟运算表】对话框。

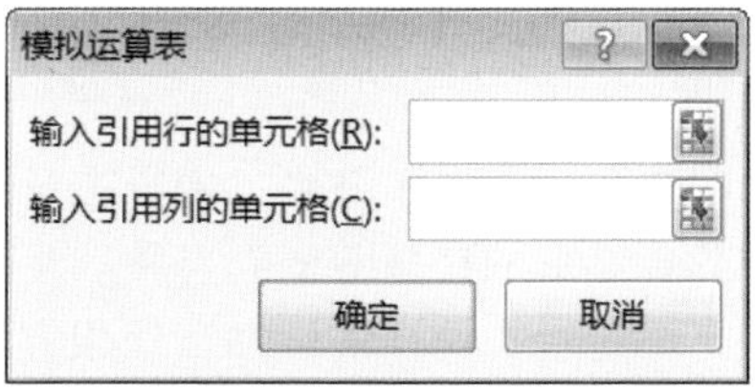

04 单击【输入引用列的单元格】文本框右侧的【折叠】按钮，弹出【模拟运算表-输入引用列的单元格:】对话框，选中单元格C14。

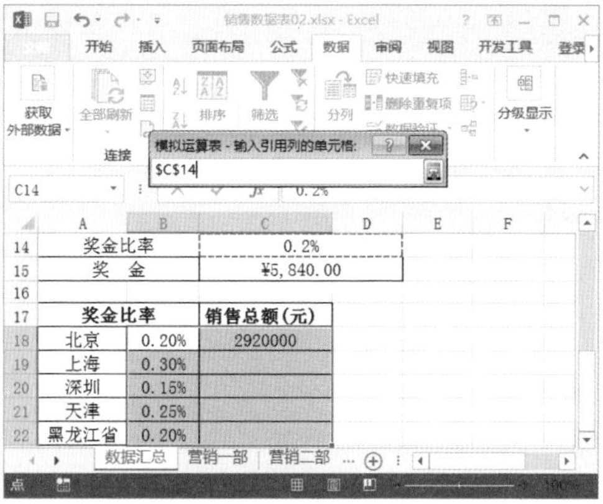

05 单击【展开】按钮，返回【模拟运算表】对话框，此时选中的单元格出现在【输入引用列的单元格】文本框中。

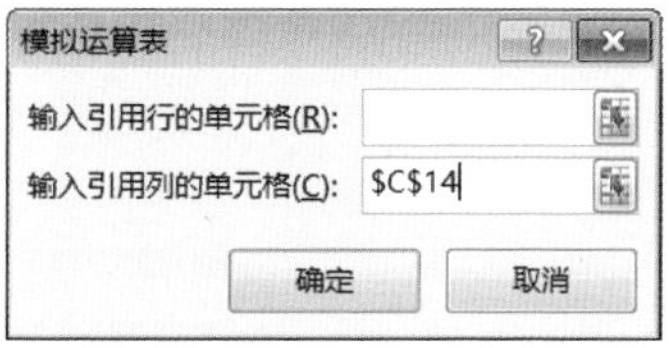

06 单击确定按钮，返回工作表中，此时即可看到创建的单变量模拟表，从中可以看出单个变量“奖金比率”对计算结果“销售总额”的影响。

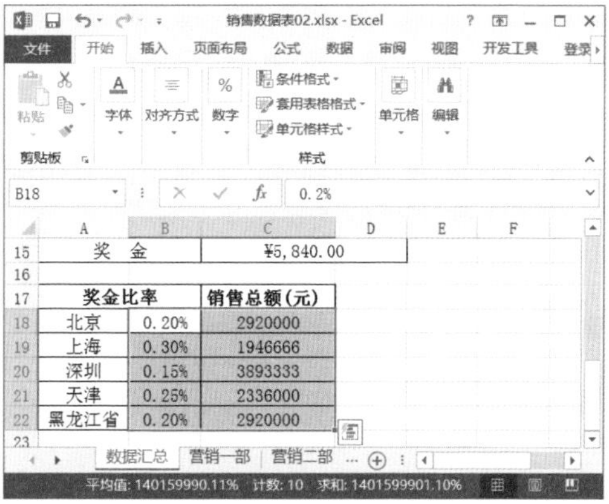

7.2.2 双变量模拟运算表

双变量模拟运算表可以查看两个变量对公式的影响。

本小节示例文件位置如下。	
原始文件	\第 7 章\销售数据表 03
最终效果	\第 7 章\销售数据表 04

扫码看视频

例如，营销部准备了 1 万元的奖金，分成 1500 元、2660 元和 5840 元，每个区域的奖金比率不同，求销售总额。

创建双变量模拟运算表的具体步骤如下。

01 打开本实例的原始文件，切换到工作表“数据汇总”中，选中单元格B25，输入公式“=INT(C15/C14)”，输入完毕按【Enter】键即可。

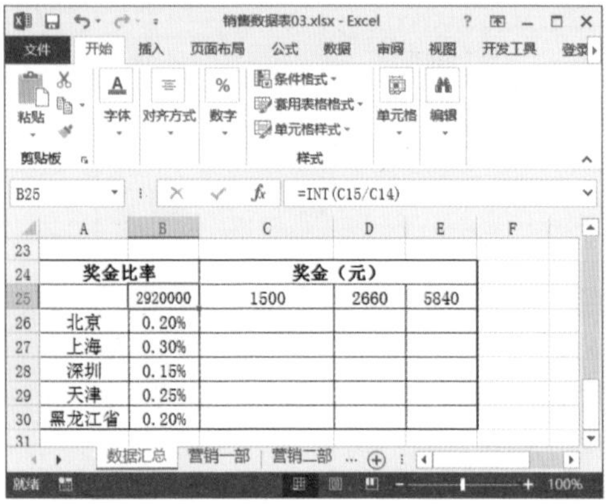

02 选中单元格区域B25:E30，切换到【数据】选项卡，单击【数据工具】组中的【模拟分析】按钮，从弹出的下拉列表中选择【模拟运算表】选项。

03 弹出【模拟运算表】对话框，在【输入引用行的单元格】文本框中输入“$C$15”，在【输入引用列的单元格】文本框中输入“$C$14”。

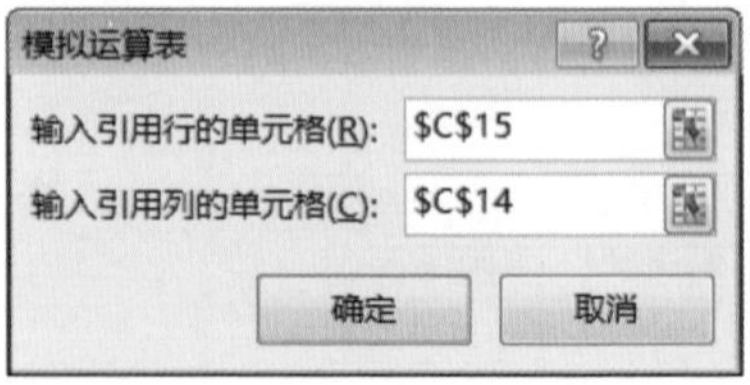

04 单击 确定 按钮，返回工作表即可看到创建的双变量模拟运算表，从中可以看出两个变量“奖金比率”和“奖金”对计算结果“销售总额”的影响。

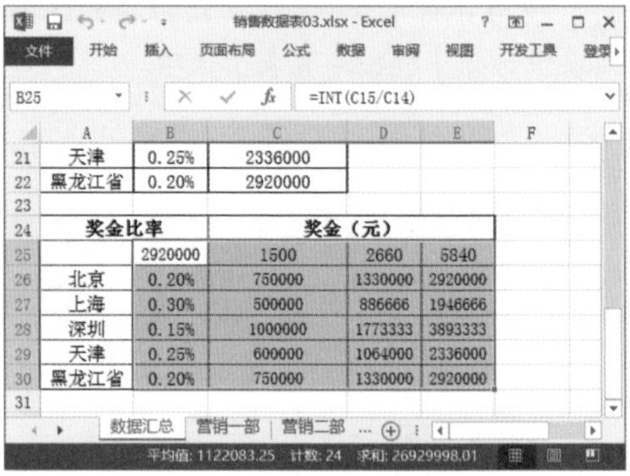

7.3 区域销售预测和分析

在企业的营销过程中，由于市场的不断变化，企业的销售会受到各种因素的影响。下面结合实例来讲述如何使用方案管理器进行方案分析和管理。

7.3.1 创建方案

要想进行方案分析，首先需要创建方案。

本小节示例文件位置如下。	
原始文件	\第 7 章\销售预测方案
最终效果	\第 7 章\销售预测方案 01

例如，某企业销售区域有北京、上海和天津，在 2012 年的销售额分别为 292 万元、346 万元和 181 万元，销售成本分别为 90 万元、100 万元和 80 万元。根据市场情况推测，2013 年区域的销售情况将会出现较好、一般和较差 3 种情况，每种情况下的销售额及销售成本的增长率不同。

创建方案的具体步骤如下。

01 计算总销售利润。由于销售利润=销售额−销售成本，计算多种产品的总销售利润时就用到了SUMPRODUCT函数，该函数的功能是计算相应的区域或数组乘积的和。打开本实例的原始文件，在单元格G7中输入公式“=SUMPRODUCT (B4:B6,1+G4:G6)−SUMPRODUCT(C4:C6,1+H4:H6)”，然后按【Enter】键，即可得出总销售利润。

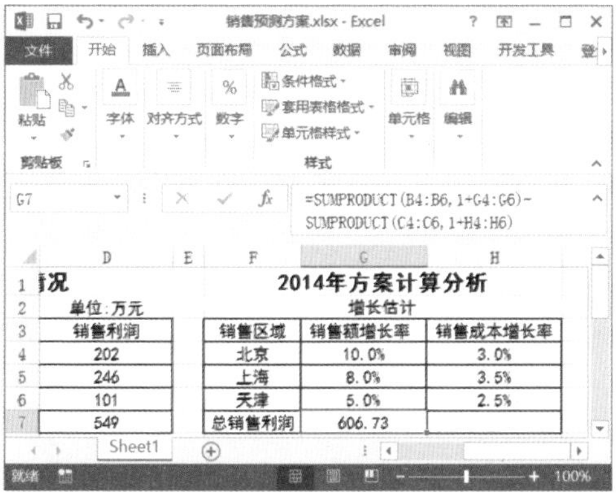

02 定义名称。选中单元格G4，切换到【公式】选项卡，单击【定义的名称】组中的 定义名称 按钮右侧的下三角按钮，在弹出的下拉列表中选择【定义名称】选项。

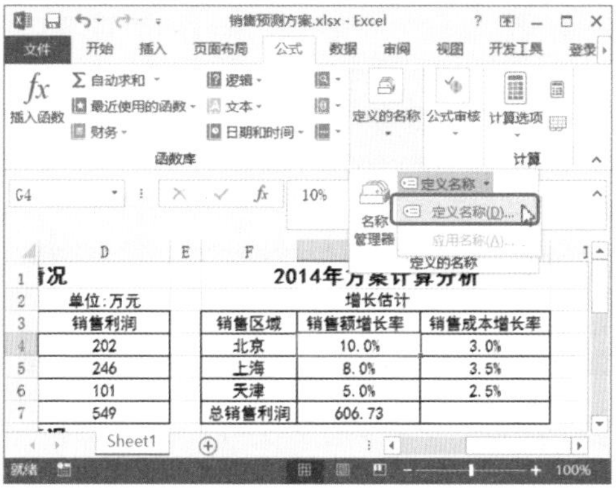

03 弹出【新建名称】对话框，在【名称】文本框中输入“北京销售额增长率”，设置完毕，单击 确定 按钮。使用同样的方法将单元格H4定义为“北京销售成本增长率”，将单元格G5定义为“上海销售额增长率”，将单元格H5定义为“上海销售成本增长率”，将单元格G6定义为“天津销售额增长率”，将单元格H6定义为“天津销售成本增长率”，将单元格G7定义为“总销售利润”即可。

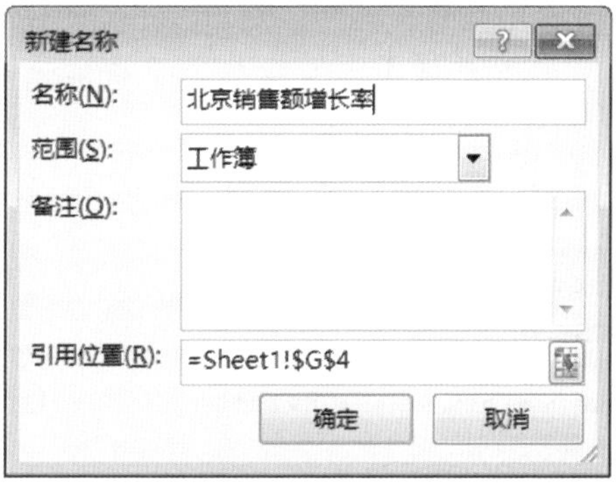

04 切换到【数据】选项卡，单击【数据工具】组中的【模拟分析】按钮，从弹出的下拉列表中选择【方案管理器】选项。

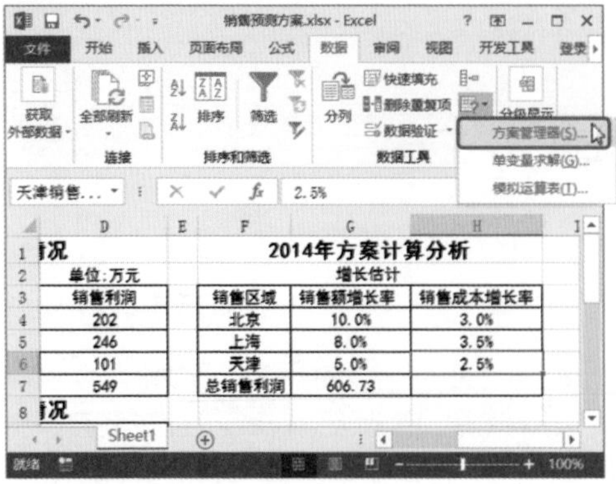

05 弹出【方案管理器】对话框。

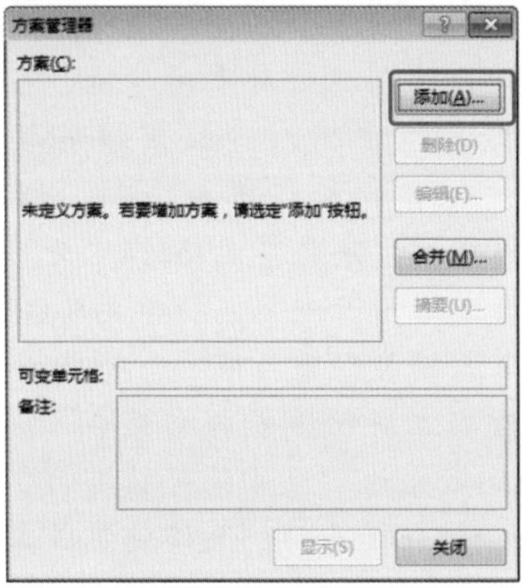

06 单击 添加(A)... 按钮，弹出【添加方案】对话框，在【方案名】文本框中输入“方案A 销售较好”，然后将光标定位在【可变单元格】文本框中，单击右侧的【折叠】按钮。

07 弹出【编辑方案－可变单元格:】对话框，然后在工作表中选中要引用的单元格区域G4:H6。

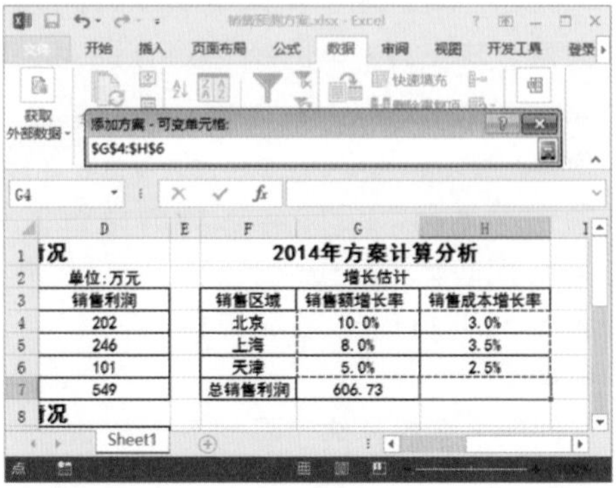

08 选择完毕，单击文本框右侧的【展开】按钮，返回【编辑方案】对话框。

09 单击 确定 按钮，弹出【方案变量值】对话框，然后在各变量文本框中输入相应的值即可。

10 设置完毕单击 确定 按钮，弹出【方案管理器】对话框，然后单击 添加(A)... 按

钮，弹出【添加方案】对话框，在【方案名】文本框中输入“方案B 销售一般”，然后将单元格区域G4:H6设置为可变单元格。

⑪ 单击 确定 按钮，弹出【方案变量值】对话框，然后在各变量文本框中输入相应的值即可。

⑫ 设置完毕单击 确定 按钮，弹出【方案管理器】对话框，然后单击 添加(A)... 按钮，继续添加其他方案。

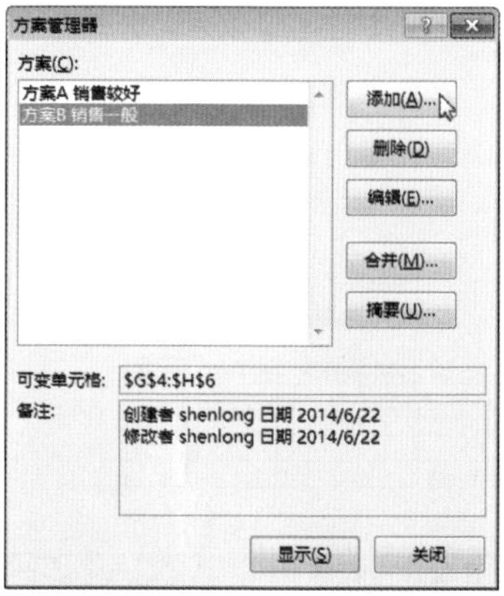

⑬ 弹出【添加方案】对话框，在【方案名】文本框中输入“方案C 销售较差”，然后将单元格区域H4:I6设置为可变单元格。

⑭ 单击 确定 按钮，弹出【方案变量值】对话框，然后在各变量文本框中输入相应的值即可。

⑮ 单击 确定 按钮，弹出【方案管理器】对话框，创建完毕，单击 关闭 按钮即可。

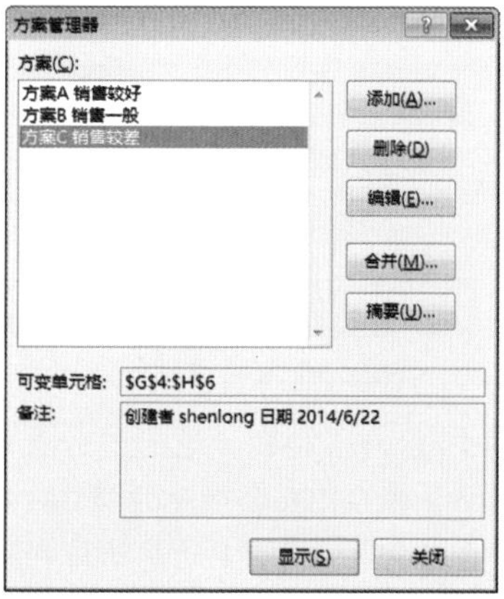

7.3.2 显示方案

方案创建好后，可以在同一位置看到不同的显示结果。

本小节示例文件位置如下。	
原始文件	\第7章\销售预测方案01
最终效果	\第7章\销售预测方案02

显示方案的具体步骤如下。

01 切换到【数据】选项卡，单击【数据工具】组中的【模拟分析】按钮，从弹出的下拉列表中选择【方案管理器】选项。

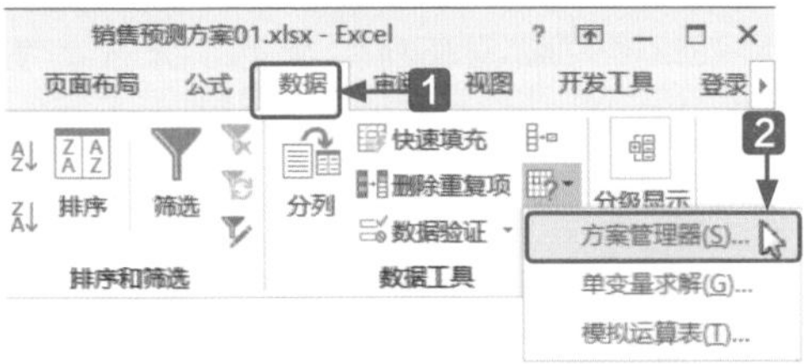

02 弹出【方案管理器】对话框，在【方案】列表框中选择【方案B 销售一般】选项，然后单击 显示(S) 按钮。

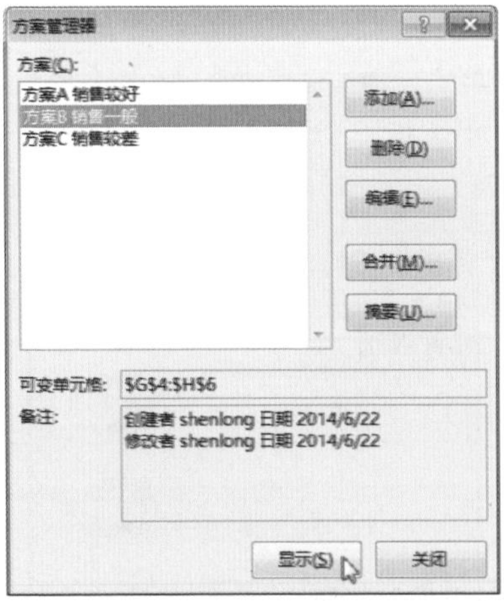

03 单击 关闭 按钮，返回工作表中，此时单元格区域G4:H6会显示方案B的基本数据，并自动计算出方案B的总销售利润。

04 使用同样的方法进入【方案管理器】对话框，在【方案】列表框中选择【方案C 销售较差】选项，然后单击 显示(S) 按钮。

05 单击 关闭 按钮，返回工作表中，此时单元格区域G4:H6会显示方案C的基本数据，并自动计算出方案C的总销售利润。

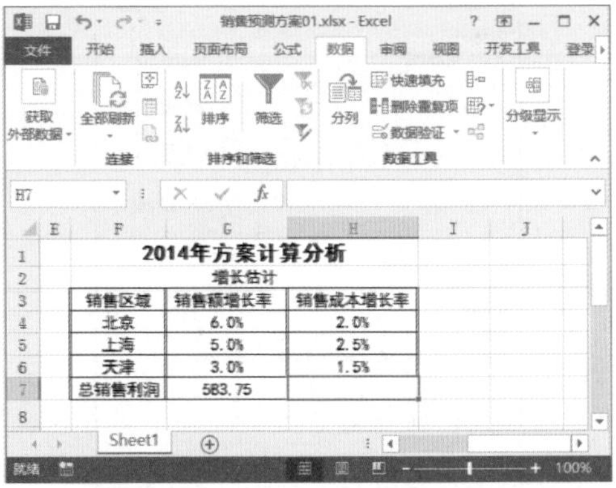

7.3.3 编辑和删除方案

如果用户对创建的方案不满意，还可以重新进行编辑或删除，以达到更好的效果。

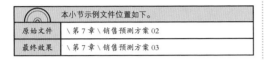

本小节示例文件位置如下。	
原始文件	\第 7 章\销售预测方案 02
最终效果	\第 7 章\销售预测方案 03

编辑和删除方案的具体步骤如下。

01 打开本实例的原始文件，使用之前的方法进入【方案管理器】对话框，在【方案】列表框中选择【方案A 销售较好】选项，然后单击 编辑(E)... 按钮。

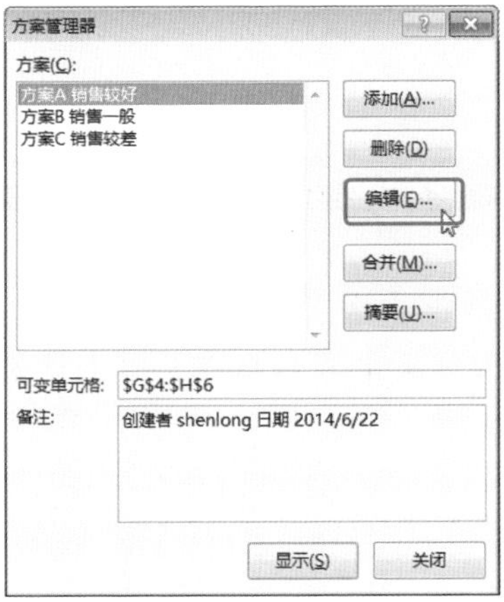

02 弹出【编辑方案】对话框。

03 单击 确定 按钮，弹出【方案变量值】对话框，用户可以修改各变量文本框中的值。

04 编辑完毕，单击 确定 按钮，弹出【方案管理器】对话框，如果要删除方案，只需在【方案】列表框中选择想要删除的方案选项，单击 删除(D) 按钮即可。

7.3.4 生成方案总结报告

如果用户想将所有的方案执行结果都显示出来，可以通过创建方案摘要生成方案总结报告。

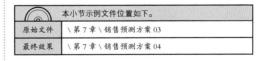

本小节示例文件位置如下。	
原始文件	\第 7 章\销售预测方案 03
最终效果	\第 7 章\销售预测方案 04

生成方案总结报告的具体步骤如下。

01 打开本实例的原始文件，使用之前的方法进入【方案管理器】对话框，单击摘要(U)... 按钮。

02 弹出【方案摘要】对话框，在【报表类型】组合框中选中【方案摘要】单选钮，在【结果单元格】文本框中输入“G7”。

03 单击 确定 按钮，此时工作簿中生成了一个名为“方案摘要”的工作表，生成的方案总结报告的效果如图所示。

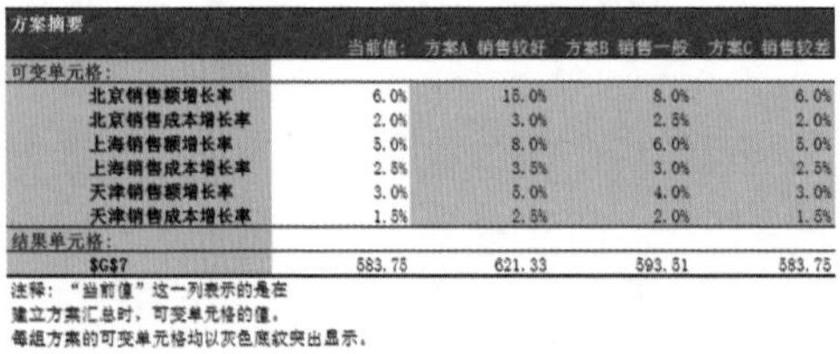

方案摘要	当前值:	方案A 销售较好	方案B 销售一般	方案C 销售较差
可变单元格:				
北京销售额增长率	6.0%	15.0%	8.0%	6.0%
北京销售成本增长率	2.0%	3.0%	2.5%	2.0%
上海销售额增长率	5.0%	8.0%	6.0%	5.0%
上海销售成本增长率	2.5%	3.5%	3.0%	2.5%
天津销售额增长率	3.0%	5.0%	4.0%	3.0%
天津销售成本增长率	1.5%	2.5%	2.0%	1.5%
结果单元格:				
$G$7	583.75	621.33	593.51	583.75

注释：“当前值”这一列表示的是在
建立方案汇总时，可变单元格的值。
每组方案的可变单元格均以灰色底纹突出显示。

高手过招

分类项不相同的数据表合并计算

合并计算还可以对分类项数目不相等的多个数据表区域进行合并计算，实现多表提取分类项不重复并合并计算的目的。

01 打开素材文件“销售数据表.xlsx”，选中单元格A16，切换到【数据】选项卡，单击【数据工具】组的【合并计算】按钮。

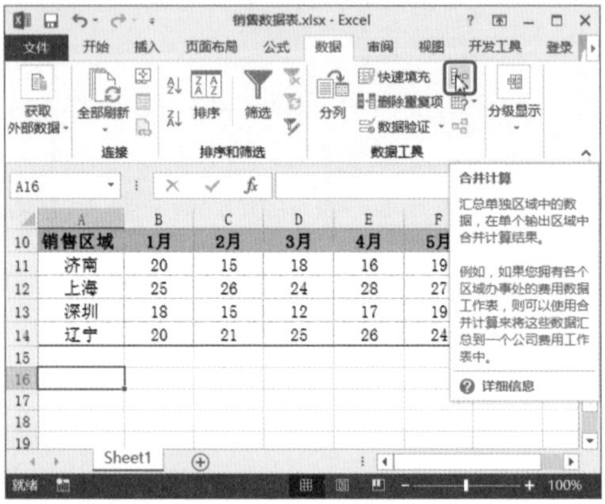

02 弹出【合并计算】对话框，单击【引用位置】文本框右侧的【折叠】按钮。

03 弹出【合并计算-引用位置：】对话框，然后在工作表“Sheet1”中选中单元格区域A2:G7。

04 单击文本框右侧的【展开】按钮，返回【合并计算】对话框，单击 添加(A) 按钮即可将其添加到【所有引用位置】列表框中，使用同样的方法添加引用位置“Sheet1!$A$10: $G$14”，选中【标签位置】组合框中的【首行】和【最左列】复选框。

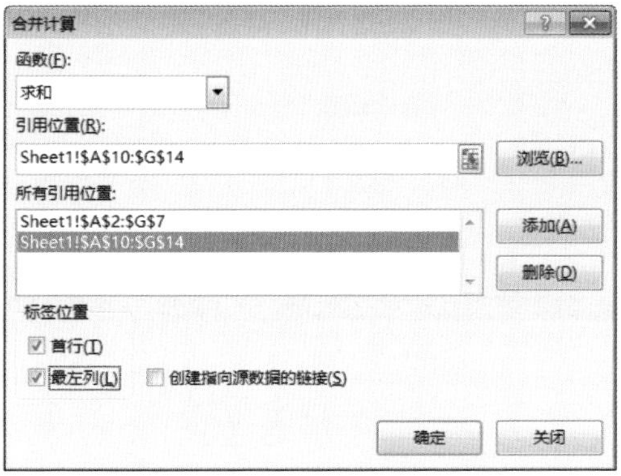

05 设置完毕，单击 确定 按钮，返回工作表中，即可看到合并计算结果。

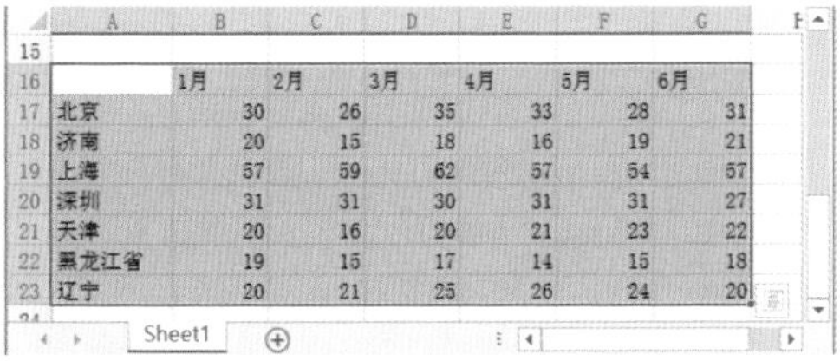

文本型数据核对

现有新旧两组数据，需要将这两组数据的差异找出来，具体步骤如下。

01 打开素材文件“新旧姓名表.xlsx”，选中单元格A15，切换到【数据】选项卡，单击【数据工具】组的【合并计算】按钮。

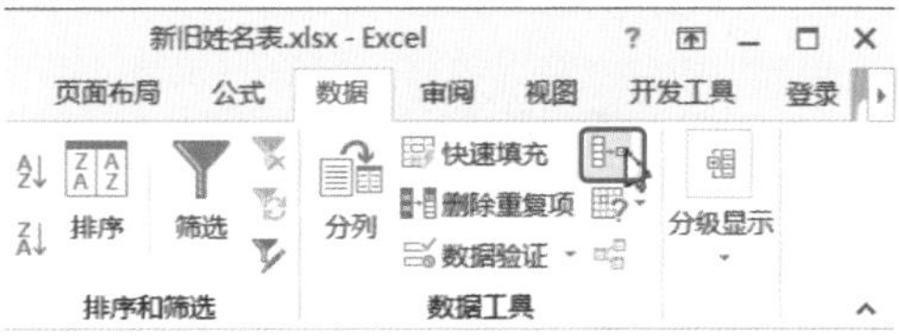

02 弹出【合并计算】对话框，在【函数】下拉列表中选择【计数】选项，然后依次添加要核对的单元格区域，在【标签位置】组合框中选中【首行】和【最左列】复选框。

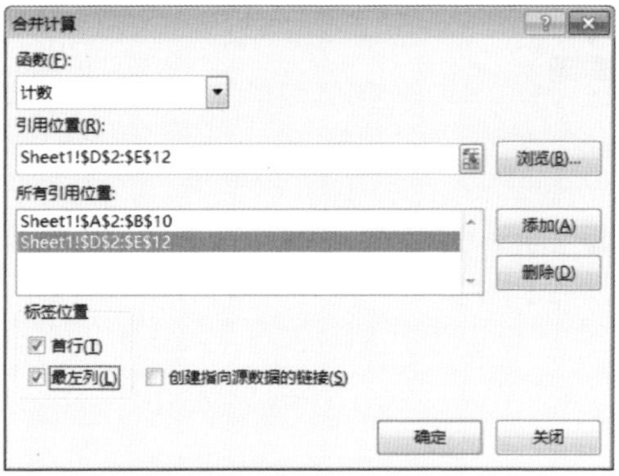

03 单击 确定 按钮返回工作表中。

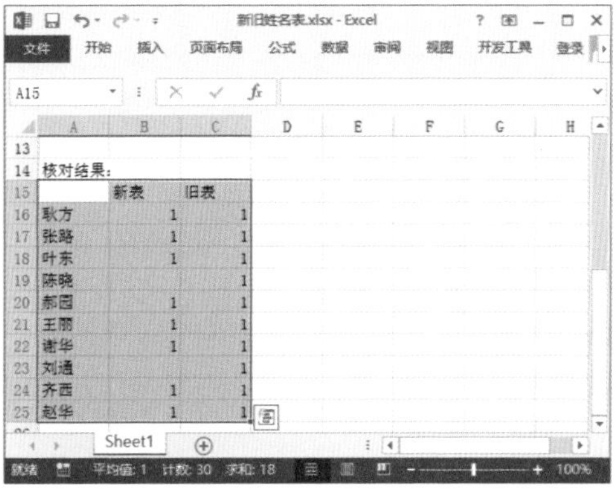

04 为了进一步体现新旧数据的不同之处，在单元格D16中输入公式“=N(B16<>C16)”，按【Enter】键，然后将公式向下填充到单元格D25中。

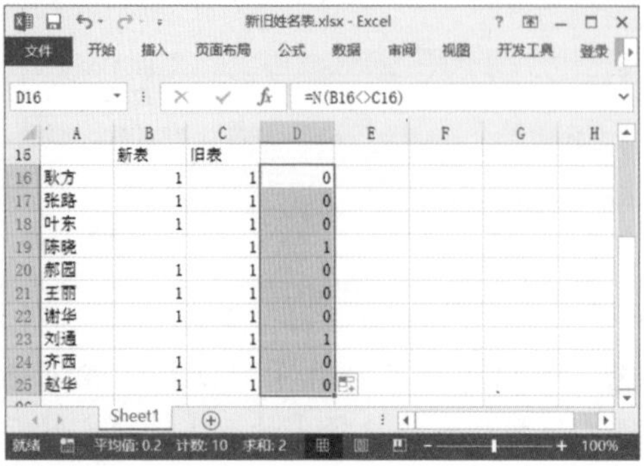

05 选中单元格区域A16:D25，切换到【数据】选项卡，单击【排序和筛选】组中的【筛选】按钮。

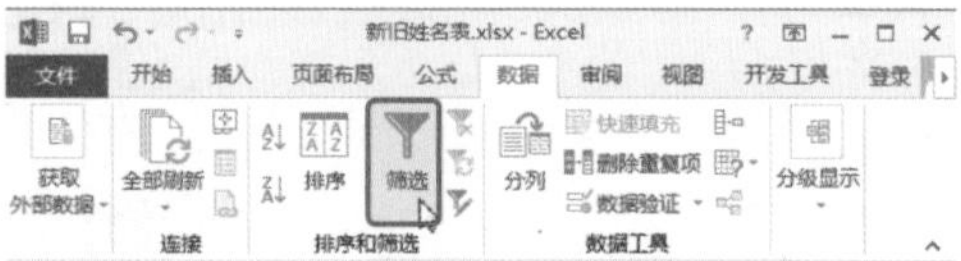

06 单击D16单元格内的筛选标记，然后撤选【0】复选框。

07 单击 确定 按钮，即可得到新旧数据的差异校对结果，如图所示。

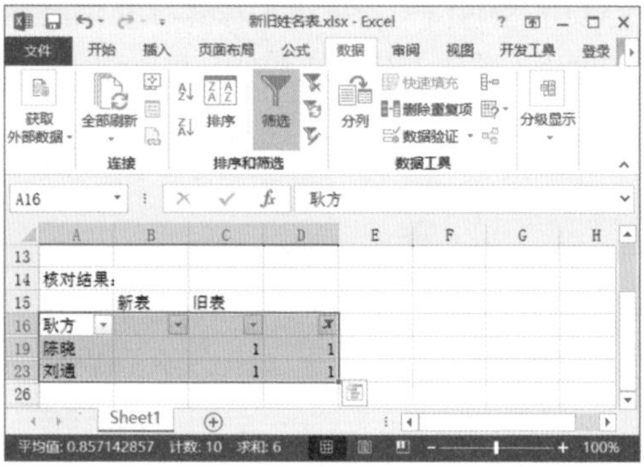

第08章

图表与数据透视表

图表的本质，是将枯燥的数字展现为生动的图像，帮助我们理解和记忆。数据透视表是搞定分类汇总表的专家。

关于本章知识，本书配套教学光盘中有相关的多媒体教学视频，请读者参见光盘中的【Excel 2013 的数据处理与分析 \ 图表与数据透视表】。

8.1 销售统计图表

营销部工作人员为了了解业务员个人销售情况，需要定期对每个人的销售业绩进行汇总，据此调查业务员的工作能力。

8.1.1 创建图表

在 Excel 2013 中创建图表的方法非常简单，因为系统自带了很多图表类型，用户只需根据实际需要进行选择即可。创建了图表后，用户还可以设置图表布局，主要包括调整图表大小和位置，更改图表类型、设计图表布局和设计图表样式。

本小节示例文件位置如下。	
原始文件	\ 第 8 章 \ 销售统计图表
最终效果	\ 第 8 章 \ 销售统计图表 01

扫码看视频

1. 插入图表

插入图表的具体步骤如下。

01 打开本实例的原始文件，切换到工作表“销售统计图表”中，选中单元格区域 A1:B11，切换到【插入】选项卡，单击【图表】组中的【插入柱形图】按钮，从弹出的下拉列表中选择【簇状柱形图】选项。

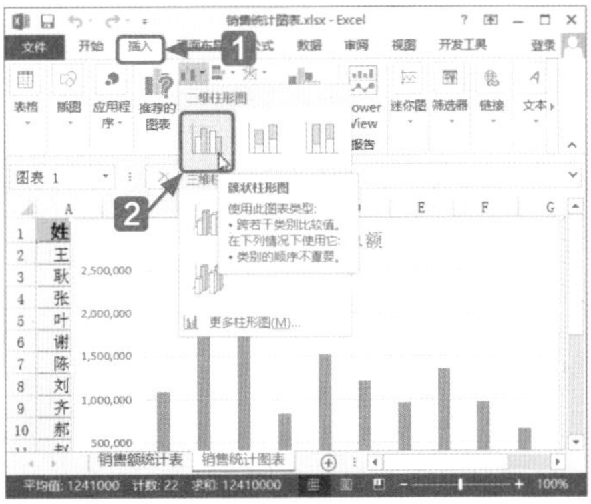

02 即可在工作表中插入一个簇状柱形图。

此外，Excel 新增加了【推荐的图表】功能，可针对数据推荐最合适的图表。通过快速一览查看数据在不同图表中的显示方式，然后选择能够展示用户想呈现的概念的图表。

01 选中单元格区域A1:B11，切换到【插入】选项卡，单击【图表】组中的【推荐的图表】按钮。

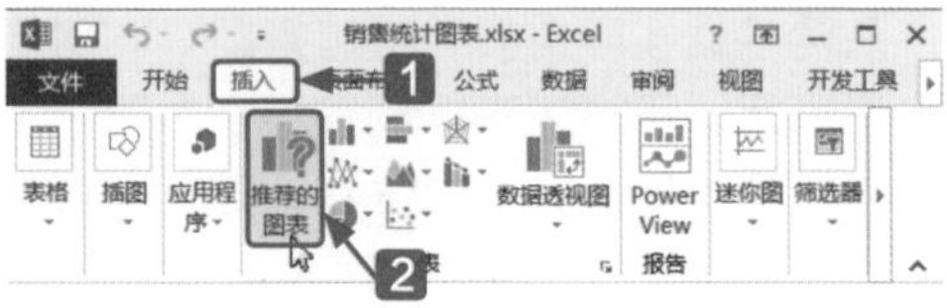

02 弹出【插入图表】对话框，自动切换到【推荐的图表】选项卡中，在其中显示了推荐的图表类型，用户可以选择一种合适的图表类型，单击 确定 按钮即可。

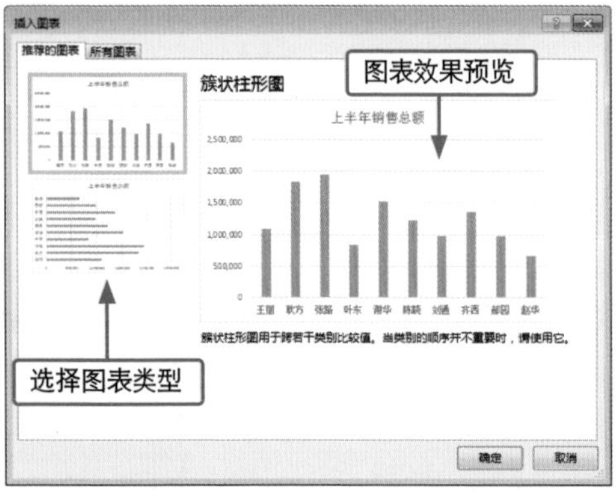

2. 调整图表大小和位置

为了使图表显示在工作表中的合适位置，用户可以对其大小和位置进行调整，具体的操作步骤如下。

01 选中要调整大小的图表，此时图表区的四周会出现8个控制点，将鼠标指针移动到图表的右下角，此时鼠标指针变成形状，按住鼠标左键向左上或右下拖动，拖动到合适的位置释放鼠标左键即可。

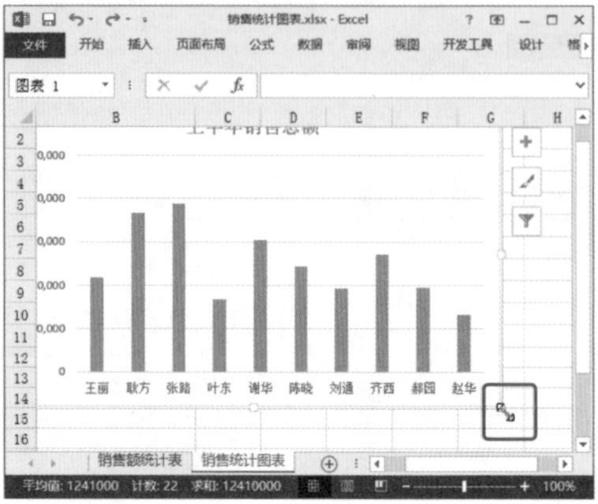

02 将鼠标指针移动到要调整位置的图表上，此时鼠标指针变成形状，按住鼠标左键不放进行拖动。

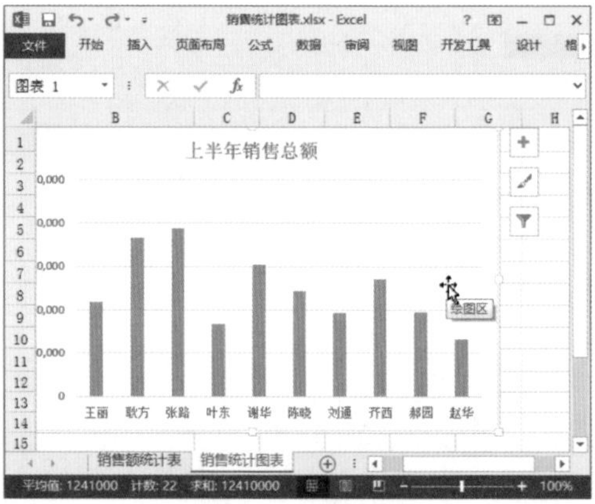

03 拖动到合适的位置释放鼠标左键即可。

3. 更改图表类型

如果用户对创建的图表不满意，还可以更改图表类型。

01 选中柱形图，单击鼠标右键，从弹出的快捷菜单中选择【更改系列图表类型】菜单项。

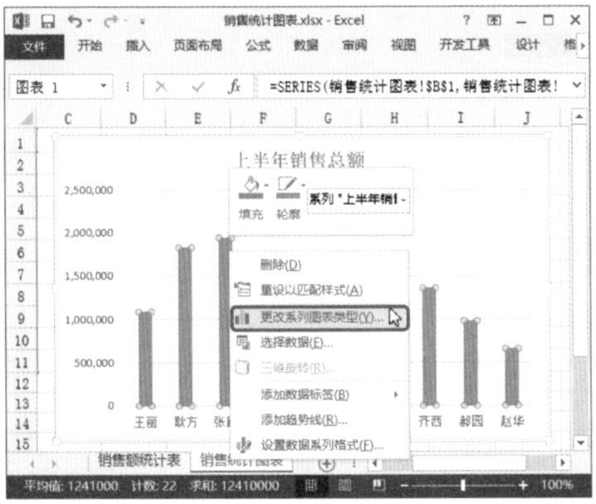

02 弹出【更改图表类型】对话框，切换到【所有图表】选项卡中，在左侧选择【柱形图】选项，然后单击【簇状柱形图】按钮，从中选择合适的选项。

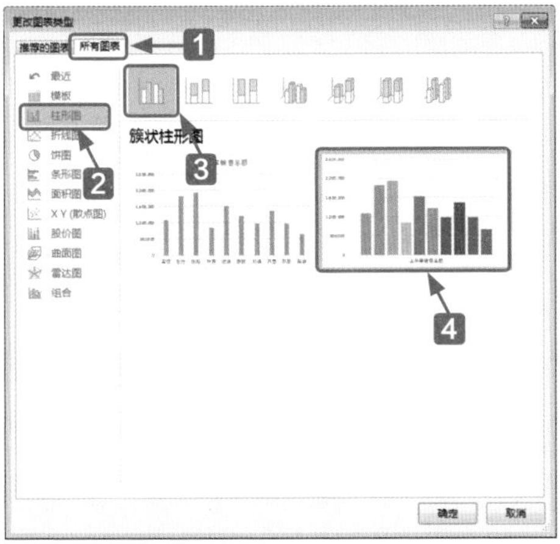

03 单击 确定 按钮，即可看到更改图表类型的设置效果。

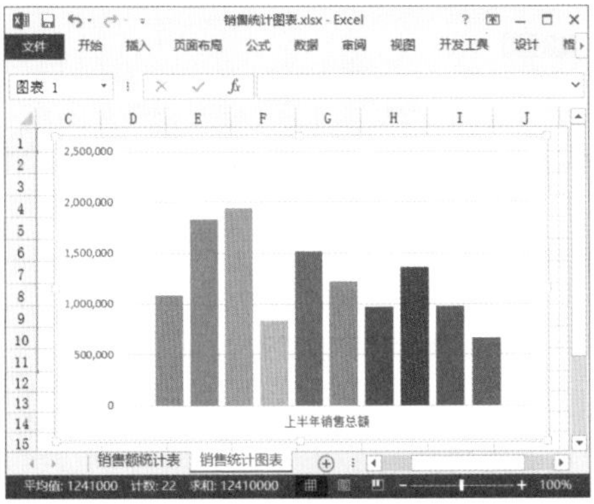

4. 设计图表布局

如果用户对图表布局不满意，也可以进行重新设计。设计图表布局的具体步骤如下。

01 选中图表，切换到【图表工具】栏中的【设计】选项卡，单击【图表布局】组中的 快速布局 按钮，从弹出的下拉列表中选择【布局3】选项。

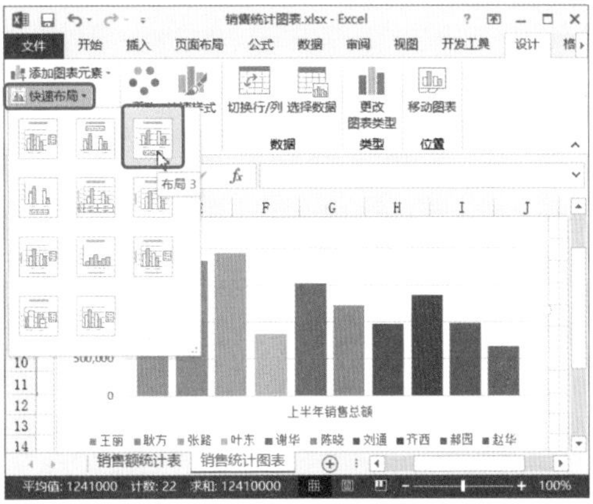

02 即可将所选的布局样式应用到图表中。

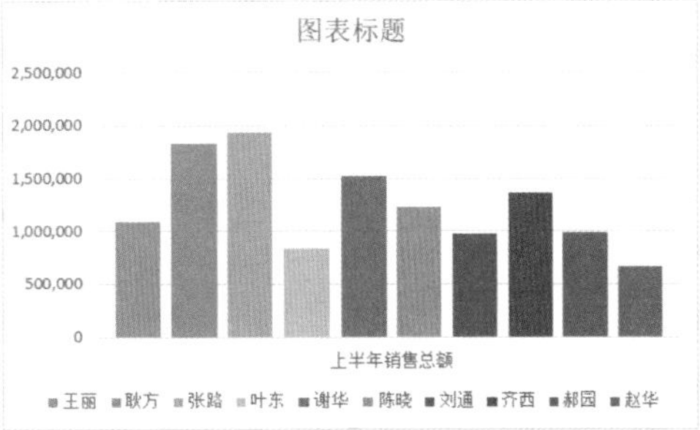

5. 设计图表样式

Excel 2013 提供了很多图表样式，用户可以从中选择合适的样式，以便美化图表。设计图表样式的具体步骤如下。

01 选中创建的图表，切换到【图表工具】栏中的【设计】选项卡，单击【图表样式】组中的【快速样式】按钮。

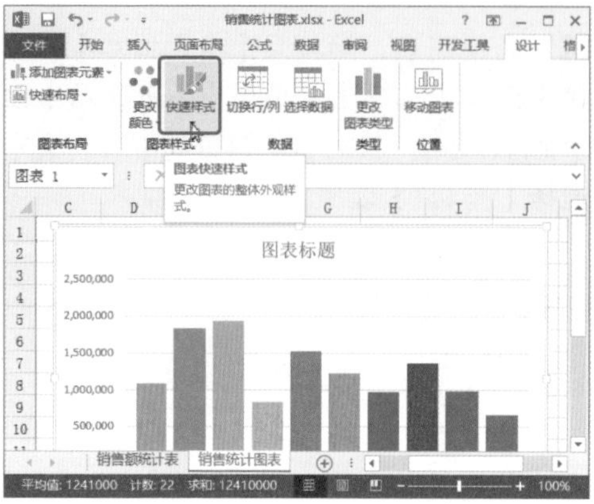

02 从弹出的下拉列表中选择【样式6】选项。

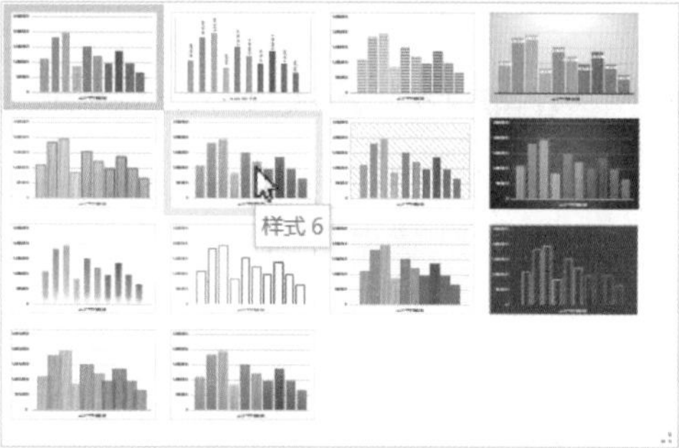

03 此时，即可将所选的图表样式应用到图表中。

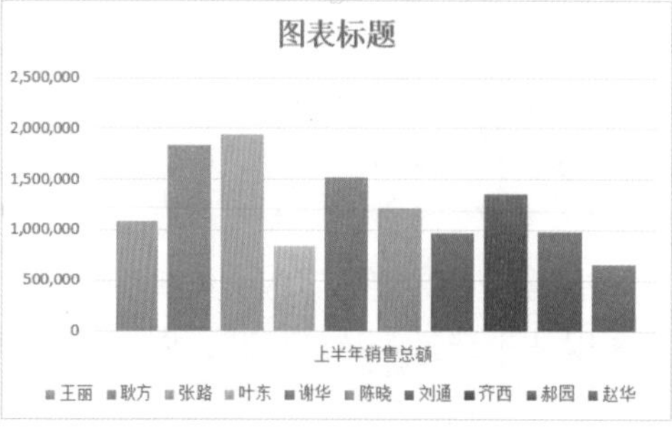

8.1.2 美化图表

为了使创建的图表看起来更加美观，用户可以对图表标题和图例、图表区域、数据系列、绘图区、坐标轴、网格线等项目进行格式设置。

本小节示例文件位置如下。	
原始文件	\第 8 章\销售统计图表 01
最终效果	\第 8 章\销售统计图表 02

扫码看视频

1. 设置图表标题和图例

设置图表标题和图例的具体步骤如下。

01 打开本实例的原始文件，将图表标题修改为“上半年销售总额”，选中图表标题，切换到【开始】选项卡，在【字体】组中的【字体】下拉列表中选择【黑体】选项，在【字号】下拉列表中选择【18】选项，然后单击【加粗】按钮B，撤消加粗效果。

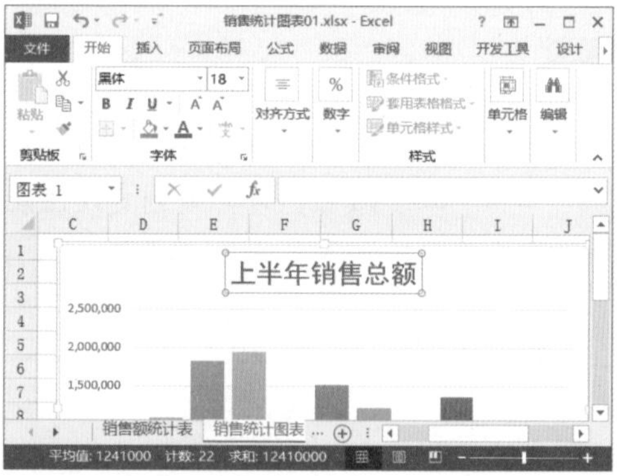

02 选中图表，切换到【图表工具】栏中的【设计】选项卡，单击【图表布局】组中的【添加图表元素】按钮 添加图表元素，从弹出的下拉列表中选择【图例】➤【无】选项。

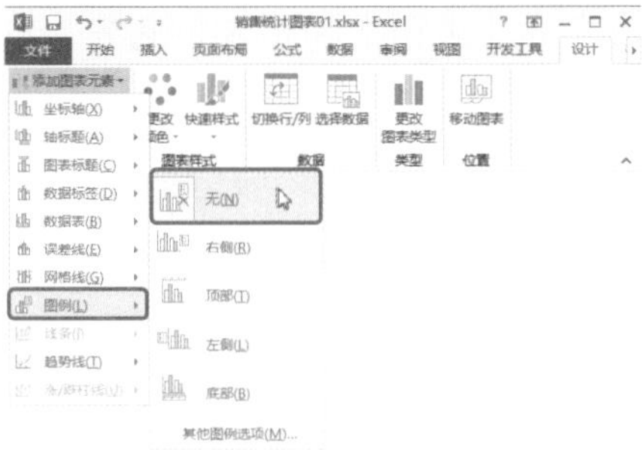

03 返回工作表中，此时原有的图例就被隐藏起来了。

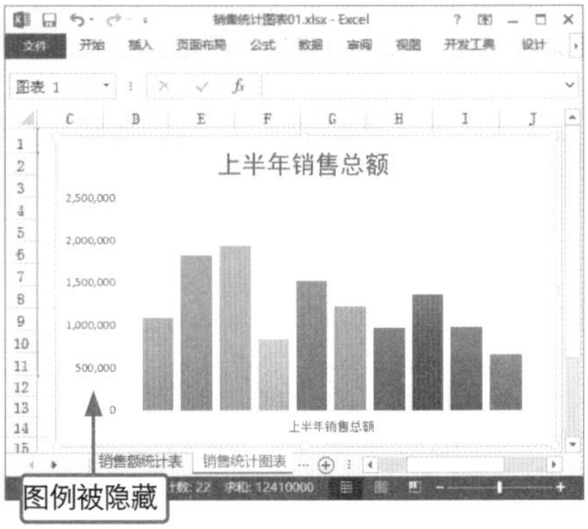

2. 设置图表区域格式

设置图表区域格式的具体步骤如下。

01 选中整个图表区，然后单击鼠标右键，从弹出的快捷菜单中选择【设置图表区域格式】菜单项。

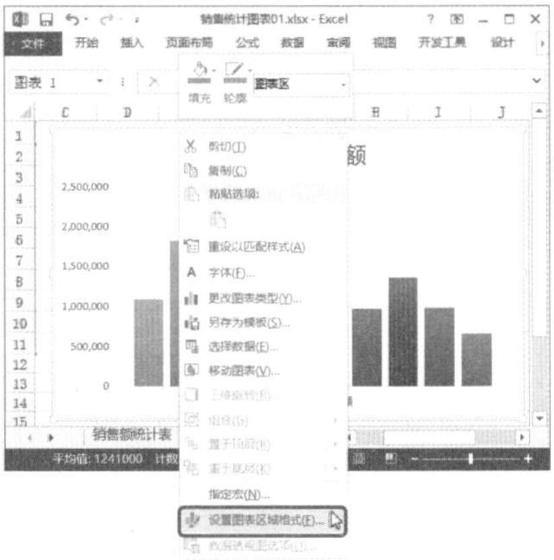

提 示

选中图表，切换到【图表工具】栏中的【格式】选项卡，在【当前所选内容】组中的【图表元素】下拉列表中即可准确选择图表区、绘图区等图表元素。

02 弹出【设置图表区格式】任务窗格，切换到【图表选项】选项卡，单击【填充线条】按钮，在【填充】组合框中选中【渐变填充】单选钮，然后在【预设渐变】下拉列表中选择【中等渐变–着色6】选项。

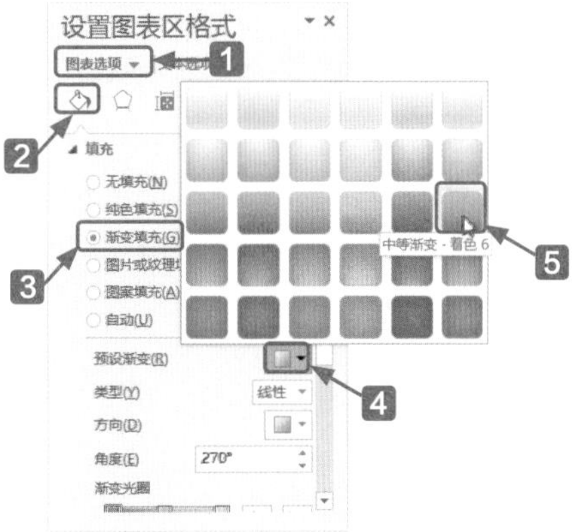

03 在【角度】微调框中输入“320°”，然后在【渐变光圈】组合框中选中“停止点2（属于3）”，左右拖动滑块将渐变位置调整为“30%”。

04 单击【关闭】按钮 ✕，返回工作表

中，设置效果如图所示。

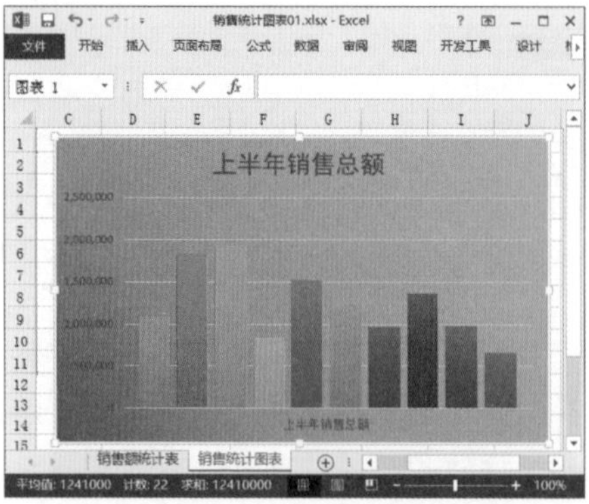

3. 设置绘图区格式

设置绘图区格式的具体步骤如下。

01 选中绘图区，然后单击鼠标右键，从弹出的快捷菜单中选择【设置绘图区格式】菜单项。

02 弹出【设置绘图区格式】任务窗格，单击【填充线条】按钮，在【填充】组合框中选中【纯色填充】单选钮，然后在【颜色】下拉列表中选择【蓝色，着色1，淡色60%】选项。

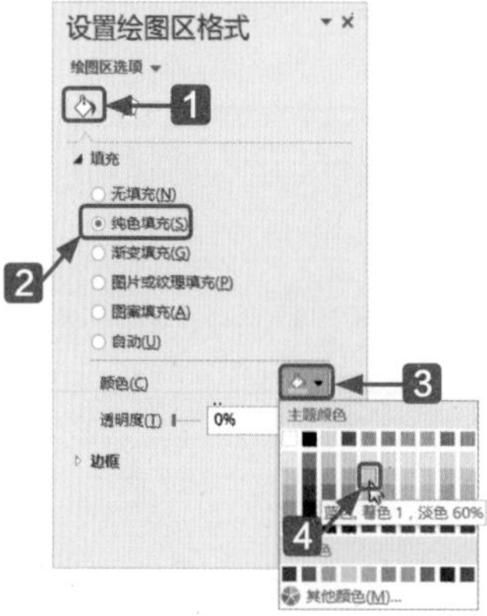

03 单击【关闭】按钮，返回工作表中，设置效果如图所示。

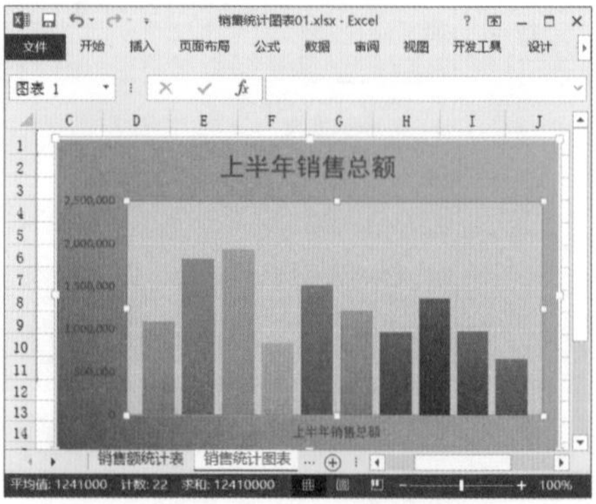

4. 设置数据系列格式

设置数据系列格式的具体步骤如下。

01 选中任意一个数据系列，然后单击鼠标右键，从弹出的快捷菜单中选择【设置数据系列格式】菜单项。

02 弹出【设置数据系列格式】任务窗格，单击【系列选项】按钮，在【系列选项】组合框中的【系列重叠】微调框中输入“-50%”，【分类间距】微调框中输入“50%”。

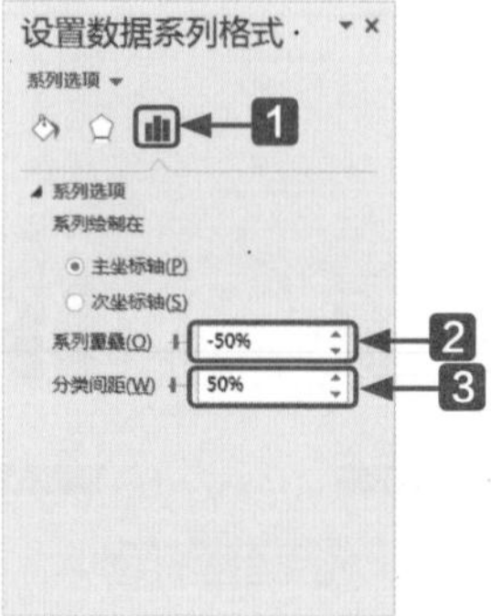

03 单击【关闭】按钮 ✕，返回工作表中，设置效果如图所示。

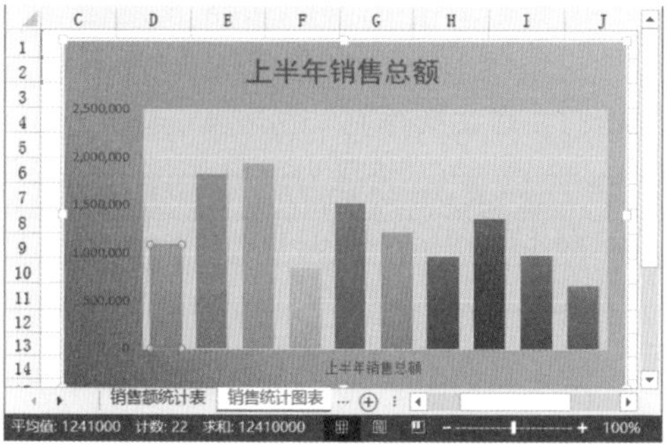

5. 设置坐标轴格式

设置坐标轴格式的具体步骤如下。

01 选中垂直（值）轴，然后单击鼠标右键，从弹出的快捷菜单中选择【设置坐标轴格式】菜单项。

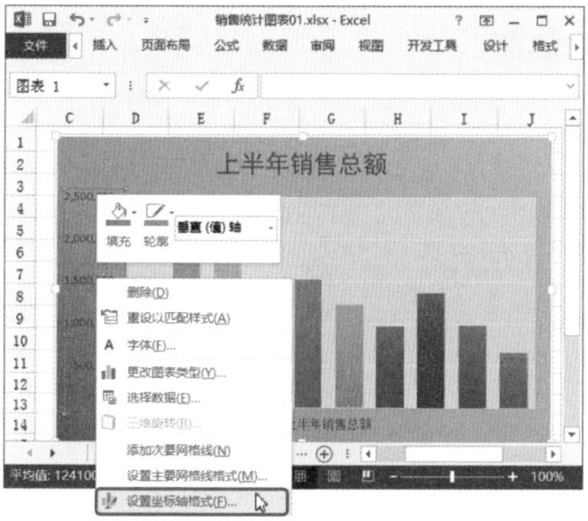

02 弹出【设置坐标轴格式】任务窗格，切换到【坐标轴选项】选项卡，单击【坐标轴选项】按钮，在【边界】组合框中的【最大值】文本框中输入“2000000”。

03 单击【关闭】按钮 ✕，返回工作表中，设置效果如图所示。

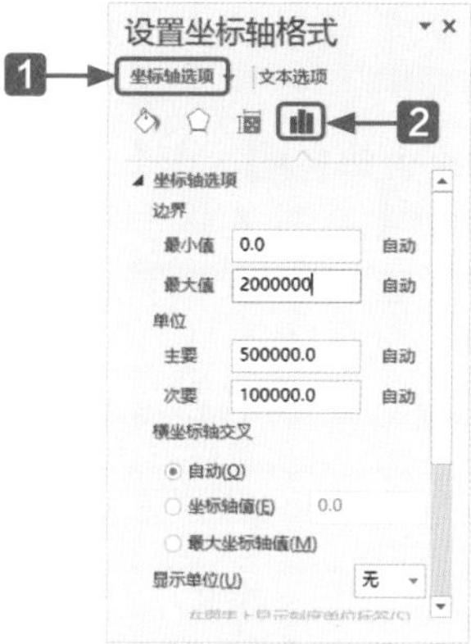

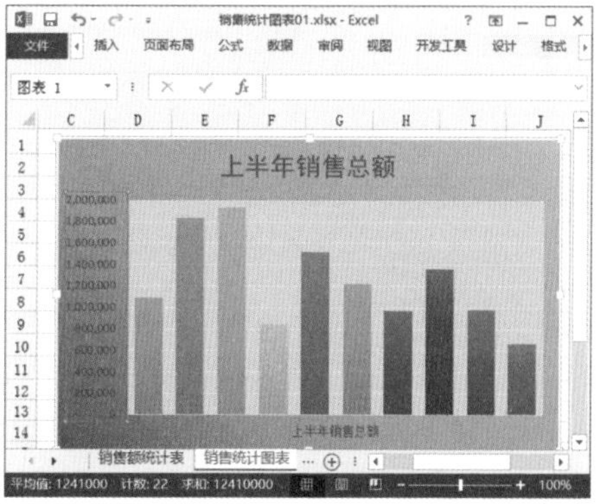

6. 添加数据标签

01 切换到【图表工具】栏中的【设计】选项卡，单击【图表布局】组中的 添加图表元素 按钮，从弹出的下拉列表中选择【数据标签】➤【其他数据标签选项】选项。

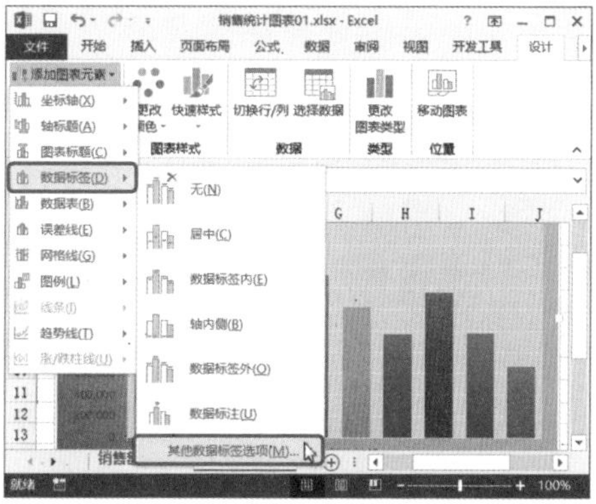

02 弹出【设置数据标签格式】任务窗格，切换到【标签选项】选项卡中，单击【标签选项】按钮，在【标签包括】组合框中选中【系列名称】复选框，撤选【值】和【显示引导线】复选框，然后选中【系列名称】复选框，在【标签位置】组合框中选中【数据标签外】单选钮。

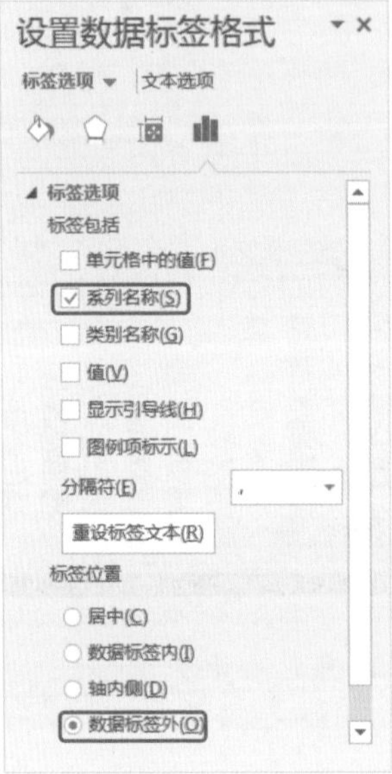

03 单击【关闭】按钮 × 关闭该任务窗格，即可修改一个系列，按照相同的方法依次为所有系列添加数据标签，设置效果如图所示。

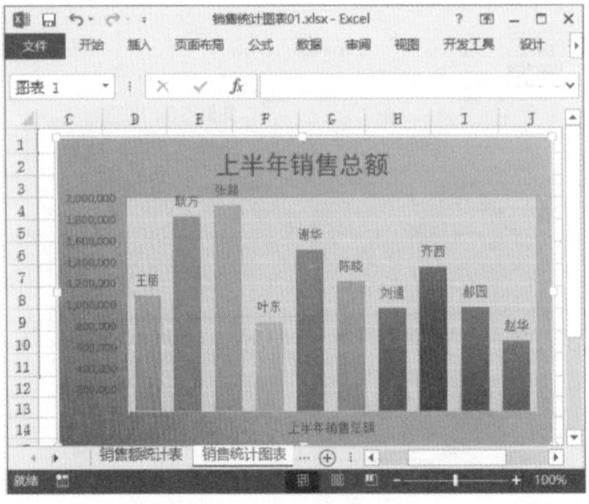

8.1.3 创建其他图表类型

在实际工作中，除了经常使用柱形图以外，还会用到折线图、饼图、条形图、面积图、雷达图等常见图表类型。

本小节示例文件位置如下。	
原始文件	\第 8 章\销售统计图表 02
最终效果	\第 8 章\销售统计图表 03

创建其他图表类型的具体步骤如下。

01 选中单元格区域A1:B11，然后插入一个折线图并进行美化，效果如图所示。

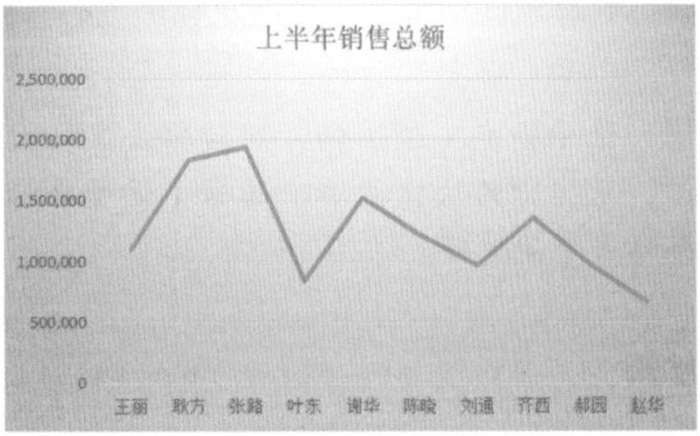

02 重新选中单元格区域A1:B11，然后插入一个三维饼图并进行美化，效果如图所示。

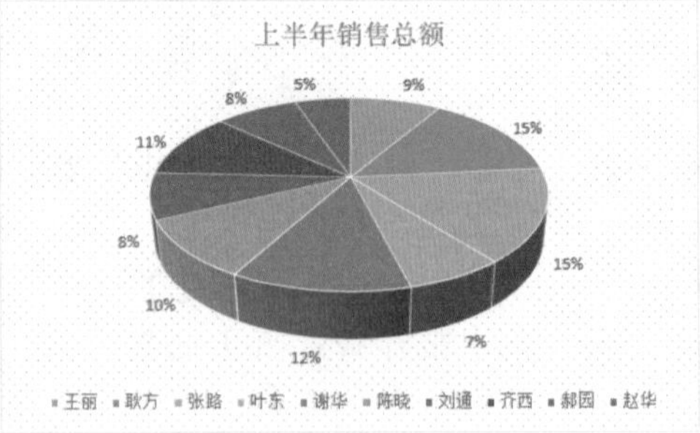

03 重新选中单元格区域A1:B11，然后插入一个二维簇状条形图并进行美化，效果如图所示。

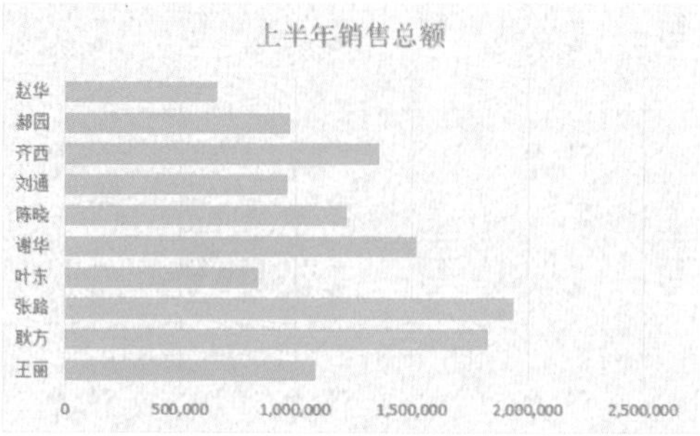

04 重新选中单元格区域A1:B11，然后插入一个二维面积图并进行美化，效果如图所示。

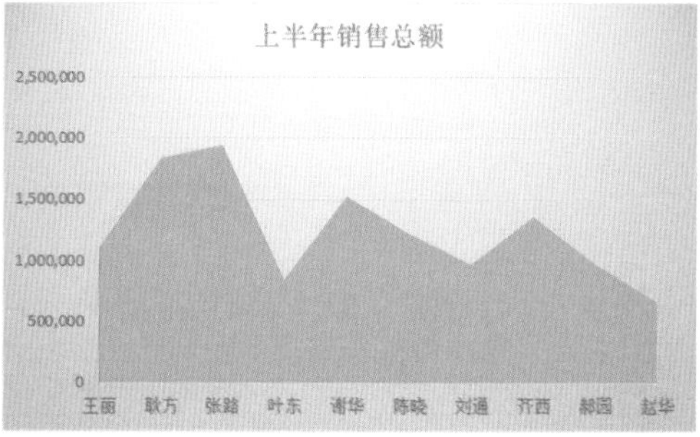

05 重新选中单元格区域A1:B11，然后插入一个填充雷达图并进行美化，效果如图所示。

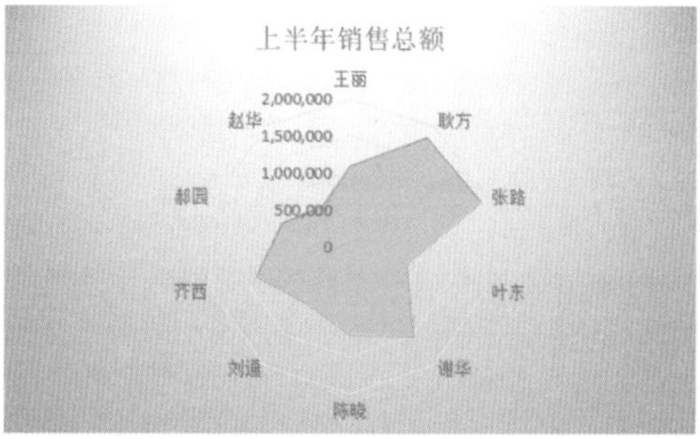

8.2 差旅费明细表

营销部工作人员为了了解业务员个人销售情况，需要定期对每个人的销售业绩进行汇总，据此调查业务员的工作能力。

8.2.1 创建数据透视表

数据透视表是自动生成分类汇总表的工具，可以根据原始数据表的数据内容及分类，按任意角度、任意多层次、不同的汇总方式，得到不同的汇总结果。

本小节示例文件位置如下。	
原始文件	\第 8 章\差旅费明细表
最终效果	\第 8 章\差旅费明细表 01

扫码看视频

创建数据透视表的具体步骤如下。

01 打开本实例的原始文件，选中单元格区域A2:H22，切换到【插入】选项卡，单击【表格】组中的【数据透视表】按钮。

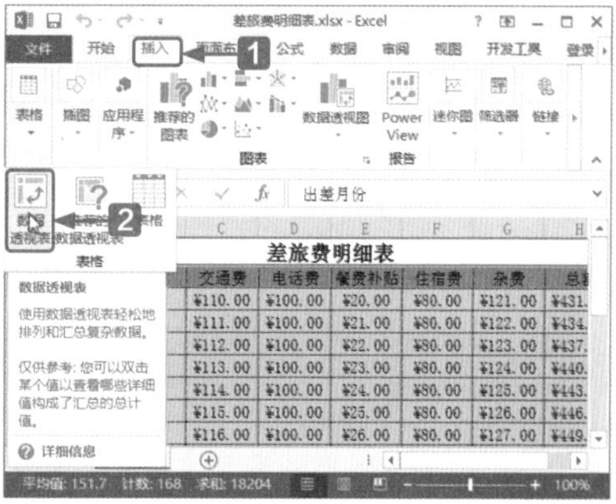

02 弹出【创建数据透视表】对话框，此时【表/区域】文本框中显示了所选的单元格区域，然后在【选择放置数据透视表的位置】组合框中选中【新工作表】单选钮。

03 设置完毕，单击 确定 按钮，此时系统会自动地在新的工作表中创建一个数据透视表的基本框架，并弹出【数据透视表字段】任务窗格。

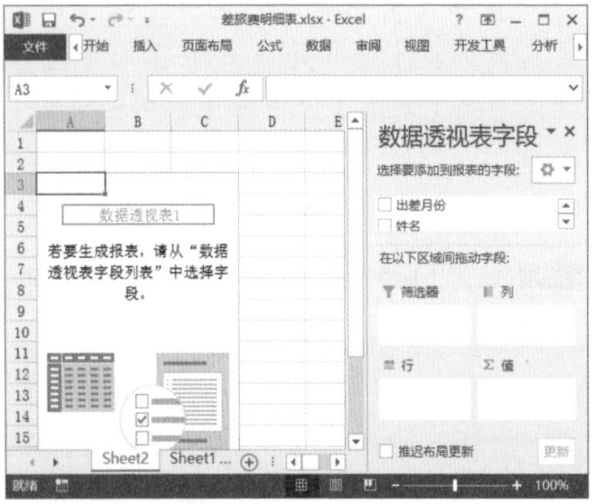

04 在【数据透视表字段】任务窗格中的【选择要添加到报表的字段】列表框中选择要添加的字段，例如选中【姓名】复选框，【姓名】字段会自动添加到【行】列表框中。

05 使用同样的方法选中【出差月份】复选框，然后单击鼠标右键，从弹出的快捷菜单中选择【添加到报表筛选】菜单项。

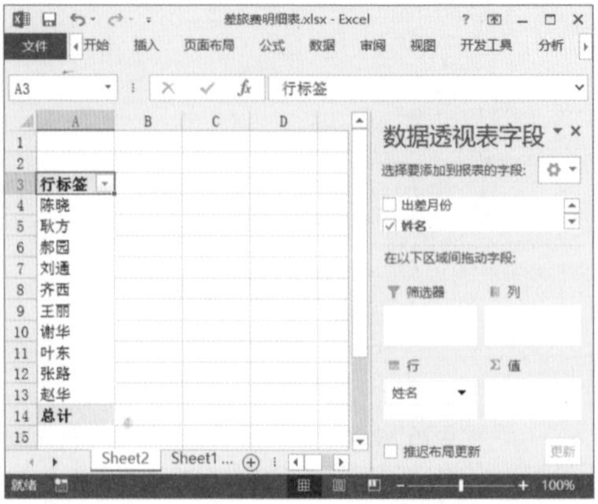

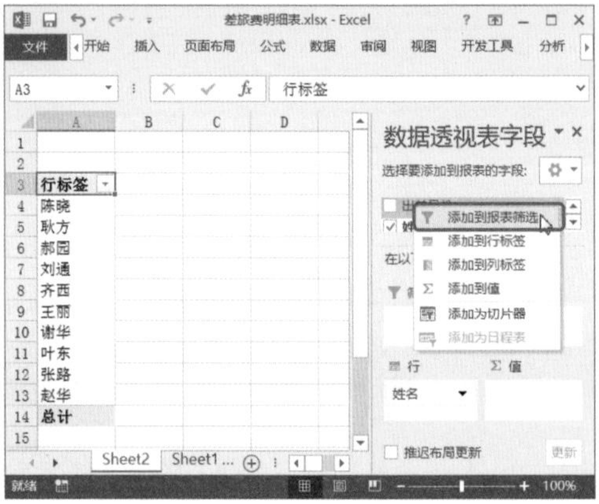

06 此时，即可将【出差月份】字段添加到【筛选器】列表框中。

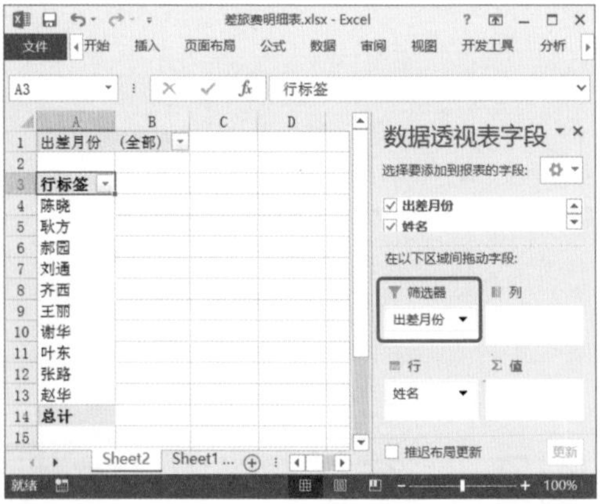

07 选中【交通费】、【电话费】、【餐费补贴】、【住宿费】、【杂费】

和【总额】复选框，即可将【交通费】、【电话费】、【餐费补贴】、【住宿费】、【杂费】和【总额】字段添加到【值】列表框中。

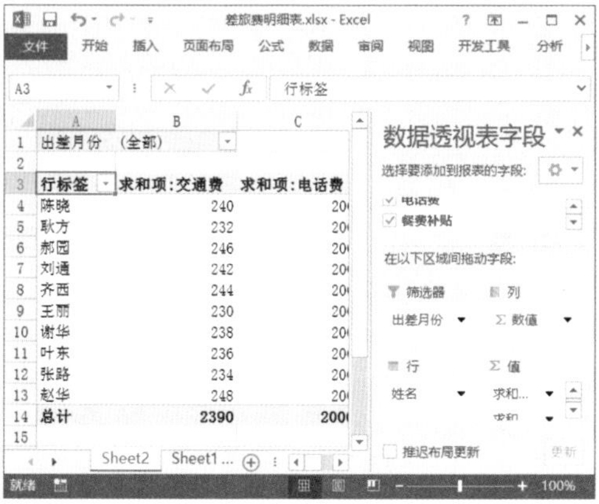

08 单击【数据透视表字段】任务窗格右上角的【关闭】按钮✕，关闭【数据透视表字段】任务窗格，设置效果如图所示。

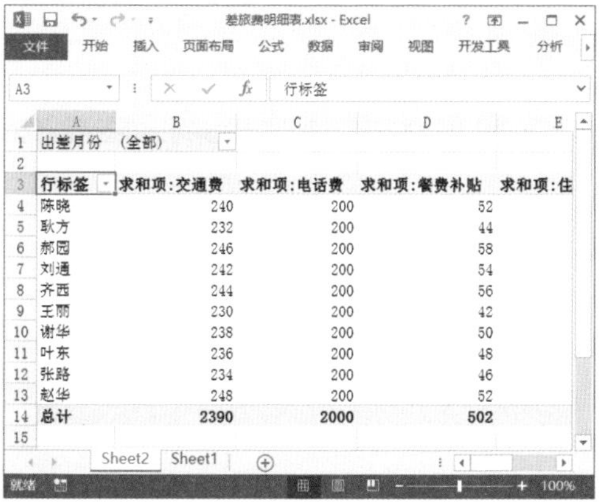

09 选中数据透视表，切换到【数据透视表工具】栏中的【设计】选项卡，单击【数据透视表样式】组中的【其他】按钮▾，从弹出的下拉列表中选择【数据透视表样式浅色17】选项。

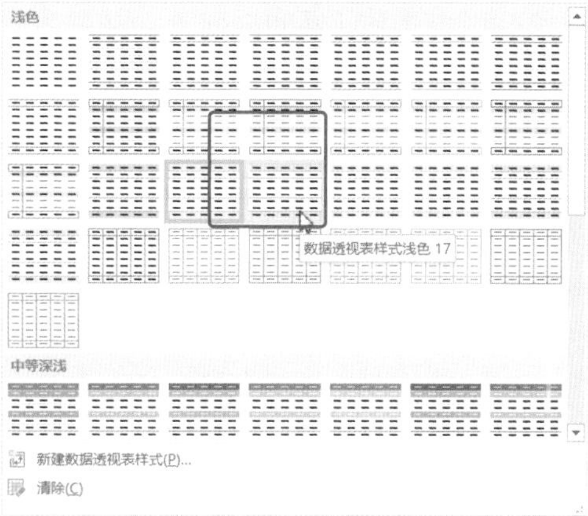

10 应用样式后的效果如图所示。

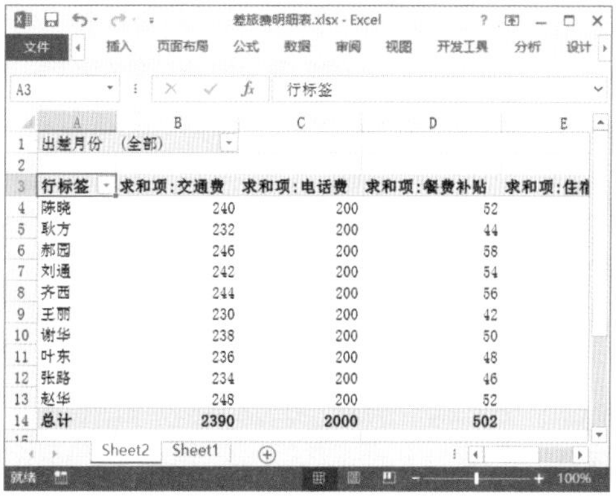

11 在首行插入表格标题“差旅费明细分析表”，然后对表格进行简单的格式设置，效果如图所示。

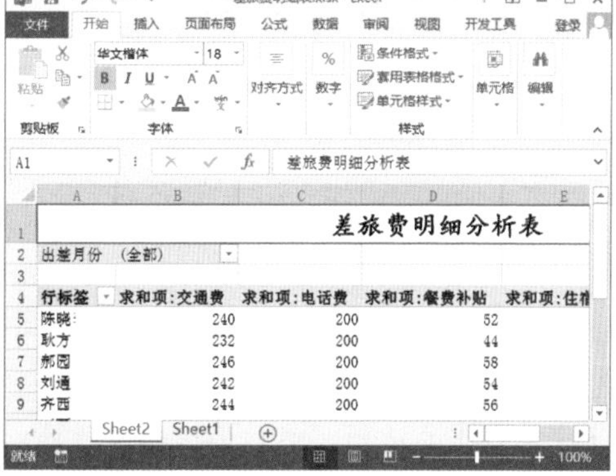

12 如果用户要进行报表筛选，可以单击

单元格B2右侧的下三角按钮，从弹出的下拉列表中选中【选择多项】复选框，然后撤选【2月】复选框，此时就选择一个筛选项目。

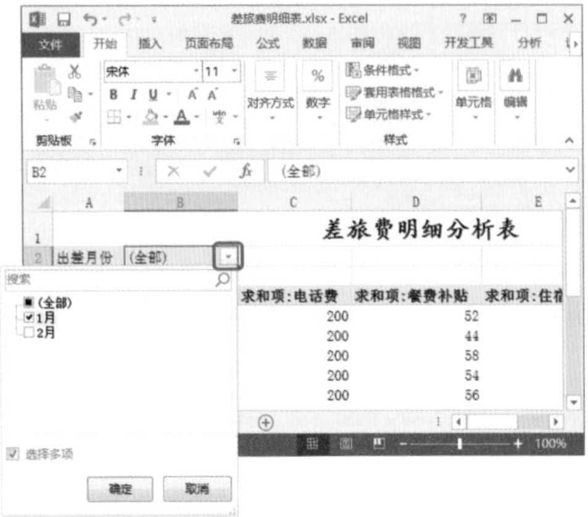

⑬ 单击 确定 按钮，筛选效果如图所示。此时单元格B2右侧的下三角按钮变为【筛选】按钮。

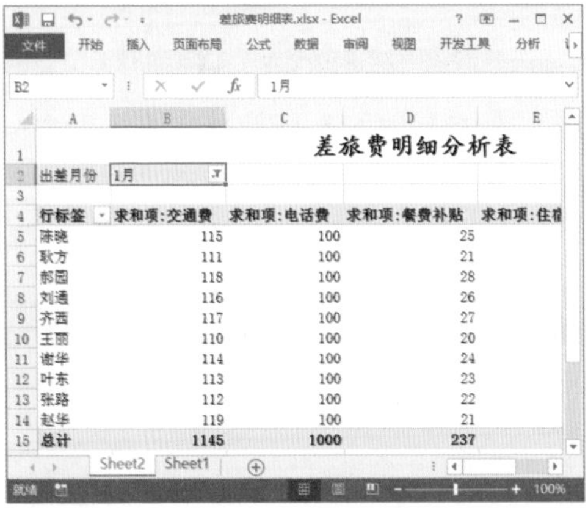

⑭ 如果用户要根据行标签查询相关人员的差旅费用信息，可以单击单元格A4右侧的下三角按钮，从弹出的下拉列表中撤选【全部】复选框，然后选择查询项目，例如选中【耿方】、【齐西】和【叶东】复选框。

⑮ 单击 确定 按钮，查询效果如图所示。

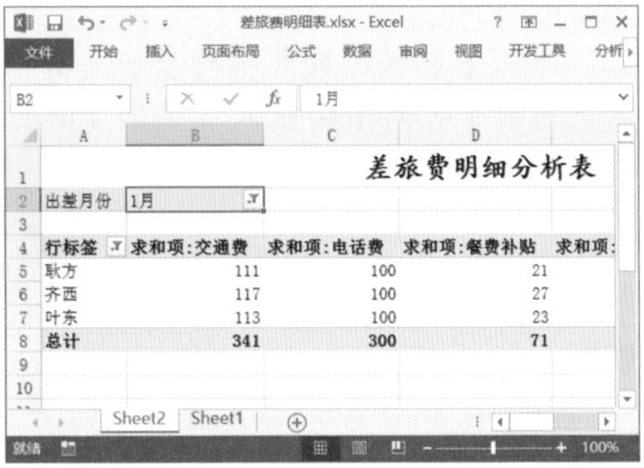

8.2.2 创建数据透视图

使用数据透视图可以在数据透视表中显示该汇总数据，并且可以方便地查看比较、模式和趋势。

本小节示例文件位置如下。	
原始文件	\第8章\差旅费明细表01
最终效果	\第8章\差旅费明细表02

扫码看视频

创建数据透视图的具体步骤如下。

01 打开本实例的原始文件，切换到工

作表“Sheet1”中，选中单元格区域A2:H22，切换到【插入】选项卡，单击【图表】组中的【数据透视表】按钮的下半部分按钮，从弹出的下拉列表中选择【数据透视图】选项。

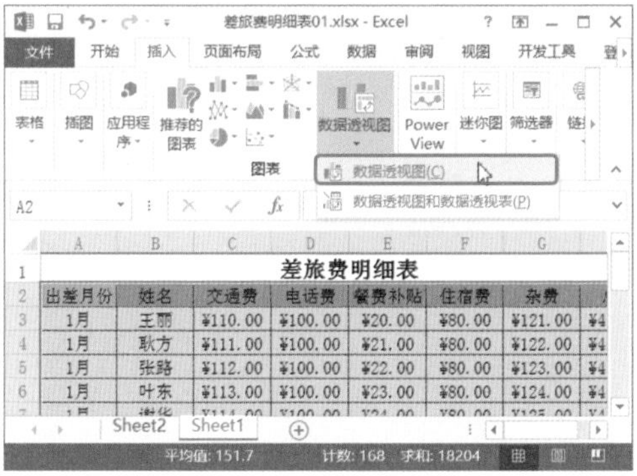

02 弹出【创建数据透视图】对话框，此时【表/区域】文本框中显示了所选的单元格区域，然后在【选择放置数据透视图的位置】组合框中单击【新工作表】单选钮。

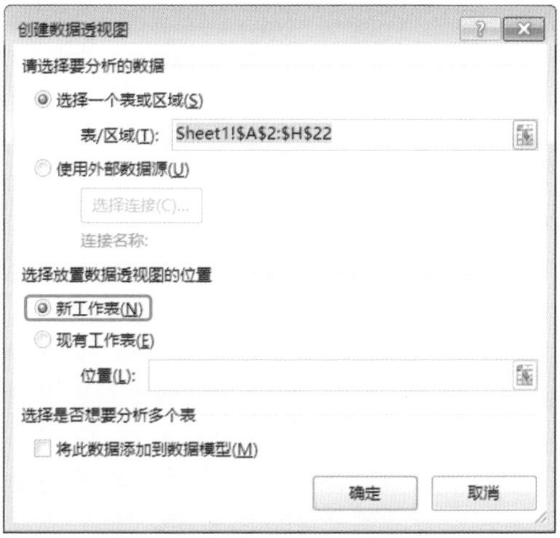

03 设置完毕，单击确定按钮即可。此时，系统会自动地在新的工作表“Sheet3”中创建一个数据透视表和数据透视图的基本框架，并弹出【数据透视图字段列表】任务窗格。

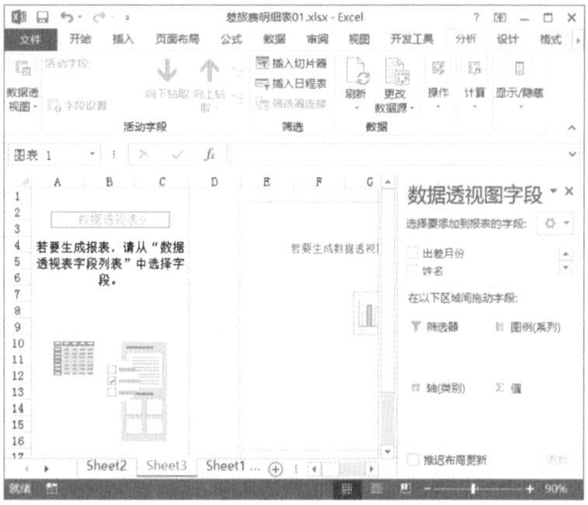

04 在【选择要添加到报表的字段】任务窗格中选择要添加的字段，例如选中【姓名】和【交通费】复选框，此时【姓名】字段会自动添加到【轴（类别）】列表框中，【交通费】字段会自动添加到【值】列表框中。

05 单击【数据透视图字段】任务窗格右上角的【关闭】按钮×，关闭【数据透视图字段】任务窗格，此时即可生成数据透视表和数据透视图。

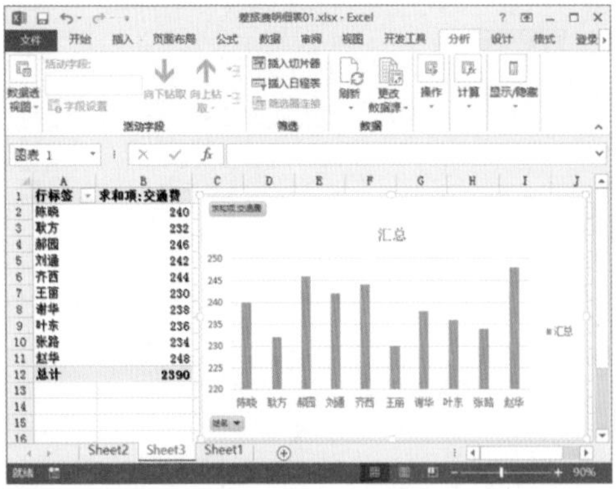

06 在数据透视图中输入图表标题“差旅费明细分析图”。

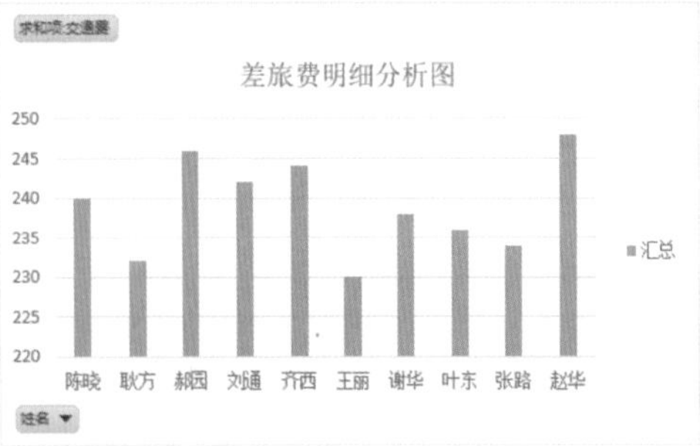

07 对图表标题、图表区域、绘图区以及数据系列进行格式设置，效果如图所示。

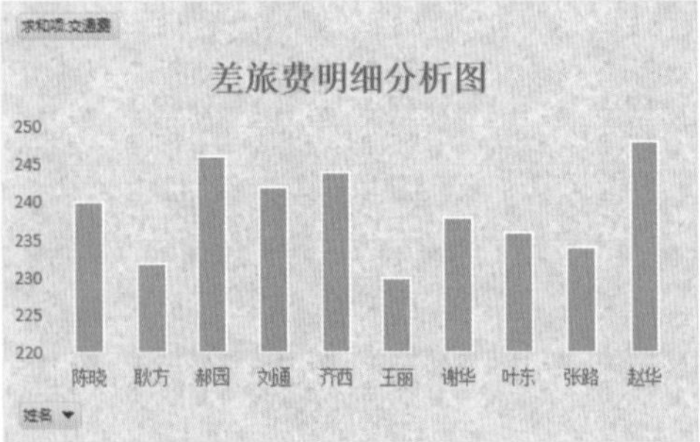

08 如果用户要进行手动筛选，可以单击 姓名 ▼ 按钮，从弹出的下拉列表中选择要筛选的姓名选项。

09 单击 确定 按钮，筛选效果如图所示。

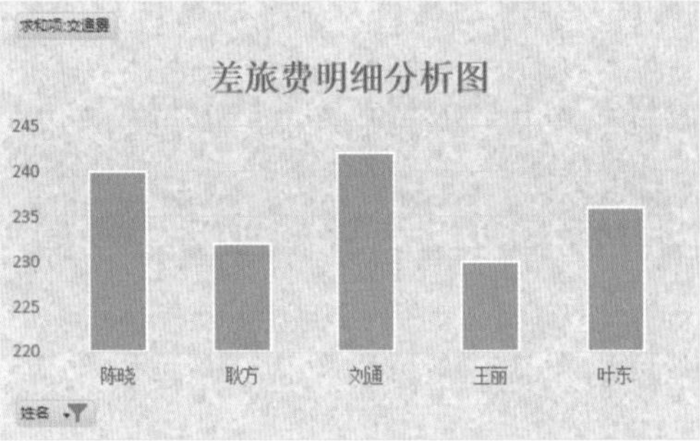

高手过招

平滑折线巧设置

使用折线制图时，用户可以通过设置平滑拐点使其看起来更加美观。

01 选中要修改格式的“折线”系列，然后单击鼠标右键，从弹出的快捷菜单中选择【设置数据系列格式】菜单项。

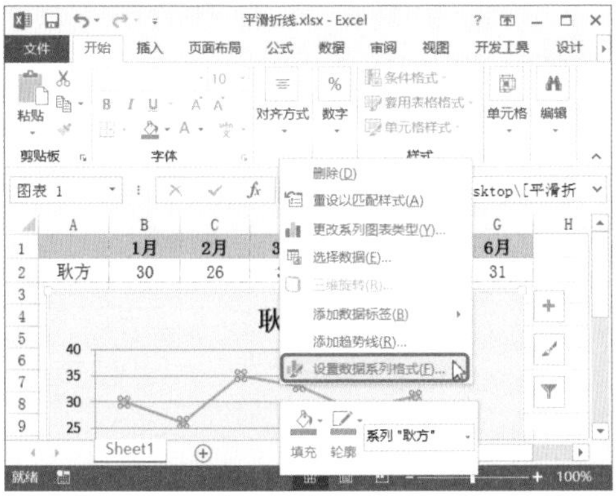

02 弹出【设置数据系列格式】任务窗格，单击【填充线条】按钮◇，然后选中【平滑线】复选框。

03 单击【关闭】按钮✕返回工作表，设置效果如图所示。

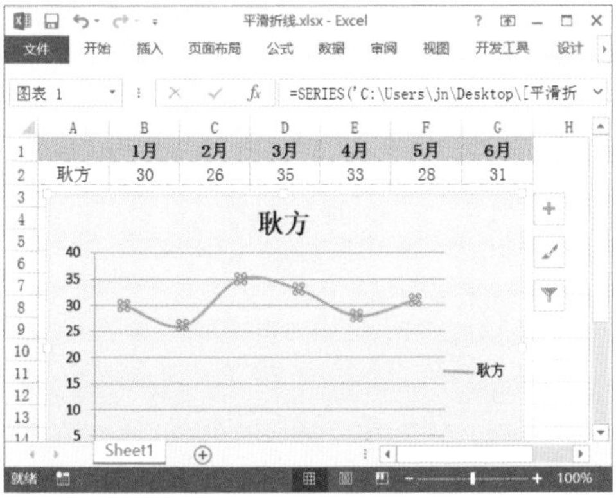

用图形换数据

使用【REPT】函数和★、■等特殊符号可以制作美观的图形，以替换相应的数据，从而对相关数据进行数量对比或进度测试。REPT 函数的功能是按照定义的次数重复实现文本，相当于复制文本，其语法格式为：

REPT(text,number_times)

参数 text 表示需要重复显示的文本，number_times 表示指定文本重复显示的次数。

01 打开素材文件“产品满意度调查表”，在单元格C4中输入公式“=REPT("★", B4:B9/10)”。此公式表示“将单元格区域B4:B9中的数据以10为单位进行重复实现，然后以五角星进行替换”。

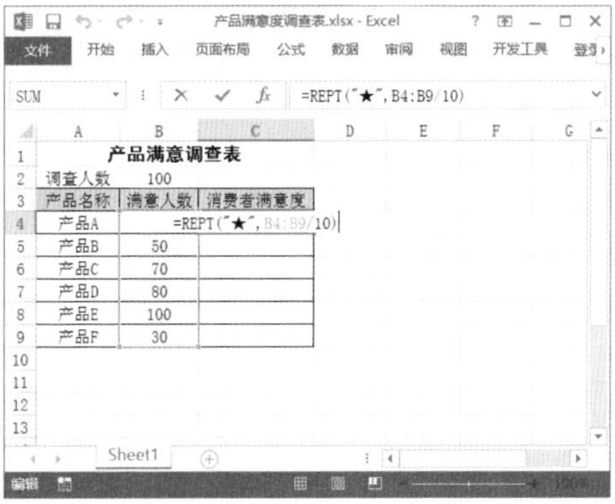

02 输入完毕，按【Enter】键即可实现数据的替换。

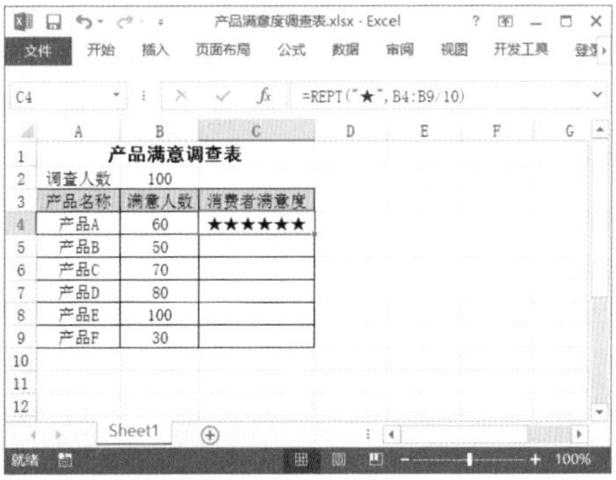

03 选中单元格C4，将鼠标指针移动到单元格的右下角，此时鼠标指针变成✚形状，然后按住鼠标左键不放，向下拖动到本列的其他单元格，释放左键，在其他单元格中复制该公式即可。

	A	B	C	D
1	产品满意调查表			
2	调查人数	100		
3	产品名称	满意人数	消费者满意度	
4	产品A	60	★★★★★★	
5	产品B	50	★★★★★	
6	产品C	70	★★★★★★★	
7	产品D	80	★★★★★★★★	
8	产品E	100	★★★★★★★★★★	
9	产品F	30	★★★	
10				
11				

第09章

函数与公式的应用

除了可以制作一般的表格，Excel还具有强大的计算能力。熟练使用Excel公式与函数可以为用户的日常工作添姿增彩。

关于本章知识，本书配套教学光盘中有相关的多媒体教学视频，请读者参见光盘中的【Excel 2013的高级应用\公式与函数的应用】。

9.1 销售数据分析表

在每个月或半年的时间内，公司都会对某些数据进行分析。接下来介绍怎样利用公式进行数据分析。

9.1.1 输入公式

用户既可以在单元格中输入公式，也可以在编辑栏中输入。

本小节示例文件位置如下。	
原始文件	第 9 章 \ 销售数据分析
最终效果	第 9 章 \ 销售数据分析 01

扫码看视频

在工作表中输入公式的具体步骤如下。

01 打开本实例的原始文件，选中单元格D4，输入“=C4”。

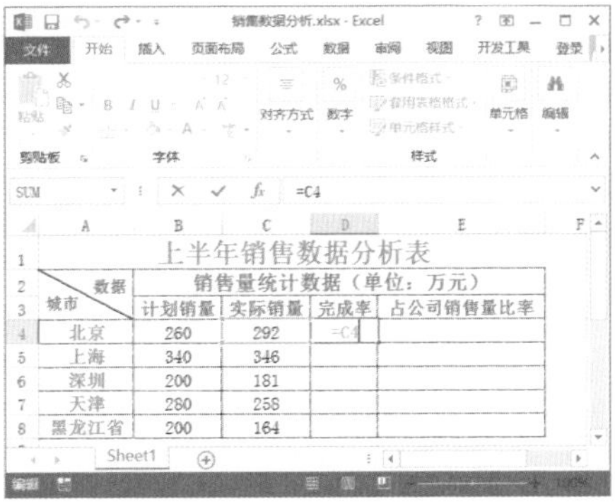

02 继续在单元格D4中输入“/”，然后选中单元格B4。

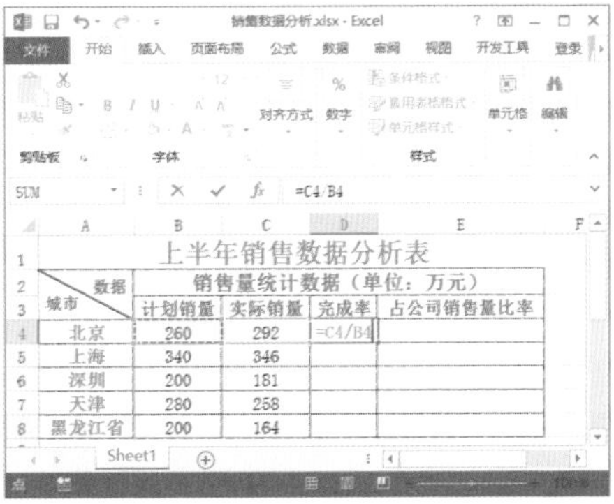

03 输入完毕，直接按【Enter】键即可。

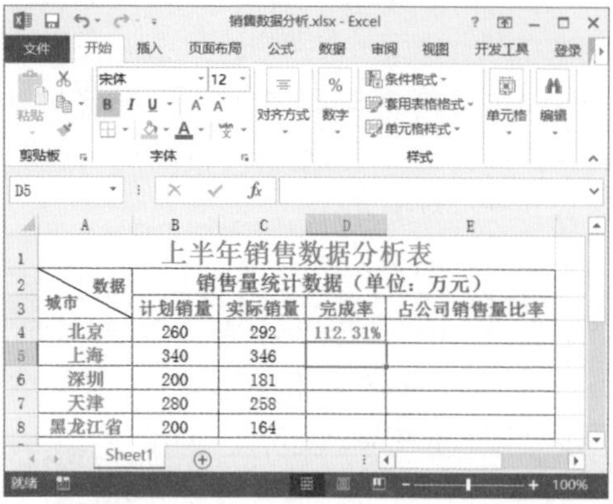

9.1.2 编辑公式

输入公式后，用户还可以对其进行编辑，主要包括修改公式、复制公式和显示公式。

本小节示例文件位置如下。	
原始文件	第 9 章 \ 销售数据分析 01
最终效果	第 9 章 \ 销售数据分析 02

扫码看视频

1. 修改公式

修改公式的具体步骤如下。

01 双击要修改公式的单元格D4，此时公式进入修改状态。

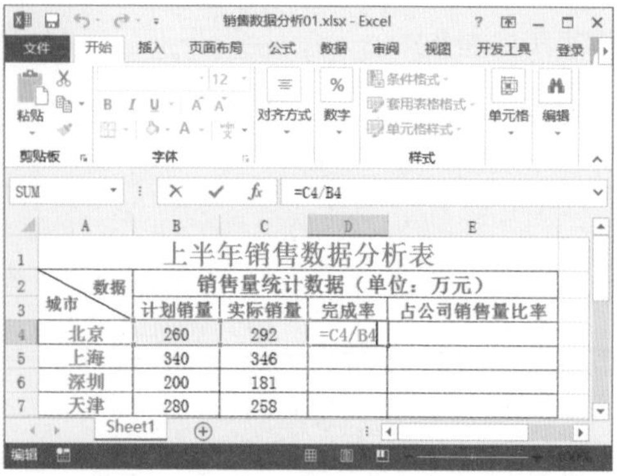

02 修改完毕直接按【Enter】键即可。

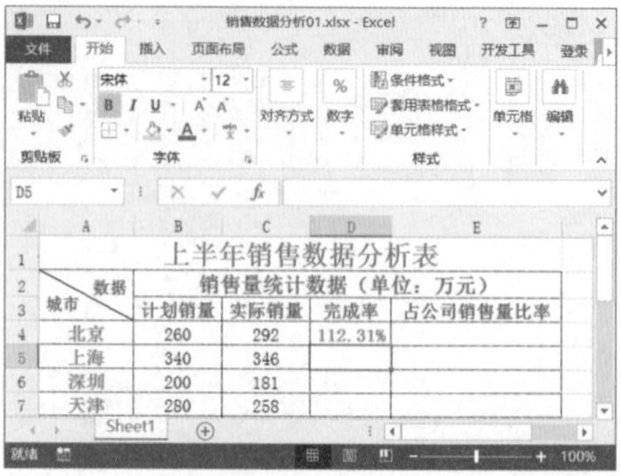

2. 复制公式

用户既可以对公式进行单个复制，也可以进行快速填充。

01 单个复制公式。选中要复制公式的单元格D4，然后按【Ctrl】+【C】组合键。

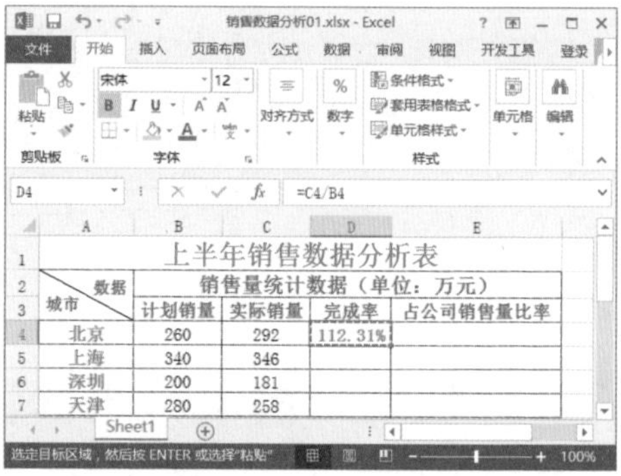

02 选中公式要复制到的单元格D5，然后按【Ctrl】+【V】组合键即可。

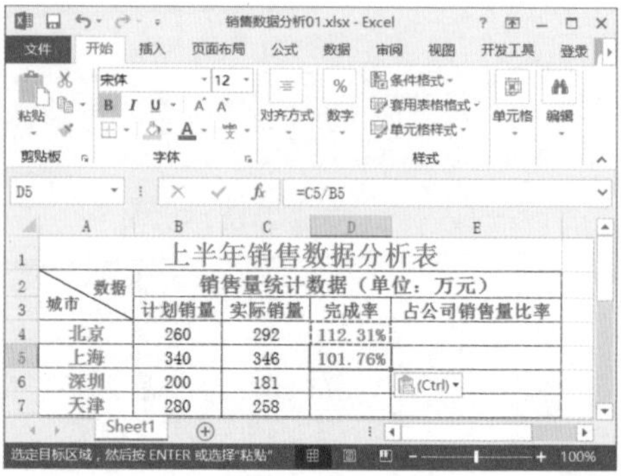

03 快速填充公式。选中要复制公式的单元格D5，然后将鼠标指针移动到单元格的右下角，此时鼠标指针变成➕形状。

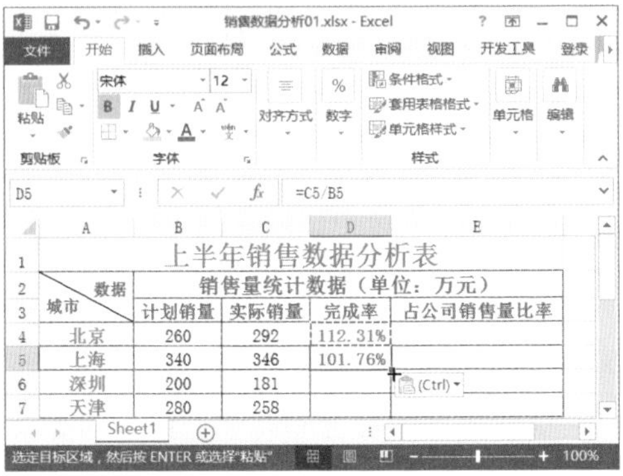

04 按住鼠标左键不放，向下拖动到单元格D8，释放左键，此时公式就填充到选中的单元格区域。

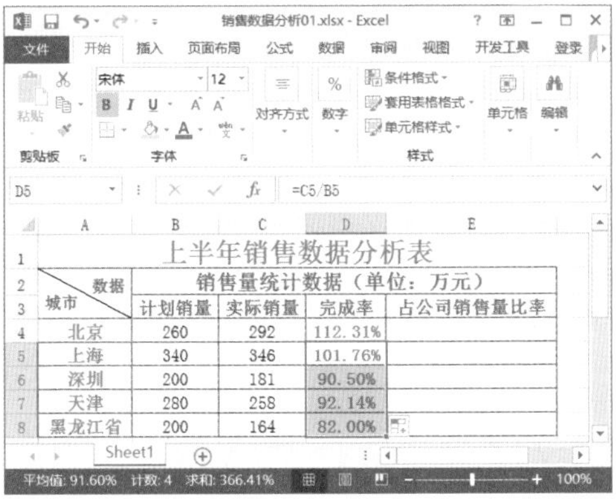

3. 显示公式

显示公式的方法主要有两种，除了直接双击要显示公式的单元格进行单个显示以外，还可以通过单击 显示公式 按钮，显示表格中的所有公式。

01 切换到【公式】选项卡，单击【公式审核】组中的 显示公式 按钮。

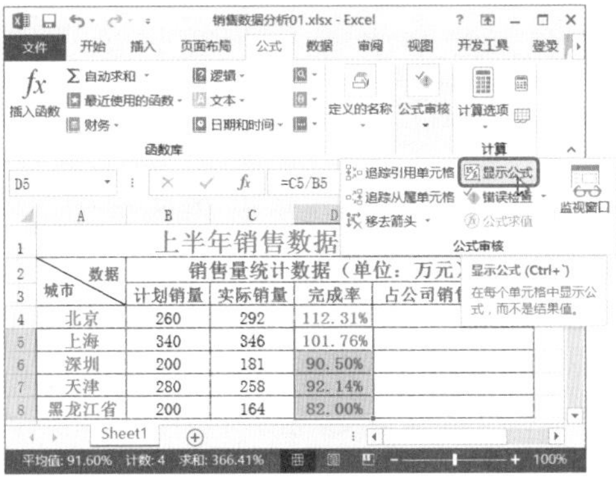

02 此时，工作表中的所有公式都显示出来了。如果要取消显示，再次单击【公式审核】组中的 显示公式 按钮即可。

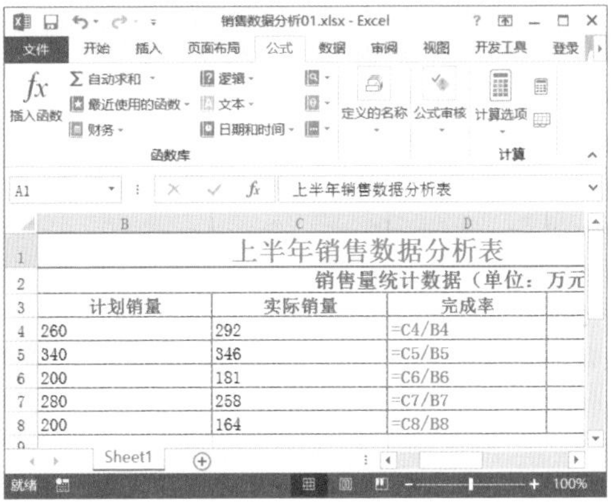

9.2 销项税额及销售排名

增值税纳税人销售货物和应交税劳务，按照销售额和适用税率计算并向购买方收取的增值税税额，此谓销项税额。

9.2.1 单元格的引用

单元格的引用包括绝对引用、相对引用和混合引用 3 种。

本小节示例文件位置如下。	
原始文件	第9章\业务员销售情况
最终效果	第9章\业务员销售情况01

扫码看视频

1. 相对引用和绝对引用

单元格的相对引用是基于包含公式和引用的单元格的相对位置而言的。如果公式所在单元格的位置改变，引用也将随之改变，如果多行或多列地复制公式，引用会自动调整。默认情况下，新公式使用相对引用。

单元格中的绝对引用则总是在指定位置引用单元格（例如 $F$3）。如果公式所在单元格的位置改变，绝对引用的单元格也始终保持不变，如果多行或多列地复制公式，绝对引用将不作调整。使用相对引用和绝对引用计算增值税销项税额的具体步骤如下。

01 打开本实例的原始文件，选中单元格K7，在其中输入公式"=E7+F7+G7+H7+I7+J7"，此时相对引用了公式中的单元格E7、F7、G7、H7、I7和J7。

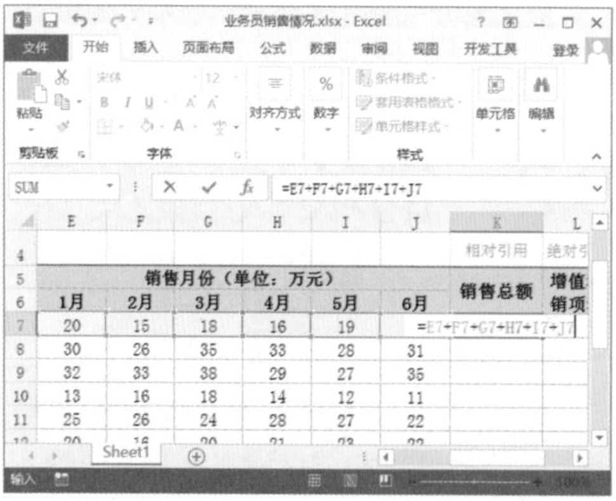

02 输入完毕，按【Enter】键，选中单元格K7，将鼠标指针移动到单元格的右下角，此时鼠标指针变成十形状，然后按住鼠标左键不放，向下拖动到单元格K16，释放左键，此时公式就填充到选中的单元格区域中。

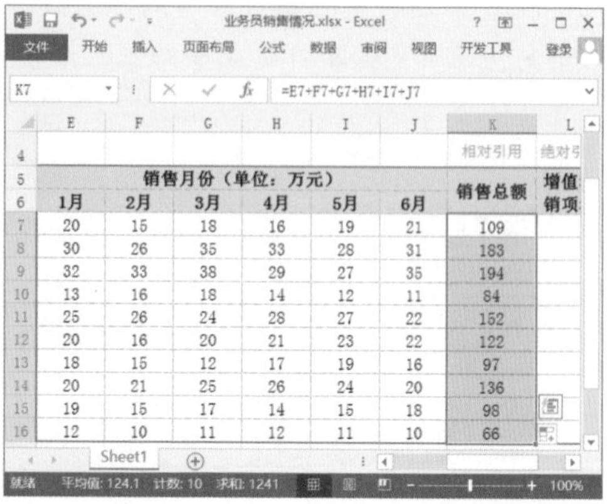

03 多行或多列地复制公式，随着公式所在单元格的位置改变，引用也随之改变。

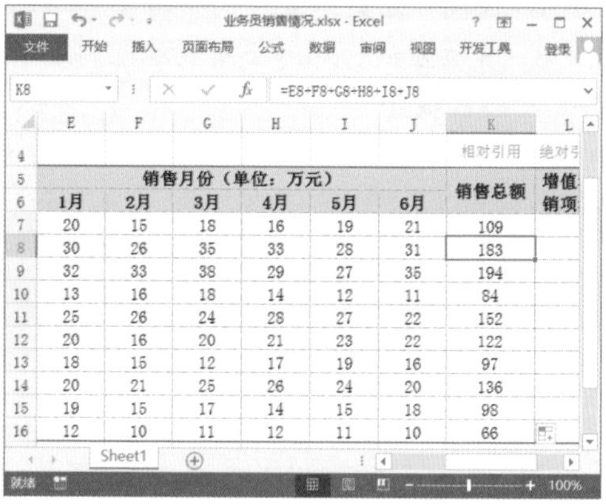

04 选中单元格L7，在其中输入公式"=K7*$L$3"，此时绝对引用了公式中的单元格L3。

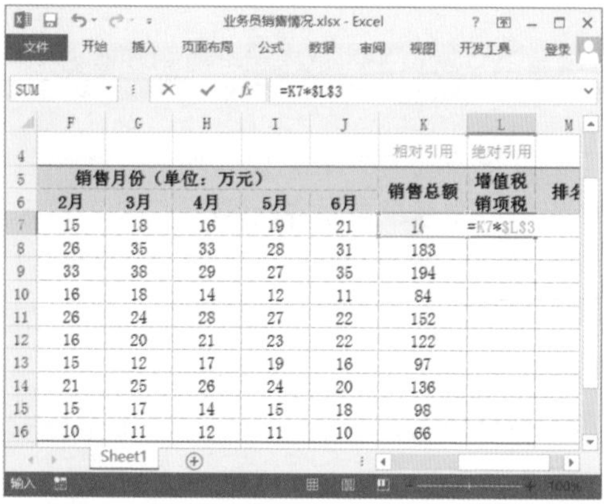

05 输入完毕按【Enter】键，选中单元格L7，将鼠标指针移动到单元格的右下角，此时鼠标指针变成十形状，然后按住鼠标左键不放，向下拖动到单元格L16，释放左键，此时公式就填充到选中的单元格区域中。

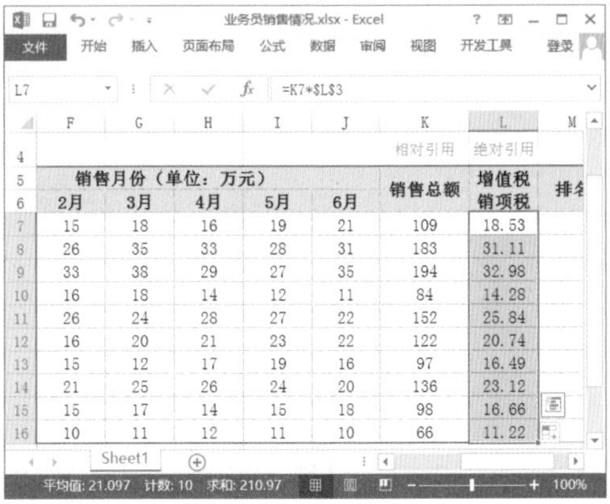

06 此时，公式中绝对引用了单元格L3。如果多行或多列地复制公式，绝对引用将不作调整；如果公式所在单元格的位置改变，绝对引用的单元格L3始终保持不变。

2. 混合引用

在复制公式时，如果要求行不变但列可变或者列不变而行可变，那么就要用到混合引用。例如 $A1 表示对 A 列的绝对引用和对第 1 行的相对引用，而 A$1 则表示对第 1 行的绝对引用和对 A 列的相对引用。

9.2.2 名称的使用

在使用公式的过程中，用户有时候还可以引用单元格名称参与计算。通过给单元格或单元格区域以及常量等定义名称，会比引用单元格位置更加直观、更加容易理解。接下来使用名称和 RANK 函数对销售数据进行排名。

本小节示例文件位置如下。	
原始文件	第 9 章\业务员销售情况 01
最终效果	第 9 章\业务员销售情况 02

扫码看视频

RANK 函数的功能是返回一个数值在一组数值中的排名，其语法格式为：

RANK(number,ref,order)

参数 number 是需要计算其排名的一个数据；ref 是包含一组数字的数组或引用（其中的非数值型参数将被忽略）；order 为一个数字，指明排名的方式。如果 order 为 0 或省略，则按降序排列的数据清单进行排名；如果 order 不为 0，ref 当作按升序排列的数据清单进行排名。注意：RANK 函数对重复数值的排名相同，但重复数的存在将影响后续数值的排名。

1. 定义名称

定义名称的具体步骤如下。

01 打开本实例的原始文件，选中单元格区域K7:K16，切换到【公式】选项卡，在【定义的名称】组中单击 定义名称 按钮右侧的下三角按钮，从弹出的下拉列表中选择【定义名称】选项。

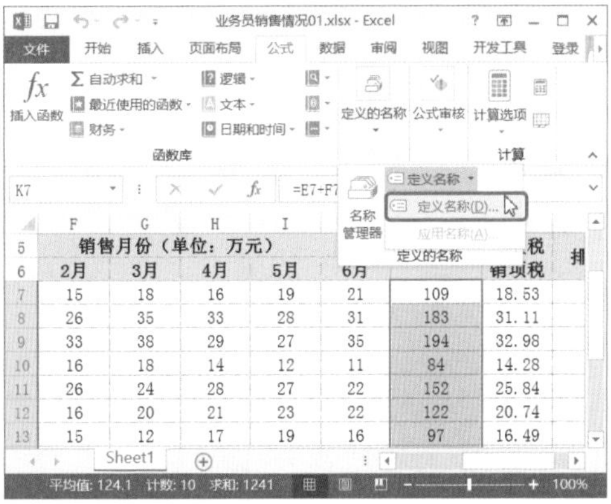

02 弹出【新建名称】对话框，在【名称】文本框中输入“销售总额”。

03 单击 确定 按钮返回工作表即可。

2. 应用名称

应用名称的具体步骤如下。

01 选中单元格M7，在其中输入公式“=RANK(K7,销售总额)”。该函数表示“返回单元格K7中的数值在数组‘销售总额’中的降序排名”。

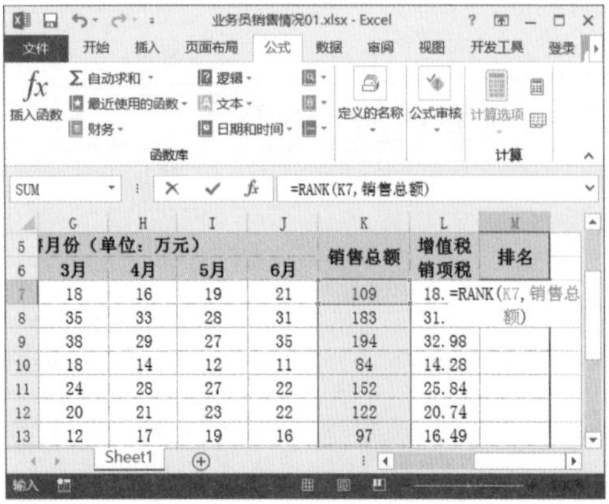

02 选中单元格M7，将鼠标指针移动到单元格的右下角，此时鼠标指针变成**十**形状，然后按住鼠标左键不放，向下拖动到单元格M16，释放左键，此时公式就填充到选中的单元格区域中。对销售额进行排名后的效果如图所示。

9.2.3 数据验证的应用

在日常工作中经常会用到 Excel 的数据验证功能。数据验证是一种用于定义可以在单元格中输入或应该在单元格中输入的数据。设置数据验证有利于提高工作效率，避免非法数据的录入。

本小节示例文件位置如下。	
原始文件	第 9 章 \ 业务员销售情况 02
最终效果	第 9 章 \ 业务员销售情况 03

扫码看视频

使用数据验证的具体步骤如下。

01 打开本实例的原始文件，选中单元格C7，切换到【数据】选项卡，单击【数据工具】组中的 数据验证 按钮右侧的下三角按钮，从弹出的下拉列表中选择【数据验证】选项。

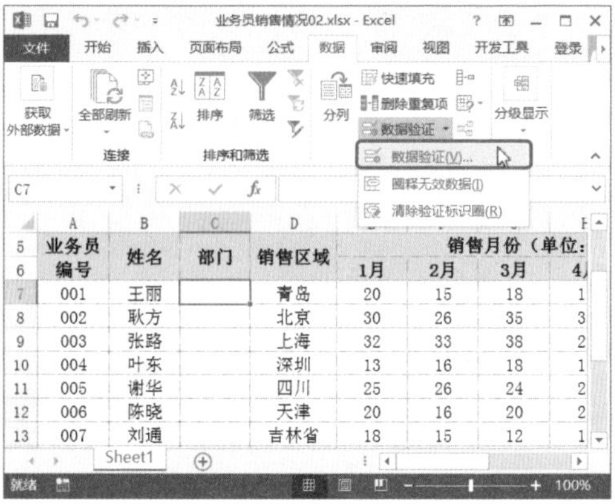

02 弹出【数据验证】对话框，在【允许】下拉列表中选择【序列】选项，然后在【来源】文本框中输入“营销一部，营销二部，营销三部”，中间用英文半角状态的逗号隔开。

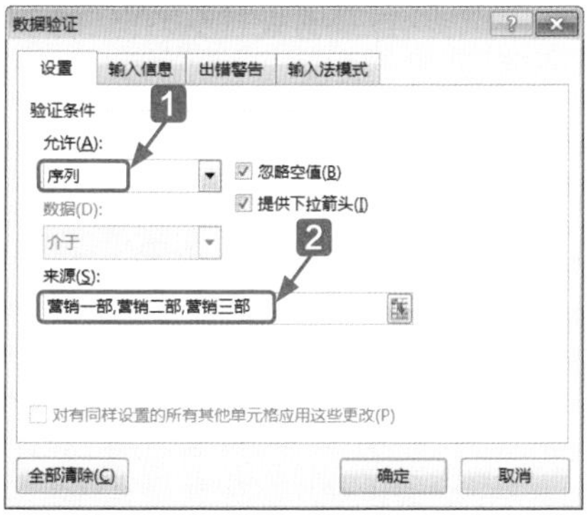

03 设置完毕，单击 确定 按钮返回工作表。此时，单元格C7的右侧出现了一个下拉按钮▾，将鼠标指针移动到单元格的右下角，此时鼠标指针变成十形状。

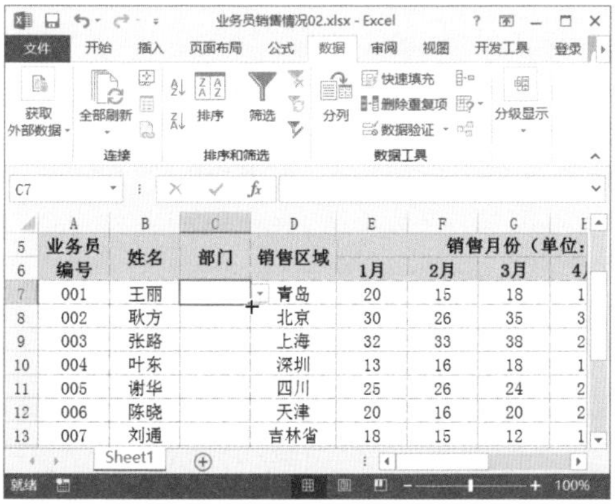

04 按住鼠标指针左键不放，向下拖动到单元格C16，释放左键，此时数据验证就填充到选中的单元格区域中，每个单元格的右侧都会出现一个下拉按钮▾。单击单元格C7右侧的下拉按钮▾，在弹出的下拉列表中选择销售部门即可，例如选择【营销一部】选项。

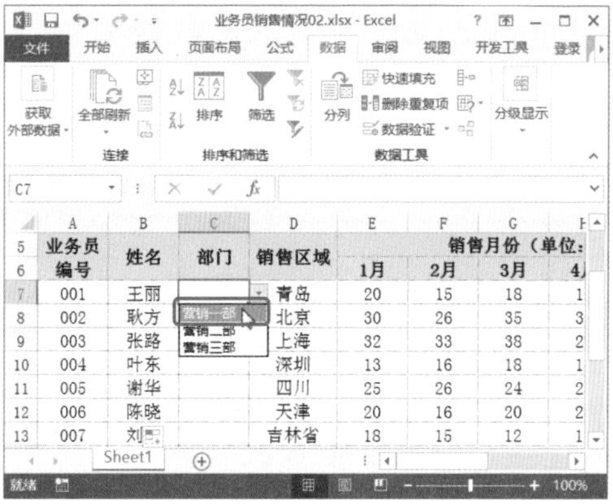

05 使用同样的方法可以在其他单元格中利用下拉列表快速输入销售部门。

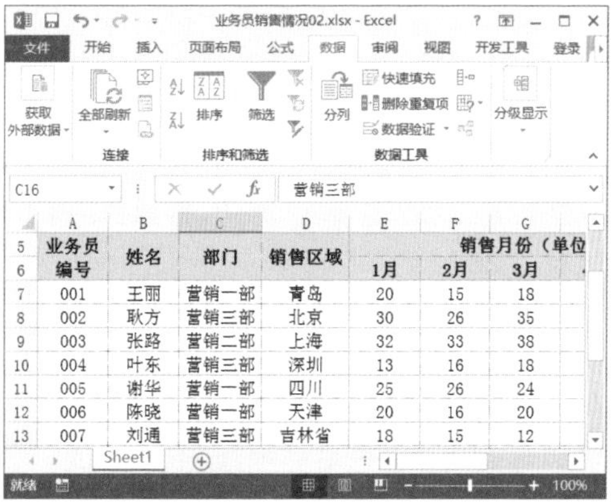

9.3 公司员工信息表

整理公司员工的个人相关信息资料，听起来好像是人事部门才该面对的问题。

但在实际财务管理中，员工的工资却与很多信息相关联，比如说员工的工作年限等。

9.3.1 文本函数

文本函数是指可以在公式中处理字符串的函数。常用的文本函数包括 LEFT、RIGHT、MID、LEN、TEXT、LOWER、PROPER、UPPER、TEXT 等函数。

本小节示例文件位置如下。	
原始文件	第 9 章\公司员工信息表
最终效果	第 9 章\公司员工信息表 01

扫码看视频

1. 提取字符函数

LEFT、RIGHT、MID 等函数用于从文本中提取部分字符。LEFT 函数从左向右取；RIGHT 函数从右向左取；MID 函数也是从左向右提取，但不一定是从第一个字符起，可以从中间开始。

LEFT、RIGHT 函数的语法格式分别为 LEFT (text, num_chars) 和 RIGHT(text, num_chars) 。

参数 text 指文本，是从中提取字符的长字符串，参数 num_chars 是想要提取的字符个数。

MID 函数的语法格式为 MID(text, start_num, num_chars)。参数 text 的属性与前面两个函数相同，参数 star_num 是要提取的开始字符，参数 num_chars 是要提取的字符个数。

LEN 函数的功能是返回文本串的字符数，此函数用于双字节字符，且空格也将作为字符进行统计。LEN 函数的语法格式为 LEN(text)。参数 text 为要查找其长度的文本。如果 text 为“年 / 月 / 日”形式的日期，此时 LEN 函数首先运算“年 ÷ 月 ÷ 日”，然后返回运算结果的字符数。

TEXT 函数的功能是将数值转换为按指定数字格式表示的文本，其语法格式为：TEXT(value,format_text)。参数 value 为数值、计算结果为数字值的公式，或对包含数字值的单元格的引用；参数 format_text 为“设置单元格格式”对话框中“数字”选项卡上“分类”框中的文本形式的数字格式。

2. 转换大小写函数

LOWER、PROPER、UPPER 函数的功能是进行大小写转换。LOWER 函数的功能是将一个字符串中的所有大写字母转换为小写字母；UPPER 函数的功能是将一个字符串中的所有小写字母转换为大写字母；PROPER 函数的功能是将字符串的首字母及任何非字母字符之后的首字母转换成大写，将其余的字母转换成小写。

接下来结合提取字符函数和转换大小写函数编制“公司员工信息表”，并根据身份证号码计算员工的出生日期、年龄等。具体的操作步骤如下。

01 打开本实例的原始文件，选中单元格 B4，切换到【公式】选项卡，单击【函数库】组中的【插入函数】按钮。

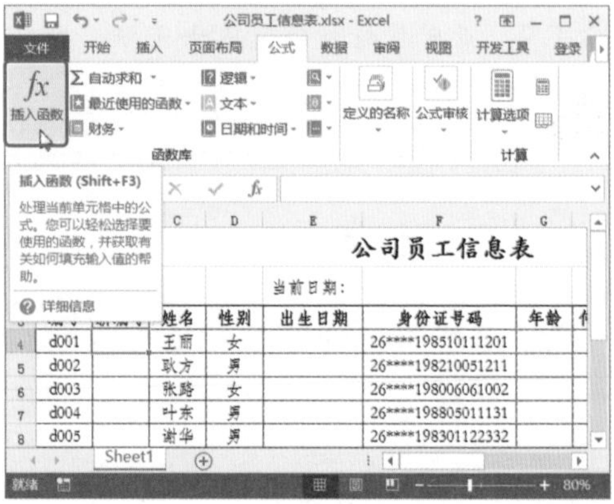

02 弹出【插入函数】对话框，在【或

选择类别】下拉列表中选择【文本】选项，然后在【选择函数】列表框中选择【UPPER】选项。

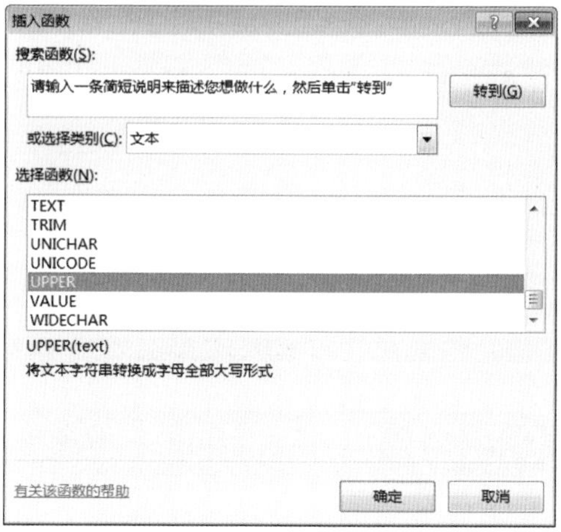

03 设置完毕，单击 确定 按钮，弹出【函数参数】对话框，在【Text】文本框中将参数引用设置为单元格“A4”。

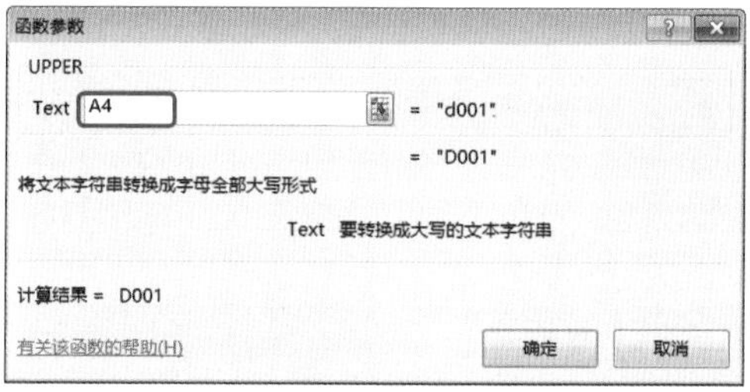

04 设置完毕，单击 确定 按钮返回工作表，此时计算结果中的字母变成了大写。

05 选中单元格B4，将鼠标指针移动到单元格的右下角，此时鼠标指针变成**+**形状，按住鼠标左键不放，向右拖动到单元格B13，释放左键，公式就填充到选中的单元格区域中。

06 选中单元格E4，输入函数“=IF(F4<>"", TEXT((LEN(F4)=15)*19&MID(F4,7,6+(LEN (F4)=18)*2),"#-00-00")+0,)”，然后按【Enter】键。该公式表示“从单元格F4中的15位或18位身份证号中返回出生日期”。

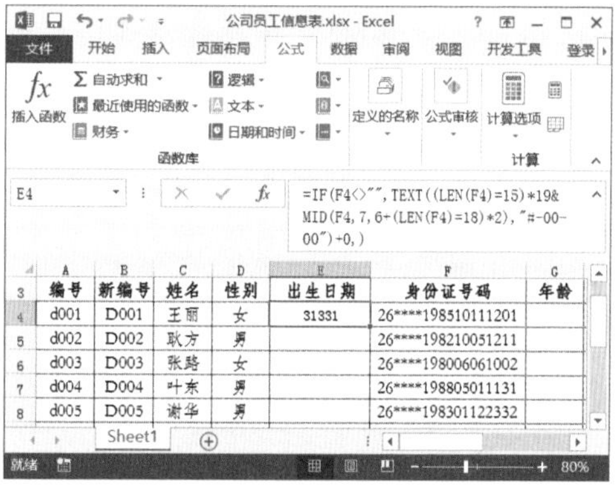

07 选中单元格E4，切换到【开始】选项卡，从【数字】组中的【数字格式】下拉列表中选择【短日期】选项。

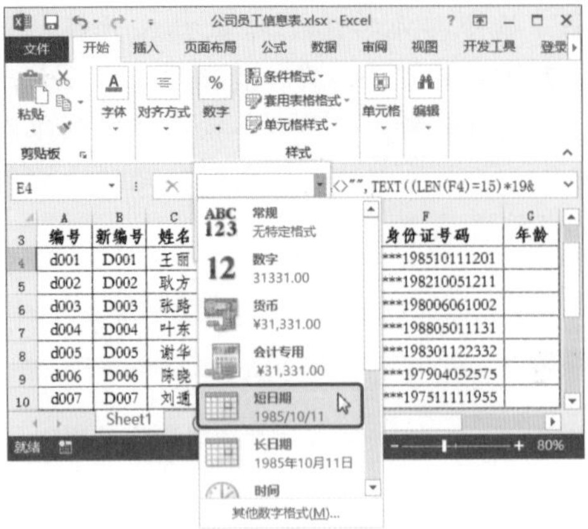

08 此时，员工的出生日期就根据身份证号码计算出来了，然后选中单元格E4，使用快速填充功能将公式填充至单元格E13中。

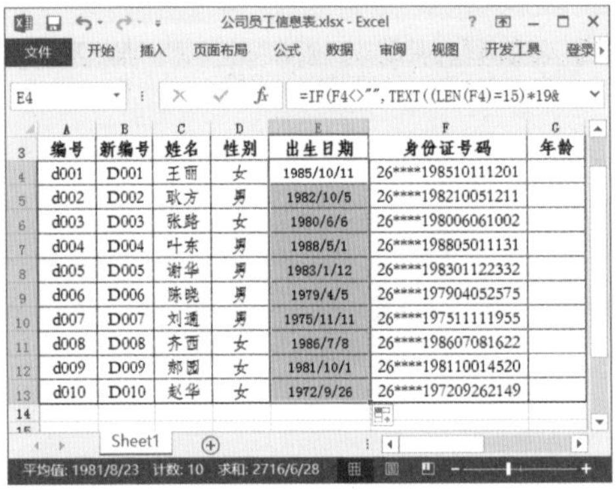

09 选中单元格G4，然后输入函数公式“= YEAR(NOW())−MID(F4,7,4)”，然后按【Enter】键。该公式表示“当前年份减去出生年份，从而得出年龄”。

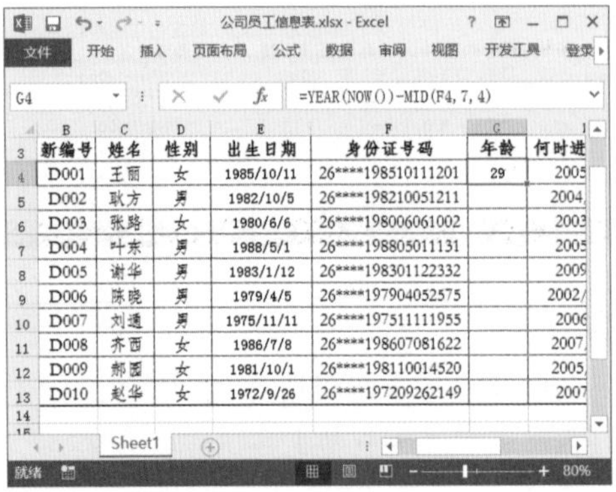

10 将单元格G4的公式向下填充到单元格G13中。

9.3.2 日期与时间函数

日期与时间函数是处理日期型或日期时间型数据的函数，常用的日期与时间函数包括 DATE、DAY、DAY360、MONTH、NOW、TODAY、YEAR、HOUR、WEEKDAY 等函数。

本小节示例文件位置如下。	
原始文件	第 9 章 \ 公司员工信息表 01
最终效果	第 9 章 \ 公司员工信息表 02

扫码看视频

1. DATE 函数

DATE 函数的功能是返回代表特定日期的序列号，其语法格式为：

DATE(year,month,day)

2. NOW 函数

NOW 函数的功能是返回当前的日期和时间，其语法格式为：

NOW()

3. DAY 函数

DAY 函数的功能是返回用序列号（整

数 1 到 31）表示的某日期的天数，其语法格式为：

DAY(serial_number)

参数 serial_number 表示要查找的日期天数。

4. DAYS360 函数

DAYS360 函数是重要的日期与时间函数之一，函数功能是按照一年 360 天计算的（每个月以 30 天计，一年共计 12 个月），返回值为两个日期之间相差的天数。该函数在一些会计计算中经常用到。如果财务系统基于一年 12 个月，每月 30 天，则可用此函数帮助计算支付款项。

DAYS360 函数的语法格式：

DAYS360(start_date,end_date,method)

其中 start_date 表示计算期间天数的开始日期；end_date 表示计算期间天数的终止日期；method 表示逻辑值，它指定了在计算中是用欧洲办法还是用美国办法。

如果 start_date 在 end_date 之后，则 DAYS360 将返回一个负数。另外，应使用 DATE 函数来输入日期，或者将日期作为其他公式或函数的结果输入。例如，使用函数 DATE(2014,6,20) 或输入日期 2014 年 6 月 20 日。如果日期以文本的形式输入，则会出现问题。

5. MONTH 函数

MONTH 函数是一种常用的日期函数，它能够返回以序列号表示的日期中的月份。MONTH 函数的语法格式是：

MONTH(serial_number)

参数 serial_number 表示一个日期值，包括要查找的月份的日期。该函数还可以指定加双引号的表示日期的文本，例如，"2014 年 8 月 8 日"。如果该参数为日期以外的文本，则返回错误值"#VALUE！"。

6. WEEKDAY 函数

WEEKDAY 函数的功能是返回某日期的星期数。在默认情况下，它的值为 1（星期天）到 7（星期六）之间的一个整数，其语法格式为：

WEEKDAY(serial_number,return_type)

参数 serial_number 是要返回日期数的日期；return_type 为确定返回值类型，如果 return_type 为数字 1 或省略，则 1 至 7 表示星期天到星期六，如果 return_type 为数字 2，则 1 至 7 表示星期一到星期天，如果 return_type 为数字 3，则 0 至 6 代表星期一到星期天。

接下来结合时间与日期函数在公司员工信息表中计算当前日期、星期数以及员工工龄。具体的操作步骤如下。

01 打开本实例的原始文件，选中单元格 F2，然后输入函数公式"=TODAY()"，然后按【Enter】键。该公式表示"返回当前日期"。

02 选中单元格 G2，输入函数公式"=WEEKDAY(F2)"，然后按【Enter】键。该公式表示"将日期转化为星期数"。

03 选中单元格G2，切换到【开始】选项卡，单击【数字】组右下角的【对话框启动器】按钮。

04 弹出【设置单元格格式】对话框，切换到【数字】选项卡，在【分类】列表框中选择【日期】选项，然后在【类型】列表框中选择【星期三】选项。

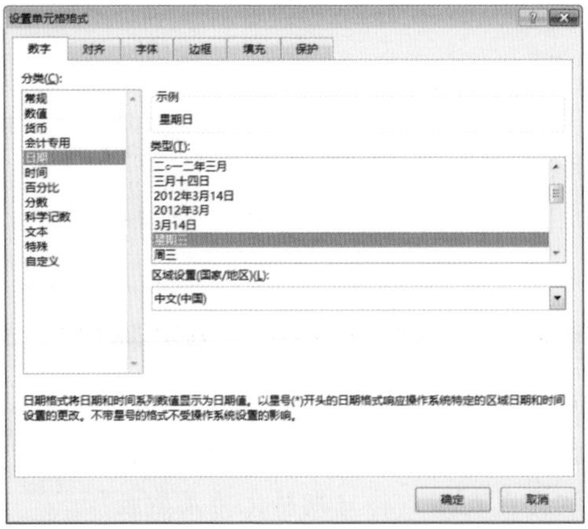

05 设置完毕，单击 确定 按钮返回工作表，此时单元格G2中的数字就转换成了星期数。

06 选中单元格I4，然后输入函数公式“=CONCATENATE(DATEDIF(H4,TODAY(),"y"),"年",DATEDIF(H4,TODAY(),"ym"),"个月和",DATEDIF(H4,TODAY(),"md"),"天")”，然后按【Enter】键。公式中CONCATENAT函数的功能是将几个文本字符串合并为一个文本字符串。

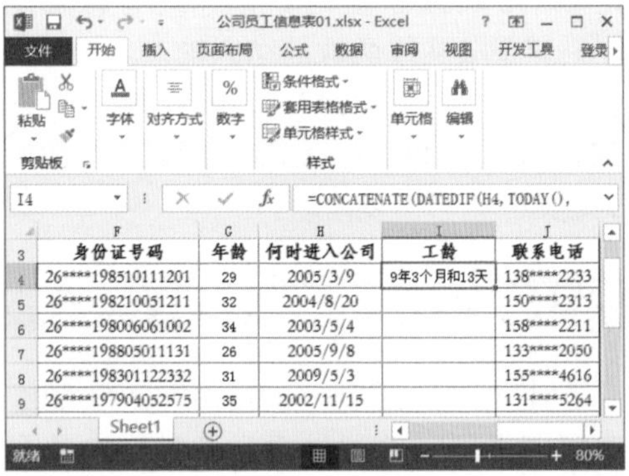

07 此时，员工的工龄就计算出来了，然后将单元格I4中的公式向下填充到单元格I13中。

	F	G	H	I	J
3	身份证号码	年龄	何时进入公司	工龄	联系电话
4	26****198510111201	29	2005/3/9	9年3个月和13天	138****2233
5	26****198210051211	32	2004/8/20	9年10个月和2天	150****2313
6	26****198006061002	34	2003/5/4	11年1个月和18天	158****2211
7	26****198805011131	26	2005/9/8	8年9个月和14天	133****2050
8	26****198301122332	31	2009/5/3	5年1个月和19天	155****4616
9	26****197904052575	35	2002/11/15	11年7个月和7天	131****5264
10	26****197511111955	39	2006/6/5	8年0个月和17天	133****7878
11	26****198607081622	28	2007/12/3	6年6个月和19天	188****6565
12	26****198110014520	33	2005/4/12	9年2个月和10天	135****5468
13	26****197209262149	42	2007/4/9	7年2个月和13天	159****5487

9.4 业绩奖金计算表

我国很多企业设置的月奖、季度奖和年终奖都是业绩奖金的典型形式，它们都是根据员工绩效评价结果发放给员工的绩效薪酬。

9.4.1 逻辑函数

逻辑函数是一种用于进行真假值判断或复合检验的函数。逻辑函数在日常办公中应用非常广泛，常用的逻辑包括 AND、IF、OR 等函数。

本小节示例文件位置如下。	
原始文件	第 9 章 \ 业绩奖金表
最终效果	第 9 章 \ 业绩奖金表 01

1. AND 函数

AND 函数的功能是扩大用于执行逻辑检验的其他函数的效用，其语法格式为：

AND(logical1,logical2,...)

参数 logical1 是必需的，表示要检验的第一个条件，其计算结果可以为 TRUE 或 FALSE；logical2 为可选参数。所有参数的逻辑值均为真时，返回 TRUE；只要一个参数的逻辑值为假，即返回 FLASE。

2. IF 函数

IF 函数是一种常用的逻辑函数，其功能是执行真假值判断，并根据逻辑判断值返回结果。该函数主要用于根据逻辑表达式来判断指定条件，如果条件成立，则返回真条件下的指定内容；如果条件不成立，则返回假条件下的指定内容。

IF 函数的语法格式是：

IF(logical_text,value_if_true,value_if_false)

logical_text 代表带有比较运算符的逻辑判断条件；value_if_true 代表逻辑判断条件成立时返回的值；value_if_false 代表逻辑判断条件不成立时返回的值。

IF 函数可以嵌套 7 层，用 value_if_false 及 value_if_true 参数可以构造复杂的判断条件。在计算参数 value_if_true 和 value_if_false 后，IF 函数返回相应语句执行后的返回值。

3. OR 函数

OR 函数的功能是对公式中的条件进行连接。在其参数组中，任何一个参数逻辑值为 TRUE，即返回 TRUE；所有参数的逻辑值为 FALSE，才返回 FALSE。其语法格式为：

OR(logical1,logical2,...)

参数必须能计算为逻辑值，如果指定区域中不包含逻辑值，OR 函数返回错误值“#VALUE!”。

例如某公司业绩奖金的发放方法是小于 50 000 元的部分提成比例为 3%，大于等于 50 000 元小于 100 000 元的部分提成比例为 6%，大于等于 100 000 元的部分提成比例为 10%。奖金的计算 = 超额 × 提成率 – 累进差额。接下来介绍员工业绩奖金的计算方法。

01 打开本实例的原始文件，切换到工作表“奖金标准”中，这里可以了解一下业绩奖金的发放标准。

02 切换到工作表“业绩奖金”中，选中单元格G3并输入函数公式“=IF(AND(F3>0, F3<=50000),3%,IF(AND(F3>50000, F3<=100000),6%,10%))”，然后按【Enter】键。该公式表示“根据超额的多少返回提成率”，此处用到了IF函数的嵌套使用方法，然后使用单元格复制填充的方法计算出其他员工的提成比例。

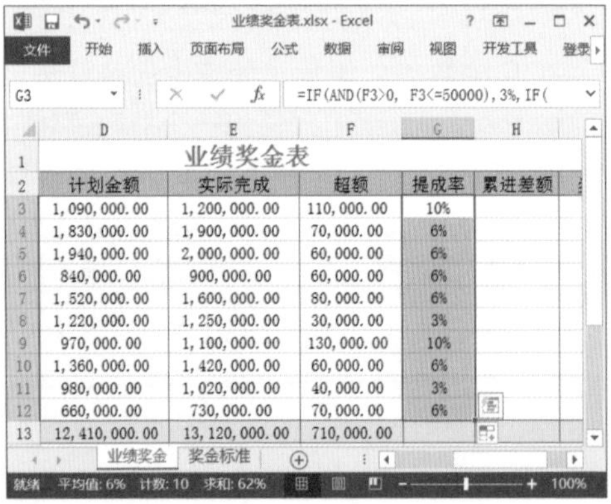

03 选中单元格H3并输入函数公式“=IF(AND(F3>0,F3<=50000),0,IF(AND(F3>50000,F3<=100000),1500,5500))”，然后按【Enter】键。该公式表示“根据超额的多少返回累进差额”。同样再使用单元格复制填充的方法计算出其他员工的累进差额。

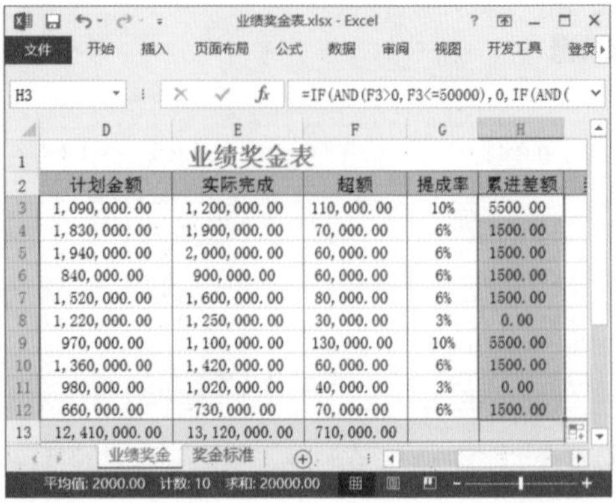

04 选中单元格I3，并输入函数公式“=F3* G3−H3”，再使用填充复制的其他员工的奖金。

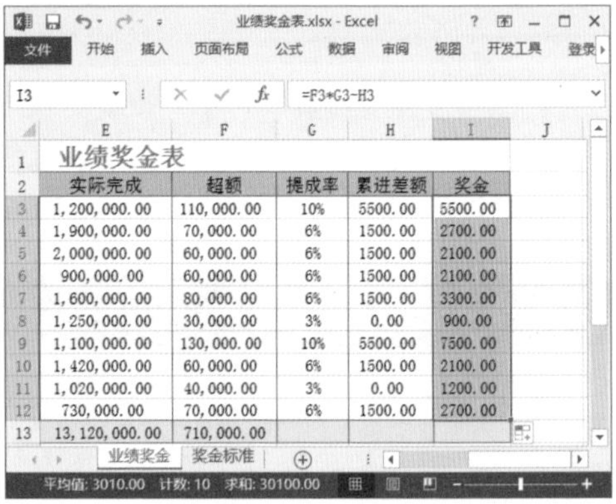

9.4.2 数学与三角函数

数学与三角函数是指通过数学和三角函数进行简单的计算，例如对数字取整、计算单元格区域中的数值总和或其他复杂计算。常用的数学与三角函数包括 INT、ROUND、SUM、SUMIF 等函数。

本小节示例文件位置如下。	
原始文件	第 9 章 \ 业绩奖金表 01
最终效果	第 9 章 \ 业绩奖金表 02

1. INT 函数

INT 函数是常用的数学与三角函数，

函数功能是将数字向下舍入到最接近的整数。INT 函数的语法格式为：

INT(number)

其中，number 表示需要进行向下舍入取整的实数。

2. ROUND 函数

ROUND 函数的功能是按指定的位数对数值进行四舍五入。ROUND 函数的语法格式为：

ROUND(number,num_digits)

number是指用于进行四舍五入的数字，参数不能是一个单元格区域。如果参数是数值以外的文本，则返回错误值“#VALUE!”；num_digits 是指位数，按此位数进行四舍五入，位数不能省略。num_digits 与 ROUND 函数返回值的关系如下表所示。

num_digits	ROUND 函数返回值
>0	四舍五入到指定的小数位
=0	四舍五入到最接近的整数位
<0	在小数点的左侧进行四舍五入

3. SUM 函数

SUM 函数的功能是计算单元格区域中所有数值的和。

该函数的语法格式为：

SUM(number1,number2,number3,…)

函数最多可指定 30 个参数，各参数用逗号隔开；当计算相邻单元格区域数值之和时，使用冒号指定单元格区域；参数如果是数值数字以外的文本，则返回错误值“#VALUE”。

4. SUMIF 函数

SUMIF 是重要的数学和三角函数，在Excel 2013 工作表的实际操作中应用广泛。其功能是根据指定条件对指定的若干单元格求和。使用该函数可以在选中的范围内求与检索条件一致的单元格对应的合计范围的数值。

SUMIF 函数的语法格式为：

SUMIF(range,criteria,sum_range)

range：选定的用于条件判断的单元格区域。

criteria：在指定的单元格区域内检索符合条件的单元格，其形式可以是数字、表达式或文本。直接在单元格或编辑栏中输入检索条件时，需要加双引号。

sum_range：选定的需要求和的单元格区域。该参数忽略求和的单元格区域内包含的空白单元格、逻辑值或文本。

接下来介绍相关数学与三角函数的使用方法。具体步骤如下。

01 打开本实例的原始文件，在【业绩奖金】工作表中选中单元格E15，切换到【公式】选项卡，然后单击【函数库】组中的【插入函数】按钮。

02 弹出【插入函数】对话框，在【或选择类别】下拉列表中选择【数学与三角函数】选项，在【选择函数】列表框中选择【SUMIF】选项，然后单击 确定 按钮。

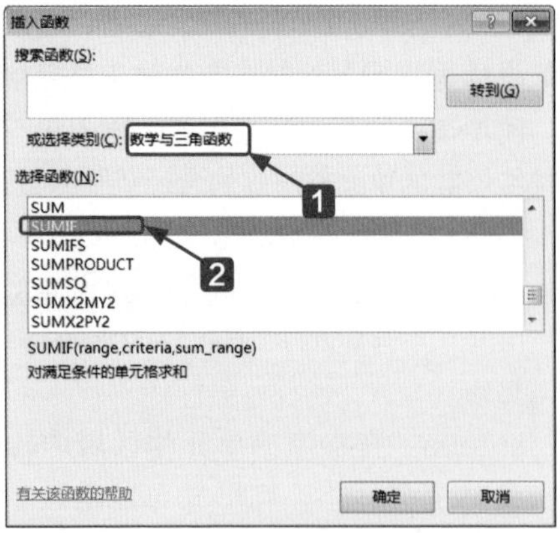

03 弹出【函数参数】对话框，在【Range】文本框中输入“C3:C12”，在【Criteria】文本框中输入“营销一部”，在【Sum_range】文本框中输入“F3:F12”。

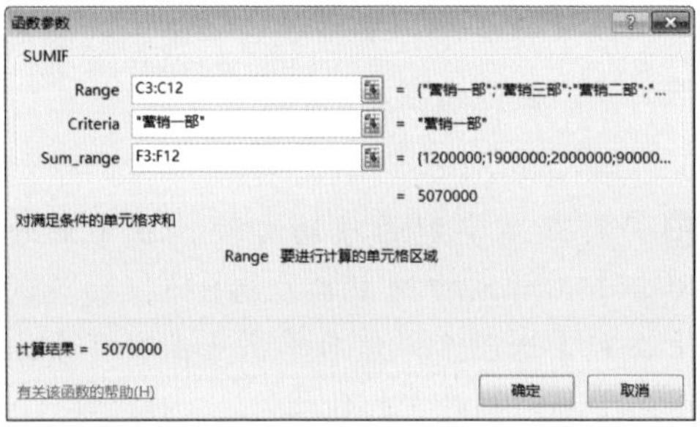

04 单击 确定 按钮，此时在单元格E15中会自动地显示出计算结果。

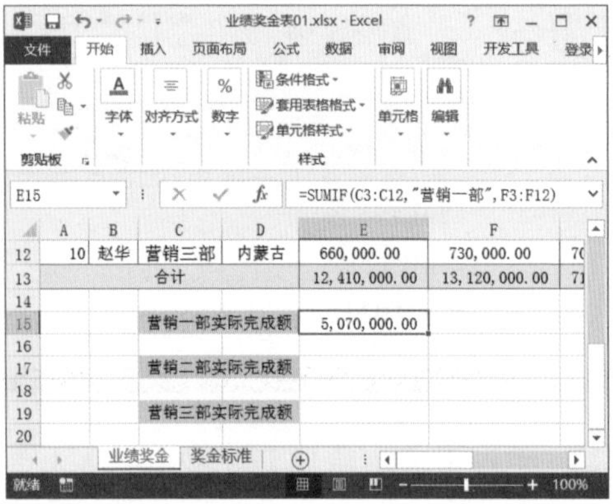

05 选中单元格E17，使用同样的方法在弹出的【函数参数】对话框的【Range】文本框中输入“C3:C12”，在【Criteria】文本框中输入“营销二部”，在【Sum_range】文本框中输入“F3:F12”。

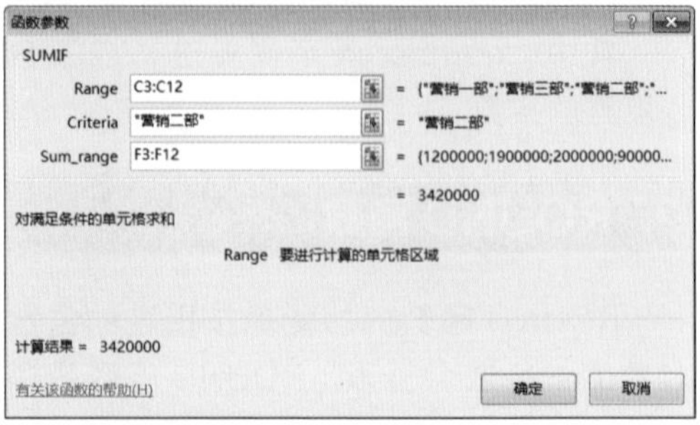

06 单击 确定 按钮，此时在单元格E17中会自动地显示出计算结果。

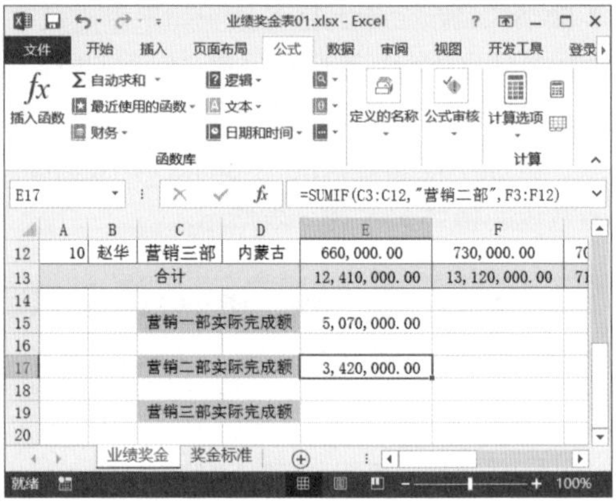

07 再选中单元格E19，使用同样的方法在弹出的【函数参数】对话框的【Range】文本框中输入“C3:C12”，在【Criteria】文本框中输入“营销三部”，在【Sum_range】文本框中输入“F3:F12”。

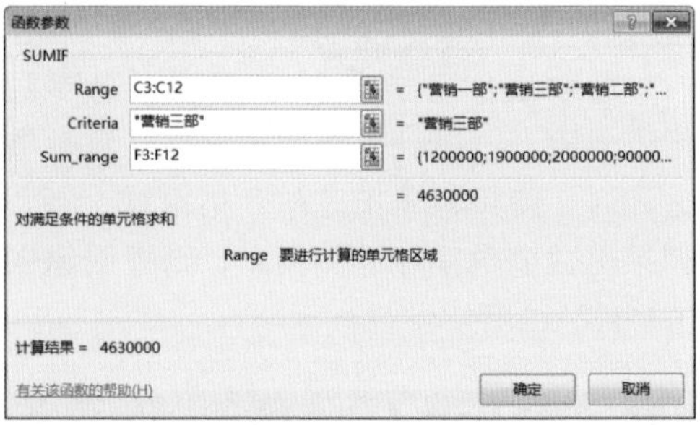

08 单击 确定 按钮，此时在单元格E19中会自动地显示出计算结果。

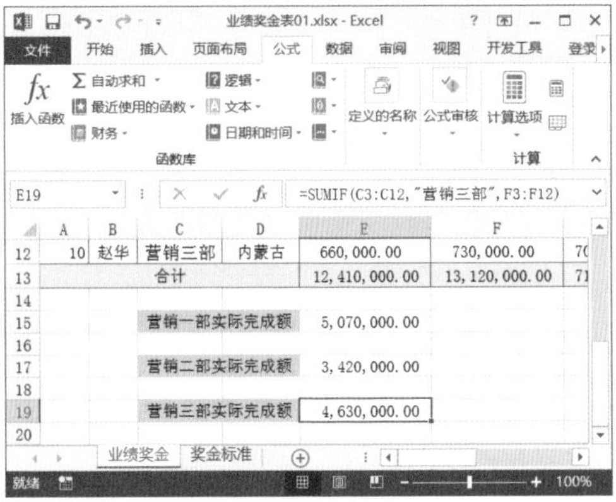

09 转换大写金额。选中单元格K3，然后输入函数公式“=IF(ROUND(J3,2)<0,"无效数值",IF(ROUND(J3,2)=0,"零",IF(ROUND(J3,2)<1, "",TEXT(INT(ROUND(J3,2)),"[dbnum2]")&"元")&IF(INT(ROUND(J3,2)*10)−INT (ROUND(J3, 2))*10=0,IF(INT(ROUND(J3,2))*(INT(ROUND(J3,2)*100)−INT(ROUND(J3,2)*10)*10)=0,"","零"),TEXT(INT(ROUND(J3,2)*10) − INT (ROUND(J3,2))*10,"[dbnum2]")&"角")&IF ((INT(ROUND(J3,2)*100)−INT(ROUND(J3,2)*10)*10)=0,"整",TEXT((INT(ROUND(J3,2) *100)−INT(ROUND(J3,2)*10)*10),"[dbnum2]")&"分")))”，按【Enter】键。该公式中的参数“[dbnum2]”表示“阿拉伯数字转换为中文大写：壹、贰、叁……”。

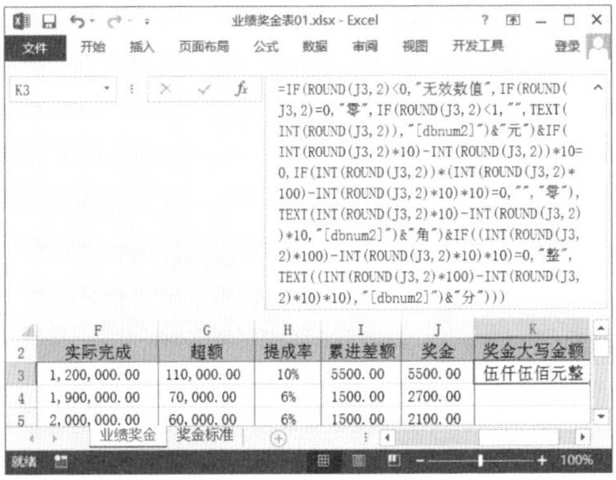

10 此时，奖金大写金额就计算出来了，选中单元格K3，将鼠标指针移动到单元格的右下角，此时鼠标指针变成**+**形状，然后按住鼠标左键不放将其填充到本列的其他单元格中。

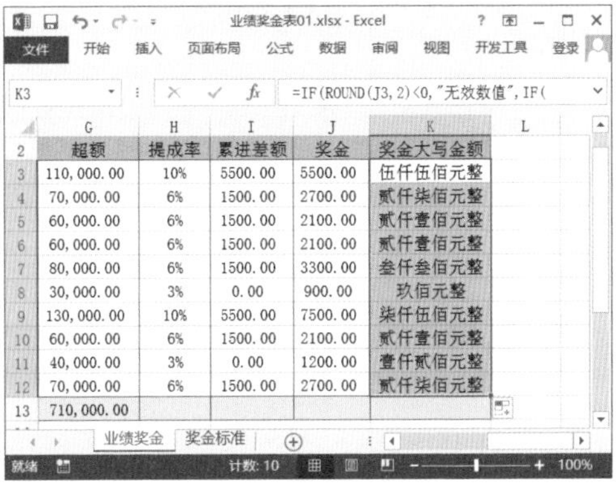

9.4.3 统计函数

统计函数是指用于对数据区域进行统计分析的函数。常用的统计函数有AVERAGE、RANK 等。

本小节示例文件位置如下。	
原始文件	第 9 章 \ 业绩奖金表 02
最终效果	第 9 章 \ 业绩奖金表 03

1. AVERAGE 函数

AVERAGE 函数的功能是返回所有参数的算术平均值，其语法格式为：

AVERAGE(number1,number2,...)

参数 number1、number2 等是要计算平均值的 1 ~ 30 个参数。

2. RANK 函数

RANK 函数的功能是返回结果集分区内指定字段的值的排名，指定字段的值的排名是相关行之前的排名加一。

语法格式：

RANK(number,ref,order)

参数 number 是需要计算其排位的一个数字；ref 是包含一组数字的数组或引用（其中的非数值型参数将被忽略）；order 为一数字，指明排位的方式，如果 order 为 0 或省略，则按降序排列的数据清单进行排位，如果 order 不为 0，ref 当作按升序排列的数据清单进行排位。

注意：函数 RANK 对重复数值的排位相同，但重复数的存在将影响后续数值。

3. COUNTIF 函数

COUNTIF 函数的功能是计算区域中满足给定条件的单元格的个数。

语法格式：

COUNTIF(range,criteria)

参数 range 为需要计算其中满足条件的单元格数目的单元格区域；criteria 为确定哪些单元格将被计算在内的条件，其形式可以为数字、表达式或文本。

接下来结合统计函数对员工的业绩奖金进行统计分析，并计算平均奖金、名次以及人数统计。具体步骤如下。

01 打开本实例的原始文件，在工作表“业绩奖金”中，选中单元格J17，并输入函数公式“=AVERAGE(J3:J12)”。

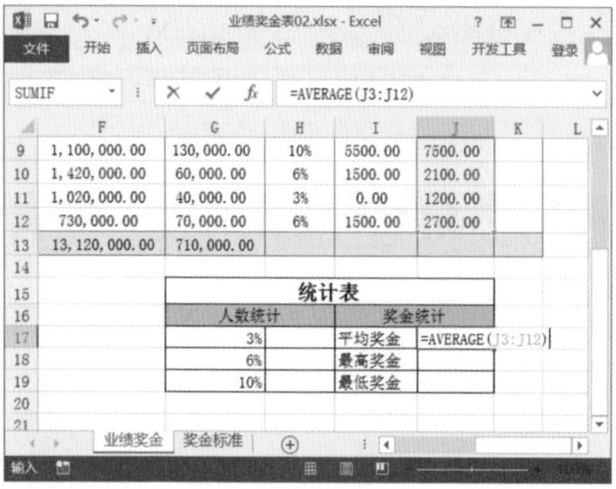

02 按【Enter】键，在单元格J17中便可以看到计算结果。

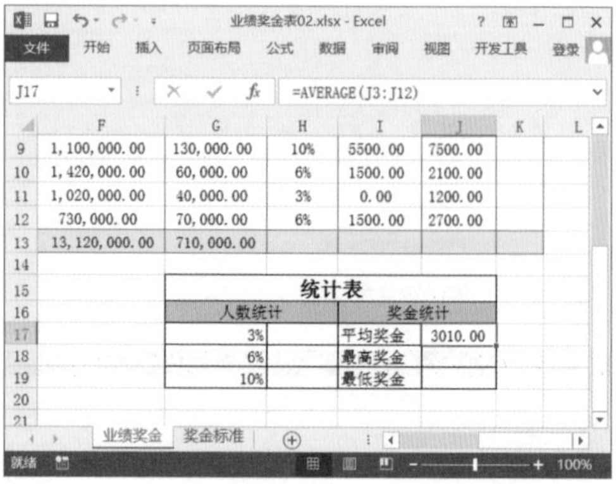

03 选中单元格J18，并输入函数公式“=MAX(J3:J12)”，计算出最高奖金是多少。

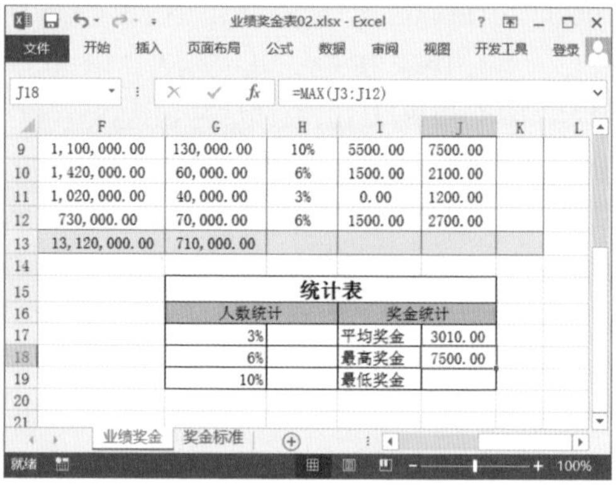

04 选中单元格J19，并输入函数公式“=MIN(J3:J12)”，计算出最低奖金是多少。

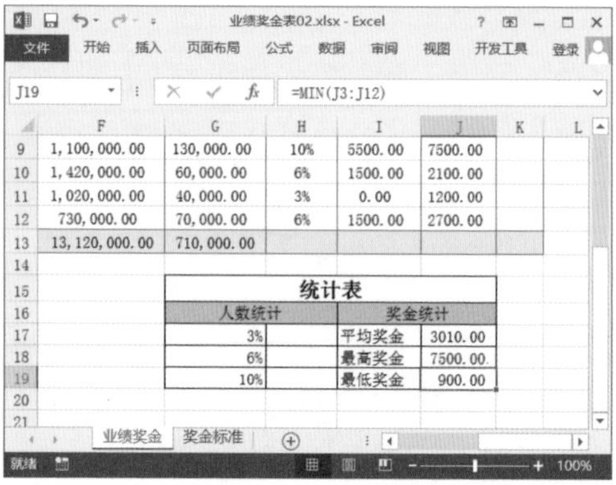

05 选中单元格H17，并输入函数公式

“=COUNTIF(H3:H12,” 3%”)”，计算出业绩奖金提成率为“3%”的人数统计。

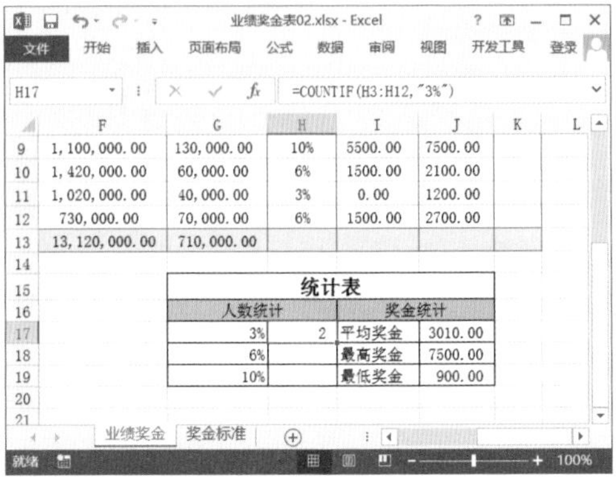

06 使用同样的方法还可以计算出提成率分别为“6%”和“10%”的人数有多少。

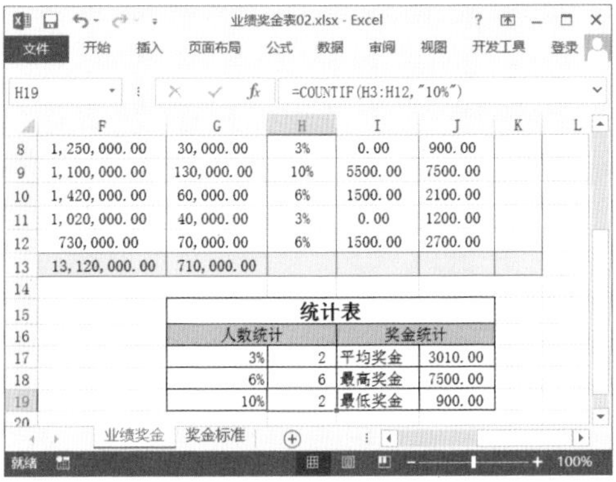

07 计算排名名次。在单元格K3中输入函数公式“=RANK(J3,J$3:J$12)”，按【Enter】键，然后使用单元格复制填充的方法得出其他员工的排名。

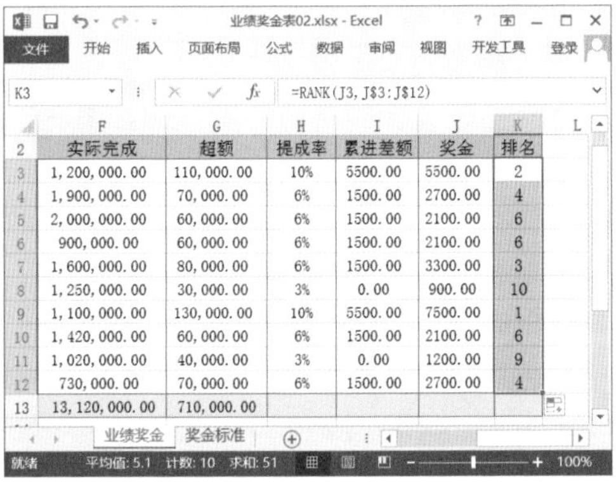

9.4.4 查找与引用函数

查找与引用函数用于在数据清单或表格中查找特定数值，或者查找某一单元格的引用时使用的函数。常用的查找与引用函数包括 LOOKUP、CHOOSE、HLOOKUP、VLOOKUP 等函数。

本小节示例文件位置如下。	
原始文件	第 9 章 \ 业绩奖金表 03
最终效果	第 9 章 \ 业绩奖金表 04

1. LOOKUP 函数

LOOKUP 函数的功能是从向量或数组中查找符合条件的数值。该函数有两种语法形式：向量和数组。向量形式是指从一行或一列的区域内查找符合条件的数值。向量形式的 LOOKUP 函数按照在单行区域或单列区域查找的数值，返回第二个单行区域或单列区域中相同位置的数值。数组形式是指在数组的首行或首列中查找符合条件的数值，然后返回数组的尾行或尾列中相同位置的数值。本节重点介绍向量形式的 LOOKUP 函数的语法。

语法格式：

LOOKUP（lookup_value,lookup_vector,result_vector）

lookup_value：在单行或单列区域内要查找的值，可以是数字、文本、逻辑值或者包含名称的数值或引用。

lookup_vector：指定的单行或单列的查找区域。其数值必须按升序排列，文本不区分大小写。

result_vector：指定的函数返回值的单元格区域。其大小必须与 lookup_vector 相同，如果 lookup_value 小于 lookup_vector 中的最小值，LOOKUP 函数则返回错误值“#N/A”。

2. CHOOSE 函数

CHOOSE 函数的功能是从参数列表中选择并返回一个值。

语法格式：

CHOOSE(index_num,value1, value2,...)

参数 index_num 是必需的，用来指定所选定的值参数。index_num 必须为 1 ~ 254 之间的数字，或者为公式或对包含 1 ~ 254 之间某个数字的单元格的引用。如果 index_num 为 1，函数 CHOOSE 返回 value1；如果为 2，函数 CHOOSE 返回 value2，依次类推。如果 index_num 小于 1 或大于列表中最后一个值的序号，函数 CHOOSE 返回错误值“#VALUE!”。如果 index_num 为小数，则在使用前将被截尾取整。value1 是必需的，后续的 value2 是可选的，这些值参数的个数介于 1 ~ 254 之间。函数 CHOOSE 基于 index_num 从这些值参数中选择一个数值或一项要执行的操作。参数可以为数字、单元格引用、已定义名称、公式、函数或文本。

3. VLOOKUP 函数

VLOOKUP 函数的功能是进行列查找，并返回当前行中指定的列的数值。

语法格式：

VLOOKUP(lookup_value,table_array, col_ index_num,range_lookup)

lookup_value：指需要在表格数组第一列中查找的数值。lookup_value 可以为数值或引用。若 lookup_value 小于 table_array 第一列中的最小值，函数 VLOOKUP 返回错误值“#N/A”。

table_array：指指定的查找范围。使用对区域或区域名称的引用。table_array 第一列中的值是由 lookup_value 搜索到的值，这些值可以是文本、数字或逻辑值。

col_index_num：指 table_array 中待返回的匹配值的列序号。col_index_num 为 1 时，返回 table_array 第一列中的数值；col_index_num 为 2 时，返回 table_array 第二列中的数值，依次类推。如果 col_index_num 小于 1，VLOOKUP 函数返回错误值“#VALUE!”；大于 table_array 的列数，VLOOKUP 函数返回错误值“#REF!”。

range_lookup：指逻辑值，指定希望 VLOOKUP 查找精确的匹配值还是近似匹配值。如果参数值为 TRUE（或为 1，或省略），则只寻找精确匹配值。也就是说，如果找不到精确匹配值，则返回小于 lookup_value 的最大数值。table_array 第一列中的值必须以升序排序，否则，VLOOKUP 可能无法返回正确的值。如果参数值为 FALSE（或为 0），则返回精确匹配值或近似匹配值。在此情况下，table_array 第一列的值不需要排序。如果 table_array 第一列中有两个或多个值与 lookup_value 匹配，则使用第一个找到的值。如果找不到精确匹配值，则返回错误值“#N/A”。

4. HLOOKUP 函数

HLOOKUP 函数的功能是进行行查找，在表格或数值数组的首行查找指定的数值，并在表格或数组中指定行的同一列中返回一个数值。当比较值位于数据表的首行，并且要查找下面给定行中的数据时，使用 HLOOKUP 函数，当比较值位于要查找的数据左边的一列时，使用 VLOOKUP 函数。

语法格式：

HLOOKUP(lookup_value,table_array,row_ index_num,range_lookup)

lookup_value：需要在数据表第一行中进行查找的数值，lookup_value 可以为数值、引用或文本字符串。

table_array：需要在其中查找数据的数据表，使用对区域或区域名称的引用。table_array 的第一行的数值可以为文本、数字或逻辑值。如果 range_lookup 为 TRUE，则 table_array 的第一行的数值必须按升序排列：……-2、-1、0、1、2……A、B……Y、Z、FALSE、TRUE；否则，HLOOKUP 函数将不能给出正确的数值。如果 range_lookup 为 FALSE，则 table_array 不必进行排序。

row_index_num：table_array 中待返回的匹配值的行序号。row_index_num 为 1 时，返回 table_array 第一行的数值，row_index_num 为 2 时，返回 table_array 第二行的数值，依次类推。如果 row_index_num 小于 1，HLOOKUP 函数返回错误值“#VALUE!”；如果 row_index_num 大于 table_array 的行数，HLOOKUP 函数返回错误值“#REF!”。

range_lookup：逻辑值，指明 HLOOKUP 函数查找时是精确匹配，还是近似匹配。如果 range_lookup 为 TRUE 或省略，则返回近似匹配值。也就是说，如果找不到精确匹配值，则返回小于 lookup_value 的最大数值。如果 lookup_value 为 FALSE，HLOOKUP 函数将查找精确匹配值，如果找不到，则返回错误值“#N/A”。

接下来结合查找与引用函数创建业绩查询系统。具体操作步骤如下。

01 打开本实例的原始文件，切换到工作表“业绩查询系统”中，首先查询业绩排名。选中单元格E6，并输入函数公式“=IF(AND (E2="",E3=""),"",IF(AND(NOT(E2=""),E3=""),VLOOKUP(F2,业绩奖金!A3:K12,11,0),IF(NOT (E3=""),VLOOKUP(E3,业绩奖金!B3:K12,10,0))))”，然后按【Enter】键。该公式表示“查询成绩时，如果不输入编号和姓名，则成绩单显示空；如果只输入编号，则查找并显示员工编号对应的‘业绩奖金’中的单元格区域A3:K12中的第11列中的数据；如果只输入姓名，则查找并显示员工姓名对应的‘业绩奖金’中的单元格区域B3:K12中的第10列中的数据”。

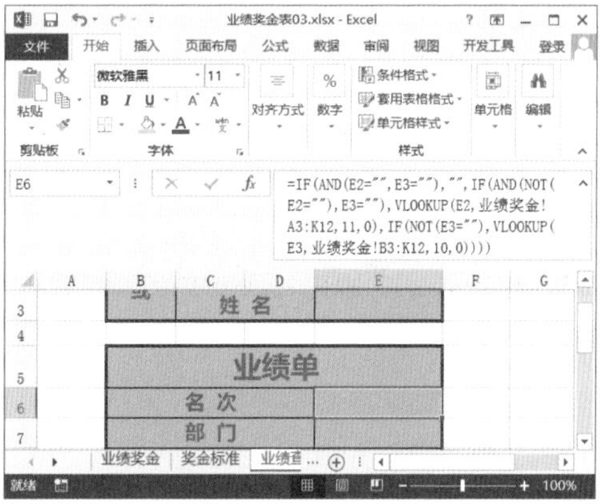

02 查询“部门”。选中单元格E7，并输入函数公式“=IF(AND(E2="",E3=""),"",IF(AND (NOT(E2=""),E3=""),VLOOKUP(E2,业绩奖金!A3:K12,3,0),IF(NOT(E3=""),VLOOKUP(E3,业绩奖金!B3:K12,2,0))))”，然后按【Enter】键即可。

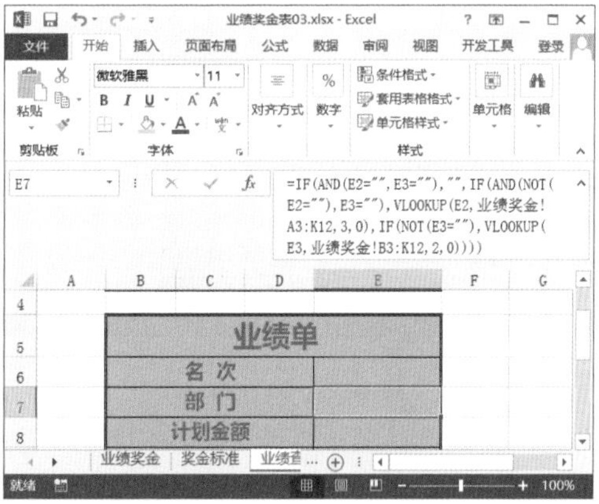

03 查询“计划金额”。选中单元格E8，并输入函数公式“=IF(AND(E2="",E3=""),"",IF (AND(NOT(E2=""),E3=""),VLOOKUP(E2,业绩奖金!A3:K12,5,0),IF(NOT(E3=""),VLOOKUP (E3,业绩奖金!B3:K12,4,0))))”，然后按【Enter】键。

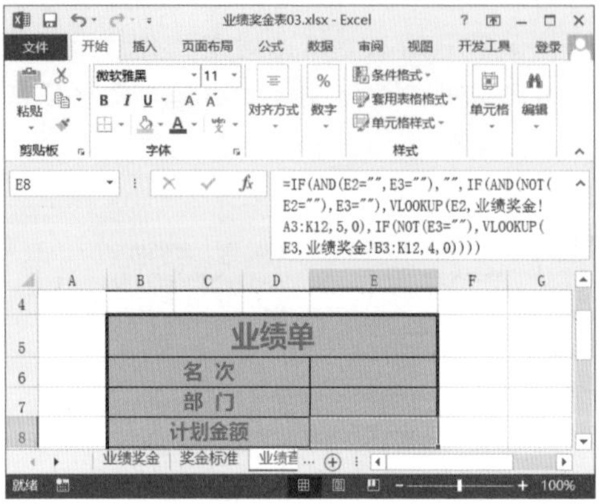

04 查询“实际完成”的业绩。选中单元格E9，并输入函数公式“=IF(AND(E2="",E3= ""),"",IF(AND(NOT(E2=""),E3=""),VLOOKUP(E2,业绩奖金!A3:K12,6,0),IF(NOT(E3=""), VLOOKUP(E3,业绩奖金!B3:K12,5,0))))”，然后按【Enter】键。

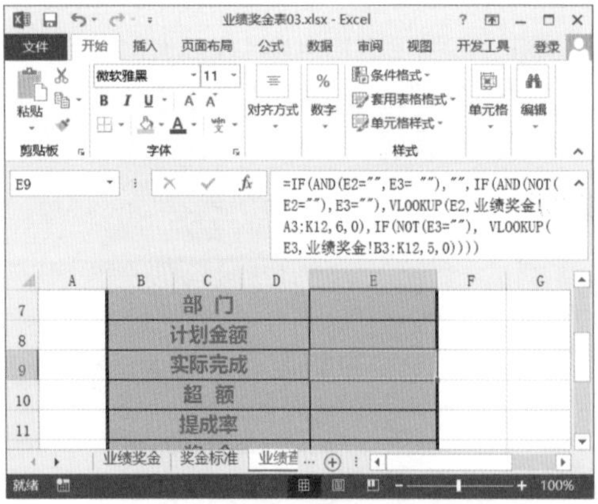

05 查询“超额”业绩。选中单元格E10，并输入函数公式“=IF(AND(E2="",E3=""),"",IF (AND(NOT(E2=""),E3=""),VLOOKUP(E2,业绩奖金!A3:K12,7,0),IF(NOT(E3=""),VLOOKUP (E3,业绩奖金!B3:K12,6,0))))”，然后按【Enter】键。

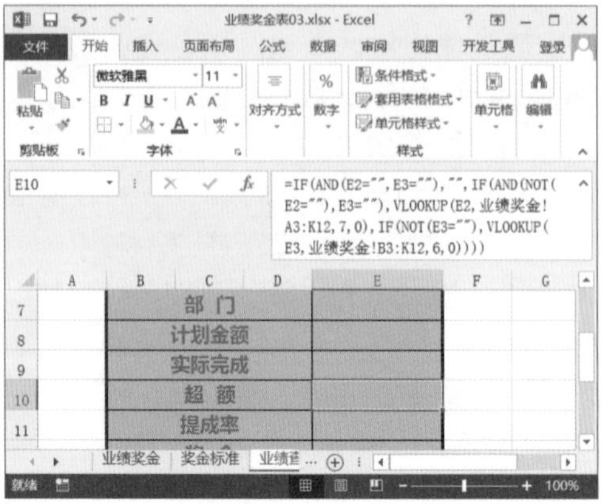

06 查询“提成率”。选中单元格E11，并输入函数公式“=IF(AND(E2="",E3=""),"",IF (AND(NOT(E2=""),E3=""),VLOOKUP(E2,业绩奖金!A3:K12,8,0),IF(NOT(E3=""),VLOOKUP(E3,业绩奖金!B3:K12,7,0))))”，然后按【Enter】键。

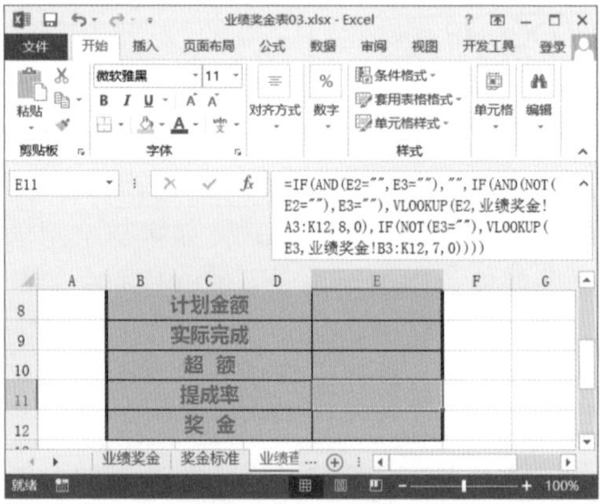

07 查询“奖金”。选中单元格E12，并输入函数公式“=IF(AND(E2="",E3=""),"",IF(AND (NOT(E2=""),E3=""),VLOOKUP(E2,业绩奖金! A3:K12,10,0),IF(NOT(E3=""),VLOOKUP (E3,业绩奖金!B3:K12,9,0))))”，然后按【Enter】键。

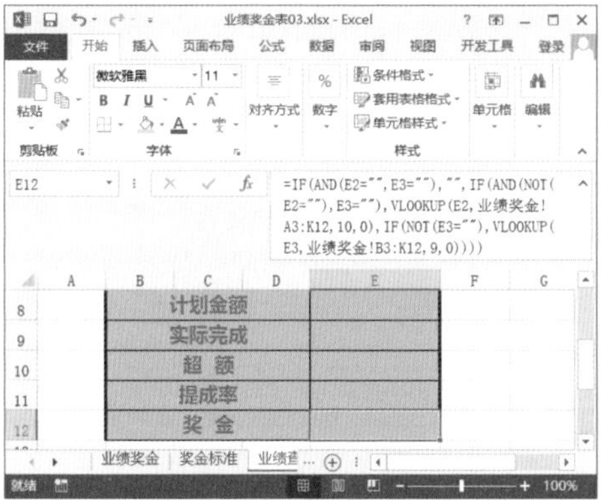

08 选中单元格E2，并输入编号“005”，然后按【Enter】键。此时编号为“005”的员工的所有业绩信息就查询出来了。

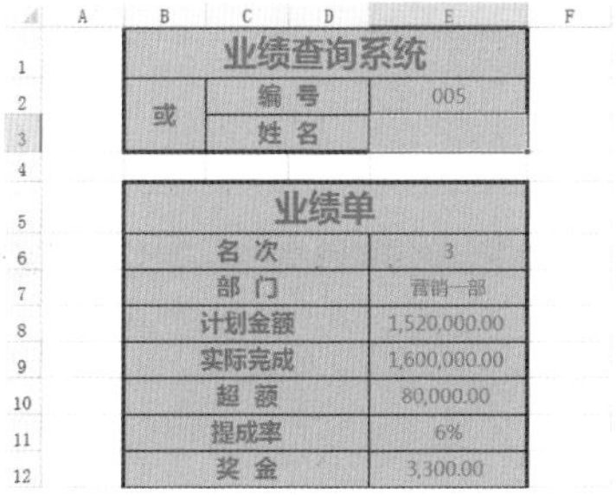

09 选中单元格E3，并输入姓名“赵华”，然后按【Enter】键，员工“赵华”的所有业绩信息就查询出来了。

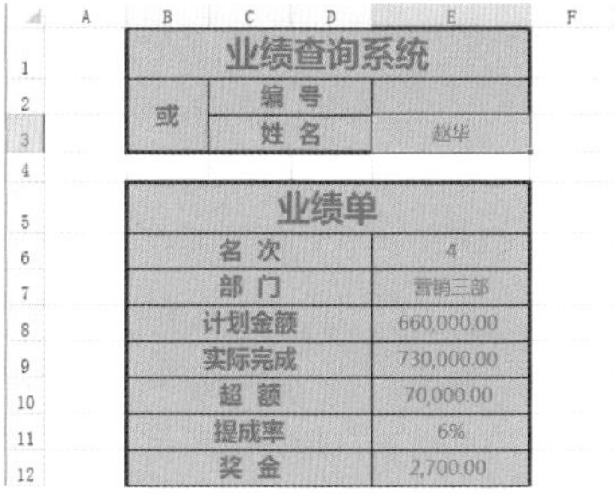

高手过招

输入分数的方法

分数在实际工作中较少用到，很多用户也不知道应该如何在 Excel 中输入。

01 在Excel中输入分数很简单，顺序是：整数→空格→分子→反斜杠（/）→分母。例如，输入“$5\frac{1}{4}$”，则只需要输入“5 1/4”，按【Enter】键即可。选定这个单元格，在编辑栏中可以看到数值“5.25”，但在单元格中仍然是按分数显示的。

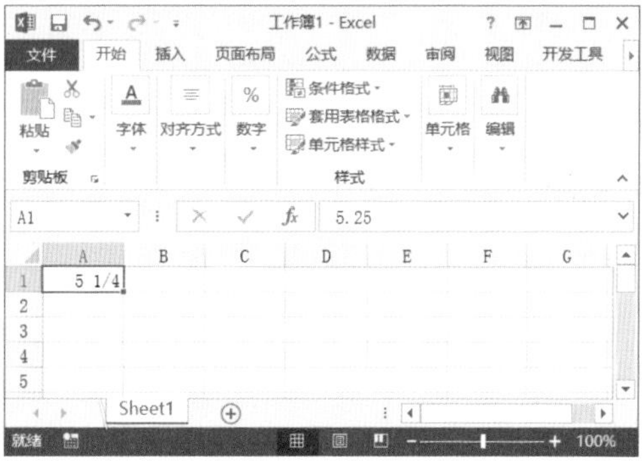

02 如果需要输入的是纯分数（不包含整数部分的分数），那么必须要把0作为整数来输入，否则Excel可能会认为输入值是日期。例如要输入“$\frac{1}{4}$”，则只需输入“0 1/4”，按【Enter】键即可。

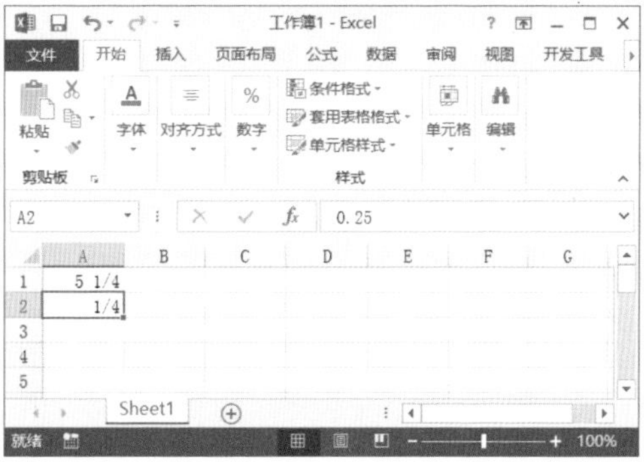

03 如果输入的是假分数（分子大于分母），Excel会把这个分数转换为一个整数和一个分数。例如，输入“0 6/5”，Excel会把它自动转换为“1 1/5”。

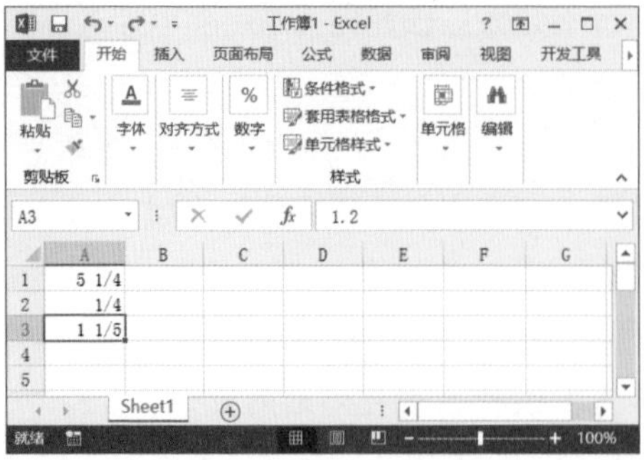

04 另外，Excel还会对输入的分数进行约分，例如，输入“0 3/6”，Excel会自动把它转换为“1/2”。

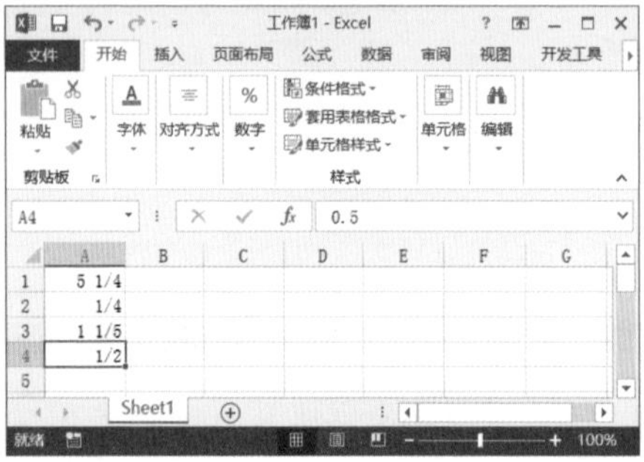

05 选中输入了分数的单元格，按【Ctrl+1】组合键，可以在弹出的【设置单元格格式】对话框中的【数字】选项卡中，对分数的数字格式做更具体的设置。

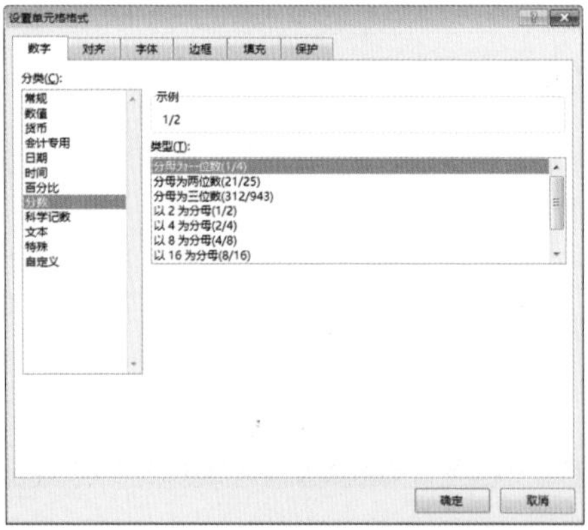

计算职称明细表中的员工人数

接下来介绍某单位员工“职称统计表”的计算方法。具体操作步骤如下。

01 打开素材文件，在B列列出各项职称，C列是该项职称的所有员工姓名，中间以“、”隔开，要求在D列统计各项职称的员工人数。

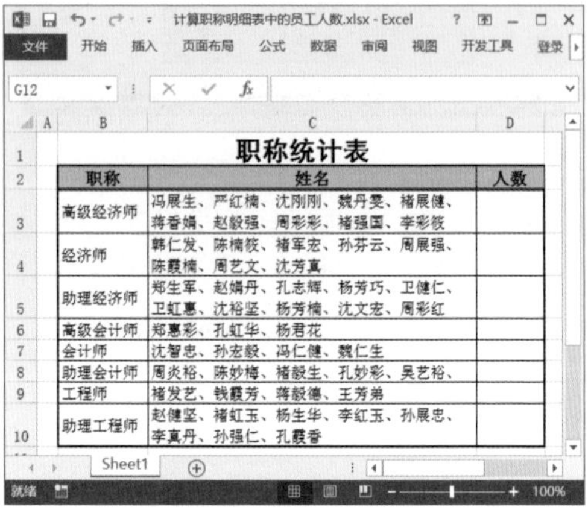

02 由于各姓名间都是以“、”号分隔的，因此只要求出单元格内的“、”号个数N就可以统计出人数，即N+1人。单元格D3中的公式为“=LEN(C3)-LEN(SUBSTITUTE(C3,"、",))+1”，此公式表示通过SUBSTITUTE函数把单元格中所有的“、”替换为空，再求替换后的字符串字符数，然后用未替换前的字符串的字符数减去替换后的字符数，得到“、”的个数，最后加1即为该项职称人员数。

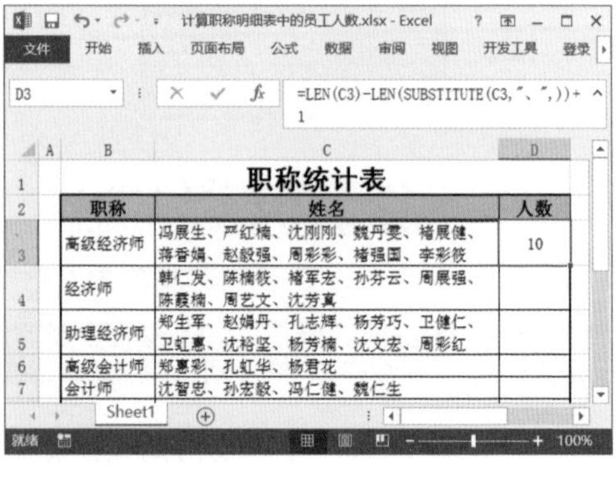

03 把单元格D3中的公式向下复制到单元格D10，如图所示。

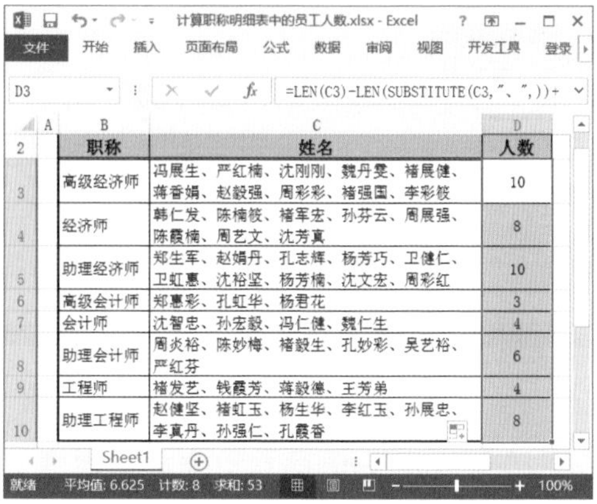

职称	姓名	人数
高级经济师	冯展生、严红楠、沈刚刚、魏丹雯、褚展健、蒋香娟、赵毅强、周彩彩、褚强国、李彩筱	10
经济师	韩仁发、陈楠筱、褚军宏、孙芬云、周展强、陈霞楠、周艺文、沈芳真	8
助理经济师	郑生军、赵娟丹、孔志辉、杨芳巧、卫健仁、卫虹惠、沈裕坚、杨芳楠、沈文宏、周彩红	10
高级会计师	郑惠彩、孔虹华、杨君花	3
会计师	沈智忠、孙宏毅、冯仁健、魏仁生	4
助理会计师	周炎裕、陈妙梅、褚毅生、孔妙彩、吴艺裕、严红芬	6
工程师	褚发艺、钱霞芳、蒋毅德、王芳弟	4
助理工程师	赵健坚、褚虹玉、杨生华、李红玉、孙展忠、李真丹、孙强仁、孔霞香	8

快速确定职工的退休日期

一般情况下，男子年满 60 周岁、女子年满 55 周岁就可以退休。根据职工的出生日期和性别就可以确定职工的退休日期，利用 DATE 函数可以轻松地做到这一点。

01 打开素材文件“职工退休年龄的确定.xlsx”，C列数据是员工“性别”，D列数据是“出生日期”。

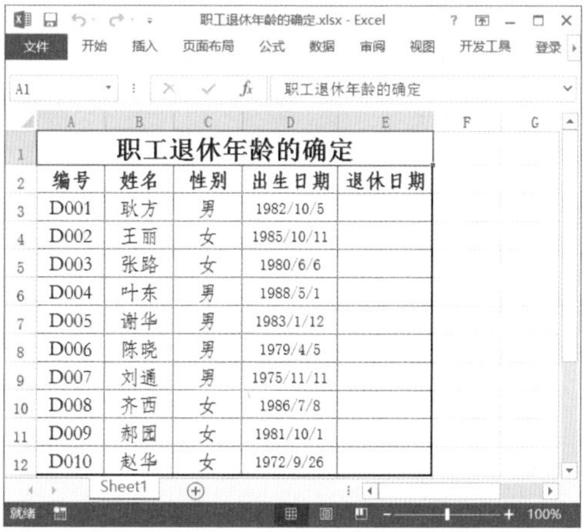

职工退休年龄的确定				
编号	姓名	性别	出生日期	退休日期
D001	耿方	男	1982/10/5	
D002	王丽	女	1985/10/11	
D003	张路	女	1980/6/6	
D004	叶东	男	1988/5/1	
D005	谢华	男	1983/1/12	
D006	陈晓	男	1979/4/5	
D007	刘通	男	1975/11/11	
D008	齐西	女	1986/7/8	
D009	郝囝	女	1981/10/1	
D010	赵华	女	1972/9/26	

02 选中单元格E3，并输入函数公式“=DATE (YEAR(D3)+(C3="男")*5+55, MONTH(D3),DAY(D3)+1)”，此公式表示，如果单元格C3的数据为男，那么(C3="男")的运算结果则为TRUE，(C3="男")*5的运算结果为5，即(C3="男")*5+55返回的值是60，然后按【Enter】键即可。

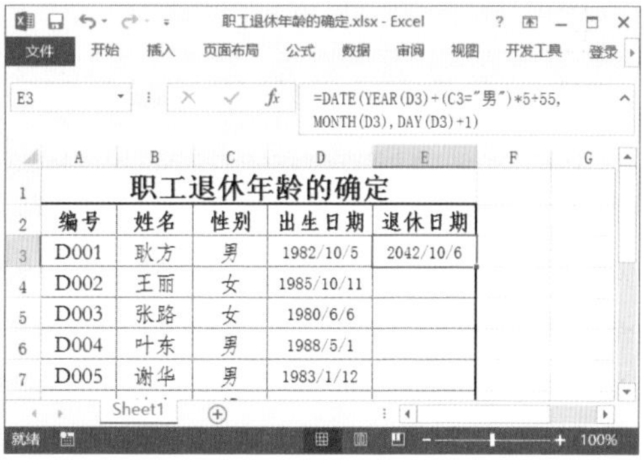

职工退休年龄的确定				
编号	姓名	性别	出生日期	退休日期
D001	耿方	男	1982/10/5	2042/10/6
D002	王丽	女	1985/10/11	
D003	张路	女	1980/6/6	
D004	叶东	男	1988/5/1	
D005	谢华	男	1983/1/12	

03 如果C2单元格的数据为女，那么(C3="男")的运算结果为FLASE，(C3="男")*5的运算结果为0，即(C3="男")*5+55返回的值是55。另外，公式中(C3="男")*5+55这一部分也可以用IF(C3="男",60,55)来代替，可能更利于读者理解。例如将公式修改为“=DATE (YEAR(D3)+IF(C3="男",60,55),MONTH(D3), DAY(D3)+1)”。

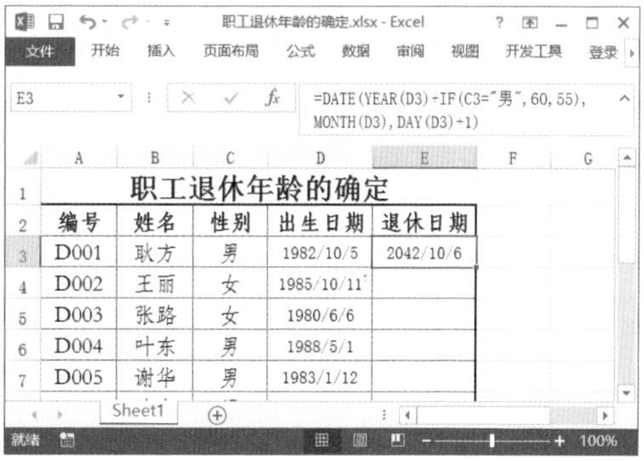

职工退休年龄的确定				
编号	姓名	性别	出生日期	退休日期
D001	耿方	男	1982/10/5	2042/10/6
D002	王丽	女	1985/10/11	
D003	张路	女	1980/6/6	
D004	叶东	男	1988/5/1	
D005	谢华	男	1983/1/12	

04 使用填充方法得出其他人的退休日期。

编号	姓名	性别	出生日期	退休日期
D001	耿方	男	1982/10/5	2042/10/6
D002	王丽	女	1985/10/11	2040/10/12
D003	张路	女	1980/6/6	2035/6/7
D004	叶东	男	1988/5/1	2048/5/2
D005	谢华	男	1983/1/12	2043/1/13
D006	陈晓	男	1979/4/5	2039/4/6
D007	刘通	男	1975/11/11	2035/11/12
D008	齐西	女	1986/7/8	2041/7/9
D009	郝囡	女	1981/10/1	2036/10/2
D010	赵华	女	1972/9/26	2027/9/27

逆向查询员工信息

一般情况下，VLOOKUP 函数无法处理从右向左的查询方向，如果被查找数据不在数据表的首列时，可以先将目标数据进行特殊的转换，再使用 VLOOKUP 函数来实现此类查询。

打开本实例的素材文件，选中单元格 B2，输入公式“=VLOOKUP($A$2,IF({1,0},$B$5:$B$18, $A$5:$A$18),2,0)”，输入完毕单击编辑栏中的【输入】按钮✔，即可看到查询结果。

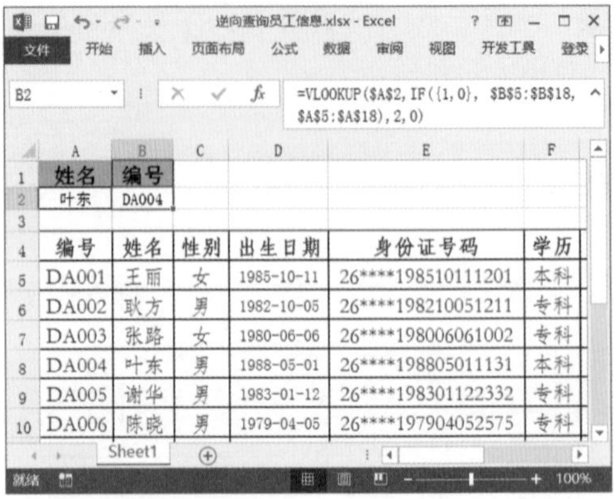

姓名	编号
叶东	DA004

编号	姓名	性别	出生日期	身份证号码	学历
DA001	王丽	女	1985-10-11	26****198510111201	本科
DA002	耿方	男	1982-10-05	26****198210051211	专科
DA003	张路	女	1980-06-06	26****198006061002	专科
DA004	叶东	男	1988-05-01	26****198805011131	本科
DA005	谢华	男	1983-01-12	26****198301122332	专科
DA006	陈晓	男	1979-04-05	26****197904052575	专科

该公式中的“IF({1,0},$B$5:$B$18,$A$5:$A$18)”运用了 IF 函数改变列的顺序。当 IF 函数返回第 1 个参数为 1 时，返回第 2 个参数；第 1 个参数为 0 时，返回第 3 个参数。所以 {1,0} 对应的是第 2 个参数 $B$5:$B$18，0 对应的是第 3 个参数 $A$5:$A$18。

用户还可以使用公式“=VLOOKUP(A2,CHOOSE({1,2},$B$5:$B$18,$A$5:$A$18),2,0)”和“=INDEX($A$5:$A$18,MATCH(A2,$B$5:$B$18, 0))”来逆向查询员工信息。

第3篇 PPT设计与制作

PowerPoint 2013是Office 2013的重要办公组件之一，使用它可以制作出精美的工作总结、营销推广以及公司宣传片等幻灯片，在日常办公中有着重要的作用。

第10章

编辑与设计幻灯片

在使用PowerPoint 2013制作演示文稿之前，首先需要熟悉PowerPoint 2013的基本操作。本章首先介绍如何创建和编辑演示文稿、如何插入新幻灯片以及对幻灯片进行美化设置。

关于本章知识，本书配套教学光盘中有相关的多媒体教学视频，请读者参见光盘中的【PowerPoint 2013 的应用与设计 \ 编辑与设计幻灯片】。

10.1 工作总结与工作计划

半年已至，很多公司都要求员工做好这半年的工作总结，以及接下来半年的工作计划。

10.1.1 演示文稿的基本操作

演示文稿的基本操作主要包括创建演示文稿、保存演示文稿等。

1. 创建演示文稿

新建空白演示文稿

通常情况下，启动 PowerPoint 2013 之后，在 PowerPoint 开始界面（此界面为 Office 2013 新增界面），单击【空白演示文稿】选项，即可创建一个名为“演示文稿 1”的空白演示文稿。

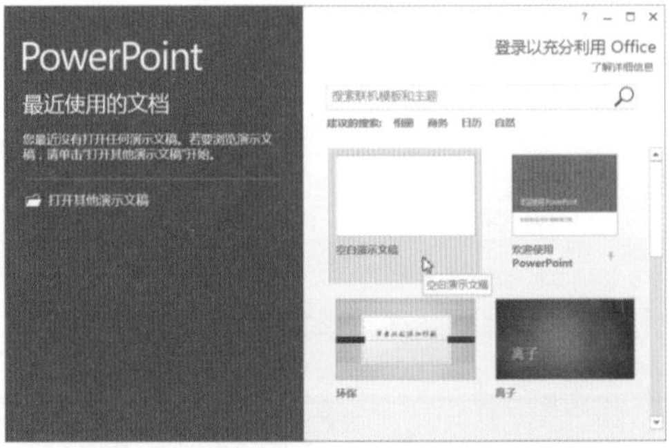

根据模板创建演示文稿

此外，用户还可以根据系统自带的模板创建演示文稿。具体的操作步骤如下。

01 在演示文稿窗口中，单击 文件 按

钮，在弹出的界面中选择【新建】选项，会弹出【新建】界面，在其中的文本框中输入“会议”，然后单击右侧的【开始搜索】按钮。

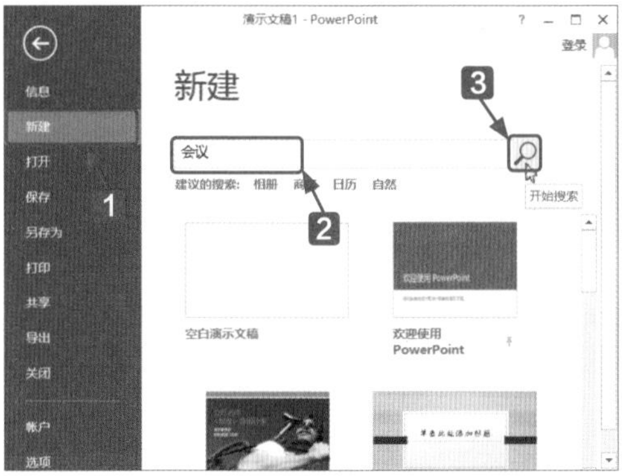

02 即可显示出搜索到的模板，选择一个合适的模板选项。

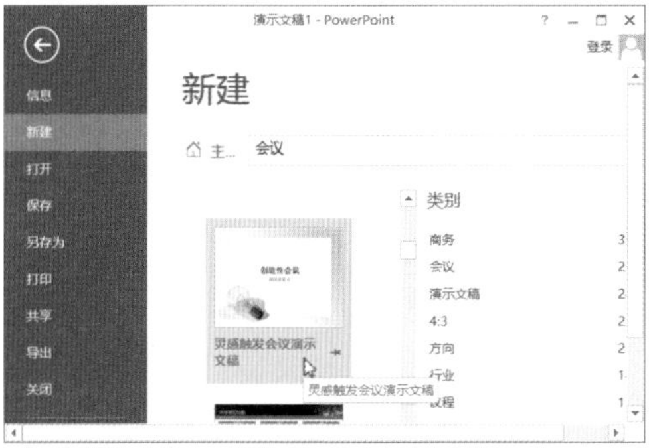

03 随即弹出界面显示该模板的相关信息，单击【创建】按钮。

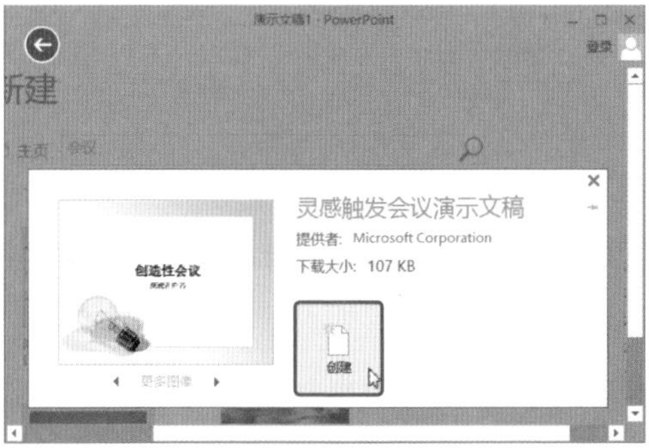

04 即可下载安装该模板，安装完毕模板效果如图所示。

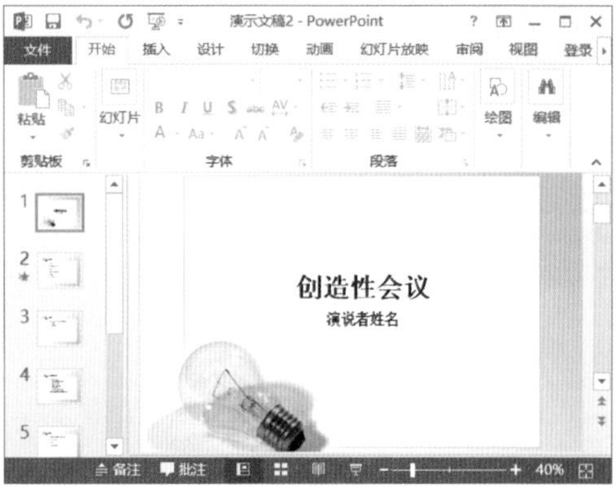

2. 保存演示文稿

演示文稿在制作过程中应及时地进行保存，以免因停电或没有制作完成就误将演示文稿关闭而造成不必要的损失。保存演示文稿的具体步骤如下。

01 在演示文稿窗口中的【快速访问工具栏】中单击【保存】按钮。

02 弹出【另存为】界面，选择【计算机】选项，然后单击【浏览】按钮。

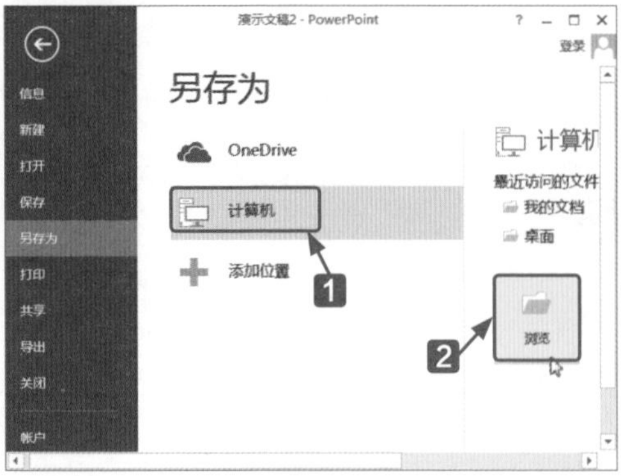

03 弹出【另存为】对话框，在保存范围列表框中选择合适的保存位置，然后在【文件名】文本框中输入文件名称，单击 保存(S) 按钮即可保存演示文稿。

如果对已有的演示文稿进行了编辑操作，可以直接单击快速访问工具栏中的【保存】按钮保存文稿。

用户也可以单击 文件 按钮，从弹出的界面中选择【选项】选项，在弹出的【PowerPoint 选项】对话框中，切换到【保存】选项卡，然后设置【保存自动恢复信息时间间隔】选项，这样每隔几分钟系统就会自动保存演示文稿。

10.1.2 幻灯片的基本操作

幻灯片的基本操作主要包括插入和删除幻灯片、编辑幻灯片、移动和复制幻灯片以及隐藏幻灯片等内容。

本小节示例文件位置如下。	
素材文件	第 10 章 \ 图片 1 ~ 图片 3、图片 4
原始文件	第 10 章 \ 工作总结与工作计划
最终效果	第 10 章 \ 工作总结与工作计划 01

扫码看视频

1. 插入幻灯片

用户可以通过右键快捷菜单插入新的幻灯片，也可以通过【幻灯片】组插入。

使用右键快捷菜单

使用右键快捷菜单插入新的幻灯片的具体操作步骤如下。

01 打开本实例的原始文件，切换到普通视图，在要插入幻灯片的位置单击鼠标右键，然后从弹出的快捷菜单中选择【新建幻灯片】菜单项。

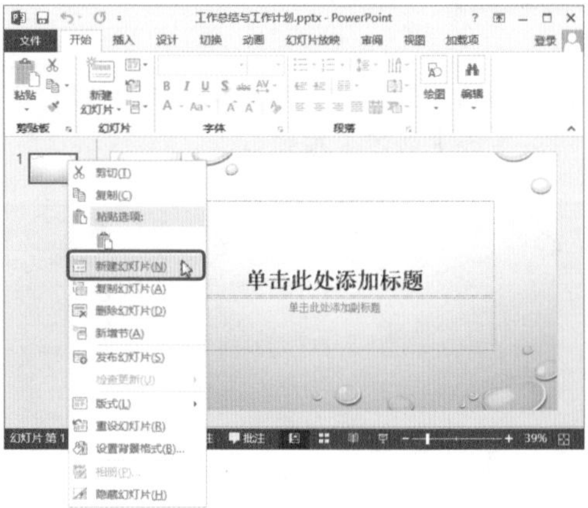

02 即可在选中的幻灯片的下方插入一张

新的幻灯片，并自动应用幻灯片版式。

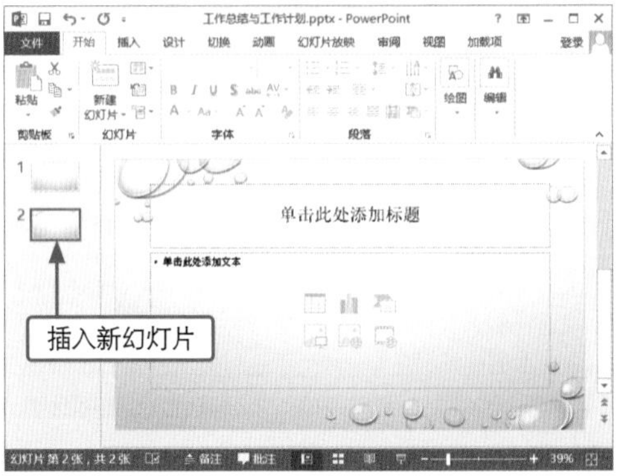

使用【幻灯片】组

使用【幻灯片】组插入新的幻灯片的具体步骤如下。

01 选中要插入幻灯片的位置，切换到【开始】选项卡，在【幻灯片】组中单击【新建幻灯片】按钮的下半部分按钮，从弹出的下拉列表中选择【节标题】选项。

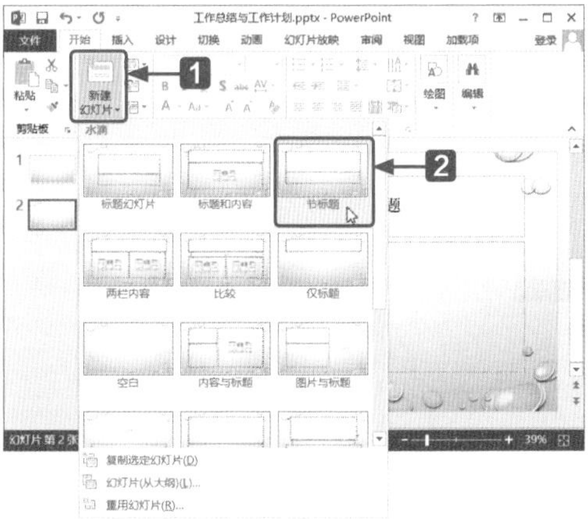

02 即可在选中幻灯片的下方插入一张新的幻灯片。

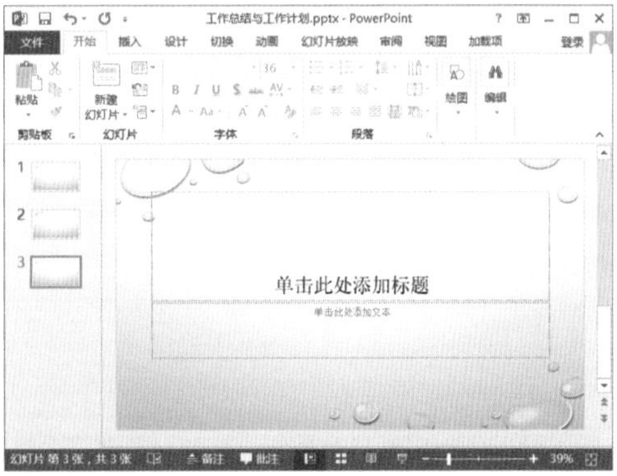

2. 删除幻灯片

如果演示文稿中有多余的幻灯片，用户还可以将其删除。

在左侧的幻灯片列表中选择要删除的幻灯片，例如选择第 3 张幻灯片，然后单击鼠标右键，从弹出的快捷菜单中选择【删除幻灯片】菜单项，即可将选中的第 3 张幻灯片删除。

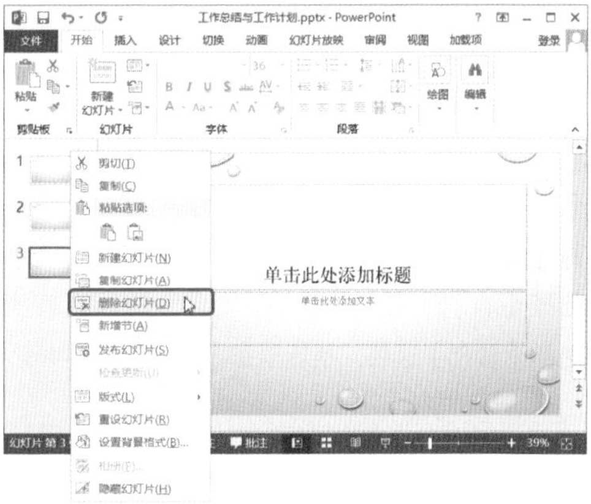

3. 编辑文本

在幻灯片中编辑文本的具体步骤如下。

01 在左侧的幻灯片列表中选择要编辑的第1张幻灯片，然后在其中单击标题占位符，此时占位符中出现闪烁的光标。

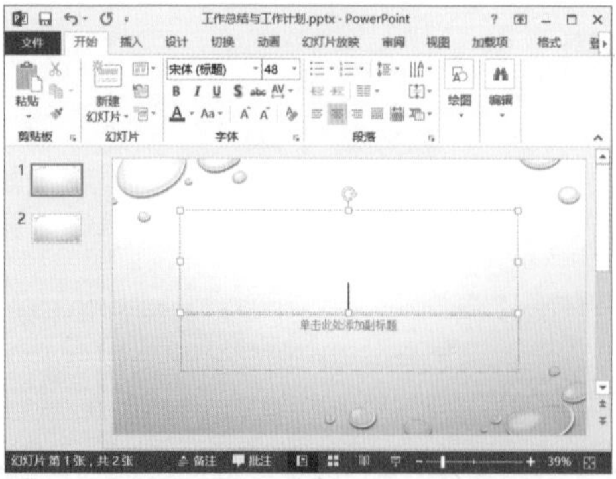

02 在占位符中输入标题“上半年工作总结与下半年工作计划”。

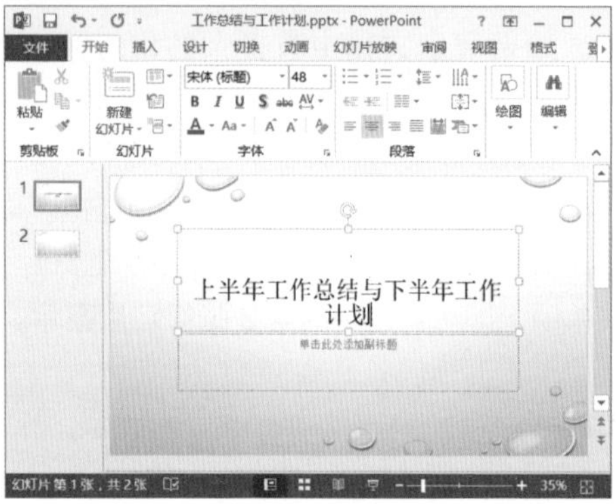

03 选中整个文本框，切换到【开始】选项卡，在【字体】组中的【字体】下拉列表中选择【微软雅黑】选项，在【字号】下拉列表中选择【44】选项，在【字体颜色】下拉列表中选择【蓝色】选项，然后单击【加粗】按钮B。

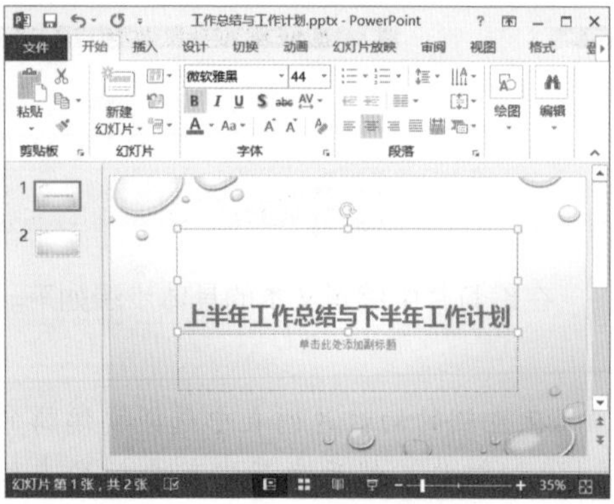

04 选择该文本框，将其调整至合适的大小和位置。

05 按照相同的方法在副标题占位符中输入文本并对其进行格式设置。

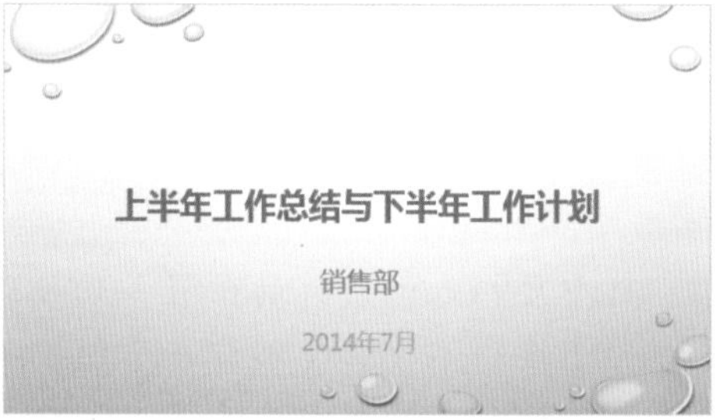

4. 编辑图片

在幻灯片中编辑图片的具体步骤如下。

01 在左侧的幻灯片列表中选择要编辑的第1张幻灯片，切换到【插入】选项卡中，单击【图像】组中的【图片】按钮。

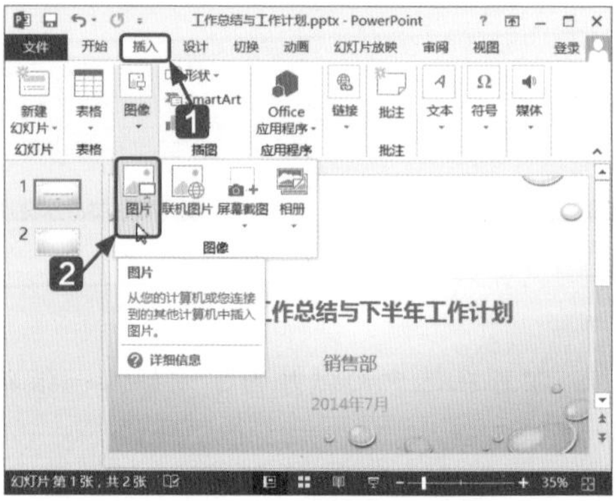

02 弹出【插入图片】对话框，在左侧选择图片的保存位置，然后从中选择素材文件“图片1.jpg”。

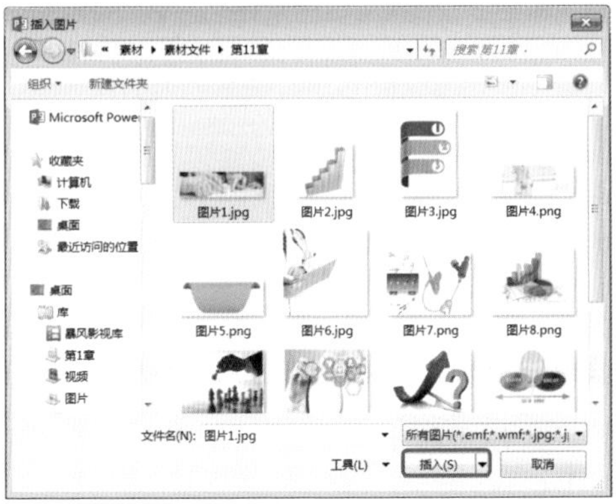

03 单击 插入(S) 按钮返回演示文稿窗口，然后调整图片的大小和位置，效果如图所示。

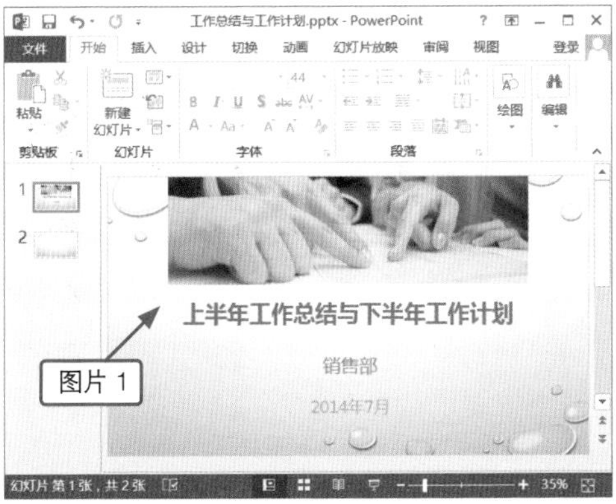

04 使用相同的方法将素材文件“图片2.jpg”插入到第1张幻灯片中。

05 选中“图片2.jpg”，利用鼠标拖动将其移动到合适的位置。

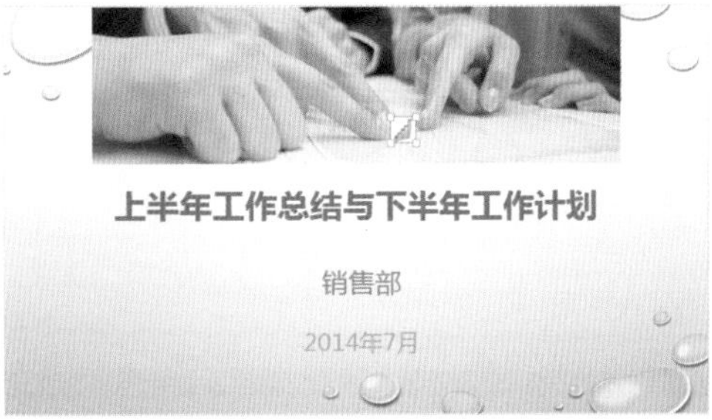

06 选中“图片2.jpg”，切换到【图片工具】栏中的【格式】选项卡，在【调整】组中单击 颜色 按钮，从弹出的下拉列表中选择【设置透明色】选项。

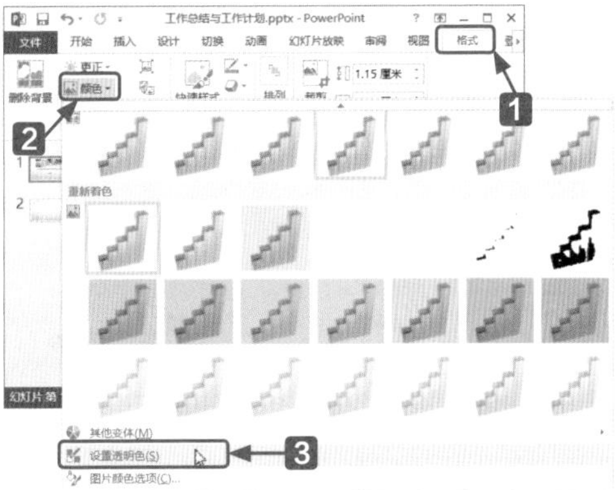

07 此时，鼠标指针变成了形状，单击“图片2.jpg”中的白色区域，即可将其白色区域设置为透明，设置效果如图所示。

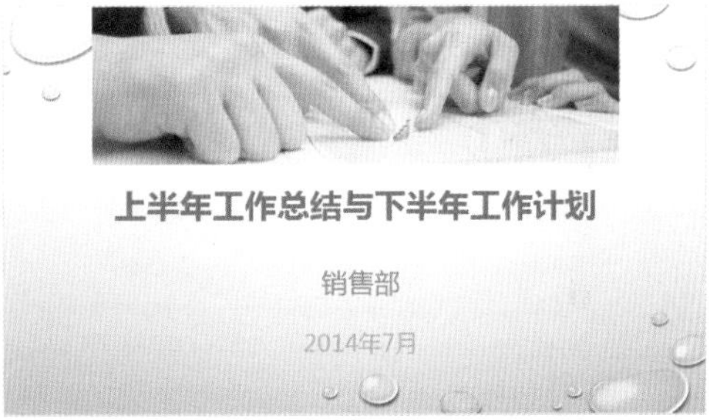

08 在左侧的幻灯片列表中选择要编辑的第2张幻灯片，单击【图片】按钮。

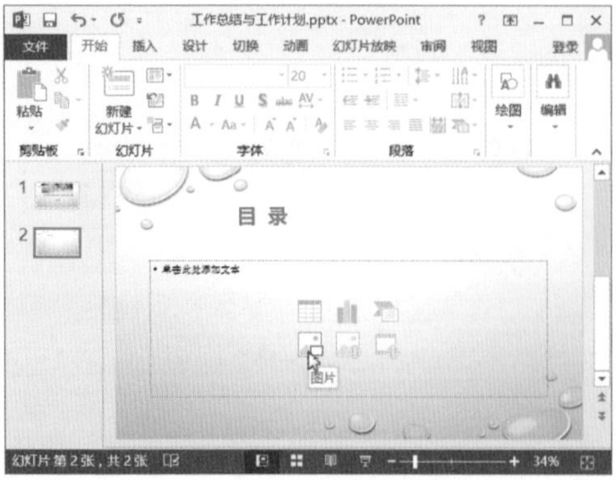

09 弹出【插入图片】对话框，在左侧选择图片的保存位置，然后从中选择素材文件“图片3.jpg”。

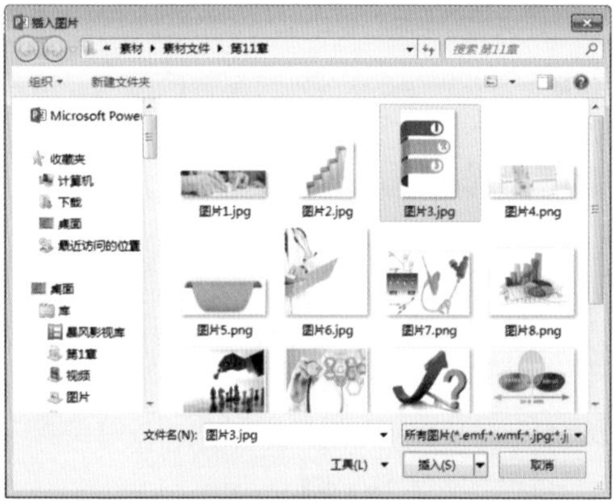

10 单击 插入(S) 按钮返回演示文稿窗口，然后调整图片的大小和位置，效果如图所示。

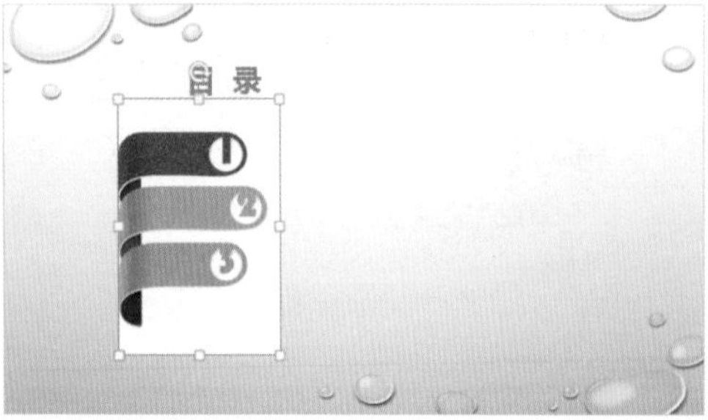

11 选中该图片，切换到【图片工具】栏中的【格式】选项卡，在【调整】组中单击 颜色 按钮。

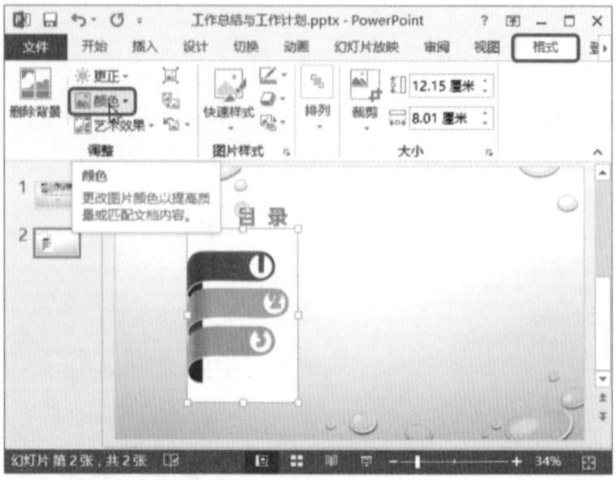

12 从弹出的下拉列表中选择【设置透明色】选项。

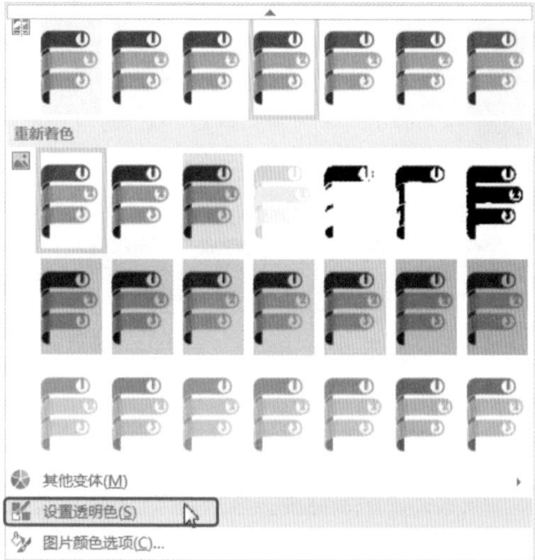

13 此时，鼠标指针变成了 形状，然后单击要设置透明色的图片即可。设置完毕，效果如图所示。

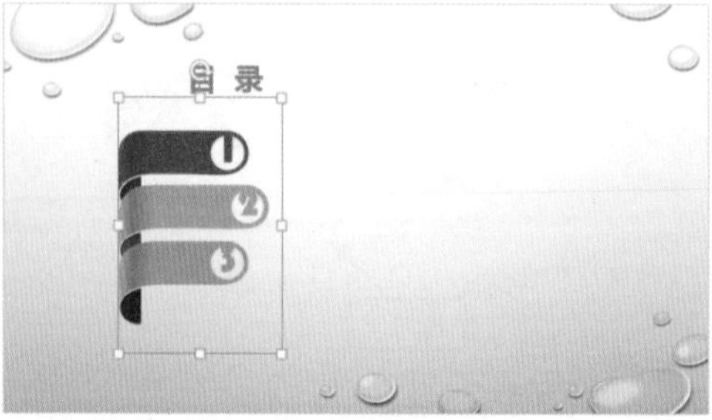

5. 编辑形状

在幻灯片中编辑形状的具体步骤如下。

01 在左侧的幻灯片列表中选择要编辑的第2张幻灯片，切换到【插入】选项卡，在【插图】组中单击 形状 按钮，从弹出的下拉列表中选择【矩形】选项。

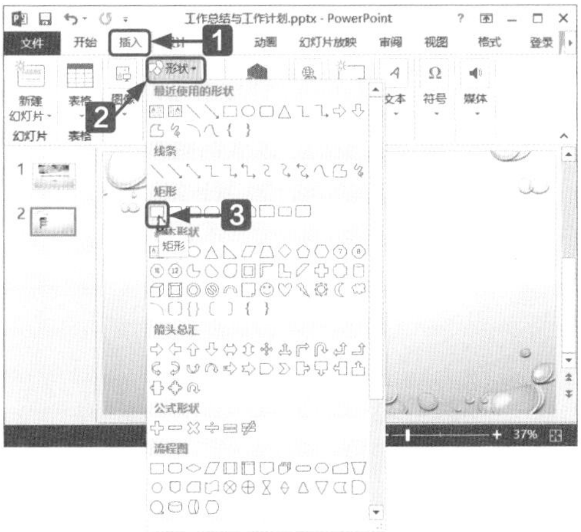

02 此时鼠标指针变为十形状，在合适的位置按住鼠标左键不放，拖动鼠标绘制一个矩形形状。

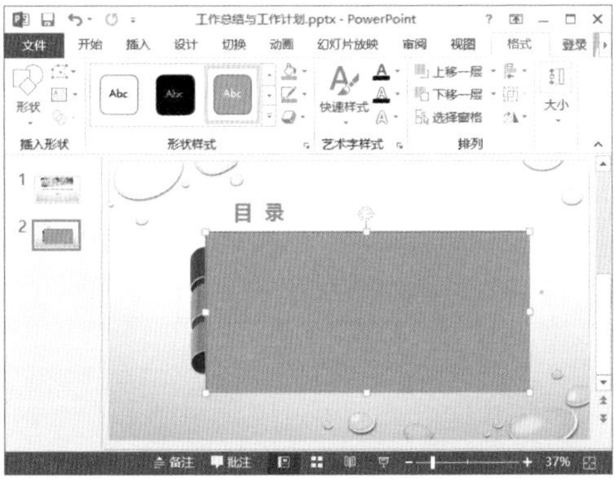

03 选中矩形形状，切换到【绘图工具】栏中的【格式】选项卡，单击【形状样式】组中的【形状填充】按钮 右侧的下三角按钮，从弹出的下拉列表选择【白色，背景1】选项。

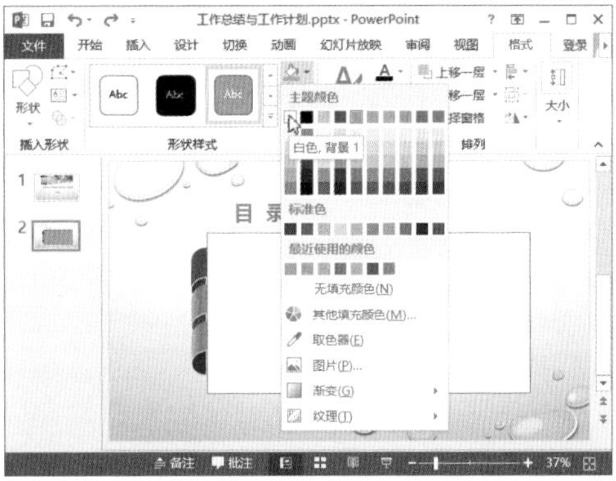

04 单击【形状样式】组中的【形状轮廓】按钮 右侧的下三角按钮，从弹出的下拉列表选择【无轮廓】选项。

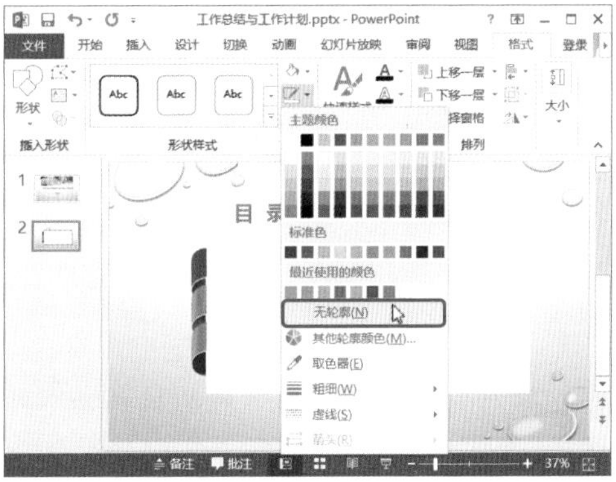

05 单击【形状样式】组中的【形状效果】按钮 ，从弹出的下拉列表选择【阴影】➤【向左偏移】选项。

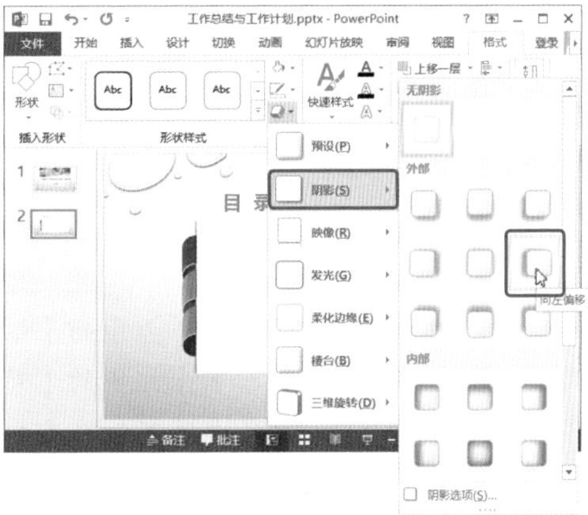

06 在【排列】组中单击 下移一层 按钮，调整矩形形状与图片的排列顺序。

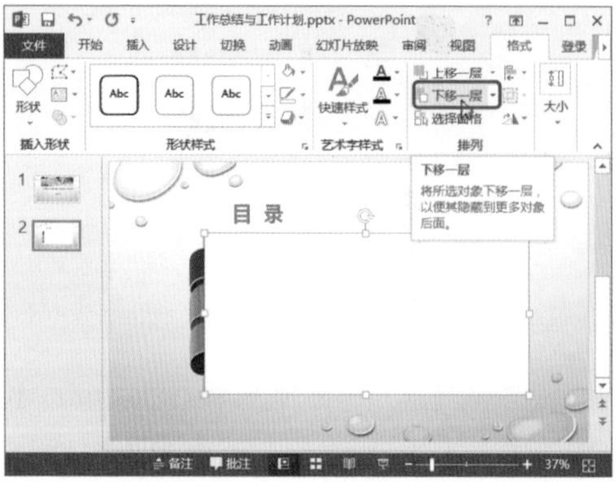

07 设置效果如图所示。

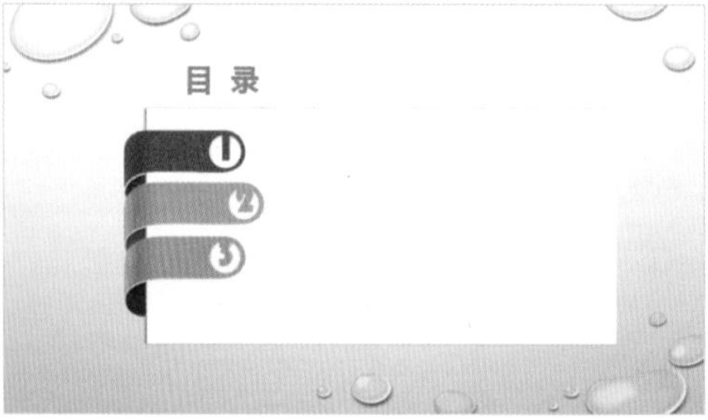

08 按照相同的方法在合适的位置插入并设置3个大小相同的矩形形状，效果如图所示。

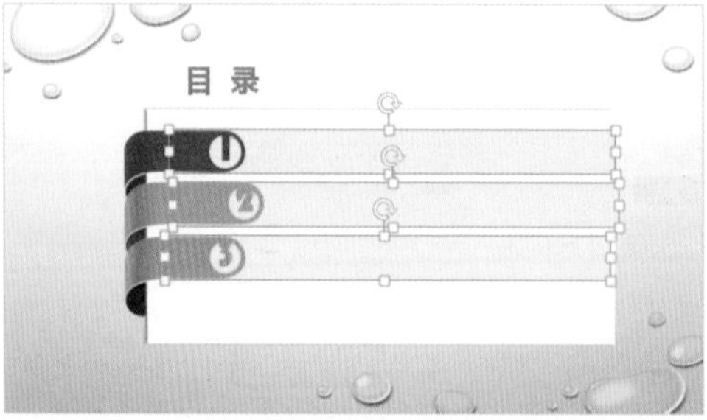

09 按住【Ctrl】键的同时选中这三个矩形形状，切换到【绘图工具】栏中的【格式】选项卡中，单击【排列】组中的【对齐对象】按钮，从弹出的下拉列表中选择【左对齐】选项，使这三个形状水平对齐。

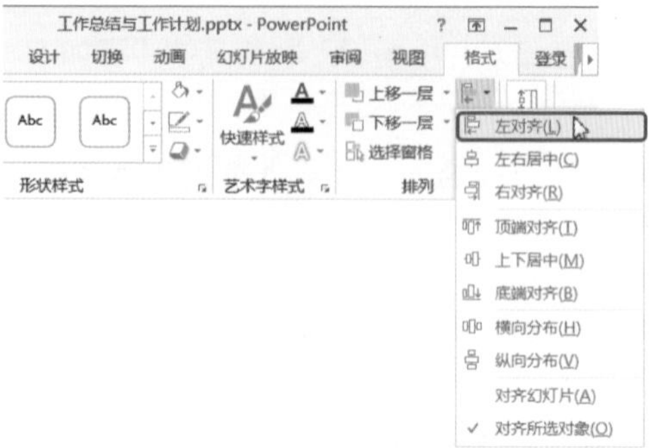

10 再次单击【对齐对象】按钮，从弹出的下拉列表中选择【纵向分布】选项，使形状纵向之间的间隔相同，效果如图所示。

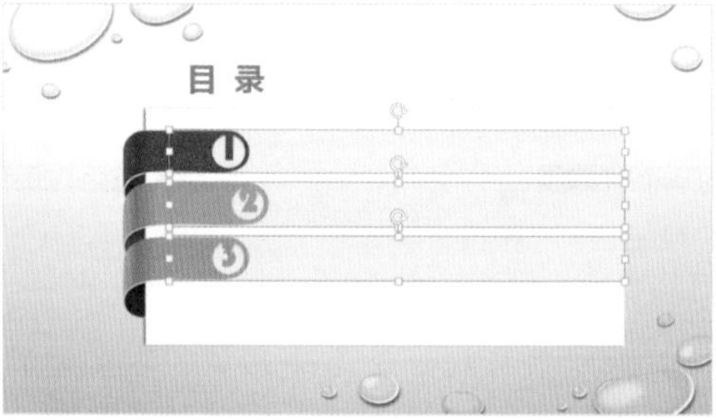

11 添加文字。选中第1个矩形形状，单击鼠标右键，从弹出的快捷菜单中选择【编辑文字】菜单项。

⑫ 即可在形状上输入文字“年初目标”，输入完毕设置字体为“微软雅黑”，字号为“32”，字体颜色设置为“红色”，加粗显示，按照相同的方法为另外两个形状添加文字，并调整字体位置，效果如图所示。

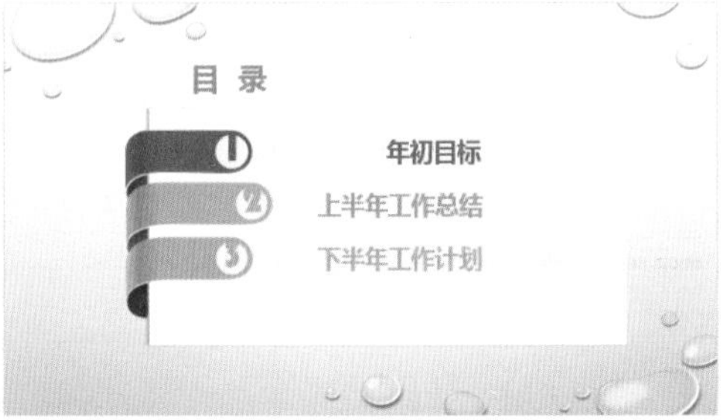

6. 编辑表格

在幻灯片中编辑表格的具体步骤如下。

01 选中第1张幻灯片，切换到【插入】选项卡，在【表格】组中单击【表格】按钮，从弹出的下拉列表中选择【8×3表格】选项。

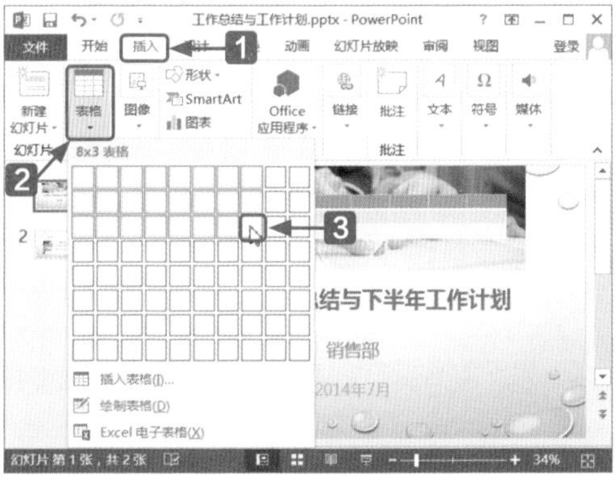

02 即可在第1张幻灯片中插入一个8列3行的表格，调整其大小和位置。

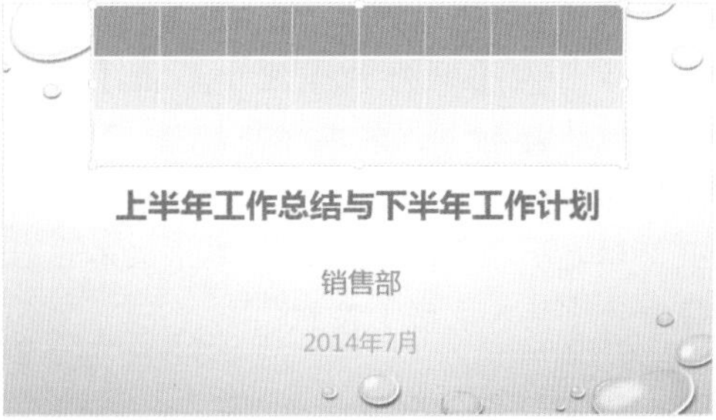

03 选中表格，切换到【表格工具】栏中的【设计】选项卡，在【绘图边框】组中的【笔画粗细】下拉列表中选择【3.0磅】选项，在【笔颜色】下拉列表中选择【白色，背景1，深色15%】选项，然后在【表格样式】组中单击【无框线】按钮右侧的下三角按钮，从弹出的下拉列表中选择【所有框线】选项。

04 在【表格样式】组中单击【底纹】按钮右侧的下三角按钮，从弹出的下拉列表中选择【无填充颜色】选项，表格的设置效果如图所示。

05 选中第2张幻灯片，切换到【开始】选项卡，在【幻灯片】组中单击【新建幻灯片】按钮的下半部分按钮，从弹出的下拉列表中选择【标题和内容】选项，创建一个新的幻灯片，单击文本占位符中的【插入表格】按钮。

06 弹出【插入表格】对话框，在【列数】微调框中将列数设置为“8”，在【行数】微调框中将行数设置为“8”。

07 单击 确定 按钮，此时即可在幻灯片中插入一个8行、8列的表格。

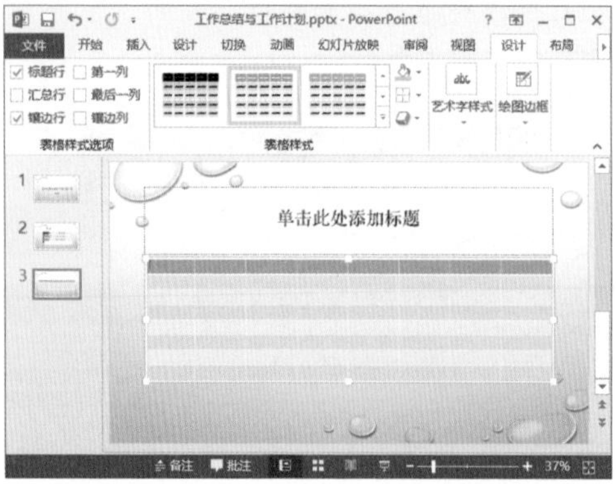

08 选中该表格，切换到【表格工具】栏中的【设计】选项卡，在【表格样式】组中单击【其他】按钮，从弹出的下拉列表中选择【无样式，网格型】选项。

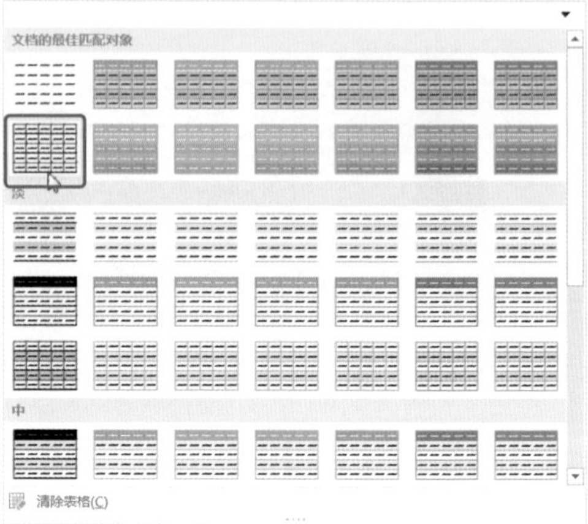

09 如果对此表格的设置不满意，可以做简单的修改。

单击此处添加标题

10 选中该表格，然后输入相应的文字，并进行字体设置。设置完毕，效果如图所示。

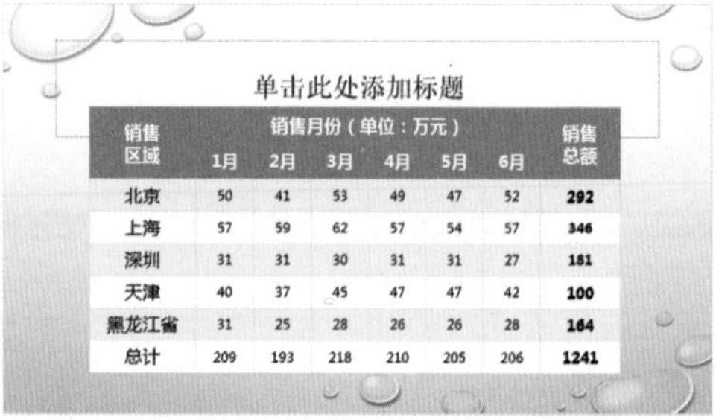
单击此处添加标题
销售区域
销售月份（单位：万元）
1月
2月
3月
4月
5月
6月
销售总额
北京 50 41 53 49 47 52 292
上海 57 59 62 57 54 57 346
深圳 31 31 30 31 31 27 181
天津 40 37 45 47 47 42 100
黑龙江省 31 25 28 26 26 28 164
总计 209 193 218 210 205 206 1241

7. 移动与复制幻灯片

在演示文稿的排版过程中，用户可以重新调整每一张幻灯片的次序，也可以将具有较好版式的幻灯片复制到其他的演示文稿中。

移动幻灯片

移动幻灯片的方法很简单，只需在演示文稿左侧的幻灯片列表中选择要移动的幻灯片，然后按住鼠标左键不放，将其拖动到要移动的位置后释放左键即可。

复制幻灯片

复制幻灯片的方法也很简单，只需在演示文稿左侧的幻灯片列表中选择要移动的幻灯片，然后单击鼠标右键，从弹出的快捷菜单中选择【复制幻灯片】菜单项，即可在此幻灯片的下方复制一张与此幻灯片格式和内容相同的幻灯片。

另外，用户还可以使用【Ctrl】+【C】组合键复制幻灯片，然后使用【Ctrl】+【V】组合键在同一演示文稿内或不同演示文稿之间进行粘贴。

8. 隐藏幻灯片

当用户不想放映演示文稿中的某些幻灯片时，则可以将其隐藏起来。隐藏幻灯片的具体步骤如下。

01 在左侧的幻灯片列表中选择要隐藏的幻灯片，然后单击鼠标右键，从弹出的快捷菜单中选择【隐藏幻灯片】菜单项。

02 此时，在该幻灯片的标号上会显示一条删除斜线，表明该幻灯片已经被隐藏。

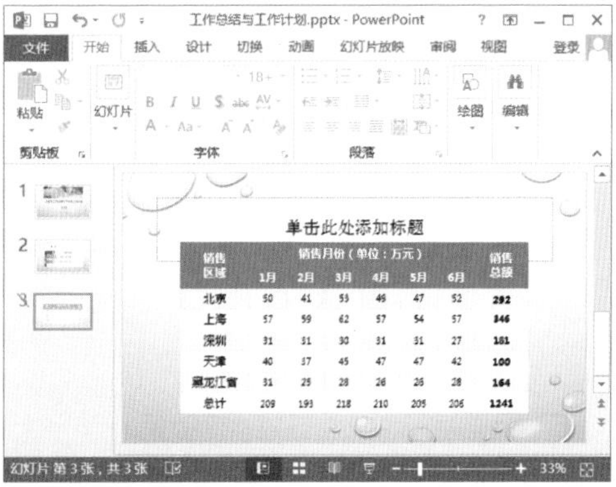

03 如果要取消隐藏，方法非常简单，只需要选中相应的幻灯片，然后再进行一次上述操作即可。

根据本小节介绍的编辑幻灯片的方法，在幻灯片中新建幻灯片并编辑幻灯片，工作总结与工作计划幻灯片的最终效果如图所示。

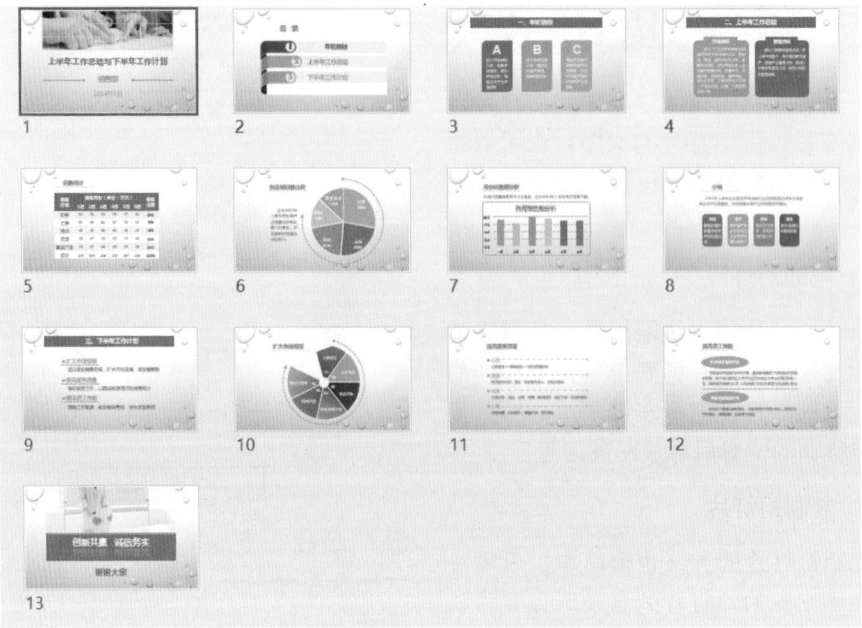

10.2 产品营销推广方案

营销推广方案制作的效果如何，直接影响到产品的销售情况。接下来通过设置幻灯片母版来制作营销推广方案幻灯片。

10.2.1 设计幻灯片母版

一个完整且专业的演示文稿，它的内容、背景、配色和文字格式等都有着统一的设置。为了实现统一的设置就需要用到幻灯片母版。

本小节示例文件位置如下。	
素材文件	\第 10 章\图片 3、图片 4
原始文件	\第 10 章\营销推广方案
最终效果	\第 10 章\营销推广方案 01

扫码看视频

设计 Office 主题幻灯片母版，可以使演示文稿中的所有幻灯片具有与设计母版相同的样式效果。

本实例中对于目录下的各部分正文，为了使阅读者更加清晰地了解各部分的内容，对其标题部分进行了统一设置，设置其幻灯片母版。具体操作步骤如下。

01 打开本实例的原始文件，切换到【视图】选项卡，在【母版视图】组中单击 幻灯片母版 按钮。

02 此时，系统会自动切换到幻灯片母版视图，并切换到【幻灯片母版】选项卡，

在左侧的幻灯片浏览窗格中选择【4_标题幻灯片版式：由幻灯片6-7,9,11,…使用】幻灯片选项。

03 为其添加版式。切换到【插入】选项卡，单击【插图】组中的【形状】按钮形状，从弹出的下拉列表中选择【矩形】选项，然后在该幻灯片中插入一个矩形形状，调整其位置，然后将形状宽度设置为幻灯片的宽度“33.86厘米”，高度设置为“1.29厘米”，颜色设置为“浅绿”，添加“居中偏移”阴影效果，效果如图所示。

04 切换到【插入】选项卡，单击【图像】组中的【图片】按钮，弹出【插入图片】对话框，在左侧选择要插入的图片的保存位置，然后选择“图片5.png”。

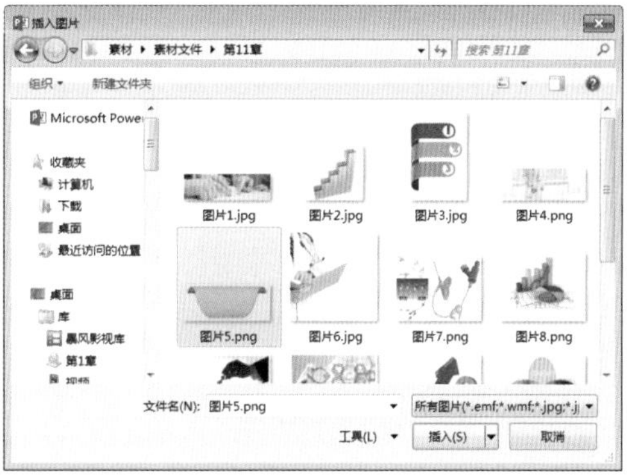

05 单击插入(S)按钮，即可将其插入到该幻灯片中，并调整其大小和位置。

06 单击【关闭】组中的【关闭母版视图】按钮，返回普通视图，即可看到正文幻灯片中的标题版式的设置效果。

07 用户可以在其上插入文本框，在其

中输入文本，并对其进行设置，效果如图所示。

08 为其他正文标题插入文本框并输入标题，设置其效果，如图所示。

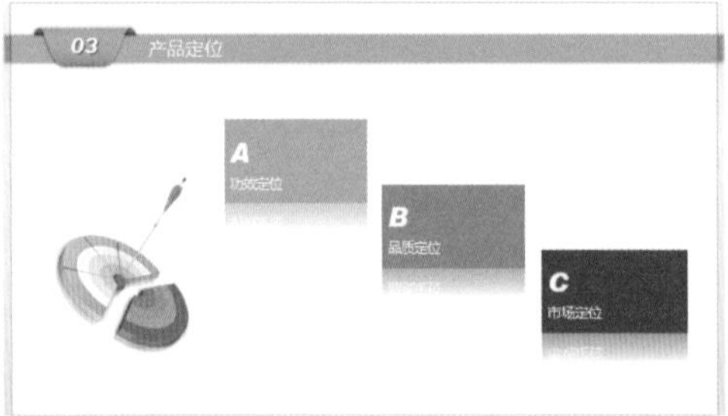

10.2.2 编辑标题幻灯片

幻灯片母版设计完成以后，接下来用户可以通过图片、形状等来编辑美化演示文稿的标题幻灯片。

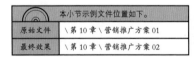

本小节示例文件位置如下。	
原始文件	\第 10 章\营销推广方案 01
最终效果	\第 10 章\营销推广方案 02

扫码看视频

演示文稿中的第 1 张幻灯片为整个演示文稿的标题，简单的文字和公司 LOGO 会显得整张幻灯片单调乏味，可以适当增加图片或形状美化幻灯片。

编辑标题幻灯片的具体步骤如下。

01 打开本实例的原始文件，在左侧的幻灯片列表中选择要编辑的第1张幻灯片。

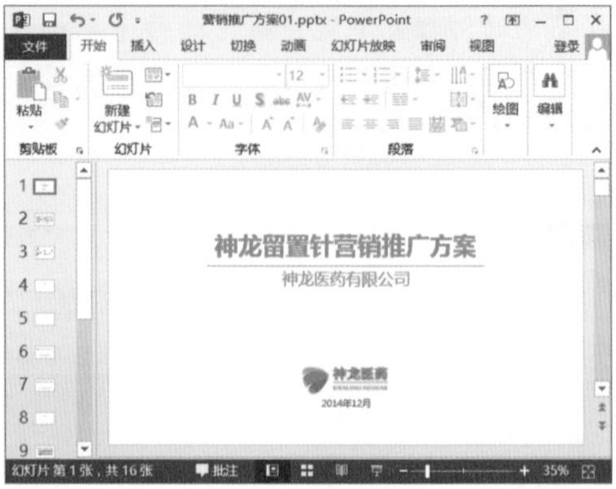

02 切换到【插入】选项卡中，单击【插图】组中的【形状】按钮 形状，从弹出的下拉列表中选择【椭圆】选项。

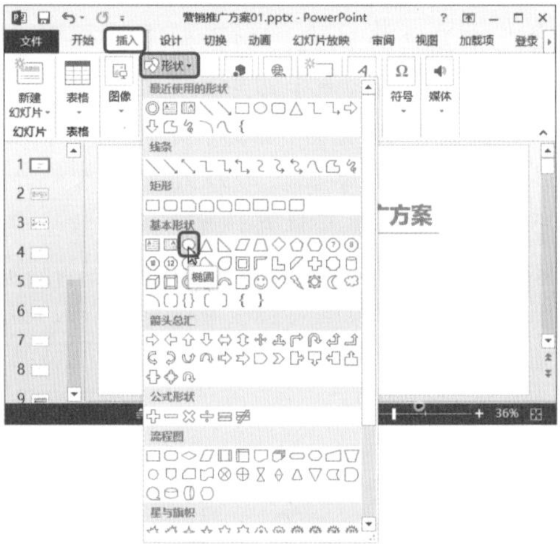

03 此时鼠标指针变为十形状，在幻灯片中合适的位置绘制一个椭圆形。

04 选中该形状，切换到【绘图工具】栏中的【格式】选项卡中，在【大小】组中的【宽度】和【高度】微调框中分别输入“8厘米”。

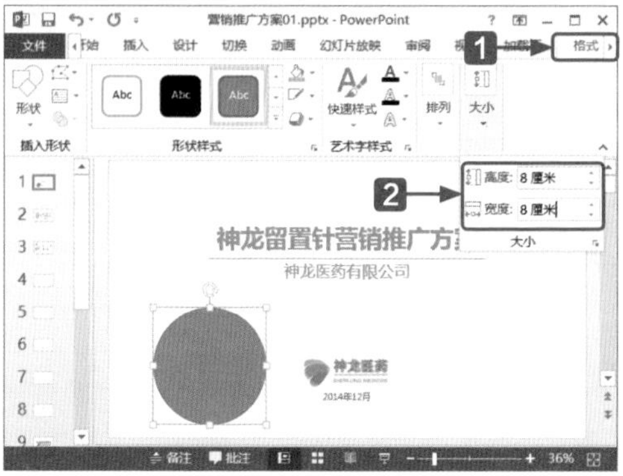

05 选中形状，单击鼠标右键，从弹出的快捷菜单中选择【设置形状格式】菜单项。

06 弹出【设置形状格式】任务窗格，切换到【形状选项】选项卡中，单击【填充线条】按钮，在【填充】组合框中选中【纯色填充】单选钮，在【颜色】下拉列表中选择【白色，背景1】选项。

07 在【线条】组合框中选中【实线】单选钮，在【颜色】下拉列表中选择【橙色】选项，在【宽度】微调框中输入“8磅”。

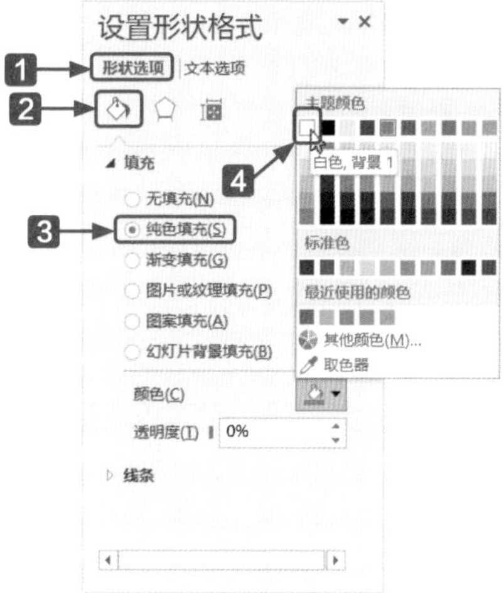

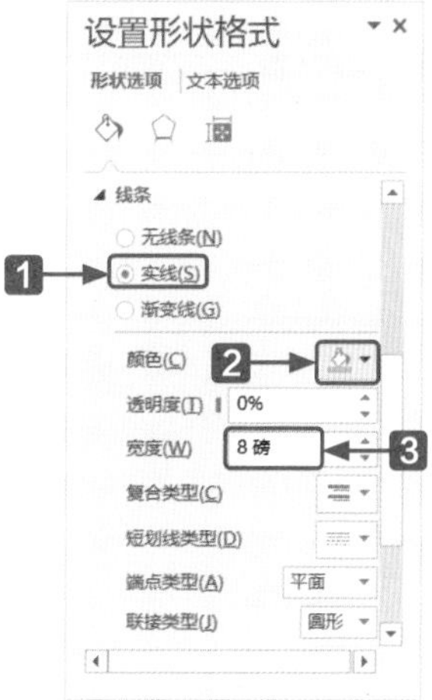

08 单击【设置形状格式】任务窗格右上角的【关闭】按钮 ✕ 关闭任务窗格，将其移动到合适的位置，效果如图所示。

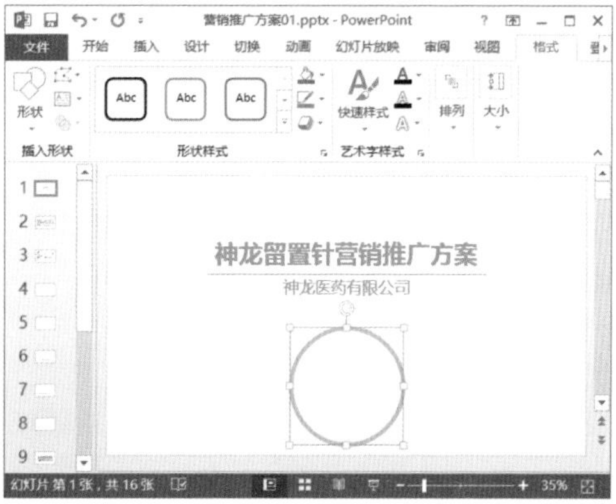

09 选中该形状，单击鼠标右键，从弹出的快捷菜单中选择【置于底层】➢【置于底层】菜单项。

10 即可将该形状移至底层，效果如图所示。

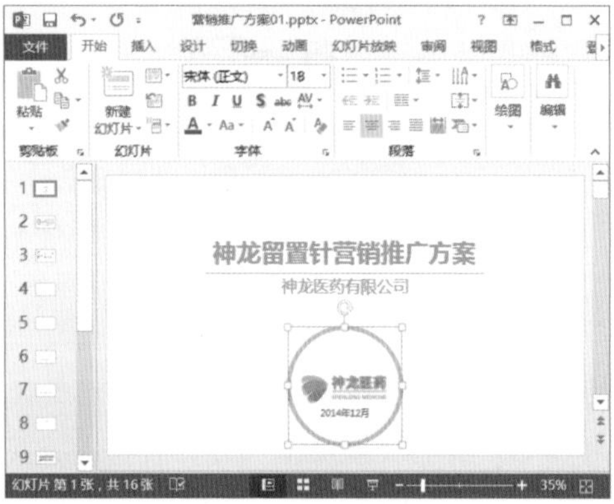

11 按照相同的方法在第1张幻灯片中插入矩形形状，效果如图所示。

10.2.3 编辑其他幻灯片

标题幻灯片编辑完成以后，接下来就可以编辑其他幻灯片了。除了标题幻灯片以外，演示文稿中还包括目录、过渡、正文、结尾等多种类型的幻灯片。

本小节示例文件位置如下。	
素材文件	\第 10 章\图片 8 ~图片 12
原始文件	\第 10 章\营销推广方案 02
最终效果	\第 10 章\营销推广方案 03

1. 编辑目录幻灯片

目录幻灯片主要用于演示文稿目录的列示，目录幻灯片通常位于前言幻灯片之后、正文幻灯片之前。本小节以编辑图文型目录为例，介绍目录幻灯片的编辑过程。编辑目录幻灯片的具体步骤如下。

01 打开本实例的原始文件，在左侧的幻灯片列表中选择要编辑的第4张幻灯片，插入一个矩形形状，将其高度设置为“9厘米”，宽度设置为“5.6厘米”。

02 在【形状样式】组中将其【形状填充】设置为“白色，背景1，深色15%”，【形状轮廓】设置为“无轮廓”。

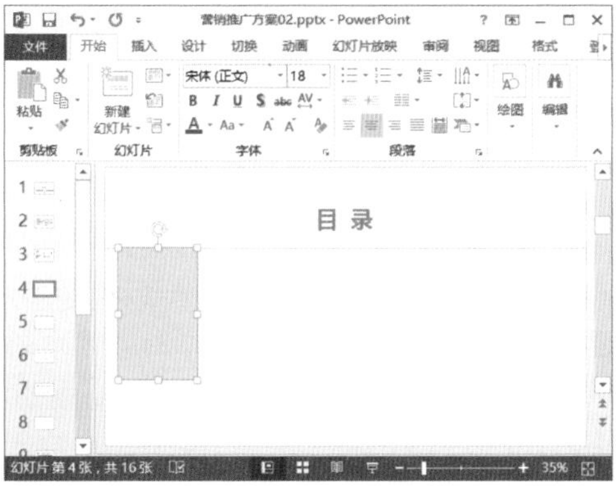

03 复制另外4个相同的矩形框，并将其移动到合适的位置。

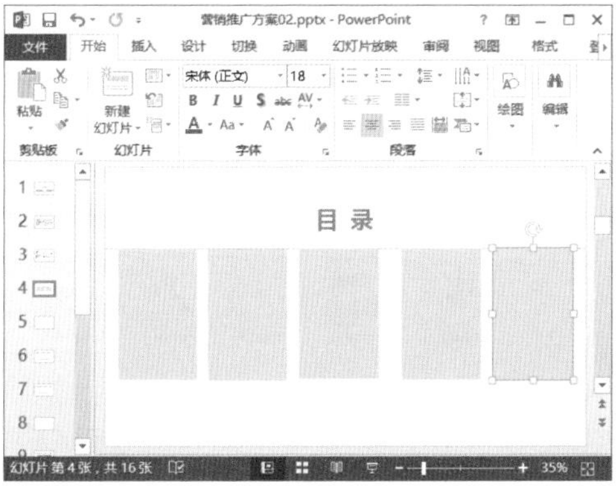

04 按住【Shift】键不放同时选中这5个形状，切换到【绘图工具】栏中的【格式】选项卡中，单击【排列】组中的【对齐对象】，从弹出的下拉列表中选择【横向分布】选项。

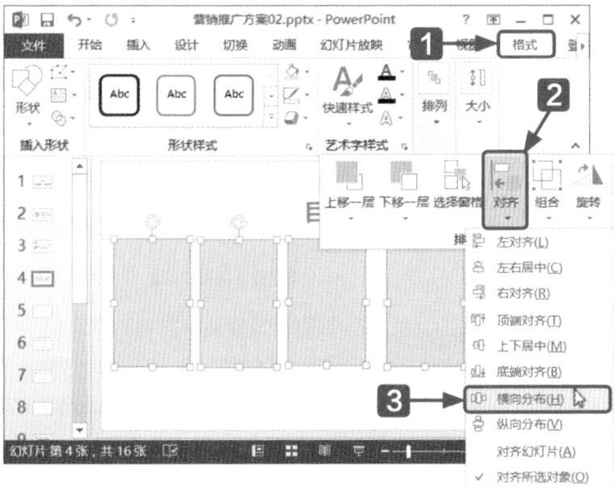

05 即可将其水平均匀分布。

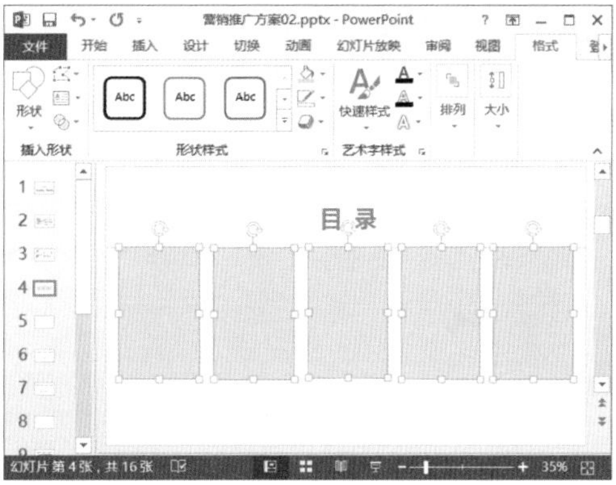

06 切换到【插入】选项卡，单击【图像】组中的【图片】按钮。

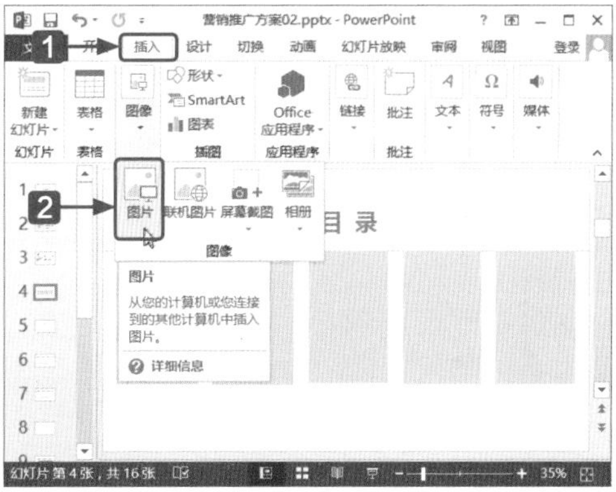

07 弹出【插入图片】对话框，从中选择素材文件“图片8.png”。

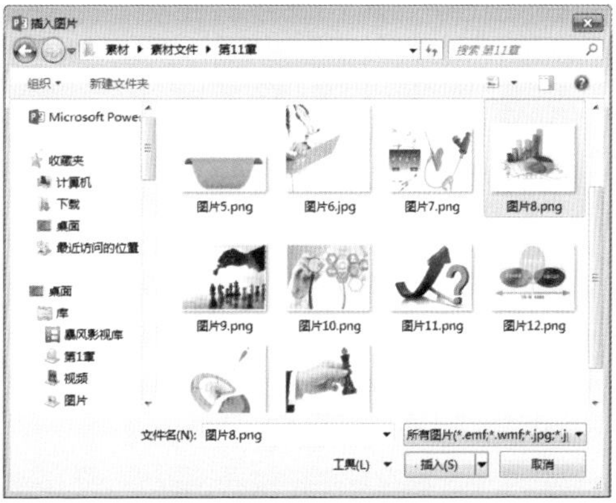

08 单击 插入(S) 按钮，返回演示文稿窗口，然后调整图片的大小和位置。

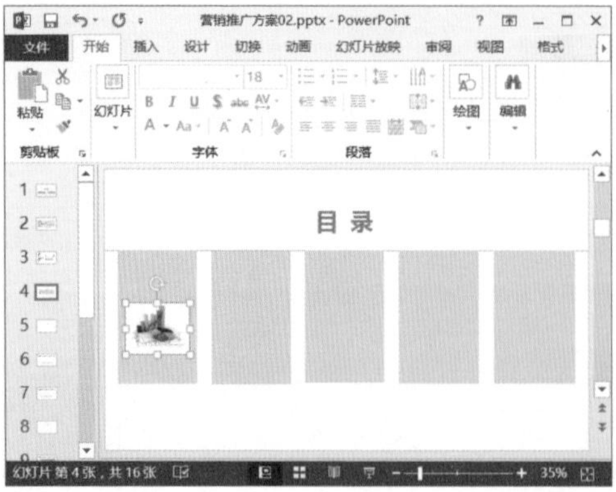

09 在第1个形状上插入两个横排文本框，分别输入文字“01”和“市场地位”，然后调整位置并设置字体格式。

10 使用同样的方法，分别设置其他4个形状。编辑完成后，目录幻灯片的效果如图所示。

2. 编辑过渡幻灯片

过渡幻灯片主要用于演示文稿从目录到正文的过渡。通常情况下，过渡幻灯片是在目录幻灯片的基础上，对有关标题进行突出显示而形成的新幻灯片。

编辑过渡幻灯片的具体步骤如下。

01 在左侧的幻灯片列表中第4张幻灯片，然后按住【Shift】键选中幻灯片中的所有的矩形形状、图片和文本框，按住【Ctrl】+【C】组合键进行复制，然后选择第5张幻灯片，按【Ctrl】+【V】组合键将其复制到第5张幻灯片中。

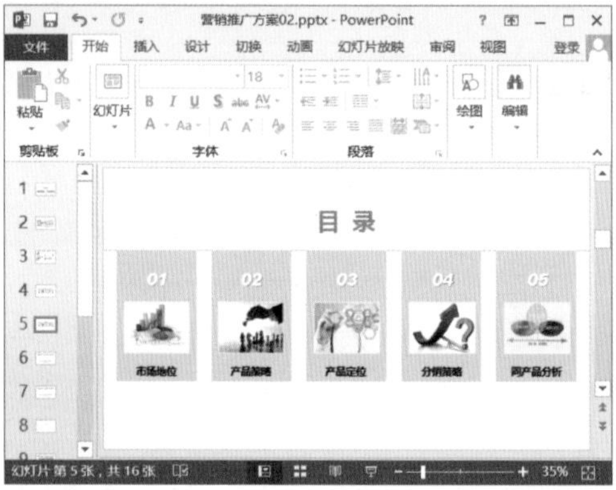

02 选中第1个矩形形状，切换到【绘图工具】栏中的【格式】选项卡，在【形状样式】组中单击【形状填充】按钮右侧的下三角按钮，从弹出的下拉列表中选择【浅绿】选项，即可将其填充颜色设置为浅绿。

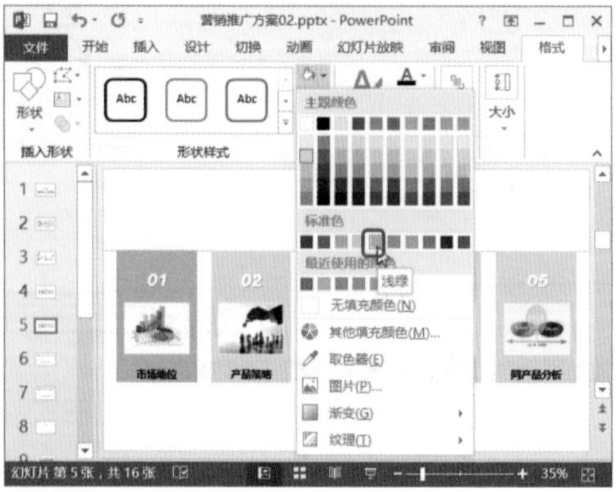

03 选中“市场地位”文本框，切换到【绘图工具】栏中的【格式】选项卡，在【形状样式】组中单击 形状填充 按钮，从弹出的下拉列表中选择【橙色】选项。

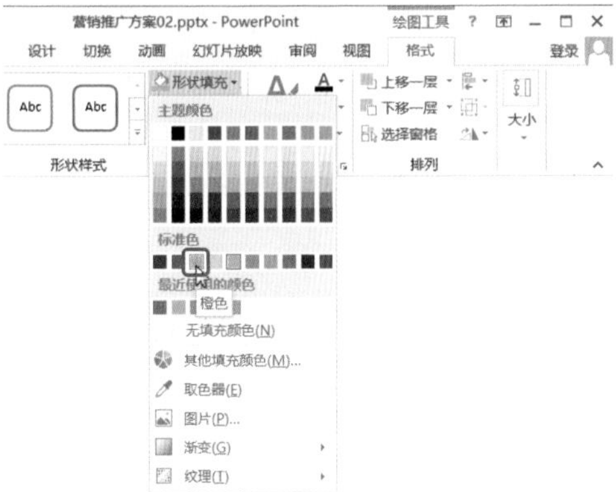

04 返回演示文稿，效果如图所示。

05 按照相同的方法编辑其他过渡幻灯片。

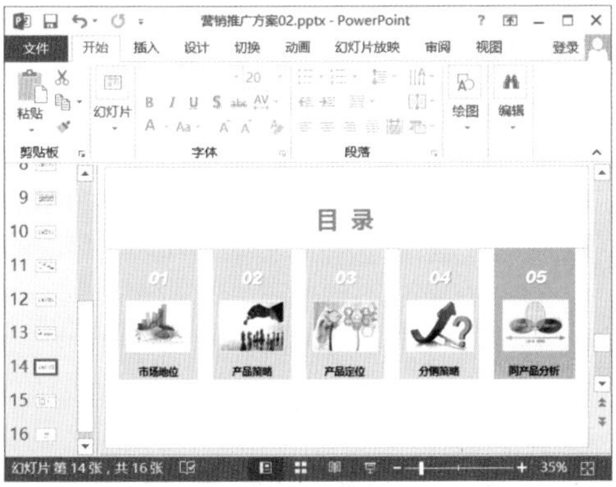

3. 编辑正文幻灯片

正文幻灯片是演示文稿的主要内容。通常情况下，正文幻灯片的内容由图形、图片、图表、表格以及文本框组成。接下来以在演示文稿中编辑美化图表为例进行介绍。

编辑图表

正文幻灯片中经常会用到数据图表，编辑数据图表的具体步骤如下。

01 在左侧的幻灯片列表中选择要编辑的第6张幻灯片，切换到【插入】选项卡中，单击【插图】组中的 图表 按钮。

02 弹出【插入图表】对话框，切换到【所有图表】选项卡，在左侧选择【折线图】选项，然后选择合适的折线图。

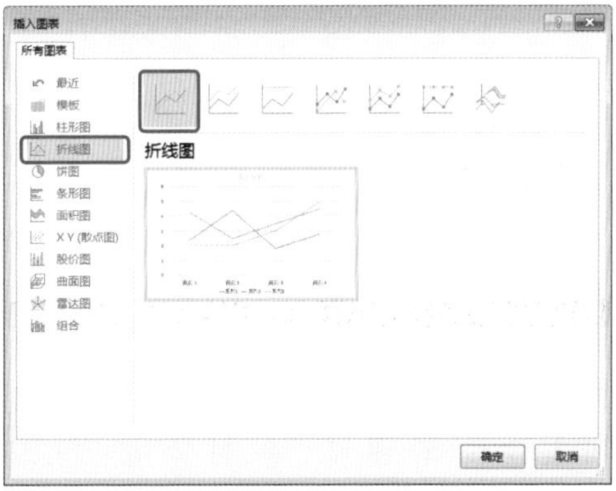

03 单击 确定 按钮，返回演示文稿，

此时即可在第6张幻灯片中插入一个折线图。

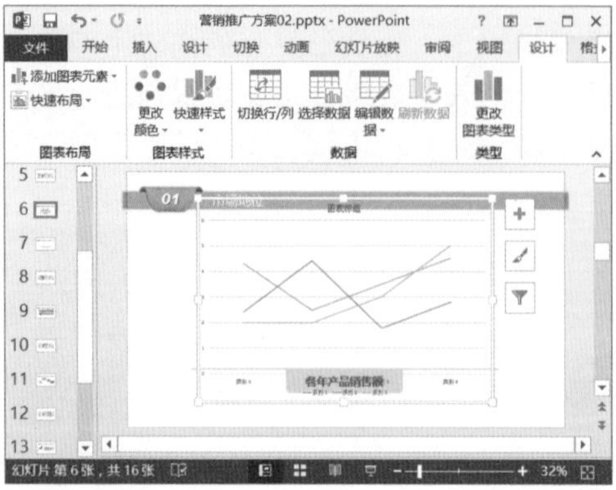

04 同时弹出一个电子表格。

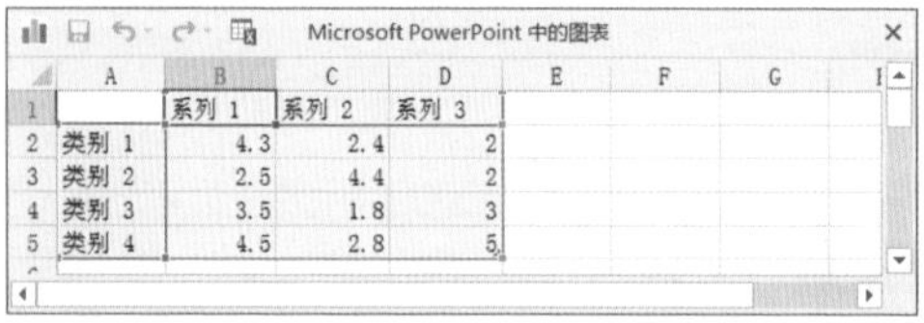

	A	B	C	D
1		系列 1	系列 2	系列 3
2	类别 1	4.3	2.4	2
3	类别 2	2.5	4.4	2
4	类别 3	3.5	1.8	3
5	类别 4	4.5	2.8	5

05 单击【在Microsoft Excel中编辑数据】按钮，在Excel工作表中编辑电子表格，输入相关数据和项目。

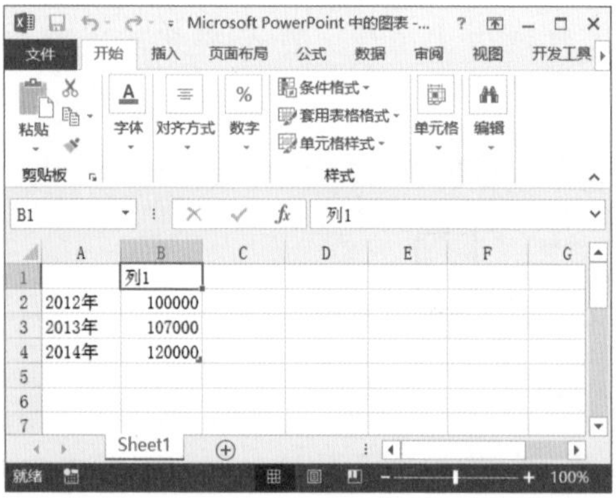

	A	B
1		列1
2	2012年	100000
3	2013年	107000
4	2014年	120000

06 输入完毕，单击窗口右上角的【关闭】按钮 即可。此时，演示文稿中的折线图会自动应用电子表格中的数据。

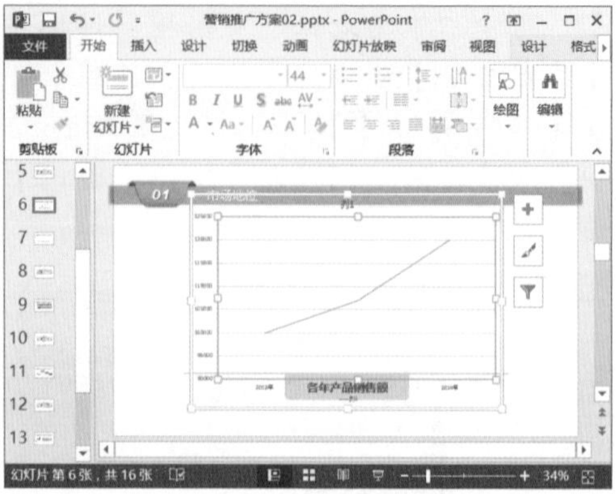

美化图表

01 选中折线图，将其调整至合适的大小和位置，效果如图所示。

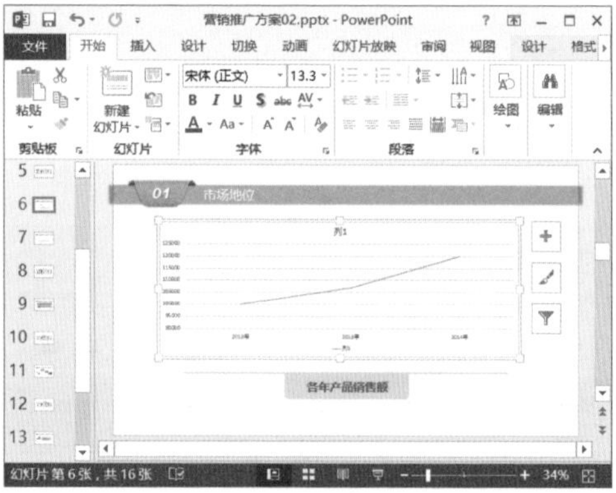

02 设置图表标题和图例。由于该幻灯片中在折线图下方添加了标题，原有的标题和图例多余，可以将其删除。

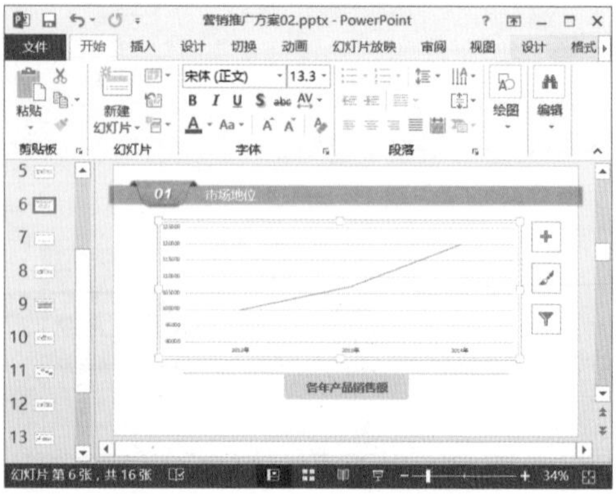

03 设置坐标轴格式。选中垂直（值）轴，切换到【开始】选项卡中，在【字体】组中的【字体】下拉列表中选择【微软雅黑】选项，在【字号】下拉列表中选择【16】选项。

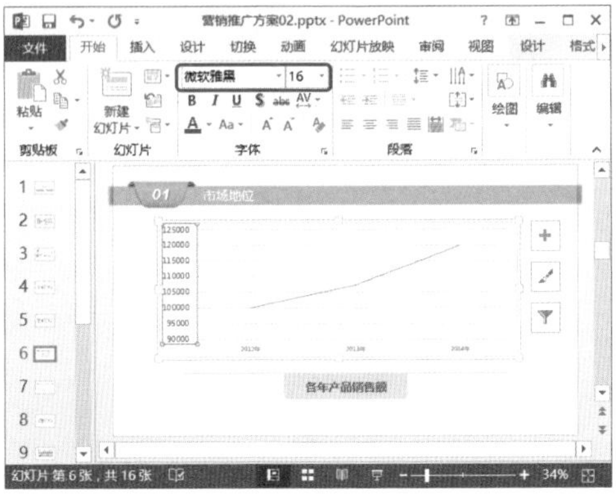

04 选中垂直（值）轴，单击鼠标右键，从弹出的快捷菜单中选择【设置坐标轴格式】菜单项。

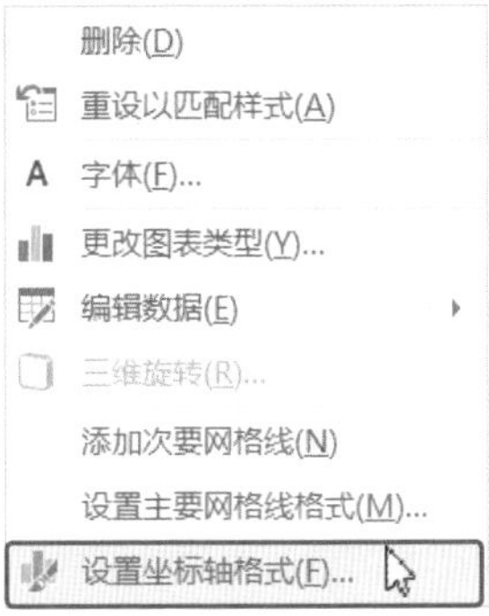

05 弹出【设置坐标轴格式】任务窗格，切换到【坐标轴选项】选项卡，单击【坐标轴选项】按钮，在【边界】组合框中的【最小值】文本框中输入“90000.0”，在【最大值】文本框中输入“120000.0”，在【单位】组合框中的【主要】文本框中输入“10000.0”。

06 单击【设置坐标轴格式】任务窗格右上角的【关闭】按钮 关闭任务窗格，垂直（值）轴的设置效果如图所示。

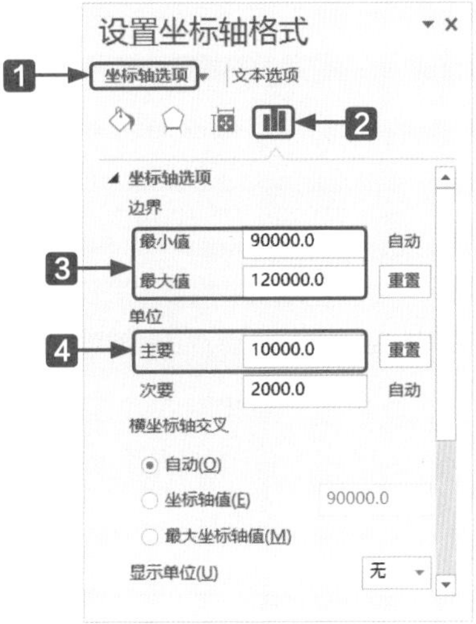

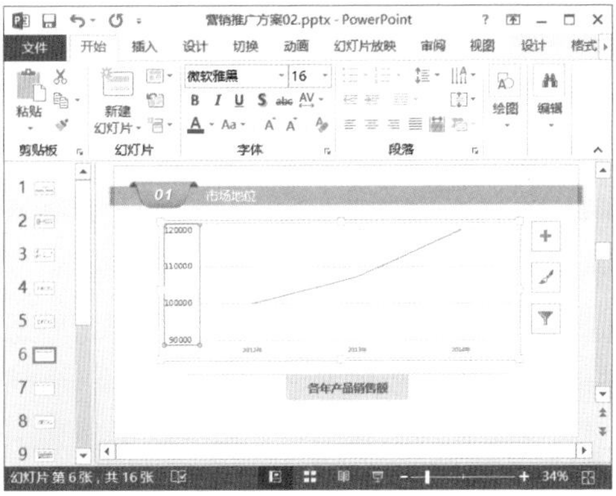

提示

由于各年产品的销售额数据集中分布在 90000 ~ 120000 之间，将最大值和最小值分别设置为 90000 和 120000，可以使图表看起来更加清晰，销售额数据更加突出。

07 选中水平（分类）轴，将其字体设置为“微软雅黑”，字号设置为“20”，效果如图所示。

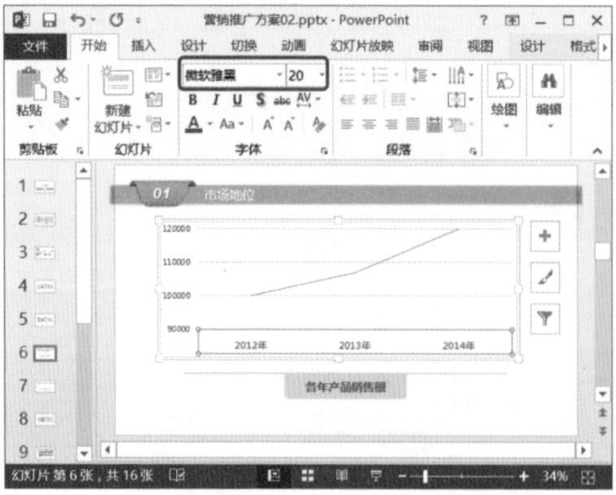

08 设置数据系列。选中数据系列，单击鼠标右键，从弹出的快捷菜单中选择【设置数据系列格式】菜单项。

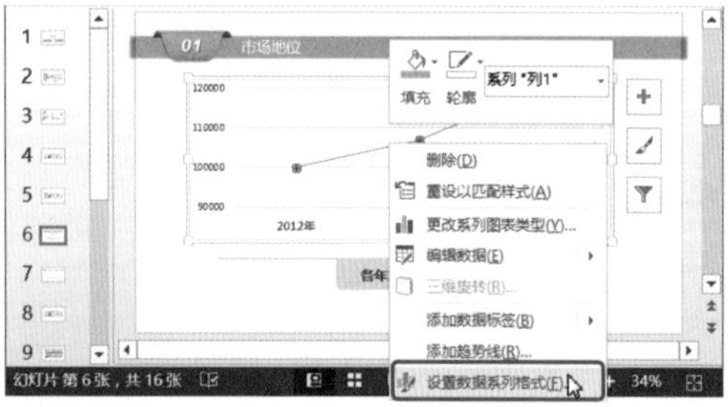

09 弹出【设置数据系列格式】任务窗格，单击【填充线条】按钮，在其中切换到【线条】选项卡，在【线条】组合框中选中【实线】单选钮，然后在【颜色】下拉列表中选择【浅绿】选项，在【宽度】微调框中输入“5.25磅”。

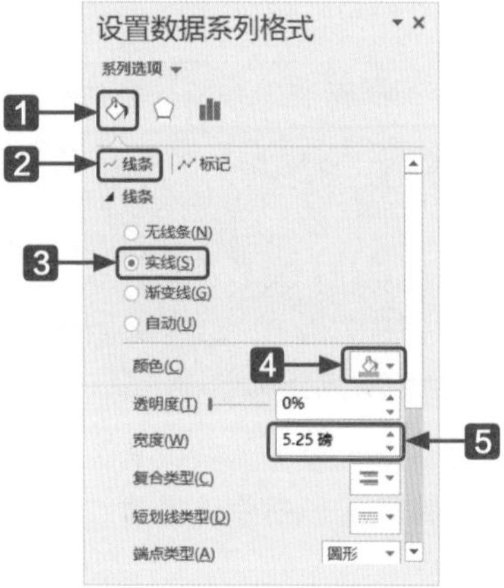

10 切换到【标记】选项卡，在【数据标记选项】组合框中选中【内置】单选钮，然后在【类型】下拉列表中选择一种合适的标记类型，在【大小】微调框中输入“13”。

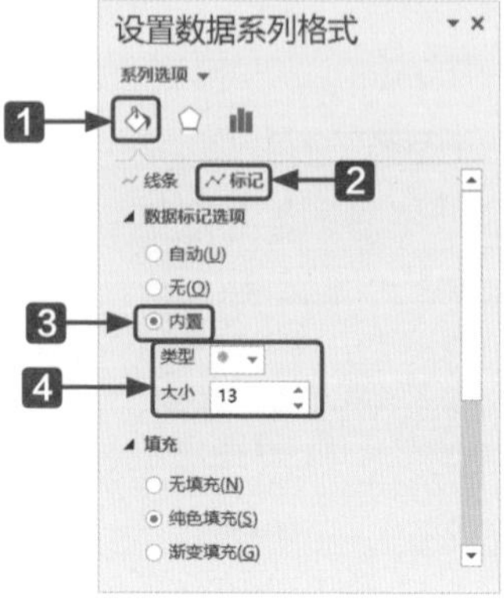

11 在【填充】组合框中选中【纯色填充】选项，然后在【颜色】下拉列表中选择【橙色】选项。

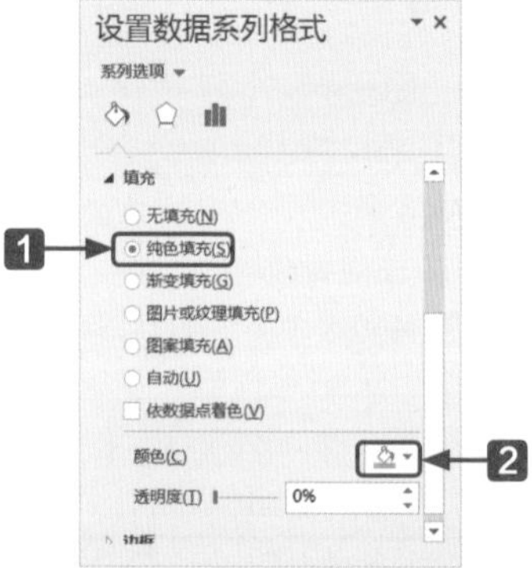

12 关闭【设置数据系列格式】任务窗格，返回演示文稿中，数据系列的设置效果如图所示。

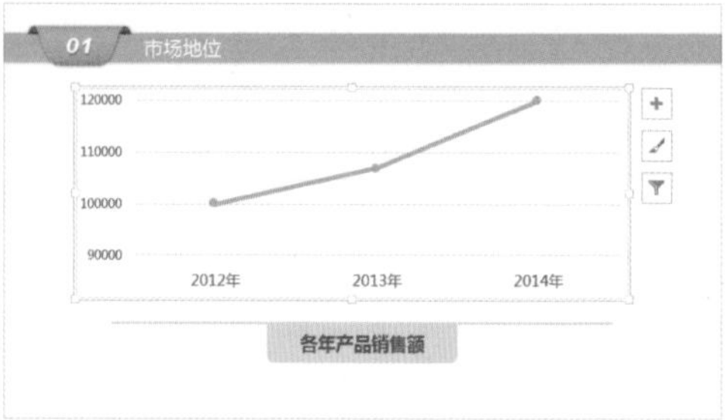

⑬ 添加数据标签。选中数据系列，单击鼠标右键，从弹出的快捷菜单中选择【添加数据标签】➤【添加数据标签】菜单项。

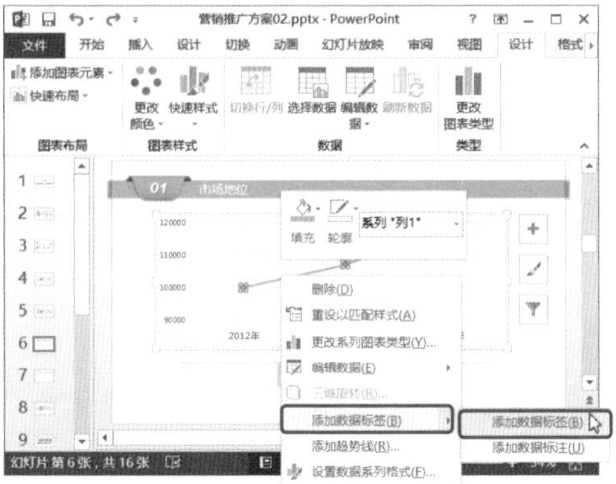

⑭ 即可为数据系列添加上数据标签，将其字体设置为“微软雅黑”，字号设置为“16”。

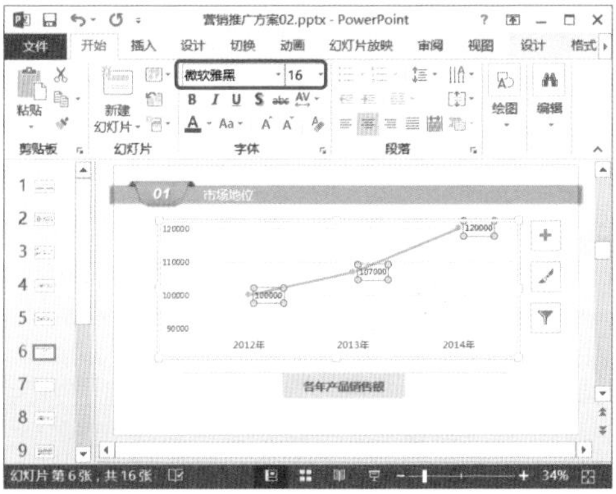

⑮ 设置数据标签。选中数据标签，单击鼠标右键，从弹出的快捷菜单中选择【设置数据标签格式】菜单项。

⑯ 弹出【设置数据标签格式】任务窗格，切换到【标签选项】选项卡，单击【标签选项】按钮，在【标签位置】组合框中选中【靠下】单选钮。

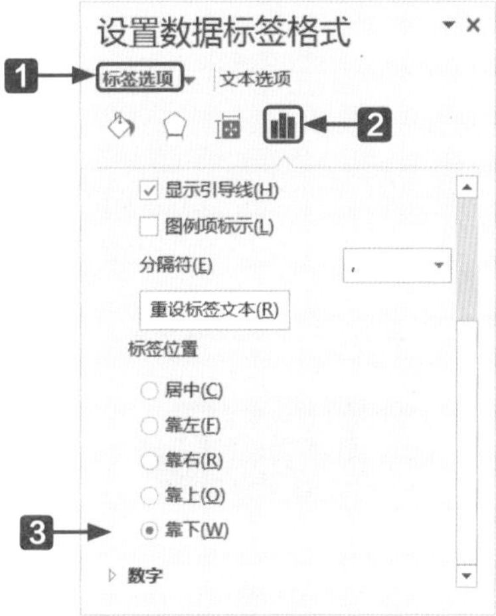

⑰ 切换到【文本选项】选项卡，单击【文本填充颜色】按钮，在【文本填充】组合框中选中【纯色填充】单选钮，然后在【颜色】下拉列表中选择【浅绿】选项。

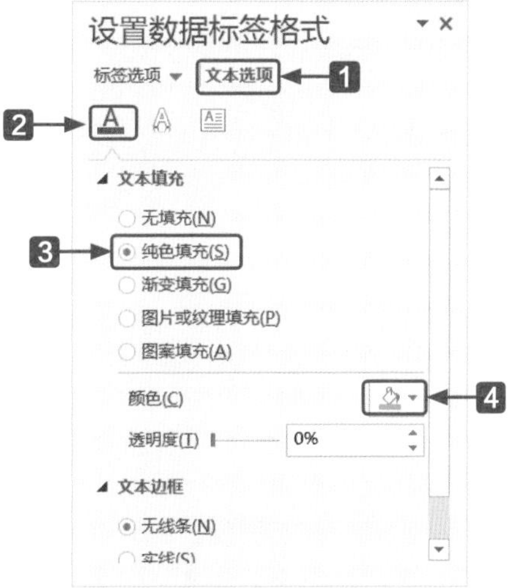

⑱ 关闭【设置数据标签格式】任务窗格，返回演示文稿中，数据标签的设置效果如图所示。

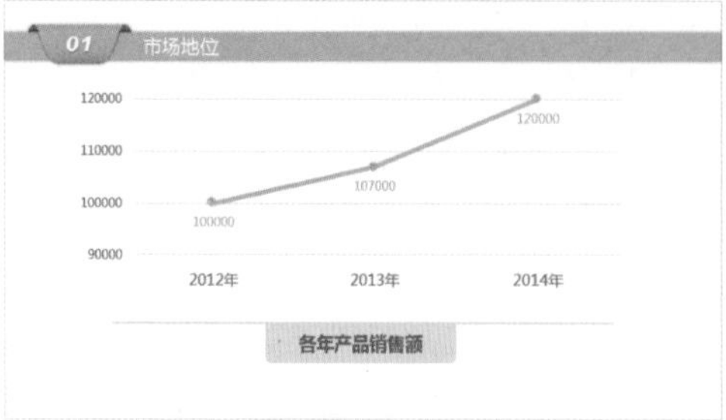

按照相同的方法为第 7 张幻灯片添加图表并对其进行美化，效果如图所示。

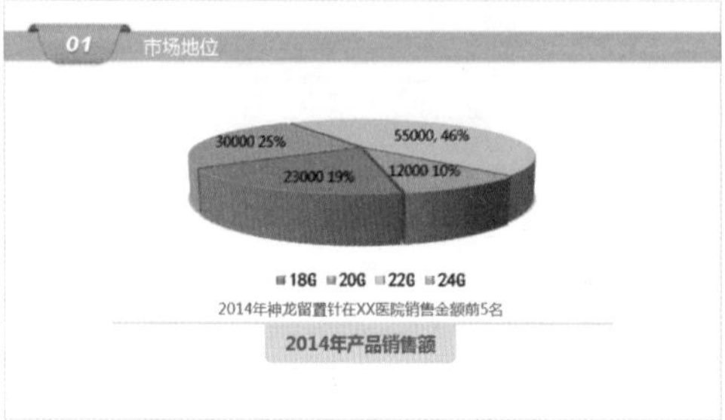

4. 编辑结尾幻灯片

结尾幻灯片主要用于表示演示文稿的结束。通常情况下，结尾幻灯片会对观众予以致谢。

本实例的结尾幻灯片中包含企业的服务理念、企业的宣传语以及公司 LOGO，只有文本比较单调，用户可以参照标题幻灯片，为其添加一个圆形形状，这样既突出显示文本，有一个收缩效果，又可以首尾呼应。

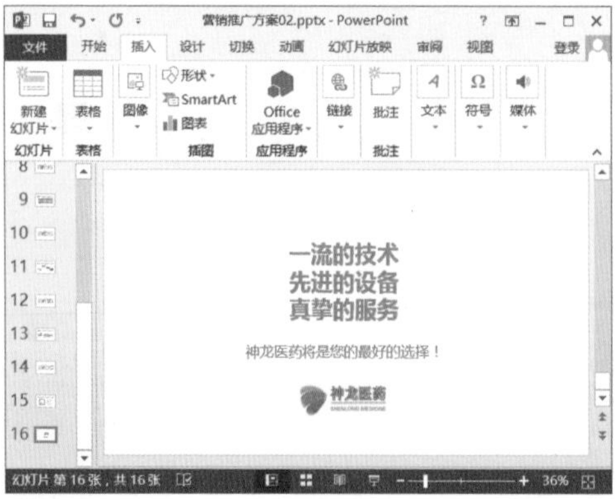

编辑结尾幻灯片的具体步骤如下。

01 选中第16张幻灯片，切换到【插入】选项卡中，单击【插图】组中的【形状】按钮 形状，从弹出的下拉列表中选择【矩形】选项。

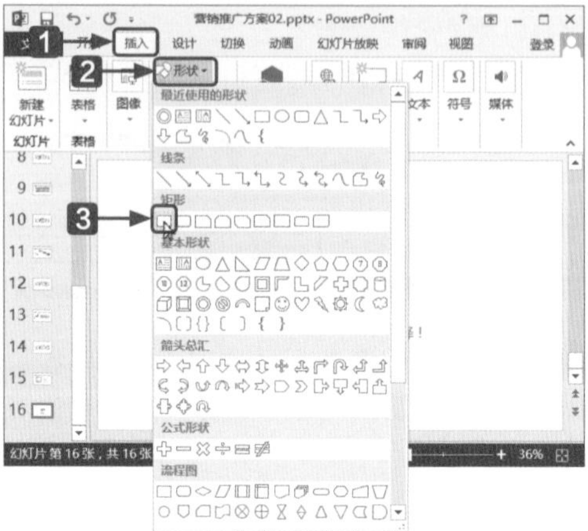

02 此时，鼠标指针变为十形状，在第16张幻灯片中绘制一个矩形形状。

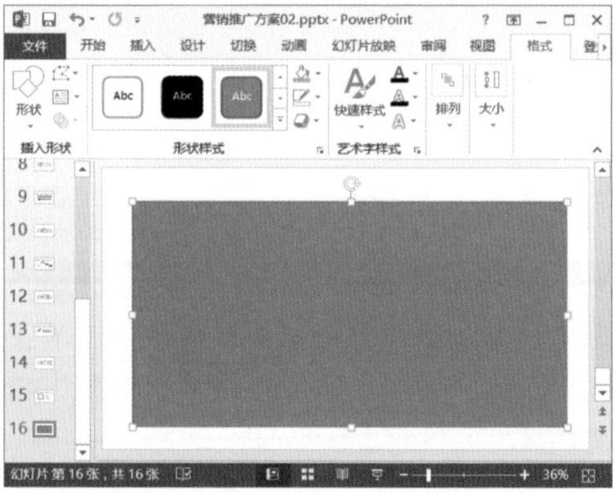

03 拖动矩形形状的8个控制点，将其调整为与幻灯片大小相同，然后选中此形状，切换到【绘图工具】栏中的【格式】选项卡中，单击【排列】组中的【下移一层】按钮的下半部分按钮 下移一层，从弹出的下拉列表中选择【置于底层】选项。

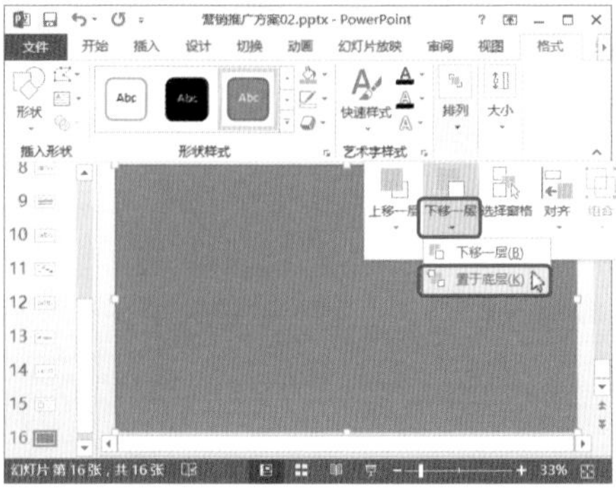

04 即可将其移动到最底层，文本就会显示出来。

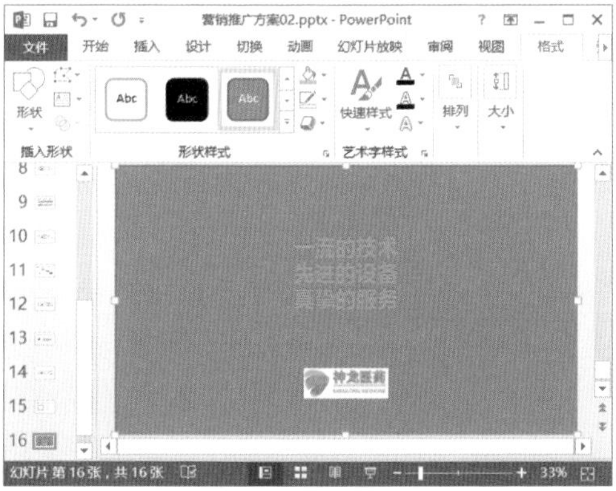

05 在【形状样式】组中将【形状填充】和【形状轮廓】均设置为“浅绿”。

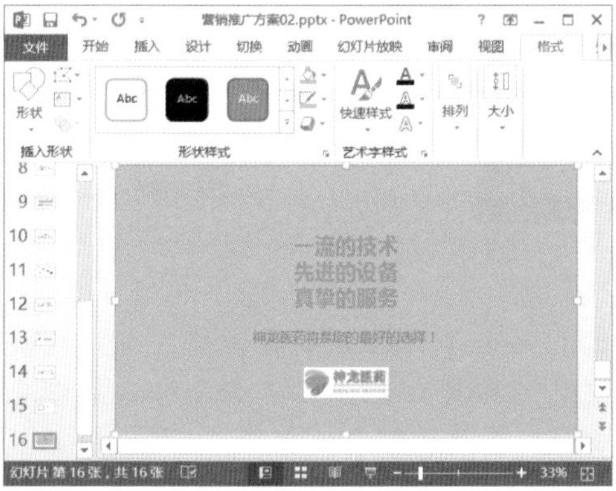

06 在幻灯片中添加椭圆形状，然后将其高度和宽度均设置为“17.53厘米”，调整其位置。

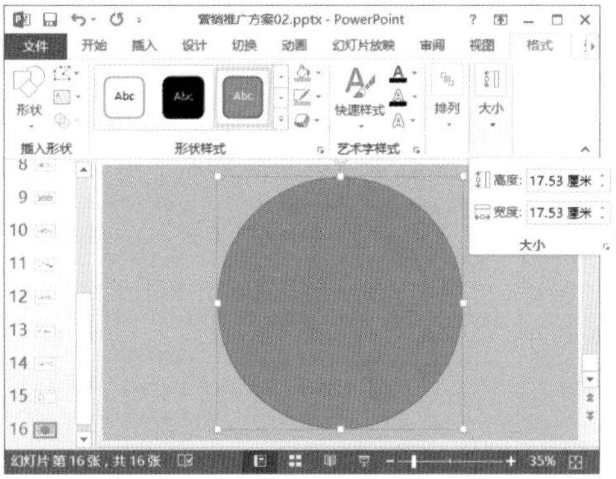

07 将圆形形状的【形状填充】设置为“白色，背景1”，【形状轮廓】设置为“无轮廓”，效果如图所示。

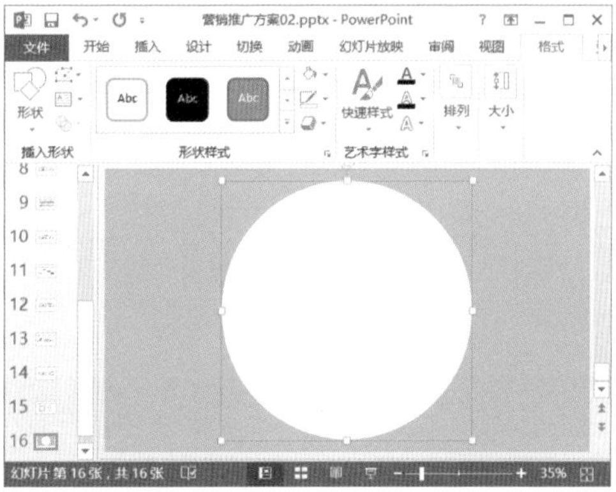

08 利用【下移一层】按钮将其下移，使文本内容显示出来，结尾幻灯片的设置效果如图所示。

至此，企业产品的营销推广方案演示文稿就制作完成了，效果如下。

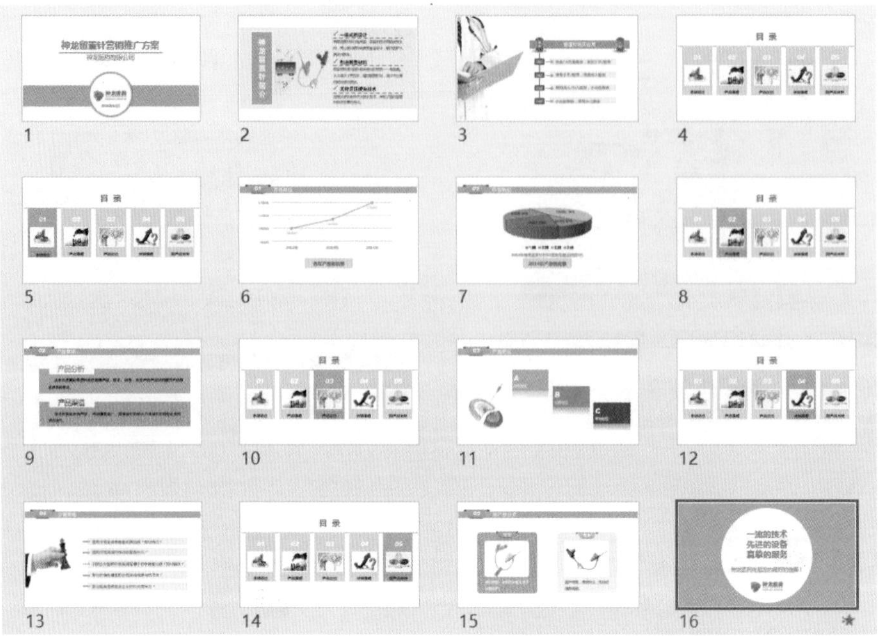

高手过招

巧把幻灯片变图片

把幻灯片变图片的具体步骤如下。

01 打开素材文件“营销推广方案.pptx”，在演示文稿窗口中单击 文件 按钮，然后从弹出的界面中选择【另存为】选项。

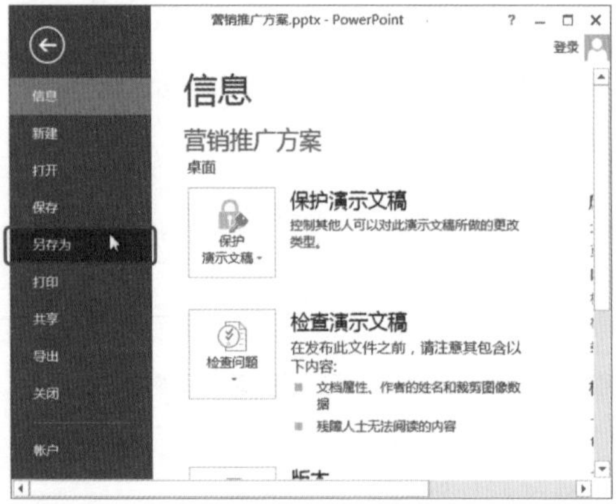

02 从弹出的【另存为】界面中选择【计算机】选项，单击【浏览】按钮 。

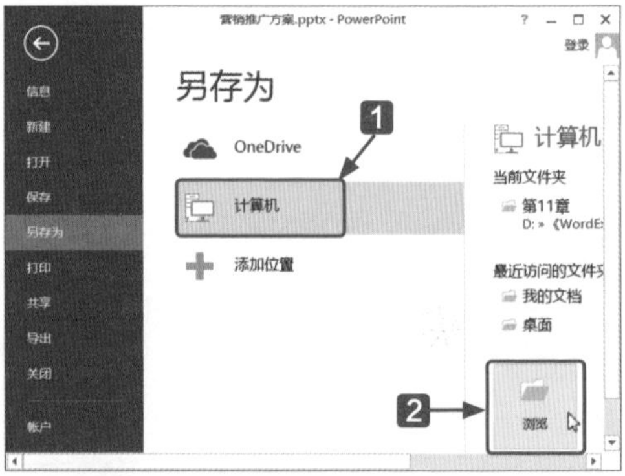

03 弹出【另存为】对话框，选择生成图片的保存位置，然后从【保存类型】下拉列表中选择【TIFF Tag图像文件格式（*.tif）】选项。

04 设置完毕，单击 保存(S) 按钮，弹出【Microsoft PowerPoint】提示对话框，提示用户“您希望导出哪些幻灯片？”。

05 单击 所有幻灯片(A) 按钮，弹出【Microsoft PowerPoint】对话框，提示用户已经将幻灯片转换成图片文件。

06 直接单击 确定 按钮，此时即可在保存位置创建一个名为“营销推广方案”的文件夹。

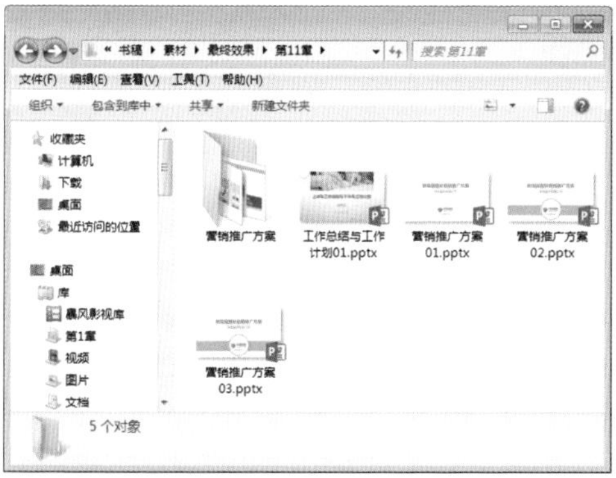

07 双击该文件夹将其打开，可以看到幻灯片转换成的图片文件。

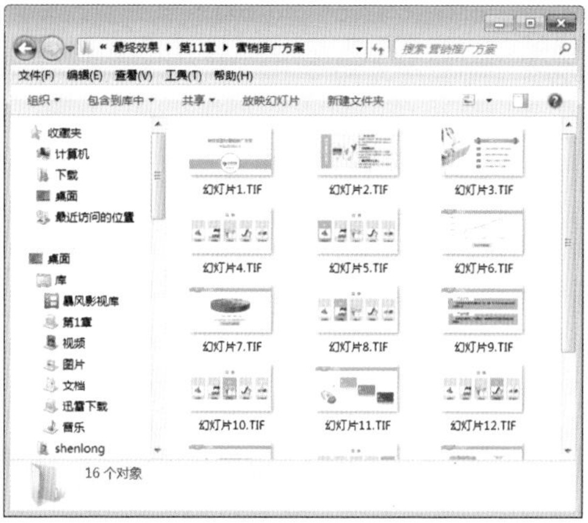

巧妙设置演示文稿结构

PowerPoint 2013 为用户提供了“节”功能。使用该功能，用户可以快速为演示文稿分节，使其看起来更逻辑化。

设置演示文稿结构的具体操作步骤如下。

01 打开本实例的素材文件“营销推广方案.pptx”，然后在演示文稿中选中第1张幻灯片，切换到【开始】选项卡，在【幻灯片】组中单击【节】按钮，从弹出的下拉列表中选择【新增节】选项。

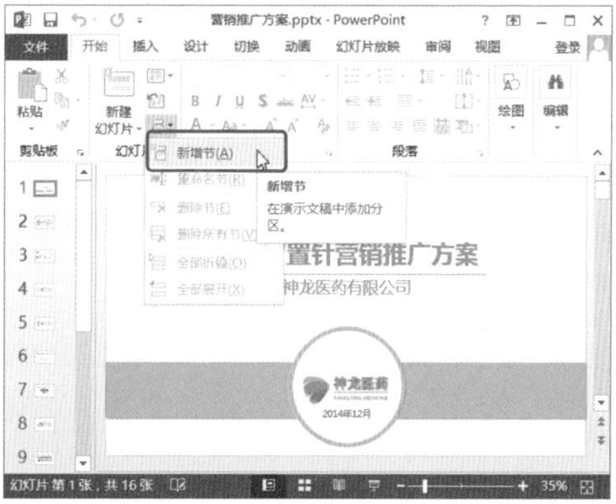

02 随即在选中的幻灯片的上方添加了一个无标题节。

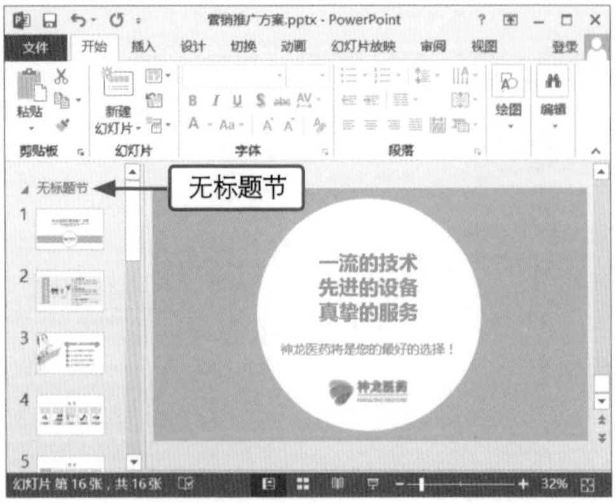

03 选中无标题节，然后单击鼠标右键，在弹出的下拉菜单中选择【重命名节】菜单项。

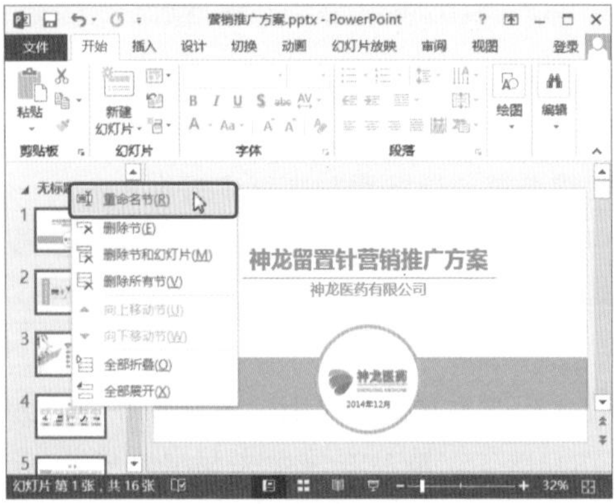

04 弹出【重命名节】对话框，在【节名称】文本框中输入“封面”。

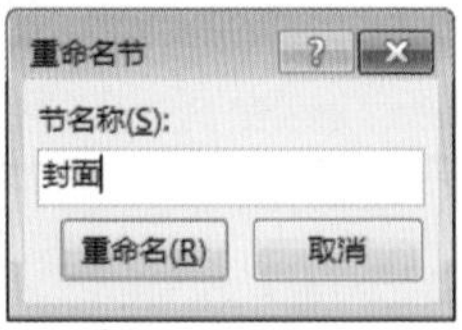

05 单击 重命名(R) 按钮，即可完成对节的重命名。

06 选中第4张幻灯片，在其中插入新增节，然后选中无标题节，单击鼠标右键，在弹出的下拉菜单中选择【重命名节】菜单项。

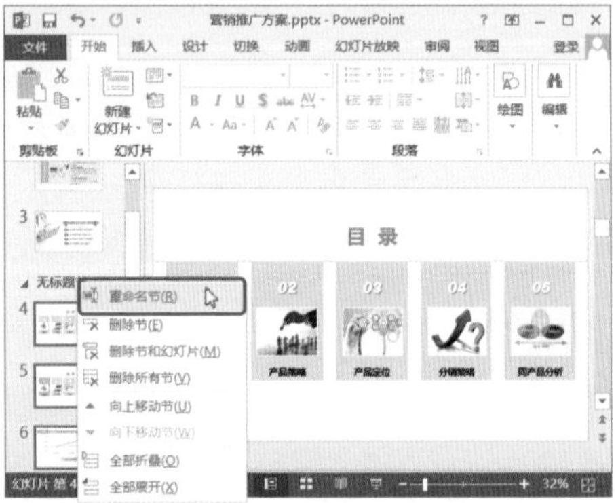

07 弹出【重命名节】对话框，在【节名称】文本框中输入“目录”。

08 单击 重命名(R) 按钮，即可完成对节的重命名。

09 使用同样的方法，添加“正文”节。

10 选中最后一张幻灯片，按上述方法设置“结束语”节即可。

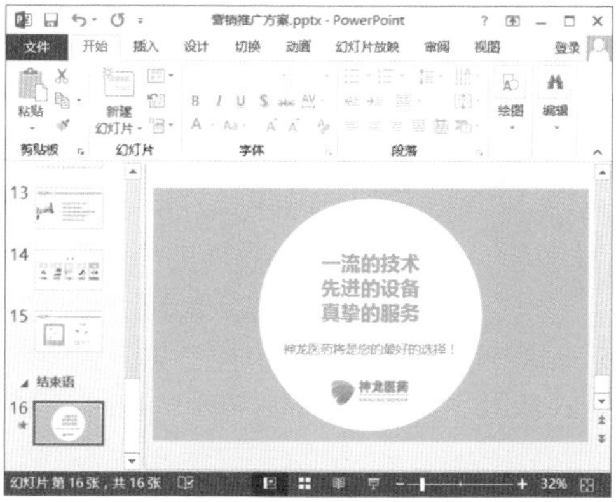

如何快速更改图表类型

在 PowerPoint 2013 中，如果用户对插入的图表类型不满意，还可以对其进行更改，具体的操作步骤如下。

第一种方法：

01 打开本实例的素材文件“营销推广方案.pptx”，在左侧选择第7张幻灯片，然后单击鼠标右键选中图表，从弹出的快捷菜单中选择【更改图表类型】菜单项。

02 弹出【更改图表类型】对话框，然后在其中选择一种图表类型即可。

第二种方法：

01 选中图表，切换到【图表工具】栏的【设计】选项卡，然后在【类型】组中单击【更改图表类型】按钮。

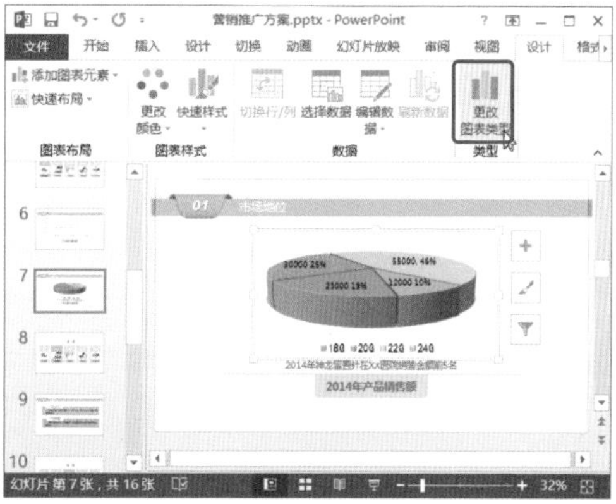

02 弹出【更改图表类型】对话框，然后在其中选择一种图表类型即可。

第 11 章

动画效果与放映

演示文稿编辑完成后，用户可以通过插入剪贴画或艺术字，设置图片效果以及设置动画效果等多种方式对幻灯片进行美化和放映。

关于本章知识，本书配套教学光盘中有相关的多媒体教学视频，请读者参见光盘中的【PowerPoint 2013 的应用与设计 \ 动画效果与放映】。

11.1 企业宣传片的动画效果

制作企业宣传片的作用：（1）塑造企业品牌形象；（2）树立行业权威；（3）促进企业文化传播；（4）增强信任感；（5）提升客户忠诚度；（6）促进销售。接下来以制作并发布一份企业宣传片为例讲解演示文稿的综合应用。

11.1.1 巧用剪贴画和艺术字

在编辑幻灯片的过程中，插入剪贴画和艺术字，可以使幻灯片看起来更加精美。

本小节示例文件位置如下。	
原始文件	\第 11 章\企业宣传片
最终效果	\第 11 章\企业宣传片 01

扫码看视频

1. 插入剪贴画

PowerPoint 2013 中有很多好看的剪贴画，用户可以根据需要搜索并插入剪贴画。另外，用户还可以对一些 WMF 格式的剪贴画进行任意修改和组合。插入并编辑剪贴画的具体步骤如下。

01 打开本实例的原始文件，在左侧的幻灯片列表中选中第13张幻灯片，切换到【插入】选项卡，在【图像】组中单击【联机图片】按钮。

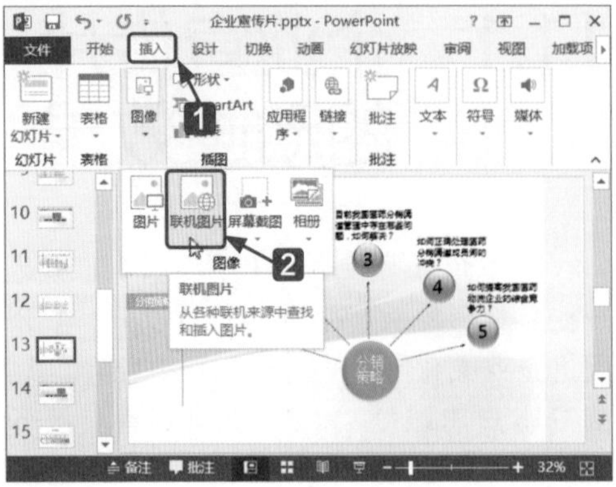

02 此时，弹出【插入图片】对话框，在【Office.com剪贴画】文本框中输入词语“思考”，然后单击右侧的【搜索】按钮 。

03 即可在列表框中搜索出关于“思考”的所有剪贴画，然后在其中单击选择合适的图片文件。

04 单击 插入 按钮，即可将选中的剪贴画插入到幻灯片中。

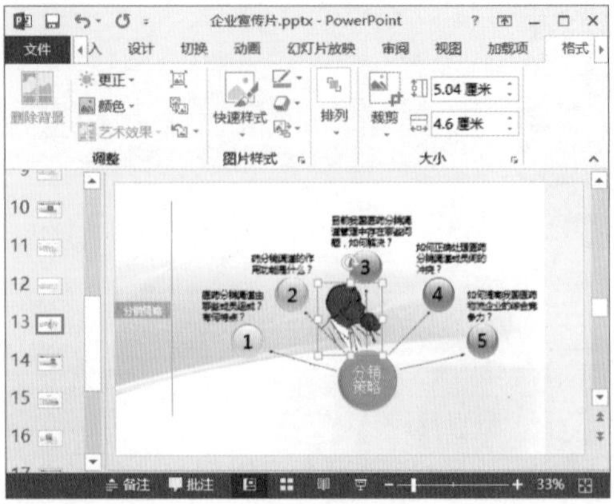

05 调整剪贴画的大小，然后将其移动到幻灯片的右下角，效果如图所示。

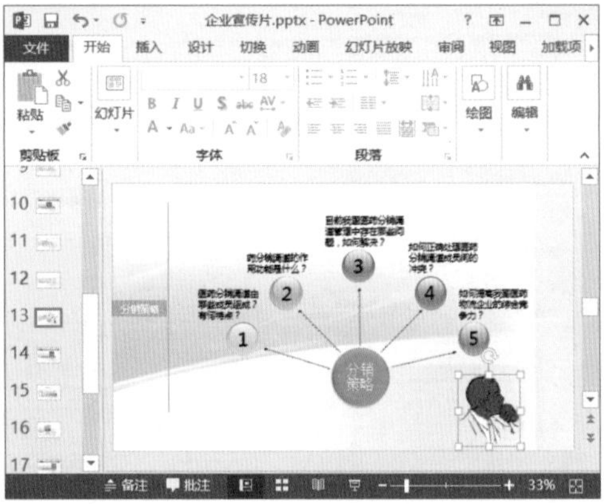

06 选中剪贴画，然后单击鼠标右键，从弹出的快捷菜单中选择【组合】➤【取消组合】菜单项。

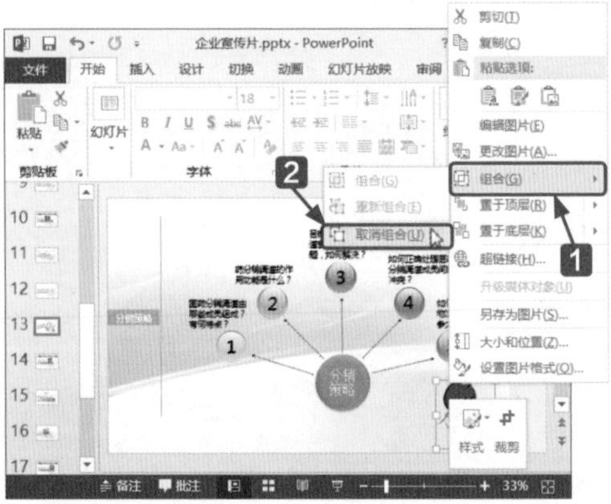

07 弹出【Microsoft PowerPoint】提示对话框，提示用户“这是一张导入的图片，而不是组合。是否将其转换为Microsoft Office图形对象？”，此时单击 是(Y) 按钮。

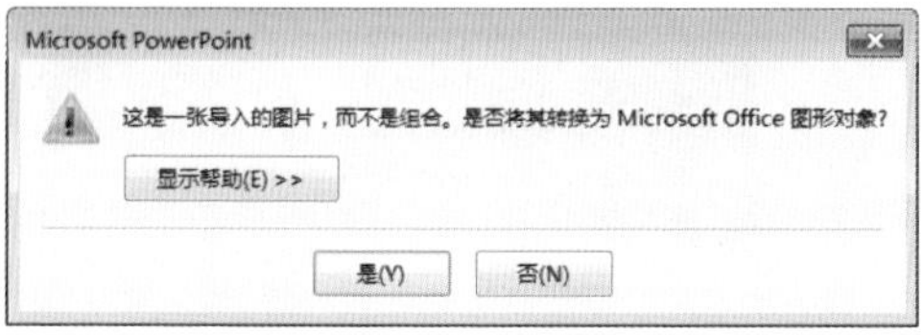

08 选中剪贴画中的头部图形，按【Delete】键，即可将填充颜色的头像删除。

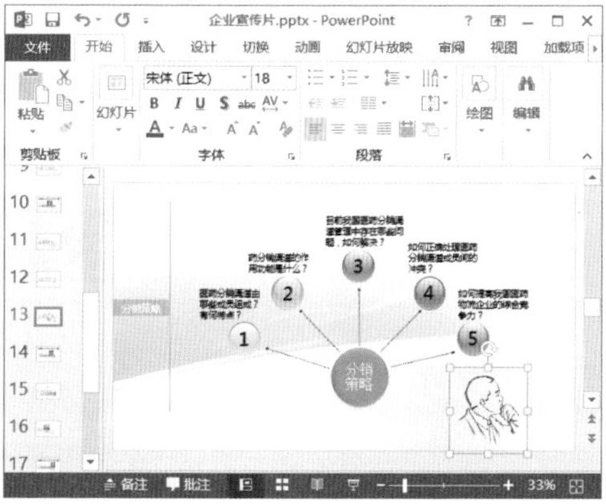

09 选中剪贴画，切换到【绘图工具】栏中的【格式】选项卡中，单击【排列】组中的【翻转对象】按钮，从弹出的下拉列表中选择【水平翻转】选项。

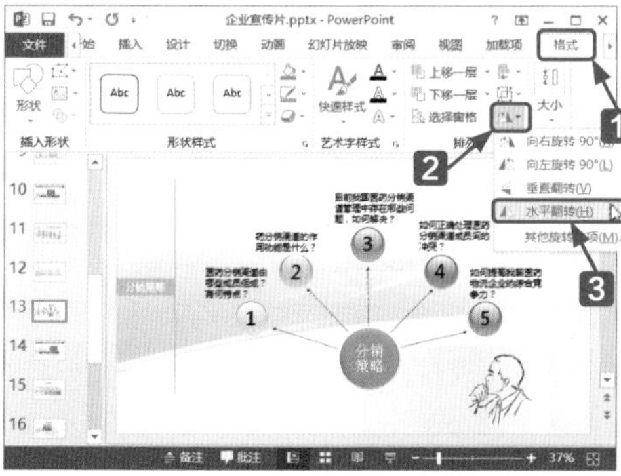

10 返回幻灯片中，剪贴画的设置效果如图所示。

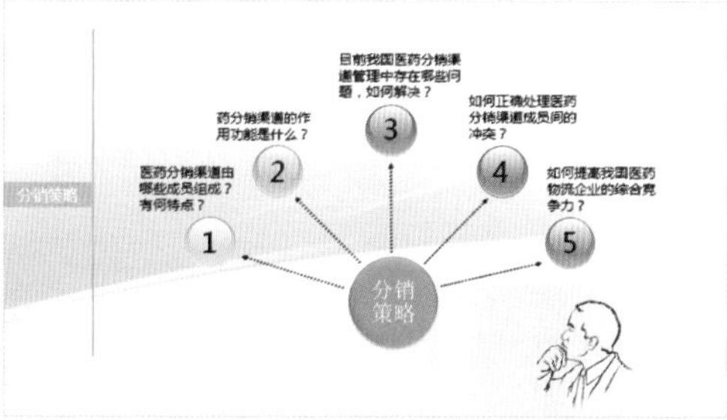

2. 插入艺术字

艺术字是 PowerPoint 2013 提供的现成的文本样式对象，用户可以将其插入到幻灯片中，并设置其格式效果。PowerPoint 2013 提供多种艺术字功能，在演示文稿中使用艺术字特效可以使幻灯片更加灵动和美观。具体步骤如下。

01 在左侧的幻灯片列表中选中第21张幻灯片，切换到【插入】选项卡，在【文本】组中单击【艺术字】按钮，从弹出的下拉列表中选择【填充-蓝色，着色1，轮廓-背景1，清晰阴影-着色1】选项。

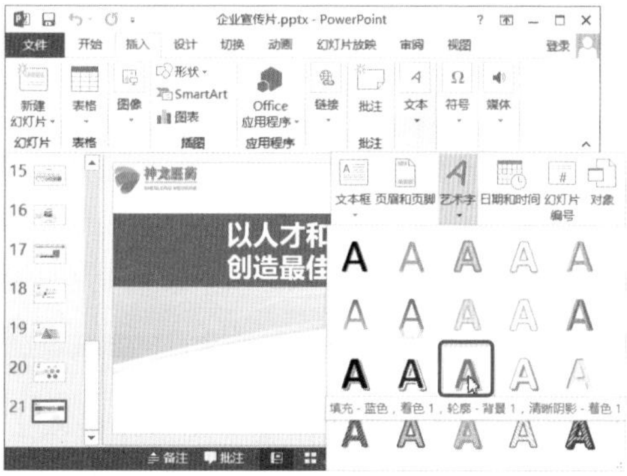

02 此时，即可在幻灯片中插入一个艺术字文本框。

03 在【请在此放置您的文字】文本框中输入“谢谢欣赏”，然后将其移动到合适的位置。

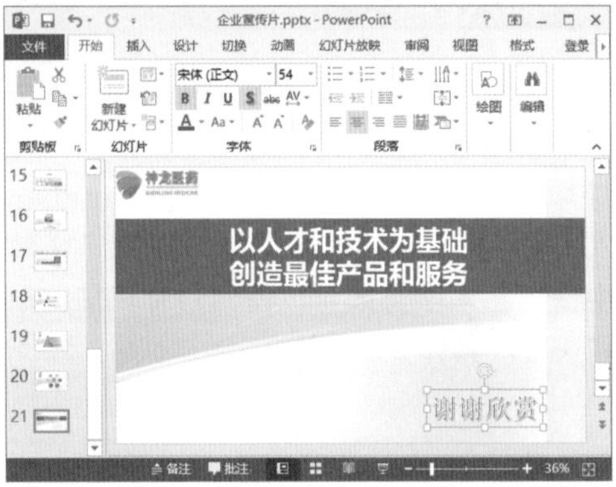

04 选中艺术字文本框，将其字体设置为“微软雅黑”，字号设置为“44”。

05 切换到【绘图工具】栏中的【格式】选项卡，单击【艺术字样式】组中的【文本填充】按钮 A 右侧的下三角按钮，从弹出的下拉列表中选择【灰色-25%，背景2，深色50%】选项。

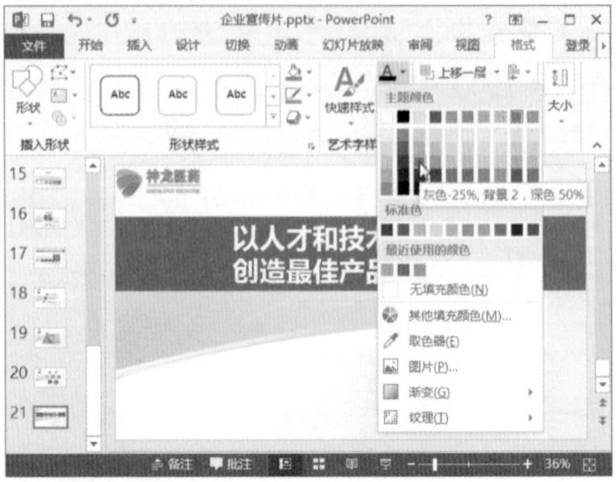

06 设置完毕，艺术字效果如图所示。

07 单击【艺术字样式】组中的【文本轮廓】按钮 A 右侧的下三角按钮，从弹出的下拉列表中选择【无轮廓】选项。

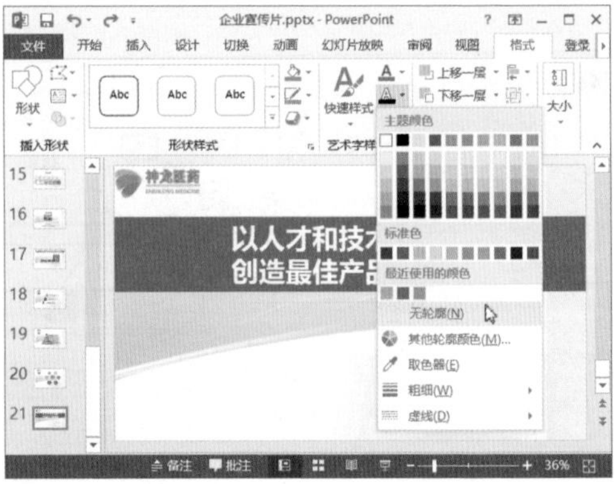

08 设置完毕，艺术字效果如图所示。

11.1.2 设置图片效果

PowerPoint 2013 提供了多种图片特效功能，用户既可以直接应用图片样式，也可以通过调整图片颜色、裁剪、排列等方式，使图片更加绚丽多彩，给人以耳目一新之感。

本小节示例文件位置如下。	
原始文件	\第 11 章\企业宣传片 01
最终效果	\第 11 章\企业宣传片 02

扫码看视频

1. 使用图片样式

PowerPoint 2013 提供了多种类型的图片样式，用户可以根据需要选择合适的图片样式。使用图片样式美化图片的具体步骤如下。

01 打开本实例的原始文件，在左侧的幻灯片列表中选中第16张幻灯片，选中该幻灯片中的图片，切换到【图片工具】栏中的【格式】选项卡，在【图片样式】组中单击【快速样式】按钮，从弹出的下拉列表中选择【矩形投影】选项。

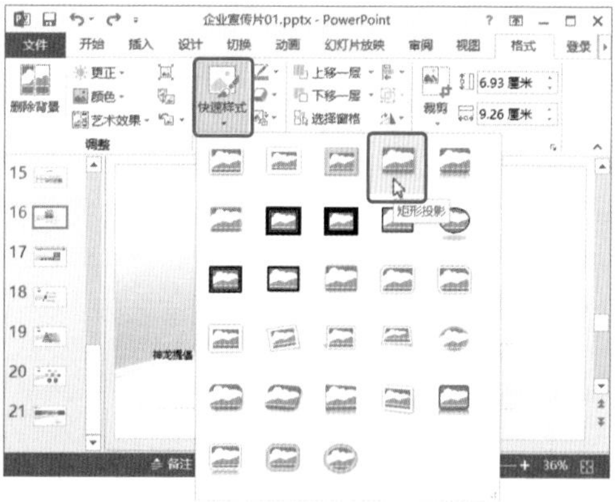

02 返回幻灯片，设置效果如图所示。

03 使用同样的方法选中第2张幻灯片中的图片，切换到【图片工具】栏中的【格式】选项卡中，单击【图片样式】组中的【快速样式】按钮。

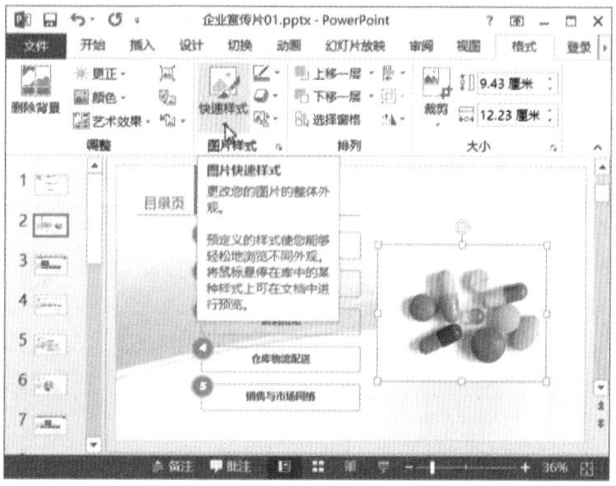

04 从弹出的下拉列表中选择【柔化边缘椭圆】选项。

05 返回幻灯片，设置效果如图所示。

2. 调整图片效果

在 PowerPoint 2013 中，用户还可以对图片的颜色、亮度和对比度进行调整。

01 选中第16张幻灯片中的图片，切换到【图片工具】栏中的【格式】选项卡，在【调整】组中单击 颜色 按钮。

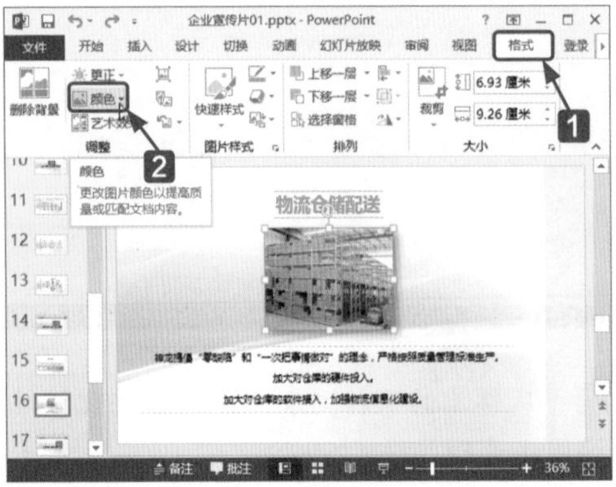

02 从弹出的下拉列表中选择【色温 5300K】选项。

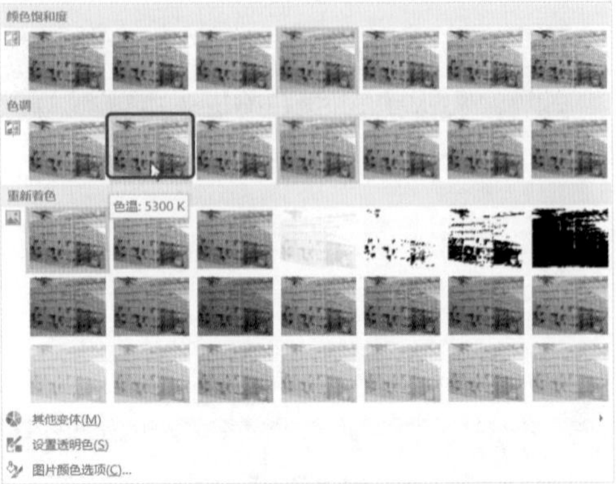

03 返回幻灯片，设置效果如图所示。

04 选中第16张幻灯片中的图片，切换到【图片工具】栏中的【格式】选项卡，在【调整】组中单击 更正 按钮。

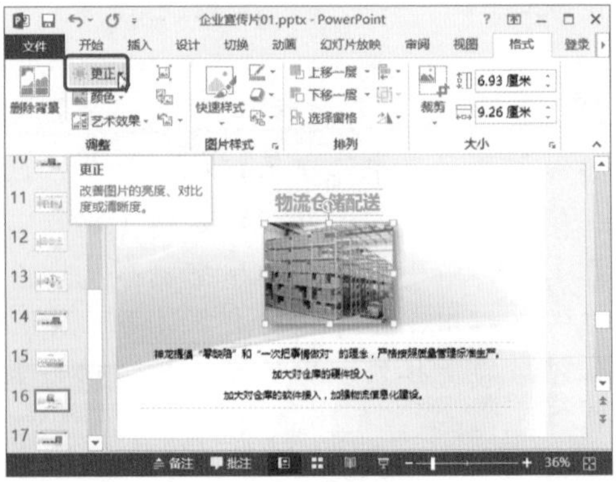

05 从弹出的下拉列表中选择【亮度：

-20%，对比度：+40%】选项。

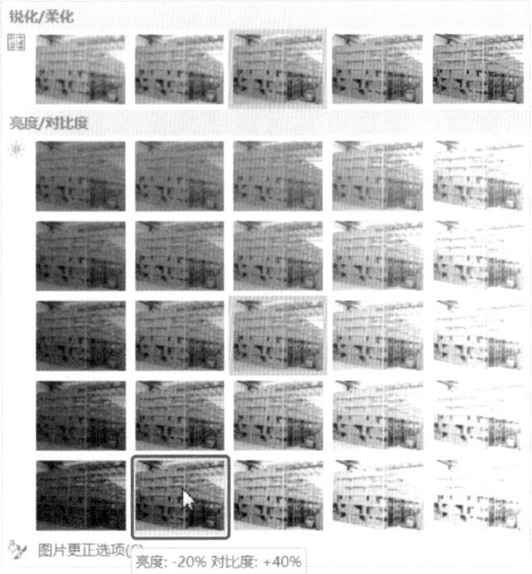

06 返回幻灯片，设置效果如图所示。

3. 裁剪图片

在编辑演示文稿时，用户可以根据需要将图片裁剪成各种形状。裁剪图片的具体步骤如下。

01 在左侧的幻灯片列表中选中第16张幻灯片，然后选中幻灯片中的图片，切换到【图片工具】栏中的【格式】选项卡，在【大小】组中单击【裁剪】按钮的下半部分按钮，从弹出的下拉列表中选择【裁剪】选项。

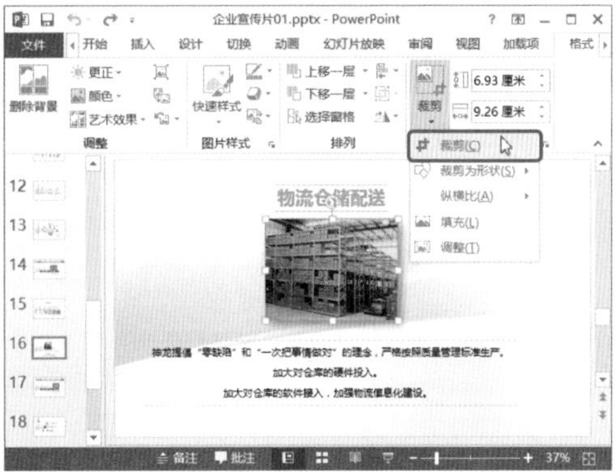

02 此时，图片进入裁剪状态，并出现8个裁剪边框。

03 选中任意一个裁剪边框，按住鼠标左键不放，上、下、左、右进行拖动光标即可对图片进行裁剪。

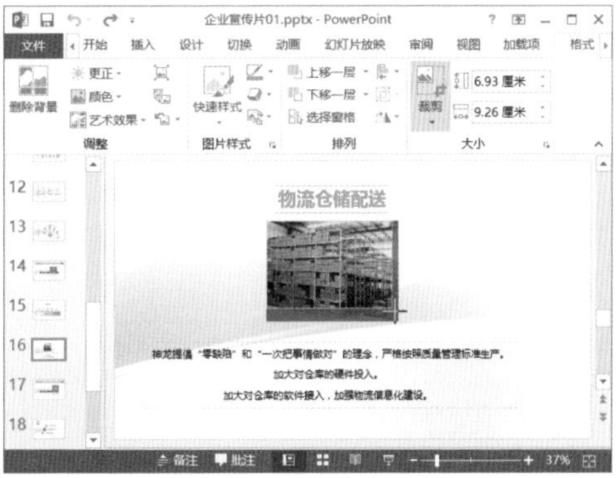

04 释放鼠标左键，在【大小】组中单击【裁剪】按钮的上半部分按钮，即可

完成裁剪。

05 选中该图片，在【大小】组中单击【裁剪】按钮的下半部分按钮，从弹出的下拉列表中选择【裁剪为形状】➤【椭圆】选项。

06 裁剪效果如图所示。

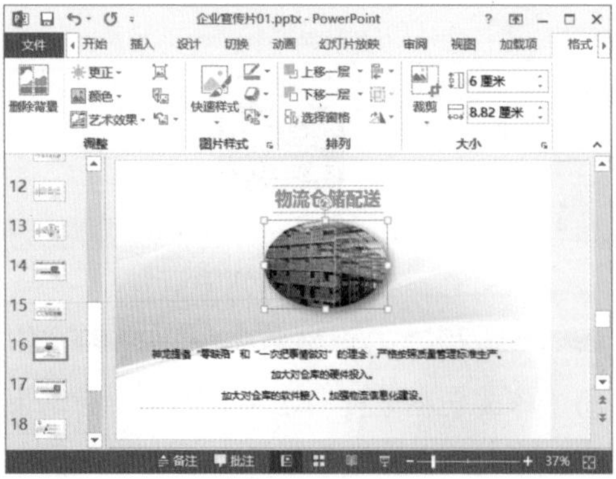

4. 排列图片

在 PowerPoint 2013 中，用户可以根据需要对图片进行图层上下移动、对齐方式设置、组合方式设置等多种排列操作。对图片进行操作的具体步骤如下。

01 选中第2张幻灯片，选中该幻灯片中需要调整位置的图片，切换到【图片工具】栏中的【格式】选项卡，在【排列】组中单击【对齐对象】按钮，从弹出的下拉列表中选择【上下居中】选项。

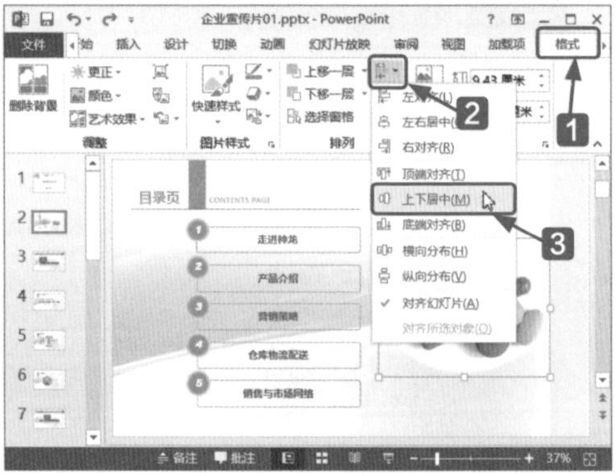

02 返回幻灯片，设置效果如图所示。

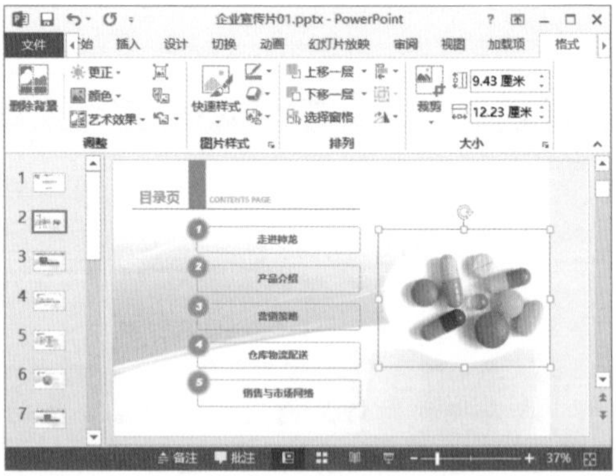

03 选中第16张幻灯片，按住【Shift】键同时选中此幻灯片中的图片、正文中的文本框和形状，切换到【图片工具】栏中的【格式】选项卡，在【排列】组中单击

【组合对象】按钮，从弹出的下拉列表中选择【组合】选项。

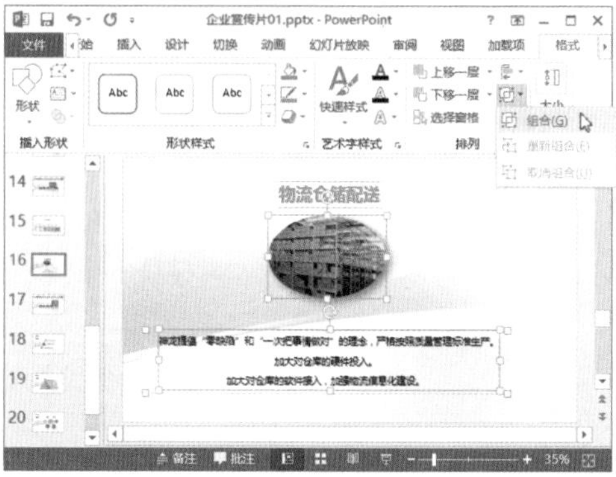

04 选中的内容就组成了一个新的整体对象。

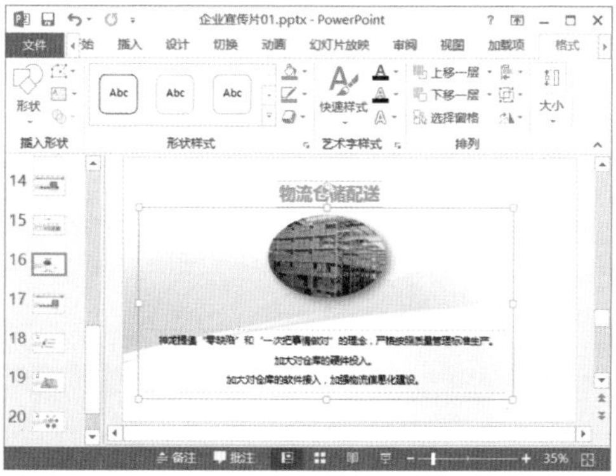

11.1.3 设置动画效果

PowerPoint 2013 提供了包括进入、强调、退出、路径等多种形式的动画效果，为幻灯片添加这些动画特效，可以使 PPT 实现和 Flash 动画一样的旋动效果。

本小节示例文件位置如下。	
原始文件	\第 11 章\企业宣传片 02
最终效果	\第 11 章\企业宣传片 03

扫码看视频

1. 设置进入动画

进入动画是最基本的自定义动画效果，用户可以根据需要对 PPT 中的文本、图形、图片、组合等多种对象实现从无到有、陆续展现的动画效果。设置进入动画的具体步骤如下。

01 打开本实例的原始文件，在第2张幻灯片中选中“目录页”文本框，然后切换到【动画】选项卡，在【动画】组中单击【动画样式】按钮。

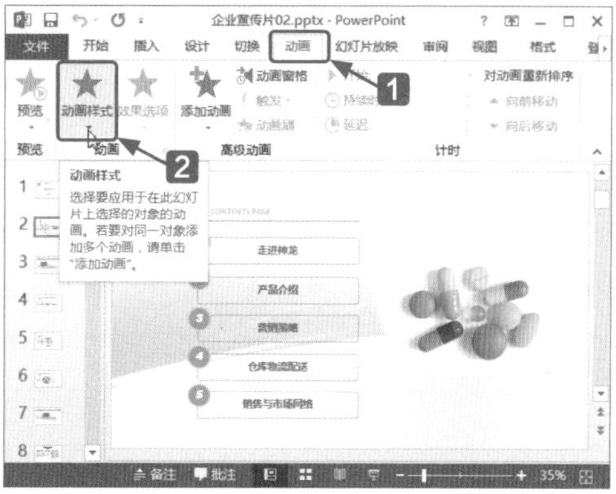

02 从弹出的下拉列表中选择【进入】➤【缩放】选项。

03 即可为“目录页”文本框添加进入动画，然后在【高级动画】组中单击动画窗格

按钮。

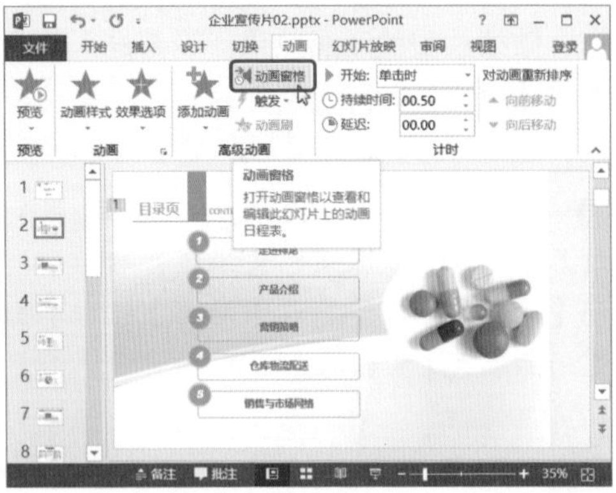

04 弹出【动画窗格】任务窗格，选中动画1，然后单击鼠标右键，从弹出的快捷菜单中选择【效果选项】菜单项。

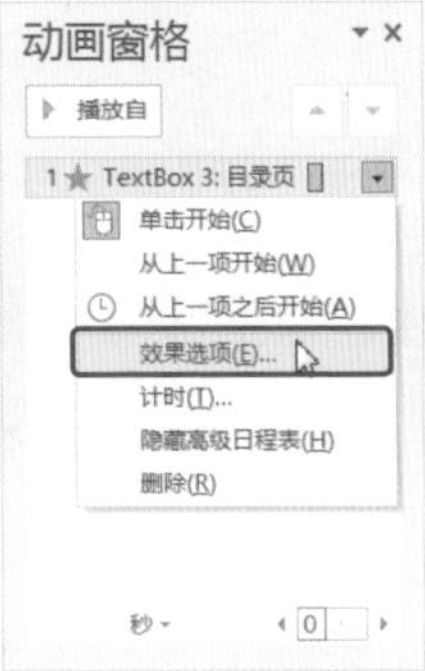

05 弹出【缩放】对话框，切换到【效果】选项卡，在【设置】组合框中的【消失点】下拉列表中选择【对象中心】选项。

06 切换到【计时】选项卡，在【期间】下拉列表中选择【快速（1秒）】选项。

07 单击 确定 按钮返回演示文稿，单击【动画窗格】任务窗格右上角的【关闭】按钮，然后在【预览】组中单击【预览】按钮的上半部分按钮。

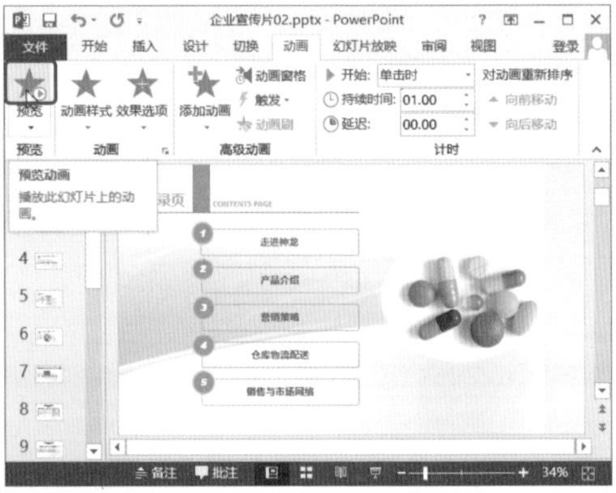

08 此时“目录”文本框的随机线条效果如图所示。

09 选中目录1组合对象，切换到【动画】选项卡中，单击【动画】组中的【动

画样式】按钮。

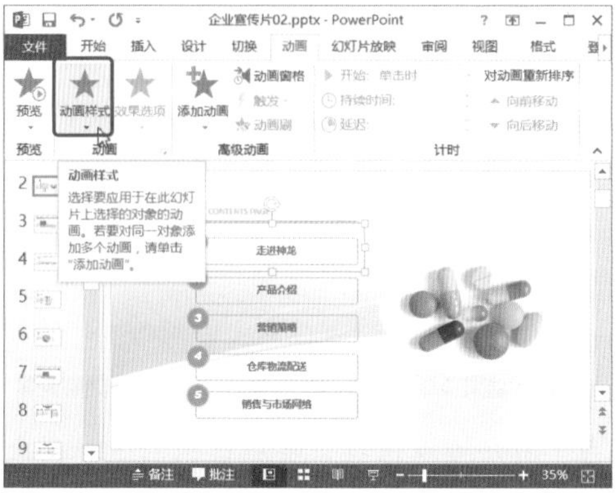

⑩ 从弹出的下拉列表中选择【形状】选项。

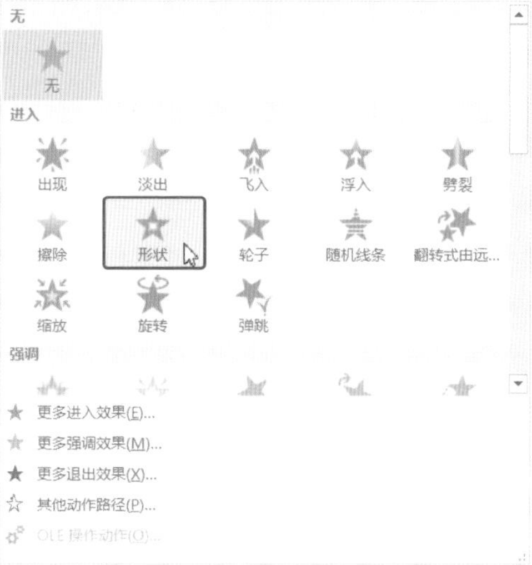

⑪ 使用同样的方法为其他4个目录条目依次添加“形状”的进入效果，然后在【预览】组中单击【预览】按钮的上半部分按钮，“形状”的进入效果如图所示。

2. 设置强调动画

强调动画是在放映过程中通过放大、缩小、闪烁等方式引起注意的一种动画。这一功能为一些文本框或对象组合添加强调动画，可以收到意想不到的效果。设置强调动画的具体步骤如下。

01 在第2张幻灯片中选中“目录页”文本框，然后切换到【动画】选项卡，在【高级动画】组中单击【添加动画】按钮，从弹出的下拉列表中选择【强调】➤【波浪形】选项。

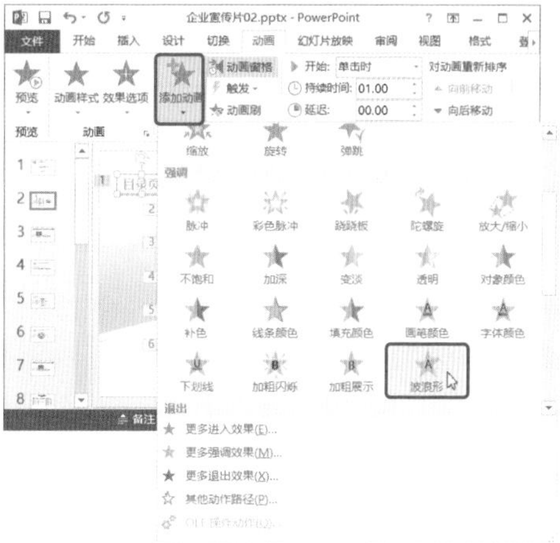

02 在【高级动画】组中单击 动画窗格 按钮，即可弹出【动画窗格】任务窗格，选中动画7，然后切换到【动画】选项卡，在【计时】组中单击 ▲ 向前移动 按钮。

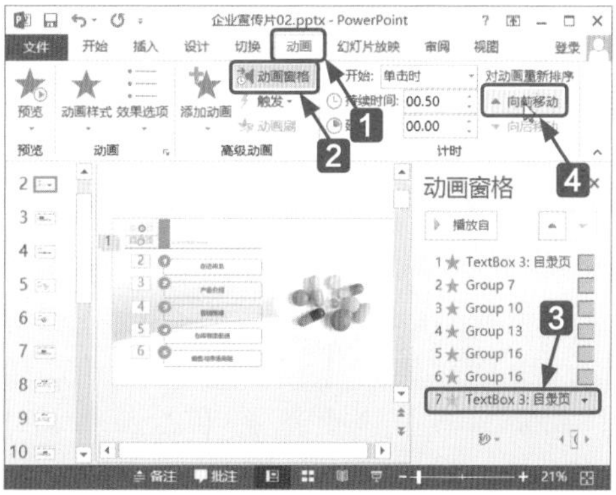

03 将其移动到合适的位置即可。

04 设置完毕关闭【动画窗格】任务窗格，然后在【动画】选项卡的【预览】组中单击【预览】按钮的上半部分按钮，“波浪形”的强调效果如图所示。

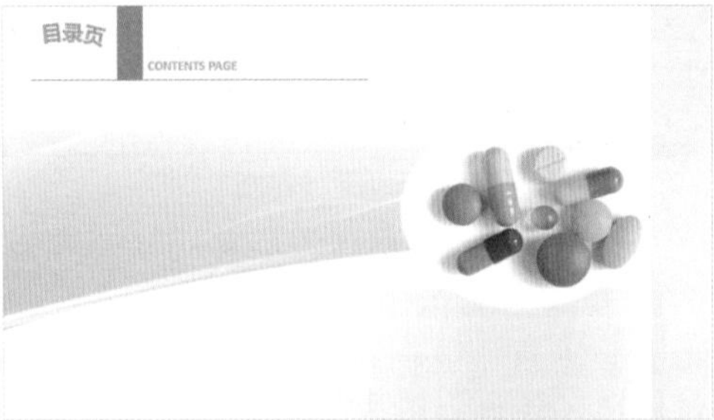

3. 设置路径动画

路径动画是让对象按照绘制的路径运动的一种高级动画效果，可以实现PPT的千变万化。设置路径动画的具体步骤如下。

01 在第2张幻灯片中选中第5个目录条，然后切换到【动画】选项卡，在【高级动画】组中单击【添加动画】按钮。

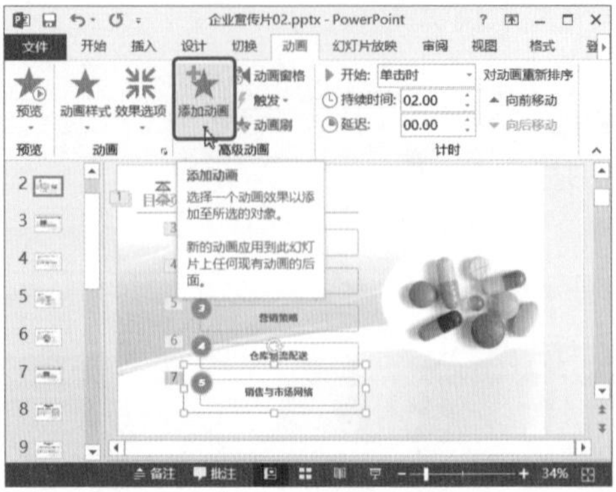

02 用户可以根据需要从弹出的下拉列表中选中合适的动作路径。

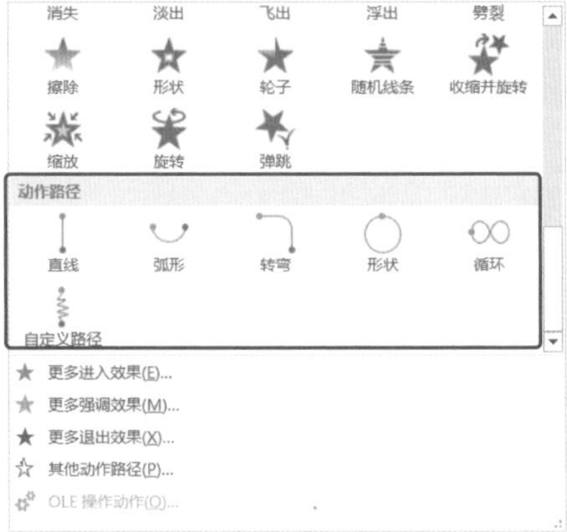

03 用户也可以从弹出的下拉列表中选择【其他动作路径】选项。

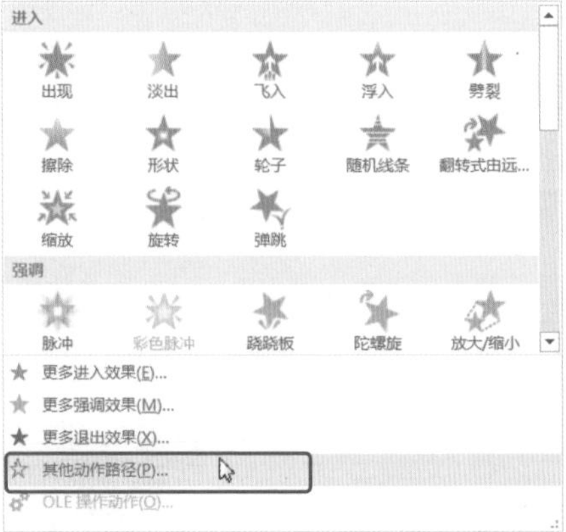

04 弹出【添加动作路径】对话框，然后在【基本】组合框中选择【橄榄球形】选项。

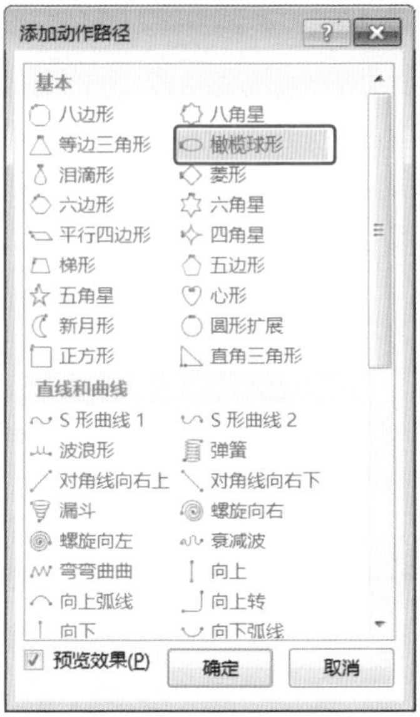

05 单击【确定】按钮，返回演示文稿，设置路径效果如图所示。

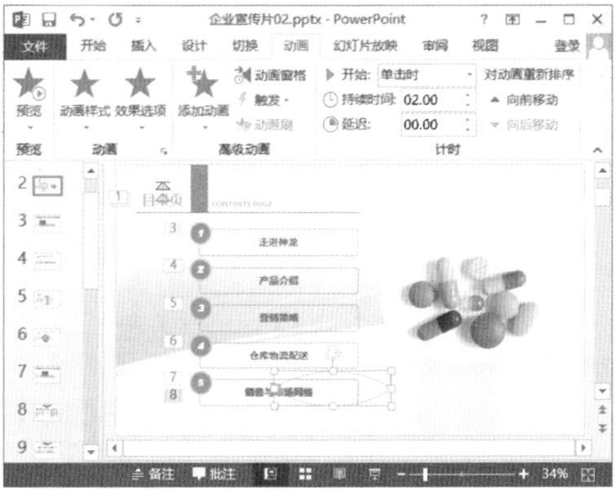

06 在【预览】组中单击【预览】按钮的上半部分按钮，“橄榄球形”的路径效果如图所示。

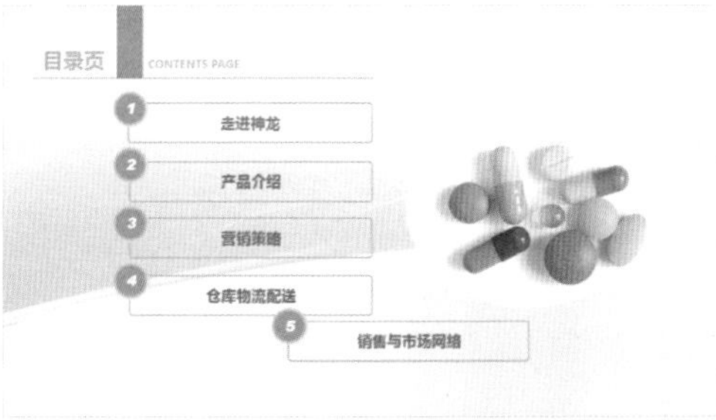

4. 设置退出动画

退出动画是让对象从有到无、逐渐消失的一种动画效果。退出动画实现了画面的连贯过渡，是不可或缺的动画效果。设置退出动画的具体步骤如下。

01 在第2张幻灯片中选中第5个目录条，然后切换到【动画】选项卡，在【高级动画】组中单击【添加动画】按钮，从弹出的下拉列表中选择【退出】>【淡出】选项。

02 此时，即可为第5个目录条添加“淡出”的退出效果，在【预览】组中单击【预览】按钮的上半部分按钮。

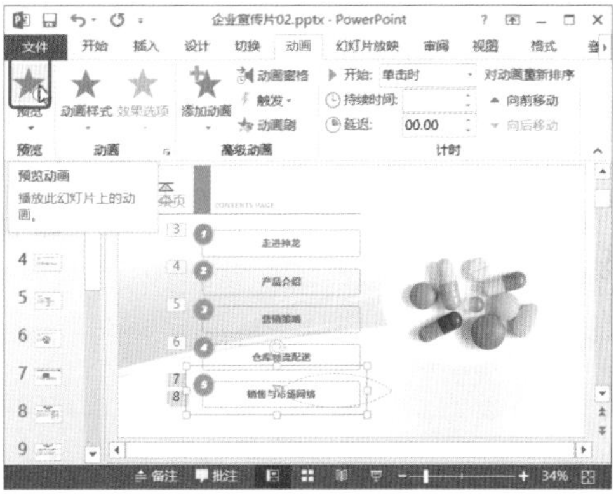

03 “淡出”的退出效果如图所示。

5. 设置页面切换动画

页面切换动画是幻灯片之间进行切换的一种动画效果。添加页面切换动画不仅可以轻松实现页面之间的自然切换，还可以使 PPT 真正动起来。设置页面切换动画的具体步骤如下。

01 选中第4张幻灯片，然后切换到【切换】选项卡，在【切换到此幻灯片】组中单击【切换样式】按钮。

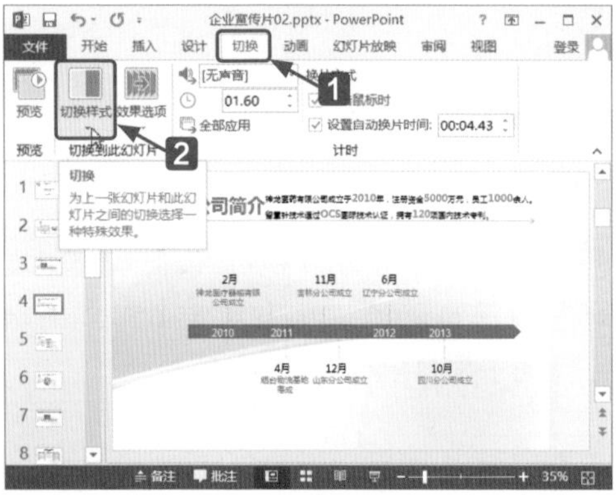

02 从弹出的下拉列表中选择【华丽型】组合框中的【百叶窗】选项。

03 设置完毕，在【预览】组中单击【预览】按钮。

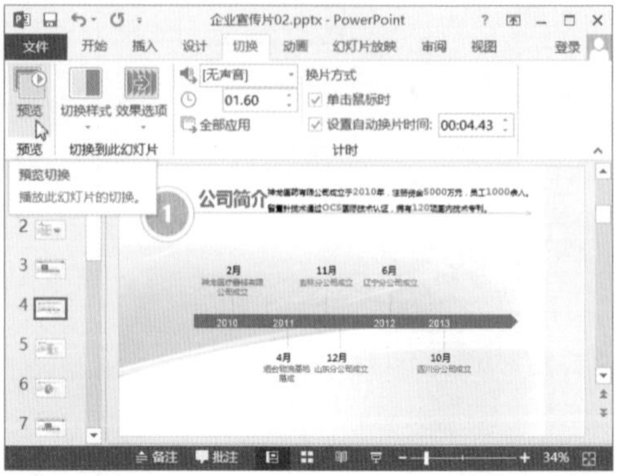

04 "百叶窗"的页面切换效果如图所示。

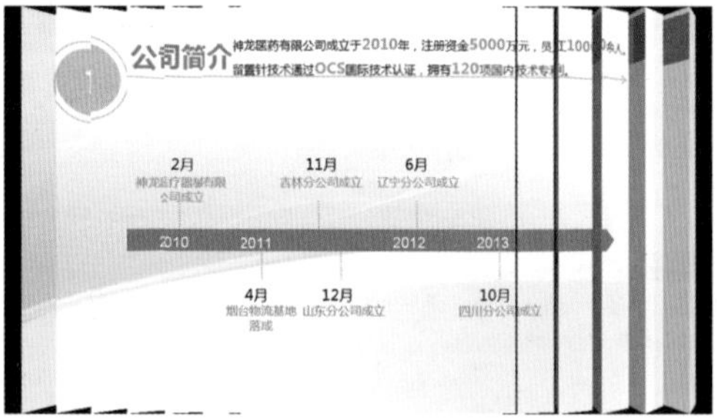

11.2 企业宣传片文稿的应用

用户可以在幻灯片中添加声音等多媒体文件，增强演示文稿的播放效果，"企业宣传片"制作完成后，就要放映幻灯片了。用户还可以将演示文稿保存为网页文件，以供他人使用。

11.2.1 添加多媒体文件

Microsoft 剪辑管理器中包括声音、动画和视频等文件，可以将其插入到演示文稿中。

本小节示例文件位置如下。	
原始文件	\第 11 章\企业宣传片 03
最终效果	\第 11 章\企业宣传片 04

扫码看视频

1. 插入声音文件

在幻灯片中恰当地插入声音，可以使幻灯片的播放效果更加生动、逼真，从而引起观众的注意，使之产生观看的兴趣。插入声音文件的具体步骤如下。

01 打开本实例的原始文件，切换到第1张幻灯片中，切换到【插入】选项卡，在【媒体】组中单击【音频】按钮，从弹出的下拉列表中选择【PC上的音频】选项。

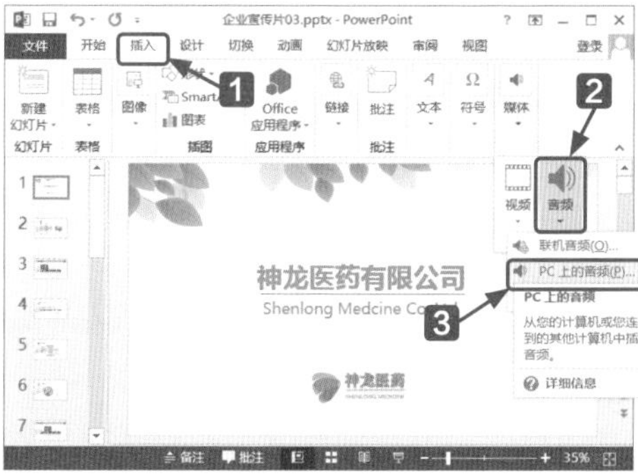

02 随即弹出【插入音频】对话框，选择素材声音所在的文件夹，然后选择需要插入的声音文件，例如选择【声音.mp3】选项。

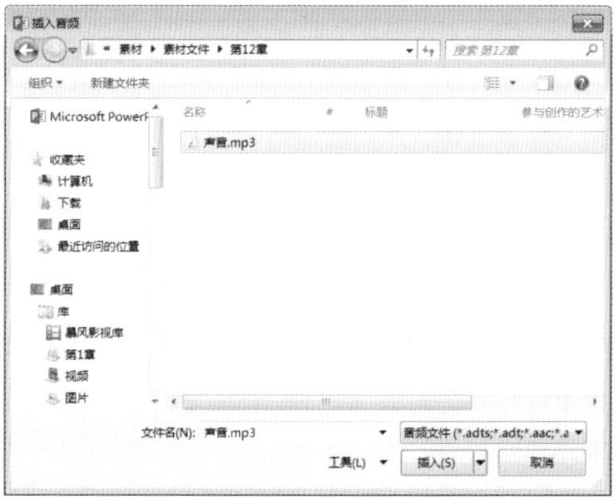

03 单击 插入(S) 按钮，即可在第1张幻灯片中插入了声音图标，并且会出现显示声音播放进度的显示框。

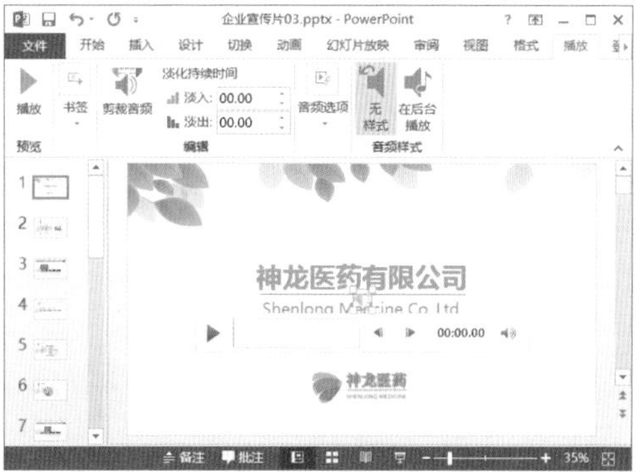

04 在幻灯片中将声音图标拖动到合适的位置，并适当地调整其大小。

05 在幻灯片中插入声音后，可以先听一下声音的效果。双击声音图标可以听到声音，单击左侧的【播放/暂停】按钮，随即音频文件进入播放状态，并显示播放进度。

2. 设置声音效果

插入声音后，可以设置声音的播放效果，使其能和幻灯片放映同步。

01 选中声音图标后，切换到【音频工具】栏中的【播放】选项卡，单击【音频选项】组中的【音量】按钮，从弹出的下拉列表中选择【低】选项。

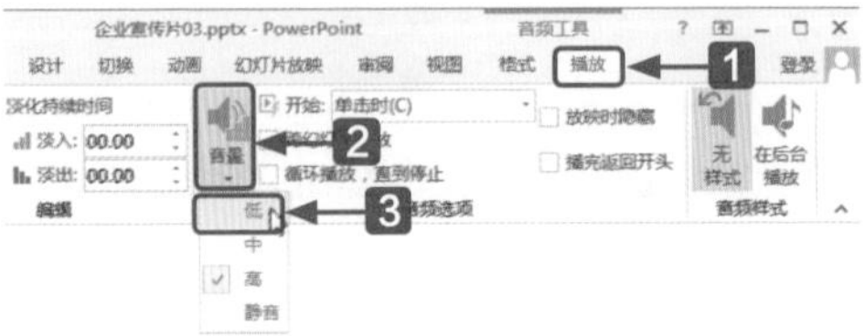

02 单击【音频选项】组中的【开始】右侧的下三角按钮，从弹出的下拉列表中选择【自动】选项。

03 在【音频选项】组中选中【循环播放，直到停止】复选框，声音就会循环播放直到幻灯片放映完才结束；选中【放映时隐藏】复选框，隐藏声音图标；选中【播完返回开头】复选框，就会在播放完成后自动返回开头。

04 切换到“幻灯片放映视图”模式中，放映幻灯片时音乐就会自动播放，并且声音图标就会隐藏起来。

11.2.2 放映演示文稿

在放映幻灯片的过程中，放映者可能对幻灯片的放映方式和放映时间有不同的需求，为此，用户可以对其进行相应的设置。

本小节示例文件位置如下。	
原始文件	\第 11 章\企业宣传片 04
最终效果	\第 11 章\企业宣传片 05

扫码看视频

设置幻灯片放映方式和放映时间的具体步骤如下。

01 打开本实例的原始文件，切换到【幻灯片放映】选项卡，在【设置】组中单击【设置幻灯片放映】按钮。

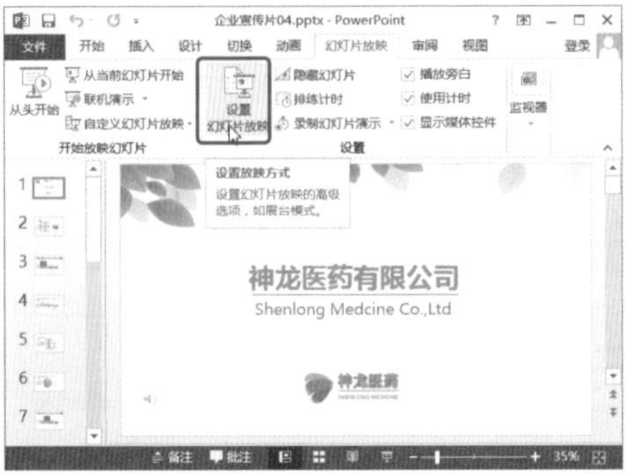

02 弹出【设置放映方式】对话框，在【放映类型】组合框中选中【演讲者放映（全屏幕）】单选钮，在【放映选项】组合框中选中【循环放映，按Esc键终止】复选框，在【放映幻灯片】组合框中选中【全部】单选钮，在【换片方式】组合框中选中【如果存在排练时间，则使用它】单选钮。

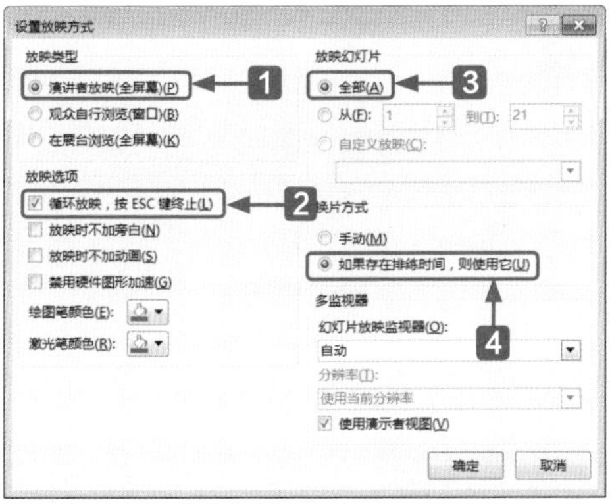

03 设置完毕，单击 确定 按钮，返回演示文稿，然后单击【设置】组中的 排练计时 按钮。

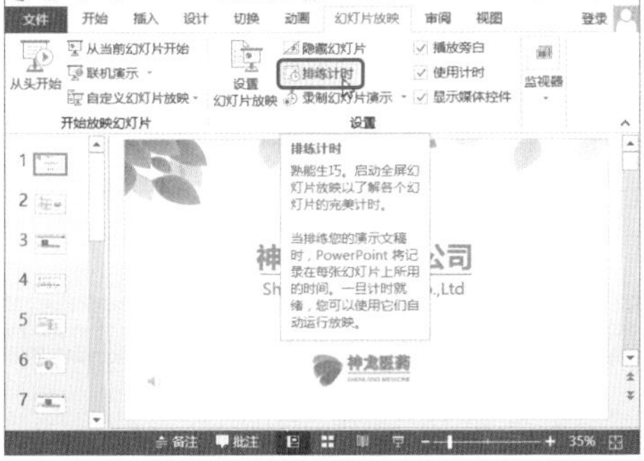

04 此时，进入幻灯片放映状态，在【录制】工具栏的【幻灯片放映时间】文本框中显示了当前幻灯片的放映时间，单击【下一项】按钮或者单击鼠标左键，切换到下一张幻灯片中，开始下一张幻灯片的排练计时。

05 此时当前幻灯片的排练计时从“0”开始，而最右侧的排练计时的累计时间是从上一张幻灯片的计时时间开始的。若想重新排练计时，可单击【重复】按钮，这样【幻灯片放映时间】文本框中的时间就从“0”开始；若想暂停计时，可以单击【暂停录制】按钮，这样当前幻灯片的排练计时就会暂停，直到单击【下一项】按钮，排练计时才继续计时。按照同样的方法为所有幻灯片设置其放映时间。

提示

如果用户知道每张幻灯片的放映时间，则可直接在【录制】工具栏中的【幻灯片放映时间】文本框中输入其放映时间，然后按【Enter】键切换到下一张幻灯片中继续上述操作，直到放映完所有的幻灯片为止。

06 单击【录制】工具栏中的【关闭】按钮 ×，弹出【Microsoft PowerPoint】对话框。

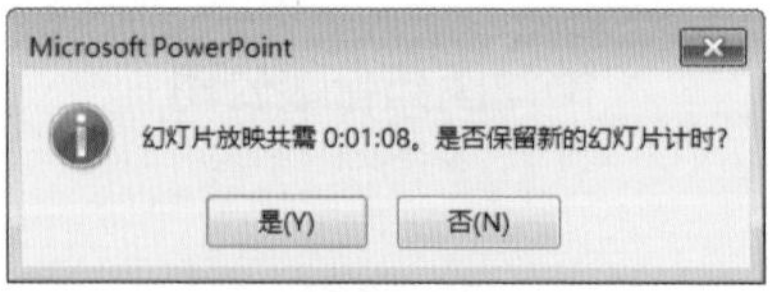

07 直接单击 是(Y) 按钮即可。切换到【视图】选项卡中，单击【演示文稿视图】组中的 幻灯片浏览 按钮。

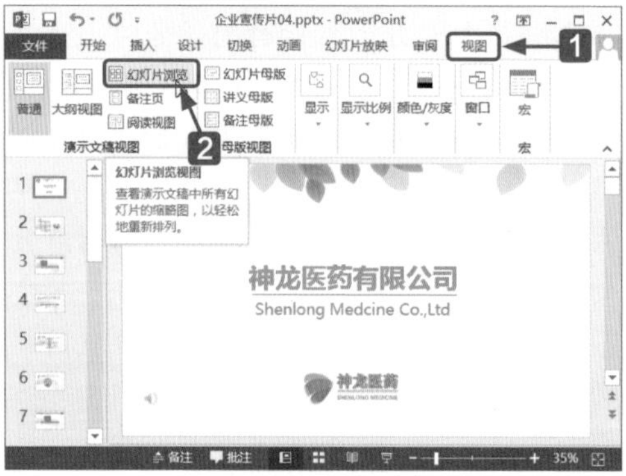

08 此时，系统会自动地转入幻灯片浏览视图中，可以看到在每张幻灯片缩略图的右下角都显示了幻灯片的放映时间。

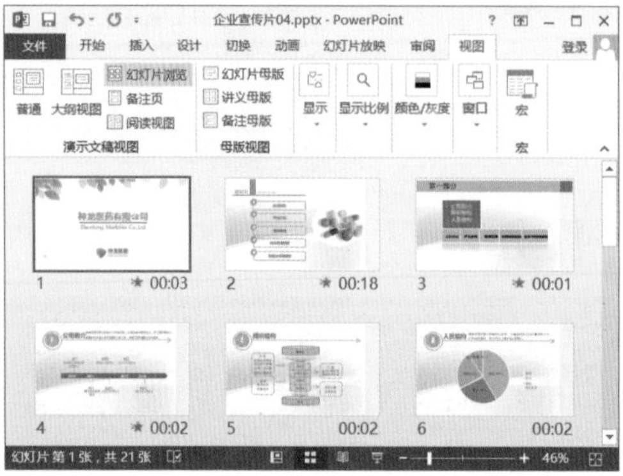

09 切换到【幻灯片放映】选项卡，在【开始放映幻灯片】组中单击【从头开始】按钮。

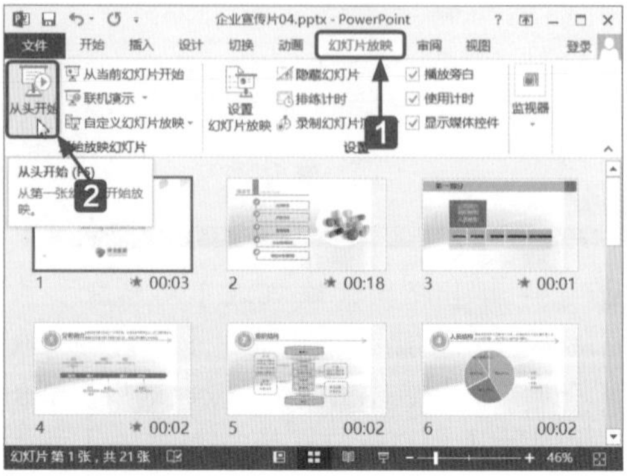

10 此时即可进入播放状态，根据排练的时间来放映幻灯片了。

11.2.3 演示文稿的网上应用

PowerPoint 2013 为用户提供了强大的网络功能，可以将演示文稿保存为网页，然后发布到网页上，使 Internet 上的用户能够欣赏到该演示文稿。

本小节示例文件位置如下。	
原始文件	\第 11 章\企业宣传片 05
最终效果	\第 11 章\企业宣传片 05

1. 将演示文稿直接保存为网页

用户可以利用 PowerPoint 2013 提

供的【发布为网页】功能直接将演示文稿保存为XML文件，并将其发布为网页文件。

01 打开本实例的原始文件，单击 文件 按钮，从弹出的界面中选择【另存为】选项，然后从弹出的【另存为】界面中选择【计算机】选项，然后单击【浏览】按钮 。

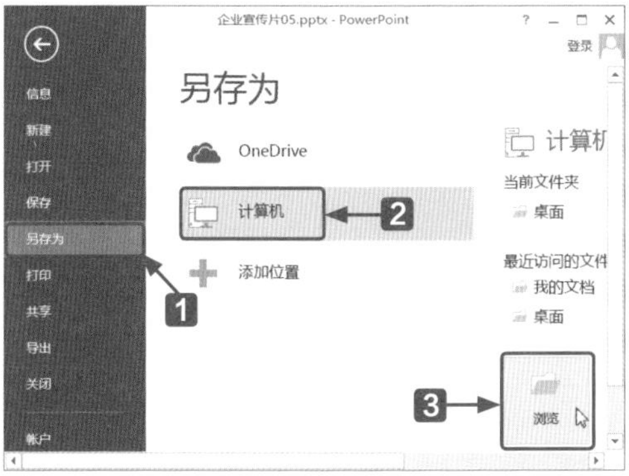

02 弹出【另存为】对话框，在其中设置文件的保存位置和保存名称，然后从【保存类型】下拉列表中选择【PowerPoint XML演示文稿（*xml）】选项。

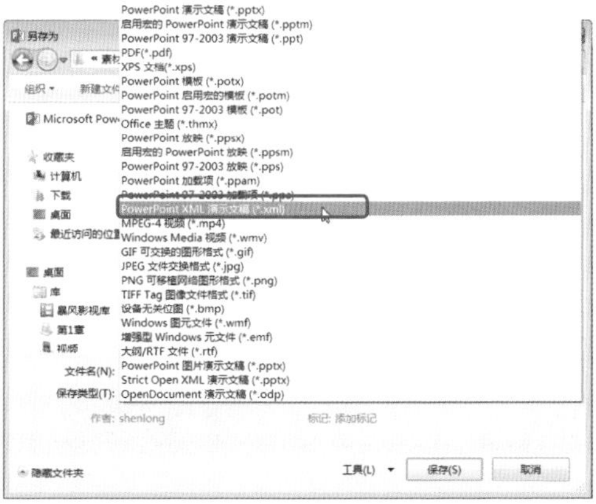

03 设置完毕，单击 保存(S) 按钮，此时即可在保存位置生成一个后缀名为“.xml”的网页文件。

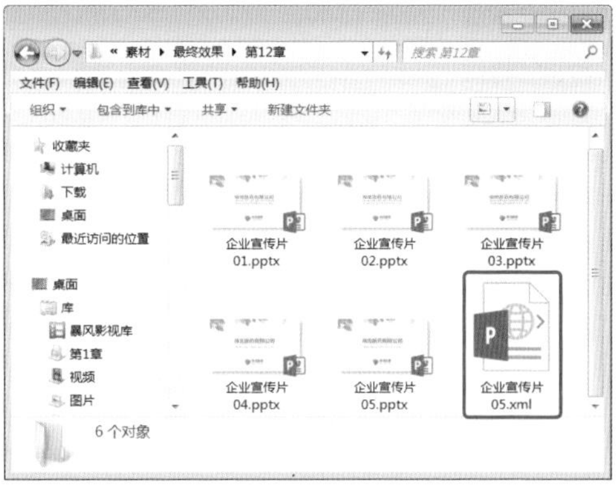

04 双击该文件即可将其打开。

2. 发布幻灯片

用户除了可以将演示文稿保存为网页文件外，还可以采用发布为网页的方式将演示文稿转换为网页，从而发布演示文稿。具体操作步骤如下。

01 打开本实例的原始文件，单击 文件 按钮，从弹出的界面中选择【共享】选项，然后从弹出的【共享】界面中选择【发布幻灯片】选项，然后单击右侧的【发布幻灯片】按钮 。

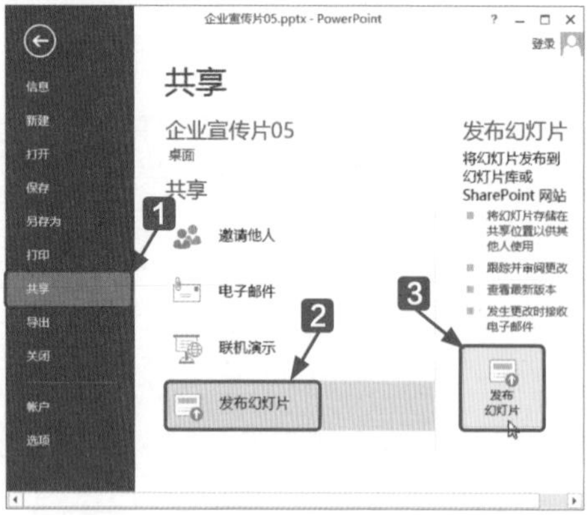

02 弹出【发布幻灯片】对话框，单击 全选(S) 按钮，即可选中所有的幻灯片复选框，然后单击 浏览(B)... 按钮。

03 弹出【选择幻灯片库】对话框，在其中选择合适的保存位置。

04 设置完毕，单击 选择(E) 按钮返回【选择幻灯片库】对框，然后单击 发布(P) 按钮即可。

05 关闭此文件，然后打开幻灯片库，即可看到发布的幻灯片。

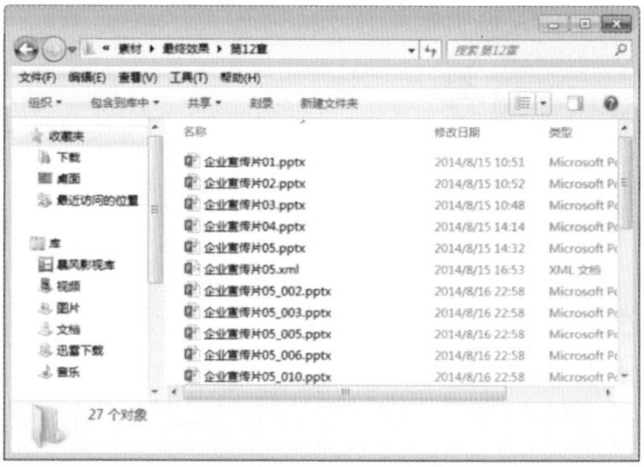

11.2.4 演示文稿打包和打印

接下来为用户介绍如何打包演示文稿，以及对幻灯片进行打印设置的具体操作方法。

本小节示例文件位置如下。	
原始文件	\第 11 章\企业宣传片 06
最终效果	\第 11 章\企业宣传片（打包）

1. 打包演示文稿

在实际工作中，用户可能需要将演示文稿拿到其他的电脑上去演示。如果演示文稿太大，不容易复制携带，此时最好的方法就是将演示文稿打包。

用户若使用压缩工具对演示文稿进行压缩，则可能会丢失一些链接信息，因此可以使用 PowerPoint 2013 提供的【打包向导】功能将演示文稿和播放器一起打包，然后复制到另一台电脑中，将演示文稿解压缩并进行播放。如果打包之后又对演示文稿做了修改，还可以使用【打包向导】功能重新打包，也可以一次打包多个演示文稿。具体的操作步骤如下。

01 打开本实例的原始文件，即要打包的演示文稿。

02 单击 文件 按钮，从弹出的界面中选择【导出】选项。

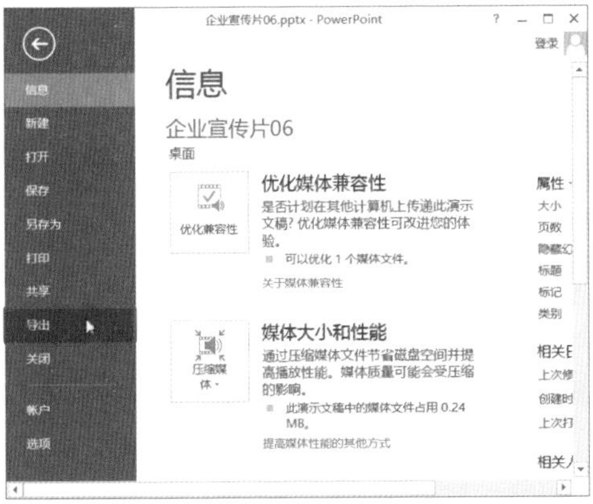

03 弹出【导出】界面，从中选择【将演示文稿打包成CD】选项，然后单击右侧的【打包成CD】按钮。

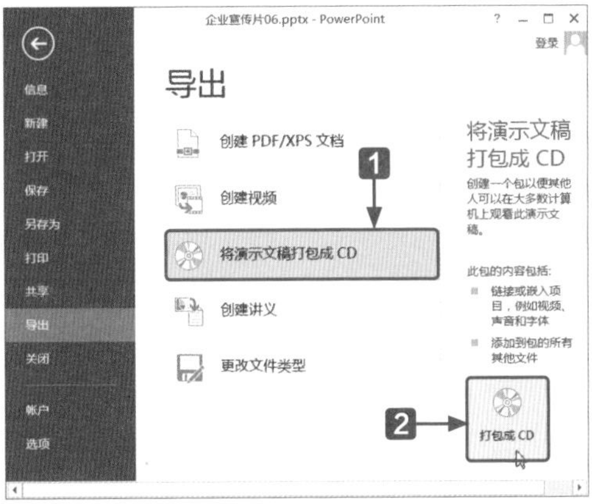

04 弹出【打包成CD】对话框，然后单击 选项(O)... 按钮。

05 打开【选项】对话框，用户可以从中设置多个演示文稿的播放方式。这里选中【包含这些文件】组合框中的【嵌入的TrueType字体】复选框，然后在【打开每个演示文稿时所用密码】和【修改每个演示文稿所用密码】文本框中输入密码（本章涉及的密码均为“123”）。

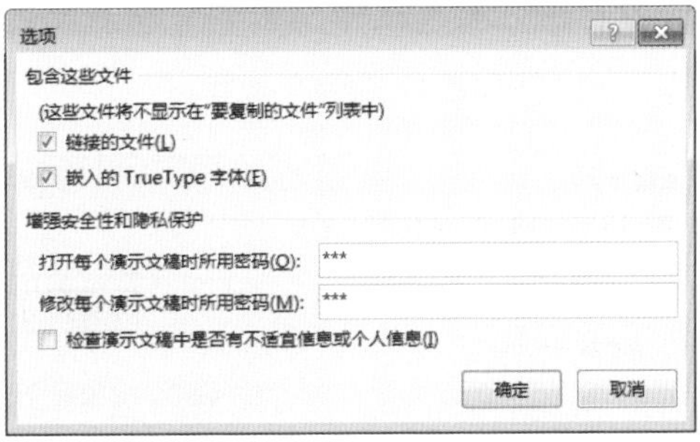

06 单击 确定 按钮，弹出【确认密码】对话框，在【重新输入打开权限密码】文本框中输入密码“123”。

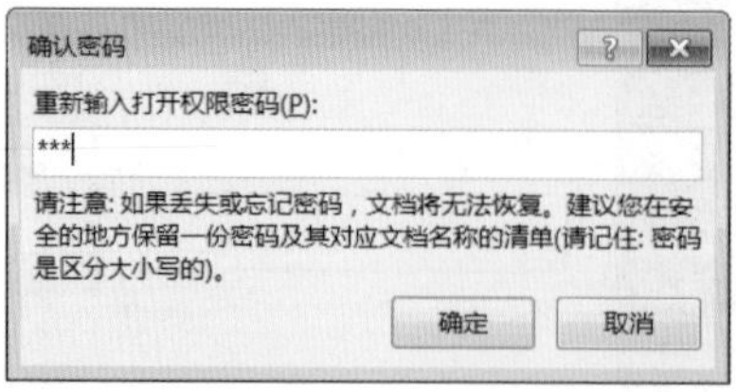

07 单击 确定 按钮，再次弹出【确认密码】对话框，在【重新输入修改权限密码】文本框中再次输入密码“123”。

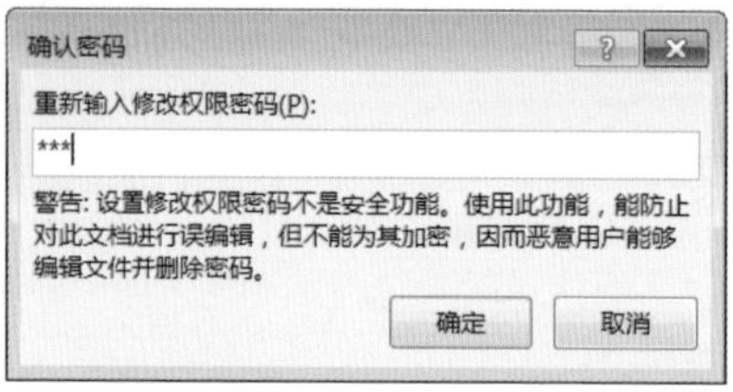

08 单击 确定 按钮，返回【打包成CD】对话框，单击 复制到文件夹(F)... 按钮。

09 弹出【复制到文件夹】对话框，在【文件夹名称】文本框中输入复制的文件夹名称。在此输入“企业宣传片（打包）”，然后单击 浏览(B)... 按钮。

10 弹出【选择位置】对话框，选择文件需要保存的位置，然后单击 选择(E) 按钮即可。

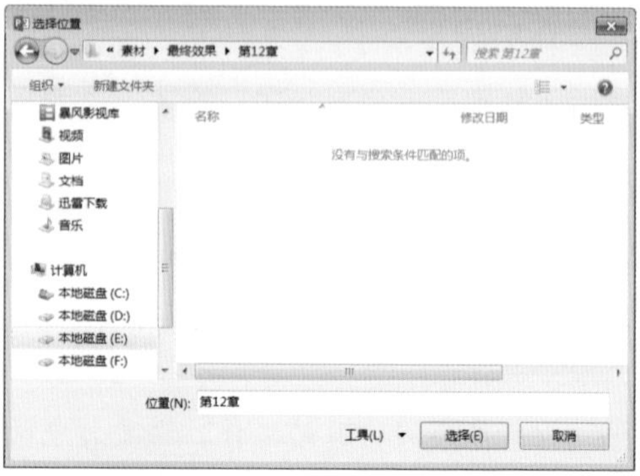

11 返回【复制到文件夹】对话框，单击 确定 按钮。

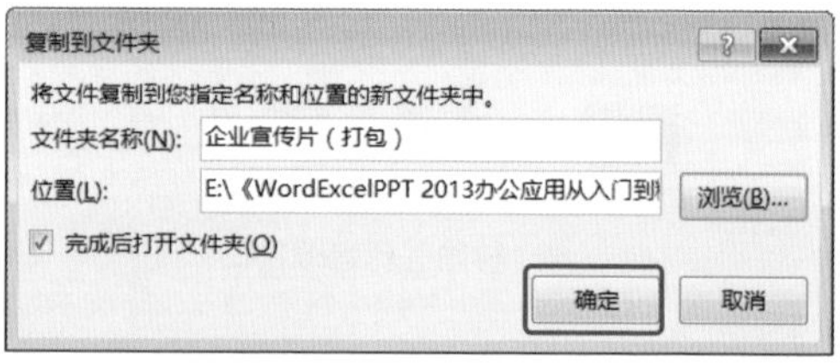

12 弹出【Microsoft PowerPoint】提示对话框，提示用户“是否要在包中包含链接文件？”，单击 是(Y) 按钮，表示链接的文件内容会同时被复制。

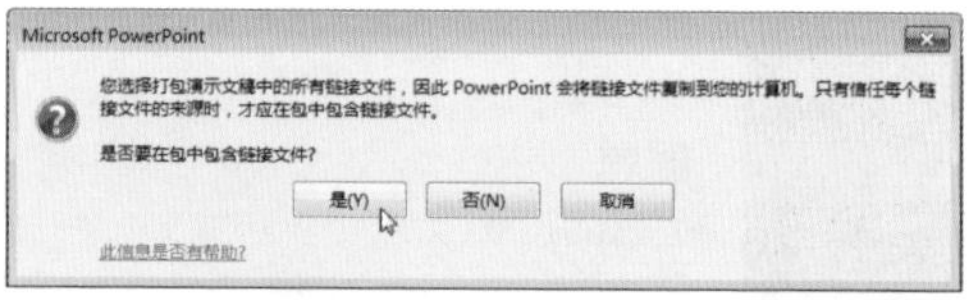

13 此时系统开始复制文件，并弹出【正在将文件复制到文件夹】对话框，提示用户正在复制文件到文件夹中。

14 返回【打包成CD】对话框，单击 关闭 按钮即可。

15 找到相应的保存该打包文件的文件夹，可以看到打包后的相关内容。

提 示

打包文件夹中的文件，不可随意删除。

复制整个打包文件夹到其他电脑中，无论该电脑中是否安装 PowerPoint 或需要的字体，幻灯片均可正常播放。

2. 演示文稿的打印设置

演示文稿制作完成后，有时还需要将其打印，做成讲义或者留作备份等，此时就需要使用 PowerPoint 2013 的打印设置来完成了。

01 打开本实例的原始文件，切换到【设计】选项卡，在【自定义】组中单击【幻灯片大小】按钮，从弹出的下拉列表中选择【自定义幻灯片大小】选项。

02 弹出【幻灯片大小】对话框，在【幻灯片大小】下拉列表中选择合适的纸张类型，在【方向】组合框中设置其幻灯片的方向。

03 设置完毕后单击 确定 按钮，弹出【Microsoft PowerPoint】提示对话框，提示用户“是要最大化内容大小还是按比例缩小以确保适应新幻灯片？”。

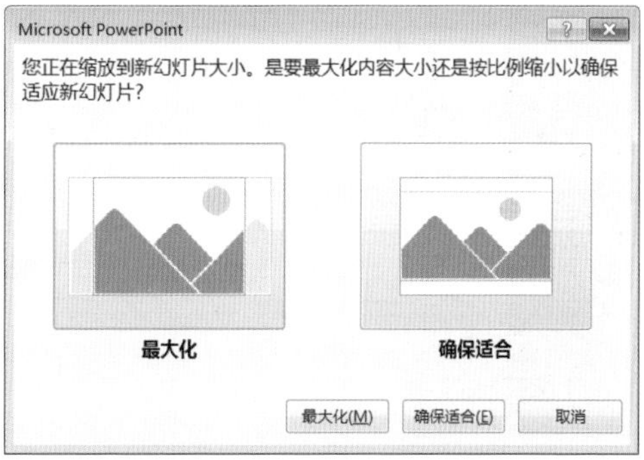

04 选择【确保适合】选项或者单击 确保适合(E) 按钮，即可将幻灯片缩放到合适大小。

05 单击 文件 按钮，从弹出的界面中选择【打印】选项，在弹出的【打印】界面中对打印份数、打印页数、颜色等选项进行设置即可。

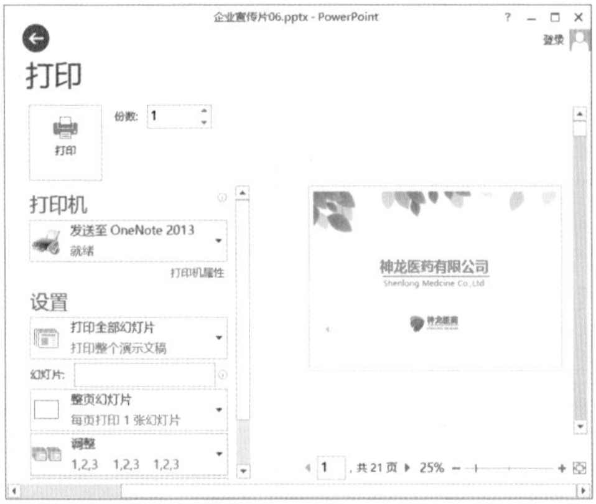

06 设置完成后，单击【打印】按钮。

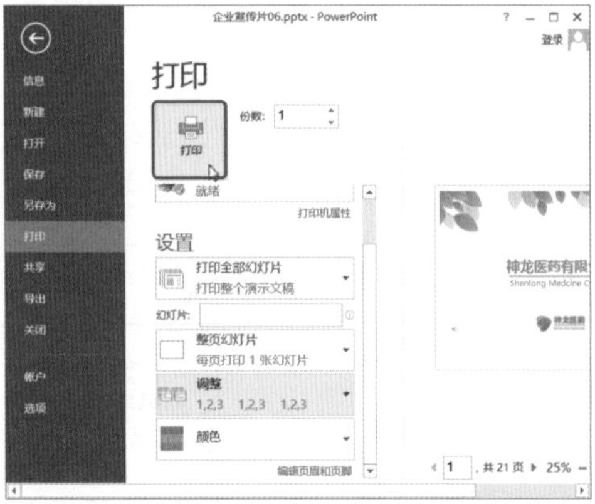

07 随即开始进行打印。

高手过招

多个对象同时运动

一般情况下，设置图片动画动作时都是一张一张地运动，通过下面的方法也可实现两幅图片同时运动。具体操作如下。

01 打开本章的素材文件“企业宣传片.pptx”，在左侧的幻灯片列表中选中第12张幻灯片，在其中按住【Shift】键选中相应的文本框和图片，单击鼠标右键，从弹出的快捷菜单中选择【组合】➤【组合】菜单项。

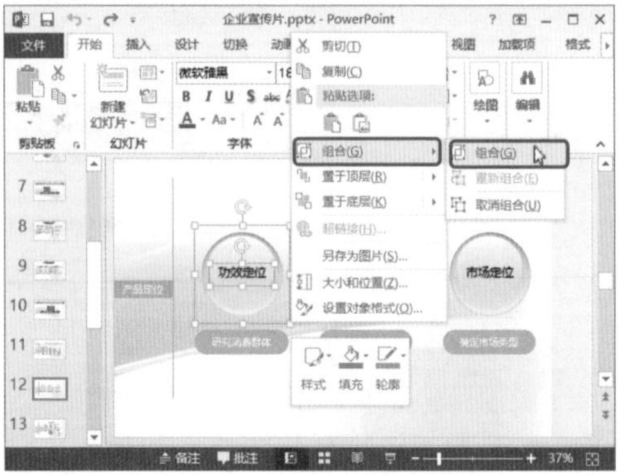

02 文本框和图片就组合成一个对象了。

03 如果选中组合的对象，对其进行移动会发现文本随着图片一起移动。

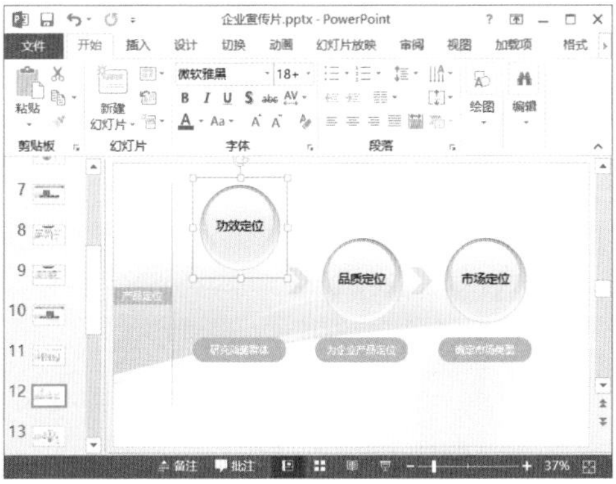

链接幻灯片

为了在放映时可以很方便地浏览幻灯片，可以将幻灯片链接起来。链接幻灯片的具体步骤如下。

01 打开本章的素材文件“企业宣传片.pptx”，选中第2张幻灯片，选中第4个目录条，然后单击鼠标右键，从弹出的快捷菜单中选择【超链接】菜单项。

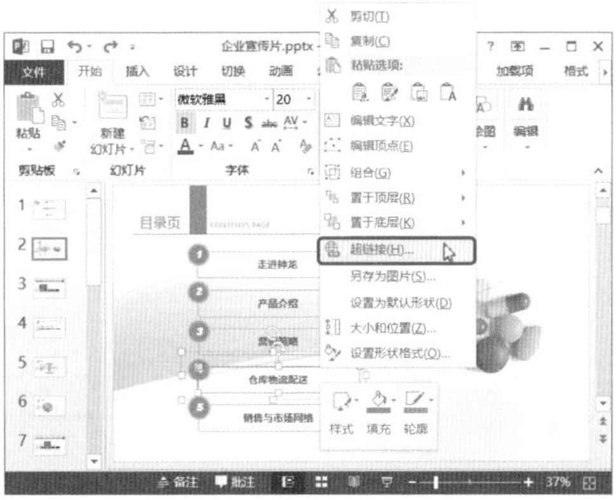

02 弹出【插入超链接】对话框，在【链接到】列表框中选择【本文档中的位置】选项，然后在【请选择文档中的位置】列表框中选择要链接到的幻灯片“14. 第四部分”选项。

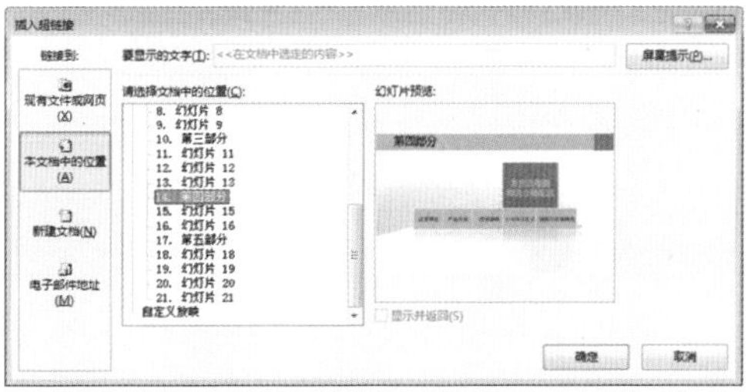

03 单击 确定 按钮，切换到【幻灯片放映】选项卡，然后单击【开始放映幻灯片】组中的 从当前幻灯片开始 按钮。

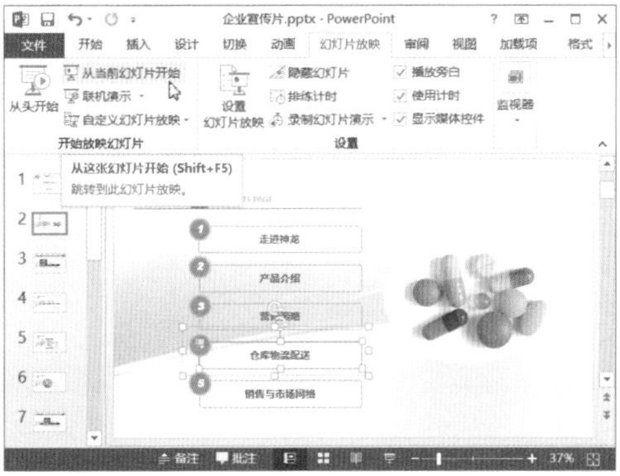

04 此时，即可从当前幻灯片开始放映，将鼠标指针移动到设置了超链接的图片

上，鼠标指针将变成形状。

05 单击该图片即可连接到第14张幻灯片。

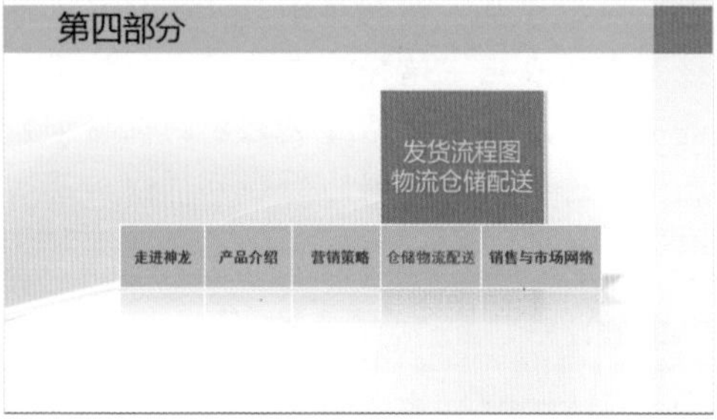

取消 PPT 放映结束时的黑屏

我们常常在放映 PPT 结束时，屏幕就会显示为黑色，下面具体介绍如何取消 PPT 放映结束时的黑屏现象。

01 打开素材文件“企业宣传片.pptx”，单击 文件 按钮，从弹出的界面中选择【选项】选项。

02 弹出【PowerPoint选项】对话框，切换到【高级】选项卡，在【幻灯片放映】组合框中撤选【以黑幻灯片结束】复选框。